XIMENZI S7-200/300/400 XILIE PLC
KUAISU RUMEN SHOUCE

西门子S7-200/300/400系列PLC
快速入门手册

阳胜峰　谭凌峰　编著

中国电力出版社
CHINA ELECTRIC POWER PRESS

内 容 提 要

本书以西门子自动化产品的实际应用出发，对西门子 S7－200 PLC、S7－300/400 PLC、触摸屏、变频器及 PLC 通信等应用技术进行介绍。全书包括六部分 38 章：S7－200 PLC、S7－300/400 PLC、西门子 PLC 通信技术、PLC 自动化系统设计与典型应用、触摸屏和变频器。

书中每个部分内容相互独立，深入浅出、条理清晰、内容完整，并配有大量的例图与程序，深入地对各部分内容进行了详细介绍。

本书适合广大工业产品用户、系统工程师、现场工程技术人员、高等院校相关专业师生，以及工程设计人员参考和借鉴。

图书在版编目（CIP）数据

西门子 S7－200/300/400 系列 PLC 快速入门手册/阳胜峰，谭凌峰编著. —北京：中国电力出版社，2015.5（2019.8 重印）

ISBN 978－7－5123－7147－7/01

Ⅰ. ①西…　Ⅱ. ①阳…②谭…　Ⅲ. ①plc 技术-技术手册　Ⅳ. ①TM571.6－62

中国版本图书馆 CIP 数据核字（2015）第 017554 号

中国电力出版社出版、发行

（北京市东城区北京站西街 19 号　100005　http：//www.cepp.sgcc.com.cn）

三河市航远印刷有限公司印刷

各地新华书店经售

*

2015 年 5 月第一版　2019 年 8 月北京第三次印刷

787 毫米×1092 毫米　16 开本　45.25 印张　1195 千字

定价 158.00 元

前　言

工业自动化技术涉及的面比较广泛，要实现一个自动控制系统，需要综合 PLC 技术、变频调速技术、触摸屏监控技术、PLC 通信技术等多个方面。西门子自动化产品非常丰富，市场占有率也较高。针对以上原因，故从系统与实际应用的角度出发，编写了本书。

全书包括六部分：S7-200 PLC、S7-300/400 PLC、西门子 PLC 通信技术、PLC 自动化系统设计与典型应用、触摸屏和变频器。

在 S7-200 PLC 部分，详细介绍了 PLC 的工作原理与软元件、Micro/WIN 软件的使用、基本指令及其应用、顺序控制指令及其应用、常用功能指令及其应用、向导的使用、S7-200 特殊功能模块等内容。

在 S7-300/400 PLC 部分，对 STEP 7 编程软件的使用、S7-300/400 PLC 编程基础、位逻辑指令、定时器与计数器、常用功能指令、用户程序结构、功能 FC 的编程与应用、功能块 FB 的编程与应用、多重背景数据块的使用、组织块与中断处理、顺序控制与 S7 GRAPH 编程、S7-300/400 PLC 在模拟量闭环控制中的应用进行了详细介绍。

在西门子 PLC 通信技术部分，详细介绍了西门子 PLC 网络、S7-200 PLC 的 PPI 通信、S7-200 PLC 与西门子变频器之间的 USS 控制、S7-200 PLC 自由口通信技术、MPI 网络与全局数据通信、西门子 PLC PROFIBUS 通信技术、S7-300/400 以太网通信等。

在 PLC 自动化系统设计与典型应用部分，详细介绍了 PLC 控制系统设计、7 个 S7-200 PLC 典型应用、8 个 S7-300/400 PLC 典型应用。

在触摸屏部分，详细介绍了西门子 HMI 与 WinCC flexible 软件、触摸屏快速入门、WinCC flexible 组态、WinCC flexible 循环灯控制、WinCC flexible 多种液体混合控制模拟项目。

在变频器部分，详细介绍了变频调速基础知识、G110 变频器、MM440 变频器等应用。

在内容编写过程中，我们将一些实际的操作实例、项目实例融入书中，以提高读者的 PLC 实际操作与应用能力。对于重点和难点，都采用了案例项目设计、分析，由浅入深，让读者能快速地学会及应用于实际工作中。本书具有以下特点：

1. 内容系统、重点突出。在系统基础知识的基础上，还介绍了 S7 - 200 PLC、S7 - 300/400 PLC、PLC 通信技术等典型应用举例。

2. 实例丰富、讲解细致。本书精选了各个行业的应用典型案例，并且对每个案例进行详细的讲解和分析，包括对控制工艺要求、输入输出分配、PLC 电路原理图、PLC 程序进行了系统的引导和分析。

3. 对于难点和重点，用通俗易懂的语言对复杂的知识点进行了详细的分析讲解。

本书由阳胜峰、谭凌峰主编，阳胜峰、邱郑文、欧阳奇红等参与了 S7 - 200 PLC 部分的编写，盖超会、李佐平、师红波等参与了 S7 - 300/400 PLC 部分的编写，彭书锋、李加华、李正平等参与了触摸屏部分的编写，谭凌峰、邱正元、谭玉萍、陈杨、师本立、邱昌华、詹勋良、邱郑文、陈春华、谭玉英、解冲冲、解矛、王景华、王治文、江河梅、梁明、周宏礼、李燕花、李小梅、杨伟斌、鲁永昌、李淑娟、易宁、芦然、李红波、陈太禄、谭桂英、师红仙、陈雄、陈彪等参与了 PLC 通信部分的编写。在此深表感谢！

本书适合广大工业产品用户、系统工程师、现场工程技术人员、高等院校相关专业师生，以及工程设计人员参考和借鉴。

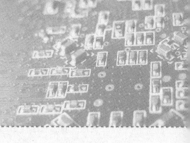

第二部分　S7 - 300/400 PLC

第六部分　变　频　器

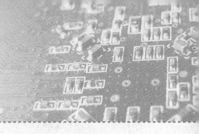

第一部分

S7 - 200 PLC

第一章 S7 - 200 PLC 介 绍

第一节 S7 家族、 S7 - 200 系列 PLC

一、S7 家族

西门子可编程控制器系列产品包括小型 PLC（S7 - 200）系列、中低性能系列（S7 - 300）和中/高性能系列（S7 - 400）。西门子 S7 家族产品 PLC 的 I/O 点数、运算速度、存储容量及网络功能趋势如图 1-1 所示。

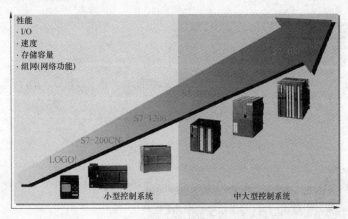

图 1-1 S7 家族 PLC

二、S7 - 200 分类

S7 - 200 PLC 是小型模块式的 PLC，整机 I/O 点数为 10～40 点，在小型自动化设备中得到了广泛的应用。

从 CPU 模块的功能来看，SIMATIC S7 - 200 系列小型可编程序控制器发展至今，大致经历了两代。

第一代产品 CPU 模块为 CPU 21X，主机都可进行扩展，它具有四种不同结构配置的 CPU 单元：CPU 212、CPU 214、CPU 215 和 CPU 216，在此对第一代 PLC 产品不再作具体介绍。

第二代产品 CPU 模块为 CPU 22X，是在 21 世纪初投放市场的，其速度快，具有较强的通信能力。它具有四种不同结构配置的 CPU 单元：CPU 221、CPU 222、CPU 224 和 CPU 226，除 CPU 221 之外，其他都可加扩展模块。

S7-200 的各种 CPU 外形如图 1-2 所示。

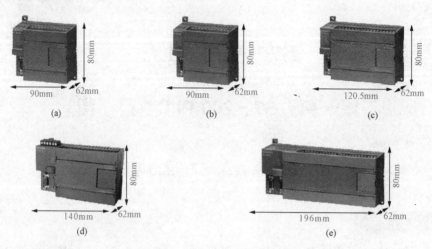

图 1-2　S7-200 CPU 外形图

(a) CPU 221（6DI/4DO）；(b) CPU222 CN（8DI/6DO）；(c) CPU224 CN（14DI/10DO）；

(d) CPU 224XP CN/224XPsi CN（14DI/10DO+2AI/IAO）；(e) CPU 226 CN（24DI/16DO）

三、S7-200 PLC 端子和硬件介绍

图 1-3 所示为 S7-224CN XP 外形图，在图中有两个通信端口，有电源端子、输入端子、输出端子、模拟量 AI/AO 端子、24V 直流电源输出端子、拨码开关、用于连接扩展电缆的接口等。

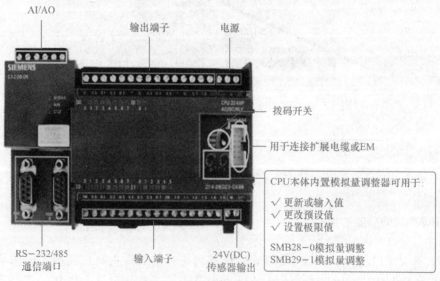

图 1-3　S7-224CN XP 外形图

第二节　S7-200 PLC 的功能

　　S7-200 PLC 在工业生产中得到了充分的应用，它可用于开关量控制，如逻辑、定时、计数、顺序等；可用于模拟量控制，具有 PID 控制功能，可实现过程控制；也可用于运动控制，具有发送高速脉冲功能；也可用于计算机监控，用 PLC 可构成数据采集和处理的监控系统；还可用 PLC 建立工业网络，为适应复杂的控制任务且节省资源，可采用单级网络或多级分布式控制系统。

　　S7-200 PLC 所具有的重要功能如图 1-4 所示，具体功能如表 1-1 所示。

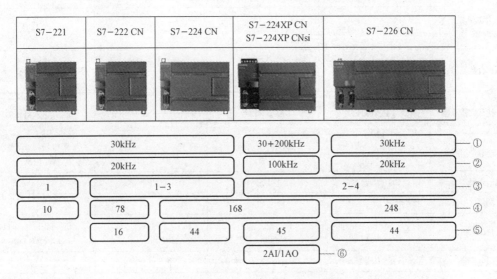

图 1-4　S7-200 PLC 的重要功能

①—高速计数器；②—脉冲串输出；③—串行通信端口；
④—最大 DI/DO；⑤—最大 AI/AO；⑥—CPU 本体集成功能

表 1-1　　　　　　　　　　　　　S7-200 PLC 技术规范

技术规范	CPU 222 CN	CPU 224 CN	CPU 224XP CN	CPU 226 CN
集成的数字量输入/输出	8 入/6 出	14 入/10 出	14 入/10 出	24 入/16 出
可连续的扩展模块数量(最大)(个)	2	7	7	7
最大可扩展的数字量输入/输出范围(点)	78	168	168	248
最大可扩展的模拟量输入/输出范围(点)	10	35	38	35
用户程序区（KB）	4	8	12	16
数据存储区（KB）	2	8	10	10

续表

技术规范	CPU 222 CN	CPU 224 CN	CPU 224XP CN	CPU 226 CN
数据后备时间（电容）(h)	50	100	100	100
后备电池(选择)(天)	200	200	200	200
编程软件	Step 7·Micro/WIN 4.0 SP3 及以上脚本	Step 7·Micro/WIN 4.0 SP3 及以上脚本	Step 7·Micro/WIN 4.0 SP3 及以上脚本	Step 7·Micro/WIN 4.0 SP3 及以上脚本
布尔量运算执行时间（μs）	0.22	0.22	0.22	0.22
标志寄存器/计数器/定时器	256/256/256	256/256/256	256/256/256	256/256/256
高速计数器单相	4 路 30kHz	6 路 30kHz	4 路 30kHz 2 路 200kHz	6 路 30kHz
高速计数器双相	2 路 20kHz	4 路 20kHz	3 路 20kHz 1 路 100kHz	4 路 20kHz
高速脉冲输出	2 路 20kHz（仅限于 DC 输出）	2 路 20kHz（仅限于 DC 输出）	2 路 100kHz（仅限于 DC 输出）	2 路 20kHz（仅限于 DC 输出）
通信接口	1 个 RS—485	1 个 RS—485	2 个 RS—485	2 个 RS—485
外部硬件中断	4	4	4	4
支持的通信协议	PPI，MPI，自由口，Profibus DP	PPI，MPI，自由口，Profibus DP	PPI，MPI，自由口，Profibus DP	PPI，MPI，自由口，Profibus DP
模拟电位器	1 个 8 位分辨率	2 个 8 位分辨率	2 个 8 位分辨率	2 个 8 位分辨率
实时时钟	可选卡件	内置时钟	内置时钟	内置时钟
外形尺寸（$W \times H \times D$)(mm)	90×80×62	120.5×80×62	140×80×62	196×80×62

　　S7-221 的高速计数器可计 30kHz 的高速脉冲，可输出 20kHz 的高速脉冲，有 1 个串行通信端口，最大的 DI/DO 点数为 10，无模拟量输入/输出功能。

　　S7-222 CN PLC 的高速计数器可计 30kHz 的高速脉冲，可输出 20kHz 的高速脉冲，有 1 个串行通信端口，最大的 DI/DO 点数可扩展到为 78，最大的 AI/AO 可扩展到 16 点。

　　S7-224 CN PLC 的高速计数器可计 30kHz 的高速脉冲，可输出 20kHz 的高速脉冲，有 1 个串行通信端口，最大的 DI/DO 点数可扩展到为 168，最大的 AI/AO 可扩展到 44 点。

　　S7-224 XP CN 或 S7-224XP CNsi PLC 的高速计数器可计 230kHz 的高速脉冲，可输出 100kHz 的高速脉冲，有 2 个串行通信端口，最大的 DI/DO 点数可扩展到 168，最大的 AI/AO 可扩展到 45 点。并且在本机体上自带有 2AI/1AO，不用配置模拟量模块即可进行单回路的模拟量控制，提供了很大的方便，具有良好的性价比，如图 1-5 所示。

　　S7-226CN PLC 的高速计数器可计 30kHz 的高速脉冲，可输出 20kHz 的高速脉冲，有 2 个串行通信端口，最大的 DI/DO 点数可扩展到 2488 点，最大的 AI/AO 可扩展到 44 点。

　　高速计数器可用于 PLC 接收外部的高速脉冲，常用来接收如编码器、光栅尺等高速脉冲信号，用来检测电动机转速、位移等量，如图 1-6 为 S7-200 PLC 可发出工路高速脉冲，如图 1-7 所示。

S7-224XP CN集成模拟量输入/输出

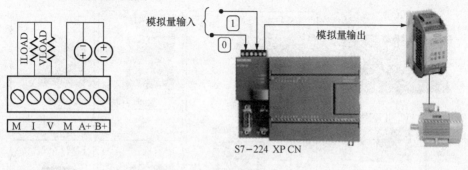

图 1-5　集成的模拟量输入/输出功能用于模拟量控制

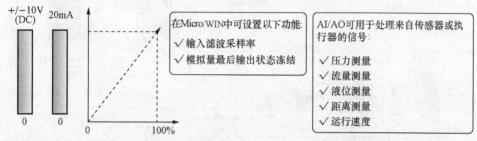

图 1-6　PLC 高速计数器对编码器的高速脉冲计数

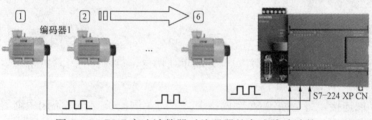

图 1-7　PLC 发出高速脉冲控制步进电动机或伺服电动机

第三节　S7-200 PLC 通信简介

S7-200 PLC 具有强大而又灵活的通信能力，它可实现 PPI 协议、MPI 协议、自由口通信，还可通过 Profibus-DP 协议、AS-I 接口协议、Modem 通信、PPI 或 Modbus 协议及 Ethernet

与其他设备进行通信。图1-8所示为S7-200 PLC可构建的通信网络。

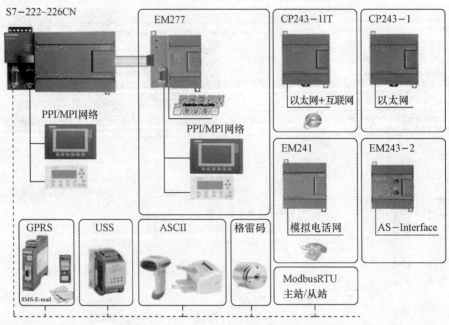

图1-8　S7-200 PLC可构建的通信网络

一、PPI协议

PPI（Point to Point Interface）是点到点的主从协议，S7-200 PLC既可作主站又可作从站，通信波特率为9.6、19.2kb/s和187.5kb/s。

PPI网络扩展连接，每个网段32个网络节点，每个网段长50m（不用中继器），可通过中继器扩展网络，最多可有9个中继器。网络可包含127节点，网络可包含32个主站，网络总长为9600m，其连接如图1-9所示。

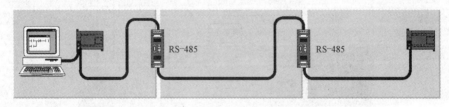

图1-9　PPI网络连接

PC与PLC可通过PPI电缆进行连接，如图1-10所示。

二、USS协议

USS协议专门用于驱动控制，如图1-11所示，用来驱动变频器，从而控制三相交流电动机的启动、运行及调速。

通用串行通信接口USS是西门子专为驱动装置开发的通信协议。USS因其协议简单、硬件要求较低，越来越多地用于和PLC的通信，实现一般水平的通信控制。由于其本身的设计，USS不能用在对通信速率和数据传输量有较高要求的场合。在对通信要求高的场合，应当选择实时性更好的通信方式，如 PROFIBUS - DP 等。S7 - 200 CPU 上的通信口在自由口模式下，可以支持 USS 通信协议。这是因为 S7 - 200 PLC 自由口模式的字符传输格式可以定义为 USS 通信对象所需要的模式。S7 - 200 PLC 提供 USS 协议库指令，用户使用这些指令可以方便地实现对变频器的控制。

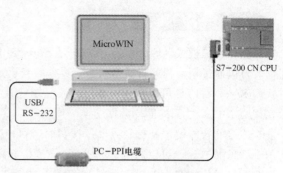

图 1 - 10   PC 与 PLC 的连接

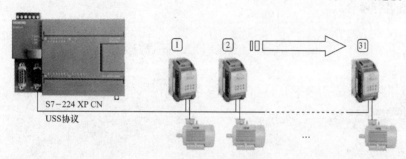

图 1 - 11   USS 协议用于驱动控制

　　USS 的工作机制是通信总是由主站发起，USS 主站不断循环轮询各个从站，从站根据收到的指令，决定是否以及如何响应。从站永远不会主动发送数据。

　　USS 协议的基本特点如下：

　　(1) 支持多点通信，因而可以应用在 RS - 485 等网络上；

　　(2) 采用单主站的主/从访问机制；

　　(3) 一个网络上最多可以有 32 个节点，即最多有 31 个从站；

　　(4) 简单可靠的报文格式，使数据传输灵活高效；

　　(5) 容易实现，成本较低。

　　PLC 与驱动装置连接配合，实现的主要任务如下：

　　(1) 控制驱动装置的启动、停止等运行状态；

　　(2) 控制驱动装置的转速等参数；

　　(3) 获取驱动装置的状态和参数。

三、MPI 协议

　　多点通信 (Multi - Point Interface，MPI) 是 S7 系列产品之间的一种专用通信协议。MPI 协议可以是主/主协议或主/从协议，协议如何操作有赖于通信设备的类型。如果是 S7 - 300/400 PLC 之间通信，那就建立主/主连接，因为所有的 S7 - 300/400 PLC 在网站中都是主站。如果设备是一个主站与 S7 - 200 PLC 通信，那么就建立主/从连接，因为 S7 - 200 PLC 在 MPI 网络中只能作为从站。

　　MPI 协议可用于 S7 - 300 与 S7 - 200 之间的通信，也可用于 S7 - 400 与 S7 - 200 之间的通信，通信速率为 19.2kb/s 和 187.5kb/s。

四、自由口通信

自由口通信模式（Freeport Mode）是 S7-200 PLC 的一个很有特色的功能。借助于自由口通信，可以通过用户程序对通信口进行操作，自己定义通信协议（如 ASCII 协议）。自由口通信方式使 S7-200 PLC 可以与任何通信协议已知且具有串口的智能设备和控制器进行通信，也可以实现两个 PLC 之间的简单数据交换。

当连接的智能设备具有 RS-485 接口时，可以通过双绞线进行连接，当连接的智能设备具有 RS-232 接口时，可以通过 PC/PPI 电缆连接起来进行自由口通信。

自由口通信速率为 1.2～9.6、19.2kb/s 或 115.2kb/s，用户可使用自定义的通信协议与所用的智能设备进行通信。

第四节　S7-200 PLC 扩展模块简介

S7-200 PLC 扩展模块种类有 I/O 扩展模块、通信模块、功能模块等。

一、扩展模块

1. I/O 扩展模块

数字量 I/O 扩展模块：EM221、EM222 和 EM223。

模拟量 I/O 模块：EM231、EM232 和 EM235。

2. 通信模块

EM277：PROFIBUS-DP/MPI 通信模块。

EM241：模拟音频调制解调器（Modem）模块。

CP243-1：以太网模块。

CP243-1IT：带因特网功能的以太网模块。

CP243-2：AS-Interface（执行器—传感器接口）主站模块。

MD720：GPRS 通信模块。

3. 功能模块

EM253：定位模块。

SIWAREX MS：称重模块。

二、影响 S7-200 PLC 最大 I/O 能力的因素

影响 S7-200 PLC 最大 I/O 能力有以下三个因素：

(1) S7-200 CPU 电源设计和电源耗能计算；

(2) 最大 I/O 的扩展能力；

(3) 特殊模块最大连接个数。

第五节　可编程控制器的硬件组成

PLC 的硬件主要由中央处理器（CPU）、存储器、输入单元、输出单元、通信接口、扩展接口、电源等组成，如图 1-12 所示。

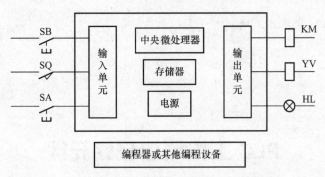

图 1-12 PLC的硬件组成

　　和计算机一样，CPU是PLC的核心。存储器主要用来存放系统程序、用户程序以及工作数据。常用的存储器主要有两种，一种是可读/写操作的随机存储器RAM；另一种是只读存储器ROM、PROM、EPROM和EEPROM。

　　输入/输出单元通常也称I/O单元或I/O模块，是PLC与工业生产现场之间连接的部件。PLC通过输入单元可以接收外部信号，如按钮开关等信号，这些信号作为PLC对控制对象进行控制的依据，同时PLC也可通过输出单元将处理结果送给被控制对象，以实现控制的目的。PLC（直流输入）的输入接口电路如图1-13所示，输出（继电器输出）接口电路如图1-14所示。

　　为了实现人机交互，PLC配有各种通信接口。PLC通过这些通信接口可与监视器、打印机以及其他的PLC或计算机等设备实现通信。

　　编程器或编程设备的作用是供用户编辑、调试、输入用户程序，也可在线监控PLC内部状态和参数，与PLC进行人机对话。

　　PLC配有电源，以供内部电路使用。与普通电源相比，PLC电源的稳定性好、抗干扰能力强，对电网稳定度要求不高。

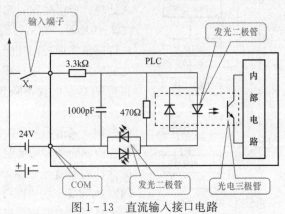

图 1-13　直流输入接口电路

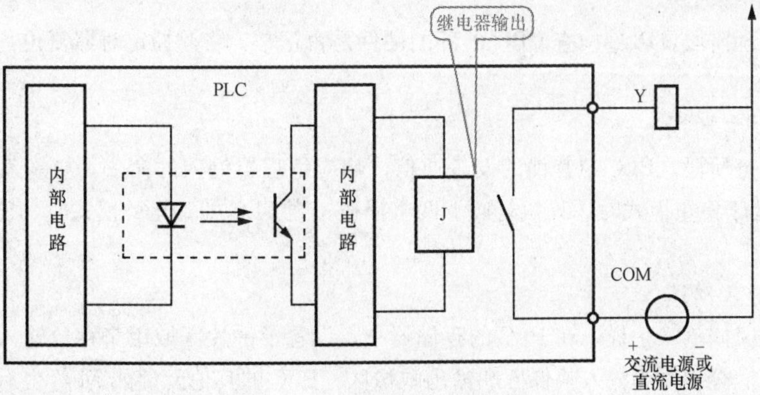

图 1-14　继电器输出接口电路

第二章

PLC 工作原理及软元件

第一节 PLC 的 工 作 原 理

PLC工作时，将采集到的输入信号状态存放在输入映像区对应的位上，将运算的结果存放到输出映像区对应的位上。PLC在执行用户程序时所需"输入继电器"、"输出继电器"的数据取自于I/O映像区，而不直接与外部设备发生关系。

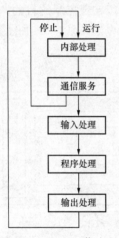

图 2-1 PLC 工作流程

当处于停止工作模式时，PLC只进行内部处理和通信服务等内容。当处于运行工作模式时，PLC要进行内部处理、通信服务、输入处理、程序处理、输出处理，然后按上述过程循环扫描工作，如图2-1所示。在运行模式下，PLC通过反复执行反映控制要求的用户程序来实现控制功能。为了使PLC的输出及时地响应随时可能变化的输入信号，用户程序不是只执行一次，而是不断地重复执行，直至PLC断电或切换至STOP工作模式。

除了执行用户程序之外，在每次循环过程中，PLC还要完成内部处理、通信服务等工作。当PLC运行时，一次循环可分为五个阶段：内部处理、通信服务、输入处理、程序处理和输出处理。PLC的这种周而复始地循环工作方式称为扫描工作方式。当然，由于PLC执行指令的速度极快，所以从输入与输出关系来看，处理过程似乎是同时完成的，但严格地说，它们是有时间差异的。

1. 内部处理阶段

在内部处理阶段，PLC检查CPU内部的硬件是否正常，将监控定时器复位，以及完成一些其他内部工作。

2. 通信服务阶段

在通信服务阶段，PLC与其他的设备通信，响应编程器键入的命令，更新编程器的显示内容。当PLC处于停止模式时，只执行以上两个操作；当PLC处于运行模式时，还要完成另外三个阶段的操作。

3. 输入处理阶段

输入处理又叫输入采样。在PLC的存储器中，设置了一片区域用来存放输入信号和输出信号的状态。它们分别称为输入映像区和输出映像区。PLC的其他元件如M等也有对应的映像存储区，统称为元件映像寄存器。外部输入信号电路接通时，对应的输入映像区中的位为ON状态，则梯形图中对应的输入继电器的触点动作，即动合触点接通，动断触点断开。外部输入信号电路断开时，对应的输入映像区中的位为 OFF 状态，则梯形图中对应的输入继电器的触点保持原状态，即动合触点断开，动断触点闭合。

在输入处理阶段，PLC 顺序读入所有输入端子的通断状态，并将读入的信息存入到输入映像区中。此时，输入映像区中的状态被刷新。接着进入程序处理阶段，在程序处理时，输入映像区与外界隔离，此时即使有输入信号发生变化，其映像区中的各位的内容也不会发生改变，只有在下一个扫描周期的输入处理阶段才能被读入。

4. 程序处理阶段

根据 PLC 梯形图程序扫描原则，按先左后右、先上后下的顺序，逐行逐句扫描，执行程序。但若遇到程序跳转指令，则根据跳转条件是否满足来决定程序的跳转地址。当用户程序涉及输入/输出状态时，PLC 从输入映像寄存器中读取上一阶段输入处理时对应输入继电器的状态，从输出映像寄存器中读取对应输出继电器的状态，根据用户程序进行逻辑运算，运算结果存入有关元件寄存器中。因此，输出映像区中所寄存的内容，会随着程序执行过程而变化。

5. 输出处理阶段

在输出处理阶段，CPU 将输出映像区中的每位的状态传送到输出锁存器。梯形图中某一输出继电器的线圈接通时，对应的输出映像区中的位为 ON 状态。信号经输出单元隔离和功率放大后，继电器型输出单元中对应的硬件继电器的线圈通电，其动合触点闭合，使外部负载通电工作。若梯形图中输出继电器的线圈断开，对应的输出映像区中的位为 OFF 状态，在输出处理阶段之后，继电器输出单元中对应的硬件继电器的线圈断电，其动合触点断开，外部负载断开。

可编程序控制器对用户程序进行循环扫描可分为三个阶段进行，即输入采样阶段、程序执行阶段和输出刷新阶段，如图 2-2 所示。

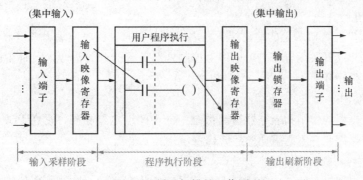

图 2-2　循环扫描的工作原理

程序扫描时的工作过程如图 2-3 中的时序图所示。图 2-3 中共分析了三个周期，若 I0.2 在第一个周期的程序执行阶段导通，则因其错过了第一个周期的输入采样阶段，状态不能更新，只有等到第二个周期的输入采样阶段才更新，所以输出映像寄存器 Q0.0 的状态要等到第二个周期的程序执行阶段才会变为 ON，Q0.0 的状态对外输出要等到第二个周期的输出刷新阶段。而 M2.0 和 M2.1 虽然都是由 Q0.0 的触点驱动，但由于 M2.0 的线圈在 Q0.0 线圈的上面，M2.1 的线圈在 Q0.0 线圈的下面，所以 M2.1 在第二个周期的程序执行阶段就变成 ON，而 M2.0 需等到第三个周期的程序执行阶段才变成 ON。

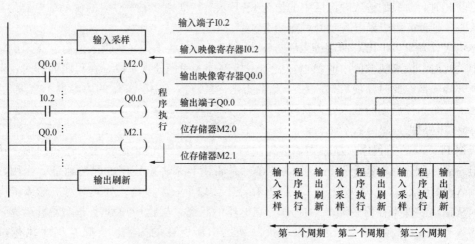

图 2-3 PLC 循环扫描工作分析

第二节 S7-200 系列 PLC 的软元件

S7-200 PLC 中的软元件有输入继电器、输出继电器、通用辅助继电器、特殊继电器、变量存储器、局部变量存储器、顺序控制继电器、定时器、计数器、模拟量输入映像寄存器、模拟量输出映像寄存器、高速计数器和累加器等。

1. 输入继电器 (I)

输入继电器都有一个 PLC 的输入端子与之对应，它用于接收外部开关信号。外部的开关信号闭合，则输入继电器的线圈得电，在程序中其动合触点闭合，动断触点断开。

2. 输出继电器 (Q)

输出继电器有一个 PLC 上的输出端子与之对应。当通过程序使输出继电器线圈导通为 ON 时，PLC 上的输出端开关闭合，它可以作为控制外部负载的开关信号，同时在程序中其动合触点闭合，动断触点断开。

3. 通用辅助继电器 (M)

通用辅助继电器的作用和继电器控制系统中的中间继电器相同，它在 PLC 中没有输入/输出端子与之对应，因此它不能驱动外部负载。

4. 特殊继电器 (SM)

有些辅助继电器具有特殊功能或用来存储系统的状态变量、控制参数和信息，我们称其为特殊继电器。如 SM0.0 为 PLC 运行恒为 ON 的特殊继电器；SM0.1 为 PLC 运行时的初始化脉冲，当 PLC 开始运行时只接通一个扫描周期的时间。

5. 变量存储器 (V)

变量存储器用来存储变量。它可以存放程序执行过程中控制逻辑操作的中间结果，也可以使用变量存储器来保存与工序或任务相关的其他数据。

6. 局部变量存储器 (L)

局部变量存储器用来存放局部变量。局部变量与变量存储器所存储的全局变量十分相似，主要区别在于全局变量是全局有效的，而局部变量是局部有效的。L 一般用在子程序中。

7. 顺序控制继电器（S）

顺序控制继电器也称为状态器。顺序控制继电器用于顺序控制或步进控制中。

8. 定时器（T）

定时器是 PLC 中重要的编程元件，是累计时间的内部器件。电气控制的大部分领域都需要用定时器进行时间控制，灵活地使用定时器可以编制出复杂动作的控制程序。

定时器的工作过程与继电接触式控制系统中的时间继电器的原理基本相同，但它没有瞬动触点。使用时要先输入时间设定值，当定时器的输入条件满足时开始计时，当前值从 0 开始按一定的时间单位增加，当定时器的当前值达到设定值时，定时器的触点动作。利用定时器的触点就可以完成所需要的定时控制任务。

9. 计数器（C）

计数器用来累计输入脉冲的个数，经常用来对产品进行计数或进行特定功能的编程。使用时要先输入它的设定值。如增计数器，当输入触发条件满足时，计数器开始计数它的输入端脉冲上升沿的次数，当计数器计数达到设定值时，其动合触点闭合，动断触点断开。

10. 模拟量输入映像寄存器（AI）、模拟量输出映像寄存器（AQ）

模拟量输入电路用以实现模拟量/数字量（A/D）之间的转换，而模拟量输出电路用以实现数字量/模拟量（D/A）之间的转换。

11. 高速计数器（HC）

一般计数器的计数频率受扫描周期的影响，不能太高，而高速计数器可累计比 CPU 的扫描速度更快的计数。高速计数器的当前值是一个双字长（32 位）的整数，且为只读值。

12. 累加器（AC）

累加器是用来暂存数据的寄存器，它可以用来存放运算数据、中间数据和结果。PLC 提供 4 个 32 位累加器，分别为 AC0、AC1、AC2 和 AC3。累加器可进行读写操作。

第三节 S7－200 PLC 存储器的数据类型与寻址方式

一、数据类型与单位

S7－200 系列 PLC 数据类型可以是布尔型、整型和实型（浮点数）。实数采用 32 位单精度数来表示，其数值有较大的表示范围：正数为＋1.175495E－38～＋3.402823E＋38；负数为－1.175495E－38～－3.402823E＋38。不同长度的整数所表示的数值范围如表 2－1 所示。

表 2－1　　　　　　　　　　　整数长度及数据范围

整数长度	无符号整数表示范围		有符号整数表示范围	
	十进制表示	十六进制表示	十进制表示	十六进制表示
字节 B（8 位）	0～255	0～FF	－128～127	80～7F
字 W（16 位）	0～65 535	0～FFFF	－32 768～32 767	8000～7FFF
双字 D（32 位）	0～4 294 967 295	0～FFFFFFFF	－2 147 483 648～2 147 483 647	80 000 000～7FFFFFFF

常用的整数长度单位有位（1 位二进制数）、字节（8 位二进制数，用 B 表示）、字（16 位二进制数，用 W 表示）和双字（32 位二进制数，用 D 表示）等。

在编程中经常会使用常数。常数数据长度可为字节、字和双字，在机器内部的数据都以二进制形式存储，但常数的书写可以用二进制、十进制、十六进制、ASCII 码或浮点数（实数）等多种形式。几种常数形式分别如表2-2所示。

表2-2　　　　　　　　　　常数的表示方式

进制	书写格式	举例
十进制	进制数值	1052
十六进制	16♯十六进制值	16♯3F7A6
二进制	2♯二进制值	2♯1010_0011_1101_0001
ASCII 码	'ASCII 码文本'	'Show termimals.'
浮点数（实数）	ANSI/IEEE 754-1985 标准	+1.036782E-36（正数） -1.036782E-36（负数）

二、寻址方式

1. 直接寻址

（1）编址形式。若用 A 表示元件名称（I、Q、M 等），T 表示数据类型（B、W、D，若为位寻址无此项），x 表示字节地址，y 表示字节内的位地址（只有位寻址才有此项）则编址形式有以下三种。

1）按位寻址的格式为：Ax.y，例如：I0.0、Q0.0、M0.0、SM0.0、S0.0、V0.0、L0.0 等。

2）存储区内另一些元件是具有一定功能的硬件，由于元件数量很少，所以不用指出元件所在存储区域的字节，而是直接指出它的编号。其寻址格式为：Ax，如 T0、C0、HC0、AC0 等。

3）数据寻址格式为：ATx，如 IB0、IW0、ID0、QB0、QW0、QD0、MB0、MW0、MD0、SMB0、SMW0、SMD0、SB0、SW0、SD0、VB0、VW0、VD0、LB0、LW0、LD0、AIW0、AQW0 等。

S7-200 PLC 将编程元件统一归为存储器单元，存储单元按字节进行编址，无论所寻址的是何种数据类型，通常应指出它所在存储区域和在区域内的字节地址。每个单元都有唯一的地址，地址用名称和编号两部分组成，元件名称（区域地址符号）如表2-3所示。

表2-3　　　　　　　　　　元件名称及直接编址格式

元件符号（名称）	所在数据区域	位寻址格式	其他寻址格式
I（输入继电器）	数字量输入映像位区	Ax.y	ATx
Q（输出继电器）	数字量输入映像位区	Ax.y	ATx
M（通用辅助继电器）	内部存储器标志位区	Ax.y	ATx
SM（特殊标志继电器）	特殊存储器标志位区	Ax.y	ATx
S（顺序控制继电器）	顺序控制继电器存储器区	Ax.y	ATx
V（变量存储器）	变量存储器区	Ax.y	ATx
L（局部变量存储器）	局部存储器区	Ax.y	ATx
T（定时器）	定时器存储器区	Ax	Ax（仅字）

续表

元件符号（名称）	所在数据区域	位寻址格式	其他寻址格式
C（计数器）	计数器存储器区	Ax	Ax（仅字）
AI（模拟量输入映像寄存器）	模拟量输入存储器区	无	Ax（仅字）
AQ（模拟量输出映像寄存器）	模拟量输出存储器区	无	Ax（仅字）
AC（累加器）	累加器区	无	Ax
HC（高速计数器）	高速计数器区	无	Ax（仅双字）

（2）按位寻址的格式为：Ax. y。必须指定元件名称、字节地址和位号，如图 2-4 所示，MSB 表示最高位，LSB 表示最低位。

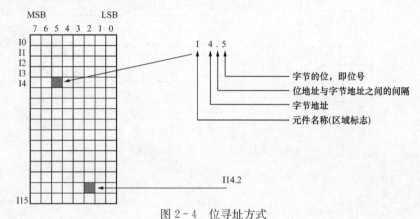

图 2-4 位寻址方式

2. 间接寻址

间接寻址方式是：数据存放在存储器或寄存器中，在指令中只出现所需数据所在单元的内存地址的地址。存储单元地址的地址又称为地址指针。这种间接寻址方式与计算机的间接寻址方式相同。间接寻址在处理内存连续地址中的数据时非常方便，而且可以缩短程序所生成的代码的长度，使编程更加灵活。

用间接寻址方式存取数据的工作方式有 3 种：建立指针、间接存取和修改指针。

（1）建立指针。建立指针必须用双字传送指令（MOVD），将存储器所要访问的单元的地址装入用来作为指针的存储器单元或寄存器，装入的是地址而不是数据本身，格式如下：

```
MOVD        &VB200,VD302
MOVD        &MB10,AC2
MOVD        &C2,LD14
```

其中"&"为地址符号，它与单元编号结合使用表示所对应单元的 32 位物理地址。VB200只是一个直接地址的编号，并非其物理地址。指令中的第二个地址数据长度必须是双字长，如VD、LD、AC 等。

注意 建立指针用 MOVD 指令。

（2）间接存取。指令中在操作数的前面加"*"表示该操作数为一个指针。

下面两条指令是建立指针和间接存取的应用方法：

```
MOVD        &VB200,AC0
MOVW        *AC0,AC1
```

存储区的地址及单元中所存的数据如图 2-5（a）所示，执行过程如图 2-5（b）所示。

（3）修改指针 。修改指针的用法如下：

```
MOVD       &VB200,AC0       //建立指针
INCD       AC0             //修改指针,加 1
INCD       AC0             //修改指针,再加 1
MOVW       *AC0,AC1        //读指针
```

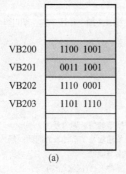
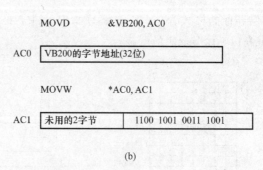

图 2-5　建立指针与间接读数

（a）数据存储；（b）指令执行结果

执行结果如图 2-6 所示。

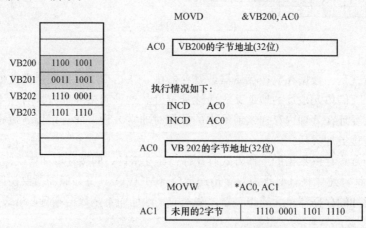

图 2-6　建立、修改、读取指针操作

注意　VW0 为 16 位二进制数，是由 VB0、VB1 两个字节组成，其中 VB0 中的 8 位为高 8 位，VB1 中的 8 位为低 8 位。

VD0 是由 VB0、VB1、VB2、VB3 四个字节组成，其中 VB0 中的 8 位为高 8 位，VB3 中的 8 位为低 8 位。

若 VB0＝25，VB1＝36，则 VW0 和 V0.5 分别为何值？

把 VB0 中的 25 转化成 8 位二进制数为 0001 1001，把 VB1 中的 36 转化成 8 位二进制数为 0010 0100，VW0 由 VB0、VB1 组成，且 VB0 为高 8 位，VB1 为低 8 位，故 VW0 的 16 位二进制数为：0001 1001 0010 0100，把此数转化成十进制为 6436，所以 VW0＝6436。

V0.5 表示变量存储器 V 的第 0 个字节的第 5 位的状态，即为 0。

以上结果可通过如图2-7所示的PLC程序加以验证。

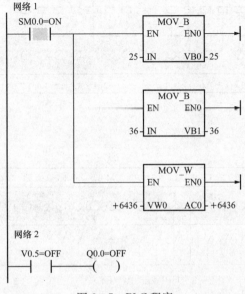

图2-7　PLC程序

第四节　PLC 的 I/O 接线

PLC按输出形式划分，可分为继电器输出、晶体管输出和晶闸管输出形式。继电器输出的PLC其输出点可控制交流或直流负载，晶体管输出的PLC其输出点只能控制直流负载，晶闸管输出的PLC其输出点只能控制交流负载。按PLC输入端所接电源的不同，可分为交流输入和直流输入。不同输入形式、输出形式的PLC的接线略有所不同，但原理是相似的。

从S7-200 PLC的型号可判别其输入、输出形式。如型号为CPU226 AC/DC/继电器是工作电源为交流、直流数字输入、输电器输出的PLC；如型号为CPU224 DC/DC/DC是工作电源为直流（24V）、直流数字输入、直流输出的PLC。

一、CPU226 AC/DC/继电器的接线

下面以CPU226 AC/DC/继电器为例来介绍PLC的接线，其接线图如图2-8所示，图中L1、N端子接PLC的交流工作电源，该电源电压允许范围为85～264V（AC）。L+、M为PLC向外输出的24V（DC）/400mA直流电源，L+为电源正极，M为电源负极，该电源可作为输入端的电源使用，也可向其他传感器提供电源。

1. 24个数字量输入点

24个数字量输入点分成以下两组。

（1）第一组由输入端子I0.0～I0.7、I1.0～I1.4共13个输入点组成，每个外部输入的开关信号均由各输入端子接出，经一个直流电源终至公共端1M，如图2-9所示。

（2）第二组由输入端子I1.5～I1.7、I2.0～I2.7共11个输入点组成，各输入端子的接线与第一组类似，公共端为2M，如图2-10所示。

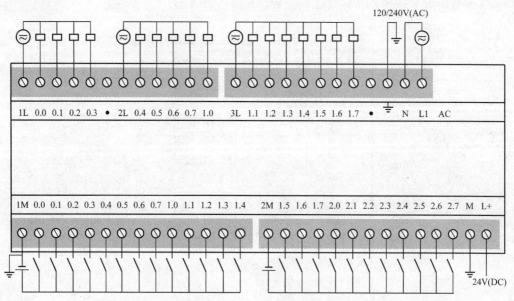

图 2-8 CPU226 AC/DC/继电器接线图

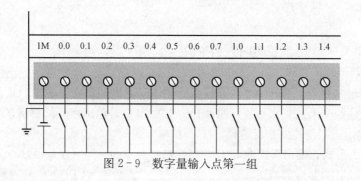

图 2-9 数字量输入点第一组

2. 16 个数字量输出点

16 个数字量输出点分成以下三组。

（1）第一组由输出端子 Q0.0～Q0.3 共四个输出点与公共端 1L 组成。其接线如图 2-11 所示，图 2-11 中电源为负载的工作电源，同组负载的工作电源要相同。

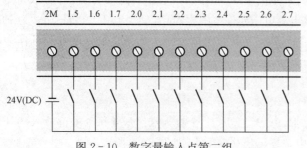

图 2-10 数字量输入点第二组

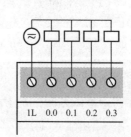

图 2-11 第一组数字量输出点接线图

（2）第二组由输出端子 Q0.4～Q0.7、Q1.0 共 5 个输出点与公共端 2L 组成，其接线如图 2-12所示。

（3）第三组由输出端子 Q1.1～Q1.7 共 7 个输出点与公共端 3L 组成。每个负载的一端与输出点相连，另一端经电源与公共端相连，其接线如图 2-13 所示。

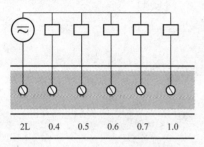 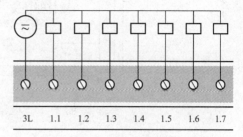

图 2-12　第二组数字量输出点接线图　　　图 2-13　第三组数字量输出点接线图

二、CPU224 DC/DC/DC 的接线

CPU224 DC/DC/DC 的工作电源为 DC 24V，数字量输入点的接线与上面介绍的 CPU226 AC/DC/继电器的数字量输入点的接线相同，不同之处是数字量输出点的接线，其接线如图 2-14 所示，且负载电源只能是直流，即只能控制直流负载。

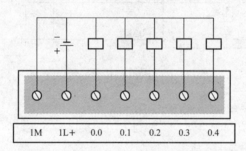

图 2-14　CPU224 DC/DC/DC 数字
量输出点接线图

三、接近开关与 PLC 数字量输入点的连接

下面以三线制电容传感器为例来介绍它与 PLC 输入端的接线。

电容传感器可分为 NPN 集电极开路输出和 PNP 集电极开路输出两种类型，其原理如图 2-15 所示。

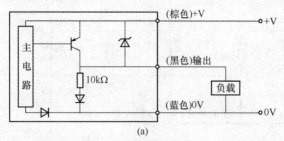

(a)

图 2-15　电容传感器原理图（一）

(a) PNP 型

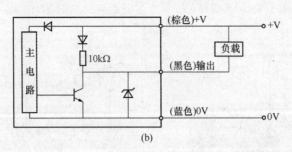

图 2-15　电容传感器原理图（二）

（b）NPN 型

1. PNP 型传感器的接线

PNP 型传感器的接线如图 2-16 所示。

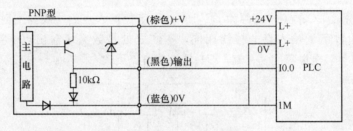

图 2-16　PNP 型传感器的接线

2. NPN 型传感器的接线

NPN 型传感器的接线有两种方法。一种为不加下接电阻的接法，如图 2-17 所示；另一种为加下接电阻的接法，如图 2-18 所示。

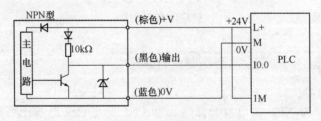

图 2-17　NPN 型传感器的接线（一）

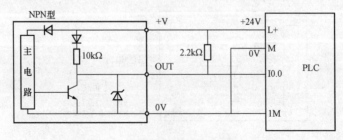

图 2-18　NPN 型传感器的接线（二）

第三章

STEP7－Micro/WIN 软件的使用

STEP 7－Micro/WIN 软件是 S7－200 的编程软件，可以在全汉化的界面下进行操作。

第一节　软件界面介绍

如图 3－1 所示，双击 PC 桌面上的 STEP 7－Micro/WIN 软件，或从"开始"菜单项进入 STEP 7－Micro/WIN 软件，即可打开软件界面。

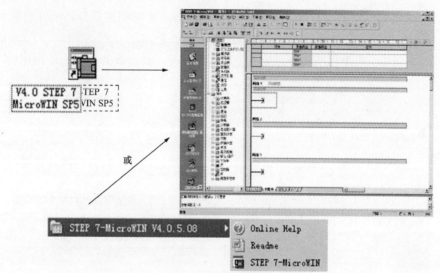

图 3－1　打开编程软件

软件窗口画面如图 3－2 所示，包括标题栏、菜单栏、浏览条、指令树、输出窗口、状态条、局部变量表和程序编辑区等。

（1）浏览条。提供按钮控制的快速窗口切换功能。可用"检视"菜单的"浏览栏"项选择是否打开。引导条包括程序块（Program Block）、符号表（Symbol Table）、状态图表（Status Chart）、数据块（Data Block）、系统块（System Block）、交叉索引（Cross Reference）和通信（Communications）七个组件。一个完整的项目文件（Project）通常包括前六个组件。

（2）指令树。提供编程时用到的所有快捷操作命令和 PLC 指令，可用"检视"菜单的"指令树"项决定是否将其打开。

（3）输出窗口。显示程序编译的结果信息。

（4）状态条。显示软件执行状态，编辑程序时，显示当前网络号、行号、列号；运行时，显

示运行状态、通信波特率、远程地址等。

图 3-2　软件窗口画面

（5）程序编辑器。梯形图、语句表或功能图表编辑器编写用户程序，或在联机状态下从 PLC 上装用户程序进行程序的编辑或修改。

（6）局部变量表。每个程序块都对应一个局部变量表，在带参数的子程序调用中，参数的传递就是通过局部变量表进行的。

对于 CN 的 S7-200 PLC，编写 PLC 程序时编程软件必须设置为中文界面，才可下载 PLC 程序，下面演示如何把英文的操作界面转换成中文的操作界面。

打开 STEP 7-Micro/WIN 软件，如图 3-3 所示。在菜单栏中选中"Tools→Options→General"，在语言选择栏中选择"Chinese"，单击"确定"按钮并关闭软件，然后重新打开后系统即为中文界面。

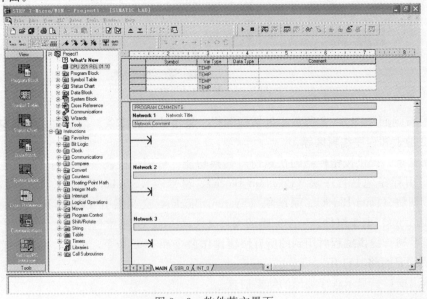

图 3-3　软件英文界面

第二节 通 信 设 置

PC 与 S7-200 PLC 的连接可以采用 PC/PPI 电缆连接，也可以采用 CP5611 卡等进行通信，下面以使用 USB 接口的 PC/PPI 电缆为例来进行连接并通信。

连接好 PLC 下载线，设置编程软件通过 USB 接口的下载线与 PLC 进行通信。

双击图 3-2 中左侧"查看"下的"系统块"，出现如图 3-4 所示画面。在该画面中把波特率设为 9.6kb/s 或 187.5kb/s（此波特率为端口与外部设备工作通信速率），其他参数按默认设置即可，然后单击"确认"按钮。

单击图 3-2 中左侧"查看"下的"设置 PG/PC 接口"，出现如图 3-5 所示画面。在"已使用的接口参数分配"中选择"PC/PPI cable（PPI）"，然后单击"属性"按钮，进入如图 3-6 所示画面。在"Transmission rate"中设置为 9.6kb/s 或 187.5kb/s，然后在图 3-6 中单击选项"本地连接"，出现如图 3-7 所示画面，把"连接到"设为 USB，然后单击"确定"按钮，返回到图 3-2 初始界面。

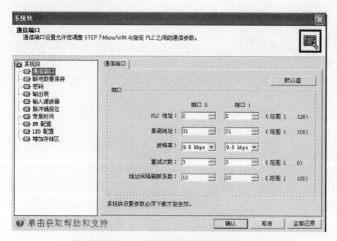

图 3-4 通道通信设置画面

图 3-5 接口设置画面

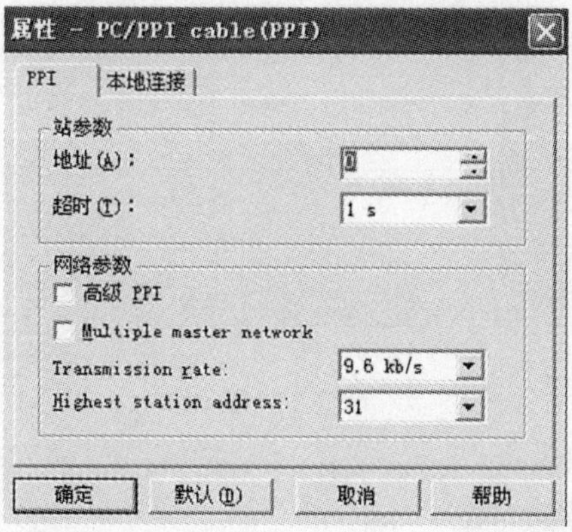

图 3-6 属性-PC/PPI cable（PPI）画面

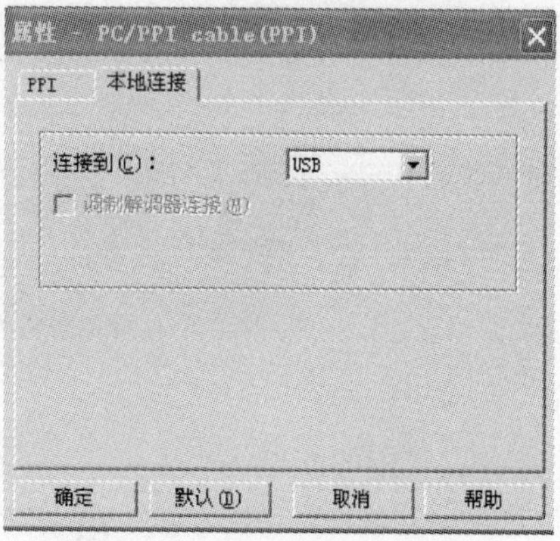

图 3-7 通信口设置

在图3-2界面中，双击左侧"查看"下的"通信"，出现如图3-8所示画面。选中"搜索所有波特率"，双击右侧的"双击以刷新"刷新后如图3-9所示，把PLC刷新到PLC的地址后，把PLC的地址数写入到远程地址中，图3-9中所示地址为2。能够刷新到PLC的地址，意味着PC与PLC的通信连接成功。

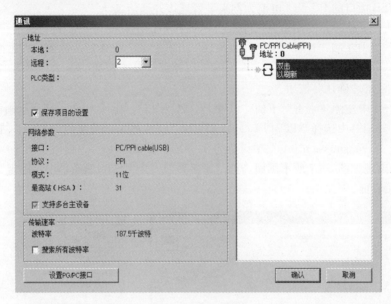

图3-8　通信画面

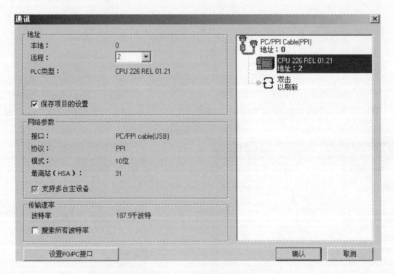

图3-9　刷新PLC

第三节　编　程　实　例

下面以三相交流异步电动机正反转控制为例来说明PLC编程软件的使用。三相交流异步电动机正反转控制需用到正转启动控制按钮一个、反转启动控制按钮一个、停止按钮一个，控制正反转用的交流接触器两个，其中一个控制电动机接通正转电源，另一个接通反转电源，注意两个接触器不能同时动作，否则会造成电源短路。主电路的连接与电气控制方法相同，控制电路用 PLC 来实现。

设 I/O 分配如下：正转启动按钮：I0.0；反转启动按钮：I0.1；停止按钮：I0.2；Q0.0：控制正转接触器线圈通电；Q0.1：控制反转接触器线圈通电。

一、编写、输入梯形图程序

打开 STEP 7 - Micro/WIN 软件，设置好 PC 与 PLC 的通信后，在编辑区编写 PLC 梯形图程序，梯形图程序如图 3 - 10 所示。

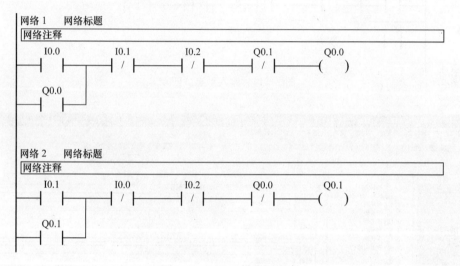

图 3 - 10　PLC 梯形图程序

编辑方法如下：把光标置于程序编辑区网络 1 的最左边，在指令树的"位逻辑"下找到动合触点，如图 3 - 11 所示，双击该触点，则写到网络 1 中，如图 3 - 12 所示。

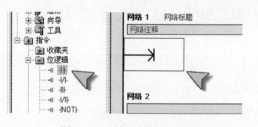

图 3 - 11　输入触点（一）

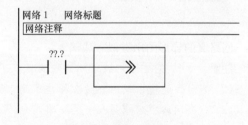

图 3 - 12　输入触点（二）

在图 3 - 12 中的"??.?"处写入"I0.0"，这样一个触点就输入完毕。用同样的方法写入图 3 - 13 所示的触点后，再输入 Q0.0 的线圈。再在网络 1 的第二行，输入 Q00 的动合触点，如图 3 - 14 所示，并把光标置于图 3 - 14 所示位置，按下工具栏中如图 3 - 15 所示的往下连线的按钮，即可往下连线，把 Q0.0 的动合触点并于 I0.0 动合触点的两端。

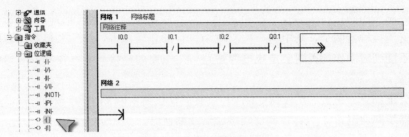

图3-13　输入触点（三）

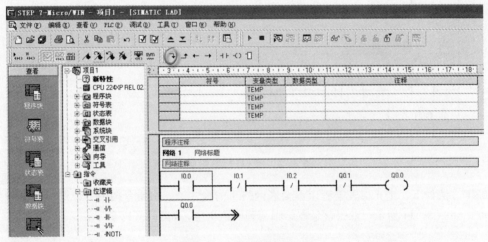

图3-14　输入触点（四）

图3-15　输入触点（五）

网络2的梯形图用类似方法输入。

注意　（1）某元件的触点数量无限制，可无限次使用。

（2）某元件的输出线圈一般在程序中只出现一次。

（3）一个网络中只能写入一条支路，允许出现触点或块的串并联。

二、程序编译与下载

程序输入完后，单击菜单"PLC→全部编译"，对程序进行编译，编译结果会在输出窗口中显示，如"总错误数目：0"表示程序无语法错误，否则会指示出错误的个数，必须修改好，程序编译无错才可以下载。

在图3-16中，单击工具栏中的 按钮，在下载画面中单击下载，就可把程序下载至PLC中，若无法下载，则需要重新设置通信或检查程序有无语法性错误。

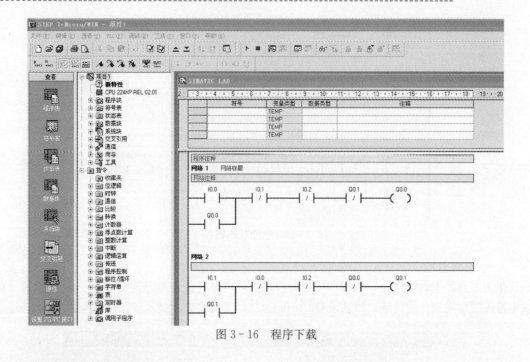

图 3-16　程序下载

三、程序监控

把梯形图程序下载至 PLC 中后，把 PLC 调至运行状态，即可开始梯形图的状态监控。

1. 状态监控

单击工具栏中的 状态监控按钮，如图 3-17 所示，即可对梯形图中各触点、线圈等的状态进行监控。如图 3-18 所示状态监控的梯形图中，黑体部分的触点表示当前状态为 ON，否则为 OFF。

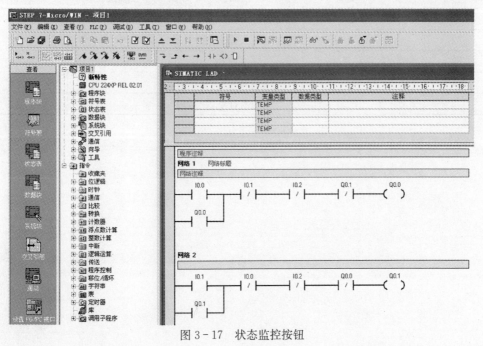

图 3-17　状态监控按钮

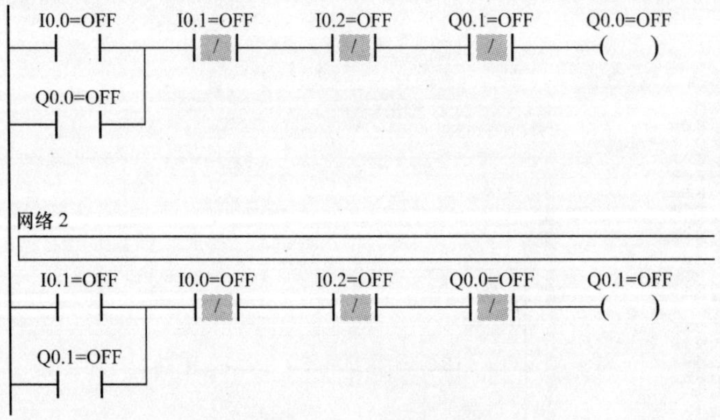

图 3-18　程序状态监控

2. 状态表监控

单击工具栏中的按钮，如图 3-19 所示，就可调出状态表进行监控，如表 3-1 所示。在表中输入要监视元件的地址，如输入 Q0.0 和 Q0.1，则可在表中显示该元件的当前值。

图 3-19　状态表监控图标

表 3-1　　　　　　　　　　　　状 态 监 控 表

序号	地址	格式	当前值	新值
1	Q0.0	位	2#0	
2	Q0.1	位	2#0	
3		有符号		
4		有符号		
5		有符号		

第四章

基本指令及其应用

S7-200 PLC 的指令包括最基本的逻辑指令和完成特殊任务的功能指令。本章主要讲解 S7-200 PLC 的常用基本逻辑指令及其使用方法，然后举例介绍典型程序的编写。

第一节 基本逻辑指令

一、标准触点指令

标准触点指令有以下几条。

(1) LD：逻辑取指令（Load），用于网络块逻辑运算开始的动合触点与母线相连。

(2) LDN：逻辑取反指令（Load Not），用于网络块逻辑运算开始的动断触点与母线相连。

(3) A：触点串联指令（And），用于单个动合触点的串联连接。

(4) AN：与常闭触点（And Not），用于单个动断触点的串联连接。

(5) O：触点并联或指令（Or），用于单个动合触点的并联。

(6) ON：触点并联或反指令（Or Not），用于单个动断触点的并联。

(7) NOT：触点取反指令，该指令将复杂逻辑结果取反，为用户使用反逻辑提供方便。

(8) ＝：输出指令，该指令用于驱动线圈。

常用基本逻辑指令的基本逻辑关系、梯形图与助记符之间的对应关系如表 4-1 所示。

表 4-1　　　　　　　　逻辑关系、梯形图与助记符对应表

逻辑关系	梯形图	助记符
当 I0.0 与 I0.1 都为 ON 时，则输出 Q0.0 ON	I0.0 I0.1 Q0.0 （图）	LD　I0.0 A　I0.1 ＝　Q0.0
当 I0.0 或 I0.0 为 ON 时，则输出 Q0.0 ON	I0.0 Q0.0 I0.1 （图）	LD　I0.0 O　I0.1 ＝　Q0.0
当 I0.1 为 OFF 时，则输出 Q0.0 ON	I0.1 Q0.0 （图）	LDN　I0.1 ＝　Q0.0

【例 4-1】　用 PLC 控制三相交流异步电动机的启停。

传统电气控制三相交流异步电动机的启停电路如图4-1所示。

现在改为由 PLC 来对电动机进行控制，只需对图4-1中的主电路部分进行电气连接，控制电路删除，由 PLC 来代替其控制功能，如图4-2所示。PLC 的 I/O 接线图如图4-3所示，PLC 的控制程序如图4-4所示。

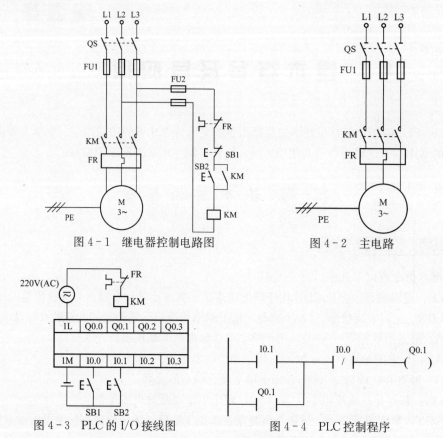

图4-1　继电器控制电路图　　　　　图4-2　主电路

图4-3　PLC 的 I/O 接线图　　　　图4-4　PLC 控制程序

I/O 分配如下：I0.0，停车；I0.1，启动；Q0.1，KM。

二、置位（S）指令与复位指令（R）

置位即置1，复位即置0。置位指令和复位指令可以将位存储区的某一位开始的一个或多个（最多可达255个）同类存储器位置1或置0。这两条指令在使用时需指明三点：操作元件、开始位和位的数量。各操作数类型及范围如表4-2所示。

表4-2　　　　　　　　　　　　置位与复位指令的操作数类型

操作数	范　　围	类　型
位（bit）	I、Q、M、SM、TC、V、S、L	BOOL
数量（N）	VB、IB、QB、MB、SMB、LB、SB、AC、＊VD、＊AC、＊LD	BYTE

1. 置位指令（S）

将位存储区的指定位（位 bit）开始的 N 个同类存储器位置位。

STL 格式：　S bit，　N

如：

S Q0.0, 1   //该指令是把 Q0.0 一个点置位为 1

2. 复位指令（R）

将位存储区的指定位（位 bit）开始的 N 个同类存储器位复位。当用复位指令时，如果是对定时器 T 位或计数器 C 位进行复位，则定时器位或计数器位被复位，同时，定时器或计数器的当前值被清零。

STL 格式：　R bit, N

如：

R Q0.2, 3   //该指令是把 Q0.2 开始的连续 3 个点复位为 0，即把 Q0.2、Q0.3、Q0.4 复位为 0

注意　置位指令与复位指令执行的结果可以保持。

【**例 4 - 2**】　如图 4 - 5 所示的程序，动作时序图如图 4 - 6 所示。只有 I0.0 和 I0.1 同时为 ON 时，Q1.0 才会为 ON；只要 I0.0 和 I0.1 同时接通，Q0.0 就会置 1，Q0.2～Q0.4 复位为 0。当 I0.0 或 I0.1 断开时，Q0.0 保持为 1，Q0.2～Q0.4 也保持为 0。

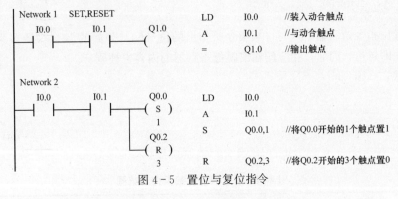

图 4 - 5　置位与复位指令

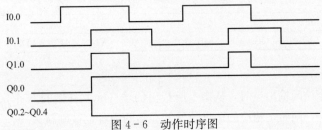

图 4 - 6　动作时序图

三、立即 I/O 指令

立即 I/O 指令有以下 4 种类型：

（1）立即输入指令；

（2）＝I，立即输出指令；

（3）SI，立即置位指令；

（4）RI，立即复位指令。

1. 立即输入指令

在每个标准触点指令的后面加"I"，就是立即触点指令。指令执行时，立即读取物理输入点的值，但是不刷新对应映像寄存器的值。这类指令包括：LDI、LDNI、AI、ANI、OI 和 ONI。下面以 LDI 指令为例介绍。

STL 格式：　LDI　bit

如：

```
LDI  I0.2
```

注意　bit 只能是 I 类型。

2. 立即输出指令

用立即指令访问输出点时，把栈顶值立即复制到指令所指定的物理输出点，同时，相应的输出映像寄存器的内容也被刷新。

STL 格式：　=I　bit

如：

```
= I  Q0.2
```

注意　bit 只能是 Q 类型。

3. 立即置位指令

用立即置位指令访问输出点时，从指令所指出的位（bit）开始的 N 个（最多为 128 个）物理输出点被立即置位，同时，相应的输出映像寄存器的内容也被刷新。

STL 格式：　SI　bit，　N

如：

```
SI  Q0.0,  2
```

注意　bit 只能是 Q 类型。SI 和 RI 指令的操作数类型及范围如表 4-3 所示。

表 4-3　　　　　　　　　　　　　**SI 和 RI 指令的操作数类型及范围**

操作数	范　　围	类　型
位（bit）	Q	BOOL
数量（N）	VB、IB、QB、MB、SMB、LB、SB、AC、＊VD、＊AC、＊LD、常数	BYTE

4. 立即复位指令

用立即复位指令访问输出点时，从指令所指出的位（bit）开始的 N 个（最多为 128 个）物理输出点被立即复位，同时，相应的输出映像寄存器的内容也被刷新。

STL 格式：RI　bit，　N

如：

```
RI  Q0.0,  1
```

图 4-7 所示为立即指令应用中的一段程序，图 4-8 所示是程序对应的时序图。

四、边沿脉冲指令

边沿脉冲指令分为上升沿脉冲指令（EU）和下降沿脉冲指令（ED）两种。

上升沿脉冲指令是对其之前的逻辑运算结果的上升沿产生一个宽度为一个扫描周期的脉冲。下降沿脉冲指令是对其之前的逻辑运算结果的下降沿产生一个宽度为一个扫描周期的脉冲。

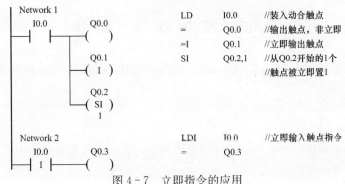

图 4-7 立即指令的应用

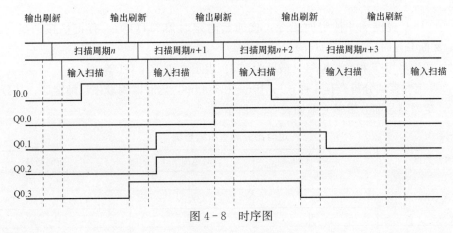

图 4-8 时序图

上升沿脉冲指令 STL 格式：EU，LAD 格式：─┤P├─。

下降沿脉冲指令 STL 格式：ED，LAD 格式：─┤N├─。

在如图 4-9 所示中，若 I0.0 由 OFF→ON，则 Q0.0 接通为 ON，一个扫描周期的时间后重新变成 OFF。若 I0.0 由 ON→OFF，则 Q0.1 接通为 ON，一个扫描周期的时间后重新变成 OFF。对应的动作时序图如图 4-10 所示。

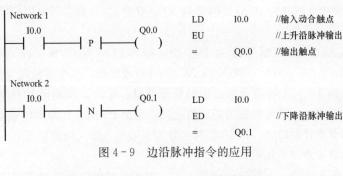

图 4-9 边沿脉冲指令的应用

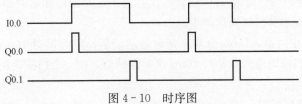

图 4-10 时序图

第二节 定时器与计数器

定时器和计数器是 PLC 中很常用的元件。用好、用对定时器对 PLC 程序设计非常重要。

一、定时器

1. 定时器的基本知识

定时器编程时要预置定时值，在运行过程中当定时器的输入条件满足时，当前值开始按一定的单位增加，当定时器的当前值到达设定值时，定时器发生动作，从而满足各种定时逻辑控制的需要。

S7-200 PLC 提供了 3 种定时指令：接通延时定时器（TON）、有记忆接通延时定时器（TONR）和断开延时定时器（TOF）。

定时器的编号用 T 和常数编号（最大为 255）表示，如 T0、T1 等。

S7-200 定时器的分辨率有 3 种：1、10ms 和 100ms，定时器编号一旦确定后，其分辨率也随之确定，定时器号和分辨率关系如表 4-4 所示。

表 4-4 定时器分辨率和编号表

定时器类型	分辨率（ms）	计时范围（s）	定时器号
TONR	1	32.767	T0、T64
	10	327.67	T1～T4、T65～T68
	100	3276.7	T5～T31、T69～T95
TON、TOF	1	32.767	T32、T96
	10	327.67	T33～T36、T97～T100
	100	3276.7	T37～T63、T101～T255

定时器的实际设定时间

$$T = 设定值 PT \times 分辨率$$

如 TON 指令使用 T97（为 10ms 定时器），设定值为 100，则实际定时时间为

$$T = 100 \times 10ms = 1000ms$$

定时器的设定值 PT，数据类型为 INT 型。操作数可为：VW、IW、QW、MW、SW、SMW、LW、AIW、T、C、AC、*VD、*AC、*LD 或常数，其中常数最为常用。

定时器的编号如 T0、T1 等包含两方面的变量信息：定时器位和定时器当前值。定时器位与其他继电器的输出相似，当定时器的当前值达到设定值 PT 时，定时器的触点动作。定时器的当前值是存储器当前累计的时间，用 16 位符号整数来表示，最大计数值为 32 767。

定时器使用时需注意以下几点：

（1）1ms 分辨率定时器。每隔 1ms 刷新一次，刷新定时器位和定时器当前值，在一个扫描周期中要刷新多次，而不和扫描周期同步。

（2）10ms 分辨率定时器。10ms 分辨率定时器启动后，定时器对 10ms 时间间隔进行计时。程序执行时，在每次扫描周期的开始对 10ms 定时器刷新，在一个扫描周期内定时器位和定时器当前值保持不变。

（3）100ms 分辨率定时器。100ms 定时器启动后，定时器对 100ms 时间间隔进行计时。只

有在定时器指令执行时，100ms 定时器的当前值才被刷新。

2. 定时器指令

如图 4-11 所示程序中，用了一个 T37 的定时器，该定时器类型为 TON，PT 为设定值，IN 为使能输入。

（1）接通延时定时器（TON）。接通延时定时器用于单一时间间隔的定时。上电周期或首次扫描时，定时器位为 OFF，当前值为 0。输入端接通时，定时器位为 OFF，当前值从 0 开始计时；当前值达到设定值时，定时器位为 ON，当前值仍连续计数到 32 767。若输入端断开，定时器自动复位，即定时器位为 OFF，当前值为 0。

接通延时定时器（TON）的 LAD 格式如图 4-12 所示。

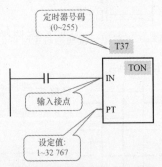

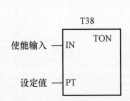

图 4-11 定时器指令的应用   图 4-12 接通延时定时器 LAD 格式

在图 4-13 的程序中，由 I0.1 接通定时器 T38 的使能输入端，设定值为 120，设定时间为 120×100ms＝12s。当 I0.1 接通时开始计时，计时时间达到或超过 12s，即 T38 的当前值达到或超过 120 时，T38 的位动作为 ON，则 Q0.1 输出为 ON。若 I0.1 变为 OFF，则 T38 的位立即复位断开，当前值也回到 0。动作时序图如图 4-14 所示。

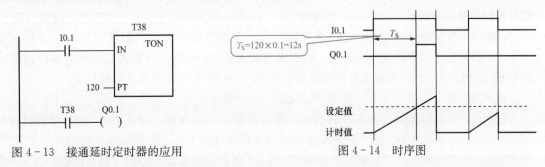

图 4-13 接通延时定时器的应用   图 4-14 时序图

（2）有记忆接通延时定时器（TONR）。有记忆接通延时定时器具有记忆功能，它用于对许多间隔的累计定时。上电周期或首次扫描时，定时器位为掉电前的状态，当前值保持在掉电前的值。当输入端接通时，当前值从上次的保持值继续计时；当累计当前值达到设定值时，定时器位为 ON，当前值可继续计数到 32 767。

注意 TONR 定时器只能用复位指令 R 对其进行复位操作。TONR 复位后，定时器位为 OFF，当前值为 0。

有记忆接通延时定时器（TONR）的 LAD 格式如图 4-15 所示。

在图 4-16 的程序中，由 I0.1 接通定时器 T4 的使能输入端，设定值为 120，设定时间为 120×10ms＝1.2s。当 I0.1 为 ON 时开始计时，当计时时间达到或超过 1.2s 时，T4 的位动作，

Q0.1 驱动为 ON。当 I0.2 为 ON 时，T4 的位复位断开，当前值也回到 0。若 I0.2 为 OFF，I0.0 接通开始计时，不到 1.2s I0.0 就断开，则 T4 会把当前值记忆下来，当下次 I0.0 再次为 ON 时，T4 的当前值会在上次计时的基础上累计，当累计计时时间达到或超过 1.2s 时，T4 的位动作，Q0.1 驱动为 ON。动作时序图如图 4-17 所示。

图 4-15　记忆接通延时定时器 LAD 格式

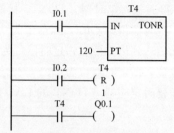

图 4-16　有记忆接通延时定时器的应用

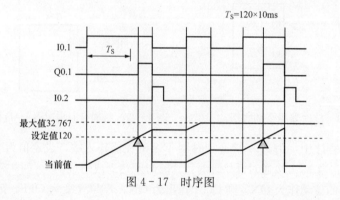

图 4-17　时序图

（3）断开延时定时器（TOF）。断开延时定时器用于断开后的单一间隔时间计时。上电周期或首次扫描时，定时器位为 OFF，当前值为 0。输入端接通时，定时器位为 ON，当前值为 0。当输入端由 ON 变为 OFF 时，定时器开始计时。当定时器当前值达到设定值时定时器位为 OFF，当前值等于设定值就停止计时。输入端再次由 OFF→ON，TOF 复位，这时定时器的位为 ON，当前值为 0。如果输入端再次由 ON→OFF，则 TOF 可实现再次启动。

断开延时定时器（TOF）的 LAD 格式如图 4-18 所示。

在图 4-19 的程序中，由 I0.1 接通定时器 T38 的使能输入端，设定值为 120，设定时间为 $120 \times 100ms = 12s$。当 I0.1 为 ON 时，T38 的位立即动作为 ON，则 Q0.1 驱动为 ON。当 I0.1 断开时，T38 开始计时，当计时时间达到 12s 时，T38 的位就复位为 OFF，Q0.1 变为 OFF。动作时序图如图 4-20 所示。

图 4-18　断开延时定时器的 LAD 格式

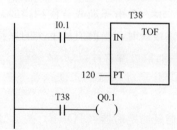

图 4-19　断开延时定时器的应用

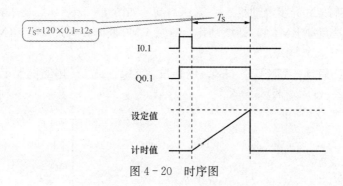

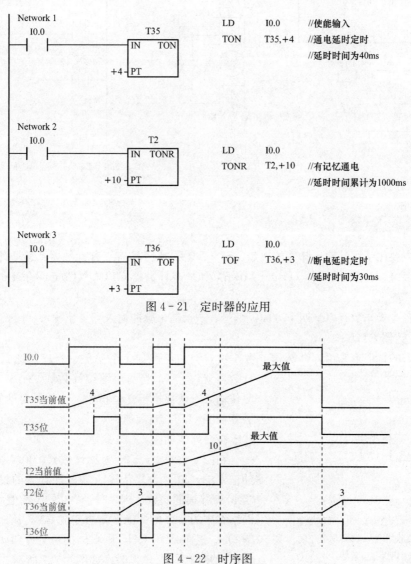

图 4-20 时序图

【例 4-3】 图 4-21 是 3 种定时器的工作特性的程序片断，其中 T35 为通电延时定时器，T2 为有记忆通电延时定时器，T36 为断电延时定时器。梯形图程序中输入/输出执行时序关系如图 4-22 所示。

图 4-21 定时器的应用

图 4-22 时序图

【例4-4】 控制三相异步电动机丫/△降压启动,如图4-23所示。要求按下启动按钮后,电动机绕组星形接法启动 KM1 和 KM2 动作,6s 后 KM2 断开,再过 1s 后 KM3 接通绕组组成△接法。

I/O 分配如下:启动按钮 SB2,I0.0;停止按钮 SB1,I0.1;热继电器 FR,I0.2;Q0.0,KM1;Q0.1,KM2;Q0.2,KM3。

控制程序如图4-24所示。

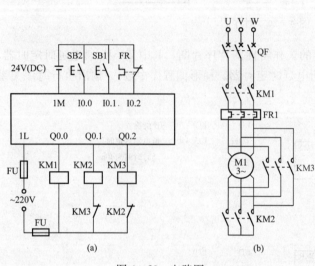

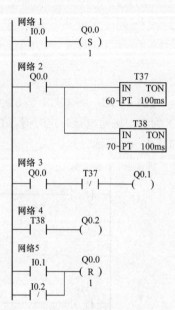

图4-23 电路图
(a) PLC 控制电路图;(b) 丫/△启动主电路

图4-24 丫/△降压启动控制程序

二、计数器

计数器主要用于累计输入脉冲的次数。S7-200 系列 PLC 有三种计数器:递增计数器 CTU (Count Up)、递减计数器 CTD (Count Down) 和增减计数器 CTUD (Count Up/Down)。三种计数器共有 256 个。

计数器指令操作数有以下四个方面:编号、预设值、脉冲输入和复位输入。

1. 增计数器 CTU

脉冲输入的每个上升沿,计数器计数 1 次,当前值增加 1 个单位,当前值达到预设值时,

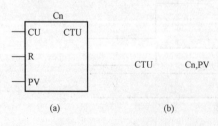

图4-25 增计数据指令
(a) 梯形图指令;(b) STL 指令
CU—加计数脉冲输入端;R—复位输入端;
PV—设定值

计数器置位 ON,当前值继续计数到 32 767 停止计数。复位输入有效或执行复位指令,计数器自动复位,即计数器位为 OFF,当前值为 0。

指令格式如图4-25所示。

在图4-26中,C20 为加计数器,I0.0 为加计数脉冲输入端,I0.1 为复位输入端,计数器的设定值为 3,当 I0.0 接通的次数达到 3 时,C20 的当前值由 0 加到 3,网络 2 中的 C20 常开触点就会变成 ON,从而驱动 Q0.0 为 ON。若 I0.1 为 ON,则 C20 的位复位到 0,C20 的当前值也复位为 0。动作时序如图4-27所示。

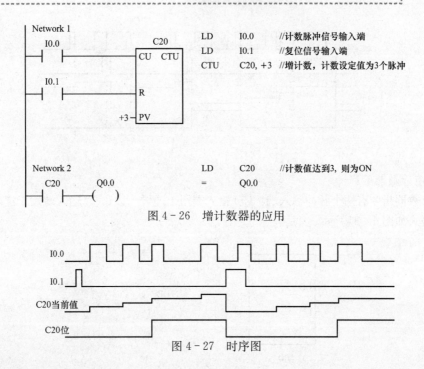

图 4-26 增计数器的应用

图 4-27 时序图

2. 递减计数器 CTD

递减计数器指令，脉冲输入端 CD 用于递减计数。首次扫描，定时器位置 OFF，当前值等于预设值 PV。计数器检测到 CD 输入的每个上升沿时，计数器当前值减小 1 个单位，当前值减到 0 时，计数器位为 ON。

复位输入有效或执行复位指令，计数器自动复位，即计数器位为 OFF，当前值复位为预设值，而不是 0。

指令格式如图 4-28 所示。

在图 4-29 中，C40 为减计数器，I0.0 为减计数脉冲输入端，I0.1 为复位输入端，计数器的设定值为 4，当 I0.0 接通的次数达到 4 时，C40 的当前值由 4 减到 0，网络 2 中的 C20 动合触点就会变成 ON，从而驱动 Q0.0 为 ON。当 I0.1 为 ON 时，则 C40 的位复位断开，C40 当前值恢复为 4。动作时序如图 4-30 所示。

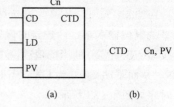

图 4-28 减计数器指令

(a) 梯形图指令；(b) STL 指令

CD—减计数脉冲输入端；LD—复位
脉冲输入端；PV—设定值

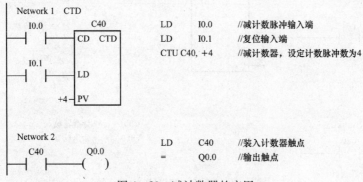

图 4-29 减计数器的应用

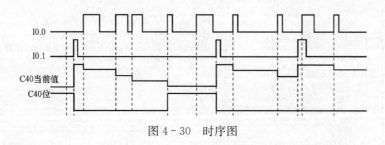

图4-30 时序图

3. 增减计数器 CTUD

增减计数器指令有两个脉冲输入端：CU 输入端用于递增计数，CD 输入端用于递减计数。
指令格式如图4-31所示。

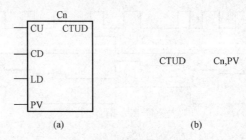

图4-31 增减计数器指令

（a）梯形图指令；（b）STL 指令

CU—加计数脉冲输入端；CD—减计数脉冲输入端；LD—复位脉冲输入端；PV—设定值

在图4-32中，C30 为增减计数器，I0.0 为增计数脉冲输入端，I0.1 为减计数脉冲输入端，I0.2 为复位输入端，计数器的设定值为5，当 I0.0 每接通一次，C30 的当前值就加1；当 I0.1 每接通一次，C30 的当前值就减1。当 C30 的当前值达到或超过设定值时，C30 的位就会变成 ON，从而驱动 Q0.0 为 ON。当 I0.2 为 ON 时，则 C30 的位复位断开，C30 当前值恢复为0。动作时序如图4-33所示。

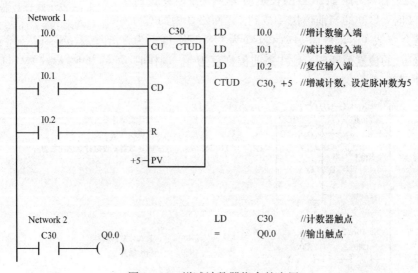

图4-32 增减计数器指令的应用

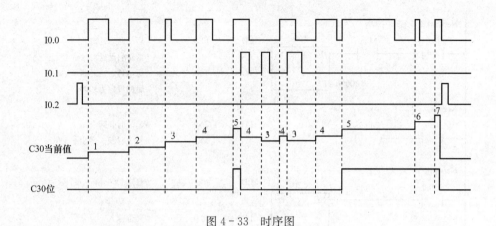

图 4-33 时序图

【例 4-5】 用一个按钮控制一只灯，按钮接于 PLC 的 I0.0，灯接于 PLC 的 Q0.0。编写控制程序，当按钮按下 3 次时灯为 ON，再按下按钮 2 次时灯为 OFF，如此重复。

用增计数器编写程序如图 4-34 所示。

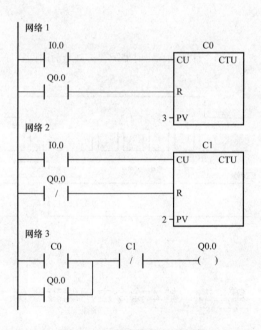

图 4-34 增计数器应用程序

【例 4-6】 用计数器和定时器配合扩展延时时间，如图 4-35 所示。该程序中，当 I0.0 为 ON 时，T50 的位每隔 3000s 就 ON 一个脉冲（宽度为一个扫描周期），T50 的位每接通一次，计数器 C20 的当前值就加 1，当 C20 的当前值加到 10 时，C20 的位动作，Q0.0 驱动为 ON。从 I0.0 接通开始到 Q0.0 驱动为 ON 的时间间隔为 $10 \times 1000s = 10\,000s$。这样就增加了延时时间，否则 T50 定时时间最长只能是 $32\,767 \times 100ms$。该程序动作时序图如图 4-36 所示。

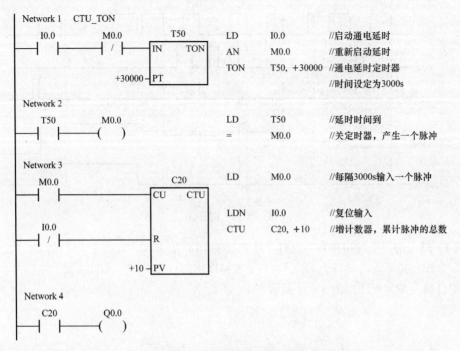

图 4-35 计数器和定时器配合扩展延时时间程序

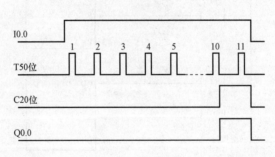

图 4-36 时序图

第三节 基本指令应用编程举例

【例 4-7】 编写循环灯程序。按下启动按钮时，三只灯每隔 1s 轮流闪亮，并循环。按下停止 I0.1 时，三只灯都熄灭。

分析：此程序是简单的循环类程序，循环周期为 3s，即第 1s 第一只灯亮，第 2s 第二只灯亮，第 3s 第三只灯亮，第 4s 又变成第一只灯亮，如此循环。

I/O 分配如下：启动按钮，I0.0；停止按钮，I0.1；第一只灯，Q0.0；第二只灯，Q0.1；第三只灯，Q0.2。

控制程序如图 4-37 所示。

【例 4-8】 多级皮带控制编程。

如图 4-38 所示是一个四级传送带系统示意图。整个系统有四台电动机，控制要求如下：

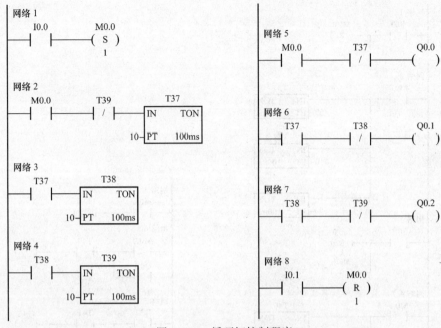

图 4 - 37 循环灯控制程序

（1）落料漏斗 Y0 启动后，传送带 M1 应马上启动，经 6s 后须启动传送带 M2；

（2）传送带 M2 启动 5s 后应启动传送带 M3；

（3）传送带 M3 启动 4s 后应启动传送带 M4；

（4）落料停止后，为了不让各级皮带上有物料堆积，应根据所需传送时间的差别，分别将四台电动机停车。即落料漏斗 Y0 断开后过 6s 再断 M1，M1 断开后再过 5s 断 M2，M2 断开 4s 后再断 M3，M3 断开 3s 后再断开 M4。

此程序为典型的时间顺序控制。I/O 分配如下：启动，I0.0；停止，I0.1；落料 Y0，Q0.0；传送带 M1，Q0.1；传送带 M2，Q0.2；传送带 M3，Q0.3；传送带

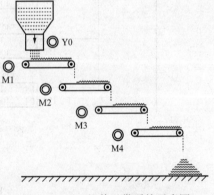

图 4 - 38 四级传送带系统示意图

M4，Q0.4。控制程序如图 4 - 39 所示，程序中 M0.0 控制启动过程，M0.1 控制停止过程。

【例 4 - 9】 编写交通灯控制程序。

对如图 4 - 40 所示十字路口交通灯进行编程控制，该系统输入信号有：一个启动按钮 SB1 和一个停止按钮 SB2，输出信号有东西向红灯、绿灯、黄灯、南北向红灯、绿灯、黄灯。控制要求：按下启动按钮，信号灯系统按图 4 - 41 的时序开始工作（绿灯闪烁的周期为 1s），并能循环运行；按一下停止按钮，所有信号灯都熄灭。

PLC 的 I/O 分配及 I/O 接线图如图 4 - 42 所示。该程序是一个循环类程序，交通灯执行一周期的时间为 60s，可把周期 60s 分成 0～25、25～28、28～30、30～55、55～58、58～60s 共 6 段时间，在 25～28、55～58s 段编一个周期为 1s 的脉冲程序串入其中。控制程序如图 4 - 43 所示。

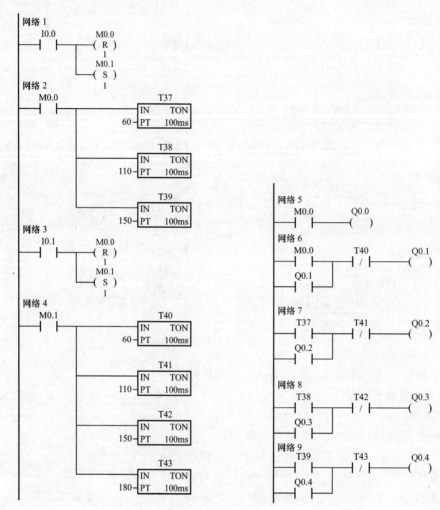

图 4-39　皮带运输控制程序

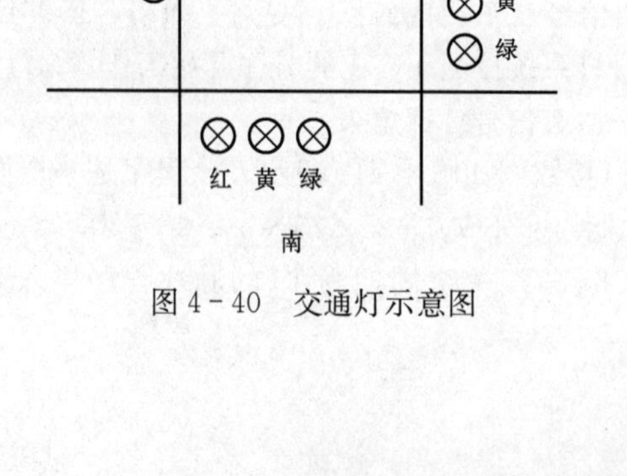

北

西　　　　　　　　　　　　　　　　　东

南

图 4-40　交通灯示意图

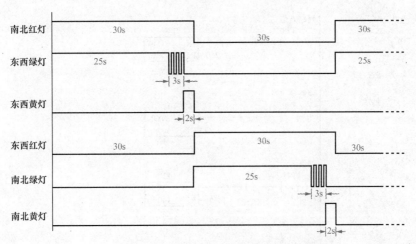

图 4 - 41 交通灯信号时序图

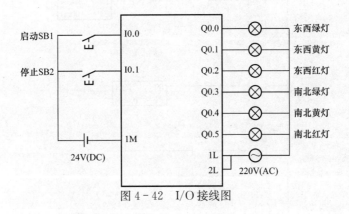

图 4 - 42 I/O 接线图

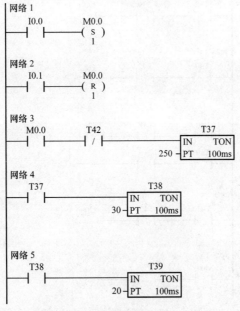

图 4 - 43 交通灯控制程序（一）

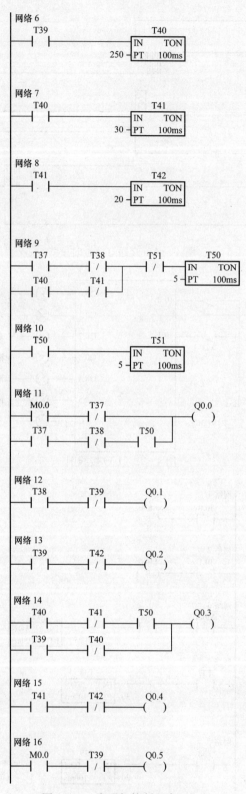

图 4-43 交通灯控制程序（二）

【例 4－10】 设计用 PLC 控制数码管循环显示数字 0～9。控制要求如下：

（1）按下启动按钮后，数码管从 0 开始显示，1s 后显示 1，再过 1s 后显示 2，……，显示 9，1s 后再重新显示 0，如此循环。

（2）当按下停止按钮后，数码管熄灭。

7 段数码管实际上是由 7 只发光二极管组成，要显示 0～9 数字，首先确定数字与 7 只发光管（即 PLC 的输出控制点）的关系，如图 4－44 所示。如要显示数字 0，则需要 a、b、c、d、e、f 管亮，则对应的 PLC 的需驱动的输出点为 Q0.0、Q0.1、Q0.2、Q0.3、Q0.4、Q0.5。

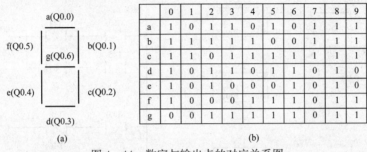

	0	1	2	3	4	5	6	7	8	9
a	1	0	1	1	0	1	0	1	1	1
b	1	1	1	1	1	0	0	1	1	1
c	1	1	0	1	1	1	1	1	1	1
d	1	0	1	1	0	1	1	0	1	0
e	1	0	1	0	0	0	1	0	1	0
f	1	0	0	0	1	1	1	0	1	1
g	0	0	1	1	1	1	1	0	1	1

（a）   （b）

图 4－44 数字与输出点的对应关系图

（a）数码管；（b）数字与输出点的对应关系

另外，可把一个周期的控制任务分解为 10 步，第一步显示数字 0，显示时间 1s，第二步显示数字 1，显示时间 1s，一直到第十步显示数字 9，显示时间 1s。再循环这 10 步来实现本程序的编写。

I/O 分配如下：启动按钮，I0.0；停止控制，I0.1；Q0.0～Q0.6，数码管 a～g。

根据系统控制要求，PLC 的 I/O 接线图如图 4－45 所示，控制程序如图 4－46 所示。

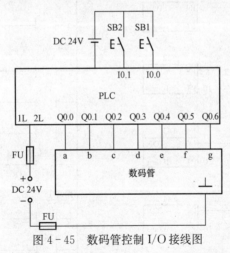

图 4－45 数码管控制 I/O 接线图

【例 4－11】 产品数量检测控制。如图 4－47 所示，传送带传送工件，用检测器检测通过的产品数量，每 24 个产品机械手动作 1 次。机械手动作后，延时 2s，将机械手电磁铁切断复位。试编写控制程序。

PLC 的 I/O 分配：

I0.0，传送带启动按钮；I0.1，传送带停机按钮；I0.2，产品通过检测器 PH；Q0.0，传送带电动机 KM1；Q0.1，机械手 KM2。

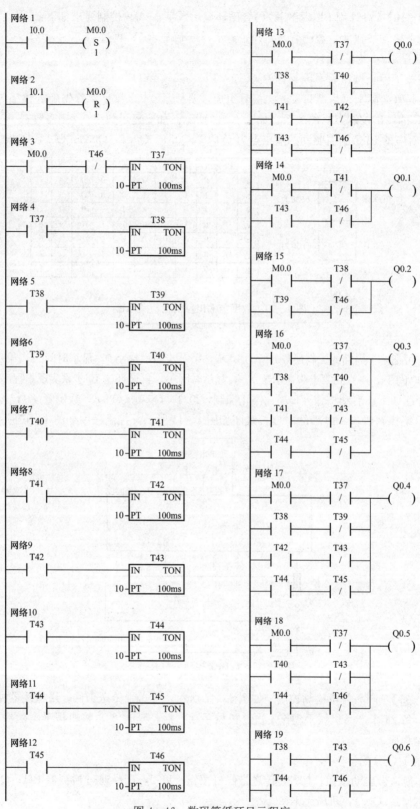

图4-46 数码管循环显示程序

控制程序如图4-48所示。

【例4-12】 车库自动门的控制，如图4-49所示。

(1) 当汽车开到门前时，门自动打开。当汽车经过门后，门自动关闭；

(2) 当开门开到上限位I0.3为ON时，门不再打开，开门结束；

(3) 当关门关到下限位I0.2为ON时，门不再关闭，关门结束；

(4) 当汽车处在检测范围入口传感器（I0.0）和出口传感器（I0.1）之间的时候，门将不再关闭。

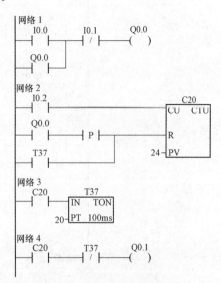

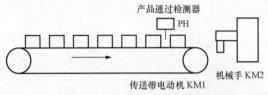

图4-47 产品数量检测示意图

图4-48 产品数量检测控制程序

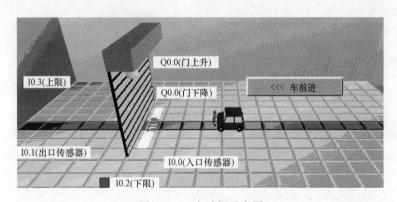

图4-49 自动门示意图

分析：当车开进时，通过I0.0的上升沿信号触发电动机正转实现开门，当门开到上限位I0.3动作时，开门结束，电动机停止。当车进去后，通过I0.1的下降沿信号触发电动机反转实现关门，当关到下限位I0.2动作时，关门结束，电动机停止。当车开出时，通过I0.1的上升沿信号触发电动机正转实现开门，当门开到上限位I0.3动作时，开门结束，电动机停止。当车出来后，通过I0.0的下降沿信号触发电动机反转实现关门，当关到下限位I0.2动作时，关门结束，电动机停止。

系统I/O接线图如图4-50所示。控制程序如图4-51所示，通过数脉冲

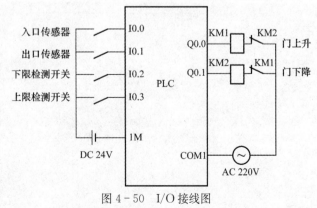

图4-50 I/O接线图

次数的方法来设计程序。关门的条件是用 I0.0 和 I0.1 产生的第二个下降沿来触发。

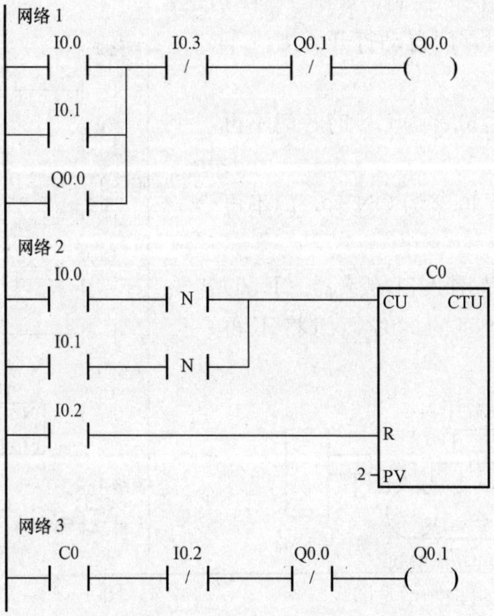

网络 1

```
    I0.0      I0.3      Q0.1      Q0.0
 ───┤ ├──┬──┤/├──────┤/├───────( )
    I0.1  │
 ───┤ ├───┤
    Q0.0  │
 ───┤ ├───┘
```

网络 2

```
    I0.0                          C0
 ───┤ ├────┤N├──┬───────────CU    CTU
    I0.1        │
 ───┤ ├────┤N├──┘
    I0.2
 ───┤ ├──────────────────────R
                           2─PV
```

网络 3

```
    C0        I0.2      Q0.0      Q0.1
 ───┤ ├──────┤/├───────┤/├────────( )
```

图 4-51　自动门控制程序

第五章

顺序控制指令及其应用

顺序功能图 SFC 用于编制复杂的顺控程序，此梯形图比较直观，也为越来越多的电气技术人员所接受。S7-200 PLC 有 4 条顺序控制指令，其目标元件为状态器，可用类似于顺序功能图 SFC 语言的状态转移图方式编程。本章介绍顺序控制指令及编程方法。

第一节　功能图的基本概念

功能图也称为状态转移图、顺序功能图或功能流程图。一个控制过程可以分为若干个阶段，每个阶段称为状态。状态与状态之间由转换分隔。相邻的状态具有不同的动作。当相邻两状态之间的转换条件得到满足时，就实现转换，即上一状态的动作结束而下一状态的动作开始。可用功能图来描述控制系统的控制过程，状态转移图具有直观、简单的特点，是设计 PLC 顺序控制程序的一种有力工具。

状态器是功能图基本的软元件。

一、功能图的基本概念

状态具有控制系统中一个相对不变的性质，对应于一个稳定的情形。状态的图形符号如图 5-1（a）所示。矩形框中可写上该状态的状态器元件编号。

1. 初始状态

初始状态是功能图运行的起点，一个控制系统至少要有一个初始状态。初始状态的图形符号为双线的矩形框，如图 5-1（b）所示。

2. 工作状态

工作状态是控制系统正常运行的状态。根据控制系统是否运行，状态可以为动态和静态两种。动状态是指当前正在运行的状态，静状态是指当前没有运行的状态。

3. 与状态对应的动作

在每个稳定的状态下，一般会有相应的动作。动作的表示方法如图 5-2 所示。

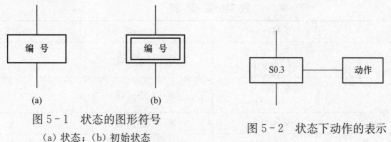

图 5-1　状态的图形符号
　　（a）状态；（b）初始状态

图 5-2　状态下动作的表示

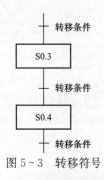

图 5-3 转移符号

4. 转移

为了说明从一个状态到另一个状态的变化，需用转移的概念。转移的方向用一条有向线段来表示，两个状态之间的有向线段上再用一条横线可表示这一转移，如图 5-3 所示。

转移是一种条件，当此条件成立时，称为转移使能。该转移如果能够使状态发生转移，则称为触发。一个转移能够触发必须满足以下条件：状态为动状态及转移使能。转移条件是指使系统从一个状态向另一个状态转移的必要条件。

二、功能图的构成

功能图的绘制必须满足以下规则：

（1）状态与状态不能直接相连，必须用转移分开。

（2）转移与转移不能相连，必须用状态分开。

（3）状态与转移、转移与状态之间的连接采用有向线段，从上向下画时，可以省略箭头；当有向线段从下向上画时，必须画上箭头，以表示方向。

（4）一个功能图至少要有一个初始状态。

下面以一台汽车自动清洗机的动作为例来说明功能图的绘制。汽车自动清洗机的动作如下：按下启动按钮后，打开喷淋阀门，同时清洗机开始移动。当检测到汽车到达刷洗范围时，启动旋转刷子开始清洗汽车。当检测到汽车离开清洗机时，停止清洗机移动、停止刷子旋转并关闭阀门，接着清洗机返回至原点。图 5-4 所示为功能图表示的汽车自动清洗机的运行过程。

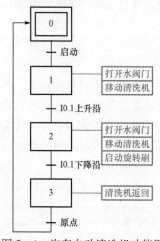

图 5-4 汽车自动清洗机功能图

第二节 顺序控制指令

一、顺序控制指令介绍

顺序控制指令是 PLC 生产厂家为用户提供的可使功能图编程简单化和规范化的指令。S7-200 PLC 提供了四条顺序控制指令，其中最后一条条件顺序状态结束指令 CSCRE 使用较少，其 STL、LAD 格式和功能如表 5-1 所示。

表 5-1 顺控指令表

STL	LAD	功　能	操作元件
LSCR S_bit	S_bit ┤ SCR	顺序状态开始	S（位）
SCRT S_bit	S_bit ──(SCRT)	顺序状态转移	S（位）
SCRE	──(SCRE)	顺序状态结束	无
CSCRE		条件顺序状态结束	无

从表 5-1 中可以看出，顺序控制指令的操作元件为顺序控制器 S，也称为状态器，每一个 S 位都表示功能图中的一种状态。S 的范围为 S0.0～S31.7。

注意　这里使用的是 S 的位元件。

从 LSCR 指令开始到 SCRE 指令结束的所有指令组成一个顺序控制器（SCR）段。LSCR 指令标记一个 SCR 段的开始，当该段的状态器置位时，允许该 SCR 段工作。SCR 段必须用 SCRE 指令结束。当 SCRT 指令的输入端有效时，一方面置位下一个 SCR 段的状态器，以便使下一个 SCR 段开始工作；另一方面又同时使该段的状态器复位，使该段停止工作。由此可以总结出每一个 SCR 程序段一般有以下三种功能：

（1）驱动处理。即在该段状态有效时，要做什么工作，有时也可能不做任何工作。

（2）指定转移条件和目标。即满足什么条件后状态转移到何处。

（3）转移源自动复位功能。状态发生转移后，置位下一个状态的同时，自动复位原状态。

二、举例说明

在使用功能图编程时，应先画出功能图，然后对应于功能图画出梯形图。如图 5-5 所示为顺序控制指令使用的一个例子。

在该例中，初始化脉冲 SM0.1 用来置位 S0.1，即把 S0.1 状态激活；在 S0.1 状态的 SCR 段要做的工作是置位 Q0.4、复位 Q0.5 和 Q0.6，使 T37 开始计时。T37 计时 1s 后状态发生转移，T37 即为状态转移条件，T37 的动合触点将 S0.2 置位激活的同时，自动使原状态 S0.1 复位。

在状态 S0.2 的 SCR 段，要做的工作是输出 Q0.2，同时 T38 计时；T38 计时 20s 后，状态从 S0.2 转移到 S0.3，同时状态 S0.2 自动复位。

注意　在 SCR 段输出时，常用 SM0.0（常 ON）执行 SCR 段的输出操作。因为线圈不能直接与母线相连，所以需借助 SM0.0 来与母线相连。

使用说明：

（1）顺控指令仅对元件 S 有效，顺控继电器 S 也具有一般继电器的功能，所以对它能够使用其他指令。

（2）SCR 段程序能否执行取决于该状态器（S）是否被置位，SCRE 与下一个 LSCR 之间的指令逻辑不影响下一个 SCR 段程序的执行。

（3）不能把同一个 S 位用于不同程序中，如在主程序中用了 S0.1，则在子程序中就不能再使用它。

（4）在 SCR 段中不能使用 JMP 和 LBL 指令，就是说不允许跳入、跳出或在内部跳转，但可以在 SCR 段附近使用跳转和标号指令。

（5）在 SCR 段中不能使用 FOR、NEXT 和 END 指令。

（6）在状态发生转移后，所有的 SCR 段的元器件一般也要复位，如果希望继续输出，可使用置位/复位指令。

（7）在使用功能图时，状态器的编号可以不按顺序编排。

（8）S7-200 PLC 的顺控程序段中，不支持多线圈输出。如程序中出现多个 Q0.0 的线圈，则以后面线圈的状态优先输出。

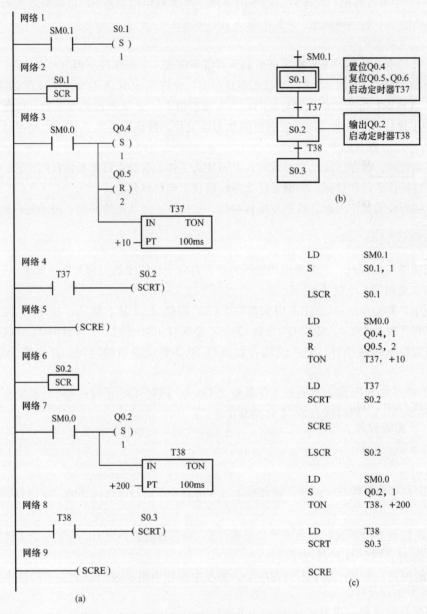

图 5-5　顺序控制指令的使用

(a) 梯形图；(b) 功能图；(c) 语句表

第三节　功能图的主要类型

功能图的主要类型有直线流程、选择性分支和连接、并行性分支和连接、跳转和循环等。

1. 直线流程

这是最简单的功能图，其动作是一个接一个地完成。每个状态仅连接一个转移，每个转移也仅连接一个状态。功能图与梯形图如图 5-6 所示。

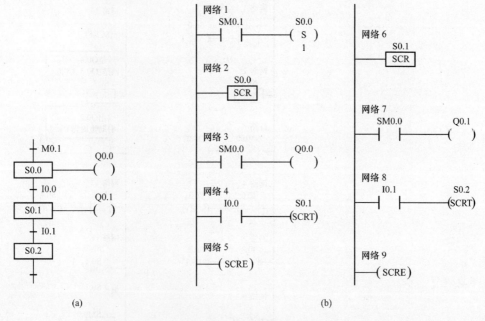

图 5-6 直线流程的功能图与梯形图
(a) 功能图；(b) 梯形图

2. 选择性分支和连接

在生产实际中，对具有多流程的工作要进行流程选择或者分支选择。即一个控制流可能转入多个可能的控制流中的某一个，但不允许多路分支同时执行。到底进入哪一个分支取决于控制流前面的转移条件哪一个为真。选择性分支和连接的功能图和梯形图如图 5-7 所示。

3. 并行性分支和连接

一个顺序控制状态流必须分成两个或多个不同分支控制状态流，这就是并发性分支或并行分支。但一个控制状态流分成多个分支时，所有的分支控制状态流必须同时激活。当多个控制流产生的结果相同时，可以把这些控制流合并成一个控制流，即并行性分支的连接。

图 5-8 所示为并行性分支和连接的功能图和梯形图。并行性分支连接时，要同时使所有分支状态转移到新的状态，完成新状态的启动。另外，在状态 S0.2 和 S0.4 的 SCR 中，由于没有使用 SCRT 指令，所以 S0.2 和 S0.4 的复位不能自动进行，最后要用复位指令对其进行复位。这种处理方法在并行分支的连接合并时经常用到，而且在并行分支连接合并前的最后一个状态往往是"等待"过渡状态，它们要等待所有并行分支都为活动状态后一起转移到新的状态。这些"等待"状态不能自动复位，它们的复位就要使用复位指令来完成。

4. 跳转和循环

直线流程、并行和选择是功能图的基本形式。多数情况下，这些基本形式是混合出现的，跳转和循环是其典型代表。

利用功能图语言可以很容易实现流程的循环重复操作。在程序设计过程中可以根据状态的转移条件，决定流程是单周期操作还是多周期循环，是跳转还是顺序向下执行。

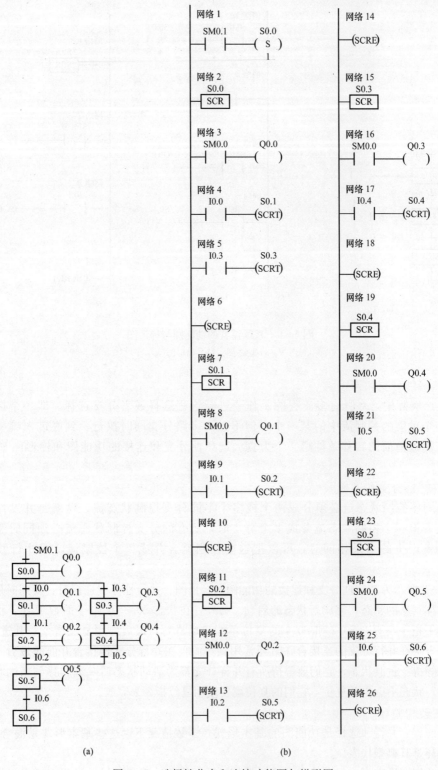

图 5-7　选择性分支和连接功能图与梯形图

(a) 功能图；(b) 梯形图

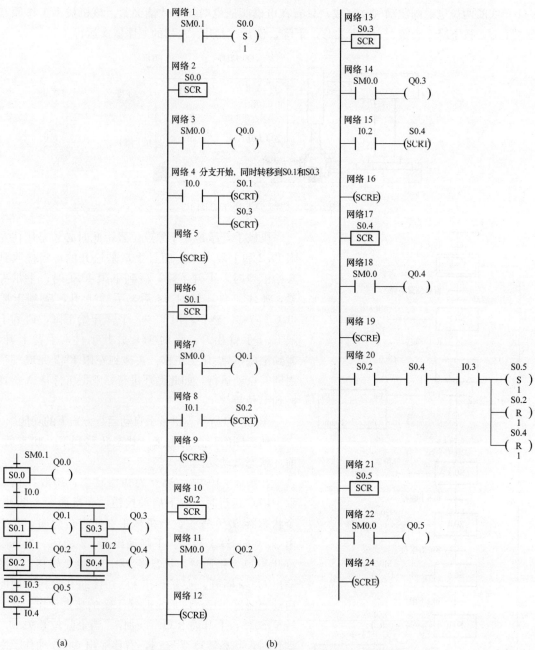

图 5-8　并行性分支和连接的功能图和梯形图

(a) 功能图；(b) 梯形图

第四节　顺序控制指令应用编程举例

【例 5-1】　简单机械手的自动控制。

机械手工作示意图如图 5-9 所示，机械手将工件从 A 位置向 B 位置移送。机械手的上升、下降与左移、右移都是由双线圈两位电磁阀驱动气缸来实现的。抓手对物件的松开、夹紧是由一个单线圈两位电磁阀驱动气缸完成，只有在电磁阀通电时抓手才能夹紧。该机械手工作原点在左上方，按下降、夹紧、上升、右移、下降、松开、上升、左移的顺序依次运行。

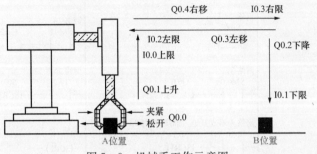

图 5-9　机械手工作示意图

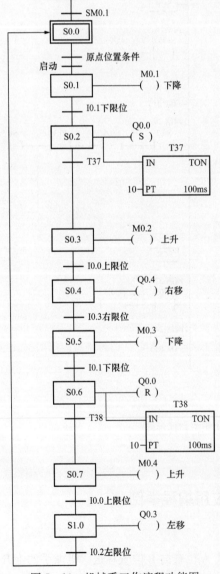

图 5-10　机械手工作流程功能图

机械手开始是处于原点位置，此时必须是压住左限 I0.2 和上限 I0.0，而且手爪是松开的；当接收到开始信号时，手臂下降，碰到下限 I0.1 时，手爪夹紧，抓住工件，延时 1s 后，手臂上升，碰到上限 I0.0，右移，碰到右限 I0.3，手臂开始下降，碰到下限 I0.1 手臂松开，延时 1s，放开工件，手臂上升，碰到上限 I0.0 开始左移，再碰到左限 I0.2 完成一个周期。自动运行，如此循环进行，就把工件从 A 位置搬到 B 位置。

图 5-10 所示为机械手自动运行方式下的功能图。

功能图的特点是由某一状态转移到下一状态后，前一状态自动复位。

在图 5-10 中，S0.0 为初始状态，用双线框表示。PLC 运行时，按下启动按钮，会接通一个脉冲，令状态器 S0.0 置位。当机械手在原点位置时，状态由 S0.0 向 S0.1 转移。下降输出 Q0.2 动作。当下限位开关 I0.1 接通时，状态器 S0.1 向 S0.2 转移，下降输出 Q0.2 断开，夹紧输出 Q0.0 接通并保持。同时启动定时器 T37，1s 后定时器 T37 的接点动作，状态转至 S0.3，上升输出 Q0.1 动作。当上限位开关 I0.0 动作时，状态转移至 S0.4，右移输出 Q0.4 动作。右限位开关 I0.3 接通，转移至 S0.5 状态，下降输出 Q0.2 再次动作。当下限位开关 I0.1 又接通时，状态转移至 S0.6，使输出 Q0.0 复位，即抓手松开，同时启动定时器 T38，1s 之后状态转移至 S0.7，上升输出 Q0.1 动作。到上限位开关 I0.0 接通，状态转移至 S1.0，左移输出 Q0.3 动作，到达左限位开头 I0.2 接通，状态返回 S0.0，又进入下一个循环。

程序如图 5-11 所示，程序中 I1.0 为启动信号，

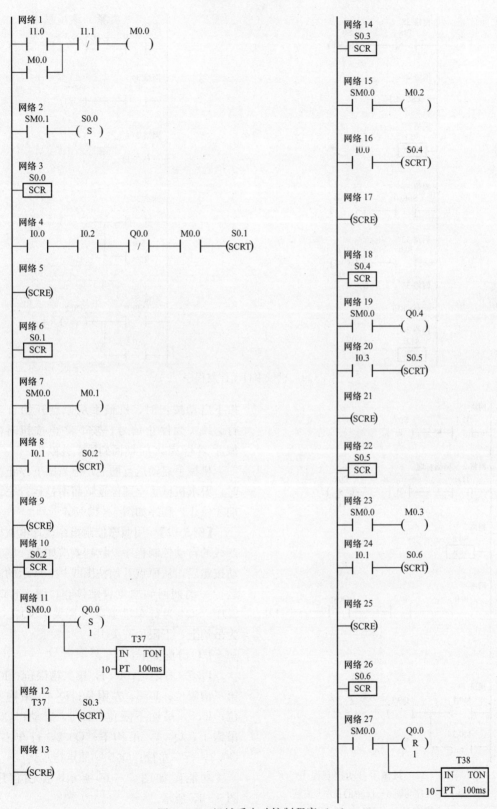

图 5-11 机械手自动控制程序（一）

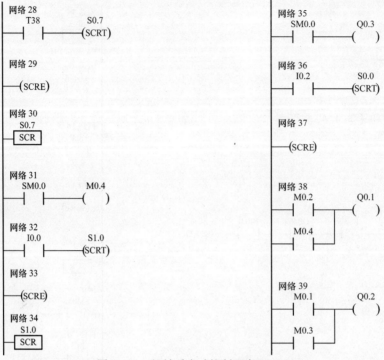

图 5-11 机械手自动控制程序（二）

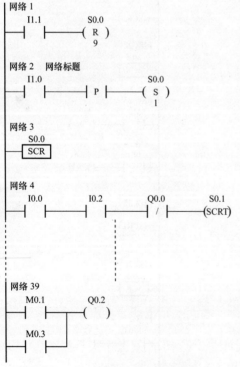

图 5-12 机械手自动控制程序

注：本程序与图 5-11 中的程序只有前
4 个网络不同，网络 5～39 相同。

按下启动按钮时，机械手从原点开始自动运行。I1.1 为停止信号，按下停止按钮时，机械手运行完该周期回到原点就停止。

机械手启动运行同上，但当按下停止按钮时，要求机械手立即停止，而不是运行完该周期才停止，程序如图 5-12 所示。

【例 5-2】用顺序控制指令设计电镀槽生产线的自动控制程序。控制要求如下：按下启动按钮后，从原点开始按图 5-13 所示的流程运行一周期回到原点自动停止；图 5-13 中 SQ1～SQ4 为行车进退限位开关，SQ5、SQ6 为吊钩上、下限位开关。

I/O 分配如下：

I0.0，右限位；I0.1，第二槽限位；I0.2，第三槽限位；I0.3，左限位；I0.4，吊钩上限位；I0.5，吊钩下限位；I0.6，启动；Q0.0，吊钩上；Q0.1，吊钩下；Q0.2，行车右行；Q0.3，行车左行；Q0.4，原点指示。

功能图如图 5-14 所示，控制程序如图 5-15 所示。

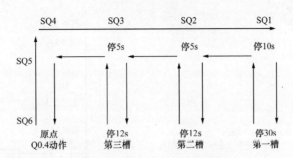

图 5-13 电镀槽生产线流程图

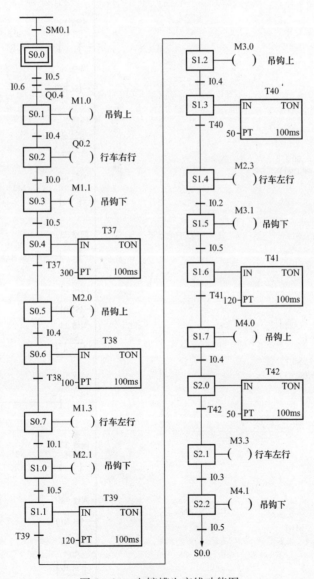

图 5-14 电镀槽生产线功能图

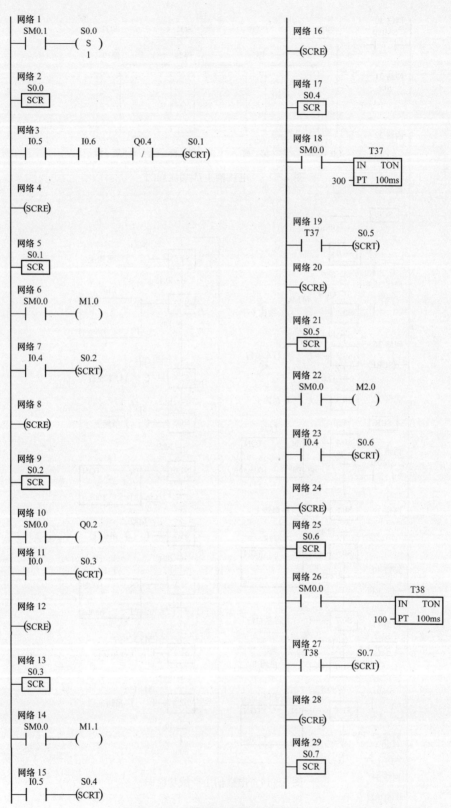

图 5-15　电镀槽生产线控制程序（一）

网络 30
```
SM0.0        M1.3
├─┤ ├────────( )
```

网络 31
```
I0.1         S1.0
├─┤ ├────────(SCRT)
```

网络 32
```
(SCRE)
```

网络 33
```
S1.0
├─[SCR]
```

网络 34
```
SM0.0        M2.1
├─┤ ├────────( )
```

网络 35
```
I0.5         S1.1
├─┤ ├────────(SCRT)
```

网络 36
```
(SCRE)
```

网络 37
```
S1.1
├─[SCR]
```

网络 38
```
SM0.0                    T39
├─┤ ├───────────┤IN    TON│
                120─┤PT  100ms│
```

网络 39
```
T39          S1.2
├─┤ ├────────(SCRT)
```

网络 40
```
(SCRE)
```

网络 41
```
S1.2
├─[SCR]
```

网络 42
```
SM0.0        M3.0
├─┤ ├────────( )
```

网络 43
```
I0.4         S1.3
├─┤ ├────────(SCRT)
```

网络 44
```
(SCRE)
```

网络 45
```
S1.3
├─[SCR]
```

网络 46
```
SM0.0                    T40
├─┤ ├───────────┤IN    TON│
                50─┤PT  100ms│
```

网络 47
```
T40          S1.4
├─┤ ├────────(SCRT)
```

网络 48
```
(SCRE)
```

网络 49
```
S1.4
├─[SCR]
```

网络 50
```
SM0.0        M2.3
├─┤ ├────────( )
```

网络 51
```
I0.2         S1.5
├─┤ ├────────(SCRT)
```

网络 52
```
(SCRE)
```

网络 53
```
S1.5
├─[SCR]
```

网络 54
```
SM0.0        M3.1
├─┤ ├────────( )
```

网络 55
```
I0.5         S1.6
├─┤ ├────────(SCRT)
```

网络 56
```
(SCRE)
```

网络 57
```
S1.6
├─[SCR]
```

网络 58
```
SM0.0                    T41
├─┤ ├───────────┤IN    TON│
                120─┤PT  100ms│
```

图 5-15　电镀槽生产线控制程序（二）

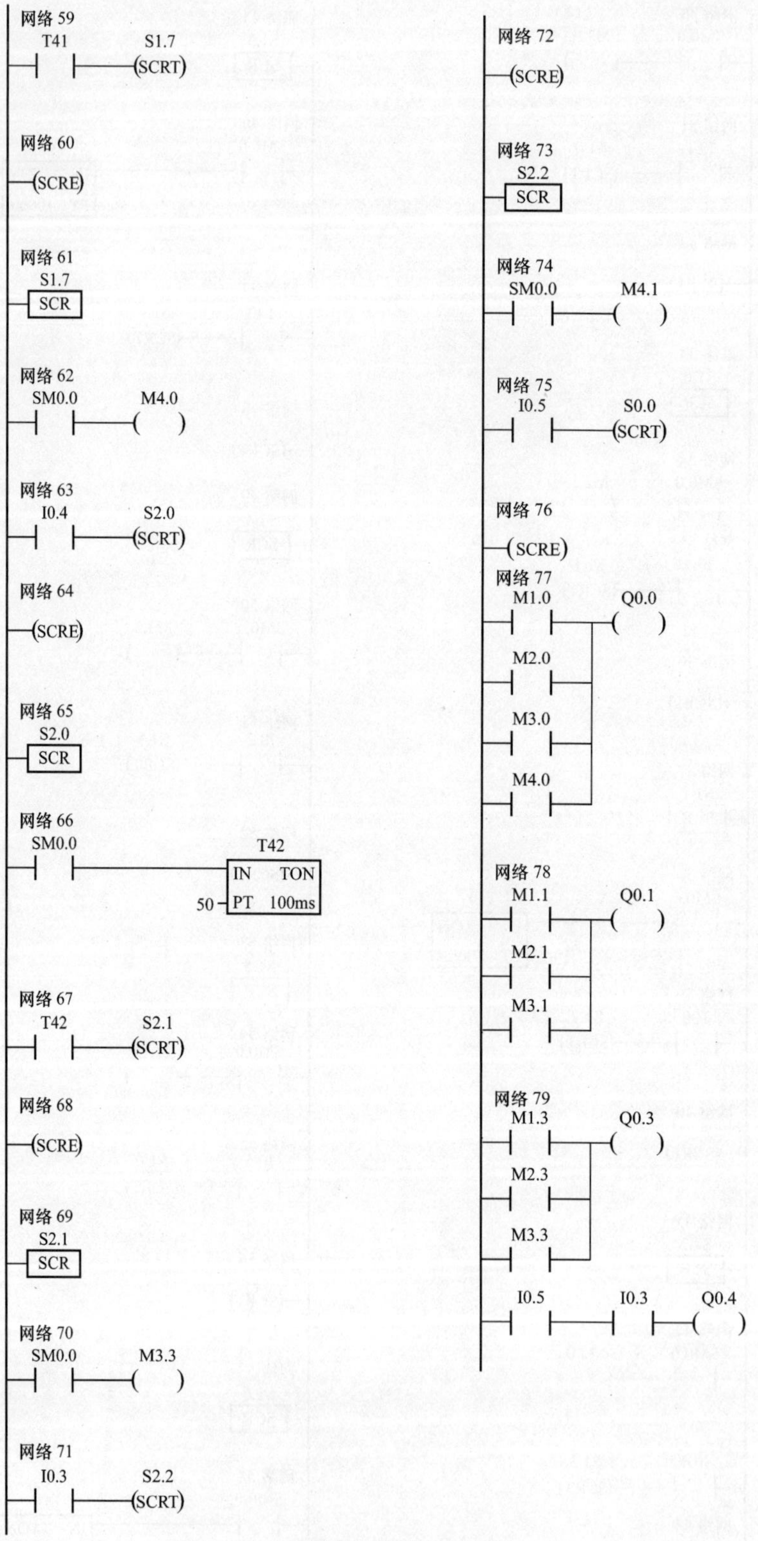

网络59
T41   S1.7
├┤ ├┤──(SCRT)

网络60
──(SCRE)

网络61
S1.7
┤ SCR ├

网络62
SM0.0   M4.0
├┤ ├┤──( )

网络63
I0.4   S2.0
├┤ ├┤──(SCRT)

网络64
──(SCRE)

网络65
S2.0
┤ SCR ├

网络66
SM0.0
├┤ ├┤────────┐
              T42
          IN   TON
      50─PT   100ms

网络67
T42   S2.1
├┤ ├┤──(SCRT)

网络68
──(SCRE)

网络69
S2.1
┤ SCR ├

网络70
SM0.0   M3.3
├┤ ├┤──( )

网络71
I0.3   S2.2
├┤ ├┤──(SCRT)

网络72
──(SCRE)

网络73
S2.2
┤ SCR ├

网络74
SM0.0   M4.1
├┤ ├┤──( )

网络75
I0.5   S0.0
├┤ ├┤──(SCRT)

网络76
──(SCRE)

网络77
M1.0   Q0.0
├┤ ├┤──( )
M2.0
├┤ ├┤
M3.0
├┤ ├┤
M4.0
├┤ ├┤

网络78
M1.1   Q0.1
├┤ ├┤──( )
M2.1
├┤ ├┤
M3.1
├┤ ├┤

网络79
M1.3   Q0.3
├┤ ├┤──( )
M2.3
├┤ ├┤
M3.3
├┤ ├┤
I0.5   I0.3   Q0.4
├┤ ├┤ ├┤──( )

图 5-15　电镀槽生产线控制程序（三）

第六章

常用功能指令及其应用

S7-200 PLC 具有丰富的功能指令,它极大地拓宽了 PLC 的应用范围,增强了 PLC 编程的灵活性,它可以完成更为复杂的控制程序的编写,完成特殊工业环节的控制,使程序设计更加方便。

S7-200 PLC 的功能指令主要包括以下类型:

(1) 传送、移位和填充指令;

(2) 算术运算与逻辑运算指令;

(3) 数据转换指令;

(4) 时钟指令;

(5) 高速处理指令;

(6) PID 指令;

(7) 通信指令等。

本章介绍一些常用的功能指令。为更好地表述指令的功能和简化烦琐的介绍,特做以下说明。

(1) 字符含义。B 表示字节,W 表示字,I 表示整数,DW 表示双字(LAD 中),DI 表示双整数(LAD 中),D 表示双字或双整数(STL 中),R 表示实数。

(2) 数据类型。对于操作数的形式,做如下约定:

1) 字节型包括 VB、IB、QB、MB、SB、SMB、LB、AC、∗VD、∗LD、∗AC 和常数。

2) 字型及 INT 型包括 VW、IW、QW、MW、SW、SMW、LW、AC、T、C、∗VD、∗LD、∗AC 和常数。

3) 双字型及 DINT 型包括 VD、ID、QD、MD、SD、SMD、LD、AC、∗VD、∗LD、∗AC 和常数。

4) 字符型字节包括 VB、LB、∗VD、∗LD 和 ∗AC。

(3) 操作数类型。操作数有输入操作数(IN)和输出操作数(OUT),输出操作数一般不包括常数和元件 I。

(4) 标志位。标志位由一些特殊继电器组成,如 SMB1。它们用来记录在执行功能指令时所产生的一些特殊信息。

第一节 传 送 指 令

数据传送指令用于各个编程元件之间进行数据传送。根据每次传送数据的数量多少可分为单一传送和块传送指令,本节介绍单一传送指令。

单一数据传送指令每次传送一个数据,按传送数据的类型分为字节传送、字传送、双字传

送和实数传送。

1. 字节传送指令

字节传送指令格式如图 6-1 所示，图中的 IN 表示输入操作数，OUT 表示输出操作数。输入和输出操作数都为字节型数据，且输出操作数不能为常数。

2. 字传送指令

字传送指令格式如图 6-2 所示。输入和输出操作数都为字型或 INT 型数据，且输出操作数不能为常数。

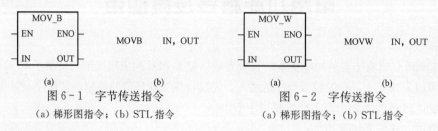

图 6-1　字节传送指令　　　　　　　图 6-2　字传送指令
(a) 梯形图指令；(b) STL 指令　　　　(a) 梯形图指令；(b) STL 指令

3. 双字传送指令

双字传送指令格式如图 6-3 所示。输入和输出操作数都为双字节型或 DINT 型数据，且输出操作数不能为常数。

4. 实数传送指令

实数传送指令格式如图 6-4 所示。输入输出操作数都为实数（32 位），且输出操作数不能为常数。

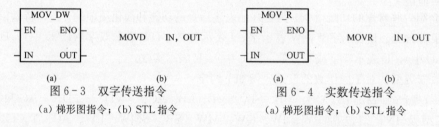

图 6-3　双字传送指令　　　　　　　图 6-4　实数传送指令
(a) 梯形图指令；(b) STL 指令　　　　(a) 梯形图指令；(b) STL 指令

传送指令的应用如图 6-5 所示，应用时，一定要注意数据类型的对应。

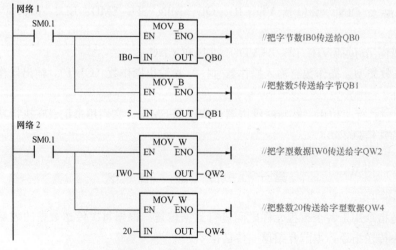

图 6-5　传送指令的用法（一）

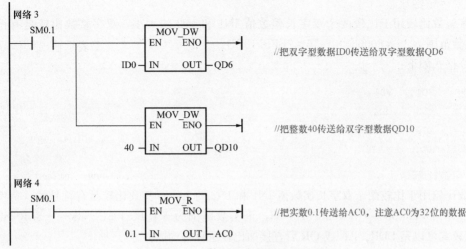

图 6-5 传送指令的用法（二）

第二节 比 较 指 令

比较指令是将两个数值或字符串按指定条件进行比较，条件成立时，触点就闭合，否则断开，所以比较指令实际上也是一种位指令。在实际应用中，比较指令为上、下限控制以及数值条件的判断提供了方便。

比较指令的类型有：字节比较、整数比较、双字整数比较、实数比较和字符串比较。

数值比较指令的运算符有：＝、＞＝、＜、＜＝、＞和＜＞等6种，而字符串比较指令只有＝和＜＞两种。

1. 字节比较

字节比较用于比较两个字节型整数值 IN1 和 IN2 的大小，字节比较是无符号的。比较式可以是 LDB、AB 或 OB 后直接加比较运算符构成，如 LDB＝、AB＜＞、OB＞＝ 等。

整数 IN1 和 IN2 都为字节型数据类型。

指令格式如下：

```
LDB=    VB10,   VB12
AB< >   MB0,    MB1
OB< =   AC1,    116
```

2. 整数比较

整数比较用于比较两个字型整数值 IN1 和 IN2 的大小，整数比较是有符号的（整数范围为 $16\sharp 8000 \sim 16\sharp 7FFF$，即 $-32\,768 \sim +32\,767$）。比较式可以是 LDW、AW 或 OW 后直接加比较运算符构成，如 LDW＝、AW＜＞、OW＞＝ 等。

指令格式如下：

```
LDW=    VW10,   VW12
AW< >   MW0,    MW2
OW< =   AC2,    1160
```

3. 双字整数比较

双字整数比较用于比较两个双字长整数值 IN1 和 IN2 的大小，双字整数比较是有符号的（双字整数范围为 $16\#80000000 \sim 16\#7FFFFFFF$）。

指令格式如下：

```
LDD=    VD10,   VD14
AD< >   MD0,    MD4
OD< =   AC0,    1160000
LDD>=   HC0,    *AC0
```

4. 实数比较

实数比较用于比较两个双字长实数值 IN1 和 IN2 的大小，实数比较是有符号的（负实数范围为 $-1.175495E-38 \sim -3.402823E+38$，正实数范围为 $+1.175495E-38 \sim +3.402823E+38$）。比较式可以是 LDR、AR 或 OR 后直接加比较运算符构成。

指令格式如下：

```
LDR=    VD10,   VD18
AR< >   MD0,    MD12
OR< =   AC1,    1160.478
AR>     *AC1,   VD100
```

比较指令的应用如图 6-6 所示，应用时，一定要注意数据类型的对应。

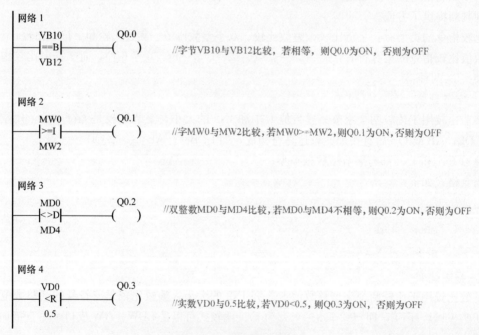

图 6-6　比较指令的用法

【**例 6-1**】　一自动仓库存放某种货物，最多可放 6 000 箱，需对所存的货物进出计数。货物多于 1000 箱，灯 L1 亮；货物多于 5000 箱，灯 L2 亮。

控制程序如图 6-7 所示，其中 L1 和 L2 分别由 Q0.0 和 Q0.1 驱动。

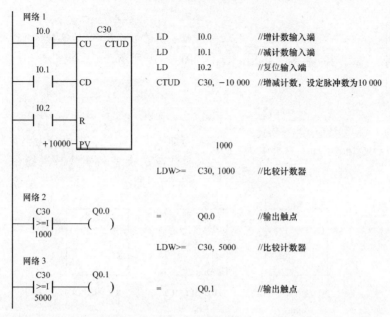

网络 1

LD	I0.0	//增计数输入端
LD	I0.1	//减计数输入端
LD	I0.2	//复位输入端
CTUD	C30, −10 000	//增减计数, 设定脉冲数为10 000

1000

LDW>=   C30, 1000   //比较计数器

网络 2

=   Q0.0   //输出触点

LDW>=   C30, 5000   //比较计数器

网络 3

=   Q0.1   //输出触点

图 6-7 控制程序

第三节 运算指令

PLC除了具有极强的逻辑功能外,还具备较强的运算功能。在使用算术运算指令时要注意存储单元的分配。在使用LAD编程时,IN1、IN2和OUT可以使用不一样的存储单元,这样编写的程序比较清晰易懂。但在用STL方式编程时,OUT要和其中的一个IN操作数使用同一个存储单元,这样用起来比较麻烦,编写程序和使用计算结果时都不方便。LAD格式与STL格式程序相互转化时会有不同的转换结果。因此建议在使用算术指令和数学指令时,最好使用LAD形式编程。

本节介绍常用的运算指令:加法指令、减法指令、乘法指令、除法指令、加1指令和减1指令。

一、加法指令

加法指令是对两个有符号数进行相加,有整数加法指令、双整数加法指令和实数加法指令。

1. 整数加法指令

这里指的整数加法是16位整数的加法,指令格式如图6-8所示。

2. 双整数加法指令

双整数加法是32位整数的加法,指令格式如图6-9所示。

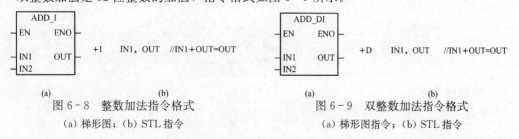

图 6-8 整数加法指令格式
(a)梯形图;(b)STL指令

图 6-9 双整数加法指令格式
(a)梯形图指令;(b)STL指令

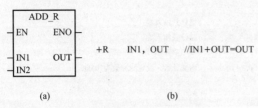

图 6-10　实数加法指令格式

(a) 梯形图指令；(b) STL 指令

3. 实数加法指令

实数加法是 32 位实数的加法，指令格式如图 6-10 所示。

二、减法指令

减法指令是对两个有符号数进行减操作，与加法指令一样，也可分为整数减法指令、双整数减法指令和实数减法指令，指令格式如图 6-11 所示。

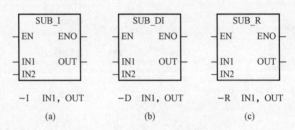

图 6-11　减法指令格式

(a) 整数减法指令；(b) 双整数减法指令；(c) 实数减法指令

三、乘法指令

乘法指令有整数乘法、完全整数乘法、双整数乘法和实数乘法指令。

1. 整数乘法指令

整数乘法指令是对两个有符号数进行乘法操作，指令格式如图 6-12 所示。

2. 完全整数乘法指令

完全整数乘法指令是将两个单字长（16 位）的符号整数 IN1 和 IN2 相乘，产生一个 32 位双整数结果写入到 OUT 操作数。指令格式如图 6-13 所示。

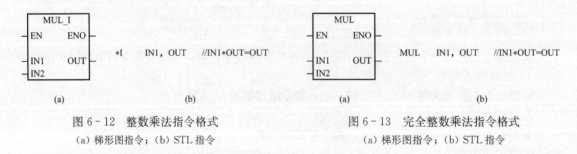

图 6-12　整数乘法指令格式　　　　　图 6-13　完全整数乘法指令格式

(a) 梯形图指令；(b) STL 指令　　　　(a) 梯形图指令；(b) STL 指令

注意　OUT 数据类型为双字。

说明　在 LAD 中，IN1×IN2＝OUT；在 STL 中，IN1×OUT＝OUT，32 位运算结果存储的低 16 位运算前用于存放被乘数。

3. 双整数乘法指令

双整数乘法指令格式如图 6-14 所示。

4. 实数乘法指令

实数乘法指令 IN1、IN2 和 OUT 操作数数据类型都为实数，格式如图 6-15 所示。

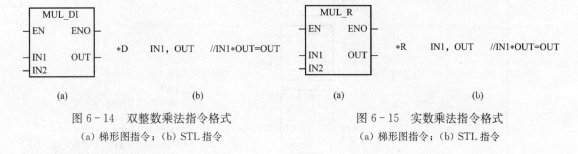

图 6-14　双整数乘法指令格式　　　　图 6-15　实数乘法指令格式
　　(a) 梯形图指令；(b) STL 指令　　　　　　(a) 梯形图指令；(b) STL 指令

四、除法指令

除法指令是对两个有符号数进行除法操作，除法指令也可分为整数除法指令（/I）、完全整数除法指令（DIV）、双整数除法指令（/D）和实数除法指令（/R），格式如图 6-16 所示。

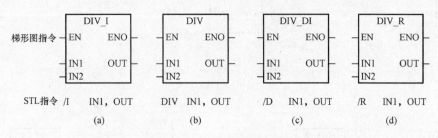

图 6-16　除法指令格式
(a) 整数除法指令；(b) 完全除法指令；(c) 双整数除法指令；(d) 实数除法指令

注意　(1) 整数相除时，不保留余数。如 $9 \div 2 = 4$。

(2) 完全整数除法将两个 16 位的符号整数相除，产生一个 32 位结果，其中低 16 位为商，高 16 位为余数。

【例 6-2】　算术运算指令应用实例如图 6-17 所示，梯形图如图 6-17 (a)，图 6-17 (b) 是通过编程软件转换后得到对应的语句表程序。

本例中，若 VW10＝2000，VW12＝150，则执行完该段程序后，各有关结果存储单元的数值为：VW16＝2150，VW18＝1850，VD＝300 000，VW30＝50，VW32＝13。

【例 6-3】　在图 6-18 中，分析图 6-18 (a) 和 (b) 的执行结果有何不同。

分析：两段时间的区别在于图 6-18 (a) 中用了上升沿脉冲输出指令，而图 6-18 (b) 中没有用上升沿脉冲输出指令。

在图 6-18 (a) 中，若 I0.0 第一次由 OFF→ON 时，整数乘法指令只执行一次，所以执行完后 VW0＝50；当 I0.0 第二次由 OFF→ON 时，VW0＝500，当 I0.0 第三次由 OFF→ON 时，VW0＝5000；到 I0.0 第四次由 OFF→ON 时，VW0 的值就保持 5000 不变了。因为若第四次再乘以 10，数据变为 50 000，超过 16 位二进制数的最大值 32 767，所以产生了溢出。

在图 6-18 (b) 中，若 I0.0 由 OFF→ON 时，只要 I0.0 为 ON，则整数乘法指令每个扫描周期都要执行一次，所以 VW0 的数据马上就到了 5000。

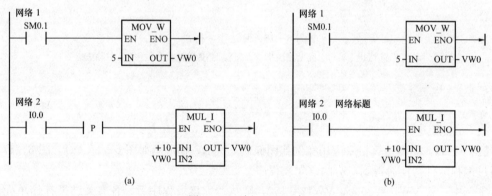

图 6-17　例 6-2 程序

(a) 梯形图；(b) 语句表

网络 1
SM0.1

MOV_W
EN　ENO
5 - IN　OUT - VW0

网络 2
I0.0　　P

MUL_I
EN　ENO
+10 - IN1　OUT - VW0
VW0 - IN2

(a)

网络 1
SM0.1

MOV_W
EN　ENO
5 - IN　OUT - VW0

网络 2　网络标题
I0.0

MUL_I
EN　ENO
+10 - IN1　OUT - VW0
VW0 - IN2

(b)

图 6-18　例 6-3 程序

【例 6-4】　试编程序实现以下算式的算法：$Y = \dfrac{X+50}{3} \times 2$。

式中，X 是从 IB0 送入的二进制数，计算出的 Y 值以二进制数的形式从 QB0 输出并显示。程序如图 6-19 所示。

五、加 1 指令

加 1 指令有字节加 1 指令、字加 1 指令和双字加 1 指令三条，指令格式如图 6-20 所示。

六、减 1 指令

减 1 指令有字节减 1 指令、字减 1 指令和双字减 1 指令三条，指令格式如图 6-21 所示。

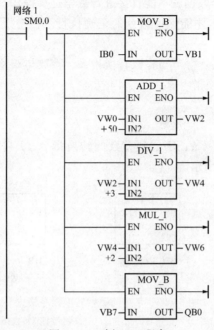

图 6-19 例 6-4 程序

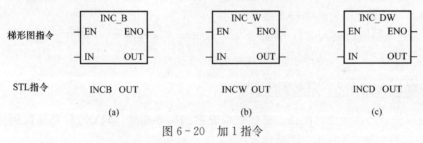

图 6-20 加 1 指令

（a）字节加 1 指示；（b）字加 1 指令；（c）双字加 1 指令

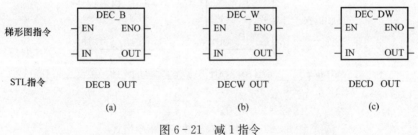

图 6-21 减 1 指令

（a）字节减 1 指令；（b）字减 1 指令；（c）双字减 1 指令

第四节 数 据 转 换 指 令

PLC 中的主要数据类型包括字节、整数、双整数和实数，主要的码制有 BCD 码、ASCII 码、十进制数和十六进制数等。不同性质的指令对操作数的类型要求不同，如一个数据是字型，另一个数据是双字型，这两个数据就不能直接进行数学运算操作。因此，在指令使用之前需要将操作数转化成相应的类型，才能保证指令的正确执行。转换指令可以完成数据类型转换的任务。

数据类型转换指令主要有：字节与整数转换指令、整数与双整数转换指令、双整数与实数转换指令和整数与BCD码转换指令等。

一、字节与整数转换指令

字节与整数转换指令有两条：字节到整数的转换指令（BTI）和整数到字节的转换指令（ITB）。指令格式如图6-22所示。

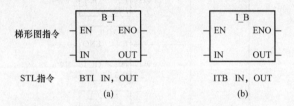

图6-22 字节与整数转换指令格式

(a) 字节到整数转换指令；(b) 整数到字节转换指令

注意 （1）BTI指令将字节型输入数据IN转换为整数类型，并将结果送到OUT输出。字节型是无符号的，所以没有符号扩展位。

（2）ITB指令将整数输入数据IN转换为字节类型，并将结果送到OUT输出。输入数据超出字节范围（0～255）时产生溢出（SM1.1置位为ON）。

二、整数与双整数转换指令

整数与双整数转换指令有两条：整数到双整数的转换指令（ITD）和双整数到整数的转换指令（DTI）。指令格式如图6-23所示。

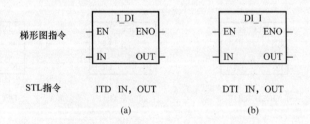

图6-23 整数与双整数转换指令格式

(a) 整数到双整数转换指令；(b) 双整数到整数转换指令

注意 （1）ITD指令将有符号的16位整数输入数据IN转换为32位双整数类型，并将结果送到OUT输出。

（2）DTI指令将有符号的32位双整数输入数据IN转换为16位整数类型，并将结果送到OUT输出。输入数据超出字范围（-32 768～+32 767）时产生溢出（SM1.1置位为ON）。

三、双整数与实数转换指令

双整数与实数转换指令有三条：双字整数转为实数指令、ROUND 取整指令和 TRUNC 取整指令。指令格式如图 6-24 所示。

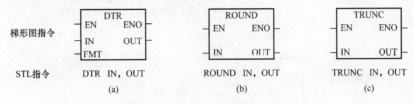

图 6-24 双整数与实数转换指令
(a) 双字整数转为实数指令；(b) ROUND 取整指令；(c) TRUNC 取整指令

注意 (1) 双字整数转为实数（DTR）指令，将输入端（IN）指定的 32 位有符号整数转换成 32 位实数。

(2) ROUND 取整指令，转换时实数的小数部分四舍五入，转换成 32 位有符号整数。

(3) TRUNC 取整指令，实数舍去小数部分后，转换成 32 位有符号整数。

(4) 取整指令被转换的输入值应是有效的实数，如果实数值太大，使输出无法表示，那么溢出位（SM1.1）被置位。

(5) 没有直接的整数到实数转换指令，转换时，要先把整数转换到双整数，再把双整数转换到实数。

四、整数与 BCD 码转换指令

1. BCD 码

在一些数字系统，如计算机和数字式仪器中，如数码开关设置数据，往往采用二进制码表示十进制数。通常，把用一组 4 位二进制码来表示一位十进制数的编码方法称作 BCD 码。

4 位二进制码共有 16 种组合，可从中选取 10 种组合来表示 0～9 这 10 个数，根据不同的选取方法，可以编制出多种 BCD 码，其中 8421BCD 码最为常用。十进制数与 8421BCD 码的对应关系如表 6-1 所示。

表 6-1 　　　　　　　　　　　十进制数与 **8421BCD** 码对应表

十进制数	0	1	2	3	4	5	6	7	8	9
8421 码	0000	0001	0010	0011	0100	0101	0110	0111	1000	1001

例如，十进制数 7256 转换成 8421 码为：0111 0010 0101 0110。

2. 整数与 BCD 码转换指令

整数与 BCD 码转换指令有两条：整数到 BCD 码的转换指令（IBCD）和 BCD 码到整数的转换指令（BCDI）。指令格式如图 6-25 所示。

【例 6-5】 1in＝2.54cm，英寸数由数码开关输入（BCD 码）到 IW0，编写 PLC 程序，把长度由英寸转换成厘米，厘米数由 QW0 用 BCD 码输出显示。

PLC 程序如图 6-26 所示。

梯形图指令

```
      I_BCD
  ─ EN    ENO ─
  ─ IN    OUT ─
```

STL指令   IBCD OUT   //把OUT操作数由整数转换成BCD码后再写入
                             到OUT中，执行前后OUT数据发生了改变

(a)

梯形图指令

```
      BCD_I
  ─ EN    ENO ─
  ─ IN    OUT ─
```

STL指令   BCDI OUT   //把OUT操作数由BCD码转换成整数后再写入
                             到OUT中，执行前后OUT数据发生了改变

(b)

图 6-25 整数与 BCD 码转换指令

（a）整数到 BCD 转换指令；（b）BCD 到整数转换指令

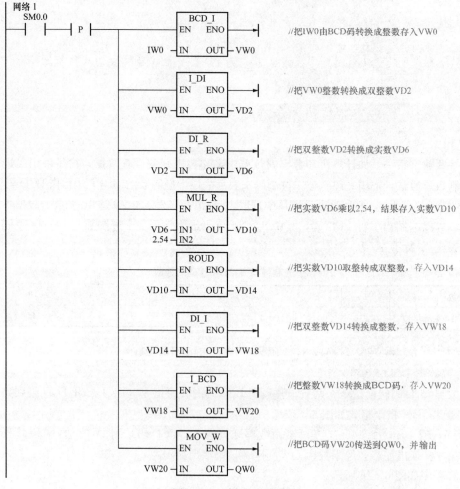

图 6-26 例 6-5 程序

第五节 时 钟 指 令

利用时钟指令可以实现调用系统实时时钟或根据需要设定时钟，这对于实现控制系统的运行监视、运行记录以及所有和实时时间有关的控制等十分方便。实用的时钟操作指令有两种：读实时时钟和设定实时时钟，指令格式如图 6-27 所示。

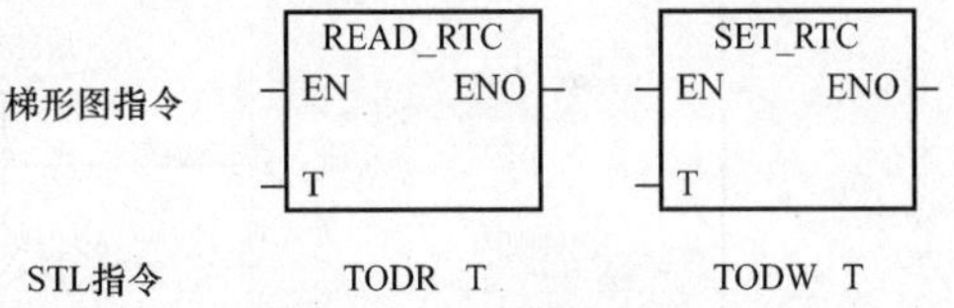

梯形图指令

STL指令 TODR T　　　　TODW T

(a)　　　　　　　(b)

图 6-27 时钟指令

(a) 读时钟指令；(b) 写时钟指令

说明

(1) 读实时时钟指令 (TODR)，当使能输入有效时，系统读当前时间和日期，并把它装入一个 8 字节的缓冲区。操作数 T 用来指定 8 个字节缓冲区的起始地址。

(2) 写实时时钟指令 (TODW)，用来设定实时时钟，当使能输入有效时，系统将包含当前时间和日期，一个 8 字节的缓冲区将装入时钟。操作数 T 用来指定 8 字节缓冲区的起始地址。

时钟缓冲区的格式如表 6-2 所示。

表 6-2　　　　　　　　　　　　时钟缓冲区的格式表

字节	T	T+1	T+2	T+3	T+4	T+5	T+6	T+7
含义	年	月	日	小时	分钟	秒	0	星期几
范围	00～99	01～12	01～31	00～23	00～59	00～59	0	01～07

注意 (1) 对于一个没有使用过时钟指令的 PLC，在使用时钟指令前，打开编程软件菜单"PLC→实时时钟"界面，在该界面中可读取 PC 的时钟，然后可把 PC 的时钟设置成 PLC 的实时时钟，也可重新进行时钟的调整。PLC 时钟设定后才能开始使用时钟指令。时钟可以设成与 PC 中一样，也可用 TODW 指令自由设定，但必须先对时钟存储单元赋值后，才能使用 TODW 指令。

(2) 所有日期和时间的值均要用 BCD 码表示。如对年来说，16#03 表示 2003 年；对于小时来说，16#23 表示晚上 11 点。星期的表示范围是 1～7，1 表示星期日，依次类推，7 表示星期六，0 表示禁用星期。

(3) 系统不检查与核实时钟各值的正确与否，所以必须确保输入的设定数据是正确的。如 2 月 31 日虽为无效日期，但可以被系统接收。

(4) 不能同时在主程序和中断程序中使用读写时钟指令，否则会产生致命错误，中断程序中的实时时钟指令将不被执行。

(5) 硬件时钟在 CPU224 以上的 CPU 中才有。

【例 6-6】 把时钟 2008 年 12 月 30 日星期二早上 9 点 14 分 25 秒写入到 PLC，并把当前的时间从 VB200～VB207 中以十六进制数读出。编写程序如图 6-28 所示。

【例 6-7】 某通风系统要求每天 7：00 开第一台电动机 (Q0.0)，10：30 开第二台电动机 (Q0.1)，16：00 关第一台电动机 (Q0.0)，23：30 关第二台电动机 (Q0.1)。试用时钟指令编写程序。

时钟的设置与读出与图 6-28 程序相同，在此基础上用小时与分钟数值与具体时间进行比较，就可实现该通风系统的控制，控制程序如图 6-29 所示，I0.0 接设定时间按钮。

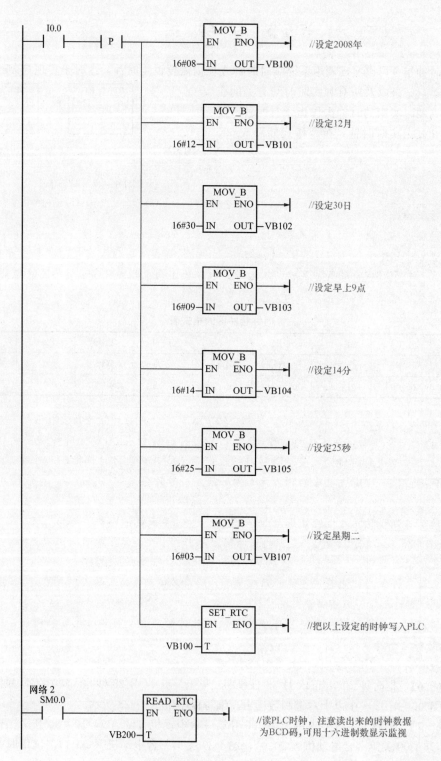

图 6-28 例 6-6 程序

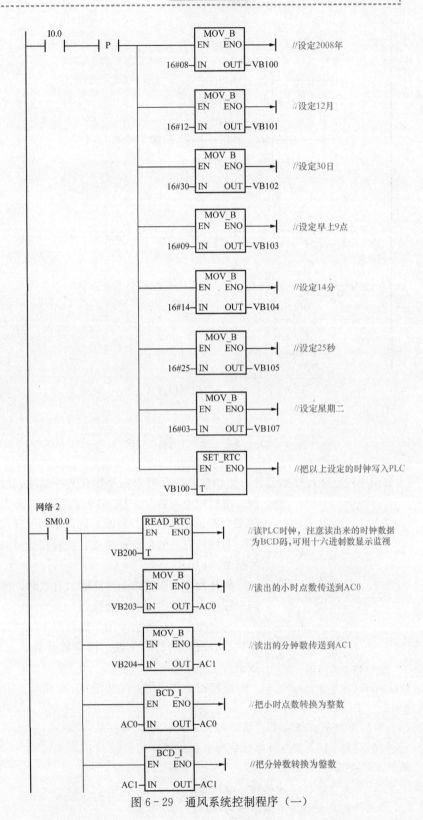

图 6-29 通风系统控制程序（一）

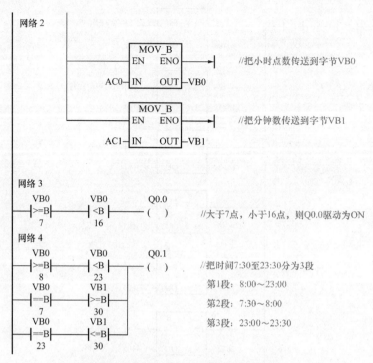

网络2
//把小时点数传送到字节VB0
//把分钟数传送到字节VB1

网络3
//大于7点，小于16点，则Q0.0驱动为ON

网络4
//把时间7:30至23:30分为3段
第1段：8:00～23:00
第2段：7:30～8:00
第3段：23:00～23:30

图6-29　通风系统控制程序（二）

第六节　跳　转　指　令

跳转指令主要用于较复杂程序的设计，使用该类指令可以用来优化程序结构，增强程序功能。跳转指令可以使 PLC 编程的灵活性大大提高，使 PLC 可根据不同条件的判断，选择不同的程序段执行程序。与跳转有关的指令有两条：跳转指令（JMP）和标号指令（LBL）。

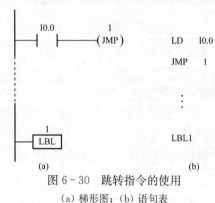

跳转指令：跳转指令使能输入有效时，使程序跳到同一程序中的指定标号 n 处执行。

标号指令：标号指令用来标记程序段，作为跳转指令执行时跳转到目的位置。操作数 n 为 0～255 的字型数据。

图6-30　跳转指令的使用
(a)梯形图；(b)语句表

跳转指令的使用方法如图6-30所示。

说明

(1) 跳转指令和标号指令必须配合使用，而且只能使用在同一程序块中，如主程序、同一主程序或同一个中断程序。不能在不同的程序块中相互跳转。

(2) 执行跳转后，被跳过程序段中的各元件状态为：

1) Q、M、S、C 等元件的位保持跳转前的状态。

2) 计数器 C 停止计数，当前值存储器保持跳转前的计数值。

3) 对定时器来说，因刷新方式不同而工作状态不同。在跳转期间，分辨率为 1ms 和 10ms

的定时器会一直保持跳转前的工作状态，原来工作的继续工作，到设定值后，其位的状态也会改变，输出触点动作，其当前值存储器一直累计到最大值 32 767 才停止。对分辨率为 100ms 的定时器来说，跳转期间停止工作，但不会复位，存储器里的值为跳转时的值，跳转结束后，若输入条件允许，可继续计时，但已失去了准确计时的意义，所以在跳转段里的定时器要慎用。

用跳转指令来编写设备的手动与自动控制切换程序是一种常用的编程方式。

【例6-8】 用跳转指令编程，控制两只灯，分别接于 Q0.0、Q0.1。控制要求如下：

(1) 要求能实现自动与手动控制的切换，切换开关接于 I0.0，若 I0.0 为 OFF，则为手动操作，若 I0.0 为 ON，则切换到自动运行；

(2) 手动控制时，能分别用一个开关控制它们的启停，两个灯的启停开关分别为 I0.1、I0.2；

(3) 自动运行时，两只灯能每隔 1s 交替闪亮。

分析如下：可以采用跳转指令来编写控制程序，当 I0.0 为 OFF 时，把自动程序跳过，只执行手动程序；当 I0.0 为 ON 时，把手动程序跳过，只执行自动程序。设计程序如图 6-31 所示。

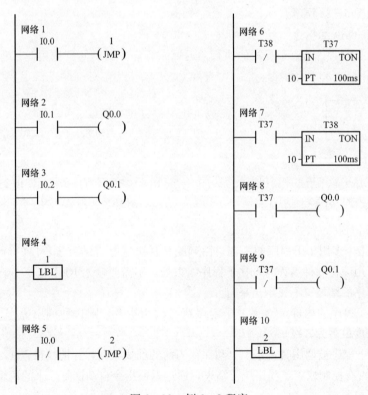

图 6-31　例 6-8 程序

第七节　子　程　序　指　令

子程序在结构化程序设计中是一种方便有效的工具。S7-200 PLC 的指令系统具有简单、方便、灵活的子程序调用功能。与子程序有关的操作有：建立子程序、子程序的调用和返回。

一、建立子程序

建立子程序是通过编程软件来完成的。可用编辑软件中的菜单"编辑→插入→子程序",以建立或插入一个新的子程序;同时,在指令窗口中可以看到新建的子程序图标。在一个程序中可以有多个子程序,其地址序号排列为 SBR_0～SBR_n,用户也可以在图标上直接更改子程序的名称,把它变为能描述该子程序功能的名字。

不同的 CPU,所允许的子程序个数也不同。对于 CPU221、CPU222、CPU224,最多可以编写 64 个子程序;对于 224XP 和 CPU226,最多可编写 128 个子程序。

在指令树窗口双击"调用子程序"中的子程序,就可对它进行子程序的编程。

二、子程序指令

子程序指令有两条:子程序调用指令(CALL)和子程序条件返回指令(CRET)。

1. 子程序调用指令

在使用输入有效时,主程序调用并执行子程序。子程序的调用可以带参数,也可以不带参数。指令格式如图 6-32 所示。

2. 子程序条件返回指令

在使能输入有效时,结束子程序的执行,返回主程序中(返回到调用此子程序的下一条指令)指令格式如图 6-33 所示。

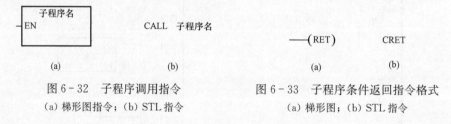

图 6-32 子程序调用指令   图 6-33 子程序条件返回指令格式
(a) 梯形图指令;(b) STL 指令   (a) 梯形图;(b) STL 指令

3. 指令说明

(1) CRET 指令多用于子程序的内部,由判断条件决定是否结束子程序的调用,RET 用于子程序的结束。用编程软件编程时,在子程序结束处,不需要输入 RET 指令,软件会自动在内部加到每个子程序的结尾(不显示出来)。

(2) 如果在子程序的内部又对另一子程序执行调用指令,则这种调用称作子程序的嵌套。子程序的嵌套深度最多为 8 级。

(3) 当一个子程序被调用时,系统自动保存当前的堆栈数据,并把栈顶置 1,堆栈中的其他值为 0,子程序占有控制权。子程序执行结束,通过返回指令自动恢复原来的逻辑堆栈值,调用程序又重新取得控制权。

(4) 累加器可在调用程序和被调用子程序之间自由传递,所以累加器的值在子程序调用时既不保存也不恢复。

(5) 当子程序在一个扫描周期内被多次调用时,在子程序中不能使用上升沿、下降沿、定时器和计数器指令。

【例 6-9】 简易机械手的控制。在第五章中介绍了机械手的自动控制(见图 5-9),现要求在原自动控制的基础上加手动控制,用一个输入点来进行自动与手动操作的切换。要求机械手要在原点才能开始自动运行。

I/O分配如下：I0.0，上限位检测开关；I0.1，下限位检测开关；I0.2，左限位检测开关；I0.3，右限位检测开关；I0.4，手动/自动切换，当I0.4为OFF时手动控制，为ON时自动控制；I0.5，手动向上运行；I0.6，手动向下运行；I0.7，手动向左运行；I1.0，手动向右运行；I1.1，手动松开；I1.2，手动夹紧；Q0.0，驱动手抓夹紧；Q0.1，驱动上升；Q0.2，驱动下降；Q0.3，驱动左移；Q0.4，驱动右移。

编程思路如下：设计一个手动程序和一个自动程序，当I0.4为OFF时调用手动子程序，当I0.4为ON时调用自动子程序。

主程序如图6-34所示，手动子程序如图6-35所示，自动子程序如图6-36所示。

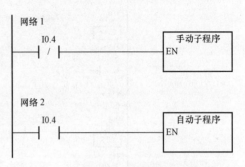

图6-34 主程序

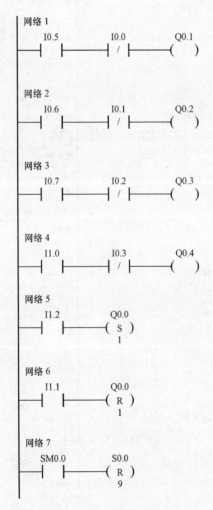

图6-35 手动子程序

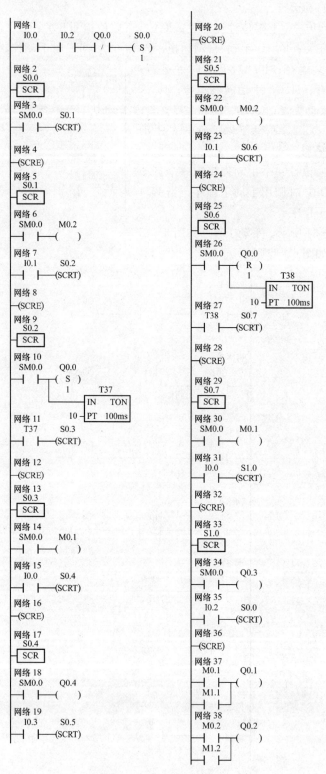

图 6-36　自动子程序

三、带参数的子程序

子程序中可以有参变量，带参变量的子程序调用极大地扩大了子程序的使用范围，增加了调用的灵活性。它主要用于功能类似的子程序块的编程。子程序的调用过程如果存在数据的传递，则在调用指令中应包含相应的参数。

1. 子程序参数

子程序最多可以传递 16 个参数。参数在子程序的局部变量表中加以定义。参数包含变量名、变量类型和数据类型。

(1) 变量名。变量名最多用 23 个字符表示，第一个字符不能是数字。

(2) 变量类型。变量类型是按变量对应数据的传递方向来划分的，可以是传入子程序 (IN)、传入和传出子程序 (IN_OUT)、传出子程序 (OUT) 和暂时变量 (TEMP) 4 种类型。4 种类型的参数在变量表中的位置必须按以下先后顺序：

1) IN 类型。IN 类型为传入子程序参数。参数可以是直接寻址数据（如 VB200）、间接寻址数据（如 * AC1）、立即数（如 16♯2344）或数据的地址值（&VB100）。

2) IN_OUT 类型。IN_OUT 类型为传入和传出子程序参数。调用时将指定参数位置的值传到子程序，返回时从子程序得到的结果值被返回到同一地址。参数可以采用直接或间接寻址，但立即数和地址值不能作为参数。

3) OUT 类型。OUT 类型为传出子程序参数。它将从子程序返回的结束值送到指定的参数位置。输出参数可以采用直接寻址和间接寻址，但不能是立即数和地址编号。

4) TEMP 类型。TEMP 类型是暂时变量参数。在子程序内部暂时存储数据，但不能用来与调用程序传递数据。

(3) 数据类型。局部变量表中还要对数据类型进行声明。数据类型可以是：能流、布尔型、字节型、字型、双字型、整数型和实型。

1) 能流：仅允许对位输入操作，是位逻辑运算的结束。

2) 布尔型：用于单独的位输入和输出。

3) 字节、字和双字型：这 3 种类型分别声明一个 1 字节、2 字节、4 字节的无符号输入或输出参数。

4) 整数、双整数型：这两种类型分别声明一个 2 字节和 4 字节的有符号输入或输出参数。

5) 实型：是 32 位浮点参数。

2. 参数子程序调用的规则

(1) 常数参数必须声明数据类型。如值为 223344 的无符号双字作为参数传递时，必须用 DW♯223344 来指明。如果缺少常数参数的这一描述，常数可能会被当做不同类型使用。

(2) 输入或输出参数没有自动数据类型转换功能。如局部变量表中声明一个参数为实型，而在调用时使用一个双字，则子程序中的值就是双字。

(3) 参数在调用时必须按照一定的顺序排列，先是输入参数，然后是输入输出参数，最后是输出参数和暂时变量。

3. 变量表的使用

按照子程序指令的调用顺序，参数值分配给局部变量存储器，起始地址是 L0.0。当在局部变量表中加入一个参数时，系统自动给各参数分配局部变量存储空间。使用编程软件

时，地址分配是自动的。在局部变量表中要加入一个参数，单击要加入的变量类型区可以得到一个选择菜单，选择"插入"，然后选择"下一行"即可。局部变量表使用局部变量存储器 L。

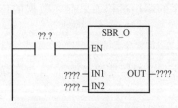

图 6-37 带参数子程序

【例 6-10】 在子程序的局部变量表中建立 IN1、IN2 和 OUT 三个变量，变量类型和数据类型如表 6-3 所示。IN1 和 IN2 为 IN 变量类型，OUT 为 OUT 变量类型，数据类型都为字节。变量 IN1 的分配地址为 LB0，变量 IN2 分配地址为 LB1，变量 OUT 分配地址为 LB2。则在主程序中调用该子程序格式如图 6-37 所示，EN 前接一个位元件（布尔量），IN1、IN2、OUT 在主程序中设置的数据类型必须与局部变量表中的数据类型一致。

表 6-3　　　　　　　　　　　局 部 变 量 表

地址	符号	变量类型	数据类型
	EN	IN	BOOL
LB0	IN1	IN	BYTE
LB1	IN2	IN	BYTE
		IN	
		IN_OUT	
LB2	OUT	OUT	BYTE
		OUT	
		TEMP	

【例 6-11】 编写一个计算 $Y = (X + 30) \times 4 \div 5$ 的子程序，使该公式能在多处调用。其中 X、Y 的数据类型为整数。

打开子程序，组态局部变量表，设置变量 X，变量类型为 IN，数据类型为 INT。设置变量 Y，变量类型为 OUT，数据变量为 INT。如表 6-4 所示。

表 6-4　　　　　　　　　　　局 部 变 量 表

地址	符号	变量类型	数据类型	注释
	EN	IN	BOOL	
LW0	X	IN	INT	
		IN		
		IN_OUT		
LW2	Y	OUT	INT	

编写子程序如图 6-38 所示，子程序中实现例 6-11 中的数学式的编程。

主程序如图 6-39 所示，在主程序中调用 3 次子程序，相当于把 VW0 作为 X 的值代入式中计算出 Y 的值，传送给 VW10；把 VW2 作为 X 的值代入式中计算出 Y 的值，传送给 VW12；VW4 作为 X 的值代入式中计算出 Y 的值，传送给 VW14。这样多次调用子程序，就简化了类似程序的编写，充分体现了结构化编程的思想。

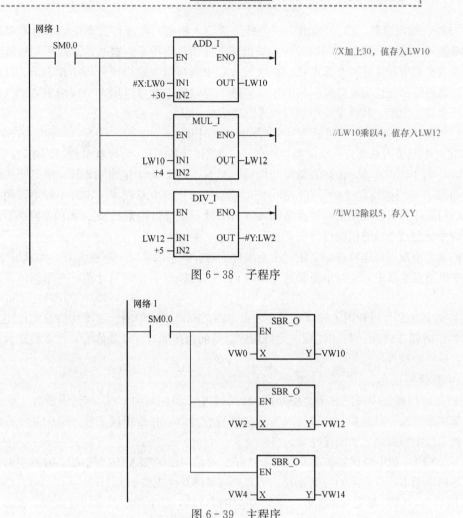

图 6-38 子程序

图 6-39 主程序

第八节 中 断

所谓中断,是当控制系统执行正常程序时,系统中出现了某些急需处理的异常情况或特殊请求,这时系统暂时中断现行程序,转去对随机发生的更紧迫事件进行处理(执行中断程序),当该事件处理完毕后,系统自动回到原来被中断的程序继续执行。

一、中断源与中断优先级

1. 中断源

中断源是中断事件向 PLC 发出中断请求的来源。S7-200 CPU 最多可达 34 个中断源,每个中断源都分配一个编号用于识别,称为中断事件号。这些中断源大致分为三大类:通信中断、输入/输出中断和时基中断。

(1)通信中断。PLC 的通信口可由程序来控制,通信中的这种操作模式称作自由口通信模式,利用数据接收和发送中断可以对通信进行控制。在该模式下,用户可以通过编程来设置波特率、奇偶校验和通信协议等参数。

（2）输入/输出中断。输入/输出中断包括外部输入中断、高速计数器中断和脉冲串输出中断。外部输入中断是利用 I0.0～I0.3 的上升沿或下降沿产生中断，这些输入点可用做连接某些一旦发生就必须引起注意的外部事件；高速计数器中断可以响应当前值等于预设值、计数方向改变、计数器外部复位等事件所引起的中断；脉冲串输出中断可以用来响应给定数量的脉冲输出完成所引起的中断，其典型应用是对步进电动机的控制。

（3）时基中断。时基中断包括定时中断和定时器中断。

1）定时中断可用来支持一个周期性的活动，周期时间以 1ms 为计量单位，周期时间可以是 1～255ms。对于定时中断 0，把周期时间值写入到 SMB34；对于定时中断 1，把周期时间值写入到 SMB35。每当达到定时时间值，相关定时器溢出，执行中断程序。定时中断可以用来以固定的时间间隔作为采样周期来对模拟量输入进行采样，也可以用来执行一个 PID 控制回路。另外，定时中断在自由口通信编程时非常有用。

当把某个中断程序连接在一个定时中断事件上时，如果该定时中断被允许，那就开始计时。当定时中断重新连接时，定时中断功能能清除前一次连接时的任何累计值，并用新值重新开始计时。

2）定时器中断可以利用定时器来对一个指定的时间段产生中断。这类中断只能使用分辨率为 1ms 的定时器 T32 和 T96 来实现。当所用定时器的当前值等于预置值时，在主机正常的定时刷新中，执行中断程序。

2．中断优先级

在 PLC 应用系统中可能有多个中断源。当多个中断源同时向 CPU 申请中断时，要求 CPU 能将全部中断源按中断性质和处理的轻重缓急来进行排队，并给予优先权。给中断源指定处理的次序就是给中断源确定中断优先级。

S7-200 PLC 的中断优先级由高到低依次是：通信中断、输入/输出中断、时基中断。每种中断的不同中断事件也有不同的优先权。所有中断事件及优先级如表 6-5 所示。

在 PLC 中，CPU 按先来先服务的原则响应中断请求，一个中断程序一旦执行，就一直执行到结束为止，不会被其他甚至更高优先级的中断程序打断。在任何时刻，CPU 只执行一个中断程序。中断程序执行中，新出现的中断请求按优先级和到来时间的先后顺序进行排队等候处理。中断队列能保存的最大中断个数有限，如果超过队列容量，则会产生溢出，某些特殊标志存储器被置位。中断队列、溢出标志位及队列容量如表 6-6 所示。

表 6-5　　　　　　　　　　　　　　中断事件及优先级表

优先级分组	组内优先级	中断事件号	中断事件说明	中断事件类别
通信中断	0	8	通信口 0：接收字符	通信口 0
	0	9	通信口 0：发送完成	
	0	23	通信口 0：接收信息完成	
	1	24	通信口 1：接收信息完成	通信口 1
	1	25	通信口 1：接收字符	
	1	26	通信口 1：发送完成	
I/O 中断	0	19	PTO 0 脉冲串输出完成中断	脉冲输出
	1	20	PTO 1 脉冲串输出完成中断	
	2	0	I0.0 上升沿中断	外部输入

续表

优先级分组	组内优先级	中断事件号	中断事件说明	中断事件类别
I/O 中断	3	2	I0.1 上升沿中断	
	4	4	I0.2 上升沿中断	
	5	6	I0.3 上升沿中断	
	6	1	I0.0 下降沿中断	
	7	3	I0.1 下降沿中断	
	8	5	I0.2 下降沿中断	
	9	7	I0.3 下降沿中断	
	10	12	HSC0 当前值=预置值中断	高速计数器
	11	27	HSC0 计数方向改变中断	
	12	28	HSC0 外部复位中断	
	13	13	HSC1 当前值=预置值中断	
	14	14	HSC1 计数方向改变中断	
	15	15	HSC1 外部复位中断	
	16	16	HSC2 当前值=预置值中断	
	17	17	HSC2 计数方向改变中断	
	18	18	HSC2 外部复位中断	
	19	32	HSC3 当前值=预置值中断	
	20	29	HSC4 当前值=预置值中断	
	21	30	HSC4 计数方向改变	
	22	31	HSC4 外部复位	
	23	33	HSC5 当前值=预置值中断	
定时中断	0	10	定时中断 0	定时
	1	11	定时中断 1	
	2	21	定时器 T32 CT=PT 中断	定时器
	3	22	定时器 T96 CT=PT 中断	

表 6-6　　　　　　　　　中断队列的最多中断个数和溢出标志位

中断队列种类	CPU 221	CPU 222	CPU 224	CPU 226 和 CPU 224XP	溢出标志位
通信中断队列	4	4	4	8	SM4.0
I/O 中断队列	16	16	16	16	SM4.1
时基中断队列	8	8	8	8	SM4.2

二、中断指令

中断指令有 4 条，包括开、关中断指令，中断连接和分离指令。指令格式如表 6-7 所示。

表6-7 中断指令格式

LAD	—(ENI)	—(DISI)	ATCH EN ENO INT EVNT	DTCH EN ENO EVNT
STL	ENI	DISI	ATCH INT, EVNT	DTCH EVNT
操作数说明	无	无	INT：中断程序名 EVNT：中断事件号	EVNT：中断事件号

1. 开、关中断指令

开中断（ENI）指令全局性允许所有中断事件，关中断（DISI）指令全局性禁止所有中断事件。

PLC转换到RUN（运行）模式时，中断开始时被禁用，可以通过执行开中断指令，允许所有中断事件。执行关中断指令会禁止处理中断，但是现用中断事件将继续排队等候。

2. 中断连接、分离指令

中断连接（ATCH）指令将中断事件（EVNT）与中断程序（INT）相连接，并启用中断事件。

分离中断（DTCH）指令取消某中断事件（EVNT）与所有中断程序之间的连接，并禁用该中断事件。

注意 一个中断事件只能连接一个中断程序，但多个中断事件可以调用一个中断程序。在一个程序中若使用了中断功能，则至少要使用一次ENI指令，否则程序中的ATCH指令不能完成使能中断的任务。

三、中断程序

1. 中断程序的概念

中断程序是为处理中断事件而事先编写好的程序。中断程序不是由程序调用的，而是在中断事件发生时由操作系统调用。中断程序应实现特定的任务，应"越短越好"，在中断程序中禁止使用DISI、ENI、HDEF、LSCR和END指令。

2. 建立中断程序的方法

方法一：从"编辑"菜单→选择插入（Insert）→中断（Interrupt）。

方法二：从指令树，用鼠标右键单击"程序块"图标并从弹出菜单→选择插入（Insert）→中断（Interrupt）。

方法三：从"程序编辑器"窗口，从弹出菜单用鼠标右键单击插入（Insert）→ 中断（Interrupt）。

【例6-12】 编写由I0.1的上升沿产生的中断程序，要求当I0.1的上升沿产生时立即把VW0的当前值变为0。

分析：查表6-5可知，I0.1上升沿产生的中断事件号为2。所以在主程序中用ATCH指令将事件号2和中断程序0连接起来，并全局开中断。主程序和中断程序如图6-40所示。

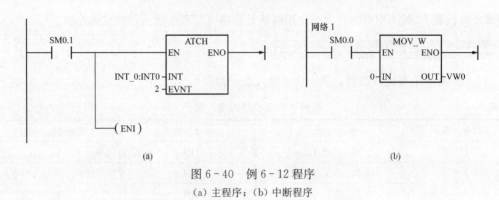

图 6 - 40 例 6 - 12 程序
(a) 主程序；(b) 中断程序

【例 6 - 13】 编程完成采样工作，要求每 10ms 采样一次。

分析：完成每 10ms 采样一次，需用定时中断，查表 6 - 5 可知，定时中断 0 的中断事件号为 10。因此在主程序中将采样周期（10ms）即定时中断的时间间隔写入定时中断 0 的特殊存储器 SMB34，并将中断事件 10 和 INT_0 连接，全局开中断。在中断程序 0 中，将模拟量输入信号读入，程序如图 6 - 41 所示。

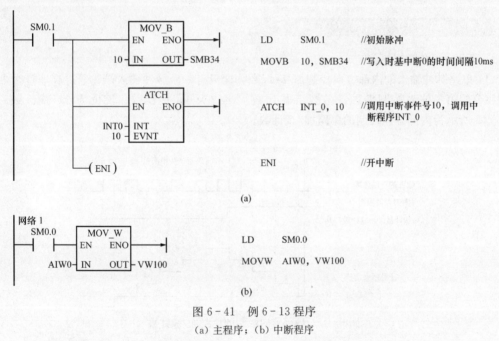

图 6 - 41 例 6 - 13 程序
(a) 主程序；(b) 中断程序

第九节 高速计数器的应用

前面介绍的计数器指令的计数频率比 PLC 扫描周期小，对比 CPU 扫描频率高的高速脉冲输入，就不能满足控制要求了。为此，SIMATIC S7 - 200 系列 PLC 设计了高速计数功能（HSC），其计数自动进行不受扫描周期的影响，最高计数频率取决于 CPU 的类型，SIMATIC S7 - 200 CPU22x 系列 PLC 最高计数频率为 30kHz，CPU224XP CN 最高计数频率为 230kHz，用于捕捉比 CPU 扫描速度更快的事件，并产生中断，执行中断程序，完成预定的操作。高速计数器最多可设置 12 种不同的操作模式。用高速计数器可实现高速运动的精确控制。

一、高速计数器占用输入端子

CPU224 有 6 个高速计数器，其占用的输入端子如表 6-8 所示。

表 6-8　　　　　　　　　高速计数器占用的输入端子

高速计数器	使用的输入端子	高速计数器	使用的输入端子
HSC0	I0.0、I0.1、I0.2	HSC3	I0.1
HSC1	I0.6、I0.7、I1.0、I1.1	HSC4	I0.3、I0.4、I0.5
HSC2	I1.2、I1.3、I1.4、I1.5	HSC5	I0.4

各高速计数器不同的输入端有专用的功能，如时钟脉冲端、方向控制端、复位端、启动端等。

注意　同一个输入端不能用于两种不同的功能。但是高速计数器当前模式未使用的输入端均可用于其他用途，如作为中断输入端或作为数字量输入端。例如，如果在模式 2 中使用高速计数器 HSC0，模式 2 使用 I0.0 和 I0.2，则 I0.1 可用于 HSC3 或用于其他用途。

二、高速计数器的工作模式

1. 高速计数器的计数方式

(1) 单路脉冲输入的内部方向控制加/减计数。即只有一个脉冲输入端，通过高速计数器的控制字节的第 3 位来控制做加计数或者减计数。该位为 1，加计数；该位为 0，减计数。如图 6-42 所示为内部方向控制的单路加/减计数。

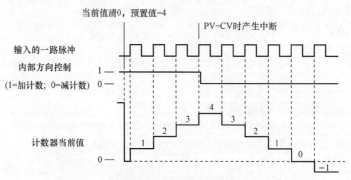

图 6-42　内部方向控制的单路加/减计数

该计数方式可调用当前值等于预置值中断，即当高速计数器的计数当前值与预设值相等时调用中断程序。

(2) 单路脉冲输入的外部方向控制加/减计数。即有一个脉冲输入端，有一个方向控制端，方向输入信号等于 1 时，加计数；方向输入信号等于 0 时，减计数。如图 6-43 所示为外部方向控制的单路加/减计数。

该计数方式可调用当前值等于预置值中断和外部输入方向改变的中断。

(3) 两路脉冲输入的单相加/减计数。即有两个脉冲输入端，一个是加计数脉冲，一个是减计数脉冲，计数值为两个输入端脉冲的代数和，如图 6-44 所示。

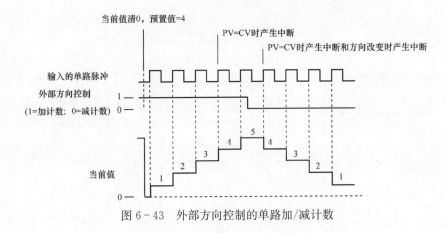

图 6-43 外部方向控制的单路加/减计数

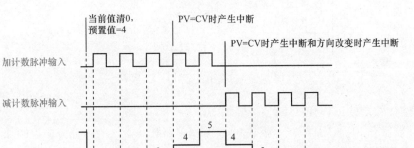

图 6-44 两路脉冲输入的单相加/减计数

该计数方式可调用当前值等于预置值中断和外部输入方向改变的中断。

(4) 两路脉冲输入的双相正交计数。即有两个脉冲输入端，输入的两路脉冲 A 相、B 相，相位互差 90°（正交），A 相超前 B 相 90°时，加计数；A 相滞后 B 相 90°时，减计数。在这种计数方式下，可选择 1x 模式（单倍频，一个时钟脉冲计一个数）和 4x 模式（四倍频，一个时钟脉冲计四个数）。如图 6-45 和图 6-46 所示。

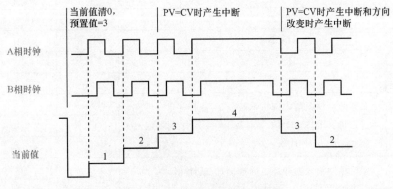

图 6-45 双相正交计数 1x 模式

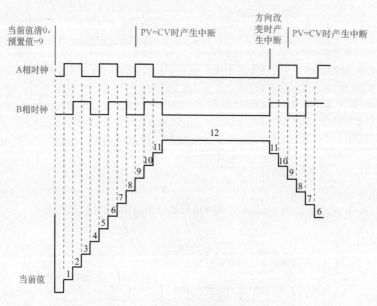

图 6-46 双相正交计数 4x 模式

2. 高速计数器的工作模式

高速计数器有 13 种工作模式，模式 0～2 采用单路脉冲输入的内部方向控制加/减计数；模式 3～5 采用单路脉冲输入的外部方向控制加/减计数；模式 6～8 采用两路脉冲输入的加/减计数；模式 9～11 采用两路脉冲输入的双相正交计数。模式 12 只有 HC0 和 HC3 支持，HC0 计数 Q0.0 发出的脉冲数，HC3 计数 Q0.1 发出的脉冲数。

S7-200 有 HSC0～HSC5 6 个高速计数器，每个高速计数器有多种不同的工作模式。HSC0 和 HSC4 有模式 0、1、3、4、6、7、8、9、10；HSC1 和 HSC2 有模式 0～11；HSC3 和 HSC5 只有模式 0。每种高速计数器所拥有的工作模式和其占有的输入端子的数目有关，如表 6-9 所示。

表 6-9　　　　　　　　　高速计数器的工作模式和输入端子的关系及说明

	功能及说明		占用的输入端子及其功能		
HSC 编号及 其对应的输入 端子 HSC 模式	HSC0	I0.0	I0.1	I0.2	×
	HSC4	I0.3	I0.4	I0.5	×
	HSC1	I0.6	I0.7	I1.0	I1.1
	HSC2	I1.2	I1.3	I1.4	I1.5
	HSC3	I0.1	×	×	×
	HSC5	I0.4	×	×	×
0	单路脉冲输入的内部方向控制加/减计数。控制字 SM37.3=0，减计数；SM37.3=1，加计数	脉冲输入端	×	×	×
1			×	复位端	×
2			×	复位端	启动
3	单路脉冲输入的外部方向控制加/减计数。方向控制端=0，减计数；方向控制端=1，加计数	脉冲输入端	方向控制端	×	×
4				复位端	×
5				复位端	启动

续表

6	两路脉冲输入的单相加/减计数。	加计数脉	减计数脉	×	×
7	加计数有脉冲输入，加计数；	冲输入端	冲输入端	复位端	×
8	减计数端脉冲输入，减计数			复位端	启动
9	两路脉冲输入的双相正交计数。	A 相脉冲	B 相脉冲	×	×
10	A 相脉冲超前 B 相脉冲，加计数；	输入端	输入端	复位端	×
11	A 相脉冲滞后 B 相脉冲，减计数			复位端	启动

注 ×表示没有。

选用某个高速计数器在某种工作方式下工作后，高速计数器所使用的输入不是任意选择的，必须按系统指定的输入点输入信号。如 HSC1 在模式 11 下工作，就必须用 I0.6 为 A 相脉冲输入端，I0.7 为 B 相脉冲输入端，I1.0 为复位端，I1.1 为启动端。

三、高速计数器的控制字和状态字

1. 控制字节

定义了计数器和工作模式之后，还要设置高速计数器的有关控制字节。每个高速计数器均有一个控制字节，它决定了计数器的计数允许或禁用，方向控制（仅限模式 0、1 和 2）或对所有其他模式的初始化计数方向，装入初始值和预置值。控制字节每个控制位的说明如表 6-10 所示。

表 6-10　　　　　　　　　　　高速计数器的控制字节

HSC0	HSC1	HSC2	HSC3	HSC4	HSC5	说明
SM37.0	SM47.0	SM57.0	SM37.0	SM147.0	SM57.0	复位有效电平控制： 0=复位信号高电平有效；1=低电平有效
SM37.1	SM47.1	SM57.1	SM37.1	SM147.1	SM157.1	启动有效电平控制： 0=启动信号高电平有效；1=低电平有效
SM37.2	SM47.2	SM57.2	SM37.2	SM147.2	SM157.2	正交计数器计数速率选择： 0=4x 计数速率；1=1x 计数速率
SM37.3	SM47.3	SM57.3	SM37.3	SM147.3	SM157.3	计数方向控制位： 0=减计数；1=加计数
SM37.4	SM47.4	SM57.4	SM137.4	SM147.4	SM157.4	向 HSC 写入计数方向： 0=无更新；1=更新计数方向
SM37.5	SM47.5	SM57.5	SM137.5	SM147.5	SM157.5	向 HSC 写入新预置值： 0=无更新；1=更新预置值
SM37.6	SM47.6	SM57.6	SM137.6	SM147.6	SM157.6	向 HSC 写入初始值： 0=无更新；1=更新初始值
SM37.7	SM47.7	SM57.7	SM137.7	SM147.7	SM157.7	HSC 指令执行允许控制： 0=禁用 HSC；1=启用 HSC

2. 状态字节

每个高速计数器都有一个状态字节，状态位表示当前计数方向以及当前值是否大于或等于预置值。每个高速计数器状态字节的状态位如表 6-11 所示，状态字节的 0～4 位不用。监控高速计数器状态的目的是使外部事件产生中断，以完成重要的操作。

表 6-11　　　　　　　　　　高速计数器状态字节的状态位

HSC0	HSC1	HSC2	HSC3	HSC4	HSC5	说明
SM36.5	SM46.5	SM56.5	SM136.5	SM146.5	SM156.5	当前计数方向状态位： 0＝减计数；1＝加计数
SM36.6	SM46.6	SM56.6	SM136.6	SM146.6	SM156.6	当前值等于预置值状态位： 0＝不相等；1＝等于
SM36.7	SM46.7	SM56.7	SM136.7	SM146.7	SM156.7	当前值大于预置值状态位： 0＝小于或等于；1＝大于

四、高速计数器指令及使用

1. 高速计数器指令

高速计数器指令有两条：高速计数器定义指令 HDEF 和高速计数器指令 HSC。指令格式如表 6-12 所示。

表 6-12　　　　　　　　　　高速计数器指令格式

LAD	HDEF —EN　ENO— —HSC —MODE	HSC —EN　ENO— —N
STL	HDEF　HSC，MODE	HSC　N
功能说明	高速计数器定义指令 HDEF	高速计数器指令 HSC
操作数	HSC：高速计数器的编号，为常量（0～5）MODE 工作模式，为常量（0～11）	N：高速计数器的编号，为常量（0～5）
ENO＝0 的出错条件	SM4.3（运行时间），0003（输入点冲突），0004（中断中的非法指令），000A（HSC 重复定义）	SM4.3（运行时间），0001（HSC 在 HDEF 之前），0005（HSC/PLS 同时操作）

（1）高速计数器定义指令 HDEF。指令指定高速计数器（HSCx）的工作模式。工作模式的选择即选择了高速计数器的输入脉冲、计数方向、复位和启动功能。每个高速计数器只能用一条"高速计数器定义"指令。

（2）高速计数器指令 HSC。根据高速计数器控制位的状态和按照 HDEF 指令指定的工作模式，控制高速计数器。参数 N 指定高速计数器的号码。

2. 高速计数器指令的使用

（1）每个高速计数器都有一个 32 位初始值和一个 32 位预置值，初始值和预置值均为带符号的整数值。要设置高速计数器的初始和新预置值，必须设置控制字节（见表 6-10），令其第五位和第六位为 1，允许更新预置值和初始值，初始值和预置值写入特殊内部标志位存储区。然后执行 HSC 指令，将新数值传输到高速计数器。初始值和预置值占用的特殊内部标志位存储区如表 6-13 所示。

表 6-13　　　　　　　　　　HSC0～HSC5 初始值和预置值占用的特殊内部标志位存储区

要装入的数值	HSC0	HSC1	HSC2	HSC3	HSC4	HSC5
初始值	SMD38	SMD48	SMD58	SMD138	SMD148	SMD158
预置值	SMD42	SMD52	SMD62	SMD142	SMD152	SMD162

除控制字节以及预置值和初始值外，还可以使用数据类型 HC（高速计数器当前值）加计数器号码（0、1、2、3、4 或 5）读取每台高速计数器的当前值。因此，读取操作可直接读取当前值，但只有用上述 HSC 指令才能执行写入操作。

（2）执行 HDEF 指令之前，必须将高速计数器控制字节的位设置成需要的状态，否则将采用默认设置。默认设置为：复位和启动输入高电平有效，正交计数速率选择 4x 模式。执行 HDEF 指令后，就不能再改变计数器的设置。

（3）执行 HSC 指令时，CPU 检查控制字节和有关的初始值和预置值。

3. 高速计数器指令的初始化

高速计数器指令的初始化的说明如下。

（1）用 SM0.1 对高速计数器初始化。

（2）在初始化程序中，根据希望的控制设置控制字（SMB37、SMB47、SMB137、SMB147、SMB157），如设置 SMB47＝16♯F8，则为：允许计数，允许写入初始值，允许写入预置值，更新计数方向为加计数，若为正交计数设为 4x 模式，复位和启动设置为高电平有效。

（3）执行 HDEF 指令，设置 HSC 的编号（0～5），设置工作模式（0～11）。如 HSC 的编号设置为 1，工作模式输入设置为 11，则为既有复位又有启动的正交计数工作模式。

（4）把初始值写入 32 位当前值寄存器（SMD38、SMD48、SMD58、SMD138、SMD148、SMD158）。如写入 0，则清除当前值，用指令 MOVD 0，SMD48 实现。

（5）把预置值写入 32 位预置值寄存器（SMD42、SMD52、SMD62、SMD142、SMD152、SMD162）。如执行指令 MOVD 1000，SMD52，则设置预置值为 1000。若写入预置值为 16♯00，则高速计数器处于不工作状态。

（6）为了捕捉当前值等于预置值的事件，将条件 CV＝PV 中断事件（如事件 13）与一个中断程序相联系。

（7）为了捕捉计数方向的改变，将方向改变的中断事件（如事件 14）与一个中断程序相联系。

（8）为了捕捉外部复位，将外部复位中断事件（如事件 15）与一个中断程序相联系。

（9）执行全局中断允许指令（ENI）允许 HSC 中断。

（10）执行 HSC 指令使 S7-200 对高速计数器进行编程。

（11）编写中断程序。

【例 6-14】 采用测频方法测量电动机的转速。

分析：用测频法测量电动机的转速是指在单位时间内采集编码器脉冲的个数，因此可以选用高速计数器对转速脉冲信号进行计数，同时用时基来完成定时。知道了单位时间内的脉冲个数，再经过一系列的计算就可得到电动机的转速。下面的程序只是有关 HSC 的部分。

设计步骤如下：

（1）选择高速计数器 HSC0，并确定工作模式为 0。用 SM0.1 对高速计数器进行初始化。

（2）令 SMB37＝16♯F8，其功能为：计数方向为增、允许更新计数方向、允许写入新初始值，允许写入新预置值，允许执行 HSC 指令。

(3) 执行 HDEF 指令，输入端 HSC 为 0，MODE 为 0。

(4) 写入初始值，令 SMD38＝0。

(5) 写入时基定时设定值，令 SMB34＝200。

(6) 执行中断连接 ATCH 指令，中断事件号为 10。执行中断允许指令 ENI，重新启动时基定时器，清除高速计数器的初始值。

(7) 执行 HSC 指令，对高速计数器编程。主程序和中断程序如图 6-47 所示。

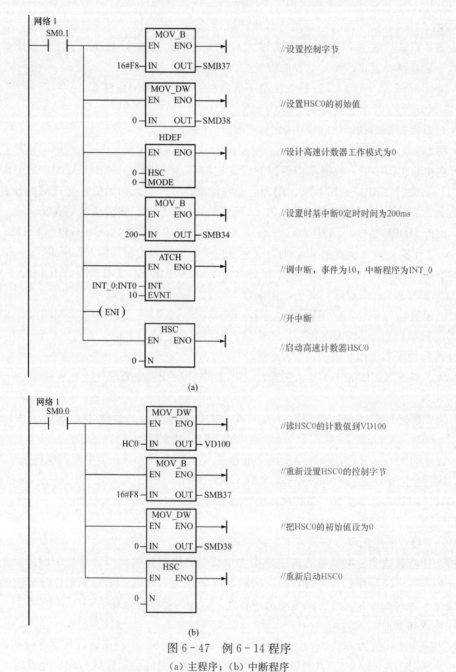

图 6-47 例 6-14 程序

(a) 主程序；(b) 中断程序

第十节 高速脉冲输出指令

S7-200 PLC具有高速脉冲输出功能，用来驱动负载实现精确控制，这在运动控制中具有广泛应用。S7-200 PLC有两条高速脉冲输出指令：PTO（输出一个频率可调，占空比为50%的脉冲）和PWM（输出占空比可调的脉冲）。使用高速脉冲输出功能时，PLC主机应选用晶体管输出型，以满足高速输出的频率要求。

PTO脉冲串功能可输出指定个数、指定周期的方波脉冲（占空比50%）。PWM功能可输出脉宽变化的脉冲信号，用户可以指定脉冲的周期和脉冲的宽度。若一台发生器指定给数字输出点Q0.0，另一台发生器则指定给数字输出点Q0.1。当PTO、PWM发生器控制输出时，将禁止输出点Q0.0、Q0.1的正常使用；当不使用PTO、PWM高速脉冲发生器时，输出点Q0.0、Q0.1恢复正常的使用，即由输出映像寄存器决定其输出状态。

一、脉冲输出（PLS）指令

脉冲输出（PLS）指令功能为：使能有效时，检查用于脉冲输出（Q0.0或Q0.1）的特殊存储器位（SM），然后执行特殊存储器位定义的脉冲操作。指令格式如表6-14所示。

表6-14　　　　　　　　脉冲输出（PLS）指令格式

LAD	STL	操作数
PLS —EN　ENO— —Q0.X	PLS　Q	Q：常量（0或1）

二、用于脉冲输出（Q0.0或Q0.1）的特殊存储器

1. 控制字节和参数的特殊存储器

每个PTO/PWM发生器都有：一个控制字节（8位）、一个输出脉冲个数值（无符号的32位数值）以及一个周期时间和脉宽值（无符号的16位数值）。这些值都放在特定的特殊存储区（SM），如表6-15所示。执行PLS指令时，S7-200读这些特殊存储器位（SM），然后执行特殊存储器位定义的脉冲操作，即对相应的PTO/PWM发生器进行编程。

表6-15　　　　　　　　脉冲输出（Q0.0或Q0.1）的特殊存储器

Q0.0 和 Q0.1 对 PTO/PWM 输出的控制字节		
Q0.0	Q0.1	说明
SM67.0	SM77.0	PTO/PWM 刷新周期值，0：不刷新；1：刷新
SM67.1	SM77.1	PWM 刷新脉冲宽度值，0：不刷新；1：刷新
SM67.2	SM77.2	PTO 刷新脉冲计数值，0：不刷新；1：刷新
SM67.3	SM77.3	PTO/PWM 时基选择，0：1μs；1：1ms
SM67.4	SM77.4	PWM 更新方法，0：异步更新；1：同步更新
SM67.5	SM77.5	PTO 操作，0：单段操作；1：多段操作
SM67.6	SM77.6	PTO/PWM 模式选择，0：选择 PTO；1：选择 PWM
SM67.7	SM77.7	PTO/PWM 允许，0：禁止；1：允许

续表

Q0.0 和 Q0.1 对 PTO/PWM 输出的周期值		
Q0.0	Q0.1	说明
SMW68	SMW78	PTO/PWM 周期时间值（范围：2～65 535）
Q0.0 和 Q0.1 对 PWM 输出的脉宽值		
Q0.0	Q0.1	说明
SMW70	SMW80	PWM 脉冲宽度值（范围：0～65 535）
Q0.0 和 Q0.1 对 PTO 脉冲输出的计数值		
Q0.0	Q0.1	说明
SMD72	SMD82	PTO 脉冲计数值（范围：1～4 294 967 295）
Q0.0 和 Q0.1 对 PTO 脉冲输出的多段操作		
Q0.0	Q0.1	说明
SMB166	SMB176	段号（仅用于多段 PTO 操作），多段流水线 PTO 运行中的段的编号
SMW168	SMW178	包络表起始位置，用距离 VB0 的字节偏移量表示（仅用于多段 PTO 操作）

【例 6 - 15】　设置控制字节。用 Q0.0 作为高速脉冲输出，对应的控制字节为 SMB67，如果希望定义的输出脉冲操作为 PTO 操作，允许脉冲输出，多段 PTO 脉冲串输出，时基为 ms，设定周期值和脉冲数，则应向 SMB67 写入 2#10101101，即 16#AD。

通过修改脉冲输出（Q0.0 或 Q0.1）的特殊存储器 SM 区（包括控制字节），然后再执行 PLS 指令，PLC 就可发出所要求的高速脉冲。

注意　所有控制位、周期、脉冲宽度和脉冲计数值的默认值均为零。向控制字节（SM67.7 或 SM77.7）的 PTO/PWM 允许位写入零，然后执行 PLS 指令，将禁止 PTO 或 PWM 波形的生成。

2. 状态字节的特殊存储器

除了控制信息外，还有用于 PTO 功能的状态位，如表 6 - 16 所示。程序运行时，根据运行状态使某些位自动置位。可以通过程序来读取相关位的状态，用此状态作为判断条件，实现相应的操作。

表 6 - 16　　　　　　　　　　　　Q0.0 和 Q0.1 的状态位

Q0.0	Q0.1	说　明
SM66.4	SM76.4	PTO 包络由于增量计算错误异常终止，0：无错；1：异常终止
SM66.5	SM76.5	PTO 包络由于用户命令异常终止，0：无错；1：异常终止
SM66.6	SM76.6	PTO 流水线溢出，0：无溢出；1：溢出
SM66.7	SM76.7	PTO 空闲，0：运行中；1：PTO 空闲

三、对输出的影响

PTO/PWM 生成器和输出映像寄存器共用 Q0.0 和 Q0.1。在 Q0.0 或 Q0.1 使用 PTO 或 PWM 功能时，PTO/PWM 发生器控制输出，并禁止输出点的正常使用，输出波形不受输出映像寄存器状态、输出强制、执行立即输出指令的影响；在 Q0.0 或 Q0.1 位没有使用 PTO 或 PWM 功能时，输出映像寄存器控制输出，所以输出映像寄存器决定输出波形的初始和结束状态，即决定脉冲输出波形从高电平或低电平开始和结束，使输出波形有短暂的不连续，为了减小这种不连续的影响，应注意：

（1）可在启用 PTO 或 PWM 操作之前，将用于 Q0.0 和 Q0.1 的输出映像寄存器设为 0。

（2）PTO/PWM 输出必须至少有 10% 的额定负载，才能完成从关闭至打开以及从打开至关闭的顺利转换，即提供陡直的上升沿和下降沿。

四、PTO 的使用

PTO 是可以指定脉冲数和周期的占空比为 50% 的高速脉冲串的输出。状态字节中的最高位（空闲位）用来指示脉冲串输出是否完成。可在脉冲串完成时启动中断程序，若使用多段操作，则在包络表完成时启动中断程序。

1. 周期和脉冲数

周期范围从 $50\sim65\ 535\mu s$ 或从 $2\sim65\ 535ms$，为 16 位无符号数，时基有 μs 和 ms 两种，通过控制字节的第三位选择。

注意 （1）如果周期小于两个时间单位，则周期的默认值为两个时间单位。

（2）周期设定奇数微秒或毫秒（例如 75ms），会引起波形失真。

脉冲计数范围从 $1\sim4\ 294\ 967\ 295$，为 32 位无符号数，如设定脉冲计数为 0，则系统默认脉冲计数值为 1。

2. PTO 的种类及特点

PTO 功能可输出多个脉冲串，当前脉冲串输出完成时，新的脉冲串输出立即开始。这样就保证了输出脉冲串的连续性。PTO 功能允许多个脉冲串排队，从而形成管线。管线分为两种：单段管线和多段管线。

单段管线是指管线中每次只能存储一个脉冲串的控制参数，初始 PTO 段一旦启动，必须按照对第二个波形的要求立即刷新 SM，并再次执行 PLS 指令，第一个脉冲串完成，第二个波形输出立即开始，重复这一步骤可以实现多个脉冲串的输出。

单段管线中的各段脉冲串可以采用不同的时间基准，但有可能造成脉冲串之间的不平稳过渡。输出多个高速脉冲时，编程较复杂。

多段管线是指在变量存储区 V 建立一个包络表。包络表存放每个脉冲串的参数，执行 PLS 指令时，S7-200 PLC 自动按包络表中的顺序及参数进行脉冲串输出。包络表中每段脉冲串的参数占用 8 字节，由一个 16 位周期值（2 字节）、一个 16 位周期增量值（2 字节）和一个 32 位脉冲数量值（4 字节）组成。包络表的格式如表 6-17 所示。

表 6-17 **包 络 表 的 格 式**

从包络表起始地址的字节偏移	段	说明
VB_n		段数（$1\sim255$）；数值 0 产生非致命错误，无 PTO 输出
VW_{n+1}		初始周期（$2\sim65\ 535$ 个时基单位）
VW_{n+3}	段 1	每个脉冲的周期增量（符号整数：$-32\ 768\sim32\ 767$ 个时基单位）
VD_{n+5}		脉冲数（$1\sim4\ 294\ 967\ 295$）
VW_{n+9}		初始周期（$2\sim65\ 535$ 个时基单位）
VW_{n+11}	段 2	每个脉冲的周期增量（符号整数：$-32\ 768\sim32\ 767$ 个时基单位）
VD_{n+13}		脉冲数（$1\sim4\ 294\ 967\ 295$）
VW_{n+17}		初始周期（$2\sim65\ 535$ 个时基单位）
VW_{n+19}	段 3	每个脉冲的周期增量值（符号整数：$-32\ 768\sim32\ 767$ 个时基单位）
VD_{n+21}		脉冲数（$1\sim4\ 294\ 967\ 295$）

注 周期增量值为整数微秒或毫秒。

多段管线的特点是编程简单,能够通过指定脉冲的数量自动增加或减少周期,周期增量值为正值会增加周期,周期增量值为负值会减少周期,若为零,则周期不变。在包络表中的所有的脉冲串必须采用同一时基,在多段管线执行时,包络表的各段参数不能改变。多段管线常用于步进电动机的控制。

【例6-16】 有一启动按钮接于I0.0,停止按钮接于I0.1。要求当按下启动按钮时,Q0.0输出PTO高速脉冲,脉冲的周期为30ms,个数为10 000个。若输出脉冲过程中按下停止按钮,则脉冲输出立即停止。

编写单段管线PTO脉冲输出程序。程序如图6-48所示。

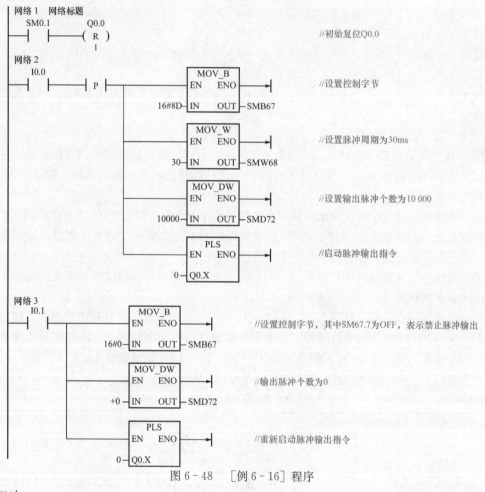

图6-48 [例6-16]程序

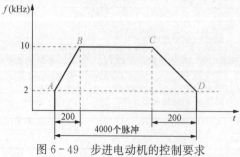

图6-49 步进电动机的控制要求

【例6-17】 步进电动机的控制要求如图6-49所示。从A点到B点为加速过程,从B到C为恒速运行,从C到D为减速过程。

在本例中,PTO管线可以分为3段,需建立3段脉冲的包络表。起始和终止脉冲频率为2kHz,最大脉冲频率为10kHz,所以起始和终止周期为500μs,最大频率的周期为100μs。

AB 段：加速运行，应在 200 个脉冲时达到最大脉冲频率；

BC 段：恒速运行，运行的脉冲个数为 $4000-200-200=3600$ 个；

CD 段：减速运行，应在 200 个脉冲时完成。

某一段每个脉冲周期增量值用下式确定：

$$周期增量值=(该段结束时的周期时间-该段初始的周期时间)/该段的脉冲数$$

用该式可计算出 AB 段的周期增量值为 $-2\mu s$，BC 段的周期增量值为 0，CD 段的周期增量值为 $2\mu s$。假设包络表位于从 VB200 开始的 V 存储区中，包络表如表 6-18 所示。

表 6-18　　　　　　　　　包　络　表

V 变量存储器地址	段号	参数值	说明
VB200	段 1	3	段数
VW201		$500\mu s$	初始周期
VW203		$-2\mu s$	每个脉冲的周期增量
VD205		200	脉冲数
VW209	段 2	$100\mu s$	初始周期
VW211		0	每个脉冲的周期增量
VD213		3600	脉冲数
VW217	段 3	$100\mu s$	初始周期
VW219		$2\mu s$	每个脉冲的周期增量
VD221		200	脉冲数

在程序中用传送指令可将表中的数据送入 V 变量存储区中。

编程前首先选择高速脉冲发生器为 Q0.0，并确定 PTO 为 3 段流水线。设置控制字节 SMB67 为 16♯A0 表示允许 PTO 功能、选择 PTO 操作、选择多段操作，以及选择时基为微秒，不允许更新周期和脉冲数。建立 3 段的包络表（表 6-18），并将包络表的首地址 200 装入 SMW168。PTO 完成调用中断程序，使 Q1.0 接通。PTO 完成的中断事件号为 19。用中断调用指令 ATCH 将中断事件 19 与中断程序 INT-0 连接，并全局开中断，执行 PLS 指令。本例题的主程序，初始化子程序和中断程序如图 6-50 所示。

五、PWM 的使用

PWM 是脉宽可调的高速脉冲输出，通过控制脉宽和脉冲的周期，实现控制任务。

1. 周期和脉宽

周期和脉宽时基为：微秒或毫秒，均为 16 位无符号数。

周期的范围为 50～65 535ms，或为 2～65 535ms。若周期小于 2 个时基，则系统默认为 2 个时基。

脉宽范围为 0～65 535ms 或为 0～65 535ms。若脉宽大于或等于周期，占空比为 100%，是输出连续接通。若脉宽为 0，占空比为 0%，则输出断开。

2. 更新方式

有两种改变 PWM 波形的方法：同步更新和异步更新。

同步更新：不需改变时基时，可以用同步更新。执行同步更新时，波形的变化发生在周期的边缘，形成平滑转换。

异步更新：需要改变 PWM 的时基时，则应使用异步更新。异步更新使高速脉冲输出功能被瞬时禁用，与 PWM 波形不同步。这样可能造成控制设备振动。

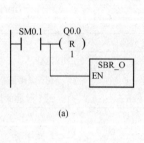

(a)

```
SM0.1    Q0.0
─┤├──────( R )
           1
         ┌────────┐
         │ SBR_0  │
         │EN      │
         └────────┘
```

(a)

```
SM0.0    Q1.0
─┤├──────( )
```

(c)

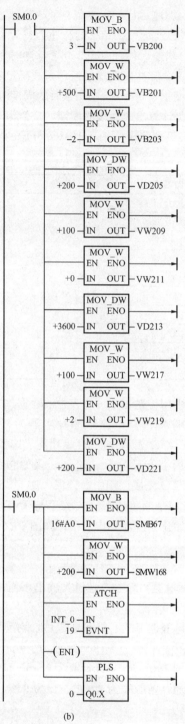

(b)

图 6-50 [例 6-17] 程序

(a) 主程序;(b) 子程序;(c) 中断程序

    常见的 PWM 操作是脉冲宽度不同,但周期保持不变,即不要求时基改变。因此先选择适合于所有周期的时基,尽量使用同步更新。

3. PWM 的使用

使用高速脉冲串输出时，要按以下步骤进行：

（1）确定脉冲发生器。它包括两个方面工作，即根据控制要求，一是选用高速脉冲串输出端；二是选择工作模式为 PWM。

（2）设置控制字节。按控制要求设置 SMB67 或 SMB77。

（3）写入周期值和脉冲宽度值。按控制要求将脉冲周期值写入到 SMW68 或 SMW78，将脉宽值写入到 SMW70 或 SMW80。

（4）执行 PLS 指令。经以上设置并执行指令后，即可用 PLS 指令启动 PWM，并由 Q0.0 或 Q0.1 输出。

【例 6-18】 PWM 应用举例。试设计程序，从 PLC 的 Q0.0 输出高速脉冲。该串脉冲脉宽的初始值为 0.5s，周期固定为 5s，其脉宽每周期递增 0.5s，当脉宽达到设定的 4.5s 时，脉宽改为每周期递减 0.5s，直到脉宽减为 0。以上过程重复执行。

分析：因为每个周期都有操作，所以须把 Q0.0 接到 I0.0，采用 I0.0 上升沿中断的方法完成脉冲宽度的递增和递减。编写两个中断程序，一个中断程序实现脉宽递增，一个中断程序实现脉宽递减，并设置标志位 M0.0，在初始化操作时使其置位，执行脉宽递增中断程序，当脉宽达到 4.5s 时，使其复位，执行脉宽递减中断程序。在子程序中完成 PWM 的初始化操作，选用输出端为 Q0.0，控制字节为 SMB67，控制字节设定为 16♯DA（允许 PWM 输出，Q0.0 为 PWM 方式，同步更新，时基为毫秒，允许更新脉宽，不允许更新周期）。程序如图 6-51 所示。

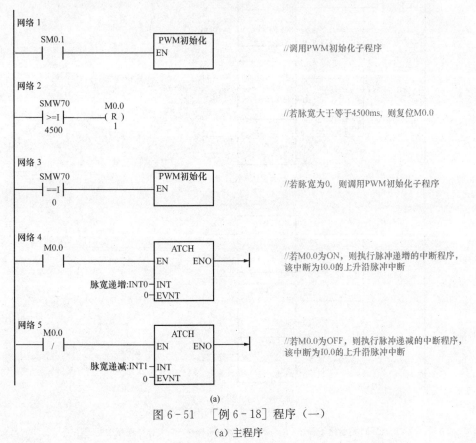

(a)

图 6-51 ［例 6-18］程序（一）

(a) 主程序

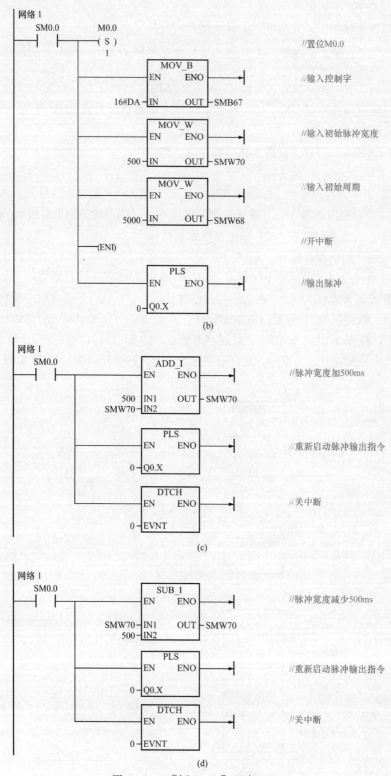

图 6-51　［例 6-18］程序（二）

（b）PWM 初始化子程序；（c）脉宽递增中断程序；（d）脉宽递减中断程序

第十一节 PID 指令的应用

一、PID 算法

在工业生产过程控制中，模拟量 PID（由比例、积分、微分构成的闭合回路）调节是常用的一种控制方法。运行 PID 控制指令，S7 - 200 PLC 将根据参数表中的输入测量值、控制设定值及 PID 参数，进行 PID 运算，求得输出控制值。参数表中有 9 个参数，全部为 32 位的实数，共占用 36 字节。PID 控制回路的参数表如表 6 - 19 所示。

表 6 - 19   PID 控制回路的参数表

地址偏移量	参数	数据格式	参数类型	说明
0	过程变量当前值 PV_n	双字，实数	输入	必须在 0.0～1.0
4	给定值 SP_n	双字，实数	输入	必须在 0.0～1.0
8	输出值 M_n	双字，实数	输出	在 0.0～1.0
12	增益 K_c	双字，实数	输入	比例常量，可为正数或负数
16	采样时间 T_s	双字，实数	输入	以秒为单位，必须为正数
20	积分时间 T_i	双字，实数	输入	以分钟为单位，必须为正数
24	微分时间 T_d	双字，实数	输入	以分钟为单位，必须为正数
28	上一次的积分值 M_x	双字，实数	输出	0.0 和 1.0 之间（根据 PID 运算结果更新）
32	上一次过程变量 PV_{n-1}	双字，实数	输出	最近一次 PID 运算值

典型的 PID 算法包括三项：比例项、积分项和微分项。即：输出＝比例项＋积分项＋微分项。计算机在周期性地采样并离散化后进行 PID 运算，算法如下：

$$M_n = K_c \times (SP_n - PV_n) + K_c \times (T_s/T_i) \times (SP_n - PV_n) + M_x + K_c \times (T_d/T_s) \times (PV_{n-1} - PV_n)$$

比例项 $K_c \times (SP_n - PV_n)$：能及时地产生与偏差（$SP_n - PV_n$）成正比的调节作用，比例系数 K_c 越大，比例调节作用越强，系统的调节速度越快，但 K_c 过大会使系统的输出量振荡加剧，稳定性降低。

积分项 $K_c \times (T_s/T_i) \times (SP_n - PV_n) + M_x$：与偏差有关，只要偏差不为 0，PID 控制的输出就会因积分作用而不断变化，直到偏差消失，系统处于稳定状态，所以积分的作用是消除稳态误差，提高控制精度，但积分的动作缓慢，给系统的动态稳定带来不良影响，很少单独使用。从式中可以看出：积分时间常数增大，积分作用减弱，消除稳态误差的速度减慢。

微分项 $K_c \times (T_d/T_s) \times (PV_{n-1} - PV_n)$：根据误差变化的速度（即误差的微分）进行调节，具有超前和预测的特点。微分时间常数 T_d 增大时，超调量减少，动态性能得到改善，如 T_d 过大，系统输出量在接近稳态时可能上升缓慢。

二、PID 控制回路选项

在很多控制系统中，有时只采用一种或两种控制回路。例如，可能只要求比例控制回路或比例和积分控制回路。通过设置常量参数值选择所需的控制回路。

（1）如果不需要积分回路（即在 PID 计算中无"I"），则应将积分时间 T_i 设为无限大。由于积分项 M_x 的初始值，虽然没有积分运算，积分项的数值也可能不为零。

（2）如果不需要微分运算（即在 PID 计算中无"D"），则应将微分时间 T_d 设定为 0.0。

（3）如果不需要比例运算（即在 PID 计算中无"P"），但需要 I 或 ID 控制，则应将增益值 K_c 指定为 0.0。因为 K_c 是计算积分和微分项公式中的系数，将循环增益设为 0.0 会导致在积分和微分项计算中使用的循环增益值为 1.0。

三、回路输入量的转换和标准化

每个回路的给定值和过程变量都是实际数值，其大小、范围和工程单位可能不同。在 PLC 进行 PID 控制之前，必须将其转换成标准化浮点表示法。步骤如下：

（1）将回路输入量数值从 16 位整数转换成 32 位浮点数或实数。下列指令说明如何将整数数值转换成实数。

```
ITD   AIW0, AC0        //将输入数值转换成双字
DTR   AC0,AC0          //将 32 位整数转换成实数
```

（2）将实数转换成 0.0～1.0 的标准化数值。用下式：

实际数值的标准化数值＝实际数值的非标准化数值或原始实数/取值范围＋偏移量

其中取值范围＝最大可能数值－最小可能数值＝32 000（单极数值）或 64 000（双极数值）。

偏移量：对单极数值取 0.0，对双极数值取 0.5；单极（0～32 000），双极（－32 000～32 000）。

将上述 AC0 中的双极数值（间距为 64 000）标准化，如下所示：

```
/R      64000.0,AC0     //使累加器中的数值标准化
+R      0.5,AC0         //加偏移量 0.5
MOVR    AC0,VD100       //将标准化数值写入 PID 回路参数表中
```

四、PID 回路输出转换为成比例的整数

程序执行后，PID 回路输出 0.0～1.0 的标准化实数数值，必须被转换成 16 位成比例整数数值，才能驱动模拟输出。

PID 回路输出成比例实数数值＝（PID 回路输出标准化实数值－偏移量）×取值范围

程序如下：

```
MOVR    VD108, AC0      //将 PID 回路输出送入 AC0
-R      0.5,AC0         //双极数值减偏移量 0.5
*R      64000.0,AC0     //AC0 的值乘以取值范围,变为成比例实数数值
ROUND   AC0,AC0         //将实数四舍五入取整,变为 32 位整数
DTI     AC0,AC0         //32 位整数转换成 16 位整数
MOVW    AC0,AQW0        //16 位整数写入 AQW0
```

五、PID 指令

PID 指令：使能有效时，根据回路参数表中的过程变量当前值、控制设定值及 PID 参数进行 PID 计算。指令格式如表 6-20 所示。

表6-20   PID 指 令 格 式

LAD	STL	说明
PID EN ENO TBL LOOP	PID TBL, LOOP	TBL：参数表起始地址 VB，数据类型：字节； LOOP：回路号，常量（0~7），数据类型：字节

说明

（1）程序中可使用8条PID指令，分别编号0~7，不能重复使用。

（2）使 ENO=0 的错误条件：0006（间接地址），SM1.1（溢出，参数表起始地址或指令中指定的 PID 回路指令号码操作数超出范围）。

（3）PID指令不对参数表输入值进行范围检查。必须保证过程变量和给定值积分项前值和过程变量前值在 0.0~1.0。

六、PID 指令应用

1. 控制任务

一供水水箱，通过变频器驱动的水泵供水，维持水位在满水位的 70%，满水位为 200cm。过程变量 PV_n 为水箱的水位（由水位检测计提供），设定值为 70%，PID 输出控制变频器，即控制水泵电动机的转速。

2. PID 回路参数表

PID 回路参数表如表6-21所示。

表6-21   供水水箱 PID 控制参数表

地址	参数	数值
VD200	过程变量当前值 PV_n	水位检测计提供的模拟量经 A/D 转换后的标准化数值
VD204	给定值 SP_n	0.7
VD208	输出值 M_n	PID 回路的输出值（标准化数值）
VD212	增益 K_c	0.3
VD216	采样时间 T_s	0.1
VD220	积分时间 T_i	30
VD224	微分时间 T_d	0（关闭微分作用）
VD228	上一次积分值 M_x	根据 PID 运算结果更新
VD232	上一次过程变量 PV_{n-1}	最近一次 PID 的变量值

3. 程序分析

（1）I/O 分配。模拟量输入：AIW0；模拟量输出：AQW0。

（2）程序。编写符号表如表6-22所示，在此表中标记了 PID 回路用到的各元件的符号。控制程序如图6-52所示。

表 6-22   符 号 表

序号	符号	地址
1	设定值	VD204
2	回路增益	VD212
3	采样时间	VD216
4	积分时间	VD220
5	微分时间	VD224
6	控制输出	VD208
7	检测值	VD200

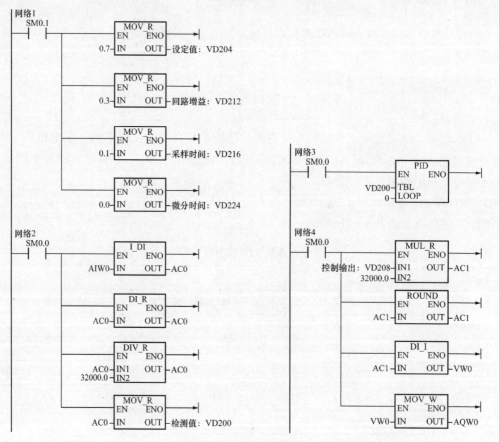

图 6-52   PID 控制程序

第七章

向导的使用

STEP7－Micro/Win 软件提供了方便用户使用的指令向导与各种应用向导，本章将介绍常用的 PID 指令向导、位置控制向导及以太网向导。在本书的后续内容中，还介绍了 PPI 通信的指令向导和文本显示器向导。

第一节 PID 指令向导

PID 控制器的参数整定是控制系统设计的核心内容。它是根据被控过程的特性确定 PID 控制器的比例系数、积分时间和微分时间的大小。PID 控制器参数整定的方法很多，概括起来有两大类。一是理论计算整定法，主要是依据系统的数学模型，经过理论计算确定控制器参数。在工程实际中可以对理论所得到的计算数据进行调整和修改；二是工程整定方法，它主要依赖工程经验，直接在控制系统的试验中进行，方法简单、易于掌握，在工程实际中也经常采用。

在前面章节中介绍了 PID 指令的应用。PID 指令的功能，还可以通过 PID 指令向导来实现。在 S7-200 PLC 中可以使用标准 PID 指令来实现 PID 调节，但其使用方法和过程比较复杂。而使用指令向导，生成 PID 子程序，然后在主程序中进行调用，这种方法简单易行。本节主要介绍使用指令向导实现 PID 功能的方法。

在 STEP7－Micro/WIN 中，在菜单"工具（Tools）"下，选择执行"指令向导"，然后选择 PID，进入 PID 指令向导。进入向导后，选择或确定环路号码。这里的"环路"就是指控制回路。S7－200 PLC 可以支持最多 8 个 PID 环路（0～7 号）。

确定设置环路号后，定义环路参数，如图 7－1 所示。环路设定点是指调节的目标值，在调用时设定。也就是说，在调用向导生成的子程序时由用户定义。此外，需要指定其可能的范围，而在主程序中调用时，需要给定确切的目标值。增益、抽样时间（采样周期）、积分时间和微分时间是需要确定的"环路参数"，参数的意义和作用与自动控制中的一致。

确定环路参数后，再设置环路输入和输出选项，如图 7－2 所示。环路进程变量（PV）是用户为向导生成的子程序指定的一个参数。在向导中确定指定环路进程变量（PV）应当如何缩放。可以选择单极（可编辑默认范围 0～32 000）、双极（可编辑默认范围－32 000～32 000）和 20％偏移量。还需要确定环路输出选项，指定环路输出应当如何缩放。可以选择输出类型（模拟或数字）、缩放（单极、双极或 20％偏移量）等设置。

按提示完成设置后，S7－200 PLC 指令向导将按用户指定的配置生成程序代码和数据块代码。由向导建立的子程序和中断子程序成为项目的一部分。欲在程序中启用该配置，每次扫描循环时，使用 SM0.0 为条件在主程序块调用该子程序，如图 7－3 所示。该代码配置 PID0。该

子程序初始化 PID 控制逻辑使用的变量，并启动 PID 中断 PID_EXE 程序。根据 PID 采样时间循环调用 PID 中断程序。

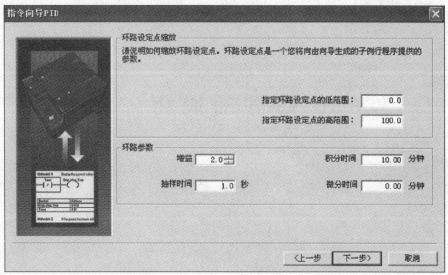

图 7-1 指令向导 PID 设置（一）

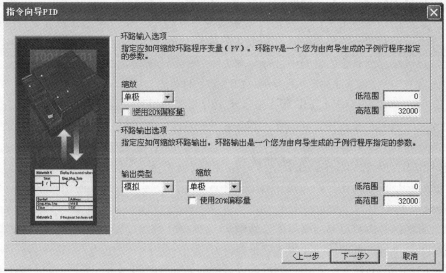

图 7-2 指令向导 PID 设置（二）

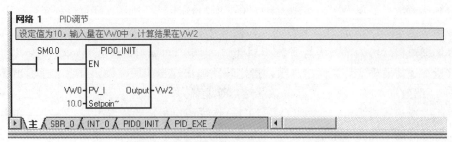

图 7-3 在主程序中调用 PID 子程序

第二节 位置控制向导

为了配合步进和伺服电动机的控制，西门子 PLC 内置了脉冲输出功能，并设置了相应的控制指令，可以很好地对步进和伺服电动机进行控制。在前面的章节中介绍了 S7 - 200 PLC 如何发出 PTO/PWM 脉冲输出，本节将介绍通过位置控制向导发出脉冲，以控制步进或伺服电动机。

步进电动机在起动和停止时有一个加速及减速过程，且加速度越小则冲击越小，动作越平稳。所以，步进电动机工作时一般要经历这样一个变化过程：加速→恒速（高速）→减速→恒速（低速）→停止。步进电动机转速与脉冲频率成正比，所以输入步进电动机的脉冲频率也要经过一个类似变化过程。步进电动机脉冲频率变化规律如图 7 - 4 所示。

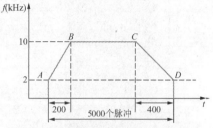

图 7 - 4　步进电动机脉冲频率变化规律

一、通过指令向导组态 PTO

STEP7 - Micro/WIN 提供了位置控制向导，可以帮助用户方便地完成 PTO、PWM 或位控模块的组态。该向导可以生成位控指令，可以用这些指令在应用程序中对速度和位置进行动态控制。

下面介绍利用 STEP7 - Micro/WIN 位置控制向导来实现 PTO 控制步进电动机的具体操作过程。

单击菜单"工具"→"位置控制向导"，设置 PTO 的输出点为 Q0.0，如图 7 - 5 所示。

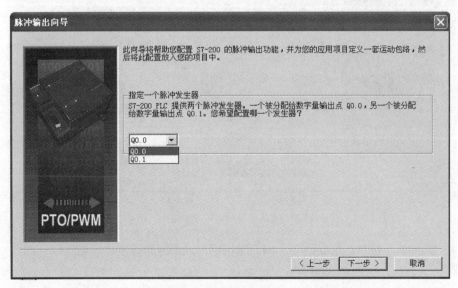

图 7 - 5　PTO 的输出点

单击"下一步"按钮，在如图 7 - 6 所示画面中选择"线性脉冲串输出 PTO"。

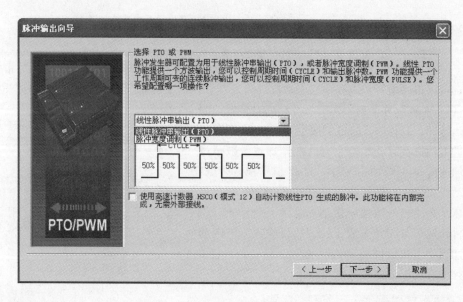

图 7-6　选择 PTO

单击"下一步"按钮,在如图 7-7 所示画面中设置电动机最高速度和电动机的启动/停止速度的数值。

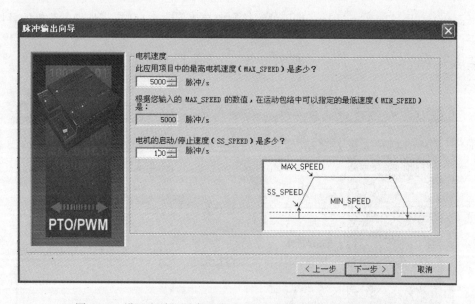

图 7-7　设置电动机最高速度和电动机的启动/停止速度的数值

单击"下一步"按钮,在如图 7-8 所示画面中输入加速和减速时间。

单击"下一步"按钮,在如图 7-9 所示画面中建立新包络。单击"新包络"按钮,在如图 7-10～图 7-13 所示画面中,分别设置选择包络的操作模式、步 0 的目标速度和结束位置、步 1 的目标速度和结束位置、步 2 的目标速度和结束位置。这样就设置了一个三步的包络。

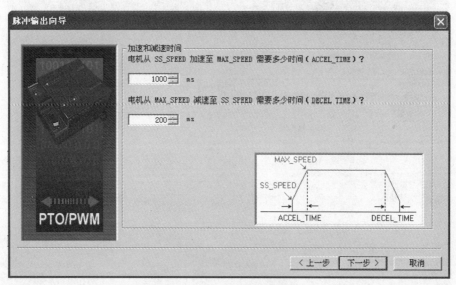

图 7-8 输入加速和减速时间

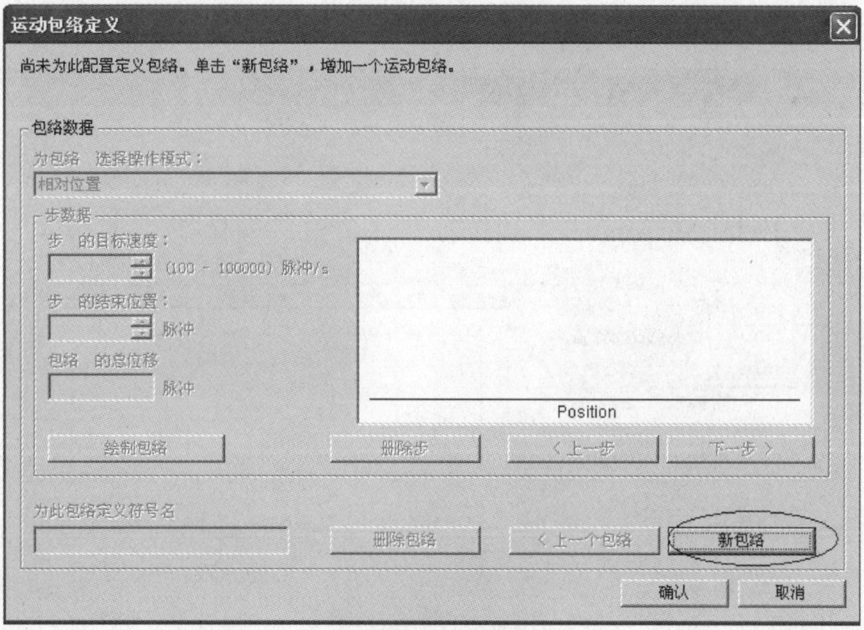

图 7-9 建立新包络

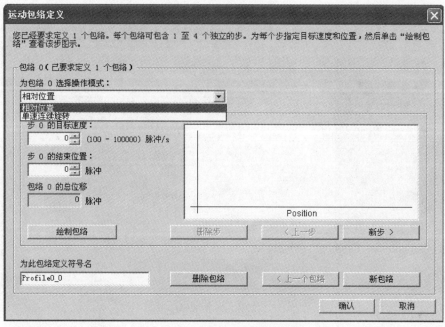

图 7 - 10 选择包络的操作模式

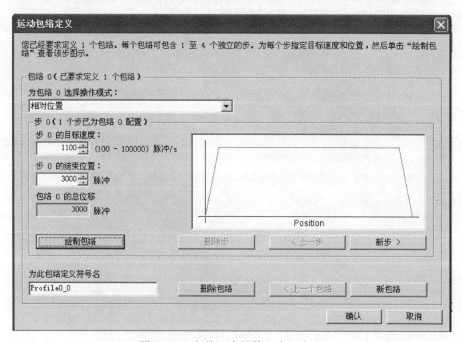

图 7 - 11 包络 0 中的第一步（步 0）

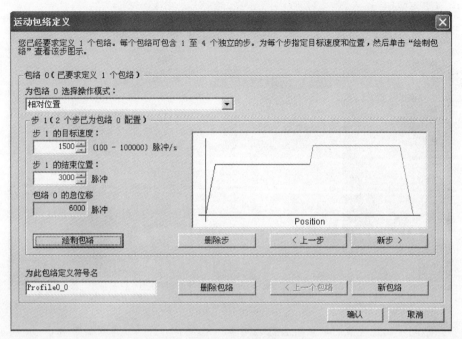

图 7-12　包络 0 中的第二步（步 1）

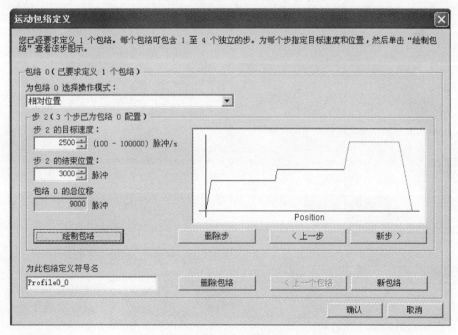

图 7-13　包络 0 中的第三步（步 2）

在如图 7-14 所示画面中为配置分配存储区,如设成图示的 VB0 至 VB109,则这部分元件在程序中不能再使用。

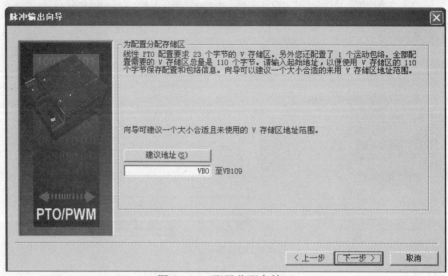

图 7-14　配置分配存储区

位置控制向导设置完成后,系统会自动相应的子程序,子程序的调用如图 7-15 所示。

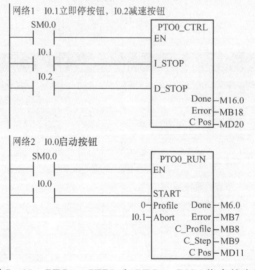

图 7-15　PTO0_CTRL 和 PTO0_RUN 指令的应用

二、通过指令向导组态 PWM

下面在 PTO 的指令向导基础上,介绍利用 STEP 7-Micro/WIN 位置控制向导来实现 PWM 控制步进电动机的具体操作过程。

在位置控制向导对话框中选择"配置 S7-200 PLC 内置 PTO/PWM 操作"。从下拉列表中选择"脉冲宽度调制(PWM)",选择时间基准为"毫秒",单击"下一步"按钮,如图 7-16 所示。

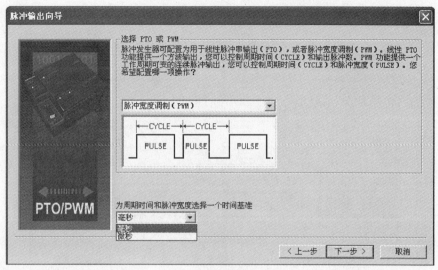

图 7-16 选择 PWM

完成结束向导，生成子程序 PWM0_RUN。PWMx_RUN 指令允许用户通过改变脉冲宽度，设置从 0 到一个周期的宽度来控制输出占空比。周期输入是一个定义为 PWM 输出周期的字值。允许的变化范围是 2～65 535（微秒或毫秒），时基在向导中指定。占空比输入是定义输出脉宽的字值。允许的变化范围值是 0～65 535（微秒或毫秒）。Error 是一个由 PWMx_RUN 返回的字节值，指示执行的结果。

调用 PWM0_RUN 的程序如图 7-17 所示。

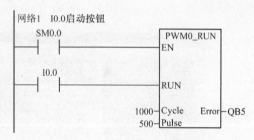

图 7-17 调用 PWM0_RUN

第三节　以 太 网 向 导

西门子 PLC 支持各种工业以太网的通信，而 PLC 与 PLC 之间最常用的是客户端/服务器端（Client/ Server，C/S）方式的通信，C/S 通信就是通信双方中的一方作为客户端发起数据读写请求，另一方仅仅为数据的读写服务，不会主动发起通信。S7-200 系列的部分 PLC 在工业以太网中既可以作为客户端，也可以作为服务器端使用。每次通信一般是由客户端发起的，服务器端只是为数据通信服务。S7-200 系列的 PLC 本身没有集成以太网接口，它可以通过通信处理模块 CP243-1 方便地连接到工业以太网上。CP243-1 是为 S7-200 系列 PLC 设计的以太网模块，该模块提供了一个 RJ45 的网络接口。

本节介绍 S7-200 PLC 之间工业以太网的组建与数据通信，实验对象为 2 个 CPU，且都扩展一个 CP243-1 模块。

一、客户端的设置

1. 打开以太网向导

打开 STEP7-Micro/WIN，在项目管理器中找到"工具"菜单，单击其下的"以太网向导"，如图 7-18 所示。

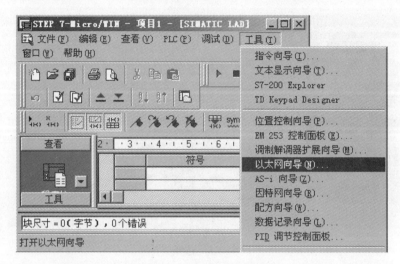

图 7-18　打开以太网向导

打开以太网向导后，会显示如图 7-19 所示的以太网向导简介画面。

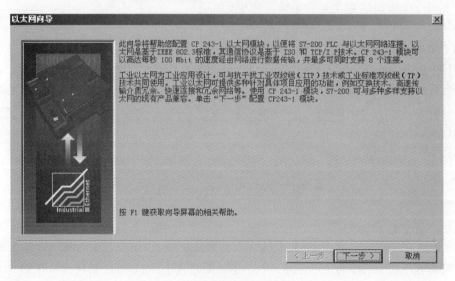

图 7-19　以太网向导简介

2. 读取 CP243-1 模块位置号

在图 7-20 中，可以指定 CP243-1 模块在机架上相对于 PLC 的位置，直接与 PLC 通过扩展总线连接的模块处于 0 号位置，紧随其后的依次为 1、2 号……

3. 配置 CP243-1 模块参数

单击图 7-20 中的"下一步"按钮，按图 7-21 所示设置 CP243-1 模块指定 IP 地址。如果网络内有 BOOTP 服务器，则不需要在此指定 IP 地址，由系统自动分配。本例中为该站点配置 IP 地址为"192.168.10.50"，其余内容如图 7-21 所示。

单击图 7-21 中的"下一步"按钮，显示如图 7-22 所示画面，在该画面中可设置要为此模

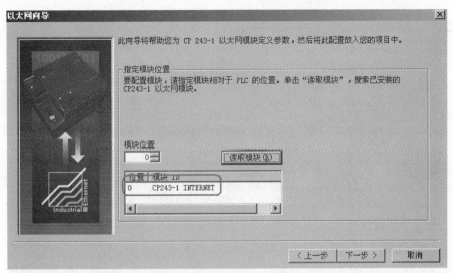

图 7 - 20　指定机架上 CP243 - 1 模块所处的位置

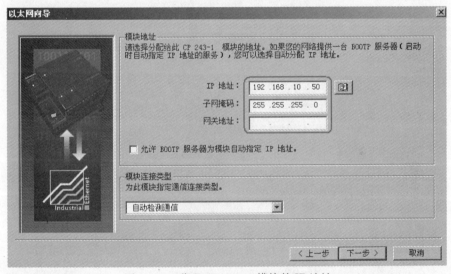

图 7 - 21　分配 CP243 - 1 模块的 IP 地址

块配置的连接数目。

4. 配置连接

在图 7 - 23 中需要用户设置 TSAP。TSAP（Transport Service Access Point，传输层服务访问点）是向应用层提供服务的端口。每个 TSAP 上绑定一个应用进程，应用进程通过各自的 TSAP 调用传输层服务。

TSAP 由两个字节组成，第 1 个字节定义连接数，本地的 TSAP 的范围可填写 16♯02、16♯10～16♯FE，远程服务器的 TSAP 范围为 16♯02、16♯03、16♯10～16♯FE；第 2 个字节定义了机架号和 CP 槽号（或模块位置）。由于本例中的远程服务器的 CP243 - 1 处于 1 号位置，本地的 CP243-1 处于 0 号位置，所以远程的 TSAP 设为 10.01，本地的 TSAP 设为 10.00。需要指定服务器端的 IP 地址，这里填入 192.168.10.51。

另外，要实现数据通信，必须建立"数据传输"通道，每一个连接最多可以建立 32 个数据

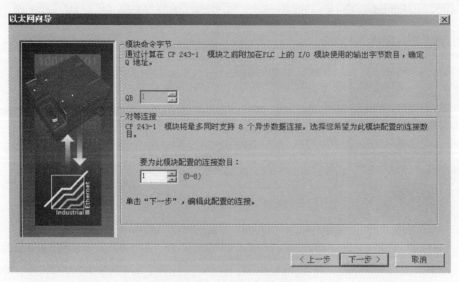

图 7-22　确定模块连接数

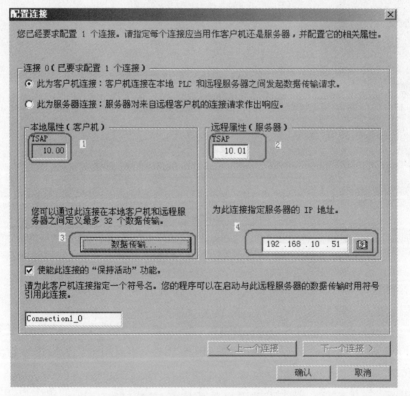

图 7-23　设置连接 0 为客户端连接

传输，包括读、写操作。在图 7-23 中，单击"数据传输"按钮，选择"从远程服务器端连接读取数据"单选按钮，如图 7-24 所示。为了简要说明，这里定义从服务器仅读 1 个字节的数据，即将服务器的 VB500 数据读入到本地 VB50 内。VB50 作为客户端的接收缓冲区，VB500 作为服务器端的发送缓冲区。然后定义下一个传输，写数据到服务器，如图 7-25 所示。

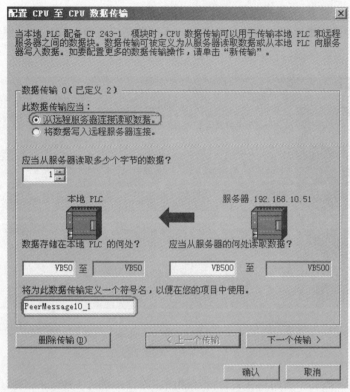

图 7-24 定义数据传输读取

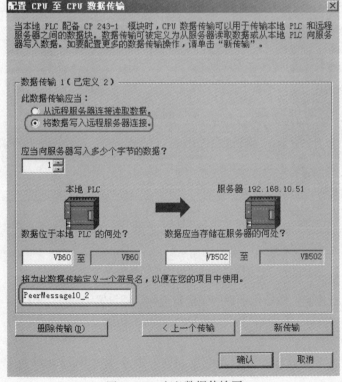

图 7-25 定义数据传输写

5. 生成 CRC 文件并分配内存

CRC 保护可以防止模块配置参数被无意中的存储器访问修改，但同时也限制了用户在模块运行时来修改模块配置参数，如图 7-26 所示。

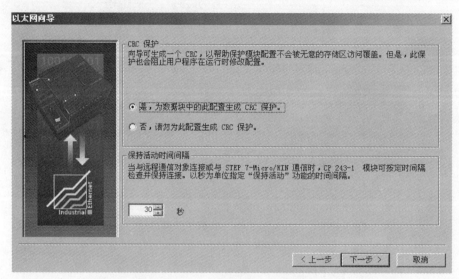

图 7-26 生成 CRC 保护

在图 7-27 所示画面中为向导配置分配存储区，如图中设为 VB65～VB258，则该部分元件在程序中不能再使用。

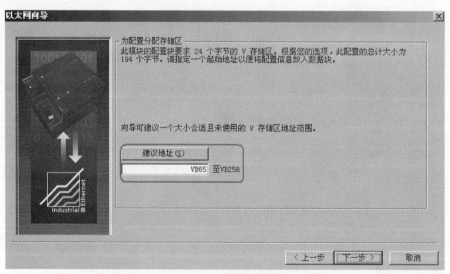

图 7-27 指定配置参数存储区

最后，系统生成控制、初始化子程序完成整个向导的设置，如图 7-28 所示。

二、服务器端的设置

服务器端配置的开始几步与客户端配置相同，服务器端 IP 地址设为 192.168.10.51，如图 7-29所示。

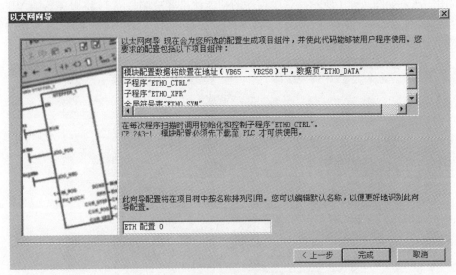

图 7 - 28　系统生成控制、初始化子程序

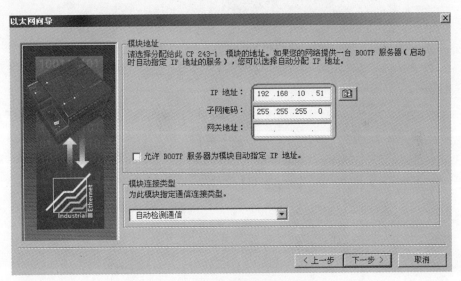

图 7 - 29　分配服务器端 IP 地址

　　单击"下一步"按钮，在配置连接对话框内选择"此为服务器连接：服务器对来自远程客户端的连接请求作出响应。"单选按钮，客户端的 TSAP 修改为 10.00，对方的 IP 地址输入客户端的 IP 地址，结果如图 7 - 30 所示。

　　接下来的步骤和组态和客户端相同，但是服务器端配置完成后只生成一个 ETH1 _ CTRL 子程序，在主程序中需要调用该子程序。

三、编写程序

1. 编写客户端程序

在客户端，需要调用 ETH1 _ CTRL 来初始化并使能 CP243 - 1 模块，而且在每个扫描周期

都必须调用一次，如图 7-31 所示。这段程序的功能就是客户端每隔 1s 将服务器端 VB500 内的数据读入到本地 VB50，并存入 MB28 内。每隔 5s 将本地 VB60 内的数据写入服务器端的 VB502。本地数据由 MB30 提供。

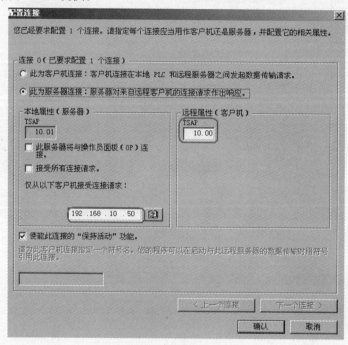

图 7-30　配置服务器连接

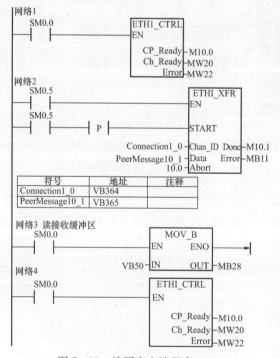

图 7-31　编写客户端程序（一）

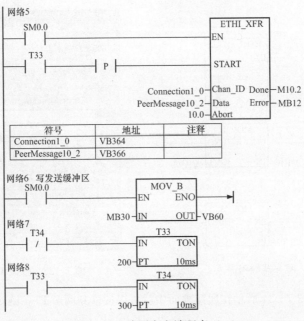

图 7-31 编写客户端程序（二）

从图 7-31 中可以看出，ETH1_CTRL、ETH1_XFR 是通信时必不可少的两个子程序，其参数功能如表 7-1 所示。

表 7-1　　　　　　　　　　ETH1_CTRL、ETH1_XFR 参数说明

ETH1_CTRL		ETH1_XFR	
EN	模块的使能端，每个扫描周期必须为 1	START	执行时需要判断 CP243-1 模块是否忙，若不忙，则通过 START 向其发送命令
CP_Ready	输出 1 表示 CP243-1 模块准备就绪	Chan_ID	连接通道号
Ch_Ready	输出 1 表示通道准备就绪	Data	数据传输的标号（在建立数据传输通道）
Error	输出发生错误的状态字	Done	CP243-1 完成命令时输出 1
		Error	输出发生错误的状态字

2. 编写服务器程序

服务器端不必激活数据传输，只需在每个扫描周期调用 ETH1_CTRL 子程序即可，程序如图 7-32 所示。为了便于监控，程序中利用了传送指令，给输出缓冲区发送数据，并读取从客户端接收到的数据。

3. 组态及程序下载

用西门子专用的下载电缆分别连接两个 PLC。将客户端的组态和程序下载到其中一个 PLC 内，而将服务器端的组态和程序下载到另一个 PLC 内。

下载完成后，将两个 CP243-1 模块用屏蔽双绞线连接到工业交换机上，并将编程 PC 也连接到交换机上，并修改 PC 的 IP 地址，使之与两个 CP243-1 模块处于同一个子网内。

这里可设置 PC 的 IP 为 192.168.10.100。再次修改"设置 PG/PC 接口"，如图 7-33 所示，选择"TCP/IP"访问路径，单击"确定"按钮完成设置。

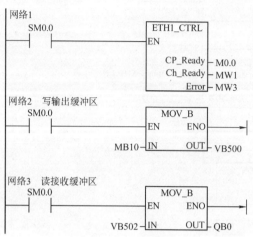

图 7-32　服务器端程序

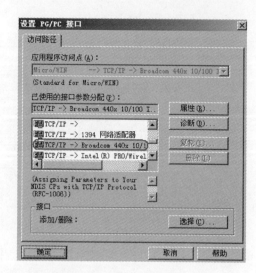

图 7-33　修改 PC 端监控路径

设置完成后，如图 7-34 所示在通信画面中就可以搜索到两个 PLC 的站点。

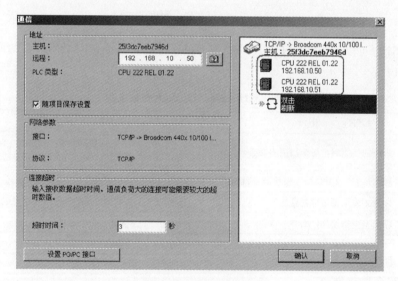

图 7-34　搜索到通信站

4. 程序运行监控

根据以太网向导和编写的程序，客户端与服务器端的通信缓冲区如图 7-35 所示。

客户端　　　　　　　服务器端

发送区：VB60　⟹　接收区：VB502

接收区：VB50　⟸　发送区：VB500

图 7-35　输入/输出缓冲区

客户端和服务器端的程序运行监控分别如图 7-36 和图 7-37 所示。

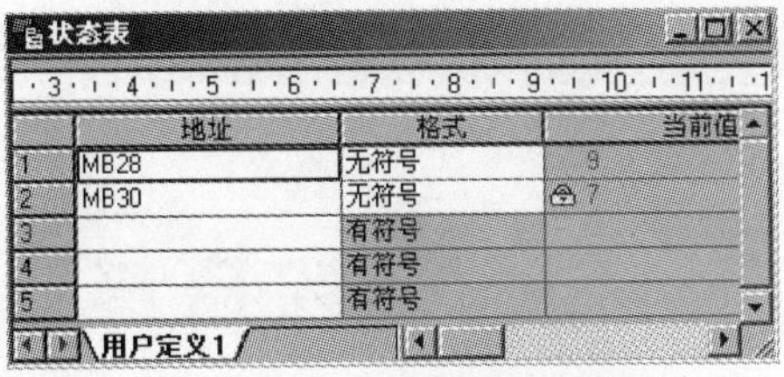

	地址	格式	当前值
1	MB28	无符号	9
2	MB30	无符号	7
3		有符号	
4		有符号	
5		有符号	

用户定义1

图 7-36 客户端监控结果

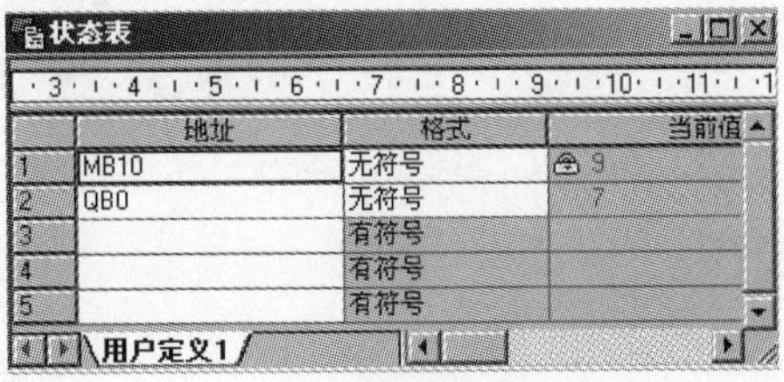

	地址	格式	当前值
1	MB10	无符号	9
2	QB0	无符号	7
3		有符号	
4		有符号	
5		有符号	

用户定义1

图 7-37 服务器端监控结果

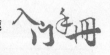

第八章

S7-200 特殊功能模块

S7-200 特殊功能模块有数字量扩展模块、模拟量模块、热电偶和热电阻模块、位置控制模块、称重模块、通信模块等。本章介绍部分常用的功能模块。

第一节 模拟量输入模块

在自动化生产现场，存在着大量的模拟量，如压力、温度、流量、转速和浓度等，这些物理量是连续变化的数值，而 PLC 作为数字控制器不能直接处理这些物理量。因此，必须对这些物理量进行处理，将其转化为标准的电流或电压信号，并将它们转化成 PLC 的 CPU 能够处理的数据，这就是模/数（A/D）转换。

PLC 对模拟量的处理，是通过模拟量模块或模拟量接口完成的。PLC 对模拟量的处理不需要考虑电路的设计等底层问题，而是对装置的正确使用。模拟量模块实现了标准的电信号（0～10V 或 0～20mA）与 PLC 中的整数的映射。

例如，一路模拟量输入信号，范围为 0～10V，用户经设置后将它与数字量的 0～32 000 相映射对应，若需要知道当前的模拟量的大小，用户直接读 PLC 的特定存储器空间（S7-200 为 AIW），若读的数据是 16 000（32 000 的一半），则表示电压为 5V（10V 的一半）。

西门子 S7-200 系列的模拟量输入模块主要有 EM231 模拟量输入模块和 EM235 模拟量混合模块。可以根据实际情况来选择合适的转换模块。

S7-200 PLC 的模拟量模块可以处理各种标准模拟量信号，当信号不相同时通过模块上的设置开关进行设置。对应的数字量的数据范围也可以由用户自己设定。

根据不同的输入信号，EM231 和 EM235 模拟量模块可以细分成电压电流型，其中 EM235 模块为混合模块，包括 4 路模拟量输入和 1 路模拟量输出。

如图 8-1 所示为 EM231 和 EM235 模块的外形图，从图中可以看出，模块的上面部分是输入接线端子，下面部分有输出接线端子、增益旋钮和配置开关，模块的面板右边还标注了该模块的型号、通道数、分辨率以及订货号等。

模拟量模块的接线如图 8-2 所示。

模拟量模块的各通道可以接入电压信号或者电流信号。对于未用的输入通道应该用导线短接。图中的 RA、RB、RC、RD 分别与各通道的"一"端在模块内部接了一个 250W 的电阻。

EM231 模拟量输入模块用 SW1、SW2 和 SW3 三个开关进行配置，配置如表 8-1 所示。

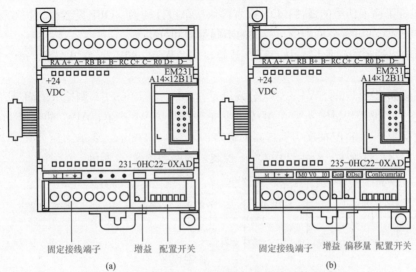

固定接线端子　增益　配置开关　　　　　固定接线端子　增益　偏移量　配置开关

(a)　　　　　　　　　　　　　　　(b)

图 8-1　EM231 和 EM235 模拟量模块的外形图

(a) EM231；(b) EM235

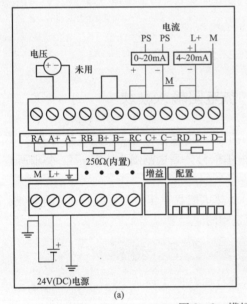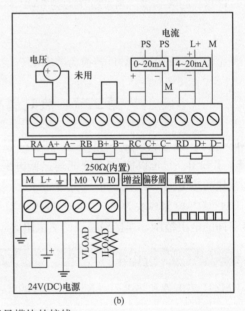

(a)　　　　　　　　　　　　　　　(b)

图 8-2　模拟量模块的接线

(a) EM231 模拟量输入，4 输入（6ES 231-0HC22-0XA0）；

(b) EM235 模拟量组合 4 输入/1 输出（6ES7 235-0KD22-0XA0）

表 8-1　　　　　　　　　　　　EM231 模拟量输入模块的配置

单极性			满输入量程	分辨率	双极性			满量程输入	分辨率
SW1	SW2	SW3			SW1	SW2	SW3		
ON	OFF	ON	0~10V	2.5mV	OFF	OFF	ON	±5V	2.5mV
	ON	OFF	0~5V	1.25mV		ON	OFF	±2.5V	1.25mV
			0~20mA	5μA					

SW1 规定了输入信号的极性：ON 配置模块按单极性转换；OFF 配置模块按双极性转换。SW2 和 SW3 的设置分别配置了模块的不同量程和分辨率。

模拟量输入通道的地址编号从 AIW0 开始，如 AIW0、AIW2、AIW4 等，每个通道占用两个字节。

例如，假如 EM231 的 SW1～SW3 分别设置为 ON、ON、OFF，则输入的满量程选择为 0～20mA。对应第一路模块量输入通道 AD 转换后的数据从 AIW0 产生，AIW0 的范围为 0～32 000。

假若量程为 0～10MP 的压力变送器的输出信号为 4～20mA，要求当压力大于 8MP 时，指示灯亮，否则指示灯为灭。指示灯用 Q0.0 控制。程序如图 8-3 所示。

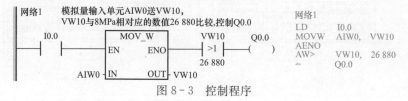

图 8-3　控制程序

选择 EM231 的 0～20mA 档作为模拟量输入的测量量程，模拟量输入模块将 0～20mA 转换为 0～32 000 的数字量。当系统压力为 8MP 时，则压力变送器的输出信号为

$$4+\frac{20-4}{10}\times8=16.8\text{mA}$$

模拟量 16.8mA 经 A/D 转换为数字量 26 880。

第二节　热电偶和热电阻输入模块

EM231 热电偶模块为 S7-200 系列产品提供了 7 种连接接口类型，接口类型有 J、K、E、N、S、T 和 R。它可以使 S7-200 能连接低电平模拟信号，测量范围为 ±80mV。要求所有连接到该模块的热电偶都必须是同一种类型。

EM231 热电阻模块为 S7-200 连接各种型号的热电阻提供了方便的接口，它允许 S7-200 测量不同的电阻范围，连接到模块的热电阻必须是相同的类型。

一、EM231 热电偶和热电阻（RTD）模块的技术规范

EM231 热电偶和热电阻（RTD）模块的技术规范如表 8-2 所示。

表 8-2　　　　　　　　热电偶和热电阻（RTD）模块的技术规范

输入类型	悬浮型热电偶	模块参考接地的热电阻
输入范围	TC 类型（选择一种） S、T、R、E、N、K、J 电压范围为 ±80mV	热电阻类型（选择一种） 铂（Pt）铜（Cu）镍（Ni）或电阻
输入分辨率	0.1℃/0.1°F	0.1℃/0.1°F
数据字格式	−3200～32 000	0～32 000

表 8-2 中所列出的技术规范为选型提供了依据。选型时应该注意使用隔离事项、输入类型、分辨率、导线长度的设定、数据格式、冷端补偿等。只有严格地遵守这些规范，才能在使用中尽量排除干扰，加快设计开发周期。

二、模块的接线

EM231 热电偶模块的接线如图 8-4 所示，EM231 热电阻模块的接线如图 8-5 所示。

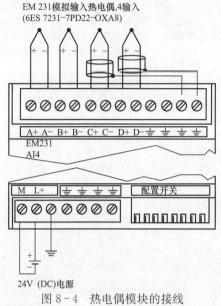

图 8-4　热电偶模块的接线　　　　图 8-5　热电阻模块的接线

对没有使用的热电偶输入，则短接未使用的通道，或者将其并联到其他通道上，这样可以有效地抑制噪声。

在使用热电偶模块前，必须了解并能够正确地配置位于模块底部的 DIP 开关。通过一定设置可以选择热电偶模块的类型、断线检测、温度范围和冷端补偿。

三、EM231 热电偶模块 DIP 开关的设置

EM231 热电偶模块 DIP 开关的设置如表 8-3 所示。

表 8-3　　　　　　　　　热电偶模块 DIP 开关的设置

开关 1、2、3 和 4	热电偶类型	设置	描述
SW1,2,3　配置　1-接通　0-断开　将DIP开关4设定为0(向下)位置	J（默认）	000	开关 1~3 为模块上的所有通道选择热电偶类型（或 mV 操作）。例如，选 E 类型，热电偶开关 SW1=0，SW2=1，SW3=1
	K	001	
	T	010	
	E	011	
	R	100	
	S	101	
	N	110	
	+/-80mV	111	
开关 5	断线检测方向	设置	描述
SW5　配置　1-接通　0-断开	正向标定（+3276.7°）	0	0 指示正向断线检测；1 指示负向断线检测

续表

开关6	断线检测使能	设置	描述
SW6 [配置 ↑1-接通 ↓0-断开 12345678]	使能	0	通过加上25μA电流到输入端进行断线检测，断线检测使能开关可以使能或禁止检测电流，断线检测始终在进行，即使关闭了检测电流，如果输入信号超过±200mV，如EM231热电偶模块开始断线检测，如检测到断线，测量读数被设定成由断线检测所选定的值
	禁止	1	

开关7	温度单位	设置	描述
SW7 [配置 ↑1-接通 ↓0-断开 12345678]	摄氏度（℃）	0	EM231热电偶模块能够报告摄氏温度和华氏温度，摄氏温度和华氏温度的转化在内部进行
	华氏度（℉）	1	

开关8	冷端补偿	设置	描述
SW8 [配置 ↑1-接通 ↓0-断开 12345678]	冷端补偿使能	0	使用热电偶然必须进行冷端补偿，如果没有进行冷端补偿，模块的转换则会出现错误，以为热电偶导线连接到模块连接器时会产生电压，但选择±80mV的范围时，冷端补偿会自动禁止

四、EM231 RTD 类型选择

EM231 RTD通过设置SW1～SW2开关进行类型选择，具体如表8-4所示。

表 8-4　　　　　　　　　　　EM231 RTD 类型选择

RTD 类型	SW1	SW2	SW3	SW4	SW5	RTD 类型	SW1	SW2	SW3	SW4	SW5
100ΩPt0.003850	0	0	0	0	0	100ΩPt0.003902	1	0	0	0	0
200ΩPt0.003850	0	0	0	0	1	200ΩPt0.003902	1	0	0	0	1
500ΩPt0.003850	0	0	0	1	0	500ΩPt0.003902	1	0	0	1	0
1000ΩPt0.003850	0	0	0	1	1	1000ΩPt0.003902	1	0	0	1	1
100ΩPt0.003920	0	0	1	0	0	SPARE	1	0	1	0	0
200ΩPt0.003920	0	0	1	0	1	100ΩNi0.00672	1	0	1	0	1
500ΩPt0.003920	0	0	1	1	0	120ΩNi0.00672	1	0	1	1	0
1000ΩPi0.003920	0	0	1	1	1	1000ΩNi0.00672	1	0	1	1	1
100ΩPt0.00385055	0	1	0	0	0	100ΩNi0.006178	1	1	0	0	0
200ΩPt0.00385055	0	1	0	0	1	120ΩNi0.006178	1	1	0	0	1
500ΩPt0.00385055	0	1	0	1	0	1000ΩNi0.006178	1	1	0	1	0
1000ΩPt0.00385055	0	1	0	1	1	10000ΩPt0.003850	1	1	0	1	1
100ΩPt0.003916	0	1	1	0	0	10ΩCu0.004270	1	1	1	0	0
200ΩPt0.003916	0	1	1	0	1	150ΩFS 电阻	1	1	1	0	1
500ΩPt0.003916	0	1	1	1	0	300ΩFS 电阻	1	1	1	1	0
1000ΩPt0.003916	0	1	1	1	1	600ΩFS 电阻	1	1	1	1	1

五、EM231 RTD 模块其他 DIP 设置

EM231 RTD 模块其他 DIP 设置如表 8-5 所示。

表 8-5   EM231 RTD 模块其他 DIP 设置

开关 6	断线检测 超出范围	设置	描述
SW6 配置 ↕1-接通 ↓0-断开 12345678	正向标定 (+3276.7°)	0	指示断线超出范围的正极
	负向标定 (-3276.8°)	1	指示断线或超出范围的负极
开关 7	温度单位	设置	描述
SW7 配置 ↕1-接通 ↓0-断开 12345678	摄氏度 (℃)	0	RTD 模块可报告摄氏温度或华氏温度,摄氏温度与 华氏温度的转换在内部进行
	华氏度 (°F)	1	
开关 8	接线方式	设置	描述
SW8 配置 ↕1-接通 ↓0-断开 12345678	3 线	0	RTD 模块与传感器的接线有 3 种方式,精度最高的 是 4 线连接,2 线连接精度最低,推荐用于可忽略接线 误差的场合
	2 线或 4 线	1	

第三节 模拟量输出模块

本节介绍模拟量输出模块 EM232,EM232 模块可把 PLC 中 0~32 000 的整数线性转换成 0~10V 或 0~20mA 标准电信号,这种信号可用来驱动各种执行机构的动作,如用 0~10V 的信号通过变频器对交流电机进行调速。

一、E M232 模块

EM232 的端子连接如图 8-6 所示,包括两路模拟量输出,端子 M0、V0、I0 为第一路模拟量输出,端子 M1、V1、I1 为第二路模拟量输出。输出电压或电流的选择是通过端子接线实现,如选择电压输出,则接线端子选择 V 和 M 端子,若选择电流输出,则选择 I 和 M 端子。电压转换数据范围是-32 000~+32 000,对应电压输出范围为-10~+10V。电流转换数据范围是0~32 000,对应电流输出范围为 0~20mA。

二、E M232 模块的应用

假设模拟量输出量程设定为-10~+10V。将数字量 2000、4000、8000、16 000、32 000 转换为对应的模拟电压值。调试程序如图 8-7 所示,把要转换的数据写入到 AQW0 中。

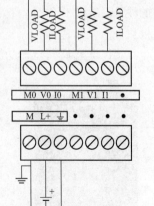

EM 232模拟量输出,2输出
(6ES 7 232-0HB22-0XA8)

图 8-6 EM232 的端子连接

135

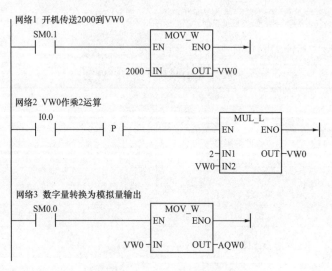

网络1 开机传送2000到VW0

SM0.1
MOV_W
EN   ENO
2000 — IN   OUT — VW0

网络2 VW0作乘2运算

I0.0   P
MUL_L
EN   ENO
2 — IN1   OUT — VW0
VW0 — IN2

网络3 数字量转换为模拟量输出

SM0.0
MOV_W
EN   ENO
VW0 — IN   OUT — AQW0

图 8-7 DA 转换调试程序

对数据进行 DA 转换后，用万用表测量的模拟电压值如表 8-6 所示。

表 8-6   用万用表测量的模拟电压值

数字量	2000	4000	8000	16 000	32 000
模拟电压（V）	0.61	1.22	2.44	4.88	9.76

第四节 定 位 模 块

一、定位模块的特点

S7-200 系列 PLC 集成的高速输出点 Q0.0、Q0.1 输出的脉冲频率只有 20kHz（CPU226 为例），其使用范围有限，而定位模块 EM253 的最高频率可达到 30kHz，并且定位模块高速脉冲的波形品质优于 PLC 内部集成的高速输出点，因此对于要求较高的控制系统必须使用定位模块。

定位模块 EM253 的功能强大，定位精度高，使用方便，其特点如下：

图 8-8 EM253 定位
模块的外形

（1）定位模块 EM253 用于位置开环控制，不能用于闭环位置控制。

（2）可提供 12Hz～200kHz 的脉冲。

（3）提供了螺距补偿功能。

（4）有绝对式、手动式和相对式等多种工作模式。

（5）有 4 种回原点的方式。

二、EM253 模块的外形与接线端子

EM253 定位模块的外形如图 8-8 所示，其接线端子的定义如表 8-7 所示。

表 8 - 7   EM253 端子功能

端子	输入/输出	功能
M	—	模板电源 24V—
L+	—	模板电源 24V+
STP 1M	输入	硬件停止运动，可以使正在进行中的运动停止下来
RPS 2M	输入	机械参考点位置输入。建立绝对运动模式下的机械参考
ZP 3M	输入	零脉冲输入。帮助建立机械参考点坐标系
LMT+ 4M	输入	正方向运动的硬件极限位置开关
LMT− 4M	输入	负方向运动的硬件极限位置开关
+5V	—	输出 5V 电压
P0−	输出	
P0+	输出	步进电动机运动、方向控制的脉冲输出。与 P0、P1 输出控制方式相比，可以
P1+	输出	提供更高质量的控制信号；选择何种输出脉冲方式，取决于电动机驱动器
P1−	输出	
P0	输出	步进电动机运动、方向控制的脉冲输出
P1	输出	
DIS	输出	使能、非使能电动机的驱动器
CLR	输出	用于清除步进电动机驱动器的脉冲计数寄存器
T1		与+5V、P0、P1、DIS 结合一起使用

三、应用举例

以下用一个例子来讲解 EM253 模块的使用。

某设备上有一套步进驱动系统，要求按下按钮 SB1 时，步进电动机带动 X 轴运动，按下按钮 SB2 时，步进电动机停止。X 轴有两个限位开关进行左右限位保护。S7 - 200 PLC 通过扩展定位模块 EM253 进行控制。PLC 与驱动器、步进电动机的接线如图 8 - 9 所示。

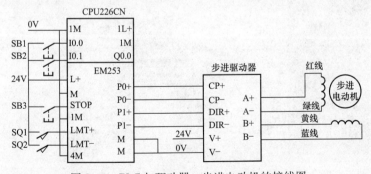

图 8 - 9　PLC 与驱动器、步进电动机的接线图

图 8 - 9 中选用的步进电动机为两相四线的步进电动机，其型号是 17HS111。步进驱动器的脉冲输入端子（CP+、CP−）与定位模块的 P0 脉冲输出端子相连，步进驱动器的方向控制端

子（DIR＋、DIR－）与 P1 端子相连。由于该步进电动机驱动器没有使能端子，所以 EM253 的 DIS 端子不用接线。

1. EM253 模块的硬件组态

（1）打开"位置控制向导"配置工具。启动编程软件 STEP7-Micro/WIN V4.0，单击菜单"工具→位置控制向导"，弹出"位置控制向导"画面如图 8-10 所示。

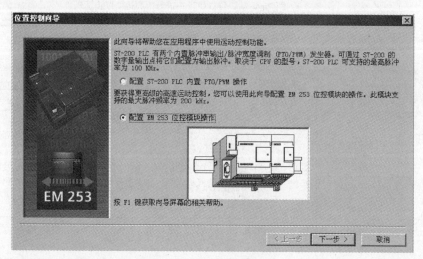

图 8-10　位置控制向导

在图 8-10 中，选择"配置 EM253 位置模块操作"，再单击"下一步"按钮。

（2）读取定位模块 EM253 的逻辑位置。先设定模块 EM253 的位置，由于只有一个扩展模块，所以模块位置为 0，再单击"读取模块"按钮，弹出位置的信息，如图 8-11 所示，最后单击"下一步"按钮。

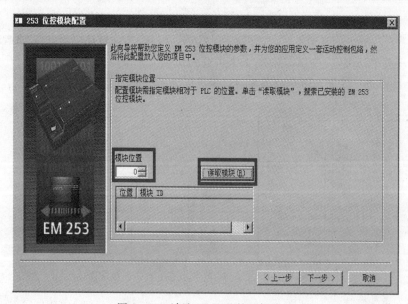

图 8-11　读取 EM253 的逻辑位置

（3）输入系统的测量单位。如图 8-12 所示，设置电动机转一周应输出的脉冲数、输入基准测量单位，再输入设置电动机旋转一周产生多少毫米（mm）。这些数值与运动机械结构相关。最后单击"下一步"按钮。

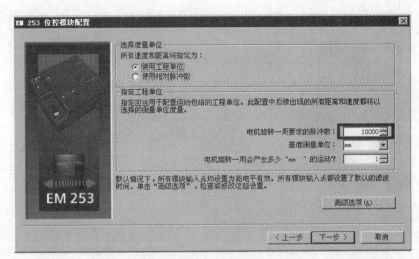

图 8-12　输入系统的测量单位

（4）定义模块输入信号 LMT＋、LMT 和 STP 的功能。本例选择的都是"减速停止"，当然也可根据实际需要选择"立即停止"或"不停止"选项，如图 8-13 所示。

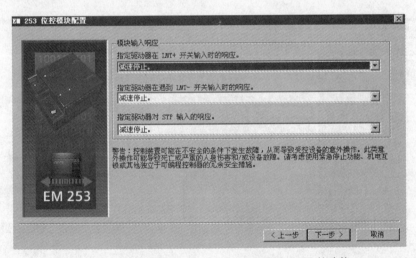

图 8-13　定义输入信号 LMT＋、LMT 和 STP 的功能

（5）定义电动机速度。根据需要定义电动机的最大速度、最低速度以及启动/停止速度，再单击"下一步"按钮，如图 8-14 所示。

（6）定义点动操作的参数。设定点动时电动机的速度，如图 8-15 所示。

（7）加减速参数设定。加速时间是从最低速度加速到最大速度所用的时间，减速时间是从最高速度减速到最低速度所用的时间，设置如图 8-16 所示。

（8）设置运动速度拐点参数。设置运动速度拐点参数如图 8-17 所示。指定补偿时间，若不补偿则输入 0，再单击"下一步"按钮。

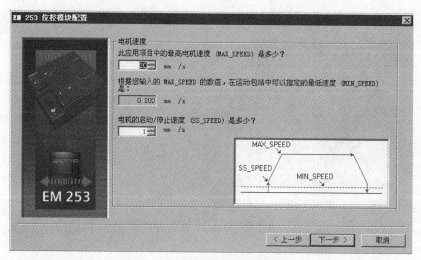

图 8-14　定义电动机转速

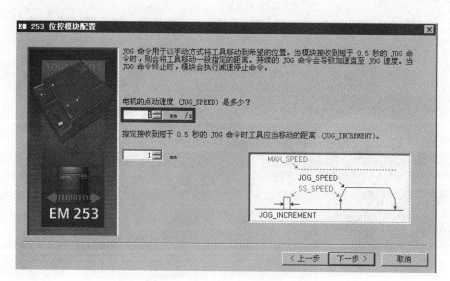

图 8-15　定义点动操作的参数

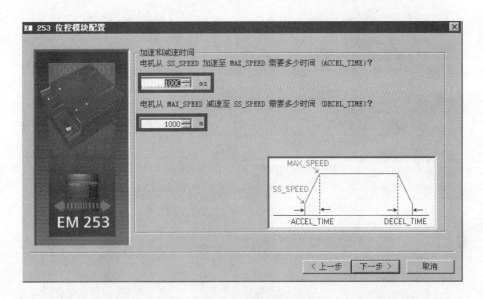

图 8-16　加减速时间设定

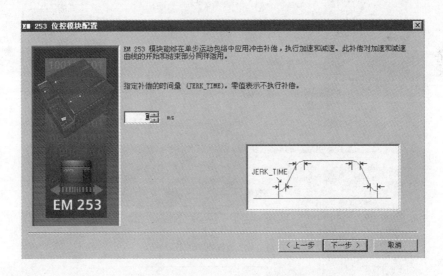

图 8-17　设置速度拐点参数

(9) 设置模块寻找原点位置参数。设置模块寻找原点位置参数如图 8-18 所示。选择"是"，配置一个参考点，再单击"下一步"按钮，如图 8-19 所示。

(10) 设定定位模块 EM253 的运动轨迹包络。定位模块 EM253 的运动轨迹包络，如图 8-20 所示。

(11) 分配地址。如图 8-21 所示，单击"建议地址"按钮，再单击"下一步"按钮。

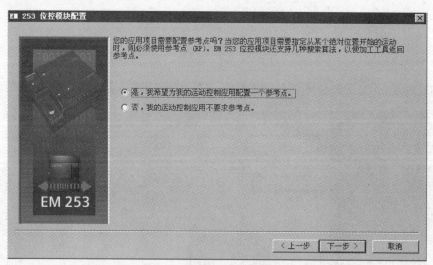

图 8-18　配置一个参数点

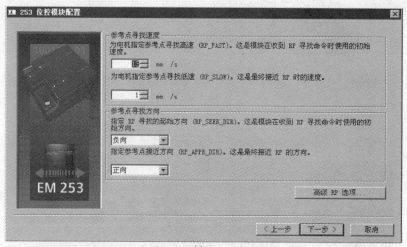

(a)

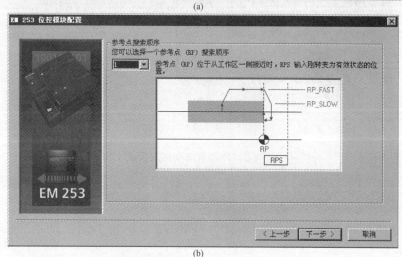

(b)

图 8-19　设置模块寻找原点位置参数

(a) 步骤一；(b) 步骤二

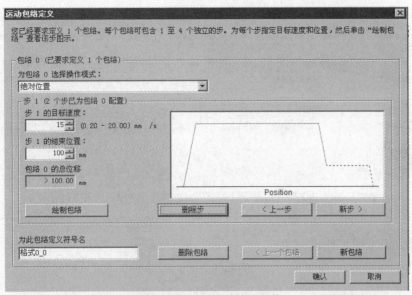

图8-20 设置运动轨迹包络

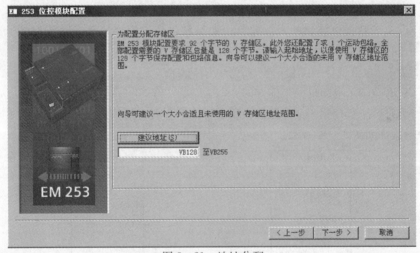

图8-21 地址分配

(12) 完成组态。如图8-22所示，单击"完成"按钮，结束组态。

2. 编写程序

(1) 子程序简介。完成以上的配置后，STEP7-Micro/WIN V4.0会自动生成一系列子程序，下面介绍常用的POSx_CTRL和POSx_GOTO。

POSx_CTRL子程序用于启用和初始化位置控制模块，如图8-23所示。在程序中限制只能用一次，并确保程序在每次扫描时使用执行该子程序。要用SM0.0作为EN使用参数的输入。MOD_EN参数必须开启，才能启用其他位置子程序向位控模块发送命令。如果MOD_EN关闭，位控模块会异常中止所有正在执行的命令。POSx_CTRL子程序的输出参数提供位控模块的当前状态。当位控模块完成任何一个子程序时，Done参数会开启。Error参数包含本子程序的运行结果。

其他参数含义说明如下：

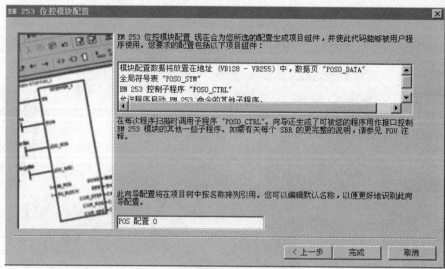

图 8-22 完成组态

1）C_Pos 参数是模块的当前位置。根据所选的测量单位，该数值是脉冲（DINT）数目或工程单位（REAL）数目。

2）C_Speed 参数提供模块的当前速度。如果您将位控模块的测量系统配置为脉冲，C_Speed 是一个 DINT 数值，包含脉冲数目/每秒。如果将测量系统配置为工程单位，C_Speed 是一个 REAL 数值，包含选择的工程单位/每秒（REAL）。

3）C_Dir 参数表示电动机的当前方向。

POSx_GOTO 子程序用于命令位控模块运行控制要到达的位置，开启使能端 EN 会启用此子程序。该子程序如图 8-24 所示。

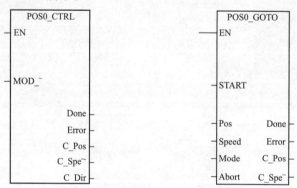

图 8-23　POSx_CTRL 子程序　　　图 8-24　POSx_GOTO 子程序

在完成位发出子程序执行已经完成的信号前，请确定 EN 位保持开启。开启 START 参数向位控模块发出一个 GOTO 命令。对于在 START 参数开启且位控模块当前不繁忙时执行的每次扫描，该子程序向位控模块发送一个 GOTO 命令。为了确保仅发送了一个 GOTO 命令，请使用脉冲方式开启 START 参数。Pos 参数包含一个数值，指示移动的位置（绝对移动）或移动的距离（相对移动）。根据所选的测量单位，该数值是脉冲（DINT）或工程单位（REAL）数值。Speed 参数确定该移动的最高速度。根据所选的测量单位，该数值是脉冲/每秒（DINT）或工程单位/每秒（REAL）数值。

其他参数说明如下：

1）Mode 参数选择移动的类型。0 表示绝对位置，1 表示相对位置，2 表示单速连续正向旋转，3 表示单速连续负向旋转。

2）当位控模块完成本子程序时，Done 参数开启。

3）Error 参数包含本子程序的结果。

4）C_Pos 参数是模块的当前位置。根据所选的测量单位，该数值是脉冲（DINT）数目或工程单位（REAL）数目。

5）C_Speed 参数包含模块的当前速度。根据所选的测量单位，该数值是脉冲/每秒（DINT）或工程单位/每秒（REAL）数目。

（2）程序编制。编写程序如图 8-25 所示，并程序下载到 PLC，并运行程序。当按下 SB1 时，步进电动机运行，当按下 SB2 或 SB3 时，步进电动机停止，当碰到限位开关 SQ1 或 SQ2 时，步进电动机也停止运行。

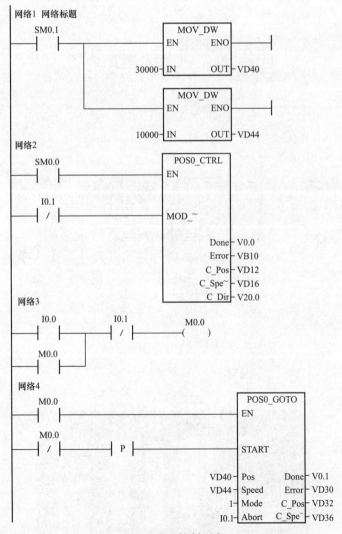

图 8-25　控制程序

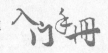

S7 - 300/400 PLC

第九章　S7 - 300/400 可编程序控制器

第一节　S7 - 300 PLC 简介

一、标准型 S7 - 300 的硬件结构

S7 - 300 为标准模块式结构化 PLC，各种模块相互独立，并安装在固定的机架（导轨）上，构成一个完整的 PLC 应用系统。

如图 9-1 所示，标准型 S7 - 300 的硬件结构由以下模块组成：电源单元（PS）、中央处理单元（CPU）、接口模板（IM）、信号模板（SM）、功能模板（FM）、通信模板（CP）。

S7 - 300 PLC 外形图如图 9-2 所示。

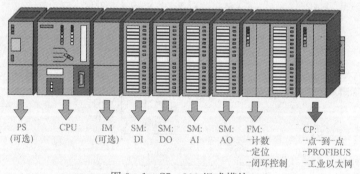

图 9-1　S7 - 300 组成模块

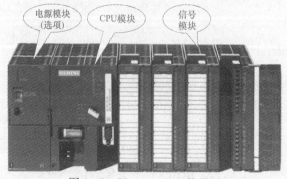

图 9-2　S7 - 300 PLC 外形图

二、S7-300 CPU 模块

1. CPU 模块的分类

S7-300 CPU 模块可分为紧凑型、标准型、革新型、户外型、故障安全型和特种型 CPU。

紧凑型 CPU 如 CPU312C、CPU313C、CPU313-2PtP、CPU313C-2DP、CPU314-2PtP、CPU314-2DP。

标准型 CPU 如 CPU 313、CPU 314、CPU 315、CPU 315-2DP、CPU 316-2DP。

革新型 CPU 如 CPU 312、CPU 314、CPU 315-2DP、CPU 317-2DP、CPU 318-2DP。

户外型 CPU 如 CPU 312 IFM、CPU 314 IFM、CPU 314（户外型）。

故障安全型 CPU 如 CPU 315F、CPU 315F-2DP、CPU 317F-2DP。

特种型 CPU 如 CPU 317T-2DP、CPU 317-2 PN/DP。

2. S7-300 CPU 模块的主要特性

表 9-1 所示为常用 S7-300 CPU 模块的主要特性，如 CPU314 模块，用户内存程序容量为 48KB，MMC 最大为 8M，可实现自由编址，数字量 I/O 点数可达 1024 点，模拟量输入/输出数量可达 256 个，1K 的指令处理时间为 0.1ms，位存储器 M 为 2048 个，计数器数量为 256 个，定时器数量为 256 个，集成有 MPI 通信口，没有集成 DP 和 PtP 通信口，CPU 本身没有集成数字输入/输出点和模拟量输入/输出。

表 9-1　　　　常用 S7-300 CPU 模块的主要特性

参数\CPU	CPU 312	CPU 312C	CPU 313C	CPU 313C-2PtP	CPU 313C-2DP	CPU 314	CPU 314C-PtP	CUP 314C-2DP	CPU 315-2DP	CPU 317-2DP
用户内存（KB）	16	16	32	32	32	48	48	48	128	512
最大 MMC（MB）	4	4	8	8	8	8	8	8	8	8
自由编址	YES	YES	YES	YES	YES	YES	YES	YES	YES	YES
DI/DO	256	256/256	992/992	992/992	992/992	1024	992/992	992/992	1024	1024
AI/AO	64	64/32	246/124	248/124	248/124	256	248/124	248/124	256	256
处理时间/1KB 指令（ms）	0.2	0.1	0.1	0.1	0.1	0.1	0.1	0.1	0.1	0.1
位存储器	1024	1024	2048	2024	2048	2048	2048	2048	16 384	32 768
计数器	128	128	256	256	256	256	256	256	256	512
定时器	128	128	256	256	256	256	256	256	256	512
集成通信连接 MPI/DP/PtP	Y/N/N	Y/N/N	Y/N/N	Y/N/Y	Y/Y/N	Y/N/N	Y/N/Y	Y/Y/N	Y/Y/N	Y/Y/N
集成 DI/DO	0/0	10/6	24/16	16/16	16/16	0/0	24/16	24/16	0/0	0/0
集成 AI/DO	0/0	0/0	4+1/2	0/0	0/0	0/0	4+1/2	4+1/2	0/0	0/0

3. S7-300 CPU 模块操作

CPU314 外形如图 9-3 所示。S7-300 CPU 模式选择开关 4 个档位，分别为 RUN-P、

RUN、STOP 和 MRES。

图 9-3　CPU314 外形图

(a) 2002 年 10 月之前出厂的 CPU314；(b) 2002 年 10 月之后出厂的 CPU314

(1) RUN-P：可编程运行模式。在此模式下，CPU 不仅可以执行用户程序，在运行的同时，还可以通过编程设备（如装有 STEP 7 的 PG、装有 STEP 7 的计算机等）读出、修改、监控用户程序。

(2) RUN：运行模式。在此模式下，CPU 执行用户程序，还可以通过编程设备读出、监控用户程序，但不能修改用户程序。

(3) STOP：停机模式。在此模式下，CPU 不执行用户程序，但可以通过编程设备（如装有 STEP 7 的 PG、装有 STEP 7 的计算机等）从 CPU 中读出或修改用户程序。在此位置可以拔出钥匙。

(4) MRES：存储器复位模式。该位置不能保持，当开关在此位置释放时将自动返回到 STOP 位置。将钥匙从 STOP 模式切换到 MRES 模式时，可复位存储器，使 CPU 回到初始状态。

4. CPU 状态及故障显示

S7-300 CPU 状态及故障指示灯如图 9-4 所示。

(1) SF（红色）：系统出错/故障指示灯。CPU 硬件或软件错误时亮。

(2) BATF（红色）：电池故障指示灯（只有 CPU313 和 314 配备）。当电池失效或未装入时，指示灯亮。

(3) DC 5V（绿色）：+5V 电源指示灯。CPU 和 S7-300 总线的 5V 电源正常时亮。

图 9-4　CPU 状态与故障指示灯

(4) FRCE（黄色）：强制有效指示灯。至少有一个 I/O 被强制状态时亮。

(5) RUN（绿色）：运行状态指示灯。CPU 处于"RUN"状态时亮；LED 在"Startup"状态以 2 Hz 频率闪烁；在"HOLD"状态以 0.5 Hz 频率闪烁。

(6) STOP（黄色）：停止状态指示灯。CPU 处于"STOP"或"HOLD"或"Startup"状态时亮；在存储器复位时 LED 以 0.5 Hz 频率闪烁；在存储器置位时 LED 以 2 Hz 频率闪烁。

三、S7-300 PLC 功能

SIMATIC S7-300 的大量功能能够支持和帮助用户进行编程、启动和维护，其主要功能如下：

（1）高速的指令处理。$0.1\sim0.6\mu s$ 的指令处理时间在中等到较低的性能要求范围内开辟了全新的应用领域。

（2）人机界面（HMI）。方便的人机界面服务已经集成在 S7-300 操作系统内，因此人机对话的编程要求大大减少。

（3）诊断功能。CPU 的智能化的诊断系统可连续监控系统的功能是否正常，记录错误和特殊系统事件。

（4）口令保护。多级口令保护可以使用户高度、有效地保护其技术机密，防止未经允许的复制和修改。

第二节　S7-300 模 块

SIMATIC S7-300 系列 PLC 是模块化结构设计，各种单独模块之间可进行广泛组合和扩展。如图 9-5 所示，它的主要组成部分有导轨（RACK）、电源模块（PS）、中央处理单元模块（CPU）、接口模块（IM）、信号模块（SM）、功能模块（FM）等。它通过 MPI 网的接口直接与编程器 PG、操作员面板 OP 和其他 S7 系列 PLC 相连。

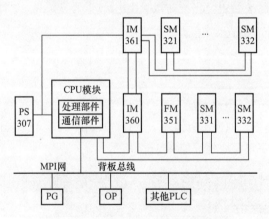

图 9-5　S7-300 PLC 硬件构成框图

一、S7-300 的扩展能力

S7-300 是模块化的组合结构，根据应用对象的不同，可选用不同型号和不同数量的模块，并可以将这些模块安装在同一机架（导轨）或多个机架上。与 CPU312 IFM 和 CPU313 配套的模块只能安装在一个机架上。除了电源模块、CPU 模块和接口模块外，一个机架上最多只能再安装 8 个信号模块或功能模块。

CPU314/315/315-2DP 最多可扩展 4 个机架，IM360/IM361 接口模块将 S7-300 背板总线从一个机架连接到下一个机架，如图 9-6 所示。

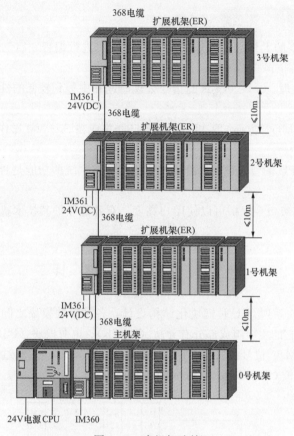

图 9-6 多机架连接

二、S7-300 数字量模块地址的确定

根据机架上模块的类型，地址可以为输入（I）或输出（O）。数字 I/O 模块每个槽划占 4 B（等于 32 个 I/O 点）。数字量模块地址如图 9-7 所示。

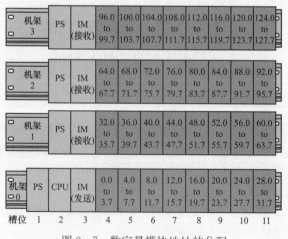

图 9-7 数字量模块地址的分配

三、S7-300模拟量模块地址的确定

模拟I/O模块每个槽占16 B（等于8个模拟量通道），每个模拟量输入通道或输出通道的地址总是一个字地址。模拟量模块的地址分配如图9-8所示。

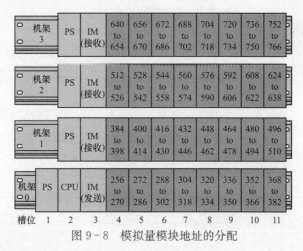

图9-8 模拟量模块地址的分配

四、S7-300数字量模块位地址的确定

0号机架的第一个信号模块槽（4号槽）的地址为0.0～3.7，一个16点的输入模块只占用地址0.0～1.7，地址2.0～3.7未用，如图9-9所示。数字量模块中的输入点和输出点的地址由字节部分和位部分组成，例如I0.0。

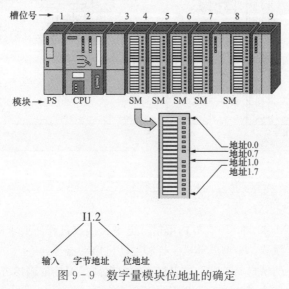

图9-9 数字量模块位地址的确定

五、数字量模块

1. 数字量输入模块SM321

数字量输入模块SM321外形图如图9-10所示。

图 9-10　数字量
模块外形图

数字量输入模块将现场过程送来的数字信号电平转换成 S7-300 内部信号电平。数字量输入模块有直流输入方式和交流输入方式。对现场输入元件，仅要求提供开关触点即可。输入信号进入模块后，一般都经过光电隔离和滤波，然后才送至输入缓冲器等待 CPU 采样。采样时，信号经过背板总线进入到输入映像区。

数字量输入模块 SM321 有四种型号模块可供选择，即直流 16 点输入、直流 32 点输入、交流 16 点输入、交流 8 点输入模块。

图 9-11 所示为直流 32 点输入对应的端子连接及电气原理图，图 9-12 所示为交流 16 点输入对应的端子连接及电气原理图。

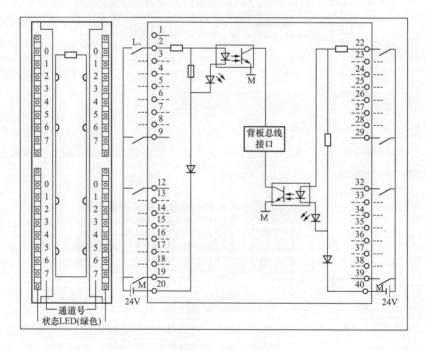

图 9-11　直流 32 点输入模块的接线图

2. 数字量输出模块 SM322

数字量输出模块 SM322 将 S7-300 内部信号电平转换成过程所要求的外部信号电平，可直接用于驱动电磁阀、接触器、小型电动机、灯和电动机启动器等。

晶体管输出模块只能带直流负载，属于直流输出模块；可控硅输出方式属于交流输出模块；继电器触点输出方式的模块属于交直流两用输出模块。

从响应速度上看，晶体管响应最快，继电器响应最慢；从安全隔离效果及应用灵活性角度来看，以继电器触点输出型最佳。

各种类型的数字量输出模块具体参数如表 9-2 所示。

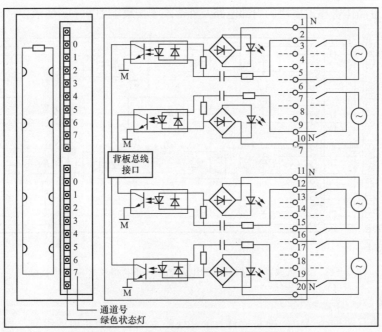

图 9-12 交流 16 点输入模块的接线图

表 9-2   **SM322 模块具体参数**

SM322 模块		16 点晶体管	32 点晶体管	16 点可控硅	8 点晶体管	8 点可控硅	8 点继电器	16 点继电器
输出点数		16	32	16	8	8	8	16
额定电压		DC 24V	DC 24V	AC 120V	DC 24V	AC 120/230V	—	—
额定电压范围		DC 20.4~28.8V	DC 20.4~28.8V	AC 93~132V	DC 20.4~28.8V	AC 93~246V	—	—
与总线隔离方式		光耦	光耦	光耦	光耦	光耦	光耦	光耦
最大输出电流	"1" 信号	0.5A	0.5A	0.5A	2A	1A	—	—
	"0" 信号	0.5mA	0.5mA	0.5mA	0.5mA	2mA	—	—
最小输出电流（"1" 信号）		5mA	5mA	5mA	5mA	10mA	—	—
触点开关容量		—	—	—	—	—	2A	2A
触点开关频率（Hz）	阻性负载	100	100	100	100	10	2	2
	感性负载	0.5	0.5	0.5	0.5	0.5	0.5	0.5
	灯负载	100	100	100	100	1	2	2
触点使用寿命		—	—	—	—	—	10^6 次	10^6 次
短路保护		电子保护	电子保护	熔断保护	电子保护	熔断保护	—	—
诊断		—	—	红色 LED 指示	—	红色 LED 指示	—	—
最大电流消耗（mA）	从背板总线	80	90	184	40	100	40	100
	从 L+	120	200	3	60	2	—	—
功率损耗（W）		4.9	5	9	6.8	8.6	2.2	4.5

32点数字量晶体管输出模块的内部电路及外部端子接线如图9-13所示。

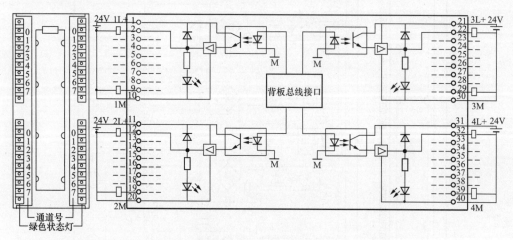

图9-13 32点数字量晶体管输出模块的内部电路及外部端子接线图

3. 数字量I/O模块SM323

SM323模块有两种类型，一种是带有8个共地输入端和8个共地输出端，另一种是带有16个共地输入端和16个共地输出端，两种特性相同。I/O额定负载电压24V（DC），输入电压"1"信号电平为11～30 V，"0"信号电平为-3～+5 V，I/O通过光耦与背板总线隔离。在额定输入电压下，输入延迟为1.2～4.8 ms。输出具有电子短路保护功能。

图9-14所示为SM323 DI16/DO16×24V（DC）/0.5A内部电路及外部端子接线图。

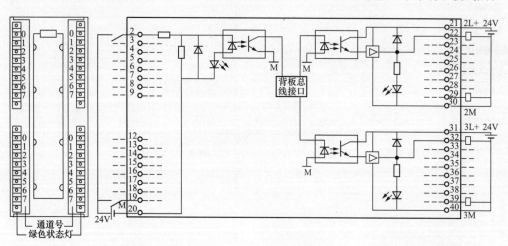

图9-14 SM323 DI16/DO16×24V（DC）/0.5A内部电路及外部端子接线图

六、模拟量模块

SM331、SM332和SM334是S7-300 PLC处理模拟量信号模块。其中，SM331仅具有模拟量输入通道，该模块可以连接电压/电流传感器、热电偶、热电阻和电阻式温度计。SM332仅带有模拟量输出通道，可以与执行器直接相连。

SM332与SM331模块背面还有量程盒，用户在使用的时候应该根据实际情况选择传感器的类型、量程，以及能够正确地接线。而 SM334 既有模拟量输入通道，又有模拟量输出通道，不需要设置量程盒，该模块使用起来比较简单。

1. 模拟量值的表示方法

S7-300 的 CPU 用 16 位的二进制补码表示模拟量值。其中最高位为符号位 S，"0"表示正值，"1"表示负值，被测值的精度可以调整，取决于模拟量模块的性能和它的设定参数，对于精度小于 15 位的模拟量值，低字节中幂项低的位不用。表 9-3 表示了 S7-300 模拟量值所有可能的精度，标有"×"的位就是不用的位，一般填入"0"。

表 9-3　　　　　　　　　　　　模拟量输入模块精度

以位数表示的精度（带符号位）	单位		模拟值																	
	十进制	十六进制	高字节								低字节									
8	128	80H	S	0	0	0	0	0	0	0	1	×	×	×	×	×	×	×
9	64	40H	S	0	0	0	0	0	0	0	0	1	×	×	×	×	×	×
10	32	20H	S	0	0	0	0	0	0	0	0	0	1	×	×	×	×	×
11	16	10H	S	0	0	0	0	0	0	0	0	0	0	1	×	×	×	×
12	8	8H	S	0	0	0	0	0	0	0	0	0	0	0	1	×	×	×
13	4	4H	S	0	0	0	0	0	0	0	0	0	0	0	0	1	×	×
14	2	2H	S	0	0	0	0	0	0	0	0	0	0	0	0	0	1	×
15	1	1H	S	0	0	0	0	0	0	0	0	0	0	0	0	0	0	1

S7-300 模拟量输入模块可以直接输入电压、电流、电阻、热电偶等信号，而模拟量输出模块可以输出 0～10V，1～5V，−10～10V，0～20mA，4～20mA，−20～20mA 等模拟信号。

2. 模拟量输入模块 SM331

模拟量模块外形如图 9-15 所示。

模拟量输入[简称模入（AI）]模块 SM331 目前有三种规格型号，即 8AI×12 位模块、2AI×12 位模块和 8AI×16 位模块。

（1）SM331 概述。SM331 主要由 A/D 转换部件、模拟切换开关、补偿电路、恒流源、光电隔离部件、逻辑电路等组成。A/D 转换部件是模块的核心，其转换原理采用积分方法，被测模拟量的精度是所设定的积分时间的正函数，也即积分时间越长，被测值的精度越高。SM331 可选四档积分时间：2.5、16.7、20ms 和 100ms，相对应的以位表示的精度为 8、12、12 和 14。

图 9-15　模拟量输入
模块外形图

（2）SM331 与传感器、变送器的连接。

1）SM331 与电压型传感器的连接，如图 9-16 所示。

2）SM331 与 2 线电流变送器的连接如图 9-17 所示，与 4 线电流变送器的连接如图 9-18 所示，4 线电流变送器应有单独的电源。

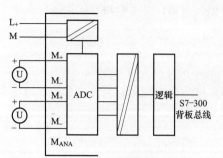

图 9-16　SM331 与电压型传感器的连接

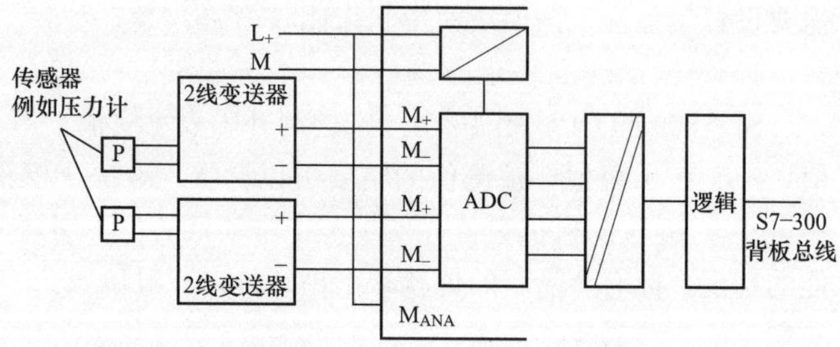

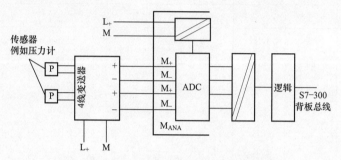

图 9-17　SM331 与 2 线电流变送器的连接图

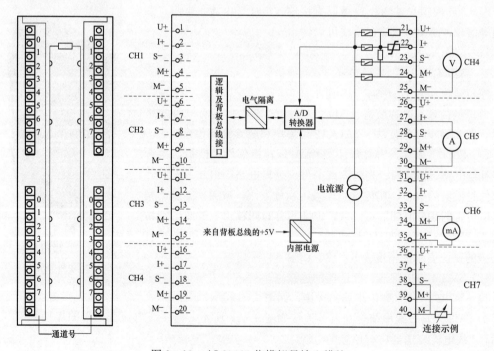

图 9-18　SM331 与 4 线电流变送器的连接图

图 9-19 所示为 AI 8×13 位模拟量输入模块的接线图，该模块共有 8 路模拟量输入，每路精度为 13 位。

图 9-19　AI 8×13 位模拟量输入模块

SM331量程盒的设定如图9-20所示,图中标注的♯1~4♯框具体说明如下:

1)♯1框内给出了4种测量信号的范围:

A:+/-80/250/500/1000mV/Pt100的热电偶、热电阻测量。

B:+/-2.5V/5V/9-5V/10V电压测量。

C:标准4~20mA、0~20mA、+/-10mA、+/-3.2mA、+/-20mA的4线制电流(4DMU)。

D:标准4~20mA的2线制电流(2DMU)。

2)♯2框内标出了1号通道组,包括两个通道CH0和CH1;2号通道组,包括通道CH2和CH3;3号通道组,包括通道CH4和CH5;4号通道组,包括通道CH6和CH7。

3)♯3框内,当A的箭头指向通道号的时候,说明CH6和CH7的输入信号为+/-80/250/500/1000mV/Pt100的电压信号。类似地,其他通道组的量程盒可以根据实际情况选择恰当的信号类型,如♯3框,只要将该信号的类型号(A、B、C和D)的箭头指向通道号即可。

4)♯4框显示的是量程盒,每个通道组内的两个通道的测量信号可以设定成♯1号框内指示的A、B、C和D四种信号模式。

如果要改变某个通道组的测量范围,只有用螺钉旋具取出量程盒,然后将需要的测量范围标记号(A、B、C或D)指向通道号嵌入进去即可。

图9-20　SM331量程盒的设定

3. 模拟量输出模块SM332

图9-21所示为一个4路模拟量输出模块的接线图。

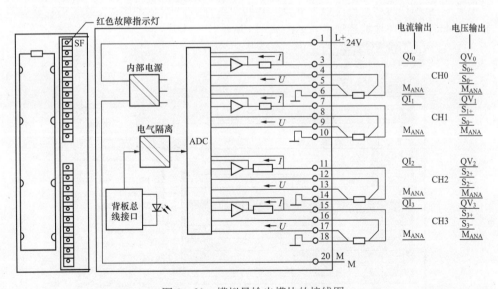

图9-21　模拟量输出模块的接线图

4. 模拟量输入/输出模块 SM334

图 9-22 所示为一个 4 路模拟量输入、2 路模拟量输出模块的接线图。

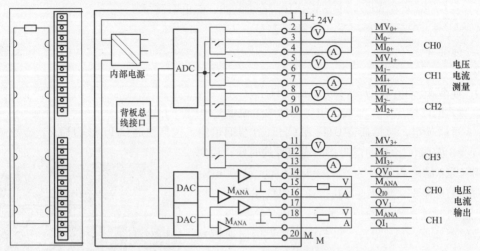

图 9-22　SM334 AI 4/AO 2×8/8Bit 的模拟量输入/输出模块

5. SM331 的使用组态

在 Step7 的项目管理器内新建一个项目, 并插入一个 300 站点。单击 "SIMATIC 300 (1)", 双击右边的 "硬件组态", 并找到机架 RACK, 并拖到左边空白处:

第 1 号插槽, 插入电源 PS, 如果 PLC 直接由 24V 电源供电, 此插槽可以空出。

第 2 号插槽, 插入一个 CPU313C-2DP。

第 3 号插槽, 该插槽空。

第 4 号插槽, 可根据实际的硬件来选择相应的模块插入, 如可以插入数字量输入/输出模块、模拟量输入/输出模块、以太网模块等。在此插入 SM331 模块如图 9-23 所示, 双击第 4 插槽, 显示 SM331 的属性地址选项卡, 如图 9-24 所示。

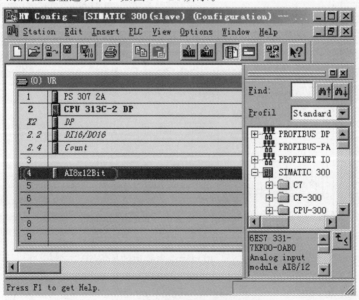

图 9-23　插入模拟量模块

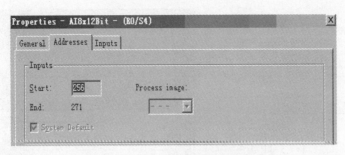

图 9-24　SM331 的属性地址选项卡

在图 9-24 内，选择 Addresses 标签，可以看到模拟量转换与 PLC 的接口地址，从字节 256 开始，到 271 结束，共 16B，每个输入通道占用 2B，如通道 0 转换的结果存入到 PIW256 中，通道 1 的转换结果存在 PIW258 内，依次类推，通道 8 的转换结果存入 PIW270 内。在图 9-24 中单击 Inputs 标签，如图 9-25 所示。

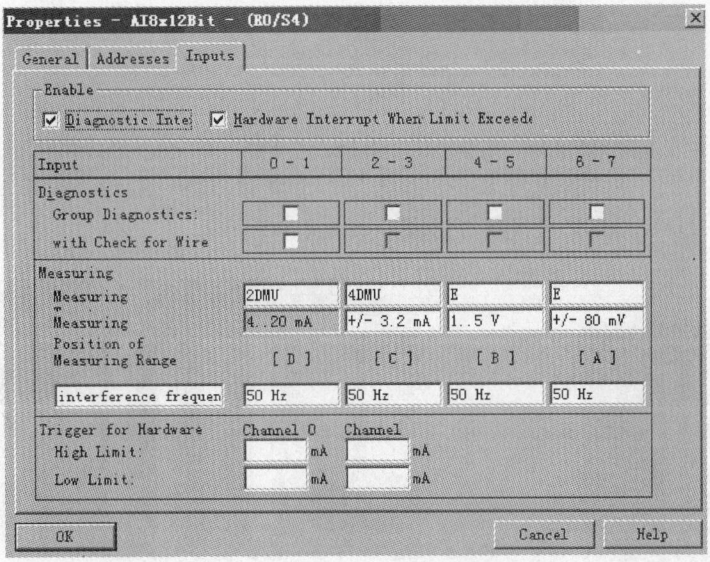

图 9-25　模拟量模块输入通道属性设置

按照图 9-20 的量程盒位置，在 Measuring 域内设置通道 0、1 为 2DMU（D）；设置通道 2、3 为 4DMU（C）；设置通道 4、5 为 1~5V（B）；设置通道 6、7 为＋/－80mV（A）；其他域暂不设置。设置完成后单击 OK 按钮。

在 OB1 中编写主程序，如图 9-26 所示。

在网络 1 中，PIW256 是通道 1 的存储区，程序将转换结果读入 MW10。通道 1 的信号是单极性的，模拟转换的结果为 0~27 648 之间的数据。

A/D 转换是将 0~20mA 的标准信号转换为 0~27 648 之间的数据，这个数据没有实际的单位。一般来说，工程人员习惯用带有实际工程单位的工程量来计算，如 50℃的水、10MPa 的压力等。因此，可以通过网络 2 的定标功能 FC105 来转换。假设这里的转换区间定为 0~100℃，这样，A/D 转换的结果就介于 0~100℃了。结果存入 MD20 中，以备后面使用。通过变量表对运行结果进行监控如图 9-27 所示。

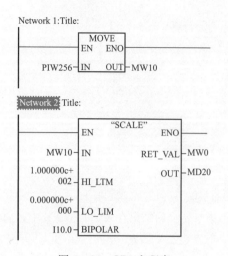

图 9-26　OB1 主程序

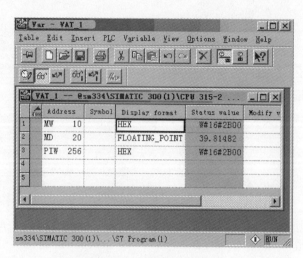

图 9-27　程序运行监控

第三节　S7-400 PLC 简　介

图 9-28 所示为 S7-400 PLC 的外形图。S7-400 PLC 具有强大的诊断能力，提高了系统可用性。S7-400 PLC 的硬件组成与 S7-300 类似，由电源，CPU 模块，数字量输入输出模块、模拟量输入输出模块、通信处理模块等组成，如图 9-29 所示。

图 9-28　S7-400 PLC 外形图

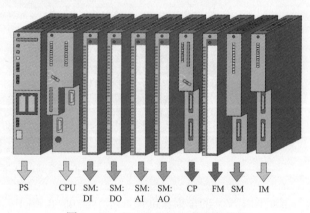

图 9-29　S7-400 PLC 的硬件模块

一、S7-400 PLC 的分类

S7-400 PLC 有三大类型：标准 S7-400、S7-400 H 硬件冗余系统和 S7-400 F/FH 系统。

标准 S7-400 PLC 广泛适用于过程工业和制造业，具有大数据量的处理能力，能协调整个生产系统，支持等时模式，可灵活、自由的系统扩展，支持带电热插拔，不停机添加/修改分布式 I/O 等特点。

S7-400 H 硬件冗余系统非常适用于过程工业，可降低故障停机成本，双机热备，避免停机时间，无人值守运行，双 CPU 切换时间低于 100ms，先进的事件同步冗余机制。

S7-400 F/FH 系统是基于 S7-400H 冗余系统，实现对人身、机器和环境的最高安全性，符合 IEC 61508 SIL3 安全规范，标准程序与故障安全程序在一块 CPU 中同时运行。

二、S7-400 CPU 的型号与性能

常用 S7-400 CPU 的型号与性能如表 9-4 所示，如图 9-30 为 S7-400 的 CPU。

表 9-4　　　　　　　　　　　S7-400 CPU 型号与性能表

型号 性能	412-1	412-2	414-2	414-3	416-2	416-3	417-4
存储容量	144KB	256KB	512KB	1.4MB	2.8MB	5.6MB	20MB
通信接口	MPI/DP PROFIBUS-DP		MPI/DP PROFIBUS-DP		MPI/DP PROFIBUS-DP		MPI/DP PROFIBUS-DP
计数器/定时器	2048/2048		2048/2048		2048/2048		2048/2048

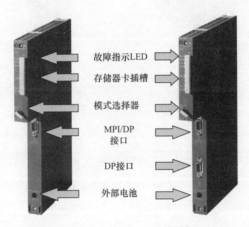

故障指示LED
存储器卡插槽
模式选择器
MPI/DP 接口
DP接口
外部电池

图 9-30　S7-400 CPU

三、S7-400 的组件与功能

S7-400 PLC 的组件包括机架、电源、CPU、信号模板、接口模板、功能模板和通信处理器等组成，组件与功能如表 9-5 所示。

表 9-5　　　　　　　　　　　S7-400 的组件与功能

部件	功能	部件	功能
机架	用于固定模块并实现模块间的空气连接	接口模板（IM）	用于连接其他机架 附件：连接电缆、终端器
电源（PS）	将进线电压转换为模块所需的直流 5V 和 24V 工作电压	功能模拟（FM）	完成定位，闭环控制等功能
中央处理单元（CPU）	执行用户程序 附件：存储器卡	通信处理器（CP）	用于连接其他可编程控制器 附件：电缆、软件、接口模板
信号模块（SM）（数字量/模拟量）	把不同的过程信号与 S7-400 适配 附件：前连接器		

图 9-31 所示为 S7-400 电源模板上的 LED 指示灯的含义，图 9-32 所示为 CPU 模板上的 LED 指示灯的含义，图 9-33 所示为 CPU 执行存储器复位和完全再启动的操作流程。

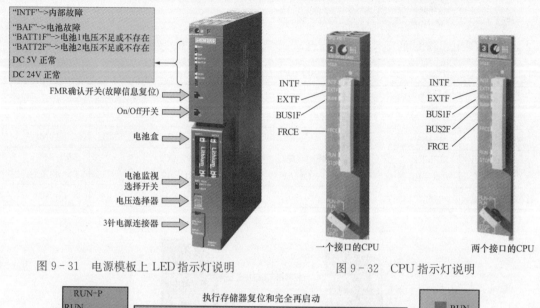

图 9-31　电源模板上 LED 指示灯说明　　　　　图 9-32　CPU 指示灯说明

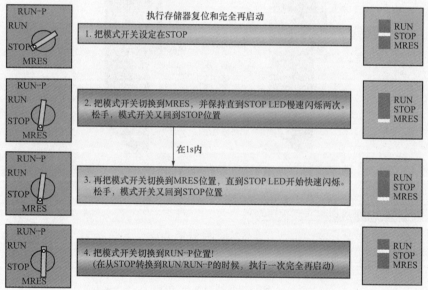

图 9-33　CPU 执行复位和完全再启动操作流程

第四节　S7-300/400 PLC 存储区

本章主要介绍西门子 S7-300/400 PLC 的存储区结构。存储区结构与编程方式有着密切的关系。

一、S7-300/400 编程方式简介

S7-300/400PLC 的编程语言是 STEP7。STEP7 继承了 STEP5 语言结构化程序设计的优点，用文件块的形式管理用户编写的程序及程序运行所需的数据。如果这些文件块是子程序，

可以通过调用语句，将它们组成结构化的用户程序。这样，PLC 的程序组织明确，结构清晰，易于修改。

通常，用户程序由组织块（OB）、功能（FC）、功能块（FB）、数据块（DB）构成。其中，OB 是系统操作程序与用户应用程序在各种条件下的接口界面，用于控制程序的运行。OB 块根据操作系统调用的条件（如时间中断、报警中断等）分成几种类型，这些类型有不同的优先级，高优先级的 OB 可以中断低优先级的 OB。每个 S7 的 CPU 包含一套可编程的 OB 块（随 CPU 而不同），不同的 OB 块执行特定的功能。OB1 是主程序循环块，在任何情况下，它都是需要的。根据过程控制的复杂程度，可将所有程序放入 OB1 中进行线性编程，或将程序用不同的逻辑块加以结构化，通过 OB1 调用这些逻辑块。图 9-34 所示是一个 STEP7 调用实例。

除了 OB1，操作系统可以调用其他的 OB 块以响应确定事件。其他可用的 OB 块由所用的 CPU 性能和控制过程的要求而定。

功能或功能块（FC 或 FB）实际是用户子程序，分为带"记忆"的功能块 FB 和不带"记忆"的功能块 FC。前者有一个数据结构与该功能块的参数表完全相同的数据块（DB）附属于该功能块，并随功能块的调用而打开，随功能块的结束而关闭。该附属数据块叫做背景数据块（Instance Data Block），存放在背景数据块中的数据在 FB 块结束时继续保持，也即被"记忆"。功能块 FC 没有背景数据块，当 FC 完成操作后数据不能保持。

数据块（DB）是用户定义的用于存取数据的存储区，也可以被打开或关闭。DB 可以是属于某个 FB 的背景数据块，也可以是通用的全局数据块，用于 FB 或 FC。

S7-300/400 CPU 还提供标准系统功能块（SFB，SFC），它们是预先编好的，经过测试集成在 S7 CPU 中的功能程序库。用户可以直接调用它们，高效地编制自己的程序。与 FB 块相似，SFB 需要一个背景数据块，并需将此 DB 块作为程序的一部分安装到 CPU 中。不同的 CPU 提供不同的 SFB、SFC 功能。

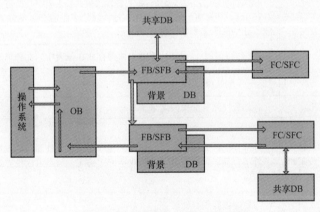

图 9-34　STEP 7 调用结构举例

系统数据块（SDB）是为存放 PLC 参数所建立的系统数据存储区。用 STEP7 的 S7 组态软件可以将 PLC 组态数据和其他操作参数存放于 SDB 中。

二、S7-300/400 PLC 的存储区

S7-300/400 CPU 有三个基本存储区，如图 9-35 所示，其中：

（1）系统存储区。RAM 类型，用于存放操作数据（I/O、位存储、定时器、计数器）。

CPU利用外设(P)存储区
直接读写总线上的模块

外设I/O存储区	P

这些系统存储区的大
小由CPU的型号决定

输出	Q
输入	I
位存储区	M
定时器	T
计数器	C

系统存储区

累加器　　　32位

累加器 1(ACCU1)
累加器 2(ACCU2)

地址寄存器　　32位

地址寄存器 1(AR1)
地址寄存器 2(AR2)

可执行用户程序： 1. 逻辑块(OB, FB, FC) 2. 数据块(DB)
临时本地数据 存储区(L堆栈)

工作存储区

数据块地址寄存器　　32位

打开的共享数据块号 DB
打开的共享数据块号 DB(DI)

状态字寄存器

状态位	16位

动态装载存储区(RAM)： 存放用户程序
可选的固定装载存储区 (FEPROM)：存放用户程序

装载存储区

图9-35　S7—300/400存储区示意框图

（2）装载存储区。物理上是 CPU 模块的部分 RAM，加上内置的 EEPRROM 或选用的可拆卸 FEPROM 卡，用于存放用户程序。

（3）工作存储区。物理上占用 CPU 模块中的部分 RAM，其存储内容是 CPU 运行时，所执行的用户程序单元（逻辑块和数据块）的复制件。

CPU 工作存储区也为程序块的调用安排了一定数量的临时本地数据存储区或称 L 堆栈。L 堆栈中的数据在程序块工作时有效，并一直保持，当新的块被调用时，L 堆栈重新分配。

S7 CPU 还有两个累加器、两个地址寄存器、两个数据块地址寄存器和一个状态字寄存器。

CPU 程序所能访问的存储区为系统存储区的全部、工作存储区的数据块 DB、暂时局部数据存储区、外设 I/O 存储区（P）等，其功能见表 9-6。

表 9-6　　　　　　　　程序可访问的存储区及功能

名称	存储区	存储区功能
输入（I）	过程输入映像表	扫描周期开始，操作系统读取过程输入值并录入表中，在处理过程中程序使用这些值 每个 CPU 周期，输入存储区在输入映像表中所存放的输入状态值，它们是外设输入存储区头 128Byte 的映像
输出（Q）	过程输出映像表	在扫描周期中，程序计算输出值并存放在该表中，在扫描周期结束后，操作系统从表中读取输出值，并传送到过程输出口，过程输出映像表是外设输出存储区头 128Byte 的映像
位存储区（M）	存储位	存储程序运算的中间结果
外部输入寄存器（PI） 外部输出寄存器（PQ）	I/O：外设输入 I/O：外设输出	外部存储区允许直接访问现场设备（物理的或外部的输入和输出） 外部存储区可以字节，字和双字格式访问，但不可以位方式访问
定时器（T）	定时器	为定时器提供存储区 计时时钟访问该存储区中的计时单元，并以减法更新计时值 定时器指令可以访问该存储区和计时单元
计数器（C）	计数器	为计数器提供存储区，计数指令访问该存储区
临时本地数据	本地数据堆栈（L堆栈）	在 FB，FC 或 OB 运行时设定、在块变量声明表中声明的暂时变量存在该存储区中，提供空间以传送某些类型参数和存放梯形图中间结果。块结束执行时，临时本地存储区再行分配。不同的 CPU 提供不同数量的临时本地存储区
数据块（DB）	数据块	DB 块存放程序数据信息，可被所有逻辑块公用（"共享"数据块）或被 FB 特定占用"背景"数据块

外部输入寄存器（PI）和外部输出寄存器（PQ）存储区除了和CPU的型号有关外，还和具体的PLC应用系统的模块配置相联系，其最大范围为64KB。

CPU可以通过输入（I）和输出（Q）过程映像存储区（映像表）访问I/O口。输入映像表128Byte是外部输入存储区（PI）首128Byte的映像，是在CPU循环扫描中读取输入状态时装入的。输出映像表128Byte是外部输出存储区（PQ）的首128Byte的映像。CPU在写输出时，可以将数据直接输出到外部输出存储区（PQ），也可以将数据传送到输出映像表，在CPU循环扫描更新输出状态时，将输出映像表的值传送到物理输出。

图9-36所示为机架模块的布局图，图9-31演示了CPU读取输入数据的过程。图9-37中，用户程序依次将输入字节地址0（IB0）、外部输入字节地址0（PIB0）、外部输入字地址（PIW272）和外部输入字节地址278（PIB278）中的数据读入到CPU中。IB0和PIB0中的值完全一样，是0架4槽16点开关量输入模块SM321前8点的状态，即I0.0，I0.1，…，I0.7。PIW272中的值是0架5槽8通道模拟量输入模块SM331通道1的16位二进制数据。

机架0	电源 模块 PS307	CPU 模块 314	接口 模块 IM360	16点 数字量输出 SM321	4通道 模拟量输出 SM331

图9-36　机架模块

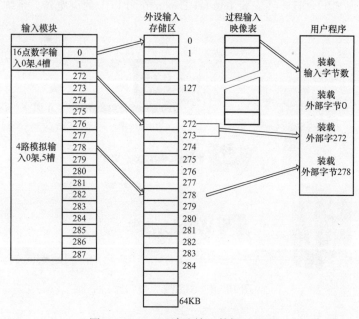

图9-37　CPU读取输入数据过程图

根据以上的分析可以看出，只有开关量模块即可用I/O映像表也可通过外部I/O存储区进行数据的输入、输出。而模拟量模块由于其最小地址已超过了I/O映像表的最大值128Byte，所以只能以字节、字或双字的形式通过外部I/O存储区直接存取。

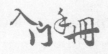

第十章

STEP7 编程软件的使用

STEP7 是用于对西门子 PLC 进行组态和编程的专用集成软件包。目前最常用的软件版本 STEP7 Professional Edition。

第一节　软件的安装及常见问题

一、STEP7 系统需求

STEP7 Professional Edition 要求操作系统必须是 Windows 2000（至少为 SP3）或 Windows XP 专业版（至少为 SP1），且必须安装 Internet Explorer6.0 以上的浏览器。系统要求如图 10-1 所示。

图 10-1　STEP7 系统需求

二、电脑硬件需求

（1）能运行 Windows 2000 或 Windows XP 的 PG 或 PC 机。

（2）CPU 主频至少为 600MHz。

（3）内存至少为 256MB。

（4）硬盘剩余空间在 600MB 以上。

（5）具备 CD-ROM 驱动器和软盘驱动器。

（6）显示器支持 32 位、1024×768 分辨率。

三、STEP7 软件包的安装

1. 安装过程

将 STEP7 安装光盘插入光驱，操作系统会自动启动安装向导，也可直接执行安装光盘上的 Step. exe 安装向导，如图 10－2 所示。单击 Next 按钮，向导提示用户选择需要安装的程序。

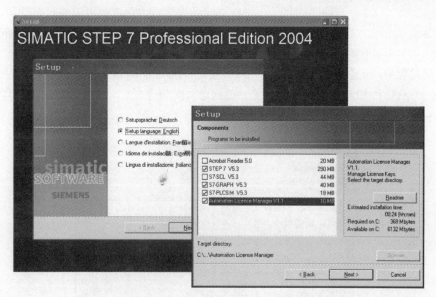

图 10－2　选择安装语言及安装程序

在安装过程中，安装程序将检查硬盘上是否有授予权（License Key）。如果没有发现授权，会提示用户安装授权，如图 10－3 所示。可以选择在安装程序结束后再执行授权程序。

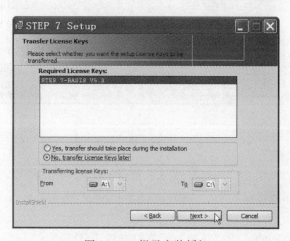

图 10－3　提示安装授权

在安装结束后，会出现一个对话框，如图 10－4 所示，提示用户为存储卡配置参数。具体各项含义如下：

（1）如果用户没有存储卡读卡器，则选择"None"，一般选择该选项。

图 10-4　存储卡参数设置

（2）如果使用内置读卡器，请选择"Internal programming device interface"。该选项仅对西门子 PLC 专用编程器 PG 有效，对于 PC 来说是不可选的。

（3）如果用户使用的是 PC，则可选择用外部读卡器 External prommer。这里，用户必须定义哪个接口用于连接读卡器。

（4）在安装完成后，用户还可以通过 STEP7 程序组或控制面板中的"Memory Card Parameter Assignment（存储卡参数赋值）"修改这些设置参数。

在安装过程中，还会提示用户设置 PG/PC 接口（PG/PC Interface），如图 10-5 所示。PG/PC 接口是 PG/PC 和 PLC 之间进行通信连接的接口。安装完成后，用户还可通过软件或控制面板中的"Set PG/PC Interface"随时更改接口的设置。

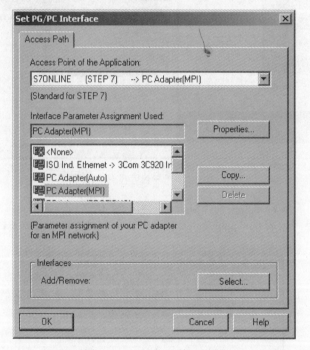

图 10-5　PG/PC 接口设置

2. STEP7 的授权管理

授权是使用 STEP7 软件的"钥匙"，只有在硬盘上找到相应的授权，STEP7 才可正常使用。STEP7 安装光盘上附带的授权管理器（Automation License Manager）是西门子自动化软件产品授权管理工具。

安装完成后，在 Windows 的"开始"菜单中找到"SIMATIC"→"License Management"→"Automation License Manager"，启动 Automation License Manager 。软件界面如图 10-6 所示。

授权管理器的操作很简便，选中左侧窗口中的盘符，在右侧窗口中就可看到该磁盘上已经安装的授权信息。如果没有安装正式授权，则在第一次使用 STEP 软件时会提示用户使用一个 14 天的试用授权。

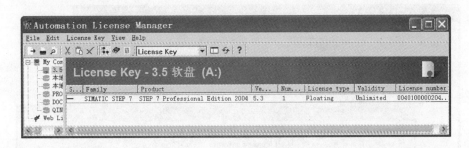

图 10-6　授权管理器

单击工具栏中部的视窗选择下接按钮，则显示下拉菜单，如图 10-7 所示。选择"Installed software"选项，可以查看已经安装的软件信息。若选择"Licensed software"，可以查看已经得到授权的软件信息，如图 10-8 所示。选择"Missing license key"选项，可以查看缺少的授权。

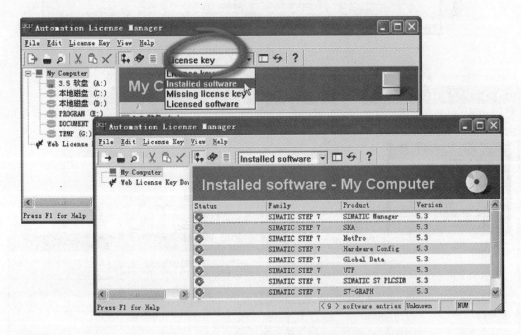

图 10-7　已经安装的 STEP 7 软件

3. STEP7 软件的硬件更新

自动控制系统的硬件总是在不断发展，每一个 STEP7 新版本都会支持更多、更新的硬件，但是用户安装的软件往往不能随时更新为最新版，因此，STEP7 提供了在线硬件更新功能。可以通过以下方法更新 STEP7 硬件目录中的模块信息。

（1）打开 STEP7 的硬件组态窗口。在 Options 菜单中选择"Install Hw Updates"命令开始硬件更新，如图 10-9 所示，第一次使用时会提示用户设置 Internet 下载网址和更新文件保存目录。

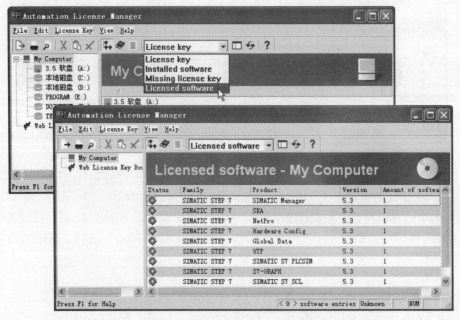

图 10-8　已经授权的 STEP 7 软件

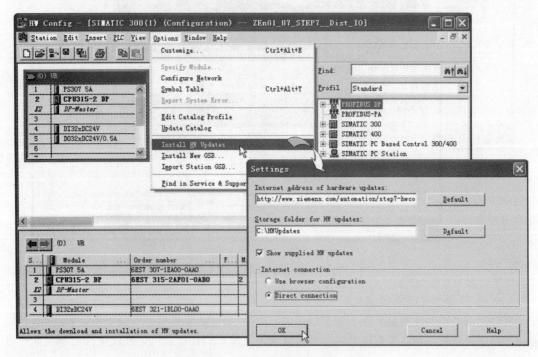

图 10-9　STEP 7 硬件目录更新设置

　　(2) 设置完毕后，弹出硬件更新窗口，选择 "Download from Internet" 如果 PC 已经连接到了 Internet 上，单击 Execute 就可以从网上下载最新的硬件列表，如图 10-10 所示。

　　在弹出的更新列表中选择需要的硬件，点击 Download 进行下载更新。下载完毕后会继续提示用户安装下载的硬件信息。

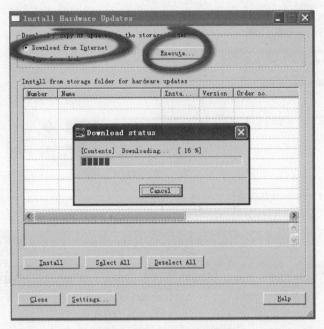

图 10 - 10 下载硬件信息

4. 软件安装的常见问题与处理办法

（1）"ssf 文件错误"信息的处理。安装 STEP 7 和 PLCSIM 时，有时会出现"ssf 文件错误"信息。

原因：安装文件所在的文件夹路径中不能有中文字符，必须修改路径或文件夹的名称。

（2）安装时提示重启的处理。STEP 7 安装时出现"Please restart Windows before installing new program"（安装新程序之前，请重新启动 Windows）。即使重启 PC 后再安装软件，还是出现以上信息。

处理方法：

修改注册表，方法如下：开始——运行——输出 regedit 在注册表内"HKEY——LOCAL——MACHINE \ SYSTEM \ Current Control Set \ Control \ Session Manager \ "中删除注册表值"Pending File Rename Operations"不要重新启动，继续安装，现在可以安装程序而无需重启计算机了。

（3）西门子软件的安装顺序。先安装 STEP 7，再安装 WinCC 和 WinCC flexible。

（4）授权软件的安装。如果打开 STEP 7 软件出现如图 10 - 11 所示界面，是因为软件没有安装授权或授权文件丢失，需安装授权。

安装方法是打开如图 10 - 12 所示的授权文件，会出现如图 10 - 13 所示界面。并按如下操作即可安装授权：

第 1 步：选择 All Keys；

第 2 步：选中 Select 框；

第 3 步：单击 Install Short 按钮。

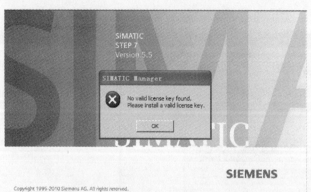

图 10-11　提示没有找到授权界面

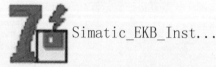

Simatic_EKB_Inst...

图 10-12　授权软件图标

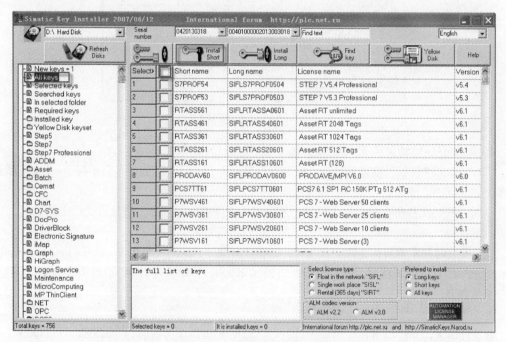

图 10-13　授权软件操作界面

第二节　SIMATIC　管　理　器

　　SIMATIC 管理器是 STEP 7 的窗口，是用于 S7-300/400 PLC 项目组态、编程和管理的基本应用程序。在 SIMATIC 管理器中可进行项目设置、配置硬件并为其分配参数、组态硬件网络、程序块、对程序进行调试（离线方式或在线方式）等操作，操作过程中所用到的各种 STEP 7 工具，会自动在 SIMATIC 管理器环境下启动。

　　STEP 7 安装完成后，通过 Windows 的"开始"→SIMATIC→SIMATIC 末 Manager 菜单命令，如图 10-14 所示，或双击桌面上的▓图标启动 SIMATIC 管理器，SIMATIC 管理器运行界面如图 10-15 所示。

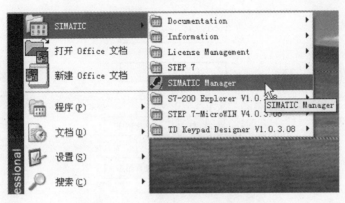

图 10-14 启动 SIMATIC 管理器

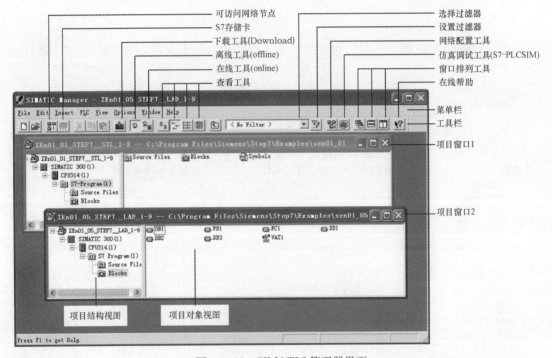

图 10-15 SIMATIC 管理器界面

　　在 SIMATIC 管理器界面内可以同时打开多个项目,所打开的每个项目均用一个项目窗口进行管理。项目窗口类似于 Windows 的资源管理器,分为左右两个视窗,左边为项目结构视窗,显示项目的层次结构;右边为项目对象视窗,显示左侧项目结构对应项的内容。在右视图内双击对象图标可立即启动与对象相关的编辑工具或属性窗口。

第三节　STEP 7 快 速 入 门

　　STEP 7 是用于 S7-300/400 系列 PLC 自动化系统设计的标准软件包,设计步骤如图 10-16所示。

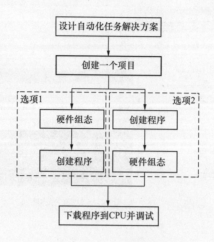

图 10-16　PLC 系统设计流程

下面以用 S7-300 PLC 控制三相异步电动机的启动与停止为例，来介绍 STEP7 软件的使用。

一、项目要求

本例中 PLC 实现的功能相当于图 10-17 所示的控制电路，外部需要连接一个启动按钮 SB1、一个停止按钮 SB2 和一个输出接触器 KM，PLC 的端子接线图如图 10-18 所示。其中 FR 为热熔断器，当主电路内的电动机过载时 FR 动作，并切断接触器 KM 的线圈。

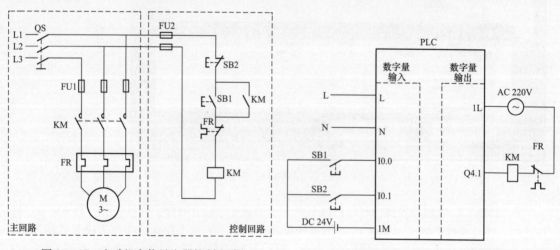

图 10-17　电动机启停继电器控制电路　　　　图 10-18　PLC 端子接线图

二、PLC 硬件选择

PLC 硬件系统包括一个 PS307（5A）电源模块、一个 CPU314、一个数字量输入模块 SM321 DI32×DC 24V 和一个数字量输出模块 SM322 DO32×AC 120/230/1A。所使用的数字量输入模块有 32 个输入点，每 8 个为一组，拥有 4 个公共端，用 1M、2M、3M、4M 表示，外部控制按钮（如 SB1、SB2）信号通过 DC 24V 送入相应的输入端（如 I0.0、I0.1）所使用的数字量输出模块有 32 个输出点，每 8 点为一组，有 4 个公共电源输入端，用 1L、2L、3L、4L 表示，外部负载（如 KM）均通过电源（如 AC 220V）接在公共电源输入端（如 1L）与输出端（如 Q4.1）之间。

三、STEP7 软件组态与操作

STEP7 软件组态与操作过程可按以下的步骤进行操作：

（1）创建 STEP 7 项目。

（2）插入 S7 - 300 工作站。

（3）硬件组态。

（4）编辑符号表。

（5）程序编辑窗口。

（6）在 OB1 中编辑 LAD 程序。

（7）下载。

（8）运行与监控。

1. 创建 STEP 7 项目

要使用项目管理框架构建自动化任务的解决方案，需要创建一个新的项目。项目管理器为用户提供了两种创建项目的方法：使用向导创建项目和手动创建项目。下面以手动创建项目来新建项目。

打开项目管理器，执行菜单命令 File→NEW，弹出图 10 - 19 所示的新项目窗口。

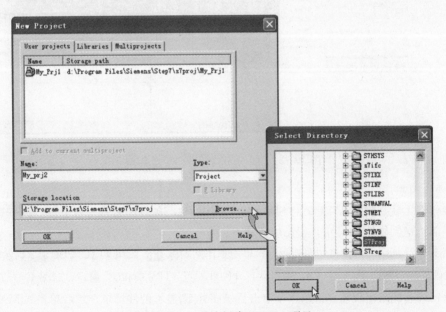

图 10 - 19 手动创建 STEP 7 项目

项目包含 User projects（用户项目）、Libraries（库）、Multiprojects（多项目）三个选项卡，一般选择用户项目选项卡。在用户项目选项卡的 Name 区域需要输入项目名称，也可在上方窗口内所列出的已有项目中选择一个作为新建项目，在 Type 区域可选择项目类型。

175

在 Storage location 区域可输入项目保存的路径目录，也可单击 "Browse" 按钮选择一个新的目录。最后单击 OK 按钮完成新项目创建，并返回到 SIMATIC 管理器，所建项目如图 10-20 所示。

图 10-20　用 NEW 命令所创建的项目

2. 插入 S7-300 工作站

在项目中，工作站代表了 PLC 的硬件结构，并包含有用于组态和给各个模块进行参数分配的数据。对于手动创建的项目刚开始不包含任何站，可以使用菜单命令 Insert→Station→SIMATIC 300 Station 插入一个 SIMATIC 300 工作站，如图 10-21 所示。

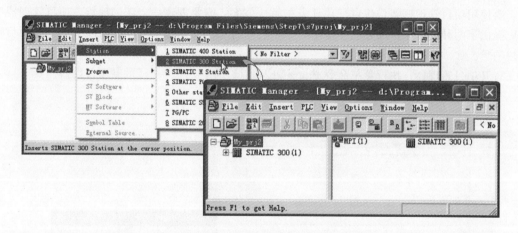

图 10-21　插入 SIMATIC 300 工作站

3. 硬件组态

硬件组态，就是使用 STEP 7 对 SIMATIC 工作站进行硬件配置和参数分配。所配置的内容以后可下载传送到硬件 PLC 中。组态步骤如下：

在图 10-21 所示项目窗口的左视图内，单击工作站图标 SIMATIC 300(1)，然后在右视图内双击硬件配置图标 Hardware，则自动打开硬件配置（HW Config）窗口，如图 10-22 所示。

如果窗口右侧未出现硬件目录，可单击目录图标 显示硬件目录。然后单击 SIMATIC 300 左侧的 符号展开目录，并双击 RACK-300 子目录下的 Rail 图标插入一个 S7-300 的机架，如图 10-23 所示。由于本例所用模块较少，所以只扩展一个机架（导轨），且 3 号槽位不需要放置连接模块，保持空缺。

图 10 - 22　硬件配置环境

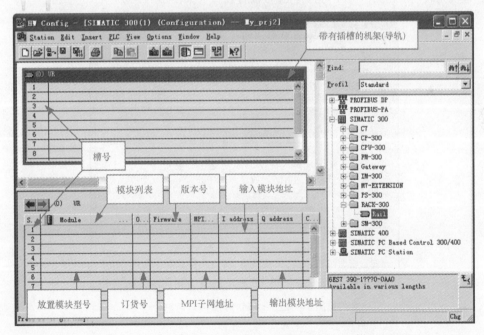

图 10 - 23　插入一个机架

（1）插入电源模块。在图 10 - 23 中选中槽号 1，然后在硬件目录内展开 PS - 300 子目录，双击 **PS 307 5A** 图标插入电源模块，如图 10 - 24 所示。1 号槽位只能放电源模块。

（2）插入 CPU 模块。选中槽位 2，然后在硬件目录内展开 CPU - 300 子目录下的 CPU314 子目录，双击 6ES7 314-1AF10-0AB0 图标插入 V2.0 版本的 CPU314 模块，如图 10 - 24 所示。2 号槽位只能放置 CPU 模块，且 CPU 的型号及订货号必须与实际所选择的 CPU 相一致，否则将无法下载程序及硬件配置。

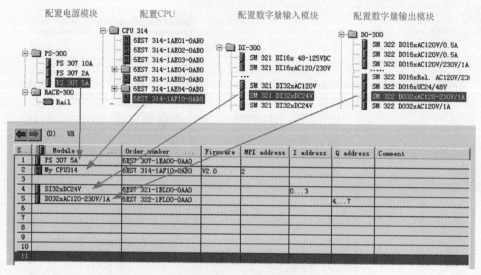

图 10-24 配置硬件模块

在模块列表内双击 CPU314 可打开 CPU 属性窗口，如图 10-25 所示。

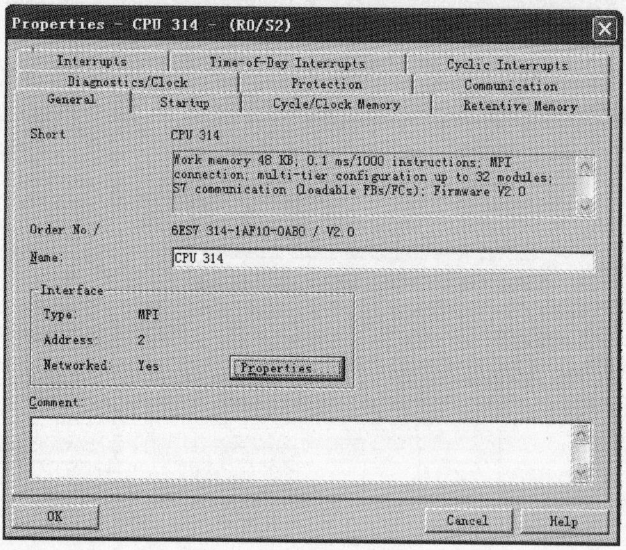

图 10-25 CPU314 属性对话框

选中 General 选项卡，在 Name 区域可输入 CPU 的名称，如 My CPU314；在 Interface 区域单击"Properties"按钮可打开 CPU 接口属性对话框，如图 10-26 所示。系统默认 MPI 子网名为 MPI（1），地址为 2，默认通信波特率为 187.5kbit/s。

在图 10-22 中的 Address 区域可重设 MPI 地址，可设置的最高子网地址为 31。

（3）插入数字量输入模块。选中槽位 4，然后在硬件目录内展开 SM-300 子目录下的 DI-300 子目录，双击 SM 321 DI32xDC24V 图标，插入数字量输入模块，如图 10-24 所示。

在 4～11 号槽位可以放置数字量输入模块，也可以放置其他信号模块、通信处理器或功能

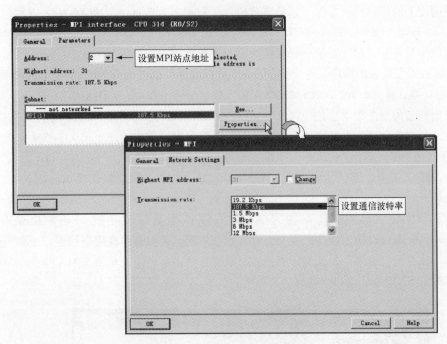

图 10 - 26　设置 CPU 接口属性

模块。具体放置什么模块必须与实际模块的安装顺序一致，且所放置的模块型号及订货号必须与实际模块相同，否则同样会出现下载错误。

在模块列表内双击数字量输入模块 SM321 DI32×DC 24V，可打开该信号模块的属性窗口，如图 10 - 27 所示。

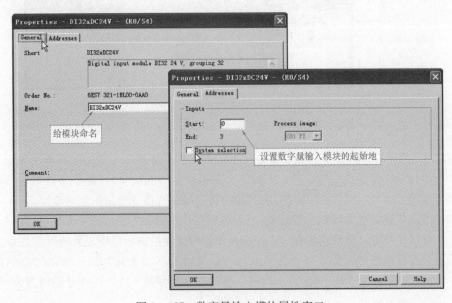

图 10 - 27　数字量输入模块属性窗口

在 General 选项卡的 Name 区域可更改模块名称；在 Address 选项卡的 Inputs 区域，系统自

动为 4 号槽位上的信号模块分配了起始字节地址 0 和末字节地址 3，对应各输入点的位地址为：I0.0～I0.7、I1.0～I1.7、I2.0～I2.7、I3.0～I3.7。若不勾选 System selection 选项，用户可自由修改起始字节地址，然后系统会根据模块输入点数自动分配末字节地址。

（4）插入数字量输出模块。选中槽位 5，然后在硬件目录内展开 SM-300 子目录下的 DO-300 子目录，双击 ▌ SM 322 DO32xAC120-，插入数字量输出模块，如图 10-24 所示。

在模块列表内双击数字量输出模块 SM322 DO32×AC 120～230V/1A，可打开该信号模块的属性窗口。系统自动为 5 号槽位上的信号模块分配了起始字节地址 4 和末字节地址 7，对应各输出点的位地址为：Q4.0～Q4.7、Q5.0～Q5.7、Q6.0～Q6.7、Q7.0～Q7.7。若不勾选 System selection 选项，用户可自由修改起始字节地址，然后系统会根据模块输出点数自动分配末字节地址。

（5）编译硬件组态。硬件配置完成后，在硬件配置环境下使用菜单命令 Station→Consistency Check 可以检查硬件配置是否存在组态错误。若没有出现组态错误，可单击 ▦ 工具保存并编译硬件配置结果。如果编译能通过，系统会自动在当前工作站 SIMATIC 300（1）上插入一下名称为 S7 Program（1）的程序文件夹，如图 10-28 所示。

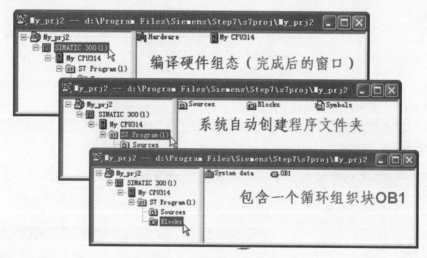

图 10-28　SIMATIC 300 工作站

4. 编辑符号表

在 STEP 7 程序设计过程中，为了增加程序的可读性，通常用定义的字符串来表示 PLC 的元件（如 I/O 信号、存储位、计数器、定时器、数据块和功能块等），这些字符串在 STEP7 中被称为符号或符号地址，STEP 7 编译时会自动将符号地址转换成所需的绝对地址。

例如，可以将符号名 KM 赋给地址 Q4.1，然后在程序指令中就可以用 KM 进行编程。使用符号地址，可以比较容易地辨别出程序中所用操作数与过程控制项目中元素的对应关系。

符号表是符号地址的汇集，属于共享数据库，可以被不同工具利用。如：LAD/STL/FBD 编辑器、Monitoring and Modifying Variables（监视和修改变量）等。在符号编辑器内，通过编辑符号表可以完成对象的符号定义，具体方法如下：

通过选择 LAD/STL/FBD 编辑器中的菜单命令 Options→Symbol Table 可打开符号编辑器（Symbols），如图 10-29 所示。也可以在项目管理器的 S7 Program（1）文件夹内，双击图标，打开符号表编辑器，如图 10-30 所示。

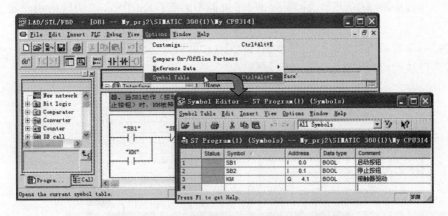

图 10-29 从 LAD/STL/FBD 编辑器打开符号表

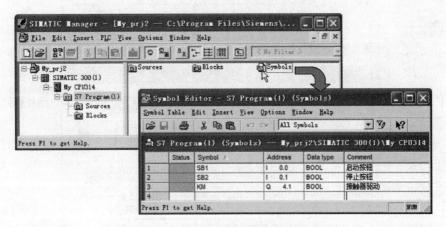

图 10-30 从 SIMATIC 管理器打开符号表

符号表中包含 Status（状态）、Symbol（符号名）、Address（地址）、Data type（数据类型）、和 Comment（注释）等表格栏。每个符号占用符号表的一行。当定义一个新符号时，会自动插入一个空行。

参照图 10-30 填入 Symbol（符号名称列）、Address（绝对地址列）和 Comment（注释列）。完成后单击 ■ 保存。

5. 程序编辑窗口

在项目管理器的 Blocks 文件夹内，双击程序块（如 OB、FB、FC）图标，即可打开 LAD/STL/FBD 编辑器窗口，如图 10-31 所示。

编辑器窗口分为以下几个区域：

（1）变量声明窗口。分为"变量表"和"变量详细视图"两部分。

（2）程序元素目录列表区。包含两个选项卡，其中程序元素（Program Elements）选项卡显示可用程序元素列表，这些程序元素均可通过双击插入到 LAD、FBD 或 STL 程序块中。调用结构（Call Structure）选项卡用来显示当前 S7 程序中块的调用层次。

（3）程序编辑区。显示将由 PLC 进行处理的程序块代码，可由一个（Network 1）或多个程

序段组成。每个程序段均由程序标题区、程序段说明区和程序代码区三个部分组成。在程序编辑区的顶部为程序块（如 OB1）标题区和程序块说明。所有标题区和说明区由用户定义，与程序执行没有关系。

在程序编辑窗口内可选择使用梯形图（LAD）、语句表（STL）或功能图（FBD）等编程序语言完成程序块的编写，并且可以相互转换。

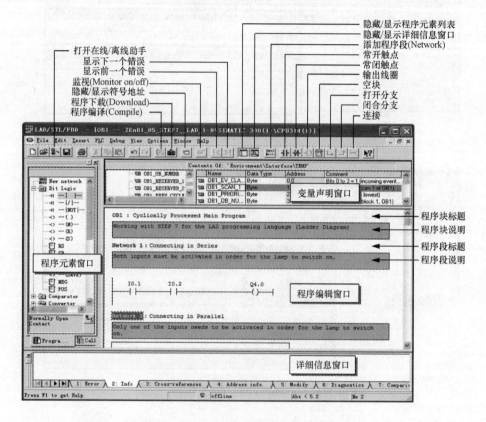

图 10-31　程序编辑窗口

6. 在 OB1 中创建程序

OB1 为 CPU 的主循环组织块，如果 PLC 用户程序比较简单，可以在 OB1 内编辑整个程序。在项目管理器的 Blocks 文件夹内，如果是创建项目后第一次双击 OB1 图标，则打开 OB1 属性窗口，如图 10-32 所示。在 General-Part1 选项卡内的 Creatd in 区域，单击下拉列表可选择编程语言。然后单击 OK 按钮，自动启动程序编辑窗口，并打开 OB1。

下面用最常用的 LAD 编程语言来完成电动机的启动与停止控制。

梯形图（LAD）是使用最广泛的 PLC 编程语言。因与继电器电路很相似，采用触点和线圈的符号，具有直观易懂的特点，很容易被熟悉电器控制的电气人员所掌握。以图 10-17 所示的电动机启/停控制为例，对应的 LAD 程序如图 10-33 所示。程序编辑的方法及步骤如下：

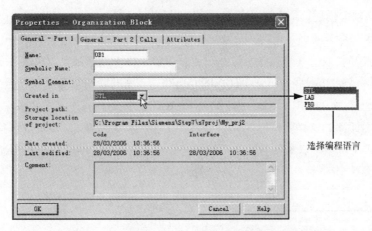

图 10 - 32　设置组织块（OB1）属性为 LAD 方式

图 10 - 33　电动机启/停控制的梯形图

（1）在项目管理器的 Blocks 文件夹内双击 OB1 图标，则打开 OB1 属性窗口，切换成 LAD 的梯形图编程环境。

（2）在 OB1 的程序块标题区输入"主循环组织块"，在 OB1 的程序块说明区输入："用梯形图（LAD）编写电动机起停控制程序"，如图 10 - 34 所示。本步骤的内容不影响 PLC 程序的执行，为可选项。

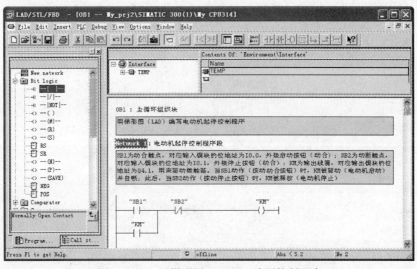

图 10 - 34　用梯形图（LAD）编写控制程序

（3）有程序段"Network"的标题区输入："电动机控制程序段"，说明区输入"SB1 为动合触点，对应输入模块的位地址为 I0.0……"，如图 10 - 34 所示。使用菜单命令 View→Display with→Comment 可显示或隐藏说明区的注释内容。本步骤的内容不影响 PLC 程序的执行，为可选项。

（4）编辑梯形图。编辑步骤如图 10-35 所示。首先在程序编辑区先选中程序段 Network1 的梯形图连接线，在程序元素列表内展开 Bit Logic 目录，然后双击动合触点图标 —| |— 放置一个动合触点（SB1）；双击常闭触点图标 —|／|— 放置一个动断触点（SB2）；双击一个线圈图标 —( ) 放置一个输出线圈。再选中梯形图左边线，双击并联连接图标，然后双击动合触点图标 —| |— 放置一个用于并联的动合触点（KM）；拖动并联连接线的末端 —→ 到并联连接点，双击闭合图标，这样就可以 KM 触点并联在 SB1 触点的两端。单击红色符号"??.?"，然后依次输入元件地址，可以是绝对地址，如 I0.0、I0.1、Q4.1；也可以是符号地址，如 SB1、SB2、KM。完成整个梯形图的编辑，最后单击工具保存 OB1。

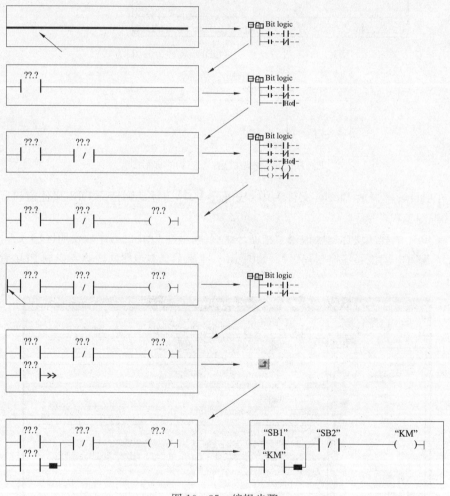

图 10-35 编辑步骤

四、下载与调试程序

为了测试前面所完成的 PLC 设计项目，必须将程序和模块信息下载到 PLC 的 CPU 模块。

要实现编程设备与 PLC 之间的数据传送，首先应正确安装 PLC 硬件模块，然后用编程电缆（如 USB-MPI 电缆、PROFIBUS 总线电缆）将 PLC 与 PG/PC 连接起来，并打开 PS307 电源开关。在 SIMATIC Manager 中操作菜单 Options→Set PG/PC Interface，即可调出如图 10-36 所示的编程接口的设备画面。根据使用的编程下载电缆选择相应的驱动设置。

STEP 7 可以将用户程序（OB、FC、FB 和 DB）及硬件组态信息（SBD）等下载到 PLC 的 CPU 中。但是要完成下载必须满足下列要求：

（1）需要下载的程序已经完成了编译，且没有任何错误。

（2）CPU 必须处于允许进行下载的工作模式（STOP 或 RUN - P）。

图 10 - 36 编程接口设置

在 STEP7 的应用程序组件中，下载功能都可通过单击下载按钮■或者菜单命令 PLC→Download 实现。以本项目为例，具体操作步骤：

1）启动 SIMATIC 管理器，并打开 My _ PRJ2 项目。

2）在项目窗口内选中要下载的工作站 **SIMATIC 300 (1)**。

3）单击下载按钮，将整个 S7 - 300 站（含用户程序和模块信息）下载到 PLC。

说明 如果在 LAD/STL/FBD 编程窗口中执行下载操作，则下载的对象为当前正在编辑的程序块或数据块；如果在硬件组态程序中执行下载操作，则下载的对象为当前正在编辑的硬件组态信息。下载硬件组态需要将 CPU 切换到 STOP 模式。

第四节 仿真软件 PLC SIM 的使用

如果用户现在还没有准备好 PLC 硬件，也可以使用 S7 - PLC SIM 仿真程序的下载过程，并还可以进行仿真调试。

1. 下载

下载的具体步骤如下：

（1）启动 SIMATIC 管理器，并打开 My _ PRJ2 项目。

（2）单击仿真工具按钮■，启动 S7 - PLC SIM 仿真程序，如图 10 - 37 所示。

图 10 - 37 S7 - PLCSIM 视窗

（3）将 CPU 工作模式切换到 STOP 模式。

（4）在项目窗口内选中要下载的工作站 。

（5）单击下载按钮 ，将整个 S7 - 300 站（含用户程序和模块信息）下载到仿真器中。

2. 用 S7 - PLCSIM 调试程序

调试程序可以在在线状态下进行，也可以在仿真环境下进行。下面介绍如何在仿真环境下完成程序的调试，具体步骤如下：

（1）在图 10 - 37 状态下，单击工具按钮 插入地址为 0 的字节型输入变量 IB；再单击工具按钮 插入字节型输出变量 QB，并修改字节地址为 4，如图 10 - 38 所示。

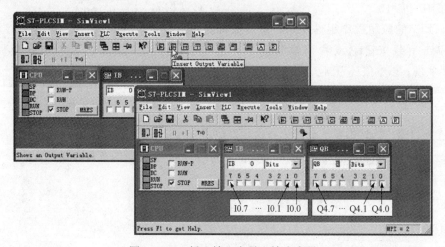

图 10 - 38　插入输入变量和输出变量

（2）进入监视状态，双击项目下的 OB1，在程序编辑器中打开组织块 OB1。然后单击工具按钮 ，激活监视状态。监视界面如图 10 - 39 所示。状态显示 CPU 当前处在 STOP 模式。

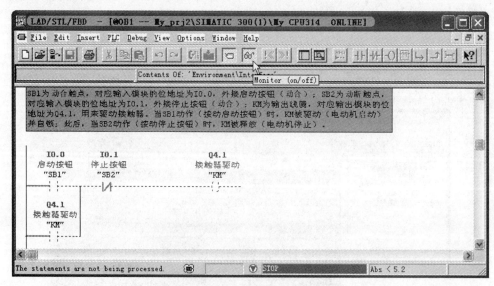

图 10 - 39　激活监视状态

（3）在图 10 - 38 环境下将 CPU 模式切换到 RUN 模式，开始运行程序。在 LAD 程序中，监视界面下会显示信号流的状态和变量值，如图10-39所示，处在有效状态的元件显示为绿色高亮实线，处于无效状态的元件则显示为蓝色虚线。如图10-40所示，若勾选I0.0使SB1动合触点闭合，在监视窗口内可看到SB1、SB2及KM高亮，Q4.1会自动勾选，这说明KM已经被驱动；取消勾选I0.0，然后勾选I0.1，在监视窗口内可看到KM不再高亮，说明KM未被驱动。

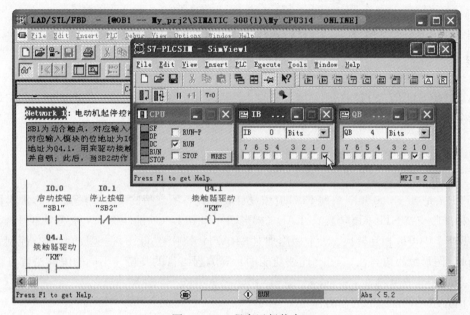

图10-40 程序运行状态

第十一章

S7-300/400 PLC 编程基础

本章介绍 STEP7 支持的编程语言及特点，然后介绍 PLC 语言系统所使用的操作数的数据类型、指令操作数的寻址方式等基础内容。

第一节 STEP 7 编程语言

STEP 7 是 S7-300/400 系列 PLC 应用设计软件包，所支持的 PLC 编程语言非常丰富。该软件的标准版支持 STL（语句表）、LAD（梯形图）和 FBD（功能块图）3 种基本编程语言，并且在 STEP 7 中可以相互转换。专业版附加对 GRAPH（顺序功能图）、SCL（结构化控制语言）、HiGraph（图形编程语言）、CFC（连续功能图）等编程语言的支持。不同的编程语言可供不同知识背景的人员采用。

下面介绍几种常用的编程语言。

一、语句表

STL（语句表）是一种类似于计算机汇编语言的一种文本编程语言，由多条语句组成一个程序段。语句表可供习惯汇编语言的用户使用，在运行时间和要求的存储空间方面最优。在设计通信、数学运算等高级应用程序时建议使用语句表。

以简单的电动机启/停控制程序为例，对应的 STL 程序如图 11-1 所示。

```
Network 1：电动机启/停控制程序段
A(
O    "SB1"                  I0.0           -- 启动按钮
O    "KM"                   Q4.1           -- 接触器驱动
)
AN   "SB2"                  I0.1           -- 停止按钮
=    "KM"                   Q4.1           -- 接触器驱动
```

图 11-1 语句表程序

二、梯形图

LAD（梯形图）是一种图形语言，比较形象直观，容易掌握，是用得最多的编程语言。梯形图与继电器控制电路图的表达方式极为相似，适合于熟悉继电器控制电路的用户使用，特别适用于数字量逻辑控制。

梯形图沿用了传统控制图中的继电器的触点、线圈、串联等术语和图形符号，并增加了许多功能强、使用灵活的指令符号。

图 11-2 为电动机的启/停控制程序的梯形图（LAD）。

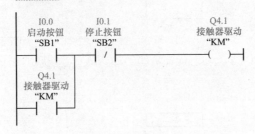

图 11-2　梯形图程序

三、功能块图

FBD（功能块图）使用类似于布尔代数的图形逻辑符号来表示控制逻辑，一些复杂的功能用指令框表示，一般用一个指令框表示一种功能，框图内的符号表达了该框图的运算功能。FBD 比较适合于有数字电路基础的编程人员使用。

图 11-3 为电动机启/停控制对应的 FBD 程序。

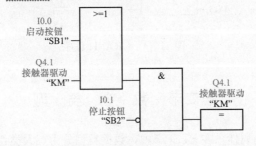

图 11-3　FBD 程序

四、顺序控制

GRAPH 类似于解决问题的流程图，适用于顺序控制的编程。利用 S7-GRAPH 编程语言，可以清楚快速地组织和编写 S7 系列 PLC 系统的顺序控制程序。它根据功能将控制任务分解为若干步，其顺序用图形方式显示出来并且可形成图形和文本方式的文件。在每一步中要执行相应的动作并且根据条件决定是否转换到下一步。

如图 11-4 所示为 GRAPH 顺控程序，图中包含有 S1～S4 共 4 个状态，从一个状态转移到下一个状态之间有转移条件。在某个状态下可以执行某些工作，如把某个输出点置位或复位等。

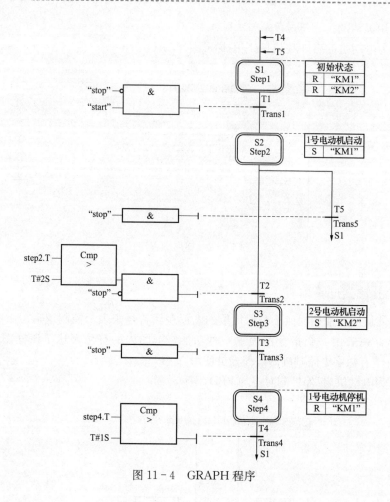

图 11-4　GRAPH 程序

第二节　数　据　类　型

数据类型决定数据的属性，在 STEP 7 中，数据类型分为三大类：基本数据类型、复杂数据类型和参数类型。

一、基本数据类型

基础数据类型定义不超过 32 位（bit）的数据，可以装入 S7 处理器的累加器，可利用 STEP 7 基本指令处理。

基本数据类型共有 12 种，每一种数据类型都具备关键词、数据长度及取值范围和常数表示形式等属性。表 11-1 列出了 S7-300/400 PLC 所支持的基本数据类型。

表 11-1　　　　　　　　　　　　基础数据类型表

类型（关键词）	位	表示形式	数据与范围	示例
布尔（BOOL）	1	布尔量	True/False	触点的闭合/断开
字节（BYTE）	8	十六进制	B#16#0～B#16#FF	L B#16#20

类型（关键词）	位	表示形式	数据与范围	示例
字（WORD）	16	二进制	2#0～2#1111_1111_1111_1111	L 2#0000_0011_1000_0000
		十六进制	W#16#0～W#16#FFFF	L W#16#0380
		BCD码	C#0～C#999	L C#896
		无符号十进制	B#（0，0）～B#（255，255）	L B#（10，10）
双字（DWORD）	32	十六进制	DW#16#0000_0000～DW#16#FFFF_FFFF	L DW#16#0123_ABCD
		无符号数	B#（0，0，0，0）～B#（255，255，255，255）	L B#C1，23，45，67
字符（CHAR）	8	ASCⅡ字符	可打印 ASCⅡ字符	'A'、''、'0'
整数（INT）	16	有符号十进制数	−32 768～+32 767	L −23
长整数（DINT）	32	有符号十进制数	L#−214 783 648～L#214 783 647	L #23
实数（REAL）	32	IEEE 浮点数	±1.175 495e−38～±3.402 823e+38	L 2.345 67e+2
时间（TIME）	32	带符号 IEC 时间，分辨率为 1ms	T#−24D_20H_31M_23S_648MS～T#24D_20H_31M_23S_647MS	L T#8D_7H_6M_5S_0MS
日期（DATE）	32	IEC 日期，分辨率 1 为天	D#1990_1_1～D#2168_12_31	L D#2005_9_27
实时时间（Time_Of_Daytod）	32	实时时间，分辨率为 1ms	TOD#0：0：0.0～TOD#23：59：59.999	L TOD#8：30：45.12
S5 系统时间（S5TIME）	32	S5 时间，以 10ms 为时基	S5T#0H_0M_10MS～S5T#2H_46M_30S_0MS	L S5T#1H_1M_2S_10MS

二、复杂数据类型

复杂数据类型定义超过 32 位或由其他数据类型组成的数据。复杂数据类型要预先定义，其变量只能在全局数据块中声明，可以作为参数或逻辑块的局部变量。STEP7 支持的复杂数据类型有数组、结构、字符串、日期和时间、用户定义的数据类型和功能块类型 6 种。

1. 数组

数组（ARRAY）是由一组同一类型的数据组合在一起而形成的复杂数据类型。数组的维数最大可以到 6 维；数组中的元素可以是基本数据类型或者复杂数据类型中的任一数据类型（Array 类型除外，即数组类型不可以嵌套）；数组中每一维的下标取值范围是 −32 768～32 767，要求下标的下限必须小于下标的上限。

定义数组时必须指明数组元素的类型、维数及每一维的下标范围。数据格式是 ARRAY[n..m]。第一个数 n 和最后一个数 m 在方括号中指明。例如：[1..10] 表示 10 个元素，第一个元素的地址是 [1]；最后一个元素的地址是 [10]。也可以采用 [0..9]，元素个数为 10 个，地址为 [0] 至 [9]。

例如：ARRAY [1..4，1..5，1..6] INT

这是一个三维数组，1..4、1..5、1..6 为数据第 1～3 维的下标范围；INT 为元素类型关键词。定义了一个整数型，大小为 4×5×6 的三维数组。可以用数组名加上下标方式来引用数组中的某个元素。如 a [2，1，5]。

例如，全局共享数据块 DB3 中新建一个变量，变量名为 a，变量类型为 ARRAY [1..4，1..5，1..6] INT。新建的变量如图 11-5 所示。

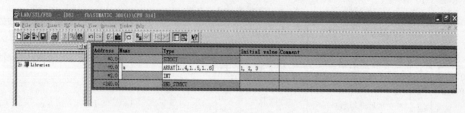

图 11-5　新建数组变量

2. 结构

结构（STRUCT）是由一组不同类型（结构的元素可以是基本的或复杂的数据类型）的数据组合在一起而形成的复杂数据类型。结构通常用来定义一组相关的数据，例如，电动机的一组数据可以按如下方式定义：

```
Motor:STRUCT
Speed:INT
Current:REAL
END_STRUCT
```

其中 STRUCT 为结构的关键词；Motor 为结构类型名（用户自定义）；Speed 和 Current 为结构的两个元素，INT 和 REAL 是这两个元素的数据类型；END_STRUCT 是结构的结束关键词。

例如，在共享数据块 DB1 中新建一个上面的结构，如图 11-6 所示。

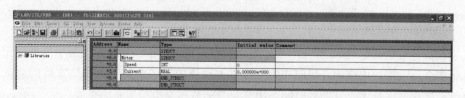

图 11-6　新建结构变量

访问结构的元素需要包含结构的名称，这使程序更易读。为了用符号访问结构中的元素，需要给数据块分配一个符号名，如 Drive_1，这样就可以用下面的方式访问结构中的各个元素：

```
L "Drive_1".Motor.Current
L "Drive_1".Motor.Speed
```

其中 Drive_1 是数据块的符号名，该数据块包含结构，结构的名称在数据块符号名后面，结构的元素名跟在结构名的后面。中间用点分割。

3. 字符串

字符串（STRING）是最多 254 个字符（CHAR）的一维数组，最大长度为 256 个字节（其中前 2 个字节用来存储字符串的长度信息）。字符串常量用单引号括起来，如：

'S7-300'、'SIMATIC'

4. 日期和时间

日期和时间（DATE＿AND＿TIME）用来存储年、月、日、时、分、秒、毫秒和星期，占用8个字节，用BCD码格式保存。星期天的代码为1，星期一至星期六的代码分别为2～7。如：DT♯2010－02－06－13：30：15.200表示2010年2月6日13点30分15.2秒。

5. 用户定义的数据类型

用户定义数据类型（UDT）表示自定义的结构，存放在UDT块中（UDT1～UDT65535），在另一个数据类型中作为一个数据类型"模板"。当输入数据块时，如果需要输入几个相同的结构，利用UDT可以节省输入时间。

例如，需要在一个数据块中输入10个相同的结构。首先，定义一个结构并把它存为一个UDT，如UDT1。在数据块中，定义一个变量Addresses，它有10个元素，数据类型是UDT1。

Addresses ARRAY［1..10］UDT1

这样就建立了UDT1所定义结构的10个数据区域，而不需要分别输入。

操作步骤如下：

(1) 在Blocks文件夹内的空白处（见图11-7），单击鼠标右键，选择Insert New Object→Date Type，得到如图11-8所示的画面，新建UDT1数据类型。

图11-7 Blocks文件夹

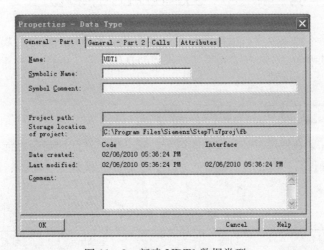

图11-8 新建UDT1数据类型

(2) 打开UDT1，编辑UDT1如图11-9所示，在UDT1中建立了一个motor结构，有两个元素分别为speed和current，数据类型分别为整数和实数。

(3) 新建共享数据块DB1，打开DB1，并建立一个名为addresses的数组，如图11-10所示。

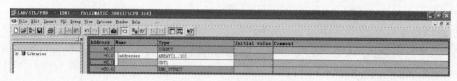

图 11-9   UDT1 数据类型

图 11-10   新建数据

6. 功能块类型

功能块类型（FB、SFB）只可以在 FB 的静态变量区定义，用于实现多背景 DB。

三、参数数据类型

参数类型是一种用于逻辑块（FB、FC）之间传递参数的数据类型，主要有以下几种：

（1）TIMER（定时器）和 COUNTER（计数器）。

（2）BLOCK（块）。指定一个块用作输入和输出，实参应为同类型的块。

（3）POINTER（指针）。6 字节指针类型，用来传递 DB 的块号和数据地址。

（4）ANY。10 字节指针类型，用来传递 DB 块号、数据地址、数据数量以及数据类型。

第三节   S7-300/400 PLC 的寻址方式

指令是程序的最小独立单位，用户程序是由若干条顺序排列的指令构成。指令一般由操作码和操作数组成，其中的操作码代表指令所要完成的具体操作（功能），操作数则是该指令操作或运算的对象。

一、PLC 用户存储区的分类及功能

PLC 的用户存储区在使用时必须按功能区分使用，所以在学习指令之前必须熟悉存储区的分类、表示方法、操作及功能。S7-300/400 PLC 存储器区域划分、功能、访问方式及标识符如表 11-2 所示。

表 11-2　　　　　　　　　　**PLC 存储器区域功能及标识符**

存储区域	功能	运算单位	寻址范围	标识符
输入过程映像寄存器（又称输入继电器）（1）	在扫描循环的开始，操作系统从现场（又称过程）读取控制按钮、行程开关及各种传感器等送来的输入信号，并存入输入过程映像寄存器。其每一位对应数字量输入模块的一个输入端子	输入位	0.0~65535.7	I
		输入字节	0~65535	IB
		输入字	0~65534	IW
		输入双字	0~65532	ID

续表

存储区域	功能	运算单位	寻址范围	标识符
输出过程映像寄存器（又称输出继电器）（Q）	在扫描循环期间，逻辑运算的结果存入输出过程映像寄存器。在循环扫描结束前，操作系统从输出过程映像寄存器读出最终结果，并将其传送到数字量输出模块，直接控制 PLC 外部的指示灯、接触器、执行器等控制对象	输出位	0.0~65535.7	Q
		输出字节	0~65535	QB
		输出字	0~65534	QW
		输出双字	0~65532	QD
位存储器（又称辅助继电器）（M）	位存储器与 PLC 外部对象没有任何关系，其功能类似于继电器控制电路中的中间继电器，主要用来存储程序运算过程中的临时结果，可为编程提供无数量限制的触点，可以被驱动但不能直接驱动任何负载	存储位	0,0~255,7	M
		存储字节	0~255	MB
		存储字	0~254	MW
		存储双字	0~252	MD
外部输入寄存器（PI）	用户可以通过外部输入寄存器直接访问模拟量输入模块，以便接收来自现场的模拟量输入信号	外部输入字节	0~65535	PIB
		外部输入字	0~65534	PIW
		外部输入双字	0~65532	PID
外部输出寄存器（PQ）	用户可以通过外部输出寄存器直接访问模拟量输出模块，以便将模拟量输出信号送给现场的控制执行器	外部输出字节	0~65535	PQB
		外部输出字	0~65534	PQW
		外部输出双字	0~65532	PQD
定时器（T）	作为定时器指令使用，访问该存储区可获得定时器的剩余时间	定时器	0~255	T
计数器（C）	作为计数器指令使用，访问该存储区或获得计数器的当前值	计数器	0~255	C
数据块寄存器（DB）	数据块存储器用于存储所有数据块的数据，最多可同时打开一个共享数据块 DB 和一个背景数据块 DI。用"OPEN DB"指令可打开一个共享数据块 DB；用"OPEN DI"指令可打开一个背景数据块 DI	数据位	0.0~65535.7	DBX 或 DIX
		数据字节	0~65535	DBB 或 DIB
		数据字	0~65534	DBW 或 DIW
		数据双字	0~65532	DBD 或 DID
本地数据寄存器（又称本地数据）（L）	本地数据寄存器用来存储逻辑块（OB、FB 或 FC）中所使用的临时数据，一般用作中间暂存器。因为这些数据实际存放在本地数据堆栈（又称 L 堆栈）中，所以当逻辑块执行结束时，数据自然丢失	本地数据位	0.0~65535.7	L
		本地数据字节	0~65535	LB
		本地数据字	0~65534	LW
		本地数据双字	0~65532	LD

PLC 的物理存储器以字节为单位，所以存储器单元规定为字节（Byte）单元。存储单元可以以位（bit）、字节（B）、字（W）或双字（DW）为单位使用。每个字节单元包括 8 个位。一个字包括 2 个字节，即 16 个位。一个双字包括 4 个字节，即 32 个位。

例如，IW0 是由 IB0 和 IB1 两个字节组成，其中 IB0 为高 8 位，IB1 为低 8 位。

在使用字和双字时要注意字节地址的划分，防止出现字节重叠造成的读写错误。如 MW0 和 MW1 不要同时使用，因为这两个元件都占用了 MB1。

二、指令操作数

指令操作数（又称编程元件）一般在用户存储区中，操作数由操作标识符和参数组成。操作标识符由主标识符和辅助标识符组成，主标识符用来指定操作数所使用的存储区类型，辅助标识符则用来指定操作数的单位（如：位、字节、字、双字等）。

主标识符有：I（输入过程映像寄存器）、Q（输出过程映像寄存器）、M（位存储器）、PI（外部输入寄存器）、PQ（外部输出寄存器）、T（定时器）、C（计数器）、DB（数据块寄存器）和 L（本地数据寄存器）。

辅助标识符有：X（位）、B（字节）、W（字）、D（双字）。

例如，对于指令"A　M0.0"，A 为操作码（逻辑与运算），M 为主标识符，0.0 为辅助标识符，是位地址。

三、寻址方式

所谓寻址方式就是指令执行时获取操作数的方式，可以直接或间接方式给出操作数。S7-300/400 有 4 种寻址方式：立即寻址、存储器直接寻址、存储器间接寻址和寄存器间接寻址。

1. 立即寻址

立即寻址是对常数或常量的寻址方式，其特点是操作数直接表示在指令中，或以唯一形式隐含在指令中。下面各条指令操作数均采用了立即寻址方式，其中"//"后面的内容为指令的注释部分，对指令没有任何影响。

```
L     66              //表示把常数 66 装入累加器 1 中
AW W#16#168           //将十六进制数 168 与累加器 1 的低字进行"与"运算
SET                   //默认操作数为 RLO，该指令实现对 RLO 置"1"操作
```

2. 存储器直接寻址

存储器直接寻址，简称直接寻址。该寻址方式在指令中直接给出操作数的存储单元地址。存储单元地址可用符号地址（如 SB1、KM 等）或绝对地址（如 I0.0、Q4.1 等）。下面各条指令操作数均采用了直接寻址方式。

```
A     I0.0            //对输入位 I0.0 执行逻辑"与"运算
=     Q4.1            //将逻辑运算结果送给输出继电器 Q4.1
L     MW2             //将存储字 MW2 的内容装入累加器 1
T     DBW4            //将累加器 1 低字中的内容传送给数据字 DBW4
```

3. 存储器间接寻址

存储器间接寻址，简称间接寻址。该寻址方式在指令中以存储器的形式给出操作数所在存储器单元的地址，也就是说该存储器的内容是操作数所在存储器单元的地址。该存储器一般称为地址指针，在指令中需写在方括号"〔　〕"内。地址指针可以是字或双字，对于地址范围小于 65535 的存储器（如 T、C、DB、FB、FC 等）可以用字指针；对于其他存储器（如 I、Q、M 等）则要使用双字指针。

（1）16 位地址指针间接寻址。16 位地址指针用于定时器、计数器、程序块（DB、FC、FB）的寻址，16 位指针被看做一个无符号整数（0～65 535），它表示定时器（T）、计数器（C）、数据块（DB、DI）或程序块（FB、FC）的号，16 位指针的格式如下：

寻址格式表示为：区域标识符［16位地址指针］

例如，使一个计数器向上计数表示为

```
CU                              C[MW]
```

上述指令中，'c'为区域标识符，而'MW20'为一个16位指针。

例如，用于定时器的16位地址指针寻址如下所示：

```
//用于定时器
L    1
T    MW0                  //将1传送到MW0
A    I0.0                 //如果I0.0=True
L    S5T#10S
SD   T[MW0]               //T1开始计时
```

以上程序功能等同于：

```
A    I0.0
L    S5T#10S
SD   T1
```

用于数据块DB的16位地址指针寻址如下：

```
//用于打开DB块
L    20
T    LW20
OPN  DB[LW20]            //打开DB20
```

用于FC或FB的16位地址指针寻址如下：

```
//程序调用
L    2
T    LW20
UC   FC[LW20]           //调用FC2
L    41
T    DBW30
UC   FB[DBW30]          //调用FB41
```

例如，存储器间接寻址的单字节格式的指针寻址。

```
OPN  DB[MW0]
```

若MW0中的值为2，则DB［MW0］就是DB2。MW0的值一改变，则指定的数据块也改变。

【例11-1】 编程与应用举例。

有两只灯，要求实现手、自动控制，控制要求如下：

(1)用I0.0进行手、自动切换，当I0.0为OFF时为手动控制，当0.1为ON时为自动控制。

(2)手动控制时，用I0.1和I0.2分别控制Q0.0和Q0.1（两只灯）。

(3)自动控制时，两只灯每隔1s轮流闪亮。

(4)用FC1编写手动程序，FC2编写自动程序。

编写FC1手动程序如图11-11所示，编写FC2手动程序如图11-12所示，编写OB1主程序如图11-13所示。

（2）32 位地址指针间接寻址。如果要用双字指针访问字节、字或双字存储器，必须保证指针的位编号为 0。

32 位地址指针用于 I、Q、M、L，数据块等存储器中位、字节、字及双字的寻址，32 位的地址指针可以使用一个双字表示，第 0～2 位

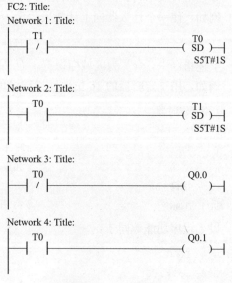

FC1: Title:
Network 1: Title:

```
     I0.1                              Q0.0
──────┤ ├──────────────────────────────( )──────
```

Network 2: Title:

```
     I0.2                              Q0.1
──────┤ ├──────────────────────────────( )──────
```

图 11-11　FC1 程序

FC2: Title:
Network 1: Title:

```
     T1                                T0
──────┤/├──────────────────────────────(SD)─────
                                       S5T#1S
```

Network 2: Title:

```
     T0                                T1
──────┤ ├──────────────────────────────(SD)─────
                                       S5T#1S
```

Network 3: Title:

```
     T0                                Q0.0
──────┤/├──────────────────────────────( )──────
```

Network 4: Title:

```
     T0                                Q0.1
──────┤ ├──────────────────────────────( )──────
```

图 11-12　FC2 程序

OB1:"Main Program Sweep(Cycle)"
Network1: Title:

```
     I0.0        ┌──MOVE──┐
──────┤ ├────────┤EN   ENO├──────────────────
                 │        │
               2─┤IN   OUT├─MW0
                 └────────┘
```

Network2: Title:

```
     I0.0        ┌──MOVE──┐
──────┤/├────────┤EN   ENO├──────────────────
                 │        │
               1─┤IN   OUT├─MW0
                 └────────┘
```

Network3: Title:
　　UC　　FC [MW 0]

图 11-13　OB1 主程序

作为寻址操作的位地址，第 3～18 位作为寻址操作的字节地址，第 19～31 位没有定义，32 位指针的格式如下：

位序	31 24	23 16	15 8	7 0
	0000 0000	0000 0bbb	bbbb bbbb	bbbb bxxx

说明　位 0～2（xxx）为被寻址地址中位的编号（0～7），位 3～18 为被寻址的字节的编号（0～65 535）。

寻址格式表示为：地址存储器标识符［32 位地址指针］。

例如，写入一个 M 的双字表示为

T　　MD[LD0]

MD 为区域标识符及访问宽度，而 LD0 为一个 32 位指针。

32 位内部区域指针可用常数表示，表示为 P♯字节位。如常数

P#　　10.3

为指向第 10 个字节第 3 位的指针常数。

若把一个 32 位整形转换为字节指针常数，从上述指针格式可以看出，应要把该数左移 3 位（或是乘 8）即可。

如	L	L#100	//Accu1 装入 32 位整形 100
	SLD	3	//左称 3 位
	T	LD0	//LD0 得到 P#100.0 指针常数

【例 11-2】 存储器间接寻址的双字格式的指针寻址。

L	P#8.7	//把指针值装载到累加器 1
		//P#8.7 的指针值为:2#0000_0000_0000_0000_0000_0000_0100_0111
T	MD2	//把指针值传送到 MD2
A	I[MD2]	//查询 I8.7 的信号状态
=	Q[MD2]	//给输出位 Q8.7 赋值

以上程序的仿真结果如图 11-14 所示，当 I8.7 为 ON 时，Q8.7 输出为 ON；当 I8.7 为 OFF 时，Q8.7 输出为 OFF。

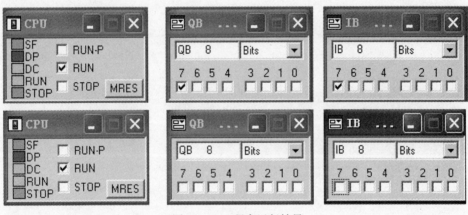

图 11-14　程序运行结果

【例 11-3】 统计 M0.0～M9.7 中置位的点的个数。MD100 为指针，MW104 统计 M0.0～M9.7 中置位的点的个数。

编写程序如下：

```
OB1:"Main Progran Sweep(Cycle)"
Network 1:Title:
      L    0
      T    MD   100
      T    MW   104
Lab2: L    MD   100
      L    80
      >=D
```

```
    JC   lab1
    A    M  [MD 100]
    JCN  lab3
    L    MW 104
    L    1
    + I
    T    MW 104
lab3:L   1
    L    MD 100
    + D
    T    MD 100
    JU   lab2
lab1:NOP  0
```

【例 11 - 4】 编程实现把从 MW0～MW9 的数值保存到了 DB1. DBW0～DB1. DBW9 中。
编写程序如下:

```
Network 1:Title:
    OPN  DB   1
    L    P#0. 0
    T    MD   100
    L    5
next: T   MB   100
    L    MW  [MD 100]
    T    DBW [MD 100]
    L    MD   100
    L    16
    +D
    T    MD   100
    L    MB   110
    LOOP next
```

【例 11 - 5】 编写查表程序，$y = f(x_1, x_2)$，根据 x_1 和 x_2 的值按如表 11 - 3 查出相应的 y 的值。

表 11 - 3 x_1、x_2 的值

x_1 \ x_2	0	1	2	3
0	10	20	30	40
1	50	60	70	80
2	90	100	110	120
3	130	140	150	160

分析：首先把表 11 - 3 中的数据分别存到数据块 DB1 对应的地址中，如表 11 - 4 所示。

表 11 - 4　　　　　　　　　　把 x_1、x_2 的值存到数据块 DB1 中

	x_2　0	1	2	3
x_1				
0	dbw0	dbw2	dbw4	dbw6
1	dbw8	dbw10	dbw12	dbw14
2	dbw16	dbw18	dbw20	dbw22
3	dbw24	dbw26	dbw28	dbw30

再根据 x 和 y 的值确定 DB1 中 DBW 的地址，即

$$DBW 地址 = 8x_1 + 2x_2$$

思路：

在 DB1 中建立一个 2 维数组，把表中的数字作为初始值写入。根据 $x1$ 和 $x2$ 的数值，在 DB1 中计算出地址，然后用双字指针寻址的方法找到相应的数据。

第一步：建立 DB1，并建立一个 4 维数组，如图 11 - 15 所示。

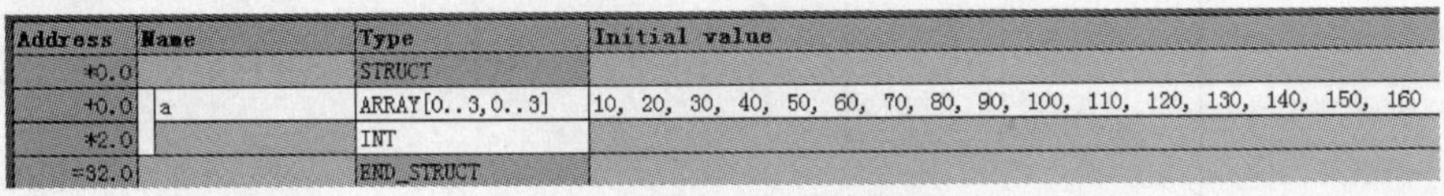

Address	Name	Type	Initial value
*0.0		STRUCT	
+0.0	a	ARRAY[0..3,0..3]	10, 20, 30, 40, 50, 60, 70, 80, 90, 100, 110, 120, 130, 140, 150, 160
*2.0		INT	
=32.0		END_STRUCT	

图 11 - 15　建立 4 维数组

第二步：编写 FC1 程序。在 FC1 的变量声明表中定义 IN、OUT 及 TEMP 变量。如图 11 - 16～图 11 - 18 所示。

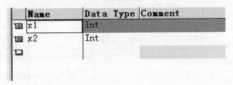

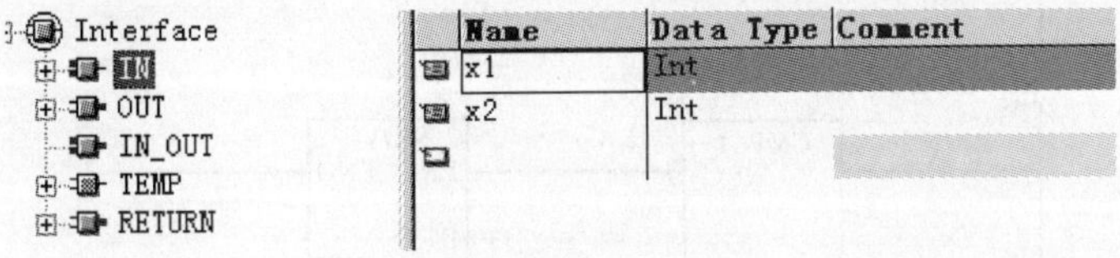

图 11 - 16　定义 IN

图 11 - 17　定义 OUT

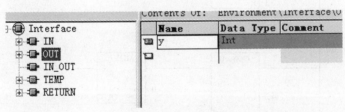

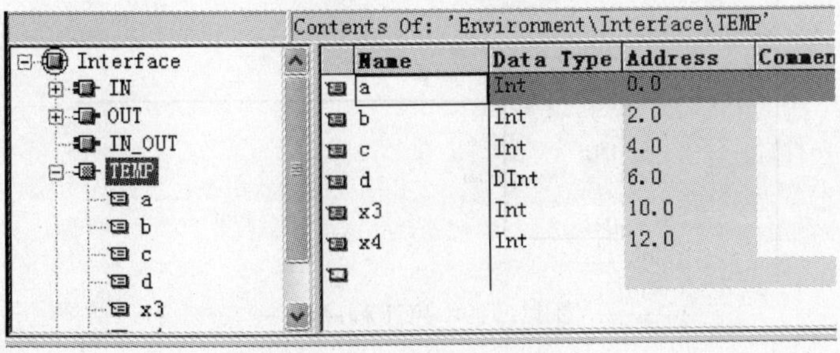

图 11 - 18　定义 TEMP

FC1 程序如图 11 – 19 所示。

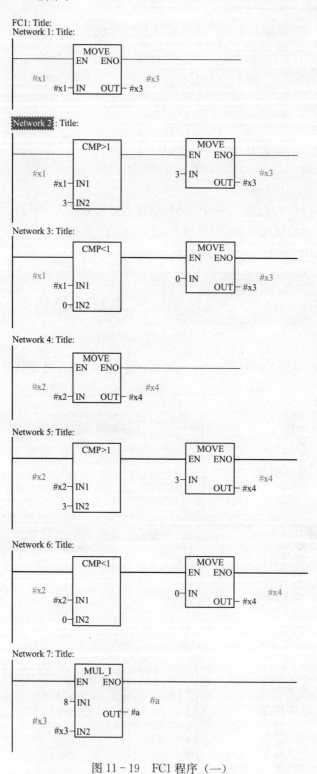

图 11 – 19　FC1 程序（一）

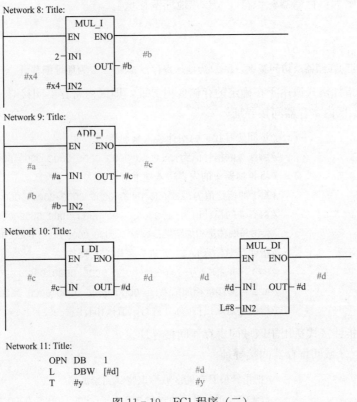

Network 8: Title:

Network 9: Title:

Network 10: Title:

Network 11: Title:
```
OPN    DB     1
L      DBW    [#d]          #d
T      #y                   #y
```

图 11-19 FC1 程序（二）

第三步：编写 OB1 主程序如图 11-20 所示。

4. 寄存器间接寻址

寄存器间接寻址，简称寄存器寻址。该寻址方式在指令中通过地址寄存器和偏移量间接获取操作数，其中的地址寄存器及偏移量必须写在方括号"［ ］"内。在 S7-300 中有两个地址寄存器 AR1 和 AR2，用地址寄存器的内容加上偏移量形成地址指针，并指向操作数所在的存储器单元。地址寄存器的地址指针有两种格式，其长度均为双字，指针格式如图 11-21 所示。

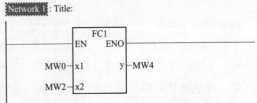

图 11-20 OB1 主程序

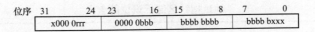

图 11-21 寄存器间接寻址指针格式

说明：位 0～2（xxx）为被寻址地址中位的编号（0～7）；

位 3～18 为被寻址地址的字节的编号（0～65535）；

位 24～26（rrr）为被寻址地址的区域标识号；

位 31 的 x＝0 为区域的间接寻址，x＝1 为区域间的间接寻址。

203

间接寻址表示为：存储器标识符［ARx，地址偏移量］。

如：

```
L    MW    [AR1,P#2.0]
```

'MW'为被访问的存储器及访问宽度，'AR1'为地址寄存器1，P#2.0为地址偏移量。

第一种地址指针格式适用于在确定的存储区内寻址，即区内寄存器间接寻址。

【例11-6】　区内寄存器间接寻址。

```
L    P#3.2              //将间接寻找址的指针装入累加器1
                        //P#3.2的指针值为:2#0000_0000_0000_0000_0000_0000_0001_1010
LAR1                    //将累加器1的内容送入地址寄存器AR1
                        //AR1的指针值为:2#0000_0000_0000_0000_0000_0000_0001_1010
A    I[AR1,P#5.4]       //P#5.4的指针值为:2#0000_0000_0000_0000_0000_0000_0010_1100
                        //AR1与偏移量相加结果:2#0000_0000_0000_0000_0000_0000_0100_0110
                        //指明是对输入位I8.6进行逻辑"与"操作
=    Q[AR1,P#1.6]       //P#1.6的指针为:2#0000_0000_0000_0000_0000_0000_0000_1110
                        //AR1与偏移量相加结果:2#0000_0000_0000_0000_0000_0000_0010_1000
                        //指明是对输出位Q5.0进行赋值操作(注意:3.2+1.6=5.0,而不是4.8)
```

第二种地址指针格式适用于区域间寄存器间接寻址。

【例11-7】　区域间寄存器间接寻址。

```
L    P#I8.7             //把指针值及存储区域标识装载到累加器1
                        //P#I8.7的指针值为:2#1000_0001_0000_0000_0000_0000_0100_0111
LAR1                    //把存储区域I和地址8.7装载到AR1
L    P#Q8.7             //把指针值地址标识符装载到累加器1
                        //P#Q8.7的指针值为:2#1000_0010_0000_0000_0000_0000_0100_0111
LAR2                    //把存储区域Q和地址8.7装载到AR2
A    [AR1,P#0.0]        //查询输入位I8.7的信号状态(偏称量0.0不起作用)
=    [AR2,P#1.2]        //给输出位Q10.1赋值(注意:8.7+1.2=10.1,而不是9.9)
```

第一种地址指针格式包括被寻址数据所在存储单元地址的字节编号和位编号，至于对哪个存储区寻址，则必须在指令中明确给出。这种格式适用于在确定的存储区内寻址，即区内寄存器间接寻址。

第二种地址指针格式包含了数据所在存储区的说明位（存储区域标识位），可通过改变标识位实现跨区域寻址，区域标识由位26～24确定。具体含义见表11-5这种指针格式适用于区域间寄存器间接寻址。

表11-5　　　　　　　　　　　地址指针区域标识位的含义

区域标识符	存储区	位26～24
P	外设输入输出	000
I	输入过程映像	001
Q	输出过程映像	010
M	位存储区	011
DBX	共享数据块	100

区域标识符	存储区	位 26~24
DIX	背景数据块	101
L	块的局域数据	111

AR1，AR2 均为 32 位寄存器，寄存器间接寻址只使用 32 位指针。

与 ARx 相关的指令有：LAR1、LAR2、TAR1、TAR2、＋AR1、＋AR2；LAR1AR2、CAR 等。

(1) TAR1，将地址寄存器 1 的内容传送到操作数，如表 11-6 所示。

表 11-6   TAR1 的应用说明

示例（STL）	说明
TAR1	将 AR1 的内容传送到累加器 1
TAR1 DBD20	将 AR1 的内容传送到数据双字 DBD20
TAR1 DID20	将 AR1 的内容传送到背景数据双字 DBD20
TAR1 LD180	将 AR1 的内容传送到本地数据双字 LD180
TAR1 AR2	将 AR1 的内容传送到地址寄存器 AR2

(2) TAR2，将地址寄存器 2 的内容传送到操作数。使用 TAR2 指令可以将地址寄存器 AR1 的内容（32 位指针）传送给被寻址的操作数，指令格式同 TAR1。其中的操作数可以是累加器 1、存储双字（MD）、本地数据双字（LD）、数据双字（DBD）、背景数据双字（DID），但不能用 AR1。

(3) CAR，交换地址寄存器 1 和地址寄存器 2 的内容。使用 CAR 指令可以交换地址寄存器 AR1 和地址寄存器 AR2 的内容，指令不需要指定操作数。指令的执行与状态位无关，而且对状态字没有任何影响。

(4) LAR1，将操作数的内容装入地址寄存器 AR1，如表 11-7 所示。

表 11-7   LAR1 的应用说明

示例（STL）	说明
LAR1	将累加器 1 的内容装入 AR1
LAR1 P♯I0.0	将输入位 I0.0 的地址指针装入 AR1
LAR1 P♯M10.0	将一个 32 位指针常数装入 AR1
LAR1 P♯2.7	将指针数据 2.7 装入 AR1
LAR1 MD20	将存储双字 MD20 的内容装入 AR1
LAR1 DBD2	将数据双字 DBD2 中的指针装入 AR1
LAR1 DID30	将背景数据双字 DID30 中的指针装入 AR1
LAR1 LD180	将本地数据双字 LD180 中的指针装入 AR1
LAR1 P♯Start	将符号名为 "Start" 的存储器的地址指针装入 AR1
LAR1 AR2	将 AR2 的内容传送到 AR1

【例 11-8】 将 PIW128~PIW146，共 10 个字送入 DB10 中。

编写程序如下：

在 OB1:

```
OPN    DB    10              //打开 DB10
  L      P#128.0             //初始读指针
  LAR1
  L      P#0.0               //初始写指针
  L      10                  //20 个字的循环计数为初值
M001: T   MB    10           //计数值送入 MB10
  L      PIW  [AR1,P#0.0]    //按读指针指示的地址读数据
  T      DBW  [AR2,P#0.0]    //按写指针指示的地址写数据
  +AR1   P#2.0               //读指针指向下一数据地址
  +AR2   P#2.0               //写指针指向下一数据地址
  L      MB    10            //取循环计数值
  LOOP   M001                //循环计数值如为 0 则结束循环;如不为 0 减 1 后则转向标号为
                              //  M001 的语句,继续循环。
```

四、CPU 中的寄存器

1. 累加器 (ACCUx)

累加器用于处理字节、字或双字的寄存器。S7-300 有 2 个 32 位的累加器 (ACCU1 和 AC-CU2)。S7-400 有 4 个 32 位的累加器 (ACCU1~ACCU4)。数据放在累加器的低位 (右对齐)。

2. 状态字寄存器

CPU 状态字寄存器为 16 位的字元件,如图 11-22 所示。它的各位给出了执行有关指令状态或结果的信息以及所出现的错误,我们可以将二进制逻辑操作状态位信号状态直接集成到程序中,以控制程序执行的流程。

15	9	8	7	6	5	4	3	2	1	0
未用		BR	CC1	CC0	OS	OV	OR	STA	RLO	$\overline{FC}$

图 11-22 状态字寄存器

先简单介绍一下 CPU 中状态字。

(1) 首次检查位 $\overline{FC}$:状态字的 0 位称作首次检查位,如果 $\overline{FC}$ 位的信号状态为 "0",则表示伴随着下一条逻辑指令,程序中将开始一个新的逻辑串。$\overline{FC}$ 上面的横杠表示对 FC 取反。

(2) 逻辑运算结果 RLO:状态字的第 1 位为 RLO 位 (RLO= "逻辑运算结果"),在二进制逻辑运算中用作暂时存储器。比如,一串逻辑指令中的某个指令检查触点的信号状态,并根据布尔逻辑运算规则将检查的结果 (状态位) 与 RLO 位进行逻辑门运算,然后逻辑运算结果又存在 RLO 位中。

(3) 状态位 STA:状态位 (第 2 位) 用以保存被寻址位的值。状态位总是向扫描指令 (A、AN、O 等) 或写指令 (=、S、R) 显示寻址位的状态 (对于写指令,保存的寻址位状态是本条写指令执行后的该寻址位的状态)。

(4) OR 位:在先执行逻辑与,后执行逻辑或的逻辑串中,OR 位暂存逻辑与的操作结果,以便进行后面的逻辑或运算。其他指令将 OR 位清零。

(5) OV 位:溢出表示算术或比较指令执行时出现了错误。根据所执行的算术或逻辑指令结果对该位进行设置。

（6）OS位：溢出存储位是与OV位一起被置位的，而且在更新算术指令之后，它能够保持这种状态，也就是说，它的状态不会由于下一个算术指令的结果而改变。这样，即使是在程序的后面部分，也还有机会判断数字区域是否溢出或者指令是否含有无效实数。OS位只有通过如下这些命令进行复位：JOS（若OS＝1，则跳转）命令、块调用命令和块结束命令。

（7）CC1及CC0位：CC1和CC0（条件代码1和0）位。这两位结合起来用于表示在累加器1中产生的算术运算或逻辑运算结果与0的大小关系。比较指令的执行结果或移位指令的移出位状态。分别如表11-8和表11-9所示。

表11-8　　　　　　　　　　　　算术运算后的CC1和CC0

CC1	CC0	算术运算无溢出	整数算术运算有溢出	浮点数算术运算有溢出
0	0	结果＝0	整数加时产生负范围溢出	平缓下溢
0	1	结果＜0	乘时负范围溢出；加、减、取负时正溢出	负范围溢出
1	0	结果＞0	乘、除时正溢出；加、减时负溢出	正范围溢出
1	1	—	在除时除数为0	非法操作

表11-9　　　　　　比较、移位和循环移位、字逻辑指令后的CC1和CC0

CC1	CC0	比较指令	移位和循环指令	字逻辑指令
0	0	累加器2＝累加器1	移位＝0	结果＝0
0	1	累加器2＜累加器1	—	—
1	0	累加器2＞累加器1	—	结果≠0
1	1	不规范（只用于浮点数比较）	移出位＝1	—

（8）BR位：状态字的第8位称为二进制结果位。它将字处理程序与位处理联系起来，在一段既有位操作又有字操作的程序中，用于表示字逻辑是否正确。将BR位加入程序后，无论字操作结果如何，都不会造成二进制逻辑链中断。在梯形图的方块指令中，BR位与ENO位有对应关系，用于表明方块指令是否被正确执行：如果执行出现了错误，BR位为0，ENO位也为0；如果功能被正确执行，BR位为1，ENO位也为1。

在用户编写的FB/FC程序中，应该对BR位进行管理，功能块正确执行后，使BR位为1，否则使其为0。使用SAVE指令将RLO存入BR中，从而达到管理BR位的目的。

状态字的9～15位未使用。

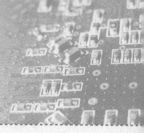

第十二章

S7-300/400 PLC 位逻辑指令编程与应用

位逻辑指令处理的对象为二进制位信号。位逻辑指令扫描信号状态"1"和"0"位,并根据布尔逻辑对它们进行组合,所产生的结果("1"或"0")称为逻辑运算结果,存储在状态字的"RLO"中。

常用的位逻辑指令有触点与线圈指令、基本逻辑指令、置位和复位指令、RS和SR触发器指令和跳变沿检测指令等。

第一节 触点与线圈

在LAD(梯形图)程序中,通常使用类似继电器控制电路中的触点符号及线圈符号来表示PLC的位元件,被扫描的操作数(用绝对地址或符号地址表示)则标注在触点符号的上方,如图12-1所示。

图 12-1 触点和输出线圈指令

(a) 动合触点;(b) 动断触点;(c) 输出线圈;(d) 中间输出指令

一、动合触点

动合触点的符号如图12-1(a)所示。

在PLC中规定:若操作数是"1"则动合触点"动作",即认为是"闭合"的;若操作数是"0",则动合触点"复位",即触点仍处于断开的状态。

动合触点所使用的操作数是:I、Q、M、L、D、T、C。

二、动断触点

动断触点的符号如图12-1(b)所示。

在PLC中规定:若操作数是"1"则动断触点"动作",即触点"断开";若操作数是"0",则动断触点"复位",即动断仍保持闭合。

动断触点所使用的操作数是:I、Q、M、L、D、T、C。

三、输出线圈

输出线圈的符号如图 12-1 (c) 所示。

输出线圈与继电器控制电路中的线圈一样，如果有电流（信号流）流过线圈（RLO＝"1"），则被驱动的操作数置"1"；如果没有电流流过线圈（RLO＝"0"），则被驱动的操作数复位（置"0"）。输出线圈只能出现在梯形图逻辑串的最右边。

输出线圈等同于 STL 程序中的赋值指令（用等于号"＝"表示），所使用的操作数可以是：Q、M、L、D。

四、中间输出指令

中间输出指令的符号如图 12-1 (d) 所示。

在梯形图设计时，如果一个逻辑串很长不便于编辑时，可以将逻辑串分成几个段，前一段的逻辑运算结果（RLO）可作为中间输出，存储在位存储器（Q、M、L 或 D）中，该存储位可以当做一个触点出现在其他逻辑串中。中间输出只能放在梯形图逻辑串的中间，而不能出现在最左端或最右端。

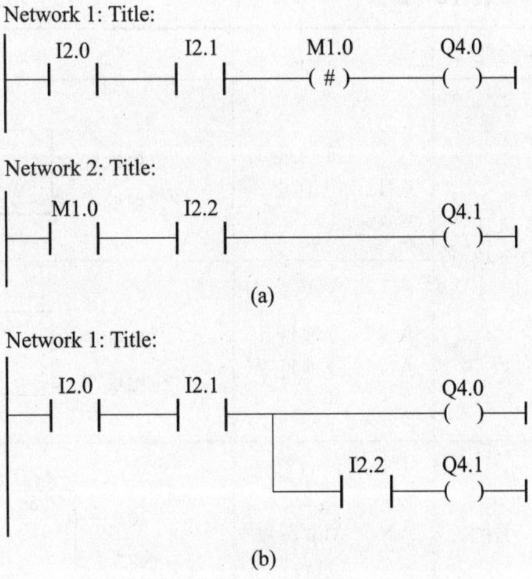

图 12-2 (a) 所示的梯形图可等效为图 12-2 (b) 的形式。图 12-2 (a) 中的 M1.0 为中间输出的位存储器，当输入位 I2.0 和 I2.1 同时动作时，存储位 M1.0 被置 ON，输出位 Q4.0 动作；否则 M1.0 被置 OFF，Q4.0 复位。当 I2.0、I2.1 同时动作（M1.0 被置 ON）且 I2.2 也动作时，Q4.1 信号状态为 ON；否则 Q4.1 信号状态为 OFF。

中间输出指令所使用的操作数可以是 Q、M、L、D。

图 12-2　中间输出指令的应用
(a) 梯形图；(b) 等效图

第二节　基本逻辑指令

常用的基本逻辑指令有："与"指令、"与非"指令、"或"指令、"或非"指令等。

一、逻辑"与"和"与非"指令

逻辑"与"和"与非"指令使用的操作数可以是：I、Q、M、L、D、T、C。可以用 STL（指令语句表）、FBD（功能块图）和 LAD（梯形图）进行编程。指令格式及示例见表 12-1 和表 12-2。STL 指令中的"A"表示逻辑"与"，"AN"表示逻辑"与非"。

表 12-1　　　　　　　　　　　逻辑"与"指令

指令形式	STL	FBD	等效梯形图
指令格式	A　位地址 1 A　位地址 2	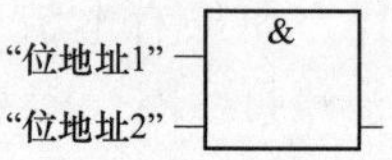	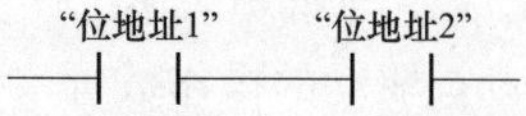
示例	A　I0.0 A　I0.1 =　Q4.0 =　Q4.1	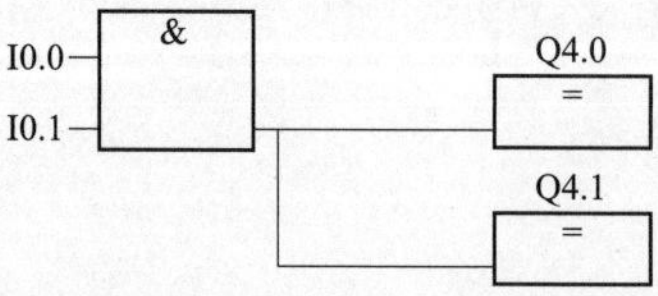	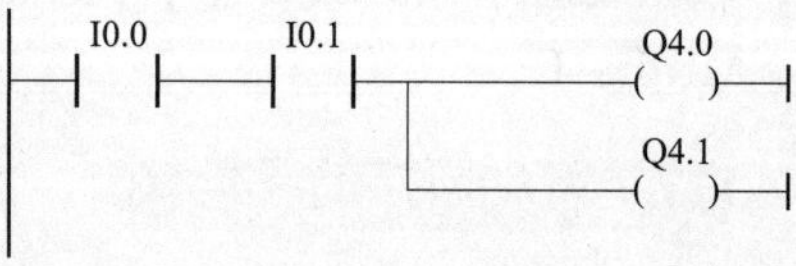

表 12-2　　　　　　　　　　　逻辑"与非"指令

指令形式	STL	FBD	等效梯形图
指令格式	A　　位地址 1 AN　位地址 2	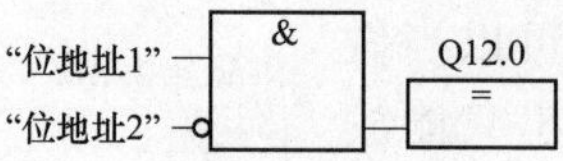	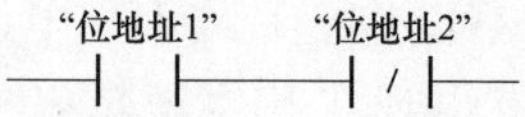
	AN　位地址 1 AN　位地址 2	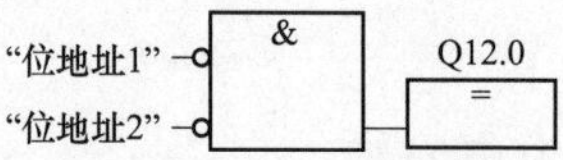	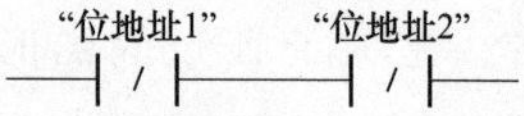
示例	A　　I0.2 AN　M8.3 =　　Q4.1	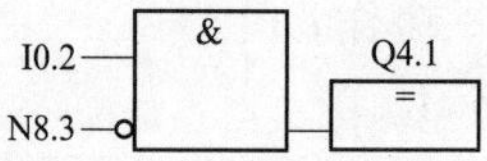	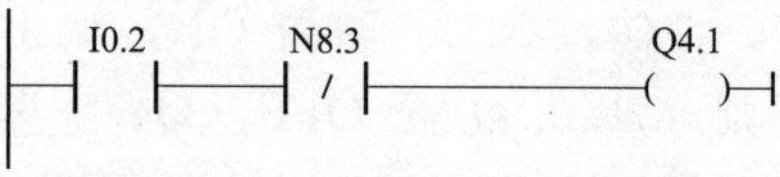

二、逻辑"或"和"或非"指令

逻辑"或"和"或非"指令使用的操作数可以是：I、Q、M、L、D、T、C。可以用 STL（指令语句表）、FBD（功能块图）和 LAD（梯形图）进行编程。指令格式及示例见表 12-3 和表 12-4。STL 指令中的"O"表示逻辑"或"；"ON"表示逻辑"或非"。

表 12-3　　　　　　　　　　　逻辑"或"指令

指令形式	STL	FBD	等效梯形图
指令格式	O　位地址 1 O　位地址 2	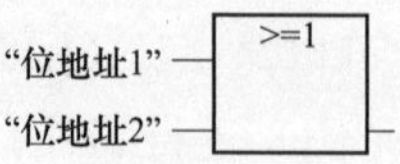	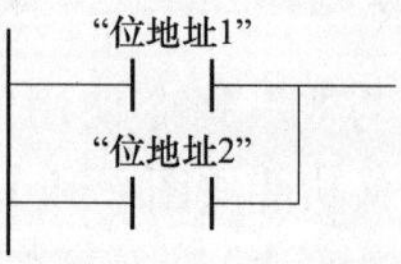
示例	O　I0.2 O　I0.3 =　Q4.2	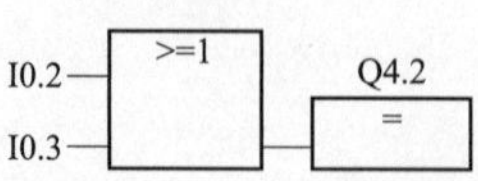	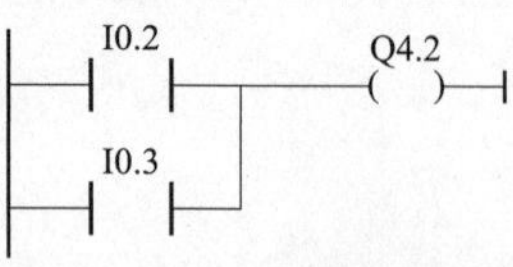

表 12 - 4　　　　　　　　　　　逻辑"或非"指令

指令形式	STL	FBD	等效梯形图
指令格式	O　位地址1 ON　位地址2	"位地址1"、"位地址1" →[>=1]	"位地址1"　"位地址1"/
	ON　位地址1 ON　位地址2	"位地址1"、"位地址2" →[>=1]	"位地址1"/　"位地址2"/
示例	O　I0.2 ON　M10.1 =　Q4.2	I0.2、M10.1 →[>=1] → Q4.2 =	I0.2　Q4.2 ( ) M10.1

三、信号流取反指令

信号流取反指令的作用就是对逻辑串的 RLO 值进行取反。指令格式及示例见表 12 - 5。当输入位 I0.0 和 I0.1 同时动作时，Q4.0 信号状态为"0"；否则，Q4.0 信号状态为"1"。

表 12 - 5　　　　　　　　　　　信号流取反指令

指令形式	LAD	FBD	STL
指令格式	—|NOT|—	—○[ ]	NOT
示例	I0.0　I0.1　|NOT|　Q4.0 ( )	I0.0、I0.1 →[&]○→ Q4.0 =	A　I0.0 A　I0.1 NOT =　Q4.0

第三节　置位和复位指令

置位（S）和复位（R）指令根据 RLO 的值来决定操作数的信号状态是否改变，对于置位指令，一旦 RLO 为"1"，则操作数的状态置"1"，即使 RLO 又变为"0"，输出仍保持为"1"；若 RLO 为"0"，则操作数的信号状态保持不变。对于复位操作，一旦 RLO 为"1"，则操作数的状态置"0"，即使 RLO 又变为"0"，输出仍保持为"0"；若 RLO 为"0"，则操作数的信号状态保持不变。

置位和复位指令格式及应用示例如表 12 - 6 和表 12 - 7 所示。

表 12 - 6 中，当 I1.0 动作且 I1.2 未动作时，则 RLO 为"1"，对 Q2.0 置位并保持。表 12 - 7 中，当 I1.1 动作且 I1.2 未动作时，则 RLO 为"1"，对 Q2.0 复位并保持。

表 12-6   置 位 指 令

指令形式	LAD	FBD	STL
指令格式	"位地址" ──(S)──	"位地址" [S]	S 位地址
示例	I1.0 I1.2 Q2.0 ──┤├──┤/├──(S)──	I1.0 ─┐& I1.2 ─○┘──── Q2.0 [S]	A I1.0 AN I1.2 S Q2.0

表 12-7   复 位 指 令

指令形式	LAD	FBD	STL
指令格式	"位地址" ──(R)──	"位地址" [R]	R 位地址
示例	I1.0 I1.2 Q2.0 ──┤├──┤/├──(R)──	I1.1 ─┐& I1.2 ─○┘──── Q2.0 [R]	A I1.0 AN I1.2 R Q2.0

注意 置位与复位指令只能放在逻辑串的最右端，不能放在逻辑串中间。置位指令使用的操作数可以是：I、M、Q、L、D；复位指令使用的操作数可以是：I、M、Q、L、D、T、C。

【例 12-1】 置位与复位指令的应用——传送带运动控制。

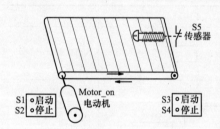

图 12-3 传送带控制示意图

如图 12-3 所示为一个传送带，在传送带的启点有两个按钮：用于启动的 S1 和用于停止的 S2。在传送带的尾端也有两个按钮：用于启动的 S3 和用于停止的 S4。要求能从任一端启动或停止传送带。另外，当传送带上的物件到达末端时，传感器 S5 使传送带停止。

I/O 地址分配如表 12-8 所示，PLC 的 I/O 接线图如图 12-4 所示。控制程序比较简单，整个程序均在 OB1 组织块内完成，传送带控制程序如图 12-5 所示。

表 12-8   I/O 地 址 分 配

编程元件	元件地址	符号	传感器/执行器	说明
数字量输入 32×24V (DC)	I1.1	S1	常开按钮	启动按钮
	I1.2	S2	常开按钮	停止按钮
	I1.3	S3	常开按钮	启动按钮
	I1.4	S4	常开按钮	停止按钮
	I1.5	S5	机械式位置传感器，常闭	传感器
数字量输出 32×24V (DC)	Q4.0	Motor_on	接触器	传送带电动机启/停控制

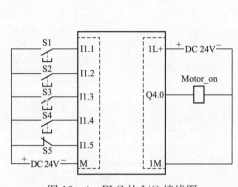

图 12-4　PLC 的 I/O 接线图

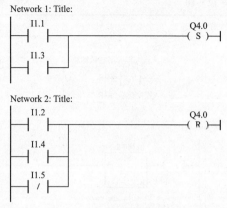

图 12-5　传送带控制程序

第四节　RS 和 SR 触发器指令

STEP7 有两种触发器：RS 触发器和 SR 触发器。

RS 触发器为"置位优先"型触发器（当 R 和 S 驱动信号同时为"1"时，触发器最终为置位状态）。

SR 触发器为"复位优先"型触发器（当 R 和 S 驱动信号同时为"1"时，触发器最终为复位状态）。

RS 触发器和 SR 触发器的"位地址"、置位（S）、复（S）及输出（Q）所使用的操作数可以是：I、Q、M、L、D。

RS 和 SR 触发器指令格式及示例如表 12-9 和表 12-10 所示。

表 12-9　　　　　　　　　　　　　RS 触 发 器

指令形式	LAD	FBD	等效程序段
指令格式	"复位信号" "位地址" RS R Q "置位信号" S	"位地址" RS "复位信号" R Q "置位信号" S Q	A 复位信号 R A 位地址 A 置位信号 S 位地址
示例 1	I0.0 M0.0 RS Q4.0 R Q I0.1 S	M0.0 RS I0.0 R Q4.0 I0.1 S Q =	A I0.0 R M0.0 A I0.1 S M0.0 A M0.0 = Q4.0
示例 2	I0.0 I0.1 M0.1 RS Q4.1 / R Q I0.0 I0.1 / S	I0.0 & M0.1 I0.1 RS R I0.0 & Q4.1 I0.1 S Q =	A I0.0 AN I0.1 R M0.1 AN I0.0 A I0.1 S M0.1 A M0.1 = Q4.1

表 12-10　　　　　　　　　　　　　SR 触 发 器

指令形式	LAD	FBD	等效程序段
指令格式	"复位信号" "位地址"　S SR Q　R（"置位信号"）	"位地址"　SR　"复位信号" S Q　"置位信号" R	A 置位信号 S 位地址 A 复位信号 R 位地址
示例 1	I0.0　M0.2 SR　Q4.2 S Q I0.1 R	M0.2 I0.0 S SR Q4.2 I0.1 R Q =	A I0.0 S M0.2 A I0.1 R M0.2 A M0.2 = Q4.2
示例 2	I0.0 I0.1 M0.3 Q4.3 S SR Q I0.0 I0.1 R	I0.0 & M0.3 I0.1 SR S I0.0 & Q4.3 I0.1 R Q =	A I0.0 AN I0.1 S M0.3 AN I0.0 A I0.1 R M0.3 A M0.3 = Q4.3

图 12-6 梯形图对应的运行时序如图 12-7 所示,该程序能较好地说明 RS 和 SR 指令的使用原理。另外,在编程时,RS 和 SR 指令完全可被置位和复位指令代替。

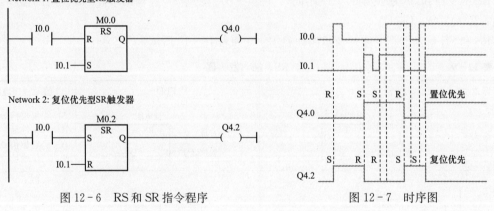

Network 1: 置位优先型RS触发器

Network 2: 复位优先型SR触发器

图 12-6　RS 和 SR 指令程序　　　　　　图 12-7　时序图

第五节　跳变沿检测指令

STEP 7 中有两类跳变沿检测指令,一种是对 RLO 的跳变沿检测的指令；另一种是对触点的跳变沿直接检测的梯形图方块指令。

一、RLO 边沿检测的指令

RLO 边沿检测的指令有两种类型：RLO 上升沿检测指令和 RLO 下降沿检测指令,指令格式及示例如表 12-11 和表 12-12 所示。

表 12 - 11　　　　　　　　　　　RLO 上升沿检测指令

指令形式	LAD	FBD	STL
指令格式	"位存储器" ——(P)——	"位存储器" [P]	FP　位存储器
示例 1	I1.0　M1.0　　Q4.0 ——||——(P)——( )——	M1.0　　Q4.0 I1.0—[P]—[=]	A　　I1.0 FP　M1.0 —　　Q4.0
示例 2	I1.1　　M1.1　　Q4.1 ——||——(P)——( )—— I1.2 ——|/|——	I1.1—[>=1] I1.2—o[>=1]—[P]—[=] 　　　　　M1.1　Q4.1	A （ O　　I1.1 ON　I1.2 ） FP　M1.1 =　　Q4.1

表 12 - 12　　　　　　　　　　　RLO 下降沿检测指令

指令形式	LAD	FBD	STL
指令格式	"位存储器" ——(N)——	"位存储器" [N]	FP　位存储器
示例 1	I1.0　M1.2　　Q4.2 ——||——(N)——( )——	M1.2　　Q4.2 I1.0—[N]—[=]	A　　I1.0 FN　M1.2 =　　Q4.2
示例 2	I1.1　　M1.3　　Q4.3 ——||——(N)——( )—— I1.2 ——|/|—— I1.3 ——||——	I1.1—[>=1]　M1.3 I1.2—[>=1]—[N]—[>=1]—[=] 　　　　　　　　　I1.3　　　Q4.3	A （ O　　I1.1 ON　I1.2 ） FN　M1.3 O　　I1.3 =　　Q4.3

　　RLO 边沿检测指令均指定一个"位存储器"，用来保存前一周期 RLO 的信号状态，以便进行比较，在 OB1 的每一个扫描周期，RLO 位的信号状态都将与前一周期中获得的结果进行比较，看信号状态是否有变化。"位存储器"使用的操作数可以是：I、Q、M、L、D。

　　图 12 - 8 的信号状态图说明了示例中 FP 和 FN 指令的检测时序。

　　对于 FP 指令，在 T_n 周期若 CPU 检测到输入 I1.0 为 "0"，并保存到 M1.0，在 T_{n+1} 周期若 CPU 检测到输入 I1.0 为 "1"，并保存到 M1.0，说明检测到一个 RLO 的上升沿，同时使 RLO 为 "1"，输出 Q4.0 的线圈在 T_{n+2} 周期内得电。

　　对于 FN 指令，在 T_n 周期若 CPU 检测到输入 I1.0 为 "1"，并保存到 M1.1，在 T_{n+1} 周期若 CPU 检测到输入 I1.0 为 "0"，并保存到 M1.1，说明检测到一个 RLO 的下降沿，同时使 RLO 为 "1"，输出 Q4.0 的线圈在 T_{n+2} 周期内得电。

二、触点信号边沿检测的指令

　　触点信号边沿检测的指令有两种类型：触点信号上升沿检测指令和触点信号下降沿检测指

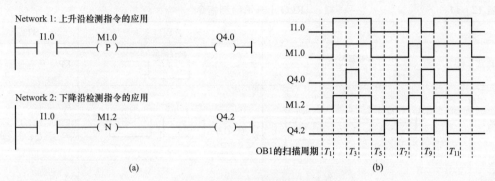

图 12-8　RLO 边沿检测指令工作时序

(a) 梯形图；(b) 工作时序

令。指令格式及示例如表 12-13 和表 12-14 所示。其中"地址 1"、"地址 2"和"状态（Q）"使用的操作数可以是：I、Q、M、L、D。

表 12-13　　　　　　　　　　触点信号上升沿检测指令

指令形式	LAD	FBD	STL 等效程序
指令格式	"启动条件"　　"位地址1" POS　Q "位地址2"—M_BIT	"位地址1" POS "位地址2"—M_BIT　Q	A　地址 1 BLD　100 FP　地址 2 =　输出
示例 1	I1.0 POS　Q　Q4.0 M0.0—M_BIT	I1.0　　Q4.0 POS M0.0—M_BIT　Q　=	A　I1.0 BLD　100 FP　M0.0 =　Q4.0
示例 2	I0.0　I1.1　I0.1　Q4.1 POS　Q M0.1—M_BIT	I1.1　　I0.0　& POS　　　　　Q4.1 M0.1—M_BIT　Q　　= I0.1	A　I0.00 A　（ A　I1.1 BLD　100 FP　M0.1 ） A　I0.2 =　Q4.1

表 12-14　　　　　　　　　　触点信号下降沿检测指令

指令形式	LAD	FBD	STL 等效程序
指令格式	"启动条件"　　"位地址1" NEG　Q "位地址2"—M_BIT	"位地址1" NEG "位地址2"—M_BIT　Q	A　地址 1 BLD　100 FN　地址 2 =　输出
示例 1	I1.0 NEG　Q　Q4.2 M0.2—M_BIT	I1.0　　Q4.2 NEG M0.2—M_BIT　Q　=	A　I1.0 BLD　100 FN　M0.2 =　Q4.2

续表

指令形式	LAD	FBD	STL 等效程序

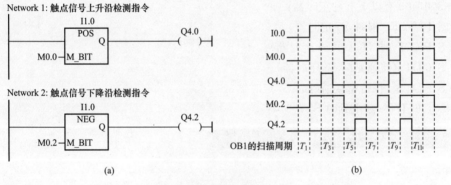

示例2

STL 等效程序：
```
A  (
A    I0.0
AN   I0.1
O    M0.4)
A  (
A    I1.1
BLD  100
FN   M0.3
)
A    I0.2
=    Q4.3
```

图 12-9 的信号状态图说明了示例中 POS 和 NEG 指令的检测时序。

触点信号边沿检测指令中的"地址1"为被扫描的触点信号；"地址2"为边沿存储器位，用来存储触点信号前一周期的状态；Q 为输出，当"启动条件"为真且"地址1"出现有效的边沿信号时，Q 端可输出一个扫描周期的"1"信号。

图 12-9 触点信号边沿检测指令

(a) 梯形图；(b) 工作时序

第十三章

S7-300/400 PLC 定时器与计数器的应用

第一节　定时器及其应用

定时器相当于继电器控制电路中的时间继电器，在 S7-300/400 CPU 的存储器中，为定时器保留有存储区，该存储区为每个定时器保留一个 16 位定时字和一个二进制位存储空间。STEP7 梯形图指令最多支持 256 个定时器，不同的 CPU 模板所支持的定时器数目在 64~512。

S7-300/400 有以下五种定时器：

(1) S_PULSE（脉冲 S5 定时器）。

(2) S_PEXT（扩展脉冲 S5 定时器）。

(3) S_ODT（接通延时 S5 定时器）。

(4) S_ODTS（保持型接通延时 S5 定时器）。

(5) S_OFFDT（断电延时 S5 定时器）。

一、S_PULSE（脉冲 S5 定时器）

1. 指令格式

S_PULSE（脉冲 S5 定时器）指令有两种形式：块图指令和线圈指令，分别如表 13-1 和表 13-2 所示。

表 13-1　　　　　　　　　脉冲定时器的 LAD、FBD 及 STL 指令

指令形式	LAD	FBD	STL 等效程序
指令格式	**Tno** S_PULSE 启动信号—S　　Q—输出位地址 定时时间—TV　BI—时间字单元1 复位信号—R　BCD—时间字单元2	**Tno** S_PULSE 启动信号—S　　BI—时间字单元1 定时时间—TV　BCD—时间字单元2 复位信号—R　　Q—输出位地址	A　　启动信号 L　　定时时间 SP　Tno A　　复位信号 R　　Tno L　　Tno T　　时间字单元1 LC　Tno T　　时间字单元2 A　　Tno =　　输出地址

续表

指令形式	LAD	FBD	STL 等效程序
示例	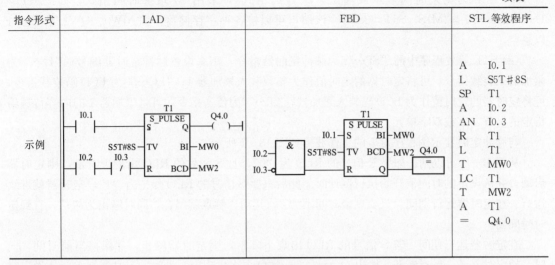		A I0.1 L S5T#8S SP T1 A I0.2 AN I0.3 R T1 L T1 T MW0 LC T1 T MW2 A T1 = Q4.0

表 13 - 2　　　　　　　　脉冲定时器的线圈指令

指令符号	示例（LAD）	示例（STL）
Tno —(SP)— 定时时间	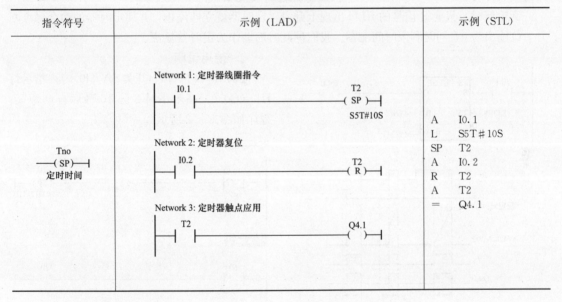	A I0.1 L S5T#10S SP T2 A I0.2 R T2 A T2 = Q4.1

表中各符号的含义如下：

（1）Tno 为定时器的编号，其范围与 CPU 的型号有关。

（2）S 为启动信号，当 S 端出现上升沿时，启动指定的定时器。

（3）R 为复位信号，当 R 端出现上升沿时，定时器复位，当前值清"0"。

（4）TV 为设定时间值输入，最大设定时间为9990s，或2H_46M_30s，输入格式按 S5 系统时间格式，如：S5T#100S、S5T#10MS、S5T#2M1S、s5T#1H2M3S 等。

（5）Q 为定时器输出，定时器启动后，剩余时间非0时，Q 输出为"1"；定时器停止或剩余时间为0时，Q 输出为"0"。该端可以连接位存储器，如 Q4.0 等，也可以悬空。

（6）BI 为剩余时间显示或输出（整数格式），采用十六进制形式，如：16#0023、16#00ab 等。该端口可以接各种字存储器，如 MW0、QW2 等，也可以悬空。

（7）BCD 为剩余时间显示或输出（BCD 码格式），采用 S5 系统时间格式，如：S5T♯1H2M3S、S5T♯2M1S、S5T♯3S 等。该端口可以接各种字存储器，如 MW0、QW2 等，也可以悬空。

（8）STL 等效程序中的"SP…"为脉冲定时器指令，用来设置脉冲定时器编号；"L…"为累加器 1 装载指令，可将定时器的定时值作为整数装入累加器 1；"LC…"为 BCD 码装载指令，可将定时器的定时值作为 BCD 码装入累加器；"T…"为传送指令，可将累加器 1 的内容传送给指定的字节、字或双字单元。

与脉冲定时器示例程序对应的工作波形如图 13-1 所示。

从图 13-1 可以到：如果 R 信号的 RLO 为"0"，且 S 信号的 RLO 出现上升沿，则定时器启动，并从设定的时间值开始执行倒计时。此后只要 S 信号的 RLO 保持为"1"，定时器就继续运行。在定时器运行期间，只要剩余时间不为 0，其动合触点就闭合，同时输出为"1"，直到定时时间到。

在定时器运行期间，若 S 信号的 RLO 出现下降沿，则定时器停止，并保持当前时间。同时，使定时器动合触点断开，输出 Q 为 0。当 RLO 再次出现上升沿时，定时器则重新从设定时间开始倒计时。

无论何时，只要 R 信号的 RLO 出现上升沿，定时器就立即停止，并使定时器的动合触点断开，Q 输出为 0，同时剩余时间清零。我们称此时的动作为定时器复位。

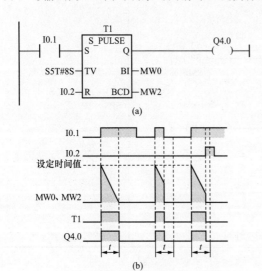

图 13-1　脉冲定时器梯形图及工作时序

（a）梯形图；（b）时序图

2. 使用说明

【例 13-1】　合上开关 SA（I0.0），指示灯 HL（Q0.0）亮 1 小时 2 分 10 秒后自动熄灭。程序如图 13-2 所示。

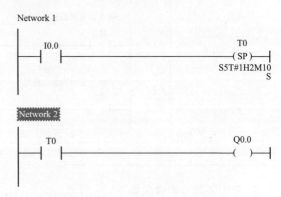

图 13-2　[例 13-1] 程序

二、S_PEXT（扩展脉冲 S5 定时器）

1. 指令格式

S_PEXT（扩展脉冲 S5 定时器）指令有两种形式：块图指令和线圈指令，分别如表 13-3 和表 13-4 所示。

表 13-3 扩展脉冲 S5 定时器 LAD、FBD 及 STL 指令

指令形式	LAD	FBD	STL
指令格式	Tno S_PEXT 启动信号—S　　Q—输出位地址 定时时间—TV　BI—时间字单元1 复位信号—R　BCD—时间字单元2	Tno S_PEXT 启动信号—S　　BI—时间字单元1 定时时间—TV　BCD—时间字单元2 复位信号—R　　Q—输出位地址	A　启动信号 L　定时时间 SE　Tno A　复位信号 R　Tno L　Tno T　时间字单元1 LC　Tno T　时间字单元2 A　Tno =　输出位地址
示例	T3 I0.1　　S_PEXT　Q4.2 　　　　S　　Q—( ) I0.2 　S5T#8S—TV　BI—MW0 I0.3—R　BCD—MW2	I0.1—≥1 I0.2—　　T3 　　　　S_PEXT 　　　　S　　BI—MW0 S5T#8S—TV　BCD—MW2　Q4.2 I0.3—R　　Q—　　=	A (O　I0.1 O　I0.2) L　S5T#8S SE　T3 AN　I0.3 R　T3 L　T3 T　MW0 LC　T3 T　MW2 A　T3 =　Q4.2

表 13-4 扩展脉冲 S5 定时器线圈指令

指令符号	示例（LAD）	示例（STL）
Tno —(SP)— 定时时间	Network 1: 扩展定时器线圈指令 I0.1　　　　　　　　　T5 —| |————————(SE)— 　　　　　　　　　　S5T#10S Network 2: 定时器复位 I0.2　　　　　　　　　T5 —| |————————(R)— Network 3: 定时器触点应用 T5　　　　　　　　　　Q4.4 —| |————————( )—	A　I0.1 L　S5T#10S SE　T5 A　I0.2 R　T5 A　T5 =　Q4.4

2. 使用说明

图 13-3 所示为扩展脉冲 S5 定时器示例程序对应的工作时序图。

从图 13-3 可以看到：如果 R 信号的 RLO 为"0"，且 S 信号的 RLO 出现上升沿，则定时

器启动，并从设定的时间值（本例中为 8s）开始执行倒计时，而不管 S 信号是否出现下降沿。如果在定时结束之前，S 信号的 RLO 又出现一次上升沿，则定时器重新启动。定时器一旦运行，其动合触点就闭合，同时 Q 输出为"1"，直到定时时间到。

无论何时，只要 R 信号的 RLO 出现上升沿，定时器就立即复位，并使定时器的动合触点断开，Q 输出为"0"，同时剩余时间清零。

【例 13-2】 扩展脉冲定时器应用——电动机延时自动关闭控制。

控制要求：按动启动按钮 SB1（I0.0），电动机 M（Q4.0）立即启动，延时 5min 以后自动关闭。启动后按动停止按钮 SB2（I0.1），电动机立即停机。

程序如图 13-4 所示。

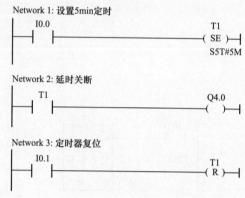

图 13-3　扩展脉冲 S5 定时器梯形图及工作时序

（a）梯形图；（b）时序图

图 13-4　［例 13-4］程序

三、S_ODT（接通延时 S5 定时器）

1. 指令格式

S_ODT（接通延时 S5 定时器）指令有两种形式：块图指令和线圈指令，分别如表 13-5 和表 13-6 所示。

表 13-5　　　　　　　　　接通延时 S5 定时器 LAD、FBD 及 STL 指令

指令形式	LAD	FBD	STL
指令格式	Tno S_ODT 启动信号 — S　　Q — 输出位地址 定时时间 — TV　　BI — 时间字单元1 复位信号 — R　　BCD — 时间字单元2	Tno S_ODT 启动信号 — S　　BI — 时间字单元1 定时时间 — TV　　BCD — 时间字单元2 复位信号 — R　　Q — 输出位地址	A　启动信号 L　定时时间 SD　Tno A　复位信号 R　Tno L　Tno T　时间字单元1 LC　Tno T　时间字单元2 A　Tno =　输出地址

续表

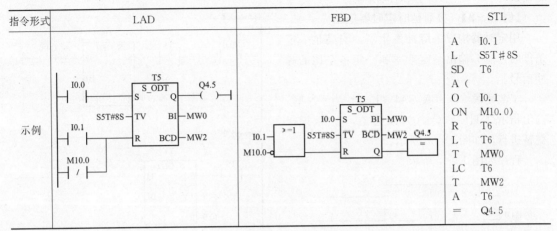

指令形式	LAD	FBD	STL
示例			A I0.1 L S5T#8S SD T6 A (O I0.1 ON M10.0) R T6 L T6 T MW0 LC T6 T MW2 A T6 = Q4.5

表 13-6   接通延时 S5 定时器线圈指令

指令符号	示例（LAD）	示例（STL）
Tno —(SD)— 定时时间	Network 1：接通延时定时器线圈指令 Network 2：定时器复位 Network 3：定时器触点	Network 1：接通延时定时器线圈指令 A I 0.0 L S5T#10S SD T 8 Network 2：定时器复位 A I 0.1 R T 8 Network 3：定时器触点 A T 8 = Q 4.7

2. 使用说明

如图 13-5 所示为接通延时 S5 定时器示例程序对应的工作时序图。

从 13-5 图可以看到：如果 R 信号的 RLO 为"0"，且 S 信号的 RLO 出现上升沿，则定时器启动，并从设定的时间值（本例中为 8s）开始执行倒计时。如果在定时结束之前，S 信号的 RLO 出现下降沿，则定时器停止运行并复位，Q 输出状态为"0"。当定时时间到，且 S 信号的 RLO 仍为"1"时，则定时器动合触点就闭合，同时 Q 输出为"1"，直到 S 信号的 RLO 变为"0"或定时器被复位。

无论何时，只要 R 信号的 RLO 出现上升沿，定时器就立即复位，并使定时器的动合触点断开，

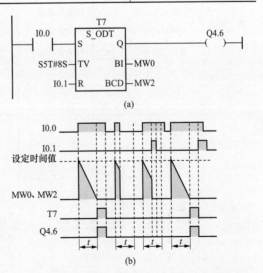

图 13-5   接通延时定时器梯形图及工作时序
（a）梯形图；（b）时序图

Q输出为"0"，同时剩余时间清零。

【例 13-3】 接通延时定时器应用。

用定时器构成一脉冲发生器，当满足一定条件时，能够输出一定频率和一定占空比的脉冲信号。

工艺要求：当开关 SA1 （I0.0）为 ON 时，输出指示灯 HL1 （Q4.0）以灭 2s，亮 1s 规律交替进行，如图 13-6 所示。

程序如图 13-7 所示。

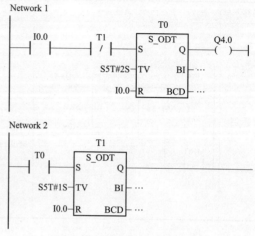

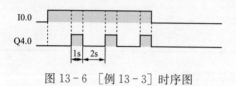

图 13-6 ［例 13-3］时序图

图 13-7 ［例 13-3］程序

四、S_ODTS （保持型接通延时 S5 定时器）

1. 指令格式

S_ODTS （保持型接通延时 S5 定时器）指令有两种形式：块图指令和线圈指令，分别如表 13-7 和表 13-8 所示。

表 13-7 　　　　　　　保持型接通延时 S5 定时器 LAD、FBD 及 STL 指令

指令形式	LAD	FBD	STL
指令格式	Tno S_ODTS 启动信号—S　Q—输出位地址 定时时间—TV　BI—时间字单元1 复位信号—R　BCD—时间字单元2	Tno S_ODTS 启动信号—S　BI—时间字单元1 定时时间—TV　BCD—时间字单元2 复位信号—R　Q—输出位地址	A　　启动信号 L　　定时时间 SS　Tno A　　复位信号 R　　Tno L　　Tno T　　时间字单元1 LC　Tno T　　时间字单元2 A　　Tno ＝　　输出位地址
示例	I0.0　T9 　├┤├─S_ODTS　Q5.0 　　　　S　Q—( ) S5T#8S—TV　BI—MW0 I0.1 ├┤├─R　BCD—MW2 M10.0 ├┤/├	I0.1　>=1　T9 M10.0　　S_ODTS I0.0—S　BI—MW0 S5T#8S—TV　BCD—MW2　Q5.0 　　　R　Q—＝	A　I0.1 L　S5T＃8S SS　T9 A（ O　I0.1 ON　M10.0 ） R　T9 L　T9 T　MW0 LC　T9 T　MW2 A　T9 ＝　Q5.0

表 13 - 8 保持型接通延时 S5 定时器线圈指令

指令符号	示例（LAD）	示例（STL）
T11 —(SS)— 定时时间	Network 1: 保持型接通延时定时器线圈指令 I0.0 T11 —| |—————————————(SS)— S5T#10S Network 2: 定时器复位 I0.1 T11 —| |—————————————————(R)— Network 3: 定时器触点 T11 Q5.2 —| |—————————————————( )—	A I0.0 L S5T♯10S SS T11 A I0.1 R T11 A T11 = Q5.2

2. 使用说明

如图 13 - 8 所示为保持型接通延时 S5 定时器示例程序及对应的工作时序图。

从图 13 - 8 可以看到：如果定时器已经复位，且 R 信号的 RLO 为 "0"，S 信号的 RLO 出现上升沿，则定时器启动，并从设定的时间值（本例中为 8s）开始执行倒计时。一旦定时器启动，即使 S 信号的 RLO 出现下降沿，定时器仍然继续运行。如果在定时结束之前，S 信号的 RLO 出现上升沿，则定时器以设定的时间值重新启动。只要定时时间到，不管 S 信号的 RLO 出现任何状态，定时器都会保持停止状态，并使定时器动合触点闭合，Q 输出为 "1"，直到定时器被复位。

无论何时，只要 R 信号的 RLO 出现上升沿，定时器就立即复位，并使定时器的动合 0 触点断开，Q 输出为 "0"，同时剩余时间清零。

【例 13 - 4】 保持型接通延时定时器应用。

按下按钮 SB1 （I0.0），指示灯 HL1 （Q0.0）经 10S 后驱动为 ON；按下按钮 SB2 （I0.1），HL1 熄灭。

程序如图 13 - 9 所示。

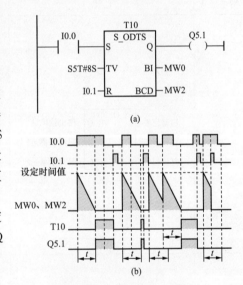

图 13 - 8 保持型接通延时 S5 定时器程序及工作时序
(a) 梯形图；(b) 时序图

五、S_OFFDT（断电延时 S5 定时器）

1. 指令格式

S_OFFDT（断电延时 S5 定时器）指令有两种形式：块图指令和线圈指令，分别如表 13 - 9 和表 13 - 10 所示。

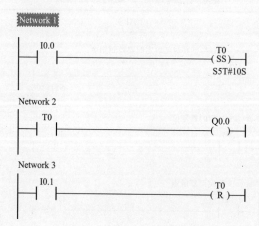

图 13-9 [例 13-4] 程序

表 13-9　　　　　　断电延时 S5 定时器 LAD、FBD 及 STL 指令

指令形式	LAD	FBD	STL
指令格式	（见图）	（见图）	A　启动信号 L　定时时间 SF　Tno A　复位信号 R　Tno L　Tno T　时间字单元 1 LC　Tno T　时间字单元 2 A　Tno =　输出位地址
示例	（见图）	（见图）	A　I0.0 L　S5T#12S SF　T12 A（ O　I0.1 ON　M10.0 ） R　T12 L　T12 T　MW0 LC　T12 T　MW2 A　T12 =　Q5.3

226

表 13－10　　　　　　　　　　　**断电延时 S5 定时器线圈指令**

指令符号	示例（LAD）	示例（STL）
─（SF）─ Ton 定时时间	**Network 1: 断电延时定时器线圈指令** I0.0　　　　　　　　　　　　　　T14 ├──┤ ├─────────────（ SF ）─┤ 　　　　　　　　　　　　　　　　S5T#10S **Network 2: 定时器复位** I0.1　　　　　　　　　　　　　　T14 ├──┤ ├─────────────（ R ）─┤ **Network 3: 定时器触点** T14　　　　　　　　　　　　　　Q5.5 ├──┤ ├─────────────（ Q5.5 ）─┤	A　　I0.0 L　　S5T＃10S SF　　T14 A　　I0.1 R　　T14 A　　T14 ＝　　Q5.5

2. 使用说明

如图 13－10 所示为断电延时 S5 定时器示例程序对应的工作时序图。

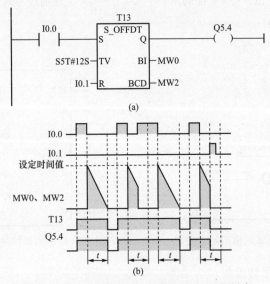

图 13－10　断电延时定时器程序及工作时序

(a) 梯形图；(b) 时序图

从图 13－10 可以看到：如果 R 信号的 RLO 为 "0"，且 S 信号的 RLO 出现下降沿，则定时器启动，并从设定的时间值（本例中为 12s）开始执行倒计时。在定时结束之前，如果 S 信号的 RLO 出现上升沿，则定时器立即复位。在 S 信号的 RLO 为 "1"，或定时器运行期间，定时器动合触点闭合，Q 输出为 "1"。

无论何时，只要 R 信号的 RLO 出现上升沿，定时器就立即复位，并使定时器的动合触点断开，Q 输出为 "0"，同时剩余时间清零。

【例 13－5】 断电延时定时器的应用。

合上开关 SA（I0.0），HL1（Q0.0）和 HL2（Q0.1）亮，断开 SA，HL1 立即熄灭，过 10s 后 HL2 自动熄灭。

程序如图 13-11 所示。

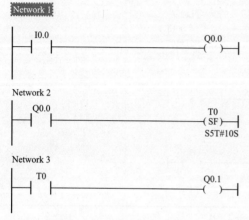

图 13-11 ［例 13-5］程序

【例 13-6】 多级传送带运输机控制。

图 13-12 所示是一个四级传送带系统示意图。整个系统有四台电动机 M1、M2、M3、M4，落料漏斗 Y0 由一阀控制。控制要求如下：

（1）落料漏斗启动后，传送带 M1 应马上启动，经 6s 后须启动传送带 M2。

（2）传送带 M2 启动后 5s 后应启动传送带 M3。

（3）传送带 M3 启动后 4s 后应启动传送带 M4。

（4）落料停止后，应根据所需传送时间的差别，分别隔 6、5、4、3s 将四台电动机停车。

I/O 分配及接线图如图 13-13 所示。I0.0 为启动按钮，I0.1 为停止按钮。Q0.4 控制落料，Q0.0～Q0.3 分别控制 4 台传送带电动机。PLC 控制程序如图 13-14 所示。

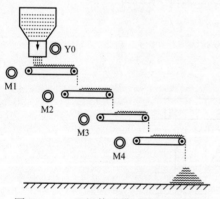

图 13-12 四级传送带运输机示意图

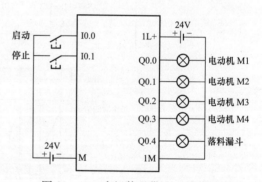

图 13-13 多级传送带 I/O 接线图

【例 13-7】 交通信号灯控制。

交通信号灯示意图如图 13-15 所示，控制要求如下：

（1）接通启动按钮后，信号灯开始工作，东西向（行向）红灯、南北向（列向）绿灯同时亮。

（2）南北向绿灯亮 25s 后，闪烁 3 次（1s/次），接着南北向黄灯亮，2s 后南北向红灯亮，30s 后南北向绿灯又亮……如此不断循环，直至停止工作。

（3）东西向红灯亮 30s 后，东西向绿灯亮，25s 后东西向绿灯闪烁 3 次（1s/次），接着东西向黄灯亮，2s 后东西向红灯又亮……如此不断循环，直至停止工作。

工作时序图如图 13-16 所示。

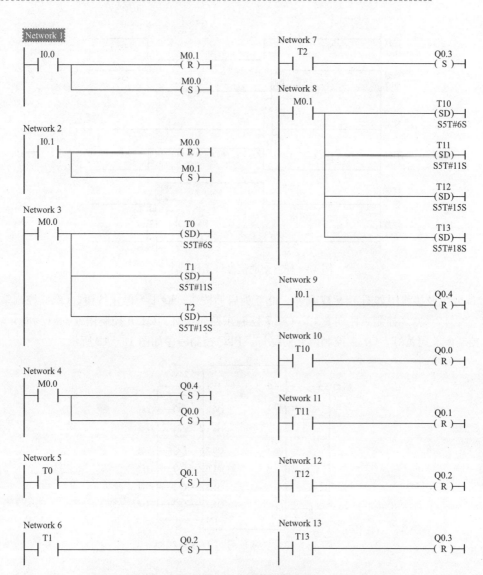

图13-14 多级传送带程序

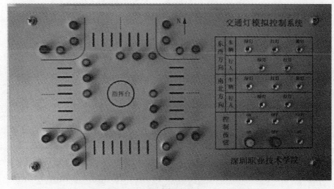

图13-15 交通信号灯示意图

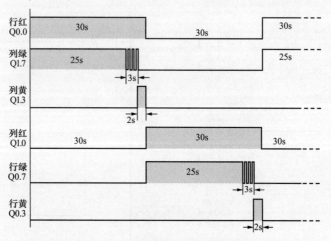

图 13-16　交通信号灯工作时序图

I/O 分配及接线图如图 13-17 所示。I0.0 为启动按钮，I0.1 为停止按钮。Q0.0 控制东西向（行向）红灯，Q0.3 控制东西向黄灯，Q0.7 控制东西向绿灯，Q1.0 控制南北向（列向）红灯，Q1.3 控制南北向黄灯，Q1.7 控制南北向绿灯。PLC 控制程序如图 13-18 所示。

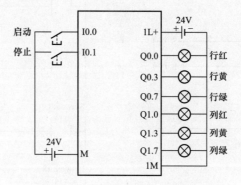

图 13-17　交通信号灯 I/O 接线图

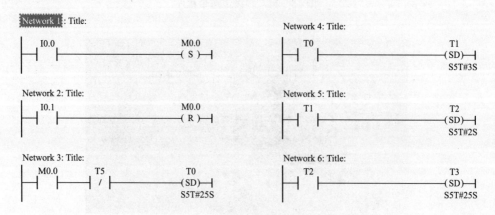

图 13-18　交通信号灯程序（一）

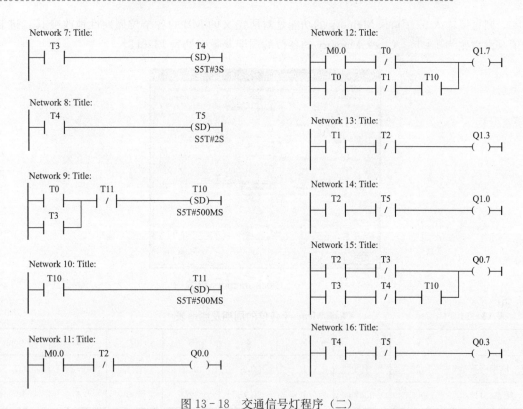

图 13 - 18 交通信号灯程序（二）

第二节 CPU 时钟存储器的应用

通过设置 CPU 时钟存储器，可得到多种脉冲。要使用该功能，如图 13 - 19 所示，在硬件配置时需要设置 CPU 的属性，其中有一个选项为 Clock Memory，选中选择框就可激活该功能。

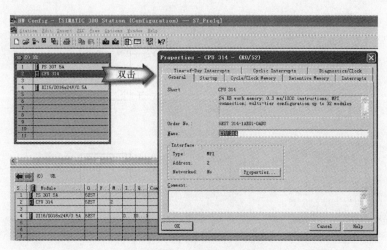

图 13 - 19 设置 CPU 属性

如图 13 - 20 所示，在 Memory Byte 区域输入想为该项功能设置的 MB 的地址，如需要使用

MB0，则直接输入 0。Clock Memory 的功能是对所定义的 MB 的各个位周期性地改变其二进制的值（占空比为 1∶1）。Clock Memory 的各位的周期及频率见表 13 - 11。

图 13 - 20　Clock memory 设置

表 13 - 11　　　　　　　　　　　**Clock Memory 各位的周期及频率表**

位序	7	6	5	4	3	2	1	0
周期（s）	2	1.6	1	0.8	0.5	0.4	0.2	0.1
频率（Hz）	0.5	0.625	1	1.25	2	2.5	5	10

【例 13 - 8】　编程实现以下功能。

当开关 SA1（I0.0）为 ON，SA2（I0.1）为 OFF 时，MW10 每隔 1s 加 1；当 SA1 为 OFF，SA2 为 ON 时，MW10 每隔 1s 减 1。

首先在 CPU 硬件中设置 MB0 为时钟存储器，则 M0.5 为周期为 1s 的脉冲。编写程序如图 13 - 21 所示。

Network 1: Title:

```
   I0.0     I0.1     M0.5   M100.0      ADD_I
 --| |------|/|------| |------( P )---EN   ENO--
                                    
                           MW10--IN1  OUT--MW10
                              1--IN2
```

Network 2: Title:

```
   I0.0     I0.1     M0.5   M100.1      SUB_I
 --|/|------| |------| |------( P )---EN   ENO--
                                    
                           MW10--IN1  OUT--MW10
                              1--IN2
```

图 13 - 21　［例 13 - 8］程序

第三节 计 数 器 及 其 应 用

S7-300/400的计数器都是16位的，因此每个计数器占用该区域2个字节空间，用来存储计数值。不同的CPU模板，用于计数器的存储区域也不同，最多允许使用64～512个计数器。计数器的地址编号：C0～C511。

S7-300/400的计数器共有以下3种类型：S_CUD（加/减计数器）、S_CU（加计数器）、S_CD（减计数器）。

一、S_CUD（加/减计数器）

1. 指令格式

加/减计数器的LAD、FBD及STL指令如表13-12所示。

表 13-12   加/减计数器的LAD、FBD及STL指令

指令形式	LAD	FBD	STL 等效程序
指令格式			A 加计数输入 CU Cno A 减计数输入 CD Cno A 预置信号 L 计数初值 S Cno A 复位信号 R Cno L Cno T 计数字单元1 LC Cno T 计数字单元2 A Cno = 输出位地址
示例			A I0.0 CU C0 A I0.1 CD C0 A I0.2 L C#5 S C0 A I0.3 R C0 L C0 T MW4 LC C0 T MW6 A C0 = Q4.0

表内各符号的含义如下：

（1）Cno 为计数器的编号，其编号范围与 CPU 的具体型号有关。

（2）CU 为加计数输入端，该端每出现一个上升沿，计数器自动加"1"，当计数器的当前值为 999 时，计数值保持为 999，加"1"操作无效。

（3）CD 为减计数输入端，该端每出现一个上升沿，计数器自动减"1"，当计数器的当前值为 0 时，计数值保持为 0，此时的减"1"操作无效。

（4）S 为预置信号输入端，该端出现上升沿的瞬间，将计数初值作为当前值。

（5）PV 为计数初值输入端，初值的范围为 0～999。可以通过字存储器（如 MW0、IW1 等）为计数器提供初值，也可以直接输入 BCD 码形式的立即数，此时的立即数格式为：C♯xxx，如：C♯6、C♯999。

（6）R 为计数器复位信号输入端，任何情况下，只要该端出现上升沿，计数器就会立即复位。复位后计数器当前值变为 0，输出状态为"0"。

（7）CV 为以整数形式显示或输出的计数器当前值，如：16♯0023、16♯00ab。该端可以接各种字存储器，如 MW4、QW0、IW2，也可以悬空。

（8）CV_BCD 以 BCD 码形式显示或输出的计数器当前值，如：C♯369、C♯023。该端可以接各种字存储器，如 MW4、QW0、IW2，也可以悬空。

（9）Q 为计数器状态输出端，只要计数器的当前值不为 0，计数器的状态就为"1"。该端可以连接位存储器，如 Q4.0、M1.7，也可以悬空。

2. 使用说明

表 13-12 中示例程序对应的工作时序如图 13-22 所示。

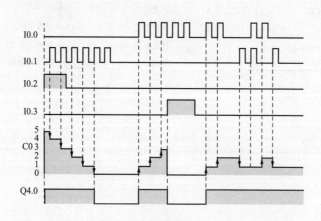

图 13-22　计数器工作时序图

注意　当计数器达到最大值（999），下一次加计数不影响计数器。反之，当计数器达到最小值（0），下一次减计数不影响计数器。计数器计数不高于 999 且不低于 0。如果加计数和减计数同时输入，计数器保持不变。

二、S_CU（加计数器）

加计数器的 LAD、FBD 及 STL 指令如表 13-13 所示。

表 13-13　　　　　　　　　　　　加计数器的 LAD、FBD 及 STL 指令

指令形式	LAD	FBD	STL 等效程序
指令格式	Cno S_CU　加计数输入—CU　Q—输出位地址　预置信号—S　CV—计数字单元1　计数初值—PV　CV_BCD—计数字单元2　复位信号—R	Cno S_CU　加计数输入—CU　CV—计数字单元1　预置信号—S　CV_BCD—计数字单元2　计数初值—PV　Q—输出位地址　复位信号—R	A　加计数输入 CU　Cno BLD　101 A　预置信号 L　计数初值 S　Cno A　复位信号 R　Cno L　Cno T　计数字单元1 LC　Cno T　计数字单元2 A　Cno =　输出位地址
示例	C1 S_CU　I0.0—CU　Q—Q4.1　I0.1—S　CV—…　C#99—PV　CV_BCD—…　I0.2—R	C1 S_CU　I0.0—CU　CV—…　I0.1—S　CV_BCD—…　C#99—PV　I0.2—R　Q— Q4.1 =	A　I0.0 CU　C1 BLD　101 A　I0.1 L　C#99 S　C1 A　I0.2 R　C1 NOP　0 NOP　0 A　C1 =　Q4.1

三、S_CD（减计数器）

减计数器的 LAD、FBD 及 STL 指令如表 13-14 所示。

表 13-14　　　　　　　　　　　　减计数器的 LAD、FBD 及 STL 指令

指令形式	LAD	FBD	STL 等效程序
指令格式	Cno S_CD　减计数输入—CD　Q—输出位地址　预置信号—S　CV—计数字单元1　计数初值—PV　CV_BCD—计数字单元2　复位信号—R	Cno S_CD　减计数输入—CD　CV—计数字单元1　预置信号—S　CV_BCD—计数字单元2　计数初值—PV　Q—输出位地址　复位信号—R	A　加计数输入 CU　Cno BLD　101 A　预置信号 L　计数初值 S　Cno A　复位信号 R　Cno A　复位信号 R　Cno L　Cno T　计数字单元1 LC　Cno T　计数字单元2 A　Cno =　输出位地址

指令形式	LAD	FBD	STL 等效程序
示例	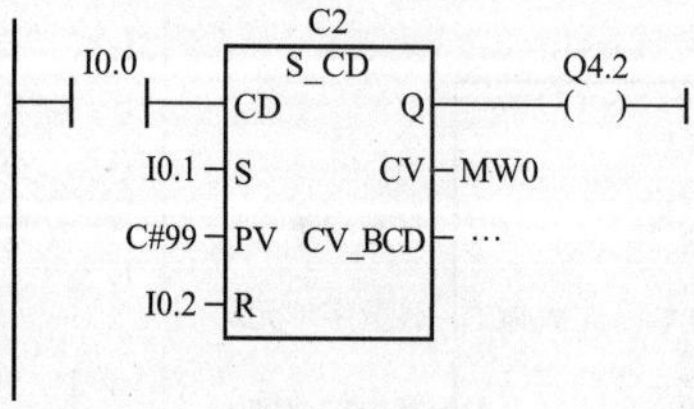 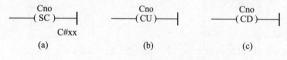	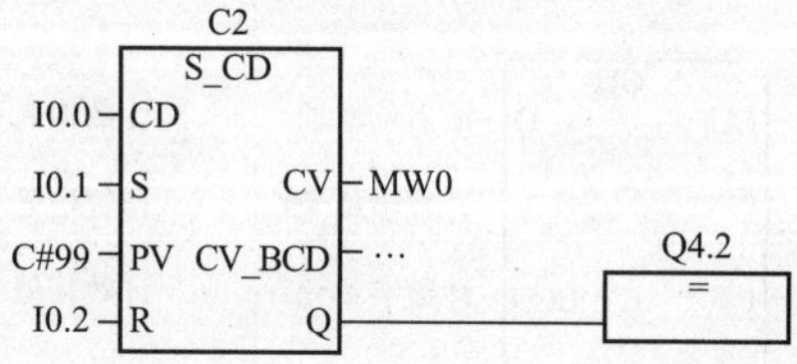	A I0.0 CU C2 BLD 101 A I0.1 L C#99 S C2 A I0.2 R C2 L C2 T MW0 NOP 0 A C2 = Q4.2

除了前面介绍的指令盒形式的计数器指令以外，S7-300 系统还为用户准备了 LAD 环境下的线圈形式的计数器。这些指令有计数器初值预置指令 SC、加计数器指令 CU 和减计数器指令 CD，如图 13-23 所示。

Cno　　　　　　Cno　　　　　　Cno
（SC）　　　　　（CU）　　　　　（CD）
C#xx
（a）　　　　　　（b）　　　　　　（c）

图 13-23　计数器线圈指令

（a）SC 指令；（b）CU 指令；（c）CD 指令

（1）初值预置 SC 指令与 CU 指令配合可实现 S_CU 指令的功能，如图 13-24 所示。

（2）SC 指令若与 CD 指令配合可实现 S_CD 指令的功能，如图 13-25 所示。

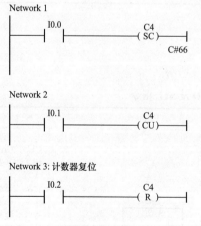

图 13-24　用线圈指令实现加计数功能

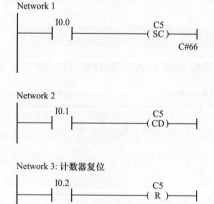

图 13-25　用线圈指令实现减计数功能

（3）SC 指令若与 CU 和 CD 配合可实现 S_CUD 的功能，如图 13-26 所示。

【例 13-9】　用计数器编程实现以下功能：接一按钮于 PLC 的 I0.0，当按第 3 次按钮，Q0.0 置位为 ON，当按到第 7 次按钮时，Q0.0 复位为 OFF。如此可反复操作。

用一个增计数器对按钮的接通次数进行计数，程序如图 13-27 所示。

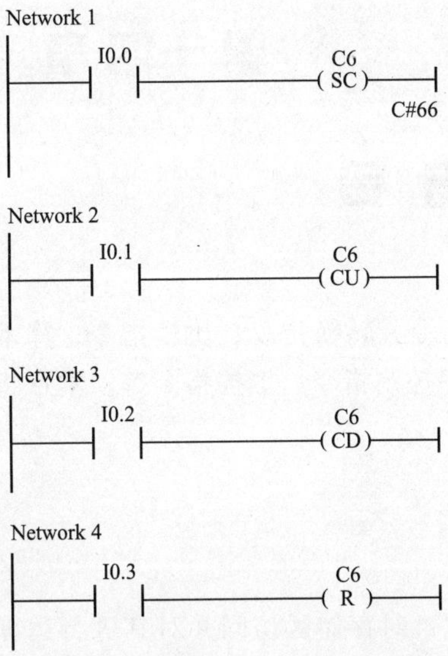

OB1: "Main Program Sweep(Cycle)"
Network 1

```
        I0.0                    C0
    ┤├─────────────────────────(CU)
```

Network 2

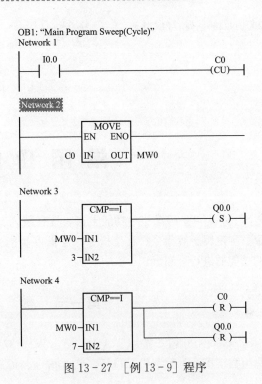

```
                    ┌─────────┐
                    │  MOVE   │
    ────────────────┤EN    ENO├────────────────
                    │         │
              C0 ───┤IN    OUT├─── MW0
                    └─────────┘
```

Network 3

```
                    ┌─────────┐              Q0.0
    ────────────────┤ CMP==I  ├─────────────(S)
                    │         │
             MW0 ───┤IN1      │
                    │         │
               3 ───┤IN2      │
                    └─────────┘
```

Network 4

```
                    ┌─────────┐              C0
    ────────────────┤ CMP==I  ├───────┬─────(R)
                    │         │       │
             MW0 ───┤IN1      │       │      Q0.0
                    │         │       └─────(R)
               7 ───┤IN2      │
                    └─────────┘
```

Network 1

```
        I0.0                    C6
    ┤├─────────────────────────(SC)
                                C#66
```

Network 2

```
        I0.1                    C6
    ┤├─────────────────────────(CU)
```

Network 3

```
        I0.2                    C6
    ┤├─────────────────────────(CD)
```

Network 4

```
        I0.3                    C6
    ┤├─────────────────────────(R)
```

图 13-26　用线圈指令实现加减计数功能

图 13-27　[例 13-9] 程序

第十四章

常用功能指令

S7-300/400 PLC指令功能丰富，具有装入与传送指令、转换指令、比较指令、算术运算指令、字逻辑运算指令、移位指令、逻辑控制指令、程序控制指令、主控指令等。本章将对常用的功能的进行介绍。

第一节 数 字 指 令

S7-300/400 PLC按字节（B）、字（W）、双字（DW）对存储区访问并对其进行运算的指令称为数字指令。数字指令包括：装入指令、传送指令、转换指令、比较指令、运算指令和字逻辑指令等。

一、装入指令和传送指令

装入指令（L）和传送指令（T），可以对输入或输出模块与存储区之间的信息交换进行编程。装入指令（L）和传送指令（T）的功能是实现各种数据存储区之间的数据交换，这种数据交换必须通过累加器来实现。S7-300 PLC系统有2个32位的累加器，S7-400 PLC系统有4个32位的累加器。

下面以S7-300为例介绍指令的应用。当执行装入指令时，首先将累加器1中原有的数据移入累加器2，累加器2中原有的内容被覆盖，然后将数据装入累加器1中。当执行传送指令时，将累加器1中的数据写入目标存储区中，而累加器1的内容保持不变。L和T指令可对字节、字、双字数据进行操作，当数据长度小于32位时，数据在累加器1中右对齐（低位对齐），其余各位填0。

1. 对累加器1的装入指令和传送指令

（1）对累加器1的装入指令（L）。L指令可以将被寻址的操作数的内容（字节、字或双字）送入累加器1中，未用到的位清零。指令格式如下：

L 操作数

其中操作数可以是立即数（如：4、-5、B#16#1A、'AB'、S5T#8S、P#I1.0）、直接或间接寻址的存储区（如IB0）。指令示例如表14-1所示。

表14-1 L指令示例

示例（STL）	说明
L B#16#1B	向累加器1的低字低字节装入8位的十六进制常数
L 139	向累加器1的低字装入16位的整型常数

238

续表

示例（STL）	说明
L B#(1、2、3、4)	向累加器1的4个字节分别装入常数1、2、3、4
L L#168	向累加器1装入32位的整型常数168
L 'ABC'	向累加器1装入字符型常数ABC
L C#10	向累加器1装入计数型常数
L S5T#10S	向累加器1装入S5定时器型常数
L 1.0E+2	向累加器1装入实型常数
L T#1D_2H_3M_4S	向累加器1装入时间型常数
L D#2005_10_20	向累加器1装入日期型常数
L IB10	将输入字节IB10的内容装入累加器1的低字低字节
L MB20	将存储字节MB20的内容装入累加器1的低字低字节
L MBB12	将数据字节DBB10的内容装入累加器1的低字低字节
L DIW15	将背景数据字DIW15的内容装入累加器1的低字

（2）对累加器1的传送指令（T）。T指令可以将累加器1的内容复制到被寻址的操作数，所复制的字节数取决于目标地址的类型（字节、字或双字），指令格式如下：

T　操作数

其中的操作数可以为直接I/O区、数据存储区或过程映像输出表的相应地址。指令示例如表14-2所示。

表14-2　　　　　　　　　　　T指令示例

示例（STL）	说明
T QB10	将累加器1的低字低字节的内容传送到输出字节QB10
T MW16	将累加器1的低字的内容传送到存储字MW16
T DBD2	将累加器1的内容传送到数字双字DBD2

2. 状态字与累加器1之间的装入和传送指令

（1）将状态字装入累加器1（L STW）。将状态字装入累加器1中，指令的执行与状态位无关，而且对状态字没有任何影响。指令格式如下：

L STW

（2）将累加器1的内容传送到状态字（T STW）。使用T STW指令可以将累加器1的位0～8传送到状态字的相应位，指令的执行与状态位无关，指令格式如下：

T STW

3. 与地址寄存器有关的装入和传送指令

S7-300/400 PLC系统有两个地址AR1和AR2。对于地址寄存器可以不经过累加器1而直接将操作数装入和传送，或直接交换两个地址寄存器的内容。

（1）LAR1指令（将操作数的内容装入地址寄存器AR1）。使用LAR1指令可以将操作数的内容（32位）装入地址寄存器AR1，执行后累加器1和累加器2的内容不变。执令的执行与状

态位无关，而且对状态字没有任何影响，指令格式如下：

LAR1　操作数

其中操作数可以是累加器1、指针型常数（P♯）、存储双字（MD）、本地数据双字（LD）、数据双字（DBD）、背景数据双字（DID）或地址寄存器AR2等。操作数也可以省略，若省略操作数，则直接将累加器1的内容装入地址寄存器AR1。指令示例如表14-3所示。

表14-3　　　　　　　　　　　LAR1指令示例

示例（STL）	说明
LAR1	将累加器1的内容装入AR1
LAR1　P♯I0.0	将输入位I0.0的地址指针装入AR1
LAR1　P♯M0.0	将一个32位指针常数装入AR1
LAR1　P♯2.7	将指针数据27装入AR1
LAR1　MD20	将存储双字MD20的内容装入AR1
LAR1　DBD2	将数据双字DBD2中的指针装入AR1
LAR1　DID30	将背景数据双字DID30中的指针装入AR1
LAR1　LD180	将本地数据双字LD180中的指针装入AR1
LAR1　P♯Start	将符号名为"Start"的存储器的地址指针装入AR1
LAR1　AR2	将AR2的内容传送到AR1

（2）LAR2指令（将操作数的内容装入地址寄存器2）。使用LAR2指令可以将操作数的内容（32位指针）装入地址寄存器AR2，指令格式同LAR1，其中的操作数可以是累加器1、指针型常数（P♯）、存储双字（MD）、本地数据双字（LD）、数据双字（DBD）或背景数据双字（DID），但不能用AR1。

（3）TAR1（将地址寄存器1的内容传送到操作数）。使用TAR1指令可以将地址寄存器AR1传送给被寻址的操作数，指令的执行与状态位关，而且对状态字没有任何影响，指令格式如下：

TAR1　操作数

其中操作数可以是累加器1、存储双字（MD）、本地数据双字（LD）、数据双字（DBD）、背景数据双字（DID）或地址寄存器AR2等。操作数也可以省略，若省略操作数，则直接将AR1的内容装入累加器1，而累加器2的内容传送到累加器2。指令示例如表14-4所示。

表14-4　　　　　　　　　　　TAR1指令示例

示例（STL）	说明
TAR1	将AR1的内容传送到累加器1
TAR1　DBD20	将AR1的内容传送到数据双字DBD20
TAR1　DID20	将AR1的内容传送到背景数据双字DBD20
TAR1　LD180	将AR1的内容传送到本地数据双字LD180
TAR1　AR2	将AR1的内容传送到地址寄存器AR2

（4）TAR2指令（将地址寄存器2的内容传送到操作数）。使用TAR2指令可以将地址寄存

器 AR1 的内容（32 位指针）传送给被寻址的操作数，指令格式同 TAR1。其中的操作数可以是累加器 1、存储双字（MD）、本地数据双字（LD）、数据双字（DBD）、背景数据双字（DID），但不能用 AR1。

（5）CAR 指令（交换地址寄存器 1 和地址寄存器 2 的内容）。使用 CAR 指令可以交换地址寄存器 AR1 和地址寄存器 AR2 的内容，指令不需要指定操作数。指令的执行与状态位无关，而且对状态字没有任何影响。

4. MOVE 指令

MOVE 指令能够复制字节、字或双字数据对象。指令格式及示例如表 14-5 所示。应用中 IN 为传送数据输入端，可以是常数、I、Q、M、D、L 等类型。OUT 为数据接收端，可以是 I、Q、M、D、L 等类型，但必须在宽度上与 IN 匹配。

表 14-5 **MOVE 指令及应用示例**

指令形式	LAD	FBD
指令格式	使能输入—EN ENO—使能输出 数据输入—IN OUT—数据输出 (MOVE)	使能输入—EN OUT—数据输出 数据输入—IN ENO—使能输出 (MOVE)
示例	I0.1——EN ENO——Q4.0 MB0—IN OUT—PQB5 (MOVE)	I0.1—EN OUT—PQB5 MB0—IN ENO (MOVE) Q4.0 =

示例中，当 I0.1 为 ON 时，将数据字节 MB0 的内容直接复制到 PQB5，同时 Q4.0 动作。

二、比较指令

比较指令可完成整数、长整数或 32 位浮点数（实数）的相等、不等、大于、小于、大于或等于、小于或等于等比较。

1. 整数比较指令

整数比较指令格式及说明如表 14-6 所示。

表 14-6 **整数比较指令格式及说明表**

STL 指令	LAD 指令	FBD 指令	说明	STL 指令	LAD 指令	FBD 指令	说明
==I	CMP==I IN1 IN2	CMP==I IN1 IN2	整数相等 (EQ_I)	<I	CMP<I IN1 IN2	CMP<I IN1 IN2	整数小于 (LT_I)
<>I	CMP<>I IN1 IN2	CMP<>I IN1 IN2	整数不等 (NE_I)	>=I	CMP>=I IN1 IN2	CMP>=I IN1 IN2	整数大于或等于 (GE_I)
>I	CMP>I IN1 IN2	CMP>I IN1 IN2	整数大于 (GT_I)	<=I	CMP<=I IN1 IN2	CMP<=I IN1 IN2	整数小于或等于 (LE_I)

例如，图 14-1 所示的程序中，当 I0.1 为 ON，且 MW10 中的内容与 MW20 中的内容相等时，则 M8.0 驱动为 ON。

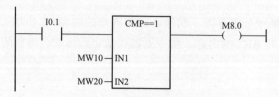

图 14-1　整数比较指令应用

2. 长整数比较指令

长整数比较指令格式及说明如表 14-7 所示。

表 14-7　长整数比较指令格式及说明表

STL 指令	LAD 指令	FBD 指令	说明	STL 指令	LAD 指令	FBD 指令	说明
==D	CMP==D IN1 IN2	CMP==D IN1 IN2	长整数相等（EQ_D）	<D	CMP<D IN1 IN2	CMP<D IN1 IN2	长整数小于（LT_D）
<>D	CMP<>D IN1 IN2	CMP<>D IN1 IN2	长整数不等（NE_D）	>=D	CMP>=D IN1 IN2	CMP>=D IN1 IN2	长整数大于或等于（QE_D）
>D	CMP>D IN1 IN2	CMP>D IN1 IN2	长整数大于（GT_D）	<=D	CMP<=D IN1 IN2	CMP<=D IN1 IN2	长整数小于或等于（LE_D）

例如，图 14-2 所示的程序中，当 MD0 的内容大于或等于 MD4 中的内容时，则 Q4.0 驱动为 ON。

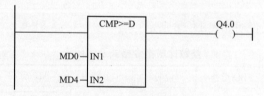

图 14-2　长整数比较指令应用

3. 实数比较指令

实数比较指令格式及说明如表 14-8 所示。

表 14-8　实数比较指令格式及说明表

STL 指令	LAD 指令	FBD 指令	说明	STL 指令	LAD 指令	FBD 指令	说明
==R	CMP==R IN1 IN2	CMP==R IN1 IN2	实数相等（EQ_R）	<R	CMP<R IN1 IN2	CMP<R IN1 IN2	实数小于（LT_R）

续表

STL 指令	LAD 指令	FBD 指令	说明	STL 指令	LAD 指令	FBD 指令	说明
<>R	CMP<>R — IN1 — IN2	CMP<>R — IN1 — IN2	实数不等（NE_R）	>=R	CMP>=R — IN1 — IN2	CMP>=R — IN1 — IN2	实数大于或等于（GE_R）
>R	CMP>R — IN1 — IN2	CMP>R — IN1 — IN2	实数大于（GT_R）	<=R	CMP<=R — IN1 — IN2	CMP<=R — IN1 — IN2	实数小于或等于（LE_R）

例如，图 14 - 3 所示的程序中，当 MD0 的内容大于 MD4 中的内容时，则 Q4.0 驱动为 ON。

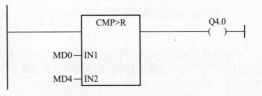

图 14 - 3 实数比较指令应用

三、数据转换指令

转换指令是将累加器 1 中的数据进行数据类型转换，转换结果仍放在累加器 1 中。在 STEP 7 中，可以实现 BCD 码与整数、整数与长整数、长整数与实数、整数的反码、整数的补码、实数求反等数据转换操作。

1. BCD 码和整数到其他类型转换指令

BCD 码和整数到其他类型转换指令共有 6 条，有 3 种指令格式。指令格式、说明及示例如表 14 - 9 和表 14 - 10 所示。

表 14 - 9   STL 形式的 BCD 码和整数到其他类型转换指令

指令	说明	示例
BTI	将累加器 1 低字中的内容作为 3 位的 BCD 码（−999～＋999）进行编译，并转换为整数，结果保存在累加器 1 低字中，累加器 2 保持不变。累加器 1 的位 11～0 为 BCD 码数值部分，位 15～12 为 BCD 码的符号位（0000 代表正数；1111 代表负数）。如果 BCD 编码出现无效码（10～15）会引起转换错误（BCDF），并使 CPU 进入 STOP 状态	L MW0 //将 3 位 BCD 码装入 //累加器 1 的低字中 BTI //将 BCD 码转换为整数， //结果存入累加器 1 的低字中 T MW20 //将结果（整数）传送到 //存储字 MW20
BTD	将累加器 1 的内容作为 7 位的 BCD 码（−9 999 999～＋9 999 999）进行编译，并转换为长整数，结果保存在累加器 1 中，累加器 2 保持不变。累加器 1 的位 27～0 为 BCD 码数值部分，位 3 为 BCD 码的符号位（0 代表正数；1 代表负数），位 30～28 无效。如果 BCD 编码出现无效码（10～15）会引起转换错误（BCDF），并使 CPU 进入 STOP 状态	L MD0 //将 7 位 BCD 码装入 //累加器 1 中 BTD //将 BCD 码转换为长整数， //结果存入累加器 1 中 T MD20 //将结果（长整数）传送到 //存储双字 MD20

续表

指令	说明	示例
ITB	将累加器1低字中的内容作为一个16位整数进行编译，并转换为3位的BCD码，结果保存在累加器1的低字中，累加器1的位11～0为BCD码数值部分，位15～12为BCD码的符号位（0000低表正数；1111代表负数），累加器1的高字及累加器2保持不变。 BCD码的范围在−999～+999，如果有数值超出这一范围，则OV="1"。OS="1"	L MW0 //将整数装入/累加器1的低字中 ITB //将整数转换为3位的BCD码，//结果存在累加器1的低字中 T MW20 //将结果（3位的BCD码）//传送到存储字MW20
DTB	将累加器1中的内容作为一个32位长整数进行编译，并转换为7位的BCD码，结果保存在累加器1的中，位27～0为BCD码数值部分，位31～28为BCD码的符号位（0000低表正数；1111代表负数）。累加器2保持不变。 BCD码的范围在−9 999 999～+9 999 999，如果有数值超出这一范围，则OV="1"、OS="1"	L MD0 //将长整数装入累加器1中 DTB //将长整数转换为7位的BCD，//结果存入累加器1中 T MD20 //将结果（BCD码）传送到//存储双字MD20
ITD	将累加器1低字中的内容作为一个16位整数进行编译，并转换为32位的长整数，结果保存在累加器1中，累加器2保持不变	L MW0 //将整数装入累加器1中 ITD //将整数转换为长整数，//结果存入累加器1中 T MD20 //将结果（长整）传送到//存储双字MD20
DTR	将累加器1中的内容作为一个32位长整数进行编译，并转换为32位的IEEE浮点数，结果保存在累加器1中	L MD0 //将长整数装入累加器1中 DTR //将长整数转换为32位浮点数，//结果存入累加器1中 T MD20 //将结果（浮点数）传送到//存储双字MD20

表 14-10　　　　LAD 和 FBD 形式的 BCD 码和整数到其他类型转换指令

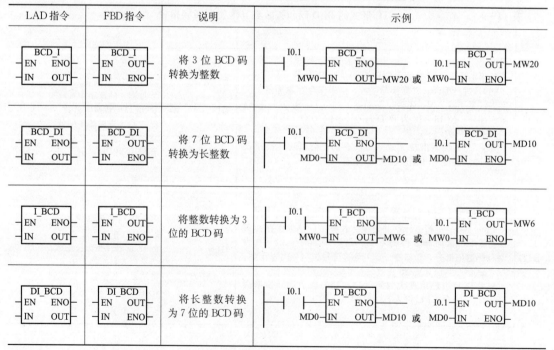

LAD 指令	FBD 指令	说明	示例
BCD_I	BCD_I	将3位BCD码转换为整数	
BCD_DI	BCD_DI	将7位BCD码转换为长整数	
I_BCD	I_BCD	将整数转换为3位的BCD码	
DI_BCD	DI_BCD	将长整数转换为7位的BCD码	

续表

LAD 指令	FBD 指令	说明	示例
I_DI EN ENO IN OUT	I_DI EN OUT IN ENO	将整数转换为长整数	I0.1 ──┤├── I_DI EN ENO MW0─IN OUT─MD20 或 MW0─I_DI I0.1─EN OUT─MD20 IN ENO
DI_R EN ENO IN OUT	DI_R EN OUT IN ENO	将长整数转换为 32 位的浮点数	I0.1 ──┤├── DI_R EN ENO MD0─IN OUT─MD10 或 I0.1─DI_R EN OUT─MD10 MD0─IN ENO

2. 整数和实数的变换指令

整数和实数的变换指令共有 5 条，有 3 种形式。STL 形式的指令格式、说明及示例如表 14 - 11 所示。

表 14 - 11　　　　　　　　　　STL 形式的整数和实数的变换指令

指令	说明	示例
INVI	对累加器 1 低字中的 16 位数求二进制反码（逐位求反，即"1"变为"0"、"0"变为"1"），结果保存在累加器 1 的低字中	L　MW0　//将 16 位数装入累加器 1 的低字中 INVI　//对 16 位数求反，结果存入累加器 1 的低字中 T　MW20　//将结果传送到存储字 MW20
INVD	对累加器 1 中的 32 位数求二进制反码，结果保存在累加器 1 中	L　MD0　//将 32 位数装入累加器 1 中 INVD　//对 32 位数求反，结果存入累加器 1 中 T　MD20　//将结果传送到存储双字 MD20
NEGI	对累加器 1 低字中的 16 位数求二进制补码（对反码加 1），结果保存在累加器 1 的低字中	L　MW0　//将 16 位数装入累加器 1 的低字中 NEGH　//对 16 位数求补，结果存入累加器 1 的低字中 T　MW20　//将结果传送到存储字 MW20
NEGD	对累加器 1 中的 32 位数求二进制补码，结果保存在累加器 1 中	L　MD0　//将 32 位数装入累加器 1 中 NEGD　//对 32 位数求补，结果存入累加器 1 中 T　MD20　//将结果传送到存储双字 MD20
NEGR	对累加器 1 中的 32 位浮点数求反（相当于乘－1），结果保存在累加器 1 中	L　MD0　//将 32 位浮点数装入累加器 1 中，假设为＋3.14 NEGR　//对 32 位浮点数求反，结果存入累加器 1 中 //结果变为－3.14 T　MD20　//将结果传送到存储双字 MD20

LAD 和 FBD 形式的整数和实数的变换指令格式、说明及示例如表 14 - 12 所示。

表 14 - 12　　　　　　　　　　　LAD 和 FBD 形式的整数和实数的变换指令

LAD 指令	FBD 指令	说明	示例
INV_I EN　ENO IN　OUT	INV_I EN　OUT IN　ENO	求整数的二进制反码	I0.1 INV_I EN ENO　MW0-IN OUT-MW20　或　I0.1-EN OUT-MW20　MW0-IN ENO
INV_DI EN　ENO IN　OUT	INV_DI EN　OUT IN　ENO	求长整数的二进制反码	I0.1 INV_DI EN ENO　MD0-IN OUT-MD20　或　I0.1-EN OUT-MD20　MD0-IN ENO
NEG_I EN　ENO IN　OUT	NEG_I EN　OUT IN　ENO	求整数的二进制补码	I0.1 NEG_I EN ENO　MW0-IN OUT-MW10　或　I0.1-EN OUT-MW10　MW0-IN ENO
NEG_DI EN　ENO IN　OUT	NEG_DI EN　OUT IN　ENO	求长整数的二进制补码	I0.1 NEG_DI EN ENO　MD0-IN OUT-MD10　或　I0.1-EN OUT-MD10　MD0-IN ENO
NEG_R EN　ENO IN　OUT	NEG_R EN　OUT IN　ENO	对浮点数求反	I0.1 NEG_R EN ENO　MD0-IN OUT-MD10　或　I0.1-EN OUT-MD10　MD0-IN ENO

3. 实数取整指令

实数取整指令共有 4 条，有 3 种指令形式。STL 形式的指令格式、说明及示例如表 14 - 13 所示。

表 14 - 13　　　　　　　　　　　STL 形式的实数取整指令

指令	说明	示例
RND	将累加器 1 中的 32 位浮点数转换为长整数，并将结果取整为最近的整数。如果被转换数字的小数部分位于奇数和偶数中间，则选取偶数结果。结果保存在累加器 1 中	L　MD0　　//将 32 位浮点数装入累加器 1 中 RND　　　//对 32 位浮点数转换为长整数 T　MD20　//将结果传送到存储双字 MD20
TRUNC	截取累加器 1 中的 32 浮点数的整数部分，并转换为长整数。结果保存在累加器 1 中	L　MD0　　//将 32 位浮点数装入累加器 1 中 TRUNC　　//截取浮点数的整数部分，并转换为长整数 T　MD20　//将结果传送到存储双字 MD20
RND+	将累加器 1 中的 32 位浮点数转换为大于或等于该浮点数的最小的长整数，结果保存在累加器 1 中	L　MD0　　//将 32 位浮点数数装入累加器 1 中 RND+　　 //取大于或等于该浮点数的最小的长整数 T　MD20　//将结果传送到存储双字 MD20

指令	说明	示例
RND⁻	将累加器 1 中的 32 位浮点数转换为小于或等于该浮点数的最大的长整数，结果保存在累加器 1 中	L MD0 //将 32 位浮点数数装入累加器 1 中 RND⁻ //取小于或等于该浮点数的最大的长整数 T MD20 //将结果传送到存储双字 MD20

LAD、FBD 形式的实数取整指令格式、说明及示例如表 14 - 14 所示。

表 14 - 14　　　　　　　　　LAD、FBD 形式的实数取整指令

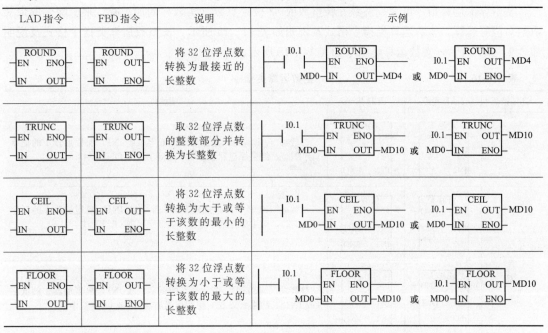

LAD 指令	FBD 指令	说明	示例
ROUND	ROUND	将 32 位浮点数转换为最接近的长整数	
TRUNC	TRUNC	取 32 位浮点数的整数部分并转换为长整数	
CEIL	CEIL	将 32 位浮点数转换为大于或等于该数的最小的长整数	
FLOOR	FLOOR	将 32 位浮点数转换为小于或等于该数的最大的长整数	

4. 累加器 1 调整指令

累加器调整指令可对累加器 1 的内容进行调整，指令格式、说明及示例如表 14 - 15 所示。

表 14 - 15　　　　　　　　　累加器 1 调整指令

指令	说明	示例

CAW	交换累加器 1 低字中的字节顺序	L MW0 //将 16 位数装入累加器 1 的低字中
		//假设 MW0 的内容为 W♯16♯X1X2
		CAW //交换累加器 1 低字中的字节顺序
		//转换结果为 W♯16♯X2X1
		T MW20 //将结果传送到存储字 MW20

CAD	交换累加器 1 中的字节顺序	L MD0 //将 16 位数装入累加器 1 中
		//假设 MW0 的内容为 DW♯16♯X1X2X3X4
		CAD //交换累加器 1 低字中的字节顺序
		//转换结果为 DW♯16♯X4X3X2X1
		T MD20 //将结果传送到存储双字 MD20

第二节 算术运算指令

算术运算指令可完成整数、长整数及实数的加、减、乘、除、求余、求绝对值等基本算数运算；以及 32 位浮点数的平方、平方根、自然对数、基于 e 的指数运算及三角函数等扩展算数运算。

算术运算指令有两大类：基本算术运算指令和扩展算术运算指令。

一、基本算术运算指令

基本算术运算指令可完成整数、长整数或 32 位浮点数（实数）的加、减、乘、除、取余及取绝对值等运算，整数运算类指令格式及说明如表 14 - 16 所示，长整数运算类指令格式及说明如表 14 - 17 所示，实数运算类指令如表 14 - 18 所示。

表 14 - 16 整数运算类指令

STL 指令	LAD 指令	FBD 指令	说明
+I	ADD_I EN ENO IN1 OUT IN2	ADD_I EN IN1 OUT IN2 ENO	整数加（ADD_I）：累加器 2 的低字（或 IN1）加累加器 1 的低字（或 IN2），结果保存到累加器 1 的低字（或 OUT）中
-I	SUB_I EN ENO IN1 OUT IN2	SUB_I EN IN1 OUT IN2 ENO	整数减（SUB_I）：累加器 2 的低字（或 IN1）减累加器 1 的低字（或 IN2），结果保存到累加器 1 的低字（或 OUT）中
*I	MUL_I EN ENO IN1 OUT IN2	MUL_I EN IN1 OUT IN2 ENO	整数乘（MUL_I）：累加器 2 的低字（或 IN1）乘累加器 1 的低字（或 IN2），结果（32 位）保存到累加器 1（或 OUT）中
/I	DIV_I EN ENO IN1 OUT IN2	DIV_I EN IN1 OUT IN2 ENO	整数除（DIV_I）：累加器 2 的低字（或 IN1）除累加器 1 的低字（或 IN2），结果保存到累加器 1 的低字（或 OUT）中
+<16 位 整常数	—	—	加整数常数（16 位或 32 位）：累加器 1 的低字加 16 位整数常数，结果保存到累加器 1 的低字中

表 14 - 17 长整数运算类指令

STL 指令	LAD 指令	FBD 指令	说明
+D	ADD_DI EN ENO IN1 OUT IN2	ADD_DI EN IN1 OUT IN2 ENO	长整数加（ADD_DI）：累加器 2（或 IN1）加累加器 1（或 IN2）结果保存到累加器 1（或 OUT）中

续表

STL 指令	LAD 指令	FBD 指令	说明
−D	SUB_DI EN ENO IN1 OUT IN2	SUB_DI EN IN1 OUT IN2 ENO	长整数减（SUB_DI）：累加器 2（或 IN1）减累加器 1（或 IN2），结果保存到累加器 1（或 OUT）中
＋D	MUL_DI EN ENO IN1 OUT IN2	MUL_DI EN IN1 OUT IN2 ENO	长整数乘（MUL_DI）：累加器 2（或 IN1）乘累加器 1（或 IN2），结果保存到累加器 1（或 OUT）中
/D	DIV_DI EN ENO IN1 OUT IN2	DIV_DI EN IN1 OUT IN2 ENO	长整数除（DIV_DI）：累加器 2（或 IN1）除累加器 1（或 IN2），结果保存到累加器 1（或 OUT）中
＋＜32 位整数常数＞	—	—	加整数常数（16 位或 32 位）：累加器 1 的内容加 32 位整数常数，结果保存到累加器 1 中
MOD	MOD_DI EN ENO IN1 OUT IN2	MOD_DI EN IN1 OUT IN2 ENO	长整数取余（MOD_DI）：累加器 2（或 IN1）除累加器 1（或 IN2），将余数保存到累加器 1（或 OUT）中

表 14－18　　　　　　　　　　　　　实数运算类指令

STL 指令	LAD 指令	FBD	说明
＋R	ADD_R EN ENO IN1 OUT IN2	ADD_R EN IN1 OUT IN2 ENO	实数加（ADD_R）：累加器 2（或 IN1）加累加器 1（或 IN2），结果保存到累加器 1（或 OUT）中
−R	SUB_R EN ENO IN1 OUT IN2	SUB_R EN IN1 OUT IN2 ENO	实数减（SUB_R）：累加器 2（或 IN1）减累加器 1（或 IN2），结果保存到累加器 1（或 OUT）中
＊R	MUL_R EN ENO IN1 OUT IN2	MUL_R EN IN1 OUT IN2 ENO	实数乘（MUL_R）：累加器 2（或 IN1）乘累加器 1（或 IN2），结果保存到累加器 1（或 OUT）中
/R	DIV_R EN ENO IN1 OUT IN2	DIV_R EN IN1 OUT IN2 ENO	实数除（DIV_R）：累加器 2（或 IN1）除累加器 1（或 IN2），结果保存到累加器 1（或 OUT）中
ABS	ABS EN ENO IN OUT	ABS EN OUT IN ENO	取绝对值（ABS）：对累加器 1（或 IN1）的 32 位浮点数取绝对值，结果保存到累加器 1（或 OUT）中

对于 STL 形式的基本算术运算指令，参与算术运算的第 1 操作数由累加器 2 提供，第 2 操作数由累加器 1 提供，运算结果保存在累加器 1 中，并影响状态字的 CC1、CC0、OV 和 OS 标志位。

在进行数学运算时，如果运算结果超出允许范围（如对 INT，结果为 $-32\,768 \sim 32\,767$），则使用 ENO 为"0"，否则为"1"。

【例 14-1】 16 位整数的算术运算指令应用。

```
L    IW10          //将输入字 IW10 装入累加器 1 的低字
L    MW12          //将累加器 1 低字中的内容装入到累加器 2 的低字,将存储字 MW12 装入
                     累加器 1 的低字
+I                 //将累加器 2 低字和累加器 1 低字相加,结果保存到累加器 1 的低字中
+68                //将累加器 1 的低字中的内容加上常数 68,结果保存到累加器 1 的低字
T    DBI.DBW25      //将累加器低字中的内容(结果)传送到 DBI 的 DBW25 中
```

二、扩展算术运算指令

扩展算术运算指令可完成 32 位浮点数的平方、平方根、自然对数、基于 e 的指数运算及三角函数等运算，指令格式及说明如表 14-19 所示。

表 14-19　　　　　　　　　　扩展算术运算指令格式及说明

STL 指令	LAD 指令	FBD 指令	说明	STL 指令	LAD 指令	FBD 指令	说明
SQR	SQR EN ENO IN OUT	SQR EN OUT IN ENO	浮点数平方 (SQR)	COS	COS EN ENO IN OUT	COS EN OUT IN ENO	浮点数余弦运算(COS)
SQRT	SQRT EN ENO IN OUT	SQRT EN OUT IN ENO	浮点数平方根 (SQRT)	TAN	TAN EN ENO IN OUT	TAN EN OUT IN ENO	浮点数正切运算(TAN)
EXP	EXP EN ENO IN OUT	EXP EN OUT IN ENO	浮点数指数运算 (EXP)	ASIN	ASIN EN ENO IN OUT	ASIN EN OUT IN ENO	浮点数反正弦运算(ASIN)
LN	LN EN ENO IN OUT	LN EN OUT IN ENO	浮点数自然对数运算 (LN)	ACOS	ACOS EN ENO IN OUT	ACOS EN OUT IN ENO	浮点数反余弦运算(ACOS)
SIN	SIN EN ENO IN OUT	SIN EN OUT IN ENO	浮点数正弦运算 (SIN)	ATAN	ATAN EN ENO IN OUT	ATAN EN OUT IN ENO	浮点数反正切运算(ATAN)

对于 STL 形式的扩展算术运算指令，可对累加器 1 中的 32 位浮点数进行运算，结果保存在累加器 1 中，指令执行后将影响状态字的 CC1、CC0、OV 和 OS 标志位。

对于 LAD 和 FBD 形式的扩展算术运算指令，如果指令未执行或运算结果在允许范围之外，则 ENO 为"0"，否则 ENO 为"1"。

【例 14-2】 某系统要求对按钮按下的次数进行计数。若计数次数为偶数次，则指示灯以 1Hz 的频率闪烁；若计数次数为奇数次，则指示灯以 10Hz 的频率闪烁。

分析：首先应该对计数脉冲计数，偶数次数可以被 2 整除，奇数次数不能被 2 整除，这里可以用取余指令来解决。

编写程序如图 14-4 所示。

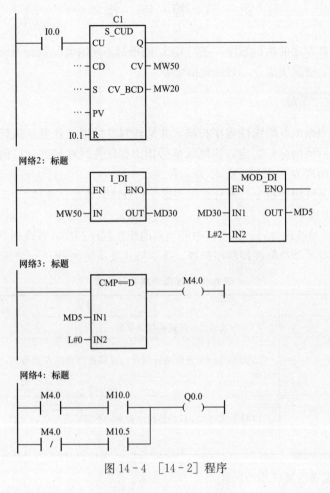

图 14-4 [14-2] 程序

【例 14-3】 求 cos70°。

cos 等三角函数在 PLC 中的操作数是弧度，所以应该将 70° 转换为弧度值，然后对弧度值再求 cos。程序如图 14-5 所示。

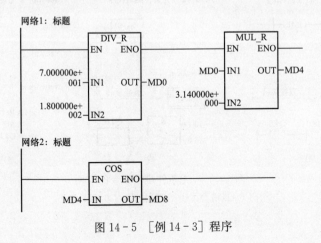

图 14-5 [例 14-3] 程序

第三节　控　制　指　令

控制指令可控制程序的执行顺序，使得 CPU 能根据不同的情况执行不同的程序。常用的控制指令有跳转指令、逻辑块指令、数据块指令等。

一、跳转指令

跳转指令可以中断原有的线性程序扫描，并跳转到目标地址处重新执行线性程序扫描。目标地址由跳转指令后面的标号指定，该地址标号指出程序要跳往何处，可向前跳转，也可以向后跳转，最大跳转距离为−32 768 或 32 767 字。

跳转指令有无条件跳转指令、多分支跳转指令和条件跳转指令 3 种。

1. 无条件跳转指令

无条件跳转指令 JU 执行时，将直接中断当前的线性程序扫描，并跳转到由指令后面的标号所指定的目标地址处重新执行线性程序扫描。指令格式及功能如表 14-20 所示。

表 14-20　　　　　　　　　　　无条件跳转指令格式及功能

指令格式	说明
JU<标号>	STL 形式的无条件跳转指令指令
标号 ——(JMP)——	LAD 形式的无条件跳转指令，直接连接到最左边母线，否则将变成条件跳转指令
标号 …[JMP]	FBD 形式的无条件跳转指令指令，不需要连接任何元件，否则将变成条件跳转指令

【例 14-4】 无条件跳转指令的使用。

在如图 14-6 的程序中，当程序执行到无条件跳转指令时，将直接跳转到 L1 处执行，图中分别为 LAD、FBD 及 STL 格式。

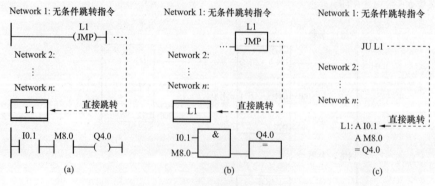

图 14-6　无条件跳转指令的应用
(a) CAD 格式；(b) FBD 格式；(c) STL 格式

2. 多分支跳转指令

多分支跳转指令 JL 的指令格式如下：

JL ＜标号＞

如果累加器1低字中低字节的内容小于 JL 指令和由 JL 指令所指定的标号之间的 JU 指令的数量，JL 指令就会跳转到其中一条 JU 处执行，并由 JU 指令进一步跳转到目标地址；如果累加器1低字中低字节的内容为 0，则直接执行 JL 指令下面的第一条 JU 指令；如果累加器1低字中低字节的内容为 1，则直接执行 JL 指令下面的第二条 JU 指令；如果跳转的目的地的数量太大，则 JL 指令跳转到目的地列表中最后一个 JU 指令之后的第一个指令。

【例 14－5】 多分支跳转指令的使用。多分支程序示例及分析如下：

```
        L    MB0      //将跳转目标地址标号装入累加器1低字的低字节中
        JL   LSTx     //如果累加器1低字的低字节中的内容大于3,则跳转到 LSTx
        JU   SEG0     //如果累加器1低字的低字节中的内容等于0,则跳转到 SEG0
        JU   SEG1     //如果累加器1低字的低字节中的内容等于1,则跳转到 SEG1
        JU   SEG2     //如果累加器1低字的低字节中的内容等于2,则跳转到 SEG2
        JU   SEG3     //如果累加器1低字的低字节中的内容等于3,则跳转到 SEG3
LSTx:   JU   COMM     //跳出
SEG0:   JU   …        //程序段1
        JU   COMM     //跳出
SIG1:   …             //程序段2
        JU   COMM     //跳出
SEG2:   …             //程序段3
        JU   COMM     //跳出
SEG3:   …             //程序段4
        JU   COMM
COMM:   …             //程序出口
…
```

3. 条件跳转指令

条件跳转指令是根据运算结果 RLO 的值，或状态字各标志位的状态改变线性程序扫描，指令格式及功能如表 14－21 所示。

表 14－21 条件跳转指令格式及功能

指令格式	说明	指令格式	说明
JC＜标号＞	RLO 为 "1" 跳转	JO＜标号＞	OV 为 "1" 跳转
标号 —（JMP）—	RLO 为 "1" 跳转，LAD 指令。指令左边必须由信号，否则就变为无条件跳转指令	JOS＜标号＞	OS 为 "1" 跳转
标号 JMP	RLO 为 "1" 跳转，FBD 指令。指令左边必须有信号，否则就变为无条件跳转指令	JZ＜标号＞	为 "0" 跳转
JCN＜标号＞	RLO 为 "0" 跳转	JN＜标号＞	非 "0" 跳转

指令格式	说明	指令格式	说明
标号 —(JMPN)—┤	RLO 为"0"跳转，LAD 指令	JP<标号>	为"正"跳转
标号 ┤ JMPN │	RLO 为"0"跳转，FBD 指令	JM<标号>	为"负"跳转
JCB<标号>	RLO 为"1"且 BR 为"1"跳转	JPZ<标号>	非"负"跳转
JNB<标号>	RLO 为"0"且 BR 为"1"跳转	JMZ<标号>	非"正"跳转
JBI<标号>	BR 为"1"跳转	JUO<标号>	"无效"转移
JNBI<标号>	BR 为"0"跳转		

【例 14 - 6】 条件跳转指令的使用。

程序示例如图 14 - 7 所示。当 I0.0 与 I0.1 同时为"1"时，则跳转到 L2 处执行；否则，到 L1 处执行（顺序执行）。

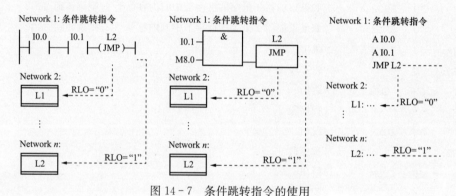

图 14 - 7 条件跳转指令的使用

二、程序控制指令

程序控制指令是指功能块（FB、FC、SFB、SFC）调用指令和逻辑块（OB，FB，FC）结束指令。调用块或结束块可以是有条件的或是无条件的。可分为基本控制指令和逻辑块调用指令。

1. 基本控制指令

基本控制指令包括无条件块结束指令 BE、BEU 和有条件结束指令 BEC。它们的 STL 形式的指令格式及说明如表 14 - 22 所示。

表 14 - 22　　　　　　　　STL 形式的基本控制指令格式及说明

STL 指令	说明	示例	
BE	无条件块结束。对于 STEP 7 软件而言，其功能等同于 BEU 指令	A　I0.0 JC NEXT A I4.0	//若 I0.0=1，则跳转到 NEXT //若 I0.0=0，继续向下扫描程序
BEU	无条件块结束。无条件结束当前块的扫描，将控制返还给调用块，然后从块调用指令后的第一条指令开始，重新进行程序扫描	A I4.1 S M8.0 BEU NEXT：…	//无条件结束当前块的扫描 //若 I0.0=1，则扫描其他程序

续表

STL 指令	说明	示例
BEC	条件块结束。当 RLO＝"1"时，结束当前块的扫描，将控制返还给调用块，然后从块调用指令后的第一条指令开始，重新进行程序扫描。若 RLO＝"0"，则跳过该指令，并将 RLO 置"1"，程序从该指令后的下一条指令继续在当前块内扫描	A I1.0 //刷新 RLO BEC //若 RLO=1，则结束当前块 L IW0 //若 BEC 未执行，继续向下扫描 T MW2

2. 逻辑块调用指令

逻辑块调用指令 CALL 指令可以调用用户编写的功能块或操作系统提供的功能块，CALL 指令的操作数是功能块类型及其编号，当调用的功能块是 FB 块时还要提供相应的背景数据块 DB。使用 CALL 指令可以为被调用功能块中的形参赋以实际参数，调用时应保证实参与形参的数据类型一致。

STL 形式的指令格式及说明如表 14-23 所示。

表 14-23　　　　　　　STL 形式的逻辑块调用指令格式及说明

STL 指令	说明	示例

CALL<块标识>	无条件块调用。可无条件调用 FB、FC、SFB、SFC 或由西门子公司提供的标准预编程块。如果调用 FB 或 SFB，必须提供具有相关背景数据块的程序块。被调用逻辑块的地址可以绝对指定，也可以相对指定	CALL SFB4，DB4
		    IN： I0.1 //给形参 IN 分配实参 I0.1
		    PT： T#20S //给形参 PT 分配实参 T#20S
		    Q： M0.0 //给形参 Q 分配实参 M0.0
		    ET： MD10 //给形参 ET 分配实参 MD10

CC<块标识>	条件块调用。若 RLO＝"1"，则调用指定的逻辑块，该指令用于调用无参数 FC 或 FB 类型的逻辑块，除了不能使用调用程序传递参数之外，该指令与 CALL 指令的用法相同	A I2.0 //检查 I2.0 的信号状态 CC FC12 //若 I2.0="1"，则调用 FC12 A M3.0 //若 I2.0="0"，则直接执行该指令
UC<块标识>	无条件调用。可无条件调用 FC 或 SFC，除了不能使用调用程序传递参数之外，该指令与 CALL 指令的用法相同	UC FC2//调用功能块 FC2（无参数）

第四节　移　位　指　令

移位指令有普通移位指令和循环移位指令之分，基本功能主要是将源操作数向左或者向右移动一位或几位。

一、普通移位指令

普通移位指令将被移动的数据逐位向左或向右移动，移出去的位自动丢弃，被移动的最后一位保存在系统状态字（STW）的 CC1 中。左移是将源操作数的二进制数据从低位向高位逐位移动，移出的位丢弃，空出的位补 0，如图 14-8 所示。右移是从高位向低位移动，移出的位丢弃，空出的位补 0，如图 14-9 所示。

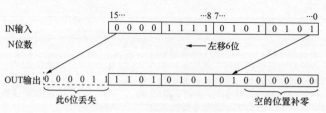

图 14-8　字型数据左移示意图

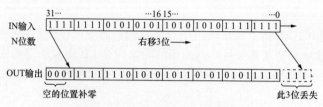

图 14-9　双字型数据右移示意图

对于源操作数来说，无符号数和有符号数在移位时是不同的，有符号字型数据的移位如图 14-10 所示，具体的参数定义和使用说明如表 14-24 所示。

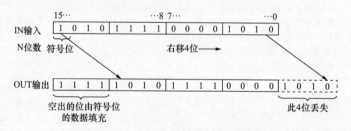

图 14-10　有符号字型数据的移位示意图

表 14-24　　　　　　　　　　**普通移位指令的参数定义和使用说明**

无符号移位指令				
梯形图指令	参数定义		存储区	功能说明
字左移位指令 SHL_W EN　ENO IN　OUT N	EN 为移位使能端，BOOL 型，ROL＝1 时每个扫描周期向左执行一次移位指令		I、Q、M、DB、L	SHL_W，左移位指令，该指令每个扫描周期执行一次，IN 中的字型数据被逐位左移 N 位，空出位补 0；如果 N 大于16，则 OUT 输出 0
	IN 为源操作数，WORD 型，被移位的数据，可以W♯16♯或 MW 格式给出，不能直接赋常数			
	N 为移动数位，WORD 型，每次移动的位数			
	OUT 为目的操作数，WORD 型，存放移动后的结果，需指定字型地址			
	ENO 为输出使能端，BOOL 型，指令正确执行该端输出 1，否则输出 0			

无符号字右移位指令 SHR_W，除了移动的方向同左移位相反外，其余定义都相同，该指令每个扫描周期执行一次，IN 中的字型数据被逐位右移 N 位，空出位补 0

续表

无符号移位指令

梯形图指令	参数定义	存储区	功能说明
双字左移位指令 SHL_DW EN ENO IN OUT N	EN 为移位使能端，BOOL 型，ROL＝1 时每个扫描周期向左执行一次移位指令	I、Q、M、DB、L	SHL_DW，左移位指令，该指令每执行一次，IN 中的双字型数据被逐位左移 N 位，空出位补 0；类似地，如果 N 大于 32，则 OUT 端输出 0
	IN 为源操作数，DWORD 型，被移位的数据，可以 W＃16＃或 MDW 格式给出，不能直接赋常数		
	N 为移动位数，WORD 型，每次移动的位数		
	OUT 为目的操作数，DWORD 型，存放移动后的结果，需指定字型地址		
	ENO 为输出使能端，BOOL 型，指令正确执行该端输出 1，否则输出 0		

双字右移位指令 SHR_DW 同双字左移位指令类似，只是移动方向相反；该指令每执行一次，IN 中的双字型数据被逐位右移 N 位，空出位补 0

有符号移位指令

梯形图指令	参数定义	存储区	功能说明
整型右移指令 SHR_I EN ENO IN OUT N	EN 为移位使能端，BOOL 型，ROL＝1 时每个扫描周期向右执行一次移位指令	I、Q、M、D、L	EN 端有效，IN 端数据逐位右移 N 位，空出位补符号位的数字（正数为 0，负数为 1），如图 5-24 所示；如果 N 大于 16，则设 N＝16
	IN 为源操作数，INT 型，被移位数据，可以 W＃16＃或 MW 格式给出，不能直接赋常数		
	N 为移动位数，WORD 型，每次移动的位数		
	OUT 为目的操作数，INT 型，存放移动后的结果，需指定字型地址		
双整型右移位指令 SHR_DI EN ENO IN OUT N	EN 为移位使能端，BOOL 型，ROL＝1 时每个扫描周期向右执行一次移位指令	I、Q、M、D、L	EN 端有效，IN 端数据逐位右移 N 位，空出位补符号位的数字（正数为 0，负数为 1）；如果 N＞32，则设 N＝32
	IN 为源操作数，INT 型，被移位的数据，可以 W＃16＃或 MW 格式给出，不能直接赋常数		
	N 为移动位数，WORD 型，每次移动的位数		
	OUT 为目的操作数，INT 型，存放移动后的结果，需指定字型地址		

注 无符号普通移位指令有左移位和右移位指令之分。有符号普通移位指令只有右移位指令。

二、循环移位指令

循环移位指令移位后不会将移出的位丢弃，而是按照原来的先后顺序填到空出的位里。循环移位指令的操作数都是 32 位的无符号双字型数据。循环左移的示意图如图 14-11 所示。

表 14-25 给出了循环移位指令的参数定义和使用说明。移位指令的应用如图 14-12 所示。从图 14-12 中可以看出，M6.0 导通，MW10 内的数据右移 3 位，结果依然赋给 MW10。在这

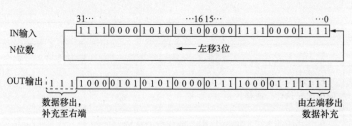

图 14-11　循环左移示意图

个例子中，移位指令的源操作数和目标操作数是相同的。在 EN 端 ROL＝1 时，移位指令将被执行多次（每个扫描周期执行一次），这样用户就无法控制何时移位以及每次移了几位。解决的办法是在 EN 端和用户控制移位指令之间插入一个边沿触发指令。

表 14-25　　　　　　　　　　循环移位指令的参数定义和使用说明

梯形图指令	参数定义	存储区	功能说明
双字循环左移位指令 ROL_DW EN　ENO IN　OUT N	EN 为移位使能端，BOOL 型，ROL＝1 时每个扫描周期向左执行一次移位指令	I、Q、M、DB、L	该指令每执行一次，IN 数据被逐位左移 N 位，移出的位依次移入空出的位中，即循环移动；如果 N 大于 32，则移位位数等于 $[(N-1)\%32]+1$
	IN 为源操作数，DWORD 型，被移位的数据，可以 W♯16♯ 或 MDW 格式给出，不能直接赋常数		
	N 为移动位数，WORD 型，每次移动的位，可以 W♯16♯ 赋值，不能直接赋常数		
	OUT 为目的操作数，DWORD 型，存放移动后的结果，需指定字型地址		
	ENO 为输出使能端，BOOL 型，指令正确执行该端输出 1，否则输出 0		
双字循环右移位指令 ROR_DW EN　ENO IN　OUT N	EN 为移位使能端，BOOL 型，ROL＝1 时每个扫描周期向右执行一次移位指令	I、Q、M、D、L	该指令每执行一次，IN 中的数据被逐位右移 N 位，移出的位依次移入空出的位中；如果 N 大于 32，则移位位数等于 $[(N-1)\%32]+1$
	IN 为源操作数，DWORD 型，被移位的数据，可以 W♯16♯ 或 MDW 格式给出，不能直接赋常数		
	N 为移动位数，WORD 型，每次移动的位数		
	OUT 为目的操作数，DWORD 型，存放移动后的结果，需指定字型地址		
	ENO 为输出使能端，BOOL 型，指令正确执行该端端出 1，否则输出 0		

循环移位指令每次移位后都影响系统状态字（STW）的 CC0 和 OV 位

【例 14-7】　有 10 只彩灯，每隔 2s 依次轮流点亮。程序如图 14-13 所示。

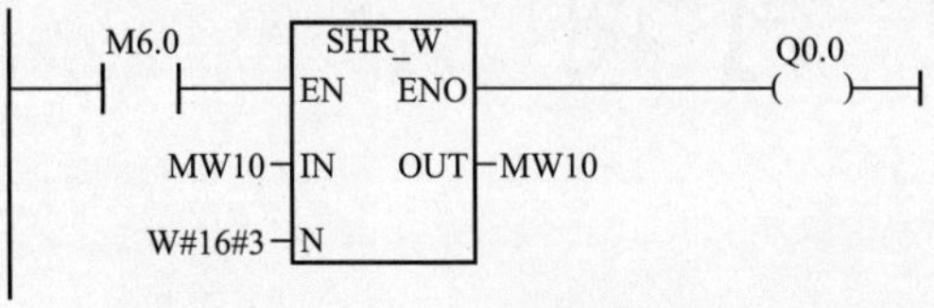
M6.0
SHR_W
EN
ENO
Q0.0
MW10
IN
OUT
MW10
W#16#3
N

图 14-12 移位指令的应用

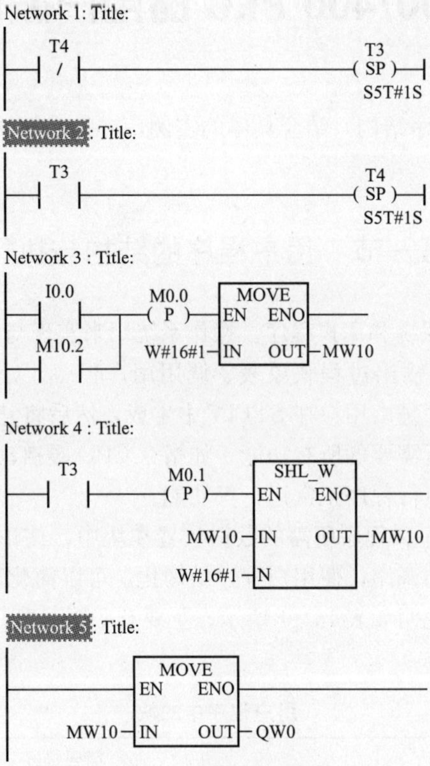
Network 1: Title:
T4
/
T3
SP
S5T#1S
Network 2: Title:
T3
T4
SP
S5T#1S
Network 3 : Title:
I0.0
M0.0
P
MOVE
EN
ENO
M10.2
W#16#1
IN
OUT
MW10
Network 4 : Title:
T3
M0.1
P
SHL_W
EN
ENO
MW10
IN
OUT
MW10
W#16#1
N
Network 5: Title:
MOVE
EN
ENO
MW10
IN
OUT
QW0

图 14-13 轮流点亮程序

第十五章

S7-300/400 PLC 的用户程序结构

本章主要介绍 S7 用户程序结构，结合具体的实例，详细介绍功能（FC）、功能块（FB）及数据块（DB）的编辑及使用方法。

第一节　用户程序的结构与执行

PLC 中的程序分为操作系统和用户程序。操作系统用来实现与特定的控制任务无关的功能，处理 PLC 的启动、刷新输入/输出过程映象表、调用用户程序、处理中断和错误、管理存储区和处理通信等功能。用户程序是由用户在 STEP7 中生成，然后将它下载到 CPU。用户程序包含处理用户特定的自动化任务所需要的所有功能，如指令 CPU 暖启动或热启动的条件、处理过程数据、指定对中断的响应和执行程序正常运行等功能。

STEP7 将用户编写的程序和程序所需的数据放置在块中，使单个的程序部件标准化。通过在块内或块之间类似子程序的调用，使用户程序结构化，可以简化程序组织，使程序易于修改、查错和调试。各种块的简单说明如表 15-1 所示，主要有 OB、FB、FC、SFB 和 SFC，都包含部分程序。

表 15-1 用户程序中的块

块	简要描述
组织块（OB）	操作系统与用户程序的接口，决定用户程序的结构
系统功能块（SFB）	集成在 CPU 模块中，通过 SFB 调用一些重要的系统功能，有存储区
系统功能（SFC）	集成在 CPU 模块中，通过 SFC 调用一些重要的系统功能，无存储区
功能块（FB）	用户编写的包含经常使用的功能的子程序，有存储区
功能（FC）	用户编写的包含经常使用的功能的子程序，无存储区
背景数据块（DI）	调用 FB 和 SFB 时用于传递参数的数据块，在编译过程中自动生成数据
共享数据块（DB）	存储用户数据的数据区域，供所有的块共享

根据用户程序的需要，用户程序可以由不同的块构成，各种块的关系如图 15-1 所示。在图 15-1 中可看出，组织块 OB 可以调用 FC、FB、SFB、SFC。FC 或 FB 也可以调用另外的 FC 或 FB，称为嵌套。FB 和 SFB 使用时需要配有相应的背景数据块（IDB）。

其中，组织块 OB、功能块 FB、功能 FC、系统功能 SFC、系统功能块 SFB 和系统功能 SFC 中包含由 S7 指令构成的程序代码，因此称这些模块为程序块或逻辑块。背景数据块（Instance Date Block）和共享数据块（Shared DB）中不包含 S7 的指令，只用来存放用户数据，因此称为数据块。

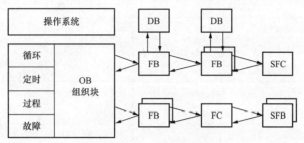

图 15-1 各种块的关系

OB—组织块；FB—功能块；FC—功能；SFB—系统功能块；

SFC—系统功能；⊞FB⊟—带背景数据块；

最大嵌套深度：S7-300：8,16 (CPU318)；S7-400：24,2～4 个附加级给故障 OB

一、逻辑块与数据块

1. 组织块 (OB)

组织块是操作系统与用户程序的接口，由操作系统调用，用于控制扫描循环和中断程序的执行，PLC 的启动和错误处理等，有的 CPU 只能使用部分组织块。

(1) 组织块的启动事件及中断优先级。启动事件触发 OB 调用称为中断。表 15-2 显示了 STEP7 中的中断类型以级分配给这些中断的组织块的优先级，不同的 PLC 所支持的组织块的个数和类型有所不同，因此用户只能编写 PLC 支持的组织块。

组织块可确定单个程序段执行的顺序（启动事件），一个 OB 调用还可以中断另一个 OB 的执行，具体哪个 OB 调用允许中断另一个 OB 取决于其优先级。中断优先级响应原则是：高优先级的 OB 可以中断低优先级的 OB，而低优先级的 OB 则不能中断同级或高优先级的 OB。具有相同优先级的 OB 按照其启动事件发生的先后次序进行处理。

表 15-2 组织块的启动事件及对应优先级

OB 号	启动事件	默认优先级	说明
OB1	启动或上一次循环结束时执行 OB1	1	主程序循环
OB10～OB17	日期时间中断 0～7	2	在设置的日期时间启动
OB20～OB23	时间延时中断 0～3	3～6	延时后启动
OB30～OB38	循环中断 0～8 时间间隔分别为 5s、2s、1s，500ms，200ms，100ms，50ms，20ms，10ms	7～15	以设定的时间为周期运行
OB40～OB47	硬件中断 0～7	16～23	检测外部中断请求时启动
OB55	状态中断	2	DPV1 中断 (PROFIBUS-DP)
OB56	刷新中断	2	
OB57	制造厂特殊中断	2	
OB60	多处理中断，调用 SFC35 时启动	25	多处理中断的同步操作
OB61～64	同步循环中断 1～4	25	同步循环中断

续表

OB 号	启动事件	默认优先级	说明
OB70	I/O 冗余错误	25	冗余故障中断只用于 H 系列的 CPU
OB72	CPU 冗余错误,例如一个 CPU 发生故障	28	
OB73	通行冗余错误中断,例如冗余连接的冗余丢失	25	
OB80	时间错误	26,启动为 28	异步错误中断
OB81	电源故障	27,启动为 28	
OB82	诊断中断	28,启动为 28	
OB83	插入/拔出模块中断	29,启动为 28	
OB84	CPU 硬件故障	30,启动为 28	
OB85	优先级错误	31,启动为 28	
OB86	扩展几架,DP 主站系统或分布式 I/O 站故障	32,启动为 28	
OB87	通行故障	33,启动为 28	
OB88	过程中断	34,启动为 28	
OB90	冷、热启动,删除或背景循环	29	背景循环
OB100	暖启动	27	启动
OB101	热启动(S7-300 和 S7-400H 不具备)	27	
OB102	冷启动	27	
OB121	编程错误	与引起中断的 OB 相同	同步错误中断
OB122	I/O 访问错误		

(2) OB1。OB1 是循环扫描的主程序块,它的优先级最低。其循环时间被监控。即除 OB90 以外,其他所有 OB 均可中断 OB1 的执行。以下两个事件可导致操作系统调用 OB1:

1) CPU 启动完毕。

2) OB1 执行到上一个循环周期结束。

OB1 执行完后,操作系统发送全局数据。再次启动 OB1 之前,操作系统会将输出映像区数据写入输出模板,刷新输入映像区并接收全局数据。S7 监视最长循环时间,保证最长的响应时间。最长循环时间缺省设置为 150ms。可以设一个新值或通过 SFC43 "RE_TRIGR"重新启动时间监视功能。如果程序超过了 OB1 最长循环时间,操作系统将调用 OB80(时间故障 OB);如果 OB80 不存在,则 CPU 停机。除了监视最长循环时间,还可以保证最短循环时间。操作系统将延长下一个新循环(将输出映像区数据传送到输出模板)直到最短循环时间到。参数"最长"、"最短"循环时间的范围。可以运用 STEP 7 软件更改参数设置。

表 15-3 描述了 OB1 的临时变量(TEMP)。变量名是 OB1 的缺省名称。

表 15-3 　　　　　　　　　　　　OB1 的临时变量

变量	类型	说明
OB1_EV_CLASS	BYTE	事件等级和标识符：B#16#11：OB1 激活
OB1_SCAN_1	BYTE	B#16#01：完成暖重启 B#16#02：完成热重启 B#16#03：完成主循环 B#16#04：完成冷重启 B#16#05：主站-保留站切换和"停止"十一主站之后新主站 CPU 的首个 OB1 循环
OB1_PRIORITY	BYTE	优先级 1
OB1_OB_NUMBR	BYTE	OB 编号（01）
OB1_RESERVED_1	BYTE	保留
OB1_RESERVED_2	BYTE	保留
OB1_PREV_CYCLE	INT	上一次扫描的运行时间（ms）
OB1_MIN_CYCLE	INT	自上次启动后的最小周期（ms）
OB1_MAX_CYCLE	INT	从上次启动后的最大周期（ms）
OB1_DATE_TIME	DATE_AND_TIME	调用 OB 时的 DATE_AND_TIME

（3）启动组织块 OB100～OB102。当 PLC 接通电源以后，CPU 有三种启动方式，可以在 STEP7 中设置 CPU 的属性时选择其一：暖启动（Warm restart）、热启动（Hot restart）和冷启动（Cold restart）。OB 为启起动组织块，OB101 为热启动组织块，OB102 为冷启动组织块。对于 OB100～OB102，CPU 只在起动运行时对其进行一次扫描，其他时间只对 OB1 进行循环扫描。

S15-300CPU（不包含 CPU318）只有暖起动，用 STEP7 可以指定存储器位、定时器、计数器和数据块在电源掉电后的保持范围。

1）暖启动。暖启动时，过程映象数据以及非保持的存储器位、定时器和计数器复位。具有保持功能的存储器位、定时器、计数器和所有数据块将保留原数值。程序将重新开始运行，执行启动 OB1。

手动暖启动时，将模式开关扳到 STOP 位置，STOP LED 亮，然后再扳到 RUN 或 RUN-P 位置。

2）热启动。在 RUN 状态时如果电源突然丢失，然后又重新上电，S15-400CPU 将执行一个初始化程序，自动地完成热启动。热启动从上次 RUN 模式结束时程序被中断之处继续执行，不对计数器等复位。热启动只能在 STOP 状态时没有修改用户程序的条件下才能进行。

3）冷启动。冷启动适用于 CPU417 和 CPU417H。冷启动时，过程数据区的所有数据均被清零，包括有保持功能的数据。用户程序将重新开始运行，执行 OB 和 OB1。手动冷启动时将模式开关选择扳到 STOP 位置，STOP LED 亮，再扳到 MRES 位置，STOP LED 灭 1s，亮 1s，再灭 1s 后保持亮。最后将它扳到 RUN 或 RUN-P 位置。

2. 功能（FC）

功能是用户编的没有固定存储区的块，其临时变量存储在局域数据堆栈中，功能执行结束后，这些数据就丢失了。可以用共享数据区来存储那些在功能执行结束后需要保存的数据，不能为功能的局域数据分配初始值。

调用功能时可用实际参数代替形式参数。形参是实参在逻辑块中的名称,功能不需要背景数据块。功能被调用后,可以为调用它的块提供一个数据类型为 RETRUN 的返回值。

3. 功能块(FB)

功能块是用户编写的有自己存储区(背景数据块)的块,每次调用功能时需要提供各种类型的数据给功能块,功能块也要返回变量给调用它的块。这些数据以静态变量(STAT)的形式存放在指定的背景数据块(DI)中,临时变量存储在局部数据堆栈中。功能块执行完后,背景数据块中的数据不会丢失,但是不会保存局域数据堆栈中的数据。

在编写调用 FB 程序时,必须指定 DI 的编号,调用时 DI 被自动打开。在编译 FB 时自动生成背景数据块中的数据。

一个功能块可以有多个背景数据块,使用功能块用于不同的被控对象。

可以在 FB 的变量声明表中给形参赋初值,它们被自动写入到相应的背景数据块中。在调用块时,CPU 将实参分配给形参的值存储在 DI 中。如果调用块没有提供实参,将使用上一次存储在背景数据块中的参数值。

4. 数据块(DB)

数据块(DB)是用于存放执行用户程序时所需的变量数据的数据区。与逻辑块不同,在数据块中没有 STEP7 的指令,STEP7 按数据生成的顺序自动地为数据块中的变量分配地址。数据块可分为共享数据块和背景数据块。数据块的最大允许容量与 CPU 的型号有关。

(1)共享数据块。共享数据块存储的是全局数据,所有的 FB、FC 或 OB 都可以从共享数据块中读取数据,或将某个数据写入共享数据块。如果某个逻辑块被调用,它可以使用它的临时局域数据区(即 L 堆栈)。逻辑块执行结束后,其局域数据区中的数据丢失,但共享数据块中的数据不会删除。

(2)背景数据块。背景数据块中的数据是伴随 FB 或 SFB 自动生成的,是 FB 或 SFB 的变量声明表中的数据(不含临时变量 TEMP)。它用于传递参数,FB 的实参和静态数据存储在背景数据块中。调用功能块时,应同时指定背景数据块的编号,它只能被指定的功能块访问。

5. 系统功能(SFC)和系统功能块(SFB)

系统功能是集成在 S7 CPU 的操作系统中预先编好程序的逻辑块,如时间功能和块传送功能等。SFC 属于操作系统的一部分,可以在用户程序中调用。与 SFB 相比,SFC 没有存储功能。

系统功能块是为用户提供的已经编好的块,可以在用户程序中调用这些块,但是用户不能修改。它们是操作系统的一部分,不占用程序空间。SFB 有存储功能,其变量保存在指定给它的背景数据块中。

6. 系统数据块(SDB)

系统数据块是由 STEP7 产生的程序存储区,包含系统组态数据,如硬件模块参数和通信连接参数等用于 CPU 操作系统的数据。

二、用户程序的结构

用户程序的结构主要有线性程序、分部式程序和结构化编程三种类型。

1. 线性程序(线性编程)

所谓线性程序结构,就是将整个用户程序连续放置在一个循环程序块(OB1)中,块中的程序按顺序执行,CPU 通过反复执行 OB1 来实现自动化控制任务。这种结构和 PLC 所代替的硬接线继电器控制类似,CPU 逐条地处理指令。事实上所有的程序都可以用线性结构实现,不过，线性结构一般适用于相对简单的程序编写。

2. 分部式程序（分部编程、分块编程）

所谓分部程序，就是将整个程序按任务分成若干个部分，并分别放置在不同的功能（FC）、功能块（FB）及组织块中，在一个块中可以进一步分解成段。在组织块 OB1 中包含按顺序调用其他块的指令，并控制程序执行。

在分部程序中，既无数据交换，也不存在重复利用的程序代码。功能（FC）和功能块（FB）不传递也不接收参数，分部程序结构的编程效率比线性程序有所提高，程序测试也较方便，对程序员的要求也不太高。对不太复杂的控制程序可考虑采用这种程序结构。

3. 结构化程序（结构化编程或模块化编程）

所谓结构化程序，就是处理复杂自动化控制任务的过程中，为了使任务更易于控制，常把过程要求类似或相关的功能进行分类，分割为可用于几个任务的通用解决方案的小任务，这些小任务以相应的程序段表示，称为块（FC 或 FB）。OB1 通过调用这些程序块来完成整个自动化控制任务。

结构化程序的特点是每个块（FC 或 FB）在 OB1 中可能会被多次调用，以完成具有相同过程工艺要求的不同控制对象。这种结构可简化程序设计过程、减小代码长度、提高编程效率，比较适合于较复杂自动化控制任务的设计。

三、I/O 过程映象

当寻址输入（I）和输出（Q）时，用户程序不直接查寻信号模块的信号状态，而是访问 CPU 系统存储器中的一个存储区，这个存储区域就是过程映象。

PLC 在一个扫描周期开始以后，不会立即响应输入信号的变化，也不会立即刷新输出信号。这样可以保证在一个扫描周期内使用相同的输入信号状态。输出信号在程序中也可以被赋值或被检查，即使一个输出在程序中的几个地方被赋值，也仅有最后被赋值的状态能传送到相应的输出模块上。为了这些功能的实现，在 PLC 内部设置了两个过程映象区：过程映象输入表（PII）和过程映象输出表（PIQ）。过程映象示意图如图 15-2 所示。

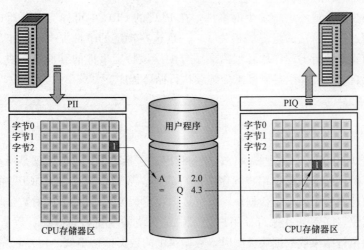

图 15-2　过程映象示意图

PII（Process Image Input）建立在 CPU 存储器内，所有输入模块的信号状态均存放在此。

PIQ（Process Image Output）用来暂存程序执行结果的输出值，这些输出值在扫描结束后被传送到实际输出模块上。

四、程序执行

当PLC得电或从STOP模式切换到RUN模式时，CPU执行一次启动（OB100）。在启动期间，操作系统首先清除非保持位存储器、定时器和计数器，删除中断堆栈和块堆栈，复位所有的硬件中断和诊断中断，然后启动扫描循环监视时间。

如图15-3所示，CPU的循环操作包括三个主要部分：一是CPU检查输入信号的状态并刷新过程映象输入表；二是执行用户程序；三是把过程输出映象输出表的值写到输出模块中。

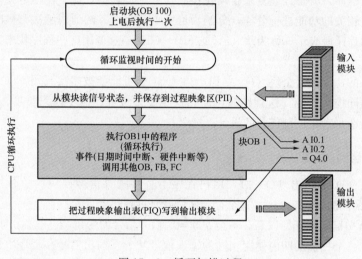

图15-3　循环扫描过程

循环执行的用户程序是PLC正常执行的程序类型，由于操作系统在每次循环都会调用组织块OB1，因此OB1实际上就是用户主程序。

对于一些很少发生或不定时发生的事件，在PLC的CPU中可作为中断源进行处理，并将相应的事件处理过程与特定的组织块相关联。一旦这些特定的事件发生，操作系统就会按照优先级别中断当前正在执行的程序块，然后调用分配给该特定事件的其他组织块。中断处理结束后，操作系统会自动将程序引导到断点处继续执行循环程序。

第二节　数　据　块

对于S7-300/400PLC，除逻辑块外，用户程序还包括数据，这些数据是所存储的过程状态和信号的信息，所存储的数据在用户程序中进行处理。数据块定义在S7 CPU的存储器中，用户可在存储器中建立一个或多个数据块。每个数据块可大可小，但CPU对数据块数量及数据总量有限制。数据块（DB）可用来存储用户程序中逻辑块的变量数据（如：数值）。与临时数据不同，当逻辑块执行结束或数据块关闭时，数据块中的数据保持不变。用户程序可以位、字节、字或双字操作访问数据块中的数据，可以使用符号或绝对地址。

一、数据块的分类

数据块（DB）有三种类型，即共享数据块、背景数据块和用户定义数据块。

共享数据块又称全局数据块。用于存储全局数据，所有逻辑块（OB、FC、FB）都可以访问共享数据块存储的数据。

背景数据块用作"私有存储器区"，即用作功能块（FB）的"存储器"。FB的参数和静态变量安排在它的背景数据块中。背景数据块不是由用户编辑的，而是由编辑器伴随功能块生成的。

用户定义数据块（DB of Type）是以UDT为模板所生成的数据块。创建用户定义数据块（DB of Type）之前，必须先创建一个用户定义数据类型，如UDT1，并在LAD/STL/FBD S7程序编辑器内定义。

利用LAD/STL/FBD S7程序编辑器，或用已经生成的用户定义数据类型可建立共享数据块。

CPU有两种数据块寄存器：DB寄存器和DI寄存器。

二、数据块的数据结构

在STEP 7中数据块的数据类型可以采用基本数据类型、复杂数据类型或用户定义数据类型（UDT）。在前面我们已学习过数据类型，下面仅对数据块的数据类型进行介绍。

1. 基本数据类型

基本数据类型根据IEC1131-3定义，长度不超过32位，可利用STEP 7基本指令处理，能完全装入S7处理器的累加器中。基本数据类型包括以下几种：

（1）位数据类型：BOOL、BYTE、WORD、DWORD、CHAR。

（2）数字数据类型：INT、DINT、REAL。

（3）定时器类型：S5TIME、TIME、DATE、TIME_OF_DAY。

2. 复杂数据类型

复杂数据类型只能结合共享数据块的变量声明使用。复杂数据类型可大于32位，用装入指令不能把复杂数据类型完全装入累加器，一般利用库中的标准块（"IEC" S7程序）处理复杂数据类型。复杂数据类型包括以下几种：

（1）时间（DATE_AND_TIME）类型。

（2）数组（ARRAY）类型。

（3）结构（STRUCT）类型。

（4）字符串（STRING）类型。

3. 用户定义数据类型（UDT）

STEP 7允许利用数据块编辑器，将基本数据类型和复杂数据类型组合成长度大于32位用户定义数据类型（UDT：User-Defined dataType）。用户定义数据类型不能存储在PLC中，只能存放在硬盘上的UDT块中。可以用用户定义数据类型作"模板"建立数据块，以节省录入时间。可用于建立结构化数据块、建立包含几个相同单元的矩阵、在带有给定结构的FC和FB中建立局部变量。

【例15-1】 创建用户定义数据类型：UDT1。

创建一个名称为UDT1的用户定义数据类型，数据结构如下：

```
STRUCT
    Speed:INT
    Current:REAL
```

END_STRUCT

可按以下几个步骤完成。

（1）首先在 SIMATIC 管理器中选择 S7 项目的 S7 程序（S7 Program）的块文件夹（Blocks）；然后执行菜单命令 Insert→S7 Block→Data Type，如图 15-4 所示。

图 15-4　创建用户定义数据类型

（2）在弹出的数据类型属性对话框 Properties-Data Type 内，可设置要建立的 UDT 属性，如 UDT 的名称。设置完毕点击 OK 按钮确认。

（3）在 SIMATIC 管理器的右视窗内，双击新建立的 UDT1 图标，启动 LAD/STL/FBD 编辑器。如图 15-5 所示，在编辑器变量列表的第二行 Address 的下面 "0.0" 处单击鼠标右键，用快捷命令 Declaration Line after Selection 在当前行下面插入两个空白描述行。

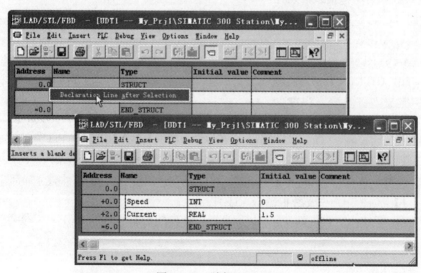

图 15-5　编辑 UDT1

（4）按图 15-5 所示的格式输入两个变量（Speed 和 Current）。最后单元保存按钮保存 UDT1，这样就完成了 UDT1 的创建。

编辑窗口内各列的含义如下：

1）Address（地址）：变量所占用的第一个字节地址，存盘时由程序编辑器产生。

2）Name（名称）：单元的符号名。

3）Type（类型）：数据类型，单击鼠标右键，在快捷菜单 Elementary Types 内可选择。可用的数据类型有：BOOL、BYTE、WORD、DWORD、INT、DINT、REAL、S5TIME、TIME、DATE、TIME_OF_DAYT 和 CHAR。

4）Initial（初始值）：为数据单元设定一个默认值。如果不输入，就以 0 为初始值。

5）Comment（注释）：数据单元的说明，为可选项。

三、建立数据块

在 STEP 7 中，为了避免出现系统错误，在使用数据块之前，必须先建立数据块，并在块中定义变量（包括变量符号名、数据类型以及初始值等）。数据块中变量的顺序及类型决定了数据块的数据结构，变量的数量决定了数据块的大小。数据块建立后，还必须同程序块一起下载到 CPU 中，才能被程序块访问。

1. 建立数据块

假设用 SIMATIC 管理器创建一个名称为 DB1 的共享数据块，具体操作步骤如下：

首先在 SIMATIC 管理器中选择 S7 项目的 S7 程序（S7 Program）的块文件夹（Blocks）；然后执行菜单命令 Insert→S7 Block→Data Block，如图 15-6 所示。

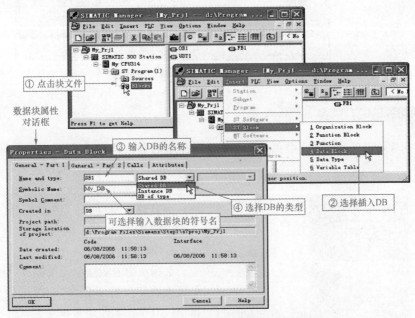

图 15-6 用 SIMATIC 管理器创建数据块

然后在弹出的数据属性对话框 Properties-Data Block 内，设置以下要建立的数据块属性：

数据块名称（Name），如 DB1、DB2 等。

数据块的符号名（Symbol Name），为可选项。

符号注解（Symbol Comment），为可选项。

数据块的类型，共享数据块（Shared DB）、背景数据块（Instance DB）或用户定义数据块（DB of Type）。

设置完毕后单击 OK 按钮确认。

2. 定义变量并下载数据块

共享数据块建立以后，可以在 S7 的块文件夹（Blocks）内双击数据块图标，启动 LAD/STL/FBD S7 编辑器，并打开数据块。以前面所创建的 DB1 为例，DB1 的原始窗口如图 15-7 所示。

数据块编辑窗口与图 15-5 的 UDT1 的编辑窗口相似，因此可按照相同的方法，输入需要的变量即可。如在图 15-7 中建立了 5 个变量。

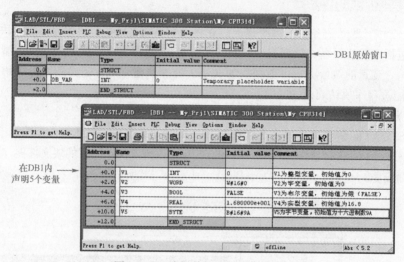

图 15-7 编辑数据块（定义变量）

四、访问数据块

在用户程序中可能存在多个数据块，而每个数据块的数据结构并不完全相同，因此在访问数据块时，必须指明数据块的编号、数据类型与位置。如果访问不存在的数据单元或数据块，而且没有编写错误处理 OB 块，CPU 将进入 STOP 模式。

1. 寻址数据块

数据块中的数据单元按字节寻址，S7-300 的最大块长度是 8kB。可以装载数据字节、数据字、双字。当使用数据字时，需要指定第一个字节地址，如 DBW2。按该地址装入两个字节。使用双字时，按该地址装入 4 个字节，如图 15-8 所示。

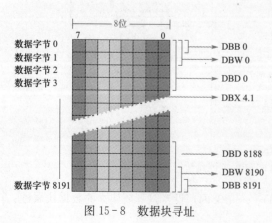

图 15-8 数据块寻址

2. 访问数据块

访问数据块时需要明确数据块的编号和数据块中的数据类型及位置。在 STEP 7 中可以采用传统访问方式，即先打开后访问；也可以采用完全表示的直接访问方式。

(1) 先打开后访问。可用指令"OPN DB…"打开共享数据块，或用指令"OPN DI…"打开背景数据块。如果在创建数据块时，给数据块定义了符号名，如：My_DB，也可使用 OPN "My_DB"打开数据块。

如果数据块已经打开，则可用装入 L 或传送 T 指令访问数据块。

【例 15－2】 打开并访问共享数据块。

OPN	"My_DB'	//打开数据块 DB1,作为共享数据块
L	DBW2	//将 DB1 的数据字 DBW2 装入累加器 1 的低字中
T	MW0	//将累加器低字中的内容传送到存储字 MW0
T	DBW4	//将累加器 1 低字中的内容传送到 DB1 的数据字 DBW4
OPN	DB2	//打开数据块 DB2,作为共享数据块,同时关闭数据块 DB1
L	DB10	//装入共享数据块 DB2 的长度
L	MD10	//装 MD10 装入累加器
< D		//比较数据块 DB2 的长度是否足够长
JC	ERRO	//如果长度小于存储双字 MD10 中的数值,则跳转到 ERRO

【例 15－3】 打开并访问背景数据块。

OPN	DB1	//打开数据块 DB1,作为共享数据块
L	DBW2	//将 DB1 的数据字 DBW2 装入累加器 1 的低字中
T	MW0	//将累加器低字中的内容传送到存储字 MW0
T	DBW4	//将累加器 1 低字中的内容传送到 DB1 的数据字 DBW4
OPN	DI2	//打开数据块 DB2,作为背景数据块
L	DIB2	//将 DB2 的数据字节 DBB2 装入累加器 1 低字的低字节中
T	DIB10	//将累加器 1 低字低字节的内容传送到 DB2 的数据字节 DBB10

(2) 直接访问数据块。所谓直接访问数据块，就是在指令中同时给出数据块的编号和数据在数据块中的地址。可以用绝对地址，也可以用符号地址直接访问数据块。

用绝对地址直接访问数据块，如：

L	DB1.DBW2	//打开数据块 DB1,并装入地址为 2 字数据单元
T	DB1.DBW4	//将数据传送到数据块 DB1 的数据字单元 DBW4

用符号地址直接访问数据块 ，如：

L	"My_DB"V1	//打开符号名为"My_DB"的数据块,并装入名为"V1"的数据单元

第三节　逻辑块的结构与编程

功能（FC）、功能块（FB）和组织块（OB）统称为逻辑块（或程序块）。功能块（FB）有一个数据结构与该功能块的参数完全相同的数据块，称为背景数据块，背景数据块依附于功能块，它随着功能块的调用而打开，随着功能块的结束而关闭。存放在背景数据块中的数据在功能块结束时继续保持。而功能（FC）则不需要背景数据块，功能调用结束后数据不能保持。组织块（OB）是由操作系统直接调用的逻辑块。

一、逻辑块（FC和FB）的结构

逻辑块（OB、FB、FC）由变量声明表、代码段及其属性等几部分组成。

1. 局部变量声明表

每个逻辑块前部都有一个变量声明表，称为局部变量声明表。局部变量声明表对当前逻辑块控制程序所使用的局部数据进行声明。

局部数据分为参数和局部变量两大类，局部变量又包括静态变量和临时变量（暂态变量）两种。参数可在调用块和被调用块间传递数据，是逻辑块的接口。静态变量和临时变量是仅供逻辑块本身使用的数据，不能用作不同程序块之间的数据接口，表15-4给出了局部数据声明类型。如在逻辑块中不需使用的局部数据类型，可以不必在变量声明表中声明。

表 15 - 4 局 部 数 据 类 型

变量名	类型	说明
输入参数	In	由调用逻辑块的块提供数据，输入给逻辑块的指令
输出参数	Out	向调用逻辑块的块返回参数，即从逻辑块输出结果数据
I/O 参数	In_Out	参数的值由调用该块的其他块提供，由逻辑块处理修改，然后返回
静态变量	Stat	静态变量存储在背景数据块中，块调用结束后，其内容被保留
状态变量	Temp	临时变量存储在 L 堆栈中，块执行结束变量的值因被其他内容覆盖而丢失

对于功能块（FB），操作系统为参数及静态变量分配的存储空间是背景数据块。这样参数变量在背景数据块中留有运行结果备份。在调用 FB 时，若没有提供实参，则功能块使用背景数据块中的数值。操作系统在 L 堆栈中给 FB 的临时变量分配存储空间。

对于功能（FC），操作系统在 L 堆栈中给 FC 的临时变量分配存储空间。由于没有背景数据块，因而 FC 不能使用静态变量。输入、输出、I/O 参数以指向实参的指针形式存储在操作系统为参数传递而保留的额外空间中。

对于组织块（OB）来说，其调用是由操作系统管理的，用户不能参与。因此，OB 只有定义在 L 堆栈中的临时变量。

（1）形参。为保证功能 FC 和功能块 FB 对同一类设备控制的通用性，用户在编程时就不能使用设备对应的存储区地址参数（如 Q0.0），而要使用这类设备的抽象地址参数。这些抽象参数称为形式参数，简单形参。在调用功能 FC 或功能块 FB 时，则将与形参对应的具体设备的实际参数（简称实参）传递给逻辑块，并代替形参，从而实现对具体设备的控制。

形参需要在功能 FC 和功能块 FB 的变量声明表中定义，实参在调用功能 FC 和功能块 FB 时给出。在逻辑块的不同调用处，可为形参提供不同的实参，但实参的数据类型必须与形参一致。用户程序可定义功能 FC 和功能块 FB 的输入值参数和输出值参数，也可定义某个参数为输入/输出值。参数传递可将调用块的信息传递给被调用块，也能把被调用块的运行结果返回给调用块。

（2）静态变量。静态变量 PLC 运行期间始终被存储。S7 将静态变量定义在背景数据块中，当被调用块运行时，能读出或修改它的值。被调用块运行结束后，静态变量保留在数据块中。

由于只有功能块 FB 有关联的背景数据块，因此只能为 FB 定义静态变量。功能 FC 不能有静态变量。

（3）临时变量。临时变量是一种在块执行时，用来暂时存储数据的变量，这些临时数据存储在局部数据堆栈中。监时变量可以在组织块 OB、功能 FC 和功能块 FB 中使用，当块执行的时候它们被用来临时存储数据，当退出该块堆栈重新分配，这些数据就丢失。

2. 逻辑块局部变量的数据类型

在变量声明表中，要明确局部变量的数据类型，这样操作系统才能给变量分配确定的存储空间。局部变量可以是基本数据类型或复式数据类型，也可以是专门用于参数传递的所谓的"参数类型"。参数类型包括定时器、计数器、块的地址或指针等，如表 15-5 所示。

表 15-5　　　　　　　　　　　　局部变量的数据类型

参数类型	大小	说明
定时器	2Byte	在功能块中定义一个定时器形参，调用时赋予定时器实参
计数器	2Byte	在功能块中定义一个计数器形参，调用时赋予定时器实参
FB、FC、DB、SDB	2Byte	在功能块中定义一个功能块或数据块形参变量，调用时给功能块类或数据块类形参赋予实际的功能块或数据块编号
指针	6Byte	在功能块中定义一个形参，该形参说明的是内存的地址指针。例如，调用时可给形参赋予实参：P♯M50.0，以访问内存 M50.0
ANY	10Byte	当实参的数据未知时，可以使用该类型

二、逻辑块（FC 和 FB）的编程

在打开一个逻辑块后，所打开的窗口上半部分将包括块的变量列表视窗和变量详细列表视窗，而窗口下半部分包括在实际的块代码进行编辑的指令表，如图 15-9 所示。

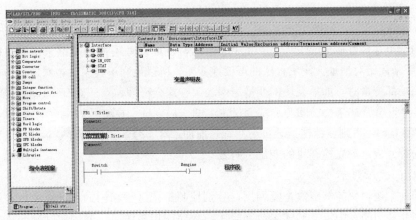

图 15-9　逻辑块编辑器窗口

对逻辑块编程时需要编辑下列三个部分：

（1）变量声明。0 分别定义形参、静态变量和临时变量（FC 块中不包括静态变量）；确定各变量的声明类型（Decl.）、变量名（Name）和数据类型（Data Type），还要为变量设置初始值（Initial Value）。如果需要还可为变量注释（Comment）。在增量编程模式下，STEP 7 将自动产

生局部变量地址（Address）。

（2）程序段。对将要由 PLC 进行处理的程序进行编程。

（3）块属性。块属性包含了其他附加的信息，例如，由系统输入的时间标志或路径。此外，也可输入相关详细资料。

1. 临时变量的定义和使用

（1）定义临时变量。在使用临时变量之前，必须在块的变量声明表中进行定义，在 temp 行中输入变量名和数据类型，临时变量不能赋初值。

当完成一个 temp 行后，按 Enter 键，一个新的 temp 行添加在其后。L stack 的绝对地址由系统赋值并在 Address 栏中显示。如图 15-10 所示，在功能 FC1 的局部变量声明表内定义了一个临时变量 result。

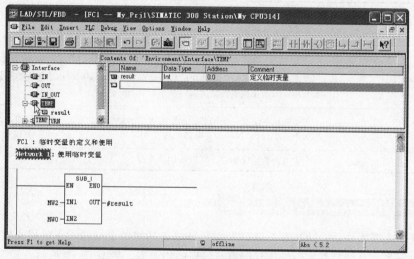

图 15-10　临时变量的定义

（2）访问临时变量。在图 15-10 中，Network1 为一个符号寻址访问临时变量的例子。减法指令运算的结果存储在临时变量♯result 中。当然，也可以采用绝对地址来访问临时变量（如 LW0），由于采用绝对地址会使用程序的可读性变差，所以最好不要采对绝对地址。

在引用局部变量时，如果在块的变量声明表中有这个符号名，STEP 7 自动在局部变量名之前加一个"♯"号。如果要访问与局部变量重名的全局变量（在符号表内声明），则必须使用双引号，如"name"，否则，编辑器会自动在符号前加"♯"号，当做局部变量使用。因为编辑器在检查全局符号表之前先检查块的变量声明表。

2. 定义形式参数

要使同一个逻辑块能够多次重复调用，分别控制工艺过程相同的不同对象，在编写程序之前，必须在变量声明表中定义形式参数，当用户程序调用该块时，要用实际参数给这些参数赋值。具体步骤如下：

（1）创建或打开一个功能 FC 或功能块 FB。

（2）如图 15-11 所示，在变量声明表内，首先选择参数接口类型（IN、OUT 或 IN_OUT），然后输入参数名称（如 Engine_on），再选择该参数的数据类型，如果需要还可以为每个参数分别加上相关注解。

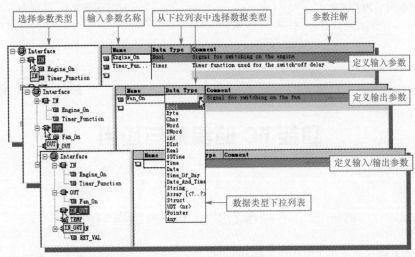

图 15-11 定义形式参数

用户只能为功能 FC 或功能块 FB 定义形式参数，将功能 FC 或功能块 FB 指定为可分配参数的块，而不能将组织块 OB 指定为可分配参数的块，因为组织块 OB 直接由操作系统调用。由于在用户程序中不出现对组织块的调用，不可能传送实际参数。

形式参数有三种不同的接口类型：IN 用来声明输入型参数；OUT 用来声明输出型参数；既要输入，又要输出的参数，定义为 IN_OUT 型参数。

形式参数是逻辑块对外（其他逻辑块）的接口。

3. 编写控制程序

编写逻辑块（FC 和 FB）程序时，可以用以下两种方式使用局部变量：

(1) 使用变量名，此时变量名前加前缀"#"，以区别于在符号表中定义的符号地址。增量方式下，前缀会自动产生。

(2) 直接使用局部变量的地址，这种方式只对背景数据块和 L 堆栈有效。

在调用 FB 块时，要说明其背景数据块。背景数据块应在调用前生成，其顺序格式与变量声明表必须保持一致。

第十六章

功能 FC 的编程与应用

第一节 不带参数功能 FC 的编程与应用

所谓不带参数功能（FC），是指在编辑功能（FC）时，在局部变量声明表不进行形式参数的定义，在功能（FC）中直接使用绝对地址完成控制程序的编程。这种方式一般应用于分部式结构的程序编写，每个功能（FC）实现整个控制任务的一部分，不重复调用。

用不带参数功能（FC）进行编程，方便实现分部程序设计。下面以搅拌控制系统程序设计为例，介绍编辑不带参数功能（FC）的方法。

【例 16 - 1】 搅拌控制系统程序设计。

图 16 - 1 所示为一搅拌控制系统，由 3 个开关量液位传感器，分别检测液位的高、中和低。现要求对 A、B 两种液体原料按等比例混合，控制要求如下：

按启动按钮后系统自动运行，首先打开进料泵 1，开始加入液料 A→中液位传感器动作后，则关闭进料泵 1，打开进料泵 2，开始加入液料 B→高液位传感器动作后，关闭进料泵 2，启动搅拌器→搅拌 10s 后，关闭搅拌器，开启放料泵→当低液位传感器动作后，延时 5s 后关闭放料泵。按停止按钮，系统应立即停止运行。

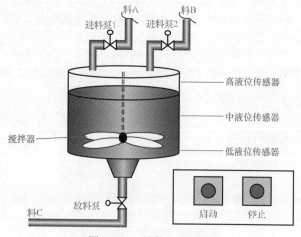

图 16 - 1 搅拌控制系统

编辑并调用不带参数的功能，具体操作步骤如下：

（1）创建 S7 项目。创建 S7 项目，并命名为"无参 FC"，项目包含组织块 OB1 和 OB100。

（2）PLC硬件配置。在"无参FC"项目内打开"SIMATIC 300 Station"文件夹，打开硬件配置窗口，如图16-2所示完成硬件配置。

Slot		Module ...	Order number ...	Fi...	MPI address	I address	Q address	Comment
1		PS 307 5A	6ES7 307-1EA00-0AA0					
2		CPU315(1)	6ES7 315-1AF03-0AB0		2			
3								
4		DI32xDC24V	6ES7 321-1BL80-0AA0			0...3		
5		DO32xDC24V/0.5A	6ES7 322-1BL00-0AA0				4...7	
6								

图16-2　硬件配置

（3）编辑符号表。打开S7 Program文件夹，双击 Symbols 图标打开符号编辑器，按图16-3所示编辑符号表。

	Status	Symbol	Address		Data type	Comment
4		中液位检测	I	0.3	BOOL	有液料时为"1"
5		低液位检测	I	0.4	BOOL	有液料时为"1"
6		原始标志	M	0.0	BOOL	表示进料泵、放料泵及搅拌器均处于停机状态
7		最低液位标志	M	0.1	BOOL	表示液料即将放空
8		进料泵1	Q	4.0	BOOL	"1"有效
9		进料泵2	Q	4.1	BOOL	"1"有效
10		搅拌器M	Q	4.2	BOOL	"1"有效
11		放料泵	Q	4.3	BOOL	"1"有效
12		搅拌定时器	T	1	TIMER	SD定时器，搅拌10s
13		排空定时器	T	2	TIMER	SD定时器，延时5s
14		液料A控制	FC	1	FC 1	液料A进料控制
15		液料B控制	FC	2	FC 2	液料B进料控制
16		搅拌器控制	FC	3	FC 3	搅拌器控制
17		出料控制	FC	4	FC 4	出料泵控制

图16-3　符号表

（4）规划程序结构。按分部结构设计控制程序。如图16-4所示，分部结构的控制程序由6个逻辑块构成：OB1为主循环组织块，OB100为初始化程序，FC1为液料A控制程序，FC2为液料B控制程序，FC3为搅拌控制程序，FC4为出料控制程序。

（5）编辑功能（FC）。在"无参FC"项目内选择"Blocks"文件夹，然后反复执行菜单命令Insert→S7 Block→Function，分别创建4个功能（FC）：FC1、FC2、FC3和FC4。由于在符号表内已经为FC1～FC4定义了符号名，因此在创建FC的属性对话框内系统会自动添加符号名。再插入一个组织块OB100。

在项目内选择Blocks文件夹内，依次双击FC1、FC2、FC3、FC4、OB100，分别打开各块的S7程序编辑器，完成下列逻辑块的编辑。

1）编辑FC1。FC1实现液料A的进料控制，由一个网络组成，控制程序如图16-5所示。

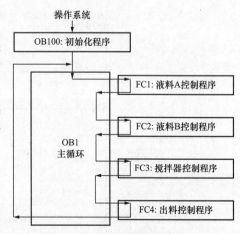

图16-4　搅拌控制系统程序结构

2）编辑FC2。FC2实现液料B进料控制，由一个网络组成，控制程序如图16-6所示。

3）编辑FC3。FC3实现搅拌器的控制，由两个网络组成，控制程序如图16-7所示。

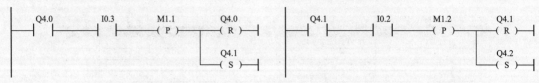

图 16-5　FC1 程序　　　　　　　　　图 16-6　FC2 程序

4）编辑 FC4。FC4 实现出料控制，由三个网络组成，程序如图 16-8 所示。

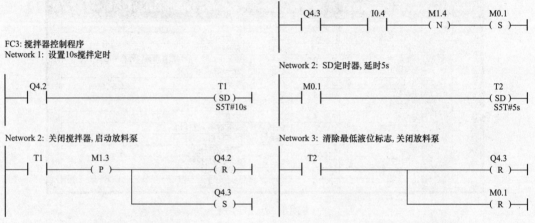

图 16-7　FC3 程序　　　　　　　　　图 16-8　FC4 程序

5）编辑 OB100。OB100 为启动组织块，该组织块中的程序在 PLC 启动时执行一次，程序如图 16-9 所示。

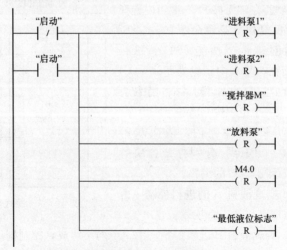

图 16-9　OB100 程序

278

（6）在 OB1 中调用无参功能（FC）。在"无参 FC"项目内选择"Blocks"文件夹，双击图标 **OB1**，在 S7 程序编辑器内打开 OB1。当 FC1～FC4 编辑完成以后，在程序元素目录的 FC Blocks 目录中就会出现可调用的 FC1、FC2、FC3 和 FC4，在 LAD 和 FBD 语言环境下可以块图的形式调用，如图 16-10 所示。

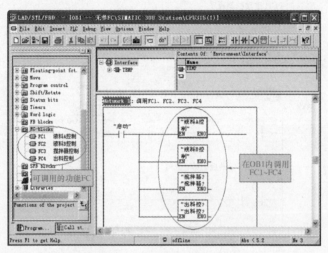

图 16-10　调用 FC1～FC4

主循环组织块 OB1 的程序如图 16-11 所示。

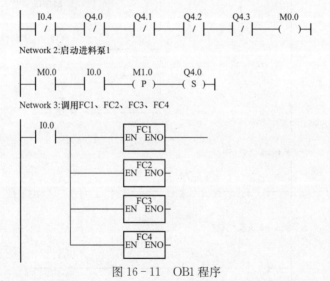

图 16-11　OB1 程序

【例 16-2】　手动/自动方式编程。手动/自动控制三只灯，控制要求如下：

（1）三只灯可进行手动、自动控制，手/自动由 I0.0 进行切换；

（2）三只灯分别可用三个开关进行手动控制。三只灯分别由 Q0.0～Q0.2 驱动。用 I0.1 手动控制 Q0.0，I0.2 手动控制 Q0.1，I0.3 手动控制 Q0.2。

（3）自动控制时，三只灯实现每隔 1s 轮流点亮，并循环。

编程思路：建立两个不带参数的功能 FC1 和 FC2。在 FC1 中编写手动控制的子程序，在 FC2 中编写自动控制的子程序。然后在主循环组织块 OB1 中根据 I0.0 的状态去调用 FC1 或 FC2，从而实现手动与自动控制。

FC1 程序如图 16-12 所示，FC2 的程序如图 16-13 所示，OB1 的程序如图 16-14 所示。

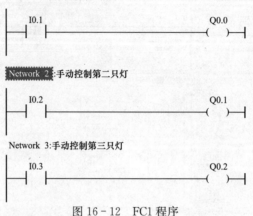

图 16-12　FC1 程序

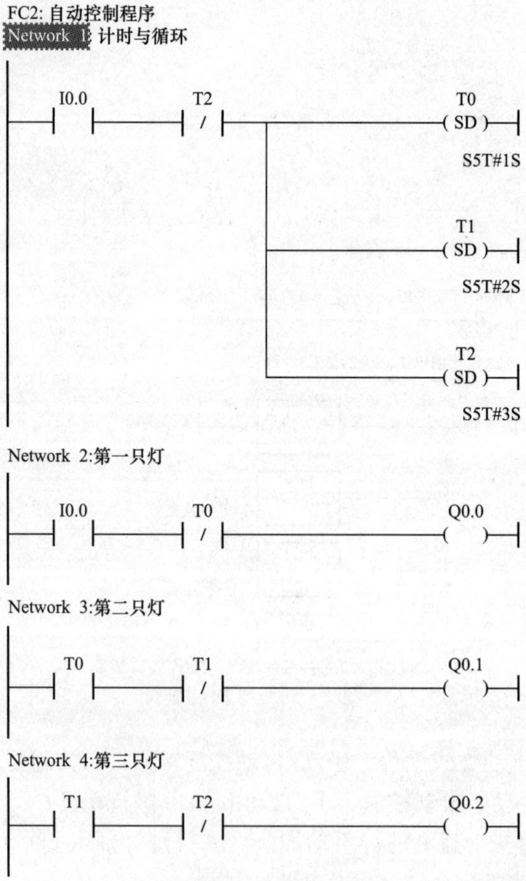

图 16-13　FC2 程序

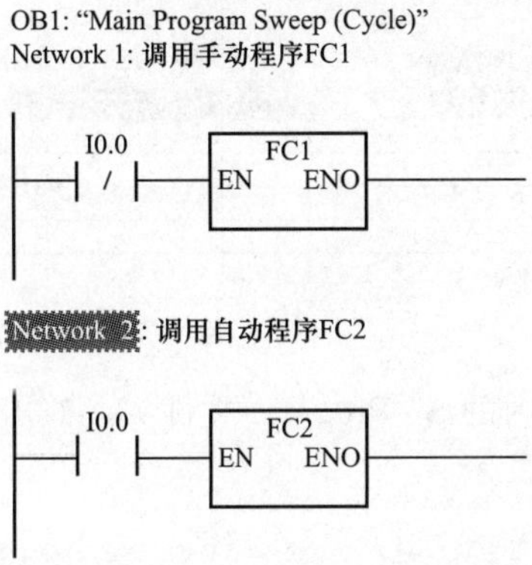

OB1: "Main Program Sweep (Cycle)"
Network 1: 调用手动程序FC1

```
    I0.0          FC1
 ───┤/├────────EN    ENO ───────
```

Network 2: 调用自动程序FC2

```
    I0.0          FC2
 ───┤ ├────────EN    ENO ───────
```

图 16-14　OB1 程序

第二节　带参数功能 FC 的编程与应用

所谓逼带参功能（FC），是指编辑功能（FC）时，在局部变量声明表内定义了形式参数，在功能（FC）中使用了符号地址完成控制程序的编程，以便在其他块中能重复调用有参功能（FC）。这种方式一般应用于结构化程序编写。它具有以下优点：

（1）程序只需生成一次，显著地减少了编程时间。

（2）该块只在用户存储器中保存一次，降低了存储器的用量。

（3）该块可以被程序任意次调用，每次使用不同的地址。该块采用形式参数编程，当用户程序调用该块进，要用实际参数赋值给形式参数。

下面以多级分频器控制程序的设计为例，介绍带参数 FC 的编程与应用。

【例 16-3】　多级分频器控制程序设计。

本例在功能 FC1 中编写二分频器控制程序，然后在 OB1 中通过调用 FC1 实现多级分频器的功能。多级分频器的时序关系如图 16-15 所示。其中 I0.0 为多级分频器的脉冲输入端；Q4.0～Q4.3 分别为 2、4、8、16 分频的脉冲输出端；Q4.4～Q4.7 分别为 2、4、8、16 分频指示灯驱动输出端。

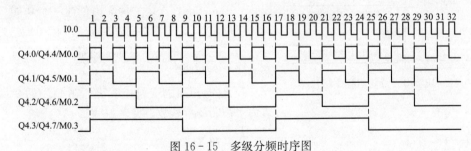

图 16-15　多级分频时序图

编辑并调用带参数的功能，具体操作步骤如下：

（1）创建多级分频器的 S7 项目。使用菜单 File→"New Project" Wizard 创建多级分频器的 S7 项目，并命名为"有参 FC"。

（2）硬件配置。打开"SIMATIC 300 Station"文件夹，双击硬件配置图标打开硬件配置窗

口，并按图 16-16 所示完成硬件配置。

Slot		Module	Order number	Fi...	MPI address	I address	Q address	Comment
1		PS 307 5A	6ES7 307-1EA00-0AA0					
2		CPU315(1)	6ES7 315-1AF03-0AB0		2			
3								
4		DI32xDC24V	6ES7 321-1BL80-0AA0			0...3		
5		DO32xDC24V/0.5A	6ES7 322-1BL00-0AA0				4...7	
6								

图 16-16 硬件配置

(3) 编写符号表。打开项目内的 S7 Program 文件夹，双击 Symbols 图标打开符号编辑器，按图 16-17 所示编辑符号表。

	Status	Symbol	Address		Data type	Comment
1		二分频器	FC	1	FC 1	对输入信号二分频
2		In_Port	I	0.0	BOOL	脉冲信号输入端
3		F_P2	M	0.0	BOOL	2分频器上升沿检测标志
4		F_P4	M	0.1	BOOL	4分频器上升沿检测标志
5		F_P8	M	0.2	BOOL	8分频器上升沿检测标志
6		F_P16	M	0.3	BOOL	16分频器上升沿检测标志
7		Cycle Execution	OB	1	OB 1	主循环组织块
8		Out_Port2	Q	4.0	BOOL	2分频器脉冲信号输出端
9		Out_Port4	Q	4.1	BOOL	4分频器脉冲信号输出端
10		Out_Port8	Q	4.2	BOOL	8分频器脉冲信号输出端
11		Out_Port16	Q	4.3	BOOL	16分频器脉冲信号输出端
12		LED2	Q	4.4	BOOL	2分频信号指示灯
13		LED4	Q	4.5	BOOL	4分频信号指示灯
14		LED8	Q	4.6	BOOL	8分频信号指示灯
15		LED16	Q	4.7	BOOL	16分频信号指示灯

图 16-17 多级分频器符号表

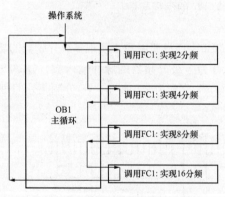

图 16-18 多级分频器程序结构

(4) 规划程序结构。按结构化编程方式设计控制程序。如图 16-18 所示，结构化的控制程序由两个逻辑块构成，其中 OB1 为主循环组织块，FC1 为二分频器控制程序。

(5) 创建有参 FC1。选择"有参 FC"项目的"Blocks"文件夹，然后执行菜单命令 Insert→S7 Block→Function，在块文件夹内创建一个功能，并命名为"FC1"。由于在符号表中已经对 FC1 定义了符号，所以在 FC1 的属性对话框内系统自动将符号名命名为"二分频器"。

1) 编辑 FC1 的变量声明表。在 FC1 的变量声明表内，声明 4 个参数，见表 16-1。

表 16-1   FC1 变量声明表

接口类型	变量名	数据类型	注释
In	S_IN	BOOL	脉冲输入信号
Out	S_OUT	BOOL	脉冲输出信号
Out	LED	BOOL	输出状态指示
In_Out	F_P	BOOL	上跳沿检测标志

2)编辑 FC1 的控制程序。二分频器的时序如图 16 - 19 所示。分析二分频器的时序图可以看到,输入信号每出现一个上升沿,输出便改变一次状态,据此可采用上跳沿检测指令实现。

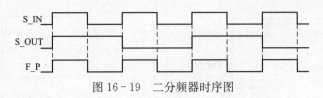

图 16 - 19 二分频器时序图

双击图标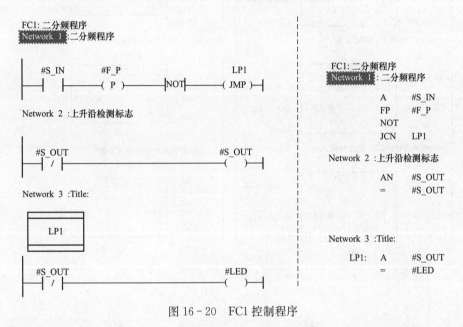打开 FC1 编辑窗口,编写二分频器的控制程序,如图 16 - 20 所示。

如果输入信号 S_IN 出现上升沿,则对 S_OUT 取反,然后将 S_OUT 的信号状态送 LED 显示;否则,程序直接跳转到 LP1,将 S_OUT 的信号状态送 LED 显示。

图 16 - 20 FC1 控制程序

(6)在 OB1 中调用带参数功能。在项目的 Blocks 文件夹内,双击图标打开 OB1 编辑窗口。由于在符号表中为 FC1 定义了一个符号名"二分频器",因此可采用符号地址或绝对地址两种方式来调用 FC1,OB1 的控制程序如图 16 - 21 所示,图 16 - 21(a)为符号寻址格式,图 16 - 21(b)为绝对地址寻址格式。

【例 16 - 4】 用 FC 编程实现以下数学公式 $y = (x + 200) \times 3 \div 4$,能在 OB1 主程序中对该 FC 多次调用。

首先新建一个 FC1,在 FC1 中实现以上计算功能。需要定义 x、y、a 三个变量。其中变量 x 为 IN 型的变量,y 为 OUT 型的变量,a 为临进变量,数据类型都为 INT。变量声明表如图 16 - 22 所示。然后在 FC1 中编写程序如图 16 - 23 所示。

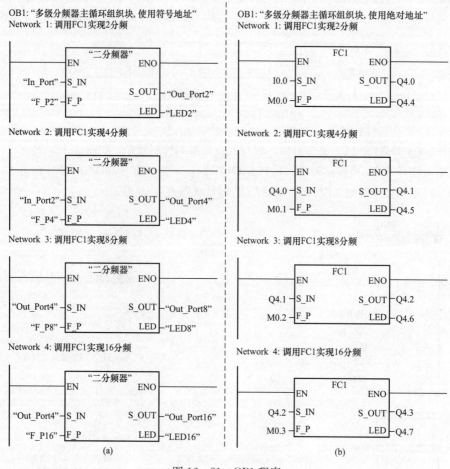

图 16-21   OB1 程序

（a）符号寻址格式；（b）绝对地址寻址格式

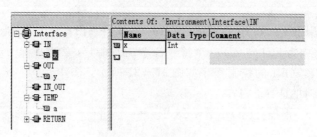

图 16-22   变量声明表

主程序 OB1 如图 16-24 所示，在主程序中对 FC1 进行了两次调用，第一次调用实现把 MW0 的数据作为 x，送入 FC1 中计算得到的结果写入 MW2 中。第二次调用实现把 MW10 的数据作为 x，送入 FC1 中计算得到的结果写入 MW12 中。

【例 16 - 5】 基于 S7 - 300 PLC 的多机组控制。

电动机组控制要求如下：

(1) 该机组总共有 4 台电动机，每台电动机都要求丫-△降压启动。

(2) 启动时，按下启动按钮，M1 电动机启动，然后每隔 10s 启动一台，最后 M1~M4 四台电动机全部启动。

(3) 停止时实现逆序停止。即按下停止按钮，M4 先停止，过 10s 后 M3 也停止，再过 10s 后 M2 也停止，再过 10s 后 M1 电动机也停止。这样电动机全部停止。

FC1: 编程计算公式
Network 1: 加法运算

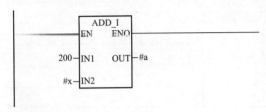

Network 2: 乘法运算

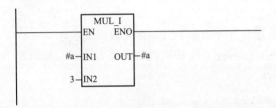

Network 3: 除法运算

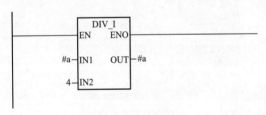

图 16 - 23　FC1 程序

OB1: "Main Program Sweep (Cycle)"
Network 1: 第一次调用FC1

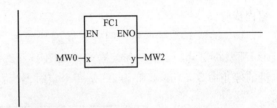

Network 2: 第二次调用FC1

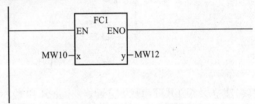

图 16 - 24　OB1 程序

(4) 任一台电动机启动时，控制电源的接触器和丫形接法的接触器接通电源 6s 后，丫形接触器断开，1s 后△接法接触器动作接通。

分析：每台电动机都要求有丫-△降压启动。控制一台电动机要用到三个接触器，其中第一个控制电动机电源，第二个控制电动机绕组丫形接法，第三个控制电动机绕组△接法。所以要控制四台电机的机组，PLC 总共要控制 12 个接触器。

因为每台电动机的启动过程相同，所以可设计一个 FC 功能来实现电动机的启动。然后在主程序 OB1 中来多次调用 FC，就可以实现对电动机的启动与停止控制。

假设启动按钮接于 I0.0，停止按钮接于 I0.1。各输出点的分配见表 16 - 2。

表 16 - 2　　　　　　　　　　　　　PLC 输 出 点 分 配

电机	被控接触器	分配输出点
M1	控制电源接触器	Q0.0
	控制绕组丫形接法	Q0.1
	控制绕组△形接法	Q0.2

285

续表

电机	被控接触器	分配输出点
M2	控制电源接触器	Q0.3
	控制绕组丫形接法	Q0.4
	控制绕组△形接法	Q0.5
M3	控制电源接触器	Q0.6
	控制绕组丫形接法	Q0.7
	控制绕组△形接法	Q1.0
M4	控制电源接触器	Q1.1
	控制绕组丫形接法	Q1.2
	控制绕组△形接法	Q1.3

编程步骤:

（1）编辑 FC1 的变量声明表，并编写程序。新建并打开功能 FC1，在变量声明表中定义四个 IN 型的变量，变量名和数据类型如图 16-25 所示，start 是电动机的启动命令，stop 是电动机的停止命令，time1 和 time2 是两个定时器。

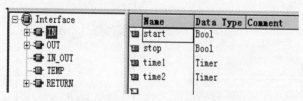

图 16-25　建立 IN 型变量

建立 3 个 OUT 型的变量，变量名和数据类型如图 16-26 所示，KM 控制电动机电源，KM1 控制电动机绕组星形接法，KM2 控制电动机绕组三角形接法。

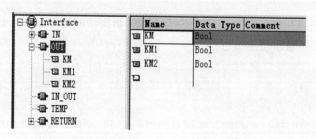

图 16-26　建立三个 OUT 型变量

然后编写 FC1 的程序如图 16-27 所示。

（2）编写 OB1 主程序。OB1 程序如图 16-28 所示。

FC1: 电动机Υ-△降压启动程序
Network 1: Title:

```
    #start              #KM
  ───┤ ├──────────────( S )──
```

Network 2: Title:

```
    #KM                 #time1
  ───┤ ├──────┬─────────( SD )──
              │         S5T#6S
              │
              │         #time2
              └─────────( SD )──
                        S5T#7S
```

Network 3: Title:

```
    #KM    #time1       #KM1
  ───┤ ├────┤/├────────( )──
```

Network 4: Title:

```
    #time2                        #KM2
  ───┤ ├──────────────────────────( )──
```

Network 5: Title:

```
    #stop                         #KM
  ───┤ ├──────────────────────────( R )──
```

图 16-27 FC1 程序

OB1 : "Main Program Sweep (Cycle)"
Network 1: 启动

```
    I0.0                M0.0
  ───┤ ├──────┬────────( S )──
              │         M0.1
              └────────( R )──
```

Network 2: 停止

```
    I0.1                M0.1
  ───┤ ├──────┬────────( S )──
              │         M0.0
              └────────( R )──
```

Network 3: 启动计时

```
    M0.0                T0
  ───┤ ├──────┬────────( SD )──
              │         S5T#10S
              │
              │         T1
              ├────────( SD )──
              │         S5T#20S
              │
              │         T2
              └────────( SD )──
                        S5T#30S
```

Network 4: 停止计时

```
    M0.1                T10
  ───┤ ├──────┬────────( SD )──
              │         S5T#10S
              │
              │         T11
              ├────────( SD )──
              │         S5T#20S
              │
              │         T12
              └────────( SD )──
                        S5T#30S
```

Network 5: M1电动机的控制

```
              ┌──────FC1──────┐
              │ EN        ENO │
              │               │
       I0.0 ──┤ start      KM ├── Q0.0
       T12 ───┤ stop      KM1 ├── Q0.1
       T20 ───┤ time1     KM2 ├── Q0.2
       T21 ───┤ time2         │
              └───────────────┘
```

Network 6: M2电动机的控制

```
              ┌──────FC1──────┐
              │ EN        ENO │
              │               │
       T0 ────┤ start      KM ├── Q0.3
       T11 ───┤ stop      KM1 ├── Q0.4
       T22 ───┤ time1     KM2 ├── Q0.5
       T23 ───┤ time2         │
              └───────────────┘
```

Network 7: M3电动机的控制

```
              ┌──────FC1──────┐
              │ EN        ENO │
              │               │
       T1 ────┤ start      KM ├── Q0.6
       T10 ───┤ stop      KM1 ├── Q0.7
       T24 ───┤ time1     KM2 ├── Q1.0
       T25 ───┤ time2         │
              └───────────────┘
```

Network 8: M4电动机的控制

```
              ┌──────FC1──────┐
              │ EN        ENO │
              │               │
       T2 ────┤ start      KM ├── Q1.1
       I0.1 ──┤ stop      KM1 ├── Q1.2
       T26 ───┤ time1     KM2 ├── Q1.3
       T27 ───┤ time2         │
              └───────────────┘
```

图 16-28 OB1 主程序

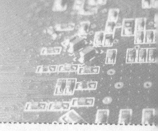

第十七章

功能块 FB 的编程与应用

　　功能块（FB）在程序的体系结构中位于组织块之下。它包含程序的一部分，这部分程序在 OB1 中可以多次调用。功能块的所有形参和静态数据都存储在一个单独的、被指定给该功能块的数据块（DB）中，该数据块被称为背景数据块。当调用 FB 时，该背景数据块会自动打开，实际参数的值被存储在背景数据块中；当块退出时，背景数据块中的数据仍然保持。

　　本节将以具体的控制实例来讲述功能块（FB）的编程与应用。

第一节　水箱水位控制系统程序设计

　　图 17-1 所示为水箱控制系统示意图。系统有 3 个贮水箱，每个水箱有 2 个液位传感器，UH1、UH2、UH3 为高液位传感器，"1"有效；UL1、UL2、UL3 为低液位传感器，"0"有效。Y1、Y3、Y5 分别为 3 个贮水水箱进水电磁阀；Y2、Y4、Y6 分别为 3 个贮水水箱放水电磁阀。SB1、SB3、SB5 分别为 3 个贮水水箱放水电磁阀手动开启按钮；SB2、SB4、SB6 分别为 3 个贮水箱放水电磁阀手动关闭按钮。

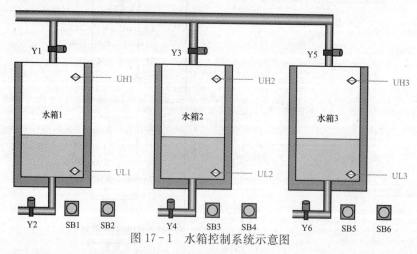

图 17-1　水箱控制系统示意图

　　控制要求：SB1、SB3、SB5 在 PLC 外部操作设定，通过人为的方式，按随机的顺序将水箱放空。只要检测到水箱"空"的信号，系统就自动地向水箱注水，直到检测到水箱"满"信号为止。水箱注水的顺序要与水箱放空的顺序相同，每次只能对一个水箱进行注水操作。

　　编程的具体操作步骤如下：

　　（1）创建 S7 项目。使用菜单 File→"New Project" Wizard 创建水箱水位控制系统的 S7 项目，并命名为"无静参FB"。项目包含组织块 OB1 和 OB100。

（2）硬件配置。在"无静参FB"项目内打开"SIMATIC 300 Station"文件夹，打开硬件配置窗口，并按图 17-2 所示完成硬件配置。

Slot	Module	Order number	Fi...	MPI address	I address	Q address	Comment
1	PS 307 5A	6ES7 307-1EA00-0AA0					
2	CPU315(1)	6ES7 315-1AF03-0AB0		2			
3							
4	DI32xDC24V	6ES7 321-1BL80-0AA0			0...3		
5	DO32xDC24V/0.5A	6ES7 322-1BL00-0AA0				4...7	
6							

图 17-2　硬件配置

（3）编写符号表。按图 17-3 所示编写符号表。

	Status	Symbol	Address	Data type	Comment
1		OB1	OB 1	OB 1	主循环组织块
2		OB100	OB 100	OB 100	启动复位组织块
3		水箱控制	FB 1	FB 1	水箱控制功能块
4		水箱1	DB 1	DB 1	水箱1的数据块
5		水箱2	DB 2	DB 2	水箱2的数据块
6		水箱3	DB 3	DB 3	水箱3的数据块
7		SB1	I 1.0	BOOL	水箱1放水电磁阀手动开启按钮，常开
8		SB2	I 1.1	BOOL	水箱1放水电磁阀手动关闭按钮，常开
9		SB3	I 1.2	BOOL	水箱2放水电磁阀手动开启按钮，常开
10		SB4	I 1.3	BOOL	水箱2放水电磁阀手动关闭按钮，常开
11		SB5	I 1.4	BOOL	水箱3放水电磁阀手动开启按钮，常开
12		SB6	I 1.5	BOOL	水箱3放水电磁阀生动按钮，常开
13		UH1	I 0.1	BOOL	水箱1高液位传感器，水箱满信号
14		UH2	I 0.3	BOOL	水箱2高液位传感器，水箱满信号
15		UH3	I 0.5	BOOL	水箱3高液位传感器，水箱满信号
16		UL1	I 0.0	BOOL	水箱1低液位传感器，放空信号
17		UL2	I 0.2	BOOL	水箱2低液位传感器，放空信号
18		UL3	I 0.4	BOOL	水箱3低液位传感器，放空信号
19		Y1	Q 4.0	BOOL	水箱1进水电磁阀
20		Y2	Q 4.1	BOOL	水箱1放水电磁阀
21		Y3	Q 4.2	BOOL	水箱2进水电磁阀
22		Y4	Q 4.3	BOOL	水箱2放水电磁阀
23		Y5	Q 4.4	BOOL	水箱3进水电磁阀
24		Y6	Q 4.5	BOOL	水箱3放水电磁阀
25					

图 17-3　符号表

（4）规划程序结构。水箱水位控制系统的三个水箱具有相同的操作要求，因此可以由一个功能块（FB）通过赋予不同的实参来实现，程序结构如图 17-4 所示。控制程序由三个逻辑块和三个背景数据块构成，其中 OB1 为主循环组织块，OB100 为初始化程序，FB1 为水箱控制程序，DB1 为水箱1数据块，DB2 为水箱2数据块，DB3 为水箱3数据块。

（5）编辑功能（FB1）。在"无静参FB"

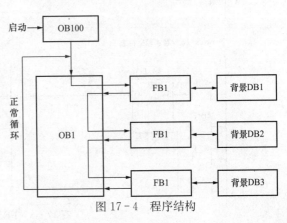

图 17-4　程序结构

项目内选择"Blocks"文件夹，执行菜单命令 Insert→S7 Block→Function Block，创建功能块 FB1。由于在符号表内已经为 FB1 定义了符号名，因此在 FB1 的属性对话框内系统会自动添加符号名"水箱控制"。

1）定义局部变量声明表。与功能（FC）不同，在功能块（FB）参数表内还有扩展地址（Exclusion address）和结束地址（Termination address）选项。通过激活该选项，可选择 FB 参数和静态变量的特性，它们只与连接过程诊断有关。本例不激活。

定义局部变量声明表见表 17-1，在表中没有用到静态参数 STAT。

表 17-1　　　　　　　　　　　　变　量　声　明　表

接口类型	变量名	数据类型	地址	初始值	扩展地址	结束地址	注释
In	UH	BOOL	0.0	FALSE	—	—	高液位传感器，表示水箱满
	UL	BOOL	0.1	FALSE	—	—	低液位传感器，表示水箱空
	SB_ON	BOOL	0.2	FALSE	—	—	放水电磁阀开启按钮，常开
	SB_OFF	BOOL	0.3	FALSE	—	—	放水电磁阀关闭按钮，常开
	B_F	BOOL	0.4	FALSE	—	—	水箱 B 空标志
	C_F	BOOL	0.5	FALSE	—	—	水箱 C 空标志
	YB_IN	BOOL	0.6	FALSE	—	—	水箱 B 进水电磁阀
	YC_IN	BOOL	0.7	FALSE	—	—	水箱 C 进水电磁阀
Out	YA_IN	BOOL	2.0	FALSE	—	—	当前水箱 A 进水电磁阀
	YA_OUT	BOOL	2.1	FALSE	—	—	当前水箱 A 放水电磁阀
	A_F	BOOL	2.2	FALSE	—	—	当前水箱（A）空标志

2）编写 FB1 程序。FB1 程序如图 17-5 所示。

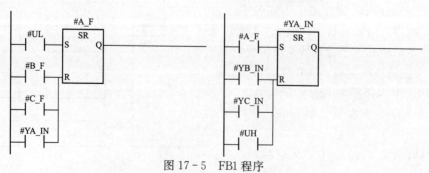

图 17-5　FB1 程序

(6) 建立背景数据块 DB1、DB2、DB3。在"无静参 FB"项目内选择"Blocks"文件夹，执行菜单命令 Insert→S7 Block→Data Block；创建与 FB1 相关联的背景数据块 DB1、DB2、DB3。由于在符号表内已经为 DB1、DB2 和 DB3 定义了符号名，因此在 DB1、DB2、DB3 的属性对话框内系统会自动添加符号名"水箱 1"、"水箱 2"和"水箱 3"。

依次打开 DB1、DB2 和 DB3，由于在创建之前，已经完成了 FB1 的变量声明，建立了相应的数据结构，所以在创建 FB1 相关联的数据块时，STEP7 自动完成了数据块的数据结构。如 17−6所示就是 DB1、DB2、DB3 的数据结构，三个数据块的数据结构完全相同。

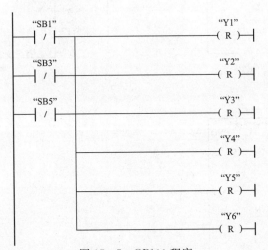

图 17−6　DB1 的数据结构

(7) 编辑启动组织块 OB100。在启动组织块 OB100 中，主要完成各输出信号的复位，程序如图 17−7 所示。

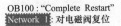

图 17−7　OB100 程序

(8) 在 OB1 中调用功能块（FB）。在 FB1 编辑完成后，在 LAD/STL/FBD S7 程序编辑器的程序元素目录的 FB Blocks 目录中就会出现所有可调用的 FB1，如图 17−8 所示。

OB1 的控制程序如图 17−9 所示，在程序调用了三次 FB1，分别实现对三个水箱的控制。

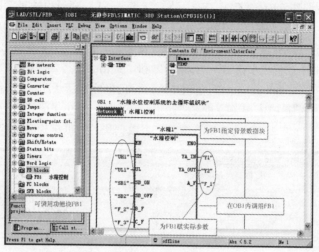

图 17-8　可调用 FB1

OB1:"水箱水位控制系统的主循环组织块"

Network 1:水箱1控制

Network 3:水箱3控制

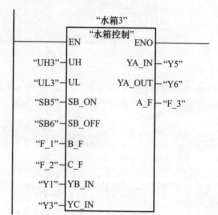

Network 2:水箱2控制

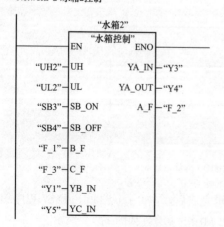

图 17-9　OB1 的控制程序

第二节　交通信号灯控制系统程序设计

在第一节中没有用到静态参数，但是在编辑功能块（FB）时，如果程序中需要特定数据的参数，可以考虑将该特定数据定义为静态参数，并在 FB 的声明表内 STAT 处声明。

下面以交通信号灯控制系统的设计为例，介绍如何编辑和调用有静态参数的功能块。

图 17-10 所示为双干道交通信号灯设置示意图。按一下启动按钮，信号灯系统开始工作，并周而复始地循环动作；按一下停止按钮，所有信号灯都熄灭。信号灯控制的具体要求见表 17-2，试编写信号灯控制程序。

图 17-10　交通信号灯示意图

表 17-2　　　　　　　　　　交通信号灯控制要求

南北方向	信号	SN_G 亮	SN_G 闪	SN_Y 亮	SN_R 亮		
	时间（s）	45	3	2	30		
东西方向	信号	EW_R 亮			EW_G 亮	EW_G 闪	EW_Y 亮
	时间（s）	50			25	3	2

根据十字路口交通信号灯的控制要求，可画出信号灯的控制时序图如图 17-11 所示。

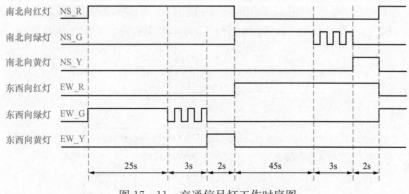

图 17-11　交通信号灯工作时序图

编程的具体操作步骤如下：

（1）创建 S7 项目。使用菜单 File→ "New Project" Wizard 创建交通信号灯控制系统的 S7 项目，并命名为"有静参 FB"。项目包含组织块 OB1 和 OB100。

（2）硬件配置。在"有静参 FB"项目内打开"SIMATIC 300 Station"文件夹，打开硬件配置窗口，并按图 17-12 所示完成硬件配置。

Slot	Module	Order number	Fi...	MPI address	I address	Q address	Comment
1	PS 307 5A	6ES7 307-1EA00-0AA0					
2	CPU315(1)	6ES7 315-1AF03-0AB0		2			
3							
4	DI32xDC24V	6ES7 321-1BL80-0AA0			0...3		
5	DO32xDC24V/0.5A	6ES7 322-1BL00-0AA0				4...7	
6							

图 17-12　硬件配置

（3）编写符号表。编写符号表如图 17-13 所示。

	Statu	Symbol /	Address		Data typ	Comment
1		Complete Restart	OB	100	OB 100	全启动组织块
2		Cycle Execution	OB	1	OB 1	主循环组织块
3		EW_G	Q	4.1	BOOL	东西向绿色信号灯
4		EW_R	Q	4.0	BOOL	东西向红色信号灯
5		EW_Y	Q	4.2	BOOL	东西向黄色信号灯
6		F_1Hz	M	10.5	BOOL	1Hz时钟信号
7		MB10	MB	10	BYTE	CPU时钟存储器
8		SF	M	0.0	BOOL	系统启动标志
9		SN_G	Q	4.4	BOOL	南北向绿色信号灯
10		SN_R	Q	4.3	BOOL	南北向红色信号灯
11		SN_Y	Q	4.5	BOOL	南北向黄色信号灯
12		Start	I	0.0	BOOL	起动按钮
13		Stop	I	0.1	BOOL	停止按钮
14		T_EW_G	T	1	TIMER	东西向绿灯常亮延时定时器
15		T_EW_GF	T	6	TIMER	东西向绿灯闪亮延时定时器
16		T_EW_R	T	0	TIMER	东西向红灯常亮延时定时器
17		T_EW_Y	T	2	TIMER	东西向黄灯常亮延时定时器
18		T_SN-GF	T	7	TIMER	南北向绿灯闪亮延时定时器
19		T_SN_G	T	4	TIMER	南北向绿灯常亮延时定时器
20		T_SN_R	T	3	TIMER	南北向红灯常亮延时定时器
21		T_SN_Y	T	5	TIMER	南北向黄灯常亮延时定时器
22		东西数据	DB	1	FB 1	为东西向红灯及南北向绿黄灯控制提供实参
23		红绿灯	FB	1	FB 1	红绿灯控制无静态参数的FB
24		南北数据	DB	2	FB 1	为南北向红灯及东西向绿黄灯控制提供实参

图 17-13　符号表

（4）规划程序结构。分析交通灯工作时序图可知，东西向和南北向的交通灯具有相似的变化规律，因此可以由一个功能块 FB 通过赋予不同的实参来实现。采用结构化编程，程序结构如图 17-14 所示。

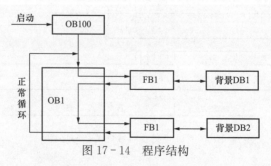

图 17-14　程序结构

（5）编辑功能块（FB）。

1）定义局部变量声明表。按表17－3定义局部变量声明表。

表 17－3　　　　　　　　　局 部 变 量 声 明 表

接口类型	变量名	数据类型	地址	初始值	扩展地址	结束地址	注释
In	R_ON	BOOL	0.0	FALSE	—	—	当前方向红灯开始亮标志
	T_R	Timer	2.0	—	—	—	当前方向红色信号灯常亮定时器
	T_G	Timer	4.0	—	—	—	另一方向绿色信号灯常亮定时器
	T_Y	Timer	6.0	—	—	—	另一方向黄色信号灯常亮定时器
In	T_GF	Timer	8.0	—	—	—	另一方向绿色信号灯闪亮定时器
	T_RW	S5Timer	10.0	S5T#0MS	—	—	T_R 定时器的初始值
	T_GW	S5Timer	12.0	S5T#0MS	—	—	T_G 定时器的初始值
	STOP	BOOL	14.0	S5T#0MS	—	—	停止信号
Out	LED_R	BOOL	10.0	FALSE	—	—	当前方向红色信号灯
	LED_G	BOOL	10.1	FALSE	—	—	另一方向绿色信号灯
	LED_Y	BOOL	10.2	FALSE	—	—	另一方向黄色信号灯
STAT	T_GF_W	S5Time	18.0	S5T#3S	—	—	绿灯闪亮定时器初值
	T_Y_W	S5Time	20.0	S5T#2S	—	—	黄灯常量定时器初值

2）编写 FB1 程序。FB1 程序如图 17－15 所示。

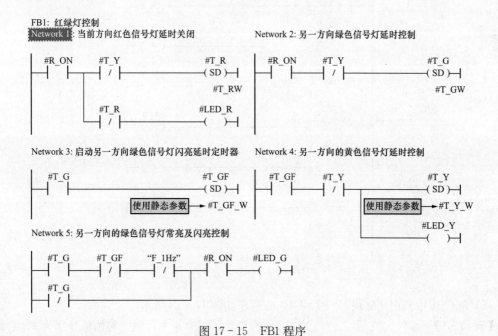

图 17－15　FB1 程序

(6) 建立背景数据块（DI）。由于在创建 DB1 和 DB2 之前，已经完成了 FB1 的变量声明，建立了相应的数据结构，所以在创建与 FB1 相关联的 DB1 和 DB2 时，STEP 7 自动完成了数据块的数据结构。DB1 和 DB2 的数据结构完全相同，如图 17－16 所示。

DB2 -- 有静参FB\SIMATIC 300 Station\CPU315(1)

	Address	Declaration	Name	Type	Initial value	Actual value	Comment
1	0.0	in	R_ON	BOOL	FALSE	FALSE	当前方向红灯开始亮标志
2	2.0	in	T_R	TIMER	T 0	T 0	当前方向红色信号灯常亮定时器
3	4.0	in	T_G	TIMER	T 0	T 0	另一方向绿色信号灯常亮定时器
4	6.0	in	T_Y	TIMER	T 0	T 0	另一方向黄色信号灯常亮定时器
5	8.0	in	T_GF	TIMER	T 0	T 0	另一方向绿色信号灯闪亮定时器
6	10.0	in	T_RW	S5TIME	S5T#0MS	S5T#0MS	T_R定时器的初始值
7	12.0	in	T_GW	S5TIME	S5T#0MS	S5T#0MS	T_G定时器的初始值
8	14.0	in	STOP	BOOL	FALSE	FALSE	停止按钮
9	16.0	out	LED_R	BOOL	FALSE	FALSE	当前方向红色信号灯
10	16.1	out	LED_G	BOOL	FALSE	FALSE	另一方向绿色信号灯
11	16.2	out	LED_Y	BOOL	FALSE	FALSE	另一方向黄色信号灯
12	18.0	stat	T_GF_W	S5TIME	S5T#3S	S5T#3S	绿灯闪亮定时器初值
13	20.0	stat	T_Y_W	S5TIME	S5T#2S	S5T#2S	黄灯常量定时器初值

图 17－16 DB1 和 DB2 的数据结构

(7) 编辑启动组织块 OB100。启动组织块 OB100 的程序如图 17－17 所示。

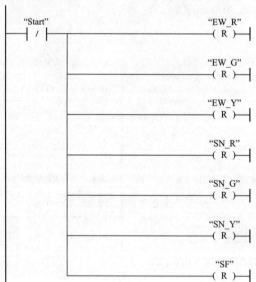

图 17－17 OB100 的程序

(8) 在 OB1 中调用功能块（FB）。OB1 的程序如图 17－18 所示。

【例 17－1】 编程实现 $y=(a+x)\times 3\div 4$ 的算法。其中 a 为常数，初始值分别为 3，它们的值在应用时可根据需要改变。该算法能在程序中多次调用。

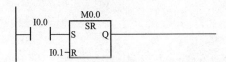

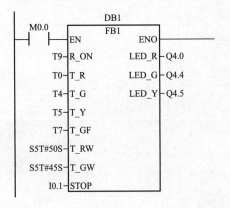

图 17-18 OB1 主程序

编程思路：因 $y=(a+x)\times 3\div 4$ 算法能在程序中多次调用，可采用功能块 FB1 来实现。然后在主程中实现对 FB1 的多次调用，可把常数 a 设置成静态变量，赋初始值分别为 3。

新建项目，进行 PLC 硬件组态。然后新建功能块 FB1，FB1 的变量声明表如表 17-4 所示，其中 a 为静态变量，b 为临时变量。FB1 的程序如图 17-19 所示。主程序 OB1 如图 17-20 所示，在程序中对 FB1 进行了二次调用，Network1 中的程序实现了 $y=(3+x)\times 3\div 4$ 算法，Network3 中的程序实现了 $y=(4+x)\times 3\div 4$ 算法。

表 17-4　　　　　　　　　　　　　FB1 的变量声明表

接口类型	变量名	数据类型	地址	初始值	扩展地址	结束地址	注释
In	x	Int	0.0	0	—	—	—
Out	y	Int	2.0	0	—	—	—
STAT	a	Int	4.0	3	—	—	—
Temp	b	Int	0.0	—	—	—	—

FB1:
Network 1

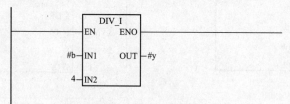

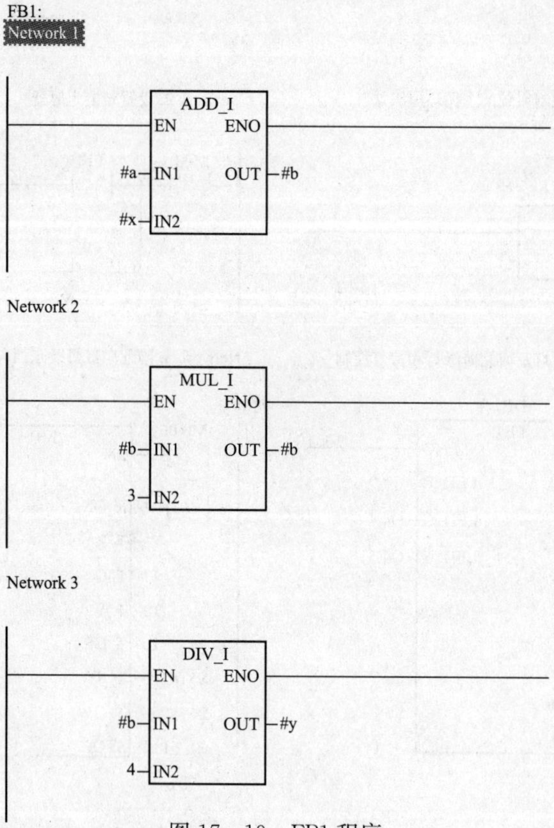

Network 2

Network 3

图 17 - 19　FB1 程序

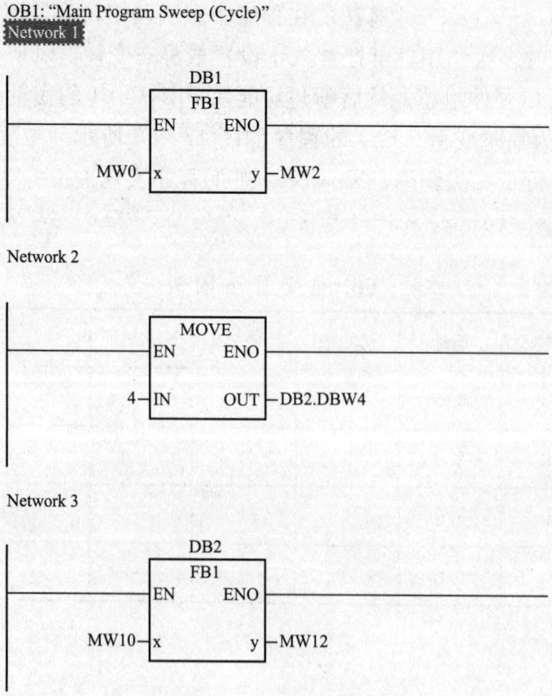

OB1: "Main Program Sweep (Cycle)"
Network 1

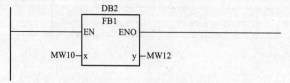

Network 2

Network 3

图 17 - 20　OB1 主程序

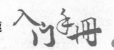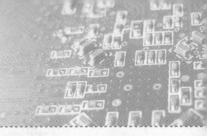

第十八章

多重背景数据块的使用

第一节 多重背景数据块

在前面使用功能块的实例中，当功能块 FB1 在组织块中被调用时，均使用了与 FB1 相关联的背景数据块 DB1、DB2 等。这样 FB1 有多少次调用，就必须配套相应数量的背景数据块。当 FB1 的调用次数较多时，就会占用更多的数据块。使用多重背景数据块可以有效地减少数据块的数量，其编程思路是创建一个比 FB1 级别更高的功能块，如 FB10，对于 FB1 的每一次调用，都将数据存储在 FB10 的背景数据块中。这样就不需要为 FB1 分配任何背景数据块。

第二节 多重背景数据块应用举例

下面以发动机组控制系统为例，介绍如何编辑和使用多重背景数据块。

设某发动机组由 1 台汽油发动机和 1 台柴油发动机组成，现要求用 PLC 控制发动机组，使各台发动机的转速稳定在设定的速度上，并控制散热风扇的启动和延时关闭。每台发动机均设置一个启动按钮和一个停止按钮。

项目的编程步骤如下：

（1）创建 S7 项目。使用菜单 File → "New Project" Wizard 创建发动机组控制系统的 S7 项目，并命名为"多重背景"。CPU 选择 CPU 315−2DP，项目包含组织块 OB1。

（2）硬件配置。在"多重背景"项目内打开"SIMATIC 300 Station"文件夹，打开硬件配置窗口，并按图 18−1 所示完成硬件配置。

Slot	Module	Order number	Firmware	MPI address	I address	Q address	Comment
1	PS 307 5A	6ES7 307-1EA00-0AA0					
2	CPU315-2DP (1)	6ES7 315-2AG10-0AB0	V2.0	2			
X2	DP				2047*		
3							
4	DI32xDC24V	6ES7 321-1BL80-0AA0			0...3		
5	DO32xDC24V/0.5A	6ES7 322-1BL00-0AA0				4...7	

图 18−1 硬件配置

（3）编辑符号表。编辑符号表如图 18−2 所示。

（4）规划程序结构。程序结构规划如图 18−3 所法。FB10 为上层功能块，它把 FB1 作为其"局部实例"，通过二次调用本地实例，分别实现对汽油机和柴油机的控制。这种调用不占用数据块 DB1 和 DB2，它将每次调用（对于每个调用实例）的数据存储到体系的上层功能块 FB10 的背景数据块 DB10 中。

299

	Statu	Symbol /	Address		Data typ	Comment
1		Automatic_Mode	Q	4.2	BOOL	运行模式
2		Automatic_On	I	0.5	BOOL	自动运行模式控制按钮
3		DE_Actual_Speed	MW	4	INT	柴油发动机的实际转速
4		DE_Failure	I	1.6	BOOL	柴油发动机故障
5		DE_Fan_On	Q	5.6	BOOL	启动柴油发动机风扇的命令
6		DE_Follow_On	T	2	TIMER	柴油发动机风扇的继续运行的时间
7		DE_On	Q	5.4	BOOL	柴油发动机的起动命令
8		DE_Preset_Spe...	Q	5.5	BOOL	显示"已达到柴油发动机的预设转速"
9		Engine	FB	1	FB 1	发动机控制
10		Engine_Data	DB	10	DB 10	FB10的实例数据块
11		Engines	FB	10	FB 10	多重实例的上层功能块
12		Fan	FC	1	FC 1	风扇控制
13		Main_Program	OB	1	OB 1	此块包含用户程序
14		Manual_On	I	0.6	BOOL	手动运行模式控制按钮
15		PE_Actual_Speed	MW	2	INT	汽油发动机的实际转速
16		PE_Failure	I	1.2	BOOL	汽油发动机故障
17		PE_Fan_On	Q	5.2	BOOL	汽油发动机风扇的起动命令
18		PE_Follow_On	T	1	TIMER	汽油发动机风扇的继续运行的时间
19		PE_On	Q	5.0	BOOL	汽油发动机的起动命令
20		PE_Preset_Spe...	Q	5.1	BOOL	显示"已达到汽油发动机的预设转速"
21		S_Data	DB	3	DB 3	共享数据块
22		Switch_Off_DE	I	1.5	BOOL	关闭柴油发动机
23		Switch_Off_PE	I	1.1	BOOL	关闭汽油发动机
24		Switch_On_DE	I	1.4	BOOL	起动柴油发动机
25		Switch_On_PE	I	1.0	BOOL	起动汽油发动机

图 18-2　符号表

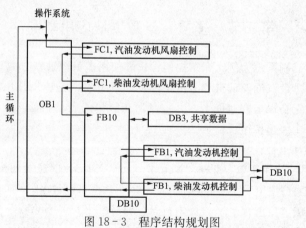

图 18-3　程序结构规划图

（5）编辑功能（FC）。FC1 用来实现发动机（汽油机或柴油机）的风扇控制，按照控制要求，当发动机启动时，风扇应立即启动；当发动机停机后，风扇应延时关闭。因此 FC1 需要一个发动机启动信号、一个风扇控制信号和一个延时定时器。

1）定义局部变量声明表。局部变量声明表见表 18-1，表中包含 3 个变量、2 个 IN 型变量、1 个 OUT 型变量。

表 18-1　　　　　　　　　　变量声明表

接口类型	变量名	数据类型	注释
In	Engine_On	BOOL	发动机的启动信号
In	Timer_Off	Timer	用于关闭延迟的定时器功能
Out	Fan_On	BOOL	启动风扇信号

2）编辑 FC1 的控制程序。FC1 所实现的控制要求：发动机启动时风扇启动，当发动机再次关闭后，风扇继续运行 4s，然后停止。定时器采用断电延时定时器，控制程序如图 18-4 所示。

（6）编辑共享数据块。共享数据块 DB3 可为 FB10 保存发动机（汽油机和柴油机）的实际转速，当发动机转速都达到预设速度时，还可以保存该状态的标志数据。DB3 的数据如图 18-5 所示。

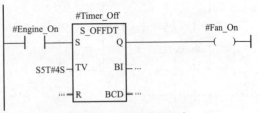

图 18-4 FC1 控制程序

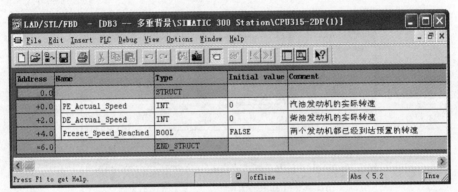

图 18-5 共享数据块 DB3

（7）编辑功能块（FB）。在该系统的程序结构内，有 2 个功能块：FB1 和 FB10。FB1 为底层功能块，所以应首先创建并编辑；FB10 为上层功能块，可以调用 FB1。

1）编辑底层功能块 FB1。在项目内创建 FB1，符号名 "Engine"。定义功能块 FB1 的变量声明表见表 18-2。

表 18-2 **FB1 的 变 量 声 明 表**

接口类型	变量名	数据类型	地址	初始值	扩展地址	结束地址	注释
IN	Switch_On	BOOL	0.0	FALSE	—	—	启动发动机
	Switch_Off	BOOL	0.1	FALSE	—	—	关闭发动机
	Failure	BOOL	0.2	FALSE	—	—	发动机故障，导致发动机关闭
	Actual_Speed	INT	2.0	0	—	—	发动机的实际转速
OUT	Engine_On	BOOL	4.0	FALSE	—	—	发动机已开启
	Preset_Speed_Reached	BOOL	4.1	FALSE	—	—	达到预置的转速
STAT	Preset_Speed	INT	6.0	1500			要求的发动机转速

FB1 主要实现发动机的起停控制及速度监视功能，其控制程序如图 18-6 所示。

2）编辑上层功能块 FB10。在项目内创建 FB10，符号名 "Engines"。在 FB10 的属性对话框

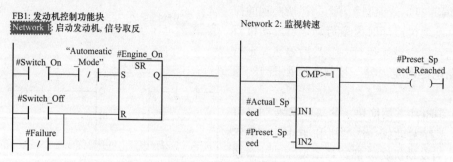

FB1: 发动机控制功能块
Network 1: 启动发动机, 信号取反   Network 2: 监视转速

图 18-6 FB1 程序

内激活 "Multi - instance capable" 选项, 如图 18-7 所示。

图 18-7 将 FB10 设置成使用多重背景的功能块

要将 FB1 作为 FB10 的一个"局部背景"调用, 需要在 FB10 的变量声明表中为 FB1 的调用声明不同名称的静态变量, 数据类型为 FB1 (或使用符号名"Engine"), 见表 18-3。

表 18-3   FB10 的 变 量 声 明 表

接口类型	变量名	数据类型	地址	初始值	注释
OUT	Preset_Speed_Reached	BOOL	0.0	FALSE	两个发动机都已经到达预置的转速
STAT	Petrol_Engine	FB1	2.0	—	FB1 "Engine" 的第一个局部实例
	Diesel_Engine	FB1	10.0	—	FB1 "Engine" 的第二个局部实例
TEMP	PE_Preset_Speed_Reached	BOOL	0.0	FALSE	达到预置的转速 (汽油发动机)
	DE_Preset_Speed_Reached	BOOL	0.1	FALSE	达到预置的转速 (柴油发动机)

在变量声明表内完成 FB1 类型的局部实例: "Petrol_Engine" 和 "Diesel_Engine" 的声明以后, 在程序元素目录的 "Multiple Instances" 目录中就会出现所声明的多重实例, 如图 18-8 所示。接下来可在 FB10 的代码区, 调用 FB1 的"局部实例"。

编写功能块 FB10 的控制程序如图 18-9 所示。调用 FB1 局部实例时, 不再使用独立的背景

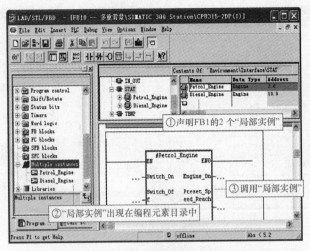

图 18-8 调用局部实例

数据块，FB1 的实例数据位于 FB10 的实例数据块 DB10 中。发动机的实际转速可直接从共享数据块中得到，如 DB3.DBW0（符号地址为 "S_Data".PE_Actual_Speed）。

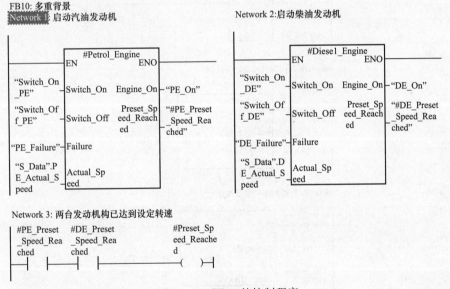

图 18-9 FB10 的控制程序

（8）生成多重背景数据块 DB10。在项目内创建一个与 FB10 相关联的多重背景数据块 DB10，符号名 "Engine_Data"，如图 18-10 所示。

（9）在 OB1 中调用功能（FC）及上层功能块（FB）。OB1 控制程序如图 18-11 所示，Network4 中调用了 FB10。

使用多重背景时应注意以下问题：

（1）首先应生成需要多次调用的功能块（如例中的 FB1）。

（2）管理多重背景的功能块（如例中的 FB10）必须设置为有多重背景功能。

	Address	Declaration	Name	Type	Initial value	Actual value	Comment
1	0.0	in	Preset_Speed_Reached	BOOL	FALSE	FALSE	两个发动机都已经到达预置的转速
2	2.0	stat:in	Petrol_Engine.Switch_On	BOOL	FALSE	FALSE	启动发动机
3	2.1	stat:in	Petrol_Engine.Switch_Off	BOOL	FALSE	FALSE	关闭发动机
4	2.2	stat:in	Petrol_Engine.Failure	BOOL	FALSE	FALSE	发动机故障，导致发动机关闭
5	4.0	stat:in	Petrol_Engine.Actual_Speed	INT	0	0	发动机的实际转速
6	6.0	stat:out	Petrol_Engine.Engine_On	BOOL	FALSE	FALSE	发动机已开启
7	6.1	stat:out	Petrol_Engine.Preset_Speed_Reached	BOOL	FALSE	FALSE	达到预置的转速
8	8.0	stat	Petrol_Engine.Preset_Speed	INT	1500	1500	要求的发动机转速
9	10.0	stat:in	Diesel_Engine.Switch_On	BOOL	FALSE	FALSE	启动发动机
10	10.1	stat:in	Diesel_Engine.Switch_Off	BOOL	FALSE	FALSE	关闭发动机
11	10.2	stat:in	Diesel_Engine.Failure	BOOL	FALSE	FALSE	发动机故障，导致发动机关闭
12	12.0	stat:in	Diesel_Engine.Actual_Speed	INT	0	0	发动机的实际转速
13	14.0	stat:out	Diesel_Engine.Engine_On	BOOL	FALSE	FALSE	发动机已开启
14	14.1	stat:out	Diesel_Engine.Preset_Speed_Reached	BOOL	FALSE	FALSE	达到预置的转速
15	16.0	stat	Diesel_Engine.Preset_Speed	INT	1500	1500	要求的发动机转速

图 18-10 DB10 的数据结构

OB1: 主循环程序

Network 1: 设置运行模式

Network 2: 控制汽油发动机风扇

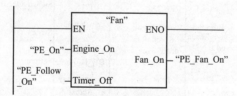

Network 3: 控制柴油发动机风扇

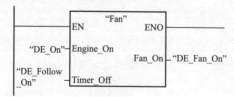

Network 4: 调用上层功能块FB10

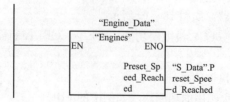

图 18-11 OB1 控制程序

（3）在管理多重背景的功能块的变量声明表中，为被调用的功能块的每一次调用定义一个静态（STAT）变量，以被调用的功能块的名称（如 FB1）作为静态变量的数据类型。

（4）必须有一个背景数据块（如 DB10）分配给管理多重背景的功能块。背景数据块中的数据是自动生成的。

（5）多重背景只能声明为静态变量（声明类型为"Stat"）。

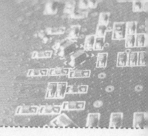

第十九章

组织块与中断处理

　　在本章主要介绍日期时间中断组织块、延时中断组织块、循环中断组织块和硬件中断组织块的编程。中断处理用来实现对特殊内部事件或外部事件的快速响应。CPU 检测到中断请求时，立即响应中断，调用中断源对应的中断程序（OB）。执行完中断程序后，返回被中断的程序中。

　　中断源类型主要有：I/O 模块的硬件中断，软件中断，例如，日期时间中断、延时中断、循环中断和编程错误引起的中断等。

第一节　日期时间中断组织块

　　日期时间中断组织块有 OB10～OB17，共 8 个。CPU318 只能使用 OB10 和 OB11，其余的 S7－300 CPU 只能使用 OB10。S7－400 可以使用的日期时间中断 OB（OB10～OB17）的个数与 CPU 的型号有关。

　　日期时间中断可以在某一特定的日期和时间执行一次，也可以从设定的日期时间开始，周期性地重复执行，例如，每分钟、每小时、每天、甚至每年执行一次。可以用 SFC 28～SFC 30 取消、重新设置或激活日期时间中断。

　　1. 设置和启动日期时间中断

　　（1）用 SFC 28 "SET_TINT" 和 SFC 30 "ACT_TINT" 设置和激活日期时间中断。

　　（2）在硬件组态工具中设置和激活。在 STEP7 中打开硬件组态工具，双击机架中的 CPU 模块所在的行，打开设置 CPU 属性的对话框，单击 "Time-Of-Day Interrupts" 选项卡，设置启动时间日期中断的日期和时间，选中 "Active"（激活）多选框，在 "Execution" 列表框中选择执行方式，如图 19-1 所示。将硬件组态数据下载到 CPU 中，可以实现日期时间中断的自动启动。

　　（3）用上述方法设置日期时间中断的参数，但不选择 "Active"，而是在用户程中用 SFC 30 "ACT_TINT" 激活日期时间中断。

　　2. 查询日期时间中断

　　要想查询设置了哪些日期时间中断，以及这些中断什么时间发生，可以调用 SFC 31 "QRY_TINT" 查询日期时间中断。SFC31 输出的状态字节 STATUS 见表 19-1。

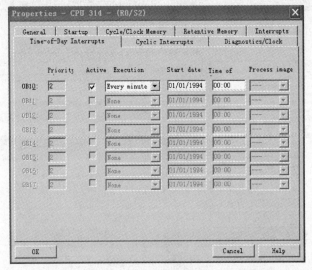

图 19-1　在硬件组态中设置和激活日期时间中断

表 19-1　　　　　　　　　　　　　　SFC31 输出的状态字节 STAUS

位	取值	意义
0	0	日期时间中断已被激活
1	0	允许新的日期时间中断
2	0	日期时间中断未被激活或时间已过去
3	0	—
4	0	没有装载日期时间中断组织块
5	0	日期时间中断组织块的执行没有被激活的测试功能禁止
6	0	以基准时间为日期时间中断的基准
7	1	以本地时间为日期时间中断的基准

3. 禁止与激活日期时间中断

用 SFC 29 "CAN_TINT" 取消（禁止）日期时间中断，用 SFC 28 "SET_TINT" 重新设置那些被禁止的日期时间中断，用 SFC 30 "ACT_TINT" 重新激活日期时间中断。

在调用 SFC 28 时，如果参数 "OB10_PERIOD_EXE" 为十六进制数 $W\#16\#0000$，$W\#16\#0201$，$W\#16\#0401$，$W\#16\#1001$，$W\#16\#1201$，$W\#16\#1401$，$W\#16\#1801$ 和 $W\#16\#2001$，分别表示执行一次、每分钟、每小时、每天、每周、每月、每年和月末执行一次。

【例 19-1】 在 I0.0 的上升沿时启动日期时间中断 OB10，在 I0.1 为 1 时禁止日期时间中断，每次中断使用 MW2 加 1。从 2010 年 2 月 27 日 8 时开始，每分钟中断一次，每次中断 MW2 被加 1。

IEC 功能 D_TOD_TD (FC3) 用来合并日期和时间，它在程序编程器左边的指令目录与程序库窗口的文件夹 Libraries/Standard Library/IEC Function Blocks 中，如图 19-2 所示。

在 STEP7 中生成项目，为了便于调用，对日期时间中断的操作都放在功能 FC12 中，在 OB1 中用调用 FC12。在 FC12 中设一个临时变量 "OUT_TIME_DATE"，为一个日期时间变量类型。FC12 的程序如图 19-3 所示。

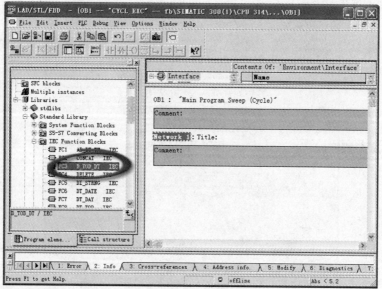

图 19-2　IEC 功能 FC3

FC12: 对日期时间中断操作程序
Network 1: 查询OB10的状态

```
              ┌─────────────────┐
              │    "QRY_TINT"    │
         ─────┤EN            ENO ├─────
              │                  │
        10 ───┤OB_NR     RET_VAL ├─── MW208
              │                  │
              │           STATUS ├─── M16
              └─────────────────┘
```

Network 2: 合并日期时间

```
                  ┌─────────────────┐
                  │    "D_TOD_DT"    │
             ─────┤EN            ENO ├─────
                  │                  │
   D#2010_2_      │                  │   #OUT_TIME_
        27  ──────┤IN1       RET_VAL ├─── DATE
                  │                  │
   TOD#8:0:0.     │                  │
         0  ──────┤IN2               │
                  └─────────────────┘
```

Network 3: 在I0.0的上升沿设置和激活日期时间中断

```
   I0.0      M1.0      M17.2     M17.4                ┌─────────────────┐
  ──┤ ├──────( P )──────┤/├───────┤ ├───────┬────────┤    "SET_TINT"    │
                                           │         │EN            ENO ├─────
                                           │   10 ───┤OB_NR     RET_VAL ├─── MW200
                                           │         │                  │
                                           │  #OUT_TIME─┤SDT            │
                                           │       DATE │                │
                                           │  W#16#201 ─┤PERIOD         │
                                           │         └─────────────────┘
                                           │         ┌─────────────────┐
                                           │         │    "ACT_TINT"    │
                                           └─────────┤EN            ENO ├─────
                                                10 ──┤OB_NR     RET_VAL ├─── MW204
                                                     └─────────────────┘
```

Network 4: 在I0.1的上升沿禁止日期时间中断

```
   I0.1      M1.1      ┌─────────────────┐
  ──┤ ├──────( P )─────┤    "CAN_TINT"    │
                       │EN            ENO ├─────
                  10 ──┤OB_NR     RET_VAL ├─── MW210
                       └─────────────────┘
```

图 19-3　FC12 的程序

OB1 程序如图 19-4 所示，OB10 的程序如图 19-5 所示。PLCSIM 仿真软件运行。运行时监视 M17.2、M17.4 和 MW2。M17.2 为 1 时表示日期时间中断激活，M17.4 为 1 时表示已装载了日期时间中断组织块 OB10。用 I0.0 激活日期时间中断，M17.2 变为 1 状态，每分钟 MW2 将被加 1。用 I0.1 禁止日期时间中断，M17.2 变为 0，MW2 停止加 1。

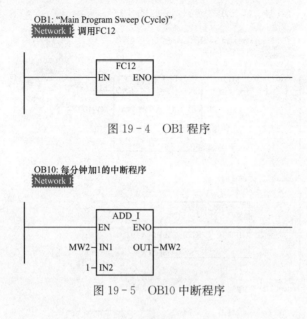

OB1: "Main Program Sweep (Cycle)"
Network 1: 调用FC12

图 19-4　OB1 程序

OB10: 每分钟加1的中断程序
Network 1:

图 19-5　OB10 中断程序

第二节　延时中断组织块

PLC 中的普通定时器的工作与扫描工作方式有关，其定时精度受到不断变化的循环周期的影响。使用延时中断可以获得精度较高的延时，延时中断以 ms 为单位定时。

S7 提供了 4 个延时中断 OB（OB20～OB23），CPU 可以使用的延时中断 OB 的个数与 CPU 的型号有关，S7-300（不含 CPU318）只能使用 OB20。用 SFC 32 "SRT_DINT" 启动，经过设定的时间触发中断，调用 SFC 32 指定的 OB。延时中断可以用 SFC 33 "CAN_DINT" 取消。用 SFC 34 "QRY_DINT" 查询延时中断的状态，它输出的状态字节 STATUS 见表 19-2。

表 19-2　　　　　　　　　　　　　　SFC34 输出的状态字节 STATUS

位	取值	意义
0	0	延时中断已被允许
1	0	未拒绝新的延时中断
2	0	延时中断未被激活或已完成
3	0	—
4	0	没有装载延时中断组织块
5	0	日期时间中断组织块的执行没有被激活的测试功能禁止

【例 19-2】　在主程序 OB1 中实现以下功能：

（1）在 I0.0 的上升沿用 SFC32 启动延时中断 OB20，10s 后 OB20 被调用，在 OB20 中将

Q4.0 置位，并立即输出。

（2）在延时过程中如果 I0.1 由 0 变为 1，在 OB1 中用 SFC33 取消延时中断，OB20 不会再被调用。

（3）I0.2 由 0 变为 1 时 Q4.0 被复位。

OB1 的程序如图 19-6 所示，OB20 的程序如图 19-7 所示。

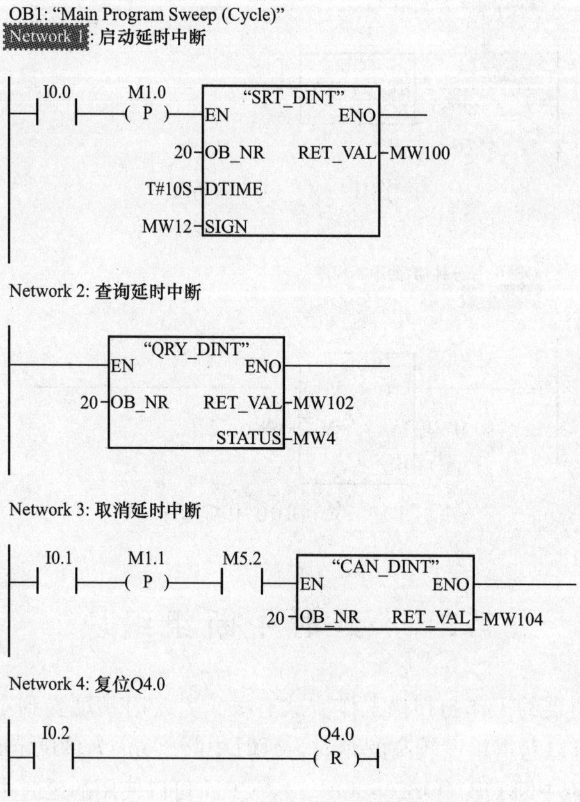

OB1: "Main Program Sweep (Cycle)"

Network 1: 启动延时中断

```
        I0.0      M1.0          "SRT_DINT"
      ──┤ ├──────( P )────┤EN            ENO├─────
                      20─┤OB_NR    RET_VAL├─MW100
                  T#10S─┤DTIME
                  MW12─┤SIGN
```

Network 2: 查询延时中断

```
                            "QRY_DINT"
                        ┤EN            ENO├─────
                    20─┤OB_NR    RET_VAL├─MW102
                                 STATUS├─MW4
```

Network 3: 取消延时中断

```
        I0.1      M1.1      M5.2      "CAN_DINT"
      ──┤ ├──────( P )──────┤ ├──┤EN         ENO├─────
                                  20─┤OB_NR  RET_VAL├─MW104
```

Network 4: 复位Q4.0

```
        I0.2                        Q4.0
      ──┤ ├────────────────────────( R )──┤
```

图 19-6   OB1 程序

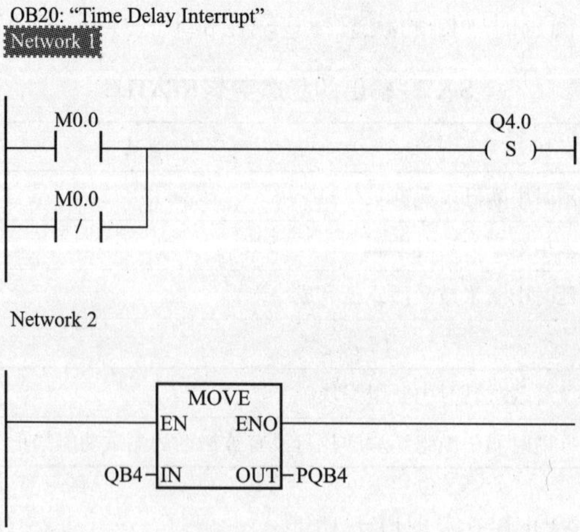

OB20: "Time Delay Interrupt"

Network 1

```
        M0.0                              Q4.0
      ──┤ ├──┬──────────────────────────( S )──┤
        M0.0 │
      ──┤/├──┘
```

Network 2

```
                    MOVE
                ┤EN      ENO├────
            QB4─┤IN     OUT├─PQB4
```

图 19-7   OB20 程序

可以用 PLCSIM 仿真软件模拟运行以上的程序。运行时监视 M5.2 和 M5.4。将程序下载到仿真 PLC，进行 RUN 模式，M5.4 立即变为 1 状态，表示 OB20 已经下载到了 CPU 中。用 I0.0 启动延时中断后，M5.2 变为 1 状态，延时时间到时 Q4.0 变为 1 状态，M5.2 变为 0 状态。在延时过程中用 I0.1 禁止 OB20 延时，M5.2 也会变为 0 状态。

第三节　循环中断组织块

循环中断组织块用于按一定时间间隔循环执行中断程序，例如，周期性地定时执行某一段程序，间隔时间从 STOP 切换到 RUN 模式时开始计算。

循环中断组织块 OB30～OB38 默认的时间间隔和中断优先级见表 19-3。CPU318 只能使用 OB32 和 OB35，其余的 S7-300 CPU 只能使用 OB35。S7-400 CPU 可以使用的循环中断 OB 的个数与 CPU 型号有关。

表 19-3　　　　　　　　　　　循 环 OB 默 认 的 参 数

OB 号	时间间隔	优先级	OB 号	时间间隔	优先级
OB30	5s	7	OB35	100ms	12
OB31	2s	8	OB36	50ms	13
OB32	1s	9	OB37	20ms	14
OB33	500ms	10	OB38	10ms	15
OB34	200ns	11			

如果两个 OB 的时间间隔成整倍数，不同的循环中断 OB 可以同时请求中断，造成处理循环中断服务程序超过指定的循环时间。为了避免出现这样的错误，用户可以定义一个相位偏移。相位偏移用于在循环时间间隔到达时，延时一定的时间后再执行循环中断。相位偏移时间要小于循环的时间间隔。设 OB38 和 OB37 的时间间隔分别为 10ms 和 20ms，它们的相位偏移分别为 0ms 和 3ms。OB38 分别在 10ms，20ms，……，60ms 时产生中断，而 OB37 分别在 $t = 23$ms，43ms，63ms 时产生中断。

可以用 SFC 40 和 SFC 39 来激活和禁止循环中断。SFC 40 "EN_IRT" 是用于激活新的中断和异步错误的系统功能，其参数 MODE 为 0 时激活所有的中断和异步错误，为 1 时激活部分中断和错误，为 2 时激活指定的 OB 对应的中断和错误。SFC39 "DIS_IRT" 是禁止新的中断和异步错误的系统功能，MODE 为 2 时禁止指定的 OB 对应的中断和错误，MODE 必须用十六进制数来设置。

【例 19-3】　在 I0.0 的上升沿时启动 OB35 对应的循环中断，在 I0.1 的上升沿禁止 OB35 对应的循环中断，在 OB35 中使用 MW2 加 1。

在 STEP7 中生成一个项目，选用 CPU312C，在硬件组态工具中打开 CPU 属性的组态窗口，由 "Cyclic Interrupts" 选项卡可知只能用 OB35，其循环周期值的默认值为 100ms，将它修改为 1000ms，将组态下载到 CPU 中，图 19-8 所示是 OB1 的程序。图 19-9 所示为 OB35 的程序。

可以用 PLCSIM 仿真软件模拟运行上述程序，将程序和硬件组态参数下载到仿真 PLC，进行 RUN 模式后，可以看到每秒 MW2 加 1。用鼠标模拟产生 I0.1 的脉冲，循环中断被禁止，MW2 停止加 1。用鼠标模拟产生 I0.0 的脉冲，循环中断被激活，MW2 又开始加 1。

OB1:"Main Program Sweep (Cycle)"
Network 1: 在I0.0的上升沿激活循环中断

```
        I0.0        M1.1              "EN_IRT"
     ──┤ ├──────────( P )──┤EN              ENO├──────────
                           │                    │
                  B#16#2 ──┤MODE      RET_VAL├─MW100
                           │                    │
                      35 ──┤OB_NR               │
```

Network 2: 在I0.1的上升沿禁止循环中断

```
        I0.1        M1.2              "DIS_IRT"
     ──┤ ├──────────( P )──┤EN              ENO├──────────
                           │                    │
                  B#16#2 ──┤MODE      RET_VAL├─MW102
                           │                    │
                      35 ──┤OB_NR               │
```

图 19-8　OB1 主程序

OB35:"Cyclic Interrupt"
Network 1: Title:

```
                        ADD_I
                  ──┤EN        ENO├──────────
                    │              │
              MW2 ──┤IN1       OUT├─MW2
                    │              │
                1 ──┤IN2           │
```

图 19-9　OB35 中断程序

第四节　硬件中断组织块

　　硬件中断组织块（OB40～OB47）用于快速响应信号模块（SM，即输入/输出模块）、通信处理器（CP）和功能模块（FM）的信号变化。具有中断能力的信号模块将中断信号传送到CPU 时，或者当功能模块产生一个中断信号时，将触发硬件中断。

　　CPU318 只能使用 OB40 和 OB41，其余的 S7－300 CPU 只能使用 OB40。S7－400 CPU 可以使用的硬件中断 OB 的个数与 CPU 的型号有关。

　　用户可以用 STEP7 的硬件组态功能来决定信号模块哪一个通道在什么条件下产生硬件中断，将执行哪个硬件中断 OB，OB40 被默认于执行所有的中断。对于 CP 和 FM，可以在对话框中设置相应的参数来启动 OB。

　　硬件中断被模块触发后，操作系统将自动识别是哪一个槽的模块和模块中哪一个通道产生的硬件中断。硬件中断 OB 执行完后，将发送通道确认信号。

　　如果正在处理某一中断事件，又出现了同一模块同一通道产生的完全相同的中断事件，新的中断事件将丢失。如果正在处理某一中断信号时同一模块中其他通道或其他模块产生了中断事件，当前已激活的硬件中断执行完后，再处理暂存的中断。

【例 19－4】 CPU 313C－2DP 集成的 16 点数字量输入 I124.0～I125.7 可以逐点设置中断特性，通过 OB40 对应的硬件中断，在 I124.0 的上升沿将 CPU 集成的数字量输出 Q124.0 置位，在 I124.1 的下降沿将 Q124.0 复位。此外要求在 I0.2 的上升沿时激活 OB40 对应的硬件中断，在 I0.3 的下降沿禁止 OB40 对应的硬件中断。

在 STEP7 中生成一个项目，选用 CPU 313C－2DP，在硬件组态工具中打开 CPU 属性的组态窗口，由 "Interrupts" 选项卡可知在硬件中断中，只能使用 OB40。双击机架中 CPU 313C－2DP 内的集成 I/O "DI16/DO16" 所在行，如图 19－10 所示。在打开的对话框的 "Input" 选项卡中，设置在 I124.0 的上升沿和 I124.1 的下降沿产生中断，如图 19－11 所示。

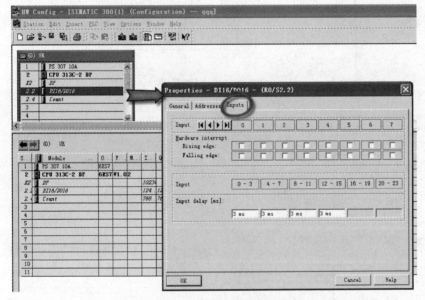

图 19－10 打开 DI16/DO16 属性

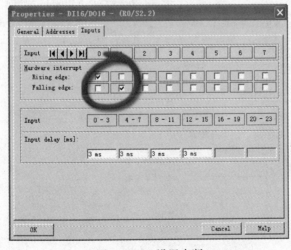

图 19－11 设置中断

313

图 19－12 所示是 OB1 的程序，图 19－13 所示是 OB40 的程序。

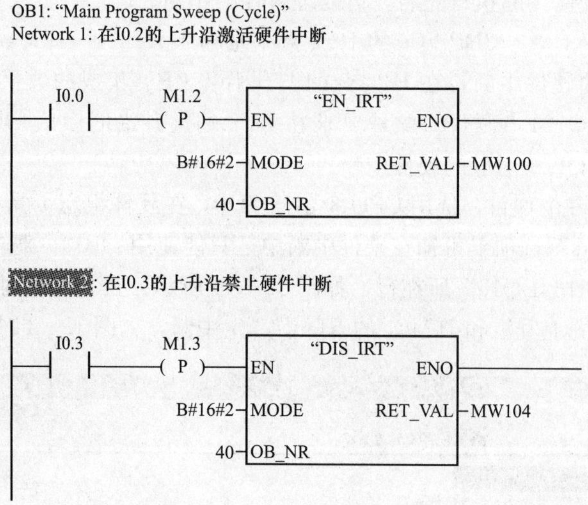

OB1: "Main Program Sweep (Cycle)"
Network 1: 在I0.2的上升沿激活硬件中断
I0.0
M1.2
P
"EN_IRT"
EN
ENO
B#16#2
MODE
RET_VAL
MW100
40
OB_NR
Network 2: 在I0.3的上升沿禁止硬件中断
I0.3
M1.3
P
"DIS_IRT"
EN
ENO
B#16#2
MODE
RET_VAL
MW104
40
OB_NR

图 19－12　OB1 程序

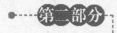

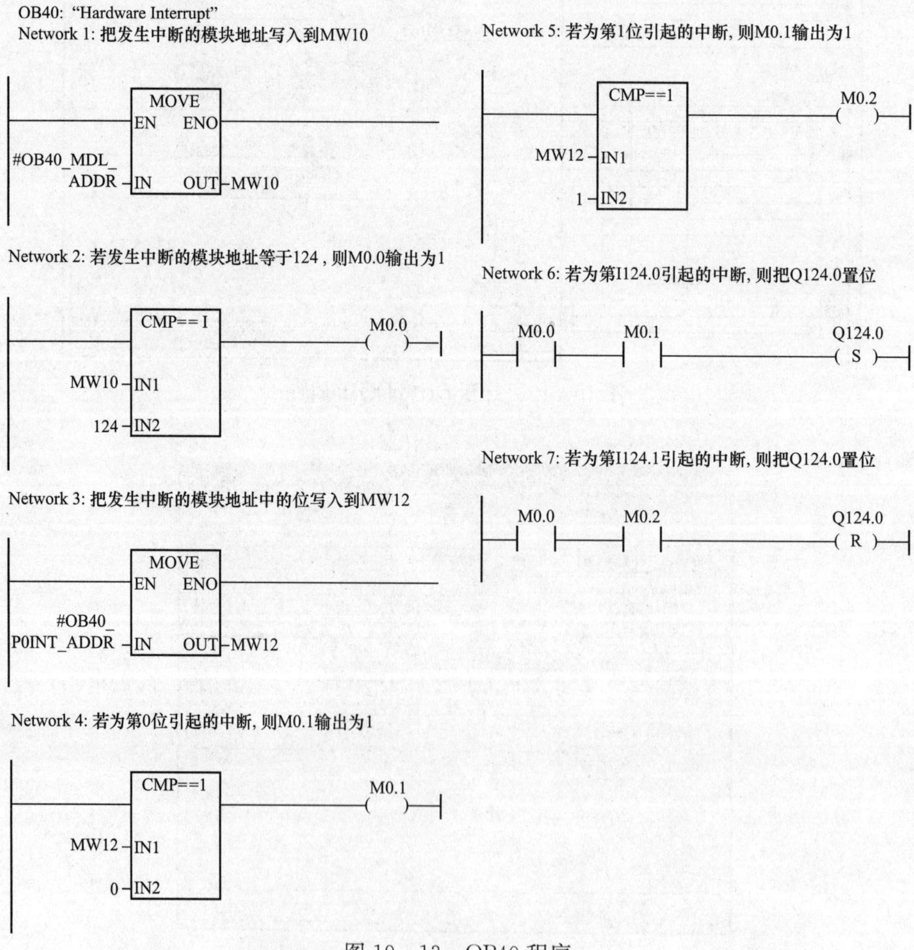

OB40: "Hardware Interrupt"
Network 1: 把发生中断的模块地址写入到MW10
MOVE
EN
ENO
#OB40_MDL_ADDR
IN
OUT
MW10
Network 2: 若发生中断的模块地址等于124，则M0.0输出为1
CMP==I
M0.0
MW10
IN1
124
IN2
Network 3: 把发生中断的模块地址中的位写入到MW12
MOVE
EN
ENO
#OB40_P0INT_ADDR
IN
OUT
MW12
Network 4: 若为第0位引起的中断，则M0.1输出为1
CMP==1
M0.1
MW12
IN1
0
IN2
Network 5: 若为第1位引起的中断，则M0.1输出为1
CMP==1
M0.2
MW12
IN1
1
IN2
Network 6: 若为第I124.0引起的中断，则把Q124.0置位
M0.0
M0.1
Q124.0
S
Network 7: 若为第I124.1引起的中断，则把Q124.0置位
M0.0
M0.2
Q124.0
R

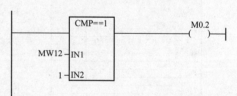

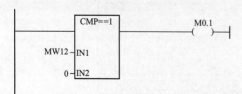

图 19－13　OB40 程序

在 OB40 程序中，OB_MDL_ADDR 是触发中断的模块的起始字节地址，OB_POINT_ADDR 是发生中断的模块内的位地址。这两个数据为 OB40 的临时变量参数。

下面介绍在 PLCSIM 仿真软件中模拟硬件中断的方法。将仿真 PLC 切换到 RUN 模式，用鼠标模拟产生一个 I0.2 的脉冲输入信号，激活 OB40 对应的硬件中断。用 PLCSIM 的菜单命令 "Execute→Trigger Error OB→Hardware Interrupt（OB40 - OB47）…" 打开 "Hardware Interrupt（OB40 - OB47）"，对话框如图 19 - 14 所示。在对话框中输入模块的起始地址和位地址 0。按 Apply 键触发指定的硬件中断，这样就可把 Q124.0 置位为 1。将位改为 1，单击 Apply 键又使 Q124.0 复位为 0。

按 OK 键将执行与 Apply 键同样的操作，同时退出对话框。

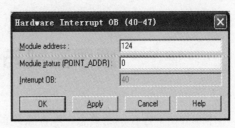

图 19 - 14　硬件中断的模拟

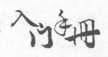 
第二十章

顺序控制与 S7 GRAPH 编程

本章介绍顺序控制的概念、顺控系统的结构及顺序功能图的分类，结合具体实例详细分析顺序功能图的设计方法和设计步骤，最后介绍了如何在 S7 GRAPH 环境下完成顺控器的设计及调试。

第一节　顺序控制与功能图基本概念

顺序功能图（Sequential Function Chart，SFC）是 IEC 标准编程语言，用于编制复杂的顺控程序，很容易被初学者接受，对于有经验的电气程师，也会大大提高工作效率。

一、顺序控制

所谓顺序控制，就是按照生产工艺预先规定的流程，使生产过程中各执行机构自动有序地进行操作，以实现生产有序地工作。

例如，简单机械手的自动控制，工作示意图如图 20-1 所示，机械手将工件从 A 位置向 B 位置移送。机械手的上升、下降与左移、右移都是由双线圈两位电磁阀驱动气缸来实现的。抓手对物件的松开、夹紧是由一个单线圈两位电磁阀驱动气缸完成，只有在电磁阀通电时抓手才能夹紧。该机械手工作原点在左上方，按下降（步 S1）、夹紧（步 S2）、上升（步 S3）、右移（步 S4）、下降（步 S5）、松开（步 S6）、上升（步 S7）、左移（步 S8）的顺序依次运行。这就是一个典型的顺序控制。

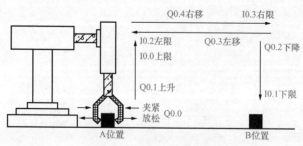

图 20-1　机械手顺序控制

从以上描述可看出，顺序控制由一系列步（S）或功能组成，这些步或功能按顺序由转换条件激活。顺序控制在生产流水线上的控制应用非常广泛。

二、顺序控制系统的结构

如图 20-2 所示，一个完整的顺序控制系统包括 4 个部分：方式选择、顺控器、命令输出、故障信号和状态信号。

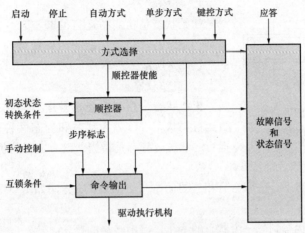

图 20-2　顺序控制系统结构图

1. 方式选择

在方式选择部分主要处理各种运行方式的条件和切换信号。运行方式在操作台上通过选择开关或按钮进行设置和显示，典型的操作台如图 20-3 所示。基本运行方式如下：

（1）自动方式。在该方式下，系统将按照顺控器中确定的控制顺序，自动执行各控制环节的功能，一旦系统启动后就不再需要操作人员的干预，但可以响应停止和急停操作。

（2）单步方式。在该方式下，系统依据控制按钮，在操作人员的控制下，一步一步地完成整个系统的功能。

（3）手动方式。在该方式下，各执行机构动作需要由手动控制实现。

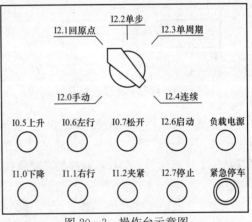

图 20-3　操作台示意图

2. 顺控器

顺控器是顺序控制系统的核心，是实现按时间、顺序控制工业生产过程的一个控制装置。

3. 命令输出

命令输出部分主要实现控制系统各控制步骤的具体功能，如驱动执行机构等。

4. 故障信号和状态信号

故障信号和状态信号部分主要处理控制系统运行过程中的故障及状态信号，如当前系统工作于哪种方式，正执行到在哪一步等。

三、功能图的基本概念

状态具有控制系统中一个相对不变的性质，对应于一个稳定的情形。状态的符号如图20-4（a）所示。矩形框中可写上该状态的状态器元件编号。

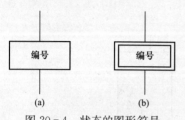

图 20-4　状态的图形符号

（a）状态；（b）初始状态

1. 初始状态

初始状态是功能图运行的起点，一个控制系统至少要有一个初始状态。初始状态的图形符号为双线的矩形框，如图20-4（b）所示。

2. 工作状态

工作状态是控制系统正常运行的状态。根据控制系统是否运行，状态可以分为动态和静态两种。动态是指当前正在运行的状态，静态是指当前没有运行的状态。

3. 与状态对应的动作

在每个稳定的状态下，一般会有相应的动作。动作的表示方法如图20-5所示。

4. 转移

为了说明从一个状态到另一个状态的变化，需用转移的概念。转移的方向用一条有向线段来表示，两个状态之间的有向线段上再用一条横线可表示这一转移，如图20-6所示。

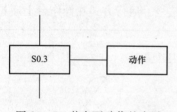

图 20-5　状态下动作的表示

图 20-6　转移符号

转移是一种条件，当此条件成立时，称为转移使能。该转移如果能够使状态发生转移，则称为触发。一个转移能够触发必须满足以下条件：状态为动状态及转移使能。转移条件是指使系统从一个状态向另一个状态转移的必要条件。

第二节　顺控器设计举例

顺序控制功能图主要有三种基本类型：单流程、选择性分支流程和并行分支流程。

下面以单流程为例来进行控制器的设计。

【例20-1】　交通信号灯控制系统设计。

图20-7所示为交通信号灯示意图，元件分配如表20-1所示。

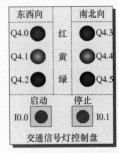

图 20-7　交通信号灯示意图

表 20-1　　　　　　　　　　　　　交通信号灯控制系统 I/O 分配

编程元件	元件地址	符号	传感器/执行器	说明
数字量输入 32×24V（DC）	I0.0	Start	常开按钮	启动按钮
	I0.1	Stop	常开按钮	停止按钮
数字量输出 32×24V（DC）	Q4.0	EW_R	信号灯	东西向红灯
	Q4.1	EW_Y	信号灯	东西向黄灯
	Q4.2	EW_G	信号灯	东西向绿灯
	Q4.3	SN_R	信号灯	南北向红灯
	Q4.4	SN_Y	信号灯	南北向黄灯
	Q4.5	SN_G	信号灯	南北向绿灯

1. 控制说明

信号灯的动作受总开关控制，按一下启动按钮，信号灯系统开始工作，工作流程如图 20-8 所示。

2. 顺序功能图

分析信号灯的变化规律，可将工作过程分成 4 个依设定时间而顺序循环执行的状态：S2、S3、S4 和 S5，另设一个初始状态 S1。由于控制比较简单，可用单流程实现，如图 20-9 所示。

编写程序时，可将顺序功能图放置在一个功能块（FB）中，而将停止作用的部分程序放置在另一个功能（FC）或功能块（FB）中。这样在系统启动运行期间，只要停止按钮（Stop）被按动，立即将所有状态 S2~S5 复位，并返回到待命状态 S1。

在待命状态下，只要按动启动按钮（Start），系统即开始按顺序功能图所描述的过程循环执行。

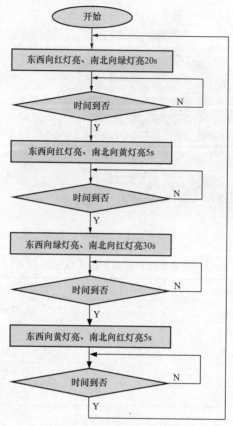

图 20-8　信号灯工作流程

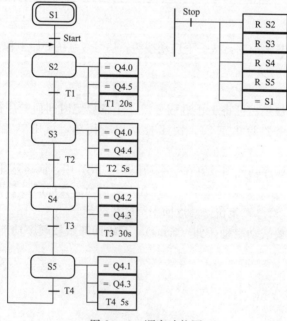

图 20-9　顺序功能图

第三节 S7 GRAPH 的编程与应用

利用 S7 GRAPH 编程语言，可以清楚快速地组织和编写 S7 PLC 系统的顺序控制程序。它根据功能将控制任务分解为若干步，其顺序用图形方式显示出来并且可形成图形和文本方式的文件。可非常方便地实现全局、单页或单步显示及互锁控制和监视条件的图形分离。

在每一步中要执行相应的动作并且根据条件决定是否转换为下一步。它们的定义、互锁或监视功能用 STEP 7 的编程语言 LAD 或 FBD 来实现。

下面再结合第二节中介绍的交通灯控制系统，介绍 S7 GRAPH 编辑功能图的方法。

一、创建 S7 GRAPH 项目

1. 创建 S7 项目

打开 SIMATIC Manager，然后执行菜单命令 File→New 创建一个项目，并命名为“信号灯 Graph”。

2. 硬件配置

选择“信号灯 Graph”项目下的“SIMATIC 300 Station”文件夹，进入硬件组态窗口按图 20-10 完成硬件配置，最后编译保存并下载到 CPU。

S...	Module	Order number	Firmware	MPI address	I address	Q address	Comment
1	PS 307 5A	6ES7 307-1EA00-0AA0					
2	**CPU315-2DP**	**6ES7 315-2AG10-0AB0**	**V2.0**	**2**			
X2	*DP*				*2047**		
3							
4	DI32xDC24V	6ES7 321-1BL00-0AA0			0...3		
5	DO32xDC24V/0.5A	6ES7 322-1BL00-0AA0				4...7	

图 20－10　硬件配置

3. 编辑符号表

编辑符号表如图 20－11 所示。

	Status	Symbol	Address	Data type	Comment
1		Cycle Execution	OB 1	OB 1	主程序
2		信号灯	FB 1	FB 1	交通信号灯控制
3		Start	I 0.0	BOOL	启动按钮
4		STOP	I 0.1	BOOL	停止按钮
5		EW_R	Q 4.0	BOOL	东西向红灯
6		EW_Y	Q 4.1	BOOL	东西向黄灯
7		EW_G	Q 4.2	BOOL	东西向绿灯
8		SN_R	Q 4.3	BOOL	南北向红灯
9		SN_Y	Q 4.4	BOOL	南北向黄灯
10		SN_G	Q 4.5	BOOL	南北向绿灯
11					

图 20－11　符号表

4. 插入 S7 GRAPH 功能块（FB）

在 SIMATIC 管理器窗口内单击项目下的 Blocks 文件夹，然后执行菜单命令 Insert→S7 Block→Function Block，弹出 FB 属性对话框，如图 20-12 所示。

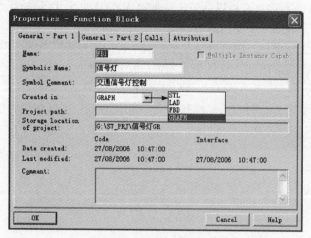

图 20-12　FB 属性对话框

在 Name 区域输入功能块的名称，如 "FB1"；在 Symbolic Name 区域输入 FB 的符号名；在 Symbol Comment 区域可选择输入 FB 的说明文字。在 Create in 区域选择 FB 的编程语言为 GRAPH 语言。最后单击 OK 按钮确认并插入一个功能块 FB1。

二、S7 GRAPH 编辑器

在 Blocks 文件夹中打开功能块 FB1，打开 S7 GRAPH 编辑器。编辑器为 FB1 自动生成了第一步 "S1 Step1" 和第一个转换 "T1 Trans1"，如图 20-13 所示。

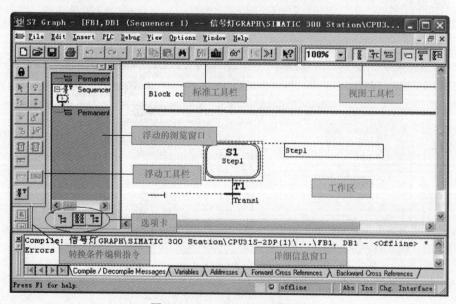

图 20-13　S7 GRAPH 编辑器

S7 GRAPH 编辑器由生成和编辑程序的工作区、标准工具栏、视窗工具栏、浮动工具栏、详细信息窗口和浮动的浏览窗口（Overview Window）等组成。

1. 视窗工具栏

视窗工具栏上各按钮的作用如图 20-14 所示。

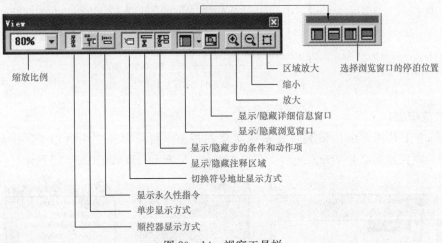

图 20-14　视窗工具栏

2. Sequencer 浮动工具栏

Sequencer 浮动工具栏上各按钮的作用如图 20-15 所示。

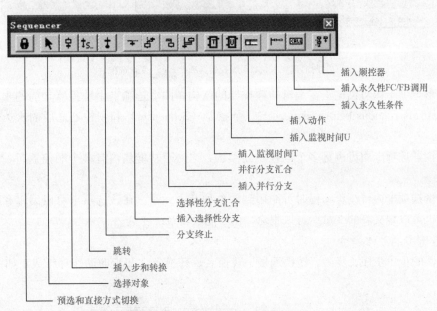

图 20-15　Sequencer 浮动工具栏

3. 转换条件编辑工具栏

转换条件编辑工具栏上各按钮的作用如图 20-16 所示。

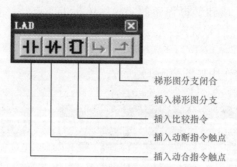

梯形图分支闭合
插入梯形图分支
插入比较指令
插入动断指令触点
插入动合指令触点

图 20-16　转换条件编辑工具栏

4. 浏览窗口

单击标准工具栏上的按钮█可显示或隐藏左视窗。左视窗有三个选项卡：图形选项卡（Graphic）、顺控器选项卡（Sequence）、变量选项卡（Variables），如图 20-17 所示。

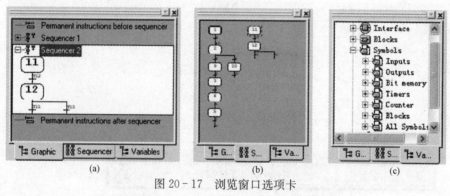

(a)　　　　　　　　(b)　　　　　　　　(c)

图 20-17　浏览窗口选项卡
(a) 图形选项卡；(b) 顺控器选项卡；(c) 变量选项卡

在图形选项卡内可浏览正在编辑的顺控器的结构，图形选项卡由顺控器之前的永久性指令（Permanent instructions before sequencer）、顺控器（Sequencer）和顺控器之后的永久性指令三部分组成。

在顺控器选项卡内可浏览多个顺控器的结构，当一个功能块内有多个顺控器时，可使用该选项卡。

在变量选项卡内可浏览编程时可能用到的各种基本元素。在该选项卡可以编辑和修改现有的变量，也可以定义新的变量。可以删除，但不能编辑系统变量。

5. 步与步的动作命令

顺控器的步由步序、步名、转换编号、转换名、转换条件和步的动作等组成，如图 20-18 所示。

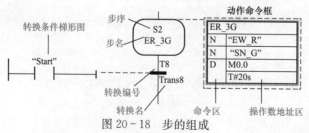

图 20-18　步的组成

步的动作行由命令和地址组成，右边的方框为操作数地址，左边的方框用来写入命令，动作中可以有定时器、计数器和算术运算。

（1）标准动作。对标准动作可以设置互锁（在命令的后面加"C"），仅在步处于活动状态和互锁条件满足时，有互锁的动作才被执行。没有互锁的动作在步处于活动状态时就会被执行。标准动作中的命令如表20-2所示，表中的 Q、I、M、D 均为位地址，括号中的内容用于有互锁的动作。

表 20-2　　　　　　　　　　　　标 准 动 作 中 的 命 令

命令	地址类型	说明
N（或 NC）	Q、I、M、D	只要步为活动步（且互锁条件满足），动作对应的地址为1状态，无锁存功能
S（或 SC）	Q、I、M、D	置位：只要步为活动步（且互锁条件满足），该地址被置为1并保持为1状态
R（或 BC）	Q、I、M、D	复位：只要步为活动步（且互锁条件满足），该地址被置为0开保持为0状态
D（或 DC）	Q、I、M、D	延迟：（如果互锁条件满足），步变为活动步 n 秒后，如果步仍然是活动的，该地址被置为1状态，无锁存功能
	T#（常数）	有延迟的动作的下一行为时间常数
L（或 LC）	Q、I、M、D	脉冲限制：步为活动步（且互锁条件满足），该地址在 n 秒内为 ON 状态，无锁存功能
	T#（常数）	有脉冲限制的动作的下一行为时间常数
CALL（或 CALC）	FC、FB、SFC、SFB	块调用：只要步为活动步（且互锁条件满足），指定的块被调用

（2）与事件有关的动作。动作可以与事件结合，事件是指步、监控信号、互锁信号的状态变化、信息（Message）的确认（Acknowledgment）或记录（Registration）信号被置位，事件的意义见表20-3。命令只能在事件发生的那个循环周期执行。

表 20-3　　　　　　　　　　　　控 制 动 作 中 的 事 件

事件	事件的意义	事件	事件的意义
S1	步变为活动步	S0	步变为非活动步
V1	发生监控错误（有干扰）	V0	监控错误消失（无干扰）
L1	互锁条件解除	L0	互锁条件变为1
A1	信息被确认	R1	在输入信号（REG_EF/REG_S）的上升沿，记录信号被置位

除了命令 D（延迟）和 L（脉冲限制）外，其他命令都可以与事件进行逻辑组合。

在检测到事件，并且互锁条件被激活（对于有互锁的命令 NC、RC、SC 和 CALLC）在下一个循环内，使用 N（NC）命令的动作为"1"状态，使用 R（RC）命令的动作被置位一次，使用 S（SC）命令的动作被复位一次。使用 CALL（CALLC）命令的动作的块被调用一次。

（3）ON 命令与 OFF 命令。用 ON 命令或 OFF 命令可以使命令所在步之外的其他步变为活动步或非活动步。

ON 命令或 OFF 命令取决于 "步" 事件，即该事件决定了该步变为活动步或变为非活动步的时间，这两个命令可以与互锁条件组合，即可使用命令 ONC 和 OFFC。

指定的事件发生时，可以将指定的步变为活动步或非活动步。如果命令 OFF 的地址标识符为 S_ALL，将除了命令 "OFF" 所在的步之外其他的步变为非活动步。

在图 20-19 中的步 S8 变为活动步后，各动作按下述方式执行：

1）一旦 S8 变为活动步和互锁条件满足，指令 "S1 RC" 使输出 Q2.1 复位为 0 并保持为 0。

2）一旦监控错误发生（出现 V1 事件），除了动作中的命令 "V1 OFF" 所在的步 S8，其他的活动步变为非活动步。

3）S8 变为非活动步时（出现事件 S0），将步 S5 变为活动步。只要互锁条件满足（出现 L0 事件），就调用指定的功能块 FB 2。

（4）动作中的计数器。动作中的计数器的执行与指定的事件有关。互锁功能可以用于计数器，对于有互锁功能的计数器，只有在互锁条件满足和指定的事件出现时，动作中的计数器才会计数。计数值为 0 时计数器位为 "0"，计数值非 0 时计数器位为 "1"。

事件发生时，计数器指令 CS 将初值装入计数器。CS 指令下面一行是要装入的计数器的初值，它可以由 IW、QW、MW、LW、DBW、BIW 来提供，或用常数 C#0~C#999 的形式给出。

事件发生时，CU、CD、CR 指令使计数值分别加 1、减 1 或将计数值复位为 0。计数器命令与互锁组合时，命令后面要加上 "C"。

（5）动作中的定时器。动作中的定时器与计数器的使用方法类似，事件出现时定时器被执行。互锁功能也可以用于定时器。

1）TL 命令为扩展的脉冲定时器命令，该命令的下面一行是定时器的定时时间 "time"，定时器位没有闭锁功能。定时器的定时时间可以由字元件来提供，也可用 S5 时间格式，如 S5T#5S。

2）TD 命令用来实现定时器位有闭锁功能的延迟。一旦事件发生定时器即被启动。互锁条件 C 仅仅在定时器被启动的那一时刻起作用。定时器被启动后将继续定时，而与互锁条件和步的活动性无关。在 time 指定的时间内，定时器位为 0。定时时间到时，定时器位变为 1。

3）TR 是复位定时器命令，一旦事件发生定时器立即停止定时，定时器位与定时值被复位为 "0"。

在图 20-20 中，步 S3 变为活动步时，事件 S1 使计数器 C4 的值加 1。C4 可以用来计数步 S3 变为活动步的次数。只要步 S3 变为活动步，事件 S1 使用 MW0 的值加 1。S3 变为活动步后 T3 开始定时，T3 的位为 0 状态，5s 后 T3 的定时器位变为 1 状态。

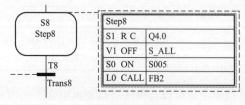

图 20-19　步的动作

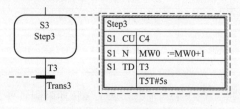

图 20-20　步的动作

（6）顺序控制器中的条件。

1）转换条件：转换中的条件使用顺序控制器从一步转换到下一步。

2）互锁条件：如果互锁条件的逻辑满足，受互锁控制的动作被执行。

3）监控条件：如果监控条件的逻辑运算满足，表示有干扰事件 V1 发生。顺序控制器不会转换到下一步，保持当前步为活动步。如果监控条件的逻辑运算不满足，表示没有干扰，如果转换条件满足，转换到下一步。只有活动步被监控。

6. 设置 S7 GRAPH 功能块的参数集

在 S7 GRAPH 编辑器中执行菜单 Option→Block Setting，打开 S7 GRAPH 功能块参数设置对话框，如图 20-21 所示。

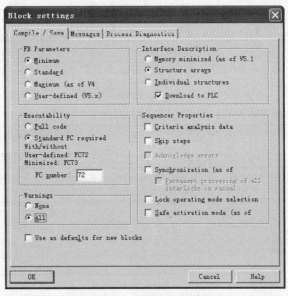

图 20-21 设置 FB 参数集

在 FB Parameters 区域有 4 个参数集选项：Minimun（最小参数集）、Standard（标准参数集）、Maximum（最大参数集）、User-defined（用户自定义参数集）。不同的参数集所对应的功能块图符不同。常用参数的含义如表 20-4 所示。

表 20-4   **GRAPH 的 FB 常用参数**

FB 参数（上升沿有效）	内部变量（静态数据区名称）	顺序控制器（S7-GRAPH 名称）	含义
ACK_EF	MOP. ACK	Acknowledge	故障信息得到确认
INIT_SQ	MOP. INIT	Initialize	激活初始步（顺控器复位）
OFF_SQ	MOP. OFF	Disable	停止顺控器，例如使所有步失效
SW_AUTO	MOP. AUTO	Automatic（Auto）	模式选择：自动模式
SW_MAN	MOP. MAN	Manual mode（MAN）	模式选择：手动模式
SW_TAP	MOP. TAP	Inching mode（TAP）	模式选择：单步调节
SW_TOP	MOP. TOP	Automatic or switch to next（TOP）	模式选择：自动或切换到下一个
S_SEL	—	Step number	选择，激活/去使能在手动模式 S_ON/S_OFF 在 S_NO 步数
S_ON	—	Activate	手动模式：激活步显示

续表

FB 参数（上升 沿有效）	内部变量（静态 数据区名称）	顺序控制器 （S7-GRAPH 名称）	含义
S_OFF	—	Deactivate	手动模式：去使能步显示
T_PUSH	MOP. T_PUSH	Continue	单步调节模式：如果传送条件满足，上升沿可以触发连续程序的传送
SQ_FLAGS. ERROR	—	Error display：Interlock	错误显示："互锁"
SQ_FLAGS. FAULT	—	Error display：Supervision	错误显示："监视"
EN_SSKIP	MOP. SSKIP	Skip steps	激活步的跳转
EN_ACKREQ	MOP. ACKREQ	Acknowledge errors	使能确认需求
HALT_SQ	MOP. HALT	Stop segencer	停止程序顺序并且重新激活
HALT_TM	MOP. TMS_HALT	Stop timers	停止所有步的激活运行时间和块运行和重新激活临界时间
—	MOP. IL_PERM	Always process interlocks	"执行互锁"
—	MOP. T_PERM	Always process transitions	"执行程序传送"
ZERO_OP	MOP. OPS_ZERO	Actions active	复位所有在激活步 N, D, L 操作到 0, 在激活或不激活操作数中不执行 CALL 操作
EN_IL	MOP. SUP	Supervision active	复位/重新使能步互锁
EN_SV	MOP. LOCK	Interlocks active	复位/重新使能步监视

三、编辑 S7 GRAPH 功能块（FB）

1. 规划顺序功能图

（1）插入"步及步的转换"。在 S7 GRAPH 编辑器内，用鼠标点中 S1 的转换（S1 下面的十字），然后连续单击 4 次"步和转换"的插入工具图标 ，在 S1 的下面插入 4 个步及每步的转换，插入过程中系统自动为新插入的步及转换分配连续序号（S2～S5、T2～T5）。

注意　T1～T5 是转换 Trans1～Trans5 的缩写。

（2）插入"跳转"。用鼠标点中 S5 的转换（S5 下面的十字），然后单击步的"跳转"工具图标 ，此时在 T5 的下面出现一个向下的箭头，并显示"S 编号输入栏"，如图 20-22 所示。

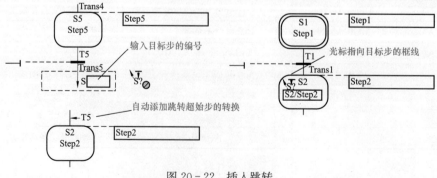

图 20-22　插入跳转

在"S编号输入栏"内可以直接输入要跳转的目标步的编号，如要跳到 S2 步，则可输入数字"2"。也可以将鼠标直接指向目标步的框线，单击鼠标完成设置。设置完成自动在目标步 S2 的上面添加一个左向箭头，箭头的尾部标有起始跳转位置的转换，如 T5。这样就形成了单流程循环。如图 20－23 所示。

2. 编辑步的名称

表示步的方框内有步的编号（如 S1）和步的名称（如 Step1），单击相应项可以进行修改，不能用汉字作步和转换的名称。

将步 S1～S5 的名称依次改为"Initial（初始化）"、"ER_SG（东西向红灯－南北向绿灯）""ER_SY（东西向红灯－南北向黄灯）"、"EG_SR（东西向绿灯－南北向红灯）"、"EY_SR（东西向黄灯－南北向红灯）"，如图 20－23 所示。

3. 动作的编辑

执行菜单命令 View→Display with→Conditions Actions，可以显示或隐藏各步的动作和转换条件，用鼠标右键单击步右边的动作框线，在弹出的菜单中执行命令 Insert New Object → Action，可插入一个空的动作行，也可以单击动作行工具 插入动作行。

（1）用鼠标单击 S2 的动作框线，然后单击动作行工具，插入 3 个动作行；在第一行动作行中输入命令"N Q4.0"（Q4.0 对应的符号名为 EW_R）；在第二行动作行中输入命令"N Q4.5"（Q4.5 对应的符号名为 SN_G）；在第三个动作行中输入命令"D"后回车，会自动变成两行，在其中的第一行中输入位地址，如 M0.0，然后回车；在其中的第二行内输入时间常数，如 T♯20S（表示延时 20s），然后回车。如图 20－24 所示。

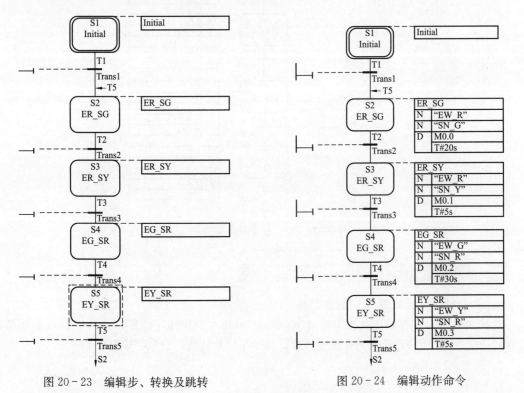

图 20－23 编辑步、转换及跳转   图 20－24 编辑动作命令

M0.0 是步 S2 和 S3 之间的转换条件，相当于定时器延时时间到时，M0.0 的动合触点闭合，

程序从步 S2 转换到 S3。

（2）按以上操作方法，完成如图 20-24 中 S3～S5 的动作命令输入。由于前面在符号表中已经对所用到的地址定义了符号名，所以当输入完绝对地址后，系统默认用符号地址显示。也可切换到绝对地址显示。

4. 编程转换条件

转换条件可以用梯形图或功能块图来编辑，用菜单 View → LAD 或 View → FBD 命令可切换转换条件的编程语言，下面介绍用梯形图来编辑转换条件。

单击转换名右边与虚线相连的转换条件，在窗口最左边的工具条中单击动合触点、动断触点或方框形的比较器（相当于一个触点），可对转换条件进行编程，编辑方法同梯形图语言。

按图 20-25 所示编辑转换条件，并完成整个顺序功能图的编辑。

最后单击按钮▣保存并编译所做的编辑。若编译能通过，系统将自动在当前项目的 Blocks 文件夹下创建与该功能块（FB1）对应的背景数据块（如 DB1）。

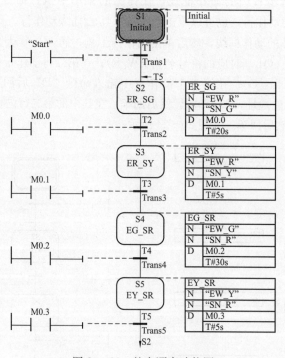

图 20-25　整个顺序功能图

四、在 OB1 中调用 S7 GRAPH 功能块

1. 设置 S7 GRAPH 功能块的参数集

在 S7 GRAPH 编辑器中执行菜单命令 Option→Block Setting，打开 S7 GRAPH 功能块参数设置对话框，本例将 FB 设置为标准参数集。其他采用默认值，设置完毕保存 FB1。

2. 调用 S7 GRAPH 功能块

打开 OB1，将编程语言选择为梯形图。

打开编辑器左侧浏览窗口中的 "FB Blocks" 文件夹，双击其中的 FB1 图标，在 OB1 的

Network 1中调用顺序功能图程序 FB1，在模块的上方输入 FB1 的背景功能块 DB1 的名称。

在"INIT_SQ"端口上输入"Start"，也就是用启动按钮激活顺控器的初始部 S1；在"OFF_SQ"端口上输入"Stop"，也就是用停止按钮关闭顺控器。最后用菜单命令 File→save 保存 OB1。

3. 用 S7‑PLCSIM 仿真软件调试 S7 GRAPH 程序

使用 S7‑PLCSIM 仿真软件调试 S7 GRAPH 程序的步骤如下：

（1）单击 SIMATIC 管理器工具条中的按钮，或执行菜单命令 Options → Simulate Modules，打开 S7‑PLCSIM 窗口。

（2）在 S7‑PLCSIM 窗口中单击 CPU 视窗中的 STOP 框，令仿真 PLC 处于 Stop 模式。

（3）在 SIMATIC 管理器中，把 PLC 的硬件组态和 OB1、FB1、DB1 下载到仿真 PLC 中。

（4）单击仿真器工具条中输入变量按钮，插入字节型输入变量，并将字节地址修改为 0，显示方式为 Bits（位）方式。单击输出变量按钮，插入字节型输出变量，并将字节地址修改为 4，显示方式为 Bits（位）方式。

（5）打开 FB1，单击监控按钮将 FB1 显示状态切换到监控模式。将仿真 CPU 模式切换到 RUN 或 RUN‑P 模式，选择 I0.0，可看到 Q4.0～Q4.5 按顺序功能图设定的时间顺序点亮，如图 20‑26 所示。

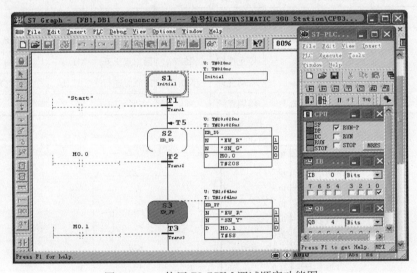

图 20‑26 使用 PLCSIM 调试顺序功能图

第四节 多种工作方式系统的顺序控制编程

下面以简易机械手控制为例，介绍多种工作方式的系统如何实现顺控编程。机械手如图 20‑27 所示，实现把工件从 A 点搬到 B 点。操作盘如图 20‑28 所示，可以实现手动控制、回原点控制、单步控制、单周期自动控制和连续自动控制。

编辑符号表如表 20‑5 所示，相应地对各 I/O 点进行了分配定义，PLC 的接线图如图 20‑29 所示。

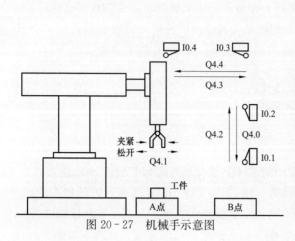

图 20-27　机械手示意图

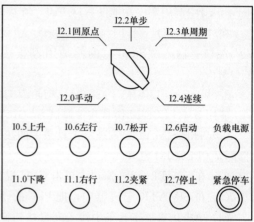

图 20-28　机械手操作盘

表 20-5　　　　　　　　　　　　符 号 表

符号	地址	符号	地址	符号	地址	符号	地址	符号	地址
自动数据块	DB1	松开按钮	I0.7	单步	I2.2	自动方式	M0.3	下降阀	Q4.0
下限位	I0.1	下降按钮	I1.0	单周期	I2.3	原点条件	M0.5	夹紧阀	Q4.1
上限位	I0.2	右行按钮	I1.1	连续	I2.4	转换允许	M0.6	上升阀	Q4.2
右限位	I0.3	夹紧按钮	I1.2	启动按钮	I2.6	连续标志	M0.7	右行阀	Q4.3
左限位	I0.4	确认故障	I1.3	停止按钮	I2.7	回原点上升	M1.0	左行阀	Q4.4
上升按钮	I0.5	手动	I2.0	自动允许	M0.0	回原点左行	M1.1	错误报警	Q4.5
左行按钮	I0.6	回原点	I2.1	单周连续	M0.2	夹紧延时	M1.2		

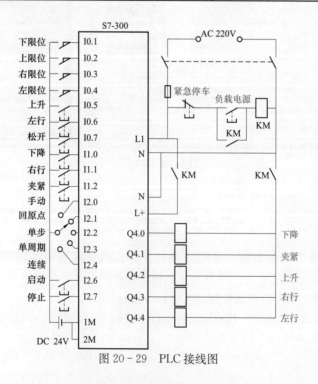

图 20-29　PLC 接线图

整个程序结构如下：

OB100 为初始化程序，OB1 为主程序。设计 FC1、FC2、FC3 三个功能。在功能 FC1 中编写公用程序。在功能 FC2 中编写手动控制程序。在 FC3 中编写回原点程序。自动程序（包括单周期和连续）由 FB1 实现，FB1 由顺序功能图编程实现。在 OB1 中调用 FC1、FC2、FC3 和 FB1。

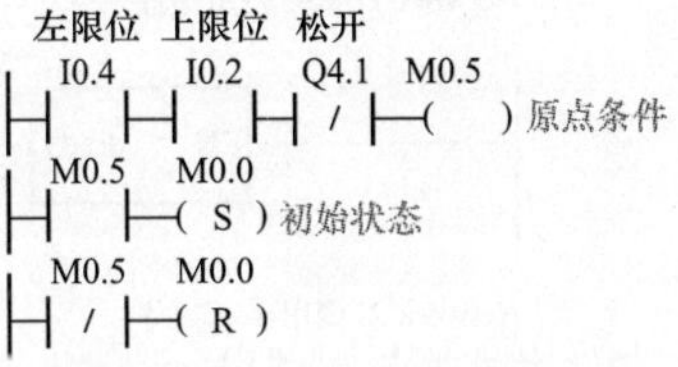

OB100 初始化程序如图 20 - 30 所示，FC1 公用程序如图 20 - 31 所示，FC2 手动程序如图 20 - 32 所示，FC3 回原点程序如图 20 - 33 所示，OB1 主程序如图 20 - 34 所示。

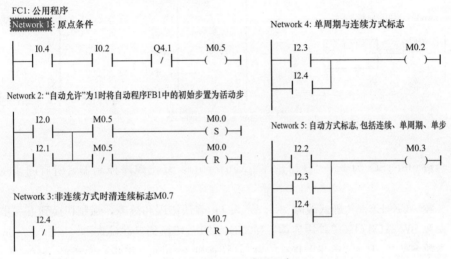

图 20 - 30 OB100 初始化程序

图 20 - 31 FC1 公用程序

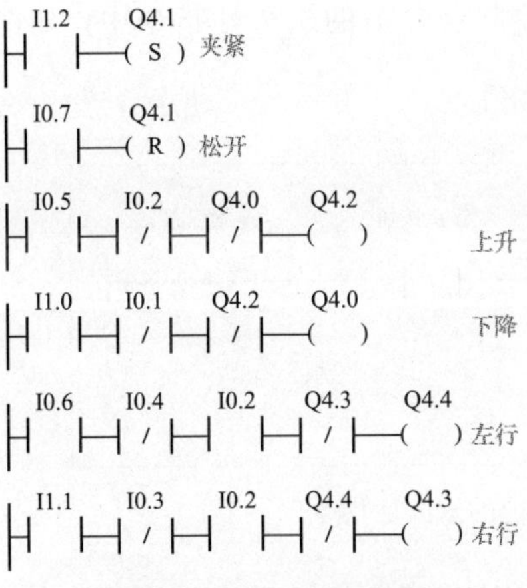

图 20 - 32 FC2 手动程序

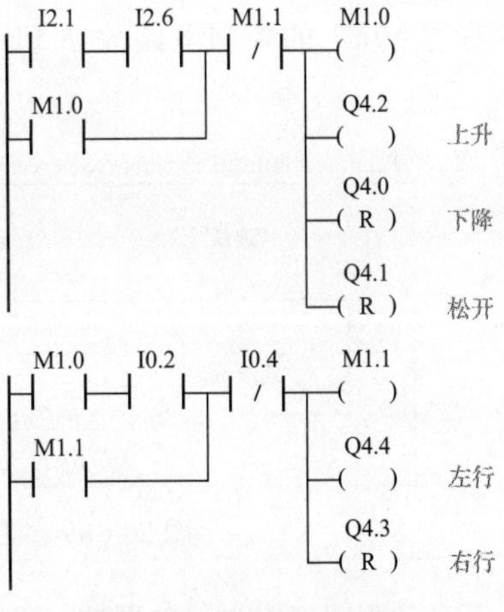

图 20 - 33 FC3 回原点

S7 Graph FB 的参数有许多，下面介绍图中使用的参数：

（1）连续、单周期或单步时"自动方式"M0.3 为 1，调用 FB1。

（2）参数 INIT_SQ（"自动允许"M0.0）为 1：原点条件满足，激活初始步，复位顺序控

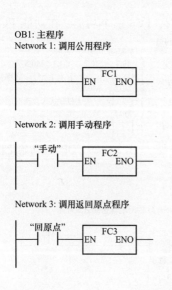

OB1: 主程序
Network 1: 调用公用程序

Network 2: 调用手动程序

Network 3: 调用返回原点程序

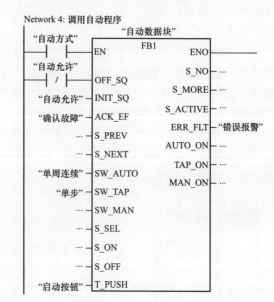

Network 4: 调用自动程序

图 20-34　OB1 主程序

制器。

（3）参数 OFF_SQ 为 1（"自动允许" M0.0＝0）：复位顺序控制器，所有的步变为不活动步。

（4）参数 ACK_EF（"确认故障" I1.3）为 1：确认错误和故障，强制切换到下一步。

（5）参数 SW_AUTO（"单周连续" M0.2）为 1：切换到自动模式。

（6）参数 SW_TAP（"单步" I2.2）为 1：切换到 Inching（单步）模式。

（7）参数 T_PUSH（"启动按钮" I2.6）：条件满足并且在 T_PUSH 的上升沿时，转换实现。

（8）参数 ERR_FLT（"错误报警" Q4.5）为 1：组故障。

连续标志 M0.7 的控制电路放在 FB1 的顺序控制器之前的永久性指令中，如图 20-35 所示。

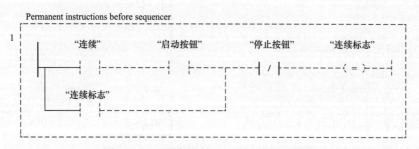

Permanent instructions before sequencer

图 20-35　顺序控制器之前的永久性指令

FB1 是自动程序（单步、单周期、连续），GRAPH 状态图如图 20-36 所示。单步 I2.2＝SW_TAP＝1 时有单步功能。单周连续 M0.2＝SW_AUTO＝1 时顺序控制器正常运行。在顺序控制器中，用永久性指令中的 M0.7（连续标志）区分单周期和连续模式。

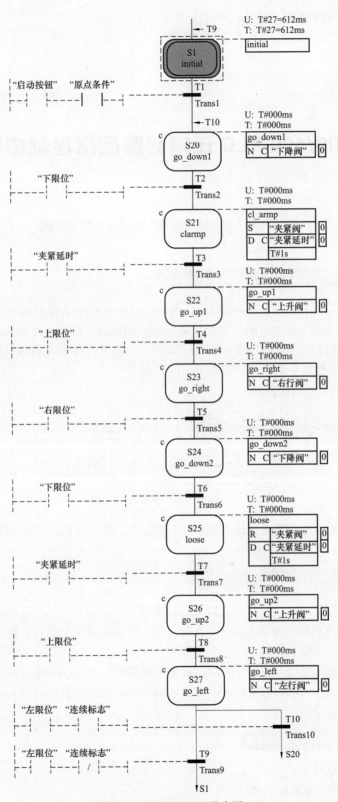

图 20-36 GRAPH 状态图

第二十一章

S7-300/400 PLC在模拟量闭环控制中的应用

第一节 闭环控制与PID调节器

一、模拟量单闭环控制系统的组成

典型的模拟量单闭环控制系统如图21-1所示，图中$sp(n)$为模拟量设定值，$pv(n)$为检测值。误差$ev(n)=sp(n)-pv(n)$。被控制量$c(t)$（如压力、温度、流量等）是连续变化的模拟量。大多数执行机构要求PLC输出模拟信号$mv(t)$，测量元件检测的值一般也为模拟量，而PLC的CPU只能处理数字量，所以需要对$p(n)$要进行A/D转换送入PLC中，PLC也要对$mv(t)$进行D/A转换送到执行器中。

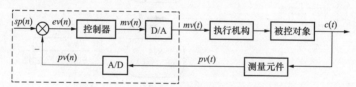

图21-1 典型的模拟量单闭环控制系统

作为测量元件的变送器有电流输出型和电压输出型，S7-300/400的模拟量输入模块最大传输距离为200m。

二、闭环控制反馈极性的确定

在开环状态下运行PID控制程序。如果控制器中有积分环节，因为反馈被断开了，不能消除误差，D/A转换器的输出电压会向一个方向变化。如果假设接上执行机构，能减少误差，则为负反馈，反之为正反馈。

以温度控制为例，假设开环运行时给定值大于反馈值，若D/A转换器的输出值不断增大，如果形成闭环，将使用电动调节阀的开度增大，闭环后温度反馈值将会增大，使误差减小，由此可判定系统是负反馈。

三、PID控制器的优点

PID控制器具有以下优点：
（1）不需要被控对象的数学模型。
（2）结构简单，容易实现。

（3）有较强的灵活性和适应性。根据被控对象的具体情况，可采用 PID 控制器的多种变化和改进的控制方式，如 PI、PD、带死区的 PID 等。

（4）使用方便。现在很多 PLC 都提供具有 PID 控制功能的产品，使用简单方便。

四、PID 控制器的数字化

模拟量 PID 控制器的输出表达式为

$$mv(t) = K_p \left[ev(t) + \frac{1}{T_I} \int ev(t)\,\mathrm{d}t + T_D \frac{\mathrm{d}ev(t)}{\mathrm{d}t} \right] + M$$

需要较好的动态品质和较高的稳态精度时，可以选用 PI；控制对象的惯性滞后较大时，应选择 PID 控制方式。

五、死区特性在 PID 控制中的应用

在控制系统中，某些执行机构如果频繁动作，会导致小幅振荡，造成严重的机械磨损。从控制要求来说，很多系统又允许被控量在一定范围内存在误差。带死区的 PID 控制器（见图 21-2）能防止执行机构的频繁动作。

当死区非线性环节的输入量［即误差 $ev(n)$ ］的绝对值小于设定值 B 时，死区非线性的输出量（即 PID 控制器的输入量）为 0，这时 PID 控制器的输出分量中，比例部分和微分部分为 0，积分部分保持不变，因此 PID 的输出保持不变，PID 控制器不起调节作用，系统处于开环状态。当误差的绝对值超过设定值时，开始正常的 PID 控制。

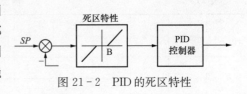

图 21-2 PID 的死区特性

第二节 基于 S7-300 的模糊控制

一、模糊控制

PID 调节技术在过程控制中应用非常广泛，但对于一些非线性的、大滞后的模拟量控制，控制效果可能不是很好。模糊控制在此方面的效果非常好。

模糊控制是根据被控量偏差和偏差的变化率，通过查表，来确定输出调节量。模糊表中的数据可根据模糊数学的隶属度函数或根据经验数得到，本节重点介绍如何查表、程序如何在 PLC 中实现。模糊控制的控制原理框图如图 21-3 所示。

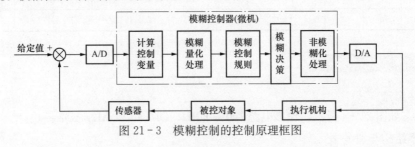

图 21-3 模糊控制的控制原理框图

下面以一个温度控制为例，来介绍在 PLC 上如何实现模糊控制。假设温度控制的范围是 $0 \sim 220°$。

二、模糊化与模糊查询

首先要把温度的偏差 e（即设定值减检测值）和偏差的变化率 ec 进行标准化处理，按表 21-1 进行转换。

表 21-1　　　　　　　　　　　　　　标　准　化　处　理

e 或 ec	模糊转换值	e 或 ec	模糊转换值
$-20\sim20$	0	$-60\sim-20$	-1
$20\sim60$	1	$-100\sim-60$	-2
$60\sim100$	2	$-140\sim-100$	-3
$100\sim140$	3	$-180\sim-140$	-4
$140\sim180$	4	$-200\sim-180$	-5
$180\sim220$	5	$\leqslant-200$	-6
$\geqslant220$	6		

把偏差和偏差的变化率进行去模糊转换后，按表 21-2 进行查询，得到相应的输出调节量。

表 21-2　　　　　　　　　　　　　　输出量调节查询表

ec ＼ e	-6	-5	-4	-3	-2	-1	0	$+1$	$+2$	$+3$	$+4$	$+5$	$+6$
-6	-7	-7	-7	-7	-7	-7	-7	-4	-3	-1	0	0	0
-5	-7	-7	-7	-6	-6	-6	-6	-3	-2	-1	0	0	0
-4	-6	-6	-6	-5	-5	-5	-5	-3	-1	-1	0	0	0
-3	-6	-5	-5	-4	-4	-4	-4	-2	-1	0	1	1	1
-2	-6	-4	-4	-4	-4	-4	-4	-1	0	0	1	1	1
-1	-5	-4	-4	-3	-3	-3	-1	0	0	0	1	2	3
0	-4	-4	-3	-1	-1	-1	0	1	1	1	2	3	3
1	-2	-2	-2	-1	0	0	1	2	2	2	3	3	4
2	-2	-2	-1	-1	0	1	3	3	3	3	3	3	5
3	-1	-1	-1	0	1	2	4	4	4	4	5	5	6
4	0	0	0	1	1	3	5	5	5	5	6	6	6
5	0	0	0	1	2	3	6	6	6	6	7	7	7
6	0	0	0	1	3	4	7	7	7	7	7	7	7

三、PLC程序

1. 硬件组态

硬件组态如图 21-4 所示，包括电源模块、CPU、DI/DO 和 AI2/AO2 模块。

2. 程序结构与符号表

程序中需编写 OB1 主程序，FC1 功能及调用 FC105，另外建立数据块 DB1 用来存储查询表中的数据。如图 21-5 所示。

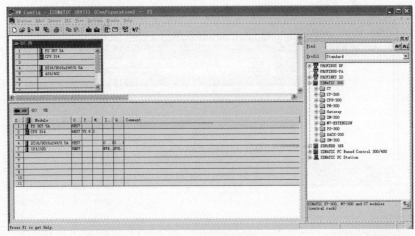

图 21-4 硬件组态

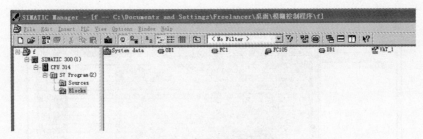

图 21-5 建立数据块 DB1

对本程序中用到的主要的数据做一个符号表，如图 21-6 所示。

	Statu	Symbol /	Address		Data typ	Comment
1		SCALE	FC	105	FC 105	Scaling Values
2		VAT_1	VAT	1		
3		检测输入	PIW	270	WORD	范围为0～27648
4		设定值	MD	100	REAL	范围为0～100度，
5		检测工程值	MD	110	REAL	范围为0～100度，
6		偏差	MD	120	REAL	
7		偏差变化率	MD	140	REAL	
8		模糊表查询结果	MW	180	WORD	范围为-6～+6
9		调节量输出	PQW	272	WORD	范围为0～27648
10						

图 21-6 主要数据符号表

3. DB1 组态

DB1 用于存储模糊查询表中的所有数据，新建 DB1 为共享数据块，并在 DB1 中建立一个 13 *13 的二维数组，并把查询表中的初作为初始值输入其中，如图 21-7 所示。

图 21-8 是把 DB1 中的数据展开显示的状况。

4. 编写 FC1 程序

FC1 用于对偏差和偏差变化率进行模糊标准化，首先把其变量声明表中定义 IN 和 OUT 型接口变量，如图 21-9 所示。

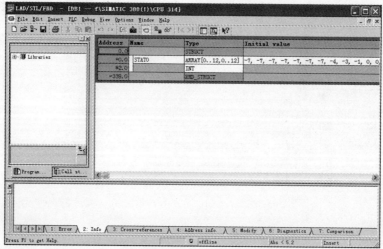

图 21-7　DB1 组态

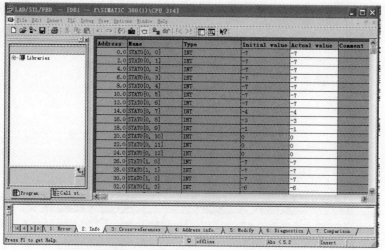

图 21-8　DB1 中的数据展开

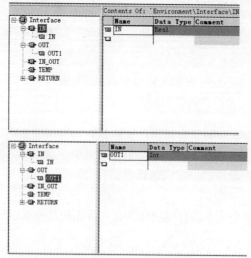

图 21-9　定义 IN 和 OUT 型接口变量

FC1 程序如图 21-10 所示。

FC1: Title:

Network 1:Title:

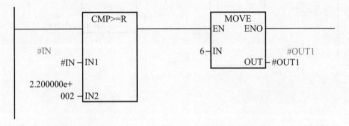

Network 2:Title:

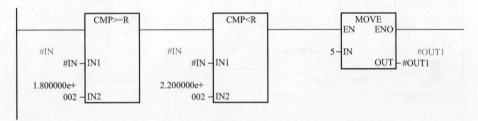

Network 3:Title:

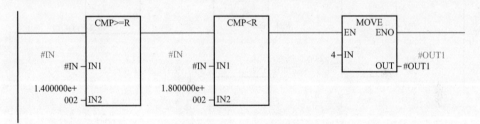

Network 4:Title:

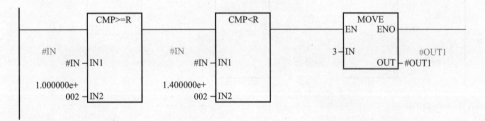

Network 5:Title:

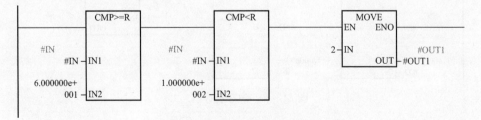

图 21-10 FC1 程序（一）

Network 6:Title:

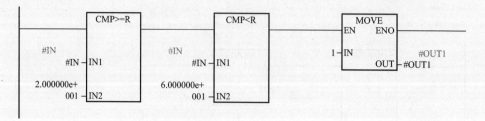

Network 7:Title:

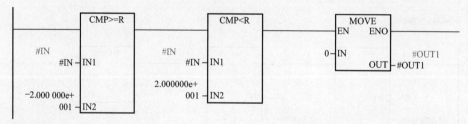

Network 8:Title:

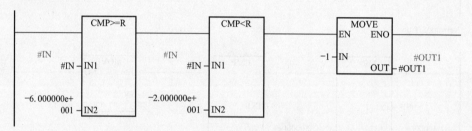

Network 9:Title:

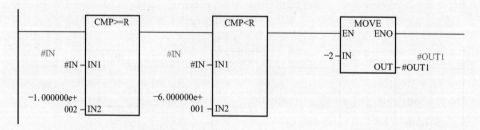

Network 10:Title:

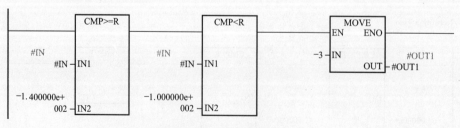

图 21-10　FC1 程序（二）

Network 11:Title:

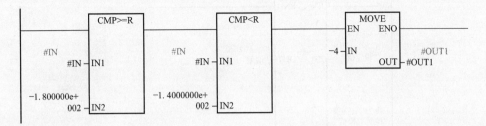

Network 12:Title:

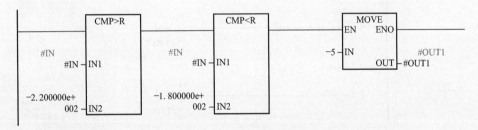

Network 13:Title:

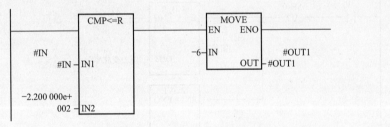

图 21-10 FC1 程序（三）

5. OB1 主程序

OB1 主程序如图 21-11 所示。

OB1: "Main Program Sweep (Cycle)"

Network 1:PIW272是检测信号输入

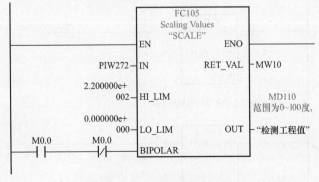

图 21-11 OB1 主程序（一）

Network 2:MD120是偏差

```
        SUB_R
      EN    ENO

MD100
范围为0~100度,
"设定值" — IN1   OUT — MD120
                     "偏差"

MD110
范围为0~100度,
"检测工程值" — IN2
```

Network 3:设计一个1s的时钟脉冲

```
   T1                    T0
   |/|                 ( SD )
                       S5T#1S
```

Network 4:Title:

```
   T0                    T1
   | |                 ( SD )
                       S5T#1S
```

Network 5:MD140是偏差

```
  T0      M1.0
  | |      (P)              SUB_R
                          EN    ENO

                 MD120
                 "偏差" — IN1   OUT — MD140
                 MD130 — IN2          "偏差变化率"

                            MOVE
                          EN    ENO

                 MD120
                 "偏差" — IN    OUT — MD130
```

Network 6:对偏差进行模糊标准化

```
           FC1
         EN    ENO

MD120
"偏差" — IN   OUN1 — MW150
```

Network 7:Title:

```
           ADD_I
         EN    ENO

MW150 — IN1   OUT — MW154
    6 — IN2
```

Network 8:对偏差变化率进行模糊标准化

```
           FC1
         EN    ENO

MD140
"偏差变化率" — IN   OUT1 — MW152
```

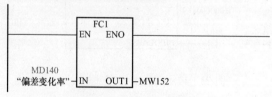

图 21-11　OB1 主程序（二）

Network 9:Title:

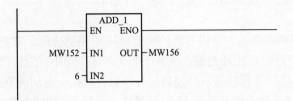

Network 10:Title:

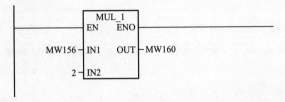

Network 11:Title:

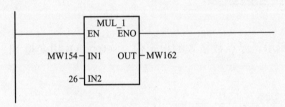

Network 12:Title:

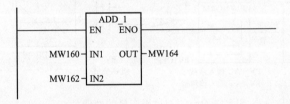

Network 13:查表程序

```
OPN    DB      1
L      MW      164
SLD    3
T      MD      170
L      DBW     [MD 170]
T      "模糊表查询结果"              MW180            —范围为-7~+7
```

Network 14:查表后,把MW180化成0~27648的范围

```
L      "模糊表查询结果"              MW180            —范围为-7~+7
L      3950
*I
T      "调节量输出"                 PQW272           —范围为0~27648
NOP    0
```

图 21-11　OB1 主程序（三）

第三节 功 能 块 FB41

S7-300/400 为用户提供了功能强大、使用方便的模拟量闭环控制功能，来实现 PID 控制。功能块 SFB41～SFB43 用于 CPU31x 的闭环控制。SFB41"CONT_T"用于连续 PID 控制，SFB 42"CONT_S"（步进控制器）用开关量输出信号控制积分型执行机构，电动调节阀用伺服电动机的正转和反转来控制阀门的打开和关闭，基于 PI 控制算法。SFB 43"PULSEGEN"（脉冲发生器）与连续控制器"CONT_C"一起使用，构建脉冲宽度调制的二级（two step）或三级（three step）PID 控制器。

另外，安装了标准 PID 控制（Standard PID Control）软件包后，文件夹"\ Libraries \ Standard Libraries"中的 FB41～FB43 用于 PID 控制，FB58 和 FB59 用于 PID 温度控制。FB41～FB43 与 SFB41～SFB43 兼容。

本节主要介绍 FB41 连续控制功能块。

一、设定值与过程变量的处理

1. 设定值的输入

设定值的输入如图 21-12 所示，浮点数格式的设定值（setpoint）用变量 SP_INT（内部设定值）输入。

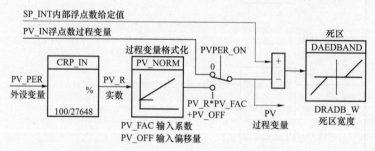

图 21-12 SFB41 设定值与过程变量的处理

2. 过程变量的输入

可以用以下两种方式输入过程变量（即反馈值）：

（1）用 PV_IN（过程输入变量）输入浮点格式的过程变量，此时开关量 PVPER_ON（外围设备过程变量）应用 0 状态。

（2）PVPER_ON（外围设备过程变量）输入外围设备（I/O）格式的过程变量，即

用模拟量输入模块产生的数字值作为 PID 控制的过程变量，此时开关量 PVPER_ON 应为 1状态。

3. 外部设备过程变量转换为浮点数

外部设备（即模拟量输入模块）正常范围的最大输出值（100.0%）为 27 648，功能 CRP_IN 将外围设备输入值转换为 -100% ～ +100% 之间的浮点数格式的数值，CPR_IN 的输出（以%为单位）计算公式如下

$$PV\_R = PV\_PER \times 100/27\ 648 \qquad (21-1)$$

4. 外部设备过程变量的标准化

PV_NORM功能用式（21-2）将CRP_IN的输出PV_R格式化

$$PV\_NORM的输出 = PV\_R \times PV\_FAC + PV\_OFF \qquad (21-2)$$

式中，PV_FAC为过程变量的系数，默认值为1.0；PV_OFF为过程变量的偏移量，默认值为0.0。它们用来调节过程输入的范围。

如果设定值有物理意义，实际值（即反馈值）也可以转换为物理值。

二、PID控制算法

1. 误差的计算与处理

用浮点数格式设定值SP_INT减去转换为浮点数格式的过程变量PV（即反馈值），便得到负反馈的误差。为了抑制由于控制器输出量的量化造成的连续的较小的振荡，用死区（Dead Band）非线性对误差进行处理。死区的宽度由参数DEAD_W来定义，如果DEAD_W设为0，表示死区被关闭。

2. 控制器的结构

SFB41采用位置式PID算法，由比例运算、积分运算和微分运算三部分并联，可以单独激活或取消它们，因此可将控制器组态为P、PI、PD、PID控制器。ID控制器很少使用。引入扰动量DISV可以实现前馈控制。图21-13所示为控制器的结构图，图中GAIN为比例部分的增益或比例系数，TI和TD分别为积分时间常数和微分时间常数。

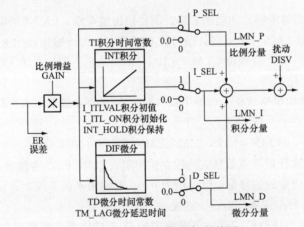

图21-13　PID控制器的结构图

P_SEL：BOOL，比例选择位，该位ON时，选择P（比例）控制有效，默认值为1。

I_SEL：BOOL，积分选择位；该位ON时，选择I（积分）控制有效，默认值为1。

D_SEL：BOOL，微分选择位，该位ON时，选择D（微分）控制有效，默认值为0。

LMN_P：REAL，PID输出中P的分量（可用于在调试过程中观察效果）。

LMN_I：REAL，PID输出中I的分量（可用于在调试过程中观察效果）。

LMN_D：REAL，PID输出中D的分量（可用于在调试过程中观察效果）。

SFB "CONT_C" 有一个初始化程序，在输入参数COM_RST（完全重新启动）设置为1时该程序被执行。在初始化过程中，如果I_ITL_ON（积分作用初始化）为1状态，将输入I_ITLVAL作为积分器的初始值。INT_HOLD为1时积分操作保持，积分输出被冻结。

三、控制器输出值的处理

控制器输出值处理包括手动/自动模式的选择、输出限幅、输出量的格式化处理以及输出量转换为外围设备（I/O）格式。结构图如图 21-14 所示。

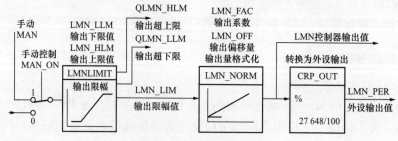

图 21-14　控制器输出处理

1. 手动模式

参数 MAN_ON（手动值 ON）为 1 时是手动模式，为 0 时是自动模式。在手动模式中，控制变量（即控制器的输出值）被手动选值的值 MAN（手动值）代替。

在手动模式时如果令微分项为 0，将积分部分（INT）设置为 LMN-LMN_P-DISV，可以保证手动到自动的无扰切换，即切换时控制器的输出值不会突变，DISV 为扰动输入变量。

2. 输出限幅

LMNLIMIT（输出量限幅）功能用于将控制器输出值限幅。LMNLIMIT 功能的输入量超出控制器输出值的上极限 LMN_HLM 时，信号位 QLMN_HLM（输出超出上限）变为 1 状态；小于下极限值 LMN_LLM 时，信号位 QLMN_LLM（输出超出下限）变为 1 状态。

3. 输出量的格式化处理

LMN_NORM（输出量格式化）功能用式（21-3）来将功能 LMNLIMIT 的输出量 QLMN_LIM 格式化

$$LMN = LMN\_LIM \times LMN\_FAC + LMN\_OFF \tag{21-3}$$

式中，LMN 是格式化后浮点数格式的控制输出值；LMN_FAC 为输出量的系数，默认值为 1.0；LMN_OFF 为输出量的偏移量，默认值为 0.0。它们用来调节控制器输出量的范围。

4. 输出量转换为外围设备（I/O）格式

控制器输出值如果要送给模拟量输出模块中的 D/A 转换器，需要用功能"CPR_OUT"转换为外围设备（I/O）格式的变量 LMN_PER。转换公式如下

$$LMN\_PER = LMN \times 27\ 648/100 \tag{21-4}$$

四、SFB41 的参数

1. 输入参数

COM_RST：BOOL，重新启动 PID，当该位 TURE 时，PID 执行重启动功能，复位 PID 内部参数到默认值；通常在系统重启动时执行一个扫描周期，或在 PID 进入饱和状态需要退出时用这个位。

MAN_ON，BOOL，手动值 ON，当该位为 TURE 时，PID 功能块直接将 MAN 的值输出到 LMN，这可以在 SFB41 或 FB41 框图中看到。也就是说，这个位是 PID 的手动/自动切换位。

PEPER_ON：BOOL，过程变量外围值ON，过程变量即反馈量，此PID可直接使用过程变量PIW（不推荐），也可使用PIW规格化后的值（常用），因此，这个位为FALSE。

P_SEL：BOOL比例选择位，该位ON时，选择P（比例）控制有效，一般选择有效。

I_SEL：BOOL积分选择位，该位ON时，选择I（积分）控制有效，一般选择有效。

INT_HOLD：BOOL，积分保持，不去设置它。

I_ITL_ON：BOOL，积分初值有效，I-ITLVAL（积分初值）变量和这个位对应，当此位ON时，则使用I-ITLVAL变量积分初值。一般当发现PID功能的积分值增长比较慢或系统反应不够时可以考虑使用积分初值。

D_SEL：BOOL，微分选择位，该位ON时，选择D（微分）控制有效，一般的控制系统不用。

CYCLE：TIME，PID采样周期，一般设为200ms。

SP_INT：REAL，PID的给定值。

PV_IN：REAL，PID的反馈值（也称过程变量）。

PV_PER：WORD，未经规格化的反馈值，由PEPER-ON选择有效。（不推荐）

MAN：REAL，手动值，由MAN-ON选择有效。

GAIN：REAL，比例增益。

TI：TIME，积分时间。

TD：TIME，微分时间。

DEADB_W：REAL，死区宽度，如果输出在平衡点附近微小幅度振荡，可以考虑用死区来降低灵敏度。

LMN_HLM：REAL，PID上极限，一般是100%。

LMN_LLM：REAL，PID下极限，一般为0%，如果需要双极性调节，则需设置为－100%。（±10V输出就是典型的双极性输出，此时需要设置－100%）

PV_FAC：REAL，过程变量比例因子。

PV_OFF：REAL，过程变量偏置值（OFFSET）。

LMN_FAC：REAL，PID输出值比例因子。

LMN_OFF：REAL，PID输出值偏置值（OFFSET）。

I_ITLVAL：REAL，PID的积分初值，有I-ITL-ON选择有效。

DISV：REAL，允许的扰动量，前馈控制加入，一般不设置。

2. 常用输出参数

LMN：REAL，PID输出。

LMN_P：REAL，PID输出中P的分量。（可用于在调试过程中观察效果）

LMN_I：REAL，PID输出中I的分量。（可用于在调试过程中观察效果）

LMN_D：REAL，PID输出中D的分量。（可用于在调试过程中观察效果）

第四节　恒液位控制系统的编程与设计

一、控制要求

有一水箱可向外部用户供水，用户用水量不稳定，有时大有时少。水箱进水可由水泵泵入，现需对水箱中水位进行恒液位控制，并可在 0～150mm（最大值数据可根据水箱高度确定）范围内进行调节。如设定水箱水位值为 100mm 时，则不管水箱的出水量如何，调节进水量，都要求水箱水位能保持在 100mm 位置，如出水量少，则要控制进水量也少，如出水量大，则要控制进水量也大。水箱示意图如图 21-15 所示。

二、控制思路

因为液位高度与水箱底部的水压成正比，故可用一个压力传感器来检测水箱底部压力，从而确定液位高度。要控制水位恒定，需用 PID 算法对水位进行自动调节。把压力传感器检测到的水位信号 4～20mA 送入至 S7-300 PLC 中，在 PLC 中对设定值与检测值的偏差进行 PID 运算，运算结果输出去调节水泵电动机的转速，从而调节进水量。

水泵电动机的转速可由变频器来进行调速。

三、硬件选型

1. PLC 及其模块选型

PLC 可选用 S7-300（CPU 314 IFM），314IFM 自身带有 4 路模拟量输入和 2 路模拟量输出。

2. 变频器选型

为了能调节水泵电动机转速从而调节进水量，特选择西门子 G110 的变频器。

3. 水箱对象设备

水箱对象设备如图 21-16 所示。

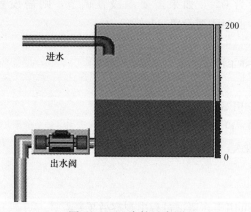

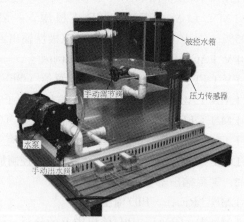

图 21-15　水箱示意图　　　　图 21-16　PID 实验用水箱设备

四、电路连接

1. 主电路接线

主电路接线如图 21-17 所示。PLC 和 G110 变频器需用交流 220V 电源。

2. PLC 输入/输出信号接线

PLC 输入/输出信号接线如图 21-18 所示，主要包括 PLC 与传感器和 PLC 与执行器的接线。

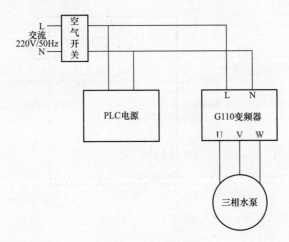

图 21-17　主电路图

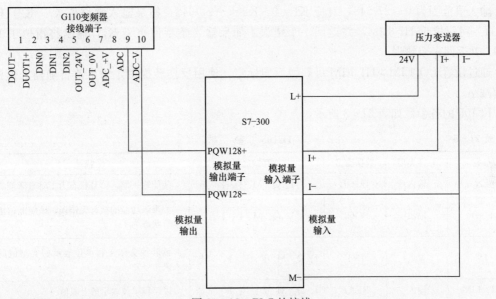

图 21-18　PLC 的接线

五、程序用到的 FC 与 FB

程序中除用到 SFB41（或 FB41）来实现 PID 控制功能以外，还用到 FC105 和 FC106。FC105 的功能是实现把传感器经 AD 转换后的数据转换成工程数据。FC106 的功能是把 PID 运算输出的转化为将要进行 DA 转换的数据。

1. FC105

FC105（SCALE 功能）如图 21-19 所示，SCALE 功能接受一个整型值（IN），并将其转换为以工程单位表示的介于下限和上限（LO_LIM 和 HI_LIM）之间的实型值，将结果写入 OUT。

FC105 的数值换算公式为

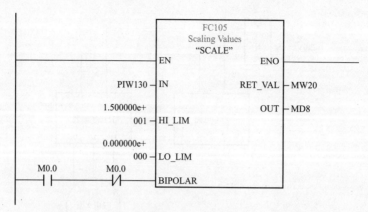

图 21-19　FC105

$$OUT = (IN - K1)/(K2 - K1) \times (HI\_LIM - LO\_LIM) + LO\_LIM \qquad (21-5)$$

对双极性，输入值范围为 -27 648～27 648，对应 K1＝-27 648，K2＝+27 648，对单极性，输入值范围为 0～27 648，对应 K1＝0，K2＝+27 648。如果输入整型值大于 K2，输出（OUT）将钳位于 HI_LIM，并返回一个错误。如果输入整型值小于 K1，输出将钳位于 LO_LIM，并返回一个错误。

通过设置 LO_LIM＞HI_LIM 可获得反向标定。使用反向转换时，输出值将随输入值的增加而减小。

FC105 的各参数如表 21-3 所示。

表 21-3　　　　　　　　　　　　　　　FC105　参　数

参数	I/O 类型	数据类型	存储区	描述
EN	输入	BOOL	I、Q、M、D、L	使能输入端，信号状态为 1 时激活该功能
ENO	输出	BOOL	I、Q、M、D、L	如果该功能的执行无错误，该使能输出端信号状态为 1
IN	输入	INT	I、Q、M、D、L、P、常数	欲转换为以工程单位表示的实型值的输入值
HI_LIM	输入	REAL	I、Q、M、D、L、P、常数	以工程单位表示的上限值
LO_LIM	输入	REAL	I、Q、M、D、L、P、常数	以工程单位表示的下限值
BIPOLAR	输入	BOOL	I、Q、M、D、L	信号状态为 1 表示输入值为双极性。信号状态为 0 表示输入值为单极性
OUT	输出	REAL	I、Q、M、D、L、P	转换的结果
RET_VAL	输出	WORO	I、Q、M、D、L、P	如果该指令的执行没有错误，将返回值 W♯16♯0000。对于 W♯16♯0000 以外的其他值，参见"错误信息"

2. FC106

FC106（UNSCALE 功能）如图 21-20 所示。FC106（UNSCALE 功能）接收一个以工程单位表示，且标定于下限和上限（LO_LIM 和 HI_LIM）之间的实型输入值（IN），并将其转换为一个整型值，将结果写入 OUT。

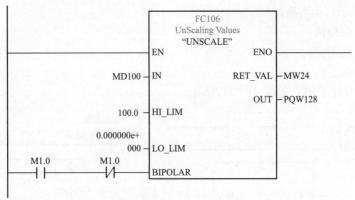

图 21-20 FC106 功能

UNSCALE 功能使用以下公式

$$OUT=(IN-LO\_LIM)/(HI-LIM-LO\_LIM)\times(K2-K1)+K1 \qquad (21-6)$$

并根据输入值是 BIPOLAR 还是 UNIPOLAR，设置常数 K1 和 K2。

BIPOLAR：假定输出整型值介于−27 648～27 648，因此，K1=−27 648.0，K2=+27 648.0。

UNIPOLAR：假定输出整型值介于0～27 648，因此，K1=0.0，K2=+27 648.0。

如果输入值超出 LO_LIM 和 HI_LIM 范围，输出（OUT）将钳位于距其类型（BIPOLAR 或 UNIPOLAR）的指定范围的下限或上限较近的一方，并返回一个错误。FC106 的各参数如表 21-4所示。

表 21-4   FC106 参 数

参数	I/O类型	数据类型	存储区	描述
EN	输入	BOOL	I、Q、M、D、L	使能输入端，信号状态为1时激活该功能
ENO	输出	BOOL	I、Q、M、D、L	如果该功能的执行无错误，该使能输出端信号状态为1
IN	输入	INT	I、Q、M、D、L、P、常数	欲转换为以工程单位表示的实型值的输入值
HI _ LIM	输入	REAL	I、Q、M、D、L、P、常数	以工程单位表示的上限值
LO _ LIM	输入	REAL	I、Q、M、D、L、P、常数	以工程单位表示的下限值
BIPOLAR	输入	BOOL	I、Q、M、D、L	信号状态为1表示输入值为双极性。信号状态为0表示输入值为单极性
OUT	输出	REAL	I、Q、M、D、L、P	转换的结果
RET _ VAL	输出	WORO	I、Q、M、D、L、P	如果该指令的执行没有错误，将返回值 W♯16♯0000。对于 W♯16♯0000 以外的其他值，参见"错误信息"

六、PLC 编程

1. PLC 的软元件分配

模拟量输入：PIW130；

模拟量输出：PQW128；

MD8：实际液位值；

M50.0：PID手自动切换；

MD60：设定液位值；

MD100：PID输出值。

2. PLC 程序

编写 PLC 主程序 OB1，如图 21-21 所示。

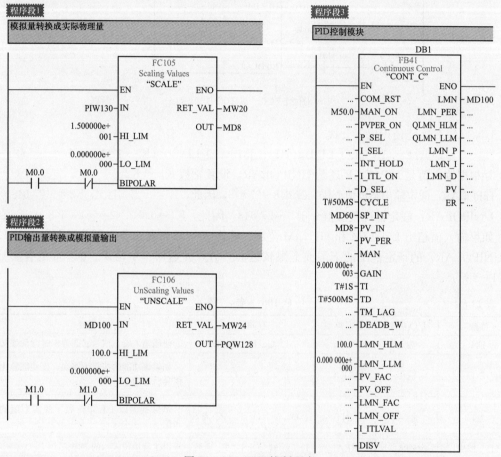

图 21-21　PLC 控制程序

第五节　模 拟 量 数 据 检 测

假如用一个压力传感器检测液位，压力传感器输出，分别对应液位值是 0～400mm。要求在 PLC 能把液位值直接读出来。那么这里存在一个模拟量数据检测后转换的问题。

一、AD 转换

模拟量送入 PLC 的信号假如是 4～20mA，则该信号进行 AD 转换后，在 PLC 中的 PIW 上对应产生的数据如图 21-22 所示。

以上的对应关系是一个线性对应关系，从 PIW 中产生的数据对应的被测量的液位值如图 21-23 所示。

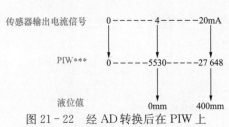

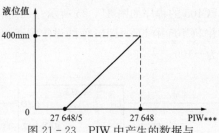

图 21-22 经 AD 转换后在 PIW 上
对应产生的数据

图 21-23 PIW 中产生的数据与
对应的被测量液位值的关系

从以上对应关系中可总结出液位值的计算公式如下：

若 PIW*** 为 X，液位值为 Y，则

$$Y = \frac{400}{27\ 648 - 27\ 648/5}\ (X-5530) = \frac{500}{27\ 648}\ (X-5530)$$

二、FC105 的调用

FC105 调用时在库中的位置如图 21-24 所示。

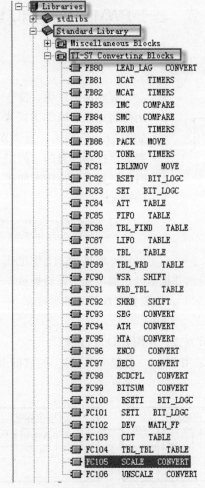

图 21-24 FC105 调用时在库中的位置

FC105 的程序如图 21-25 所示。

在 FC105 中 LO-LIM 值的设定需要根据如图 21-26 中直线与 Y 轴交点的纵坐标来确定，图中为 -100。

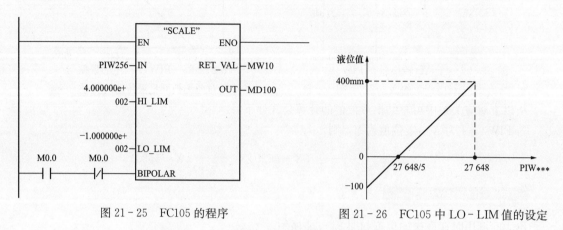

图 21-25　FC105 的程序　　　　　　图 21-26　FC105 中 LO-LIM 值的设定

第六节　基于 PWM 的温度 PID 调节

一、PWM 温度调节原理

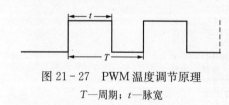

图 21-27　PWM 温度调节原理
T—周期；t—脉宽

有些加热设备，没有用到模拟量来调节温度，而是用控制加热通断的方式来实现。固定一个周期时间 T，如图 21-27 所示，去调节接通加热的时间 t，则可以达到温度控制的目的。如当 $t=0$ 时，则不加热，当 $t=T$ 时，则为满负荷持续加热。以上就是 PWM 温度调节的原理。

二、温度控制要求

一加热片，工作电压为 DC 24V，持续加热温度最高可达 120℃。现用一热电偶检测并把信号送温度变送器转换成 4~20mA 的信号，再送至 PLC。温度变送器的检测量程为 0~150℃。现要控制加热片的温度在 0~120℃ 范围内可调。

分析：

（1）温度调节用 PWM 调节方式，并用 PID 进行调节。

（2）PID 调节在 PLC 中可采用 FB41，再把 FB41 输出的数据送到 FB43（脉冲宽度）调制脉冲宽度，如图 21-28 所示。

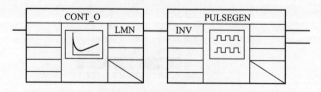

图 21-28　FB41 输出的数据送到 FB43 调制脉冲宽度

三、硬件选型

1. PLC 模块

PLC 模块包括 PS307、CPU313、SM331、SM323。

2. 温度检测元件

温度检测元件 PT100。

3. 固态继电器

如果驱动的加热元件功率较大，则需选用固态继电器来进行较高频率的通断控制。

四、程序编写

OB1 主程序如图 21-29 所示，其中 FC105、FB41、FB43 是库中调用的块。

OB1:"Main Program Sweep(Cycle)"
Network 1:Title:

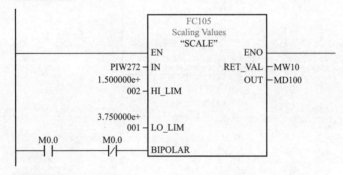

Network 2:Title:

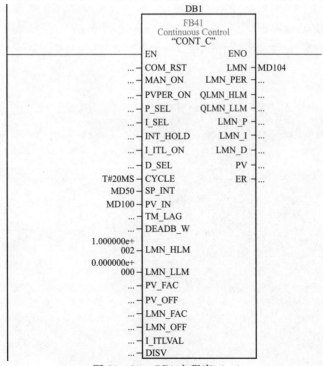

图 21-29　OB1 主程序（一）

Network 3:Title:

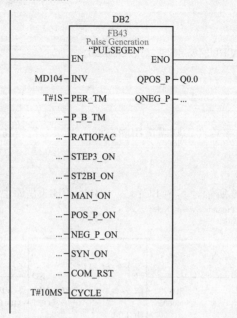

图 21-29　OB1 主程序（二）

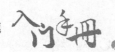

第三部分

西门子PLC通信技术

第二十二章 西门子PLC网络

本章简要介绍通用工厂自动化系统典型网络结构、西门子PLC通信网格、S7-200PLC的PPI通信。

第一节 工厂自动化系统典型网络结构

一个典型的工厂自动化系统一般是三层网络结构：现场设备层、车间监控层和工厂管理层。

1. 现场设备层

现场设备层的主要功能是连接现场设备，例如，分布式I/O、传感器、驱动器、执行机构和开关设备等，完成现场设备控制及设备间连锁控制。主站（PLC、PC或其他控制器）负责总线通信管理及与从站的通信。总线上所有设备生产工艺控制程序存储在主站中，并由主站执行。

图22-1 SIMATIC NET

西门子的SIMATIC NET网络系统如图22-1所示，它将执行器和传感器单独分为一层，主要使用AS-i（执行器-传感器接口）网络。

2. 车间监控层

车间监控层又称为单元层，用来完成车间主生产设备之间的连接，包括生产设备状态的在线监控、设备故障报警及维护等。还有生产统计、生产调度等功能。传输速度不是最重要的，但是是应能传送大容量的信息。

3. 工厂管理层

车间操作员工作站通过集线器与车间办公管理网连接，将车间生产数据送到车间管理层。车间管理网作为工厂主网的一个子网，连接到厂区骨干网，将车间数据集成到工厂管理层。

S7-300/400PLC有很强的通信功能，CPU模块集成有MPI和DP通信接口，有PROFIBUS-DP和工业以太网的通信模块，以及点对点通信模块。通过PROFIBUS-DP或AS-i现场总线，CPU与分布式I/O模块之间可以周期性地自动交换数据。在自动化系统之间，PLC与计算机和HMI站之间，均可交换数据。

第二节 西门子PLC网络

西门子 PLC 网络结构图如图 22-2 所示，西门子 PLC 网络有：MPI 网络、工业以太网 (Industrial Ethernet)、工业现场总线 (PROFIBUS)、点到点连接 (PtP) 和 ASI 网络。

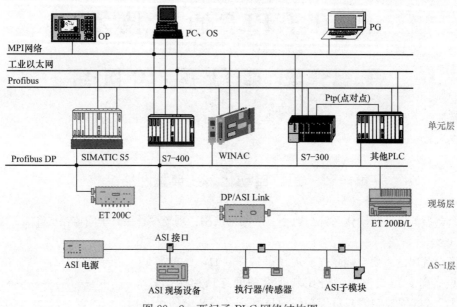

图 22-2 西门子 PLC 网络结构图

1. 通过多点接口 (MPI) 协议的数据通信

MPI 是多点接口 (Multi Point Interface) 的简称，MPI 的物理层是 RS-485，通过 MPI 能同时连接运行 STEP 7 的编程器、计算机、人机界面 (HMI) 及其他 SIMATIC S7、M7 和 C7。通过 MPI 接口实现全局数据 (GD) 服务，周期性地相互进行数据交换。

2. PROFIBUS

用于车间级监控和现场层的通信系统，具有开放性的特点。PROFIBUS-DP 与分布式 I/O 最多可以与 127 个网络上的节点进行数据交换。网络中最多可以串接 10 个中继器来延长通信距离。使用光纤做通信介质，通信距离可达 90km。

3. 工业以太网

西门子的工业以太网符合 IEEE 802.3 国际标准，通过网关来连接远程网络。10M/100Mbit/s，最多 1024 个网络节点，网络的最大范围为 150km。

采用交换式局域网，每个网段都能达到网络的整体性能和数据传输速率，电气交换模块与光纤交换模块将网络划分为若干个网段，在多个网段中可以同时传输多个报文。本地数据通信在本网段进行，只有指定的数据包可以超出本地网段的范围。

全双工模式使一个站能同时发送和接收数据，不会发生冲突。传输速率到 20Mbit/s 和 200Mbit/s。可以构建环形冗余工业以太网，最大的网络重构时间为 0.3s。

4. 点对点连接

点对点连接 (Point-to-Point Connections) 可以连接 S7 PLC 和其他串口设备。使用 CP 340，

CP 341、CP 440、CP 441 通信处理模块，或 CPU 31xC-2PtP 集成的通信接口。接口有 20mA（TTY）、RS-232C 和 RS-422A/RS-485。通信协议有 ASCII 驱动器、3964（R）和 RK 512（只适用于部分 CPU）。

5. 通过 AS-i 网络的过程通信

AS-i 是执行器—传感器接口（Actuator Sensor Interface）的简称，位于最底层。AS-i 每个网段只能有一个主站。AS-i 所有分支电路的最大总长度为 100m，可以用中继器延长。可以用屏蔽的或非屏蔽的两芯电缆，支持总线供电。

DP/AS-i 网关用来连接 PROFIBUS-DP 和 AS-i 网络。CP 342-2 最多可以连接 62 个数字量或 31 个模拟量 AS-i 从站。最多可以访问 248 个 DI 和 186 个 DO。可以处理模拟量值。

西门子的"LOGO!"微型控制器可以接入 AS-i 网络，西门子提供各种各样的 AS-i 产品。

第三节 S7-200 PLC 的 PPI 通信

PPI 通信协议是 S7-200PLC 的专用通信协议，用于 S7-200PLC、上位机和文本器之间的串行通信。

PPI 协议是一个主从设备协议，主站设备向从站设备发出请求，从站设备做出应答。从站设备不主动发出信息，而是等候主站设备向其发出请求或查询，要求应答。主站设备通过由 PPI 协议管理的共享连接与从站设备通信。PPI 通信协议不限制能够与任何一台从站设备通信的主站设备数量，但在硬件上整个网络中安装的主站设备必须少于 32 台。

一、网络指令

网络指令有两条：网络读（NETR）和网络写（NETW），指令格式如图 22-3 所示。

网络读指令：允许输入端 EN 有效时初始化通信操作，通过指定端口（PORT）从远程设备上读取数据并存储在数据表（TBL）中。NETR 指令最多可以从远程站点上读取 16 个字节的信息。

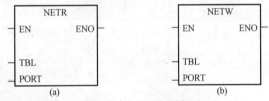

图 22-3 网络指令
(a) 网络读指令；(b) 网络写指令

网络写指令：允许输入端 EN 有效时初始化通信操作，通过指定端口（PORT）向远程设备发送数据表（TBL）中的数据。NETW 指令最多可以向远程站点写入 16 个字节的信息。

注意 在程序中 NETR 和 NETW 指令总数最多 8 条。

NETR、NETW 指令中的合法的操作数：TBL 可以是 VB、MB、*VD、*AC、*LD，数据类型为字节；PORT 是常数 0 或 1，数据类型为字节。

二、控制字节和传送数据表

1. 端口控制字节

将端口控制字节 SMB30（端口 0）和 SMB130（端口 1）的低 2 位设置为 2#10，其他位为 0，则可将 S7-200 设置为 PPI 主站模式。当 PLC 设置成 PPI 主站，就可以执行 NETR 和 NETW 指令。控制字节的各位意义如表 22-1 所示，PPI 模式下忽略 2～7 位。

表 22 - 1　　　　　　　　　　　　控制字节 SMB30 或 SMB130

位	作用	说明
LSB7	校验位	00＝不校验；01＝偶校验；10＝不校验；11＝奇校验
LSB6		
LSB5	每个字符的数据位	0＝8 位/字节；1＝7 位/字符
LSB4	自由口波特率选择（kb/s）	000＝38.4；001＝19.2；010＝9.6；011＝4.8；100＝2.4；101＝1.2；110＝115.2；111＝57.6
LSB3		
LSB2		
LSB1	协议选择	00＝PPI 从站模式；01＝自由口协议；10＝PPI 主站模式；11＝保留
LSB0		

2. 数据传送表

S7 - 200 执行网络读写指令时，PPI 主站与从站之间的数据以数据表（TBL）传送。主站数据表的参数定义如表 22 - 2 所示。

表 22 - 2　　　　　　　　　　　传送数据表的参数定义

字节偏移量	名称	描述						
0	状态字节	D	A	E	0	E1	E2	E3	E4
1	远程站地址	被访问网络的 PLC 从站地址						
2	指向远程站数据区的指针	存放被访问数据区（I、Q、M 和 V 数据区）的首地址						
3								
4								
5								
6	数据长度	远程站上被访问数据区的长度						
7	数据字节 0	对 NETR 指令，执行后，从远程站读到的数据存放到这个区域；对 NETW 指令，执行后，要发送到远程站的数据存放在这个区域						
8 ⋮ 22	数据字节 1 ⋮ 数据字节 15							

传送数据表中的第一个字节为状态字节，状态字节的各位含义说明如下。

（1）D 位：操作完成位。0：未完成；1：已完成。

（2）A 位：有效位，操作已被排队。0：无效；1：有效。

（3）E 位：错误标志位。0：无错误；1：有错误。

（4）E1、E2、E3、E4 位：错误码。如果执行读写指令后 E 位为 1，则由这 4 位返回一个错误码。这 4 位组成的错误编码及含义如表 22 - 3 所示。

表 22 - 3　　　　　　　　　　　错　误　代　码　表

E1 E2 E3 E4	错误码	说明
0000	0	无错误
0001	1	时间溢出错误，远程站点不响应

E1 E2 E3 E4	错误码	说明
0010	2	接收错误：奇偶校验错，响应时帧或检查时出错
0011	3	离线错误：相同的站地址或无效的硬件引发冲突
0100	4	队列溢出错误：激活了超过 8 个 NETR 和 NETW 指令
0101	5	违反通信协议：没有在 SMB30 中允许 PPI 协议而执行网络指令
0110	6	非法参数：NETR 和 NETW 指令中包含非法或无效的值
0111	7	没有资源：远程站点正在忙中，如上装或下装顺序正在处理中
1000	8	第 7 层错误，违反应用协议
1001	9	信息错误：错误的数据地址或不正确的数据长度
1010~1111	A~F	未用，为将来的使用保留

第四节 两台 S7 - 200PLC 的 PPI 通信

项目要求：两台 S7 - 200PLC 的 PPI 通信。

实现两台 S7 - 200PLC 的 PPI 通信，分别定义为 2 号站和 6 号站，2 号站为主站，6 号站为从站。要求编程实现由 2 号主站的 IB0 控制 6 号从站的 QB0，6 号从站的 IB0 控制 2 号主站的 QB0。

编程思路：在主站 PLC 上设置地址为 2，在从站 PLC 上设置地址为 6。在主站上用 NETW 指令把数据 IB0 传送到 6 号从站的 QB0 中，再用 NETR 指令把 6 号从站的数据 IB0 读入到主站的 QB0 中。

注意 两台 PLC 的通信速率要相同。

一、硬件连接

图 22 - 4 所示为一简单 PPI 网络，共中计算机为 0 号站，在 RUN 方式下，CPU224（2 号站）在应用程序中允许 PPI 主站模式，可以利用 NETR 和 NETW 指令来不断读写另一 CPU224（6 号站）中的数据。为了设置方便，可再为各台 PLC 单独设置完地址后再组建 PPI 网络。

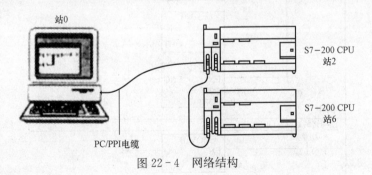

图 22 - 4 网络结构

二、编程

有两种方法实现以上编程，一是用指令编程方法；二是用指令向导方法。

1. 指令编程

2号主站程序如图 22-5 所示，6号从站程序如图 22-6 所示。

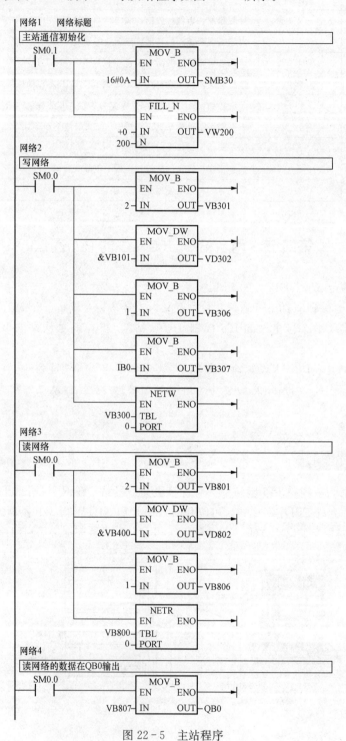

图 22-5　主站程序

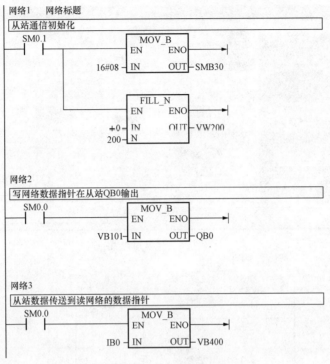

网络1 网络标题

从站通信初始化

SM0.1 ── MOV_B
　　　　EN　　ENO
16#08 ─ IN　　OUT ─ SMB30

FILL_N
EN　　ENO
+0 ─ IN　　OUT ─ VW200
200 ─ N

网络2

写网络数据指针在从站QB0输出

SM0.0 ── MOV_B
　　　　EN　　ENO
VB101 ─ IN　　OUT ─ QB0

网络3

从站数据传送到读网络的数据指针

SM0.0 ── MOV_B
　　　　EN　　ENO
IB0 ─ IN　　OUT ─ VB400

图 22 - 6　从站程序

2. 指令向导

　　S7 - 200 PLC 与 PLC 之间用 PPI 电缆连接，在主站编写程序实现对从站的读写操作。程序编写中，用指令向导定义读写操作的数据，如图 22 - 7 和图 22 - 8 所示。向导完成后，将生成 NET_EXE 子程序。

　　注意　该程序实现了主站的 IW0 控制从站的 QW0，从站的 IW0 控制主站的 QW0。

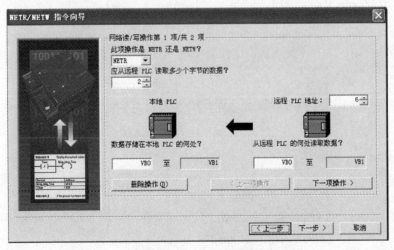

图 22 - 7　主站读设置

　　主站程序如图 22 - 9 所示，从站程序如图 22 - 10 所示。

NETR/NETW 指令向导
网络读/写操作第 1 项/共 2 项
此项操作是 NETR 还是 NETW？
NETW
应将多少个字节的数据写入远程 PLC？
2
本地 PLC
远程 PLC 地址：
6
数据位于本地 PLC 的何处？
数据写入远程 PLC 的何处？
VB10
至
VB11
VB10
至
VB11
删除操作(D)
< 上一项操作
下一项操作 >
< 上一步
下一步 >
取消

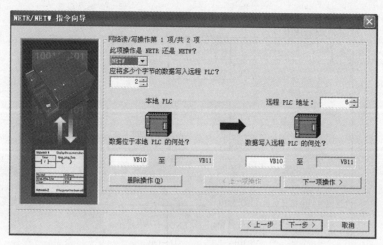

图 22-8 网络写设置

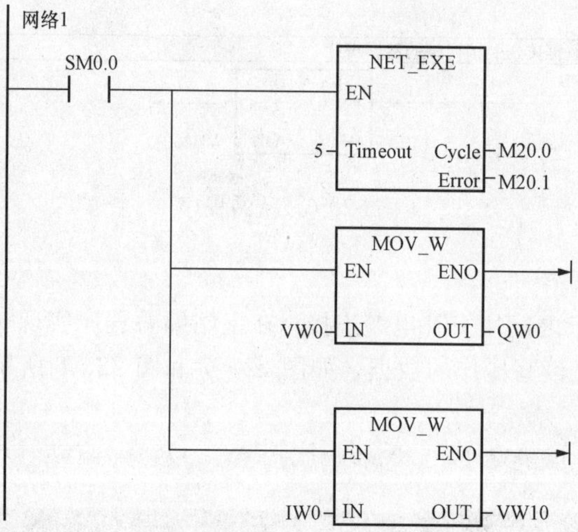

网络1
SM0.0
NET_EXE
EN
5
Timeout
Cycle
M20.0
Error
M20.1
MOV_W
EN
ENO
VW0
IN
OUT
QW0
MOV_W
EN
ENO
IW0
IN
OUT
VW10

图 22-9 主站程序

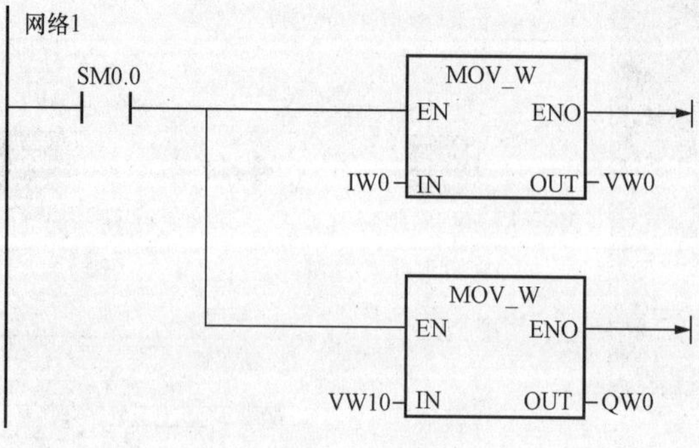

网络1
SM0.0
MOV_W
EN
ENO
IW0
IN
OUT
VW0
MOV_W
EN
ENO
VW10
IN
OUT
QW0

图 22-10 从站程序

第二十三章

S7-200 PLC 与西门子变频器之间的 USS 控制

第一节　USS 通信及硬件连接

一、使用 USS 协议的优点

使用 USS 协议的优点如下：

（1）USS 协议对硬件设备要求低，减少了设备之间布线的数量。

（2）无需重新布线就可以改变控制功能。

（3）可通过串行接口设置来修改变频器的参数。

（4）可连续对变频器的特性进行监测和控制。

（5）利用 S7-200 CPU 组成 USS 通信的控制网络具有较高的性价比。

二、S7-200 CPU 通信接口的引脚分配

S7-200 CPU 通信接口的引脚分配如表 23-1 所示。

表 23-1　　　　　　　　　S7-200 CPU 通信接口的引脚分配

连接器	针	PROFIBUS 名称	端口 0/端口 1
	1	屏蔽	机壳接地
	2	24V 返回逻辑地	逻辑地
	3	RS-485 信号 B	RS-485 信号 B
	4	发送申请	RTS（TTL）
	5	5V 返回	逻辑地
	6	+5V	+5V、100Ω 串联电阻
	7	+24V	+24V
	8	RS-485 信号 A	RS-485 信号 A
	9	不用	10 位协议选择（输入）
	连接器外壳	屏蔽	机壳接地

三、USS 通信硬件连接

1. 通信注意事项

（1）条件许可的情况下，USS 主站尽量选用直流型的 CPU。当使用交流型的 CPU22X 和单相变频器进行 USS 通信时，CPU22X 和变频器的电源必须接成同相位的。

（2）一般情况下，USS 通信电缆采用双绞线即可，如果干扰比较大，可采用屏蔽双绞线。

（3）在采用屏蔽双绞线作为通信电缆时，把具有不同电位参考点的设备互联后在连接电缆中形成不应有的电流，这些电流导致通信错误或设备损坏。要确保通信电缆连接的所有设备公用一个公共电路参考点，或是相互隔离以防止干扰电流产生。屏蔽层必须接到外壳地或 9 针连接器的 1 脚上。

（4）尽量采用较高的波特率，通信速率只与通信距离有关，与干扰没有直接关系。

（5）终端电阻的作用是用来防止信号反射的，并不用来抗干扰。如果通信距离很近，波特率较低或点对点的通信情况下，可不用终端电阻。

（6）不要带电插拔通信电缆，尤其是正在通信过程中，这样极易损坏传动装置和 PLC 的通信端口。

2. S7 - 200 与 MM440 变频器的连接

将 MM440 的通信端子为 P+（29）和 N-（30）分别接至 S7-200 通信口的 3 号针与 8 号针即可。

第二节　USS 协议专用指令

使用 USS 指令，首先要安装指令库，正确安装结束后，打开指令树中的"库"项，出现多个 USS 协议指令，如图 23-1 所示，且会自动添加一个或几个相关的子程序。

一、USS_INT 指令

USS_INT 指令如图 23-2 所示。

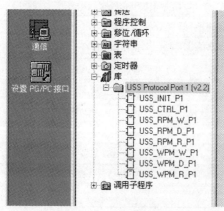

图 23-1　USS 协议指令

USS_INT 指令说明如下：

（1）仅限为通信状态的每次改动执行一次 USS_INT 指令。使用边缘检测指令，以脉冲方式打开 EN 输入。欲改动初始化参数，执行一条新的 USS_INT 指令。

图 23-2　USS_INT 指令

（2）Mode 输入数值选择通信协议：输入值 1 将端口分配给 USS 协议，并启用该协议；输入值 0 将端口分配给 PPI，并禁止 USS 协议。

（3）Baud 将波特率设为 1200、2400、4800、9600、19 200、38 400、57 600 或 115 200。

（4）Active 表示激活驱动器。某些驱动器仅支持地址 0～31。每一位对应一台变频器，如图 23-3 所示。如第 0 位为 1 表示激活 0 号变频器，激活的变频器自动地被轮询，以控制其运行和采集其状态。

二、USS_CTRL 指令

USS_CTRL 指令用于控制处于激活状态的变频器，每台变频器只能使用一条该指令。指令如图 23-3 所示。

USS_INT 指令说明如下：

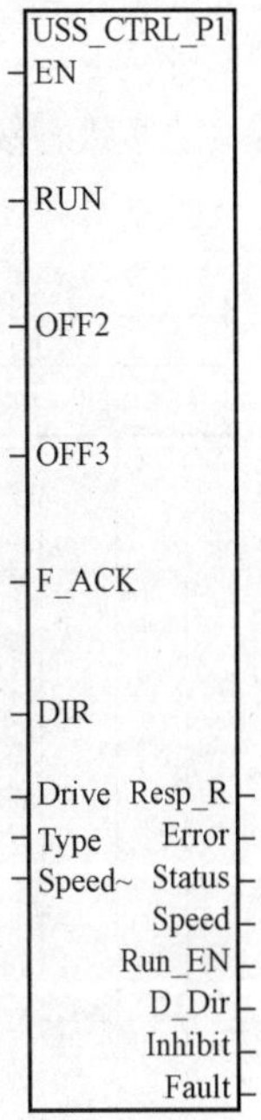

（1）USS_CTRL（端口 0）或 USS_CTRL_P1（端口 1）指令被用于控制 ACTIVE（激活）驱动器。USS_CTRL 指令将选择的命令放在通信缓冲区中，然后送至编址的驱动器 DRIVE（驱动器）参数，条件是已在 USS_INIT 指令的 ACTIVE（激活）参数中选择该驱动器。

（2）仅限为每台驱动器指定一条 USS_CTRL 指令。

（3）某些驱动器仅将速度作为正值报告。如果速度为负值，驱动器将速度作为正值报告，但逆转 D_Dir（方向）位。

（4）EN 位必须为 ON，才能启用 USS_CTRL 指令。该指令应当始终启用。

（5）RUN 表示驱动器是 ON 还是 OFF。当 RUN（运行）位为 ON 时，驱动器收到一条命令，按指定的速度和方向开始运行。为了使驱动器运行，必须符合以下条件：

1）DRIVE（驱动器）在 USS_INIT 中必须被选为 ACTIVE（激活）。

2）OFF2 和 OFF3 必须被设为 0。

3）Fault（故障）和 Inhibit（禁止）必须为 0。

（6）当 RUN 为 OFF 时，会向驱动器发出一条命令，将速度降低，直至电动机停止。OFF2 位被用于允许驱动器自由降速至停止。OFF2 被用于命令驱动器迅速停止。

图 23-3　USS_INT 指令

（7）Resp_R（收到应答）位确认从驱动器收到应答。对所有的激活驱动器进行轮询，查找最新驱动器状态信息。每次 S7-200 从驱动器收到应答时，Resp_R 位均会打开，进行一次扫描，所有数值均被更新。

（8）F_ACK（故障确认）位被用于确认驱动器中的故障。当 F_ACK 从 0 转为 1 时，驱动器清除故障。

（9）DIR（方向）位用来控制电动机转动方向。

（10）Drive（驱动器地址）输入是变频器驱动器的地址，向该地址发送 USS_CTRL 命令。有效地址：0～31。

（11）Type（驱动器类型）输入选择驱动器的类型。将变频器 3（或更早版本）驱动器的类型设为 0，将变频器 4 驱动器的类型设为 1。

（12）Speed_SP（速度设定值）是作为全速百分比的驱动器速度。Speed_SP 的负值会使驱动器反向旋转方向，其范围为 -200.0%～200.0%。

（13）Fault 表示故障位的状态（0—无错误，1—有错误），驱动器显示故障代码（有关驱动器信息，请参阅用户手册）。欲清除故障位，纠正引起故障的原因，并打开 F_ACK 位。

（14）Inhibit 表示驱动器上的禁止位状态（0—不禁止，1—禁止）。欲清除禁止位，故障位必须为 OFF，运行、OFF2 和 OFF3 输入也必须为 OFF。

（15）D_Dir 表示驱动器的旋转方向。

（16）Run_EN（运行启用）表示驱动器是在运行（1）还是停止（0）。

（17）Speed 是以全速百分比表示的驱动器速度，其范围为：-200.0%~200.0%。

（18）Staus 是驱动器返回的状态字原始数值。

（19）Error 是一个包含对驱动器最新通信请求结果的错误字节。USS 指令执行错误主题定义了可能因执行指令而导致的错误条件。

（20）Resp_R（收到的响应）位确认来自驱动器的响应。对所有的激活驱动器都要轮询最新的驱动器状态信息。每次 S7-200 接收到来自驱动器的响应时，每扫描一次，Resp_R 位就会接通一次并更新所有相应的值，如图 23-4 所示。

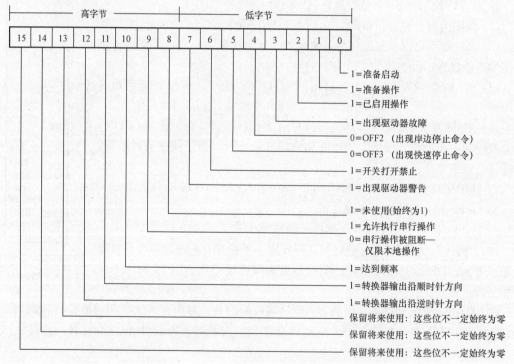

图 23-4　Resp_R 位确认来自驱动器的响应

三、USS_RPM 指令

USS_RPM 指令用于读取变频器的参数，USS 协议有 3 条读指令：

（1）USS_RPM_W 指令读取一个无符号字类型的参数。

（2）USS_RPM_D 指令读取一个无符号双字类型的参数。

（3）USS_RPM_R 指令读取一个浮点数类型的参数。

指令如图 23-5 所示。

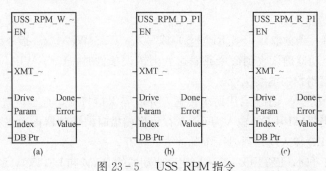

图23-5 USS_RPM指令

(a) USS_RPM_W_指令；(b) USS_RPM_D_P1；(c) USS_RPM_R_P1指令

指令说明如下：

(1) 一次仅限将一条读取（USS_RPM_x）或写入（USS_WPM_x）指令设为激活。

(2) EN位必须为ON，才能启用请求传送，并应当保持ON，直至设置"完成"位，表示进程完成。例如，当XMT_REQ输入为ON，在每次扫描时向变频器传送一条USS_RPM_x请求。因此，XMT_REQ输入应当通过一个脉冲方式打开。

(3) Drive输入是MicroMaster驱动器的地址，USS_RPM_x指令被发送至该地址。单台驱动器的有效地址是0～31。

(4) Param是参数号码。Index是需要读取参数的索引值。"数值"是返回的参数值。必须向DB_Ptr输入提供16个字节的缓冲区地址。该缓冲区被USS_RPM_x指令用于存储向变频器驱动器发出的命令结果。

(5) 当USS_RPM_x指令完成时，Done输出ON，Error输出字节和Value输出包含执行指令的结果。Error和Value输出在Done输出打开之前无效。

四、USS_WPM指令

USS_WPM指令用于读取变频器的参数，USS协议共有3种写入指令：

(1) USS_WPM_W（端口0）或USS_WPM_W_P1（端口1）指令写入不带符号的字参数。

(2) USS_WPM_D（端口0）或USS_WPM_D_P1（端口1）指令写入不带符号的双字参数。

(3) USS_WPM_R（端口0）或USS_WPM_R_P1（端口1）指令写入浮点。

USS_WPM指令如图23-6所示。

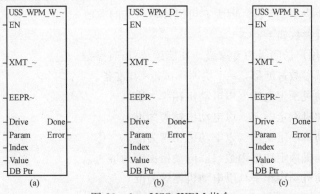

图23-6 USS_WPM指令

(a) USS_WPM_W指令；(b) USS_WPM_D指令；(c) USS_WPM_R指令

指令说明如下：

（1）一次仅限将一条读取（USS_RPM_x）或写入（USS_WPM_x）指令设为激活。

（2）当变频器驱动器确认收到命令或发送一则错误条件时，USS_WPM_x 事项完成。当该进程等待应答时，逻辑扫描继续执行。

（3）EN 位必须为 ON，才能启用请求传送，并应当保持打开，直至设置"Done"位，表示进程完成。例如，当 XMT_REQ 输入为 ON，在每次扫描时向变频器传送一条 USS_WPM_x 请求。因此，XMT_REQ 输入应当通过一个脉冲方式打开。

（4）当驱动器打开时，EEPROM 输入启用对驱动器的 RAM 和 EEPROM 的写入，当驱动器关闭时，仅启用对 RAM 的写入。请注意，该功能不受 MM3 驱动器支持，因此该输入必须关闭。

（5）其他参数的含义及使用方法参考 USS_RPM 指令。

第三节　PLC 通过 USS 协议网络控制变频器的运行

一、项目要求

S7 - 200 PLC 通过 USS 协议网络控制 MM440 变频器，控制电动机的启动、制动停止、自由停止和正、反转，并能够通过 PLC 读取变频器参数、设置变频器参数。

二、变频器的设置

在将变频器连至 S7 - 200 之前，必须确保变频器具有以下系统参数，即使用变频器上的基本操作面板的按键设置参数。

（1）复位为出厂默认设置值（可选）：P0010＝30（出厂的设定值），P0970＝1（参数复位）。

（2）如果忽略该步骤，确保以下参数的设置：P2012＝USS 的 PZD 长度。常规的 PZD 长度是 2 个字长。这一参数允许用户选择不同的 PZD 长度，以便对目标进行控制和监测。例如，3 个字的 PZD 长度时，可以有第 2 个设定值和实际值。实际值可以是变频器的输出电流（P2016 或 P2019［下标 3］＝r0027）。

P2013＝USS 的 PKW 长度。默认值设定为 127（可变长度）。也就是说，被发送的 PKW 长度是可变的，应答报文的长度也是可变的，这将影响 USS 报文的总长度。如果要写一个控制程序，并采用固定长度的报文，那么，应答状态字（ZSW）总是出现在同样的位置。变频器最常用的 PKW 固定长度是 4 个字长，因为它可以读写所有的参数。

（3）设置电动机参数如下：

1）P0003＝3，用户访问级为专家级，使能读/写所有参数。

2）P0010＝调试参数过滤器，＝1 快速调试，＝0 准备。

3）P0304＝电动机额定电压（以电动机铭牌为准）。

4）P0305＝电动机额定电流（以电动机铭牌为准）。

5）P0307＝电动机额定功率（以电动机铭牌为准）。

6）P0308＝电动机额定功率因数（以电动机铭牌为准）。

7）P0310＝电动机额定频率（以电动机铭牌为准）。

8）P0311＝电动机额定速度（以电动机铭牌为准）。

（4）设置本地/远程控制模式。

1）P0700＝5，通过 COM 链路（经由 RS‐485）进行通信的 USS 设置，即通过 USS 对变频器进行控制。

2）P1000＝5，这一设置可以允许通过 COM 链路的 USS 通信发送频率设定值。

（5）设置 RS‐485 串口 USS 波特率：P2010 在不同值有不同的波特率，即 P2010＝4（2400b/s）；P2010＝5（4800b/s）；P2010＝6（9600b/s）；P2010＝7（19 200b/s）；P2010＝8（38 400b/s）；P2010＝9（57 600b/s）；这一参数必须与 PLC 主站采用的波特率相一致，如本项目中 PLC 和变频器的波特率都设为 9600b/s。

（6）输入从站地址。P2011＝USS 节点地址（0～31），这是为变频器指定的唯一从站地址。

（7）斜坡上升时间（可选）：P1120＝0～650.00，这是一个以秒（s）为单位的时间，在这个时间内，电动机加速到最高频率。

（8）斜坡下降时间（可选）：P1121＝0～650.00，单位为秒（s），在这个时间内，电动机减速到完全停止。

（9）设置串行链接参考频率：P2000＝1～650，单位为赫兹（Hz），默认值为50。

（10）设置 USS 的规格化：P2009＝USS 规格化（具有兼容性）。

设置值为 0 时，根据 P2000 的基准频率进行频率设定值的规格化。设置值为 1 时，允许设定值以绝对十进制数的形式发送。如在规格化时设置基准频率为 50.00Hz，则所对应的十六进制数是 4000，十进制数值是 16 384。

（11）P2016 和 P2019：允许用户确定，在 RS‐232C 和 RS‐485 串行接口的情况下，答应报文 PZD 中应该返回哪些状态字和实际值，其下标参数设定如下：

下标 0＝状态字 1（ZSW）（默认值＝r0052＝变频器的状态字）；

下标 1＝实际值 1（HIW）（默认值＝r0021＝输出频率）；

下标 2＝实际值 2（HIW2）（默认值＝0）；

下标 3＝状态字 2（ZSW2）（默认值＝0）。

PZD 控制字：信号 047FH 使变频器正向运行，而信号 0C7FH 使变频器反向运行。

三、电路图

PLC 与变频器的接线如图 23‐7 所示，其中 I0.0 为电动机运行启动开关，I0.1 为电动机正反转切换开关，I0.7 为向变频器写入参数开关，I1.0 为电动机制动停止开关，I1.1 为电动机自由停止开关。

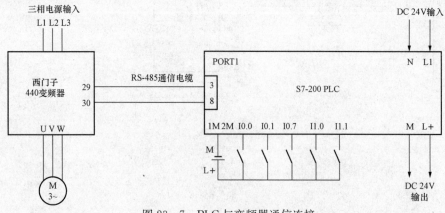

图 23‐7　PLC 与变频器通信连接

四、PLC 控制程序

PLC 控制程序如图 23-8 所示。

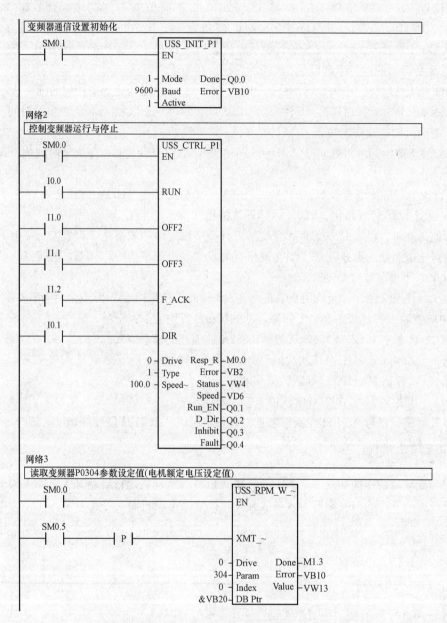

图 23-8 PLC 控制程序（一）

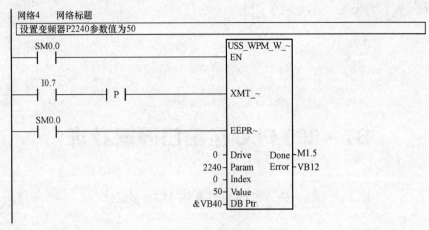

图 23-8　PLC控制程序（二）

第二十四章

S7-200 PLC自由口通信技术

第一节 自由口通信基础知识

一、通信的基本概念

1. 并行通信和串行通信

（1）并行通信。并行通信是将一个8位数据（或16位、32位）的每一位二进制位采用单独的导线进行传输，并将传送方和接收方进行并行连接，一个数据的各二进制位可以在同一时间内一次传送。如老式打印机的打印口与计算机的通信口就是并行通信。

该通信方式具有以下特点：一个周期里可以一次传输多位数据，其连接的电缆多，长距离传送成本高。

（2）串行通信。串行通信就是通过一对导线将发送方与接收方进行连接，传输数据的每个二进制位，按照规定顺序在同一导线上依次发送与接收。如：USB接口就是串行通信。电脑上的9针串。

该通信方式具有以下特点：通信控制复杂，通信电缆少，成本低。

串行通信是一种趋势，随着串行通信速率的提高，以往使用并行通信的场合，现在部分被串行通信取代，如打印机的通信等。

2. 单工和双工

（1）单工通信方式。单工通信就是指信息的传送始终保持同一个方向，而不能进行反向传送。如图24-1所示，其中A端只能作为发送端发送数据，B端只能作为接收端接收数据。

（2）半双工通信方式。半双工通信方式就是指信息流可以在两个方向上传送，但同一时刻只限于一个方向传送，如图24-2所示，其中A端和B端都具有发送和接收的功能，但传送线路只有一条，某一时刻只能A端发送B端接收，或B端发送A端接收。

（3）全双工通信方式。全双工通信方式能在两上方向上同时发送和接收数据。如图24-3所示，其中A端和B端都可以一边发送数据，一边接收数据。

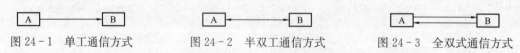

图24-1 单工通信方式　　　　图24-2 半双工通信方式　　　　图24-3 全双式通信方式

3. 串行通信接口标准

（1）RS-232C串行接口标准。RS-232C是1969年由美国电子工业协会公布的串行通信接口标准。RS-232C既是一种协议标准，又是一种电气标准，它规定了终端和通信设备之间信息交换的方式和功能。S7-200 PLC与计算机间的通信可以通过RS-232C标准接口来实现的。它采用按位串行通信的方式。在通信距离较短、波特率要求不高的场合可以直接采用，既简单又方便。但由于其接口采用单端发送、单端接收，因此在使用中有数据通信速率低、通信距离短、抗共模干扰能力差等缺点。RS-232C可实现点对点通信。

（2）RS-422A串行接口标准。RS-422A采用平衡驱动、差分接收电路，从根本上取消了信号地线。其在最大传输速率10Mb/s时，允许的最大通信距离为12m。传输速率为100kb/s时，最大通信距离为1200m。一台驱动器可以连接10台接收器，可实现点对多通信。

（3）RS-485串行接口标准。RS-485是从RS-422基础上发展而来的，所以RS-485许多电气规定与RS-422相似，如采用平衡传输方式，都需要在传输线上接终端电阻。RS-485可以采用二线四线方式，二线方式可实现真正的多点双向通信。

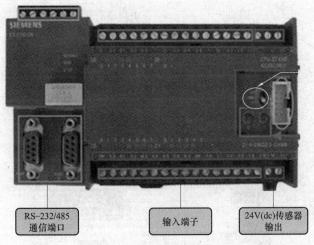

RS-232/485 通信端口　　　输入端子　　　24V(dc)传感器输出

图 24-4　S7-200 CPU224X

　　计算机目前都有RS-232通信口（不含笔记本电脑），西门子系列PLC大都采用RS-485通信口，西门子触摸屏也有RS-485。图24-4中S7-200 PLC CPU224XP有两个RS-485通信口，其端口针脚分配如表24-1所示。

表 24-1　　　　　　　　　　　　S7-200 CPU 通信接口的引脚分配

连接器	针	PROFIBUS 名称	端口 0/端口 1
	1	屏蔽	机壳接地
	2	24V 返回逻辑地	逻辑地
	3	RS-485 信号 B	RS-485 信号 B
	4	发送申请	RTS（TTL）
	5	5V 返回	逻辑地
	6	+5V	+5V、100Ω 串联电阻
	7	+24V	+24V
	8	RS-485 信号 A	RS-485 信号 A
	9	不用	10 位协议选择（输入）
	连接器外壳	屏蔽	机壳接地

S7-200 PLC 可以通过自由口通信控制各种变频器的运行，如图 24-5 所示，也可以控制各种支持串口通信的设备，如图 24-6 所示，如串口打印机、条形码阅读器等。

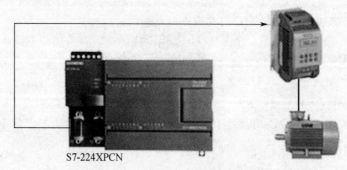

图 24-5　S7-200 自由口通制变频器

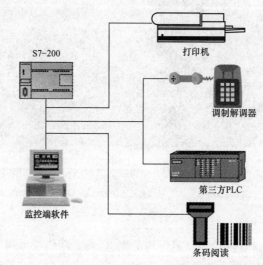

图 24-6　S7-200 PLC 可通过自由口控制其他的串口设备

说明

(1) 由于 S7-200 CPU 通信端口是半双工通信口，所以发送和接受不能同时进行。

(2) S7-200 CPU 通信口处于自由口模式下时，该通信口不能同时工作在其他通信模式下。如不能端口 1 在进行自由口通信时，又使用端口 1 进行 PPI 编程。

(3) S7-200 CPU 通信端口是 RS-485 标准，因此如果通信对象是 RS-232 设备，则需要使用 RS-232/PPI 电缆。

(4) 自由口通信只有在 S7-200 CPU 处于 RUN 模式下才能被激活，如果将 S7-200 CPU 设置为 STOP 模式，则通信端口将根据 S7-200 CPU 系统块中的配置转换到 PPI 协议。

二、自由口通信概述

S7-200 的自由口通信是基于 RS-485 通信基础的半双工通信，西门子 S7-200 系列 PLC 拥有自由口通信功能。

自由口通信，顾名思义，就是没有标准的通信协议，用户可以自己规定协议。第三方设备大都支持 RS-485 串口通信，西门子 S7-200 PLC 可以通过自由口通信模式控制串口通信。如用发送指令（XMT）向打印机或变频器等第三方设备发送信息。

自由口通信的核心就是发送（XMT）和接收（RCV）两条指令，以及相应的特殊寄存器控制。由于 S7-200 CPU 通信端口是 RS-485 半双工通信口，因此发送和接收不能同时处于激活状态。

RS-485 半双工通信串行字符通信的格式可以包括一个起始位、7 或 8 位字符（数据字节）、一个奇/偶校验位（或没有校验位）、一个停止位。

自由口通信的波特率可以设置为 1200、2400、4800、9600、19 200、38 400、57 600b/s 或 115 200b/s。凡是符合这些格式的串行通信设备，理论上都可以和 S7-200 CPU 通信。另外，STEP7 Micro/Win 的两个指令库 USS 和 Modbus 就是使用自由口模式编程实现的。

第二节　两台 S7-200 PLC 的单向自由口通信

一、自由口通信知识点

1. 通信端口控制字节

S7-200 PLC 通信口 Port0 的控制字节为 SMB30，Port1 的控制字节为 SMB130，控制字节的设置如表 24-2 所示。

表 24-2　　　　　　　　　　控制字节 SMB30 或 SMB130

位	作用	说明
LSB7	校验位	00＝不校验；01＝偶校验；10＝不校验；11＝奇校验
LSB6		
LSB5	每个字符的数据位	0＝8 位字节；1＝7 位字符
LSB4	自由口波特率选择（kb/s）	000＝38.4；001＝19.2；010＝9.6；011＝4.8；100＝2.4；101＝1.2；110＝115.2；111＝57.6
LSB3		
LSB2		
LSB1	协议选择	00＝PPI 从站模式；01＝自由口协议；10＝PPI 主站模式；11＝保留
LSB0		

2. 发送指令 XMT 与接收指令 RCV

发送指令 XMT 与接收指令 RCV 如图 24-7 所示。

说明：

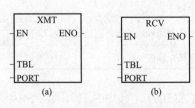

图 24-7　发送与接收指令

（a）发送指令；（b）接收指令

（1）发送指令与接收指令可以方便地发送或接收最多 255 个字节的数据。

（2）PORT 指定发送或接收的端口。

（3）TBL 指定发送或接收数据缓冲区，第一个数据指定发送或接收的字节数。

（4）发送完成时可以调用中断，接收完成时也可调用中断。

发送指令 XMT 缓冲区格式如表 24-3 所示，其中 T 字节编号表示发送字节的个数，T+1 及后面的字节为发送的具体数据字节。

表 24-3   XMT 指令缓冲区格式

序号	字节编号	内容
1	T+0	发送字节的个数
2	T+1	数据字节
3	T+2	数据字节
⋮	⋮	⋮
256	T+256	数据字节

接收指令 RCV 缓冲区格式如表 24-4 所示，其中 T 字节编号表示接收字节的个数，T+1 及后面的字节为接收的具体数据字节。

表 24-4   RCV 指令缓冲区格式

序号	字节编号	内容
1	T+0	接收字节的个数
2	T+1	始起字符（如果有）
3	T+2	数据字节
⋮	⋮	⋮
256	T+256	结束字符（如果有）

当使用接收指令 RCV 时，可分析接收状态字节 SMB86（对应 Port0）或 SMB186（对应 Port1）来分析数据接收到的状况，状态字节各位的含义如表 24-5 所示。

表 24-5   接收状态字节 SMB86/SMB186 含义

对于 Port0	对于 Port1	状态字节各位的含义
SMB86.0	SMB186.0	为1说明奇偶校验错误而终止接收
SMB86.1	SMB186.1	为1说明接收字符超长而终止接收
SMB86.2	SMB186.2	为1说明接收超时而终止接收
SMB86.3	SMB186.3	为0
SMB86.4	SMB186.4	为0
SMB86.5	SMB186.5	为1说明是正常收到结束字符
SMB86.6	SMB186.6	为1说明输入参数错误或缺少起始和终止条件而结束接收
SMB86.7	SMB186.7	为1说明用户通过禁止命令结束接收

使用接收指令 RCV 时，需设置通信端口接收控制字节 SMB87（对应 Port0）或 SMB187（对应 Port1）。控制字节各位的含义如表 24-6 所示。

表 24-6　　　　　　　　　　　　接收控制字节 SMB87/SMB187 含义

对于 Port0	对于 Port1	状态字节各位的含义
SMB87.0	SMB187.0	0
SMB87.1	SMB187.1	1 使用中断条件，0 不使用中断条件
SMB87.2	SMB187.2	1 使用 SMW92 或者 SMW92 时间段结束接收 0 不使用 SMW92 或 SM192
SMB87.3	SMB187.3	1 定时器是信息定时器，0 定时器是内部字符定时器
SMB87.4	SMB187.4	1 具使用 SMW90 或者 SM190 检测空闲时间 0 不使用 SMW90 或 SM190
SMB87.5	SMB187.5	1 使用 SMB89 或 SM189 终止符检测终止信息 0 不使用
SMB87.6	SMB187.6	1 使用 SMB88 或者 SMB188 起始符检测起始信息 0 不使用
SMB87.7	SMB187.7	0 禁止接收，1 允许接收

另外，使用自由口通信，还有一些相关的特殊元件可能会用到，如 SMB88、SMB89、SMW90、SMW92、SMB94 等，具体含义如表 24-7 所示。

表 24-7　　　　　　　　　　　　自由口通信相关特殊元件

Port0	Port1	控制字节或控制字的含义
SMB88	SMB188	信息字符的开始
SMB89	SMB189	信息字符的结束
SMW90	SMW190	空闲线时间段，按毫秒设定。空闲线时间用完后接收的第一个字符是新消息的开始
SMW92	SMW192	中间字符/消息定时器溢出值，按毫秒设定。如果超过这个时间段，则终止接收信息
SMB94	SMB194	要接收的最大字符数（1～255 字节）。此范围必须设置为期望的最大缓冲区大小，即使不使用字符计数消息终端

二、项目要求

【例 24-1】　有两台设备，控制器都是 S7-200 CPU，两者之间为自由口通信，实现设备 1 的 IW0 控制设备 2 的 QW0，如图 24-8 所示。

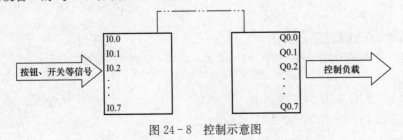

图 24-8　控制示意图

三、软、硬件选择

(1) 软件选择 STEP7 – Micro/WIN V4.0 SP6 或 SP7。

(2) 2 台 S7 – 200 CPU，如 CPU224XP，CPU226。

(3) 1 根 PROFIBUS 网格电缆（带 2 个网络总线连接线）。

(4) 1 根 PC/PPI 电缆。

两台 PLC 通过 Port0 口相连，如图 24 – 9 所示。Port1 口可接电脑实现 PPI 通信程序下载或监控。通信连接端器如图 24 – 10 所示。

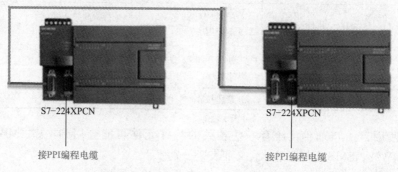

图 24 – 9　PLC 的连接

图 24 – 10　通信连接器
（a）具有 PG 接口的标准连接器；（b）无 PG 接口的连接器

自由口通信的通信电缆最好使用 PROFIBUS 网络电缆和网络连接器，若要求不高，为了节省成本可购买 DB9 接插件，再将两个接插件的 3 脚和 8 脚对应连接即可。

四、通信程序

1. 发送站程序

(1) 主程序。发送站主程序如图 24 – 11 所示。

(2) 发送站中断子程序 INT0 如图 24 – 12 所示。

2. 接收站程序

(1) 接收站主程序如图 24 – 13 所示。

(2) 接收站中断程序 INT0 如图 24 – 14 所示。

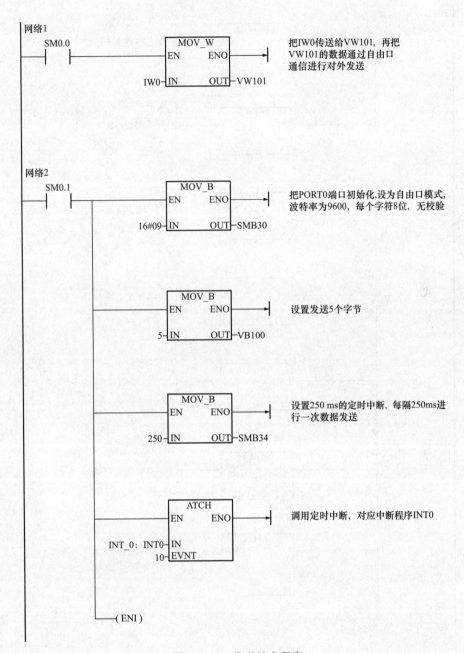

图 24 - 11　发送站主程序

图 24 - 12　发送站中断子程序 INT0

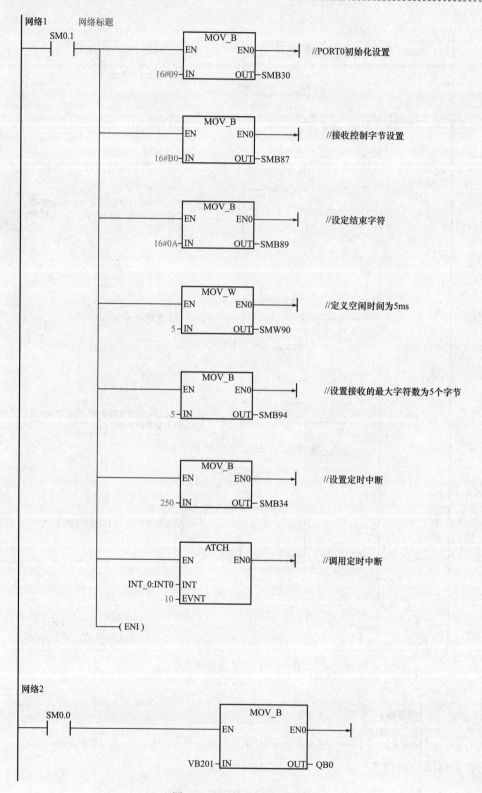

图 24 - 13 接收站主程序

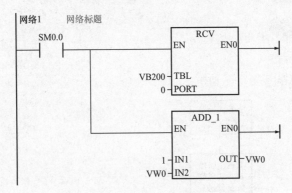

图 24-14 接收站中断程序 INT0

第三节 两台 S7-200 PLC 之间的自由口双向通信

一、 项目要求

【例 24-2】 有两台设备，控制器都是 S7-200 CPU，两者之间为自由口通信，实现设备 1 的 IB0 控制设备 2 的 QB0，同时设备 2 的 IB0 控制设备 1 的 QB0，如图 24-15 所示。

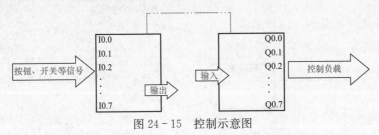

图 24-15 控制示意图

二、 软、硬件选择

(1) 软件 STEP7-Micro/WIN V4.0 SP6 或 SP7。

(2) 2 台 S7-200 CPU，如 CPU224XP、CPU226。

(3) 1 根 PROFIBUS 网格电缆（带 2 个网络总线连接线）。

(4) 1 根 PC/PPI 电缆。

两台 PLC 的连接如图 24-16 所示。用 Port0 把两台 PLC 连接起来实现自由口通信。

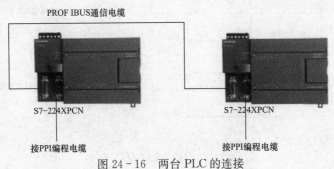

图 24-16 两台 PLC 的连接

三、通信程序

1. 设备1的PLC程序

设备1的程序结构如图24-17所示。

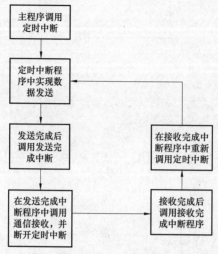

图24-17 程序结构

设备1的主程序如图24-18所示。

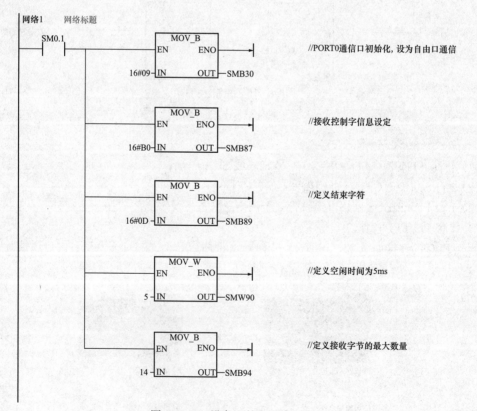

图24-18 设备1的主程序（一）

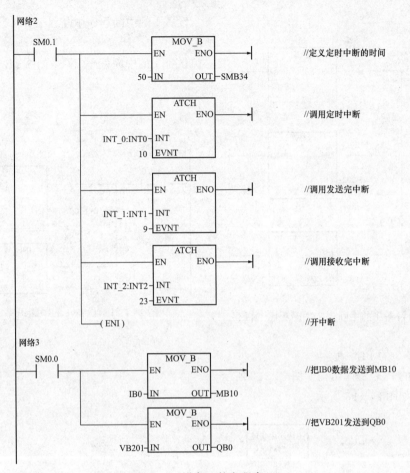

图 24-18　设备 1 的主程序（二）

设备 1 的中断程序 INT0 如图 24-19 所示。

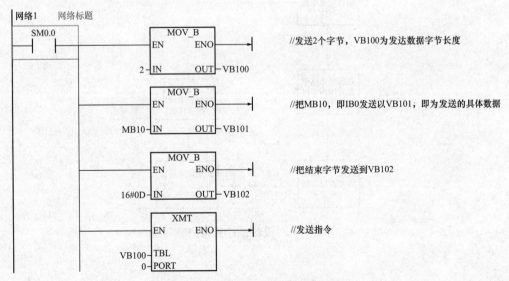

图 24-19　设备 1 的中断程序 INT0

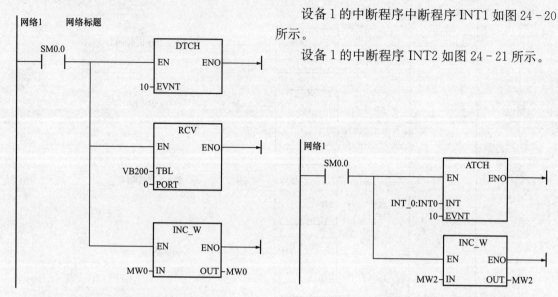

设备1的中断程序中断程序 INT1 如图 24-20 所示。

设备1的中断程序 INT2 如图 24-21 所示。

图 24-20　设备1的中断程序中断程序 INT1

图 24-21　设备1的中断程序 INT2

2. 设备2的 PLC 程序

设备2的 PLC 程序结构如图 24-22 所示。

主程序如图 24-23 所示。

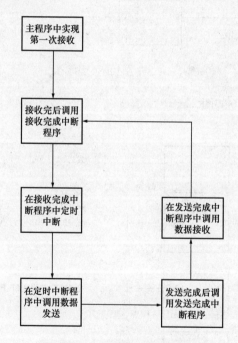

图 24-22　设备2的程序结构

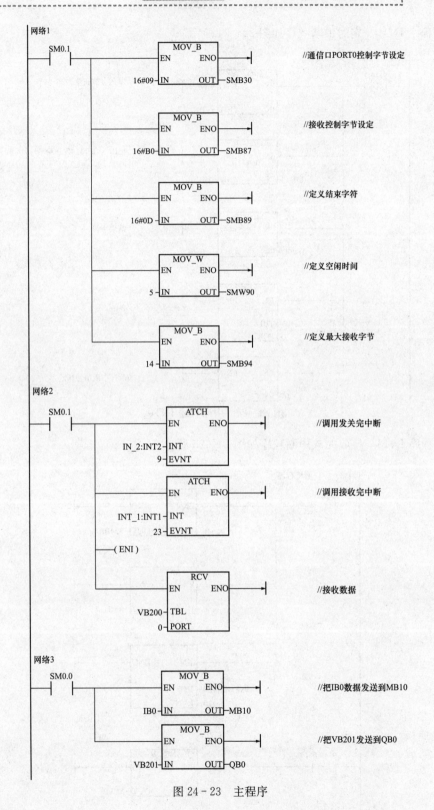

图 24-23　主程序

中断程序 INT0、定时中断程序如图 24-24 所示。

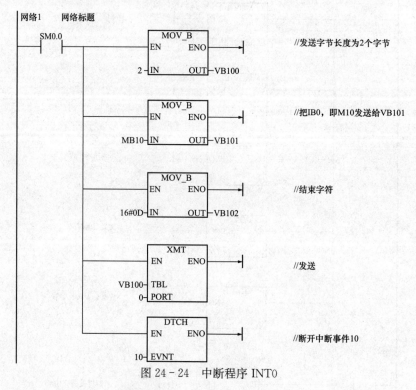

图 24-24 中断程序 INT0

中断程序 INT1，接收完成中断程序如图 24-25 所示。

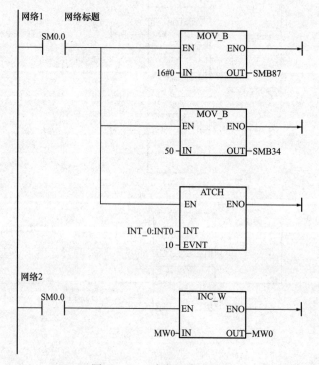

图 24-25 中断程序 INT1

中断程序 INT2，发送完成中断程序如图 24-26 所示。

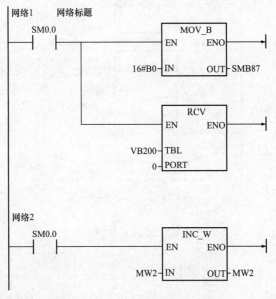

图 24-26 中断程序 INT2

第四节 S7-200 与 PC 超级终端的自由口通信

一、项目要求

用一台个人计算机的 Hyper Terminal（超级终端）接收来自一台 S7-200 CPU 发送过来的数据，并进行显示。

在 PLC 中用程序实现每 250ms 对 VW200 加 1，然后把它变为 ASCII 码发送到计算机上的超级终端进行显示。

二、硬件配置

（1）PC 一台，上面装有 S7-200 的编程软件 STEP7-Micro/WIN。

（2）1 台 S7-200 PLC。

（3）1 根 PC/PPI 电缆（要求连接计算机端为 RS-232 接口）。

三、PLC 程序

主程序如图 24-27 所示。

中断程序 INT_0 如图 24-28 所示。

四、超级终端的设置、通信与软件操作

超级终端的设置如下：

（1）打开超级终端。在电脑桌面按如图 24-29 所示操作，打开超级终端。

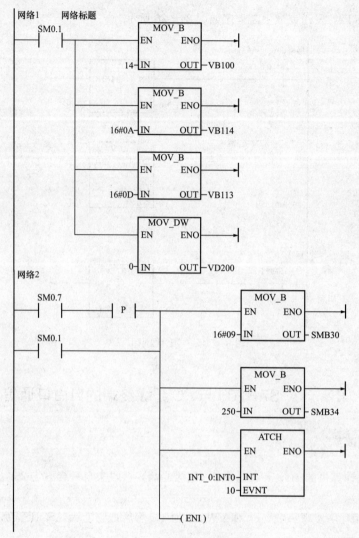

图 24-27 PLC 主程序

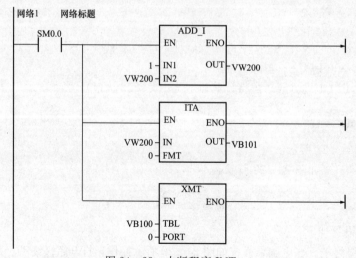

图 24-28 中断程序 INT_0

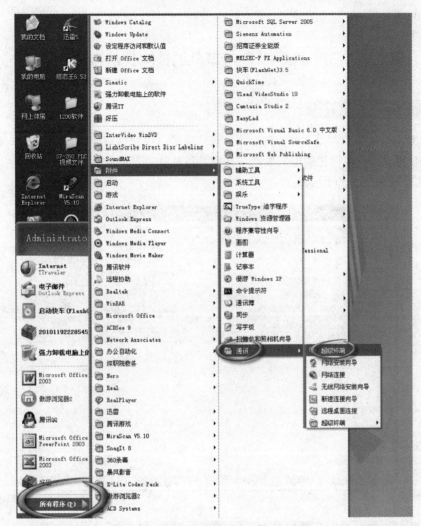

图 24 - 29　打开超级终端

（2）选择串行通信接口。如图 24 - 30 所示，选择串行通信接口 COM1。

（3）设置通信参数。如图 24 - 31 所示，设置通信参数。

图 24 - 30　选择 COM1

图 24 - 31　设置通信参数

按如上步骤操作即可建立连接。

第五节　S7-200 PLC 与串口调试软件的自由口通信

一、串口调试软件

本书以 PortTest 串口调试软件为例介绍，该软件可以设置串口的相关参数，如通信口、波特率、数据位等，并可以设置数据的发送与接收。该软件有普通调试和对传调试两个界面，分别如图 24-32 和图 24-33 所示。

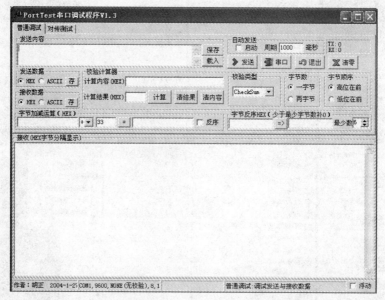

图 24-32　普通调试界面

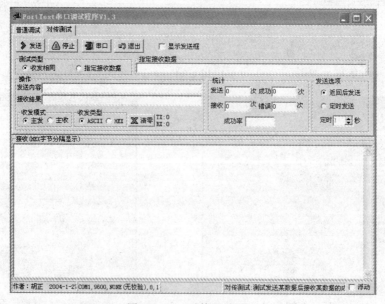

图 24-33　对传调试界面

通过串口调试软件收发数据可以是 ASCII 码，也可以是十六进制数（HEX），常用数字与字母的 ASCII 码如表 24-8 所示。

表 24-8　　　　　数字字符 ASCII 码表

字符	ASC II 码	字符	ASC II 码	字符	ASC II 码	字符	ASC II 码
0	30H	4	34H	8	38H	C	43H
1	31H	5	35H	9	39H	D	44H
2	32H	6	36H	A	41H	E	45H
3	33H	7	37H	B	42H	F	46H

二、调试项目举例

1. 要求

（1）把 PLC 的 IB1 的数据通过自由口通信送到串口调试软件上显示。

（2）在串口调试软件上写入一个数字，通过通信送到 PLC 的 QB0 中显示。

2. PLC 程序

PLC 程序可以仿照第三节中的程序编写。

（1）主程序。主程序如图 24-34 所示。

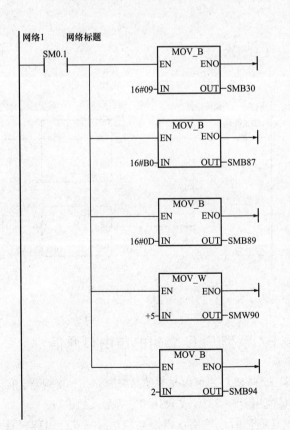
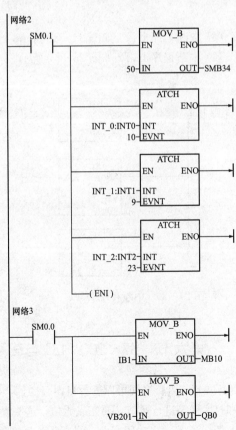

图 24-34　主程序

（2）中断程序 INT0 如图 24 - 35 所示。

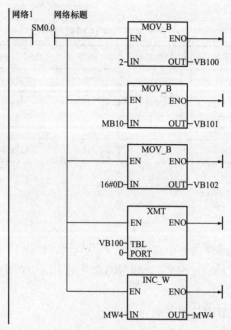

图 24 - 35　中断程序 INT0

（3）中断程序 INT1 如图 24 - 36 所示。

（4）中断程序 INT2 如图 24 - 37 所示。

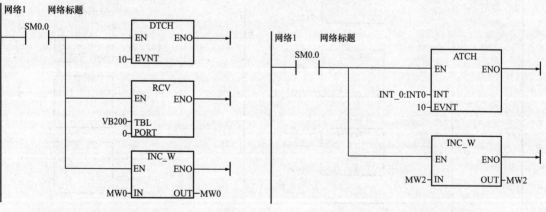

图 24 - 36　中断程序 INT1

图 24 - 37　中断程序 INT2

第六节　S7 - 200 PLC 与三菱 FX 系列 PLC 之间的自由口通信

S7 - 200 PLC 之间可以进行自由口通信，S7 - 200 PLC 还可以与其他品牌的 PLC、变频器、仪表和打印机等进行通信，要完成通信，这些设备应用 RS - 232C 或 RS - 485 等形式的串口。

西门子 S7 - 200 PLC 与三菱的 FX 系列 PLC 通信时，采用自由口通信，但三菱公司称这种协议为"无协议通信"，内涵实际上是一样的。

一、项目要求

【例24-3】 有两台设备，设备1的控制器是S7-200的CPU 226，设备2的控制器是FX$_{2N}$，两者之间为自由口通信，实现设备1的I0.0控制启动设备2的电动机，设备1的I0.1控制停止设备2的电机，试设计解决方案。

二、软、硬件配置

(1) 编程软件：STEP7-Micro/WINC V4.0和GX Developer。

(2) 1台CPU 226和1台FX$_{2N}$。

(3) 1根屏蔽双绞电缆（含1个网络总线连接器）。

(4) 1块FX2N-485-BD。

(5) 1条PC/PPI电缆。

(6) 1条FX系列PLC下载线。

三、通信网络连接

网络的正确接线至关重要，接线图如图24-38所示。具体如下：

(1) S7-200 CPU的PORT0可以进行自由口通信，其9针的接头中，1号管脚接地，3号管脚RXD+/TXD+（发送+/接收+）公用，8号管脚RXD-/TXD-（发送-/接收-）公用。

(2) FX系列PLC的编程口不能进行自由口通信或无协议通信，因此需配置一块FX$_{2N}$-485-BD模块，此模块可以进行双向RS-485通信（可以与两对双绞线相连），但由于S7-200 CPU只能与一对双绞线相连，因此FX$_{2N}$-485-BD模块的RDA（接收+）和SDA（发送+）相连，SDB（接收-）和RDB（发送-）相连。

(3) 由于本例采用的是RS-485通信，所以两端需要接终端电阻，均为110Ω，若传输距离短，终端电阻可不接入。

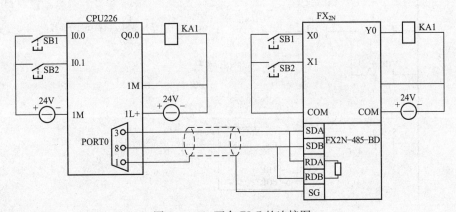

图24-38 两台PLC的连接图

四、PLC程序

1. S7-200 CPU程序

主程序如图24-39所示。

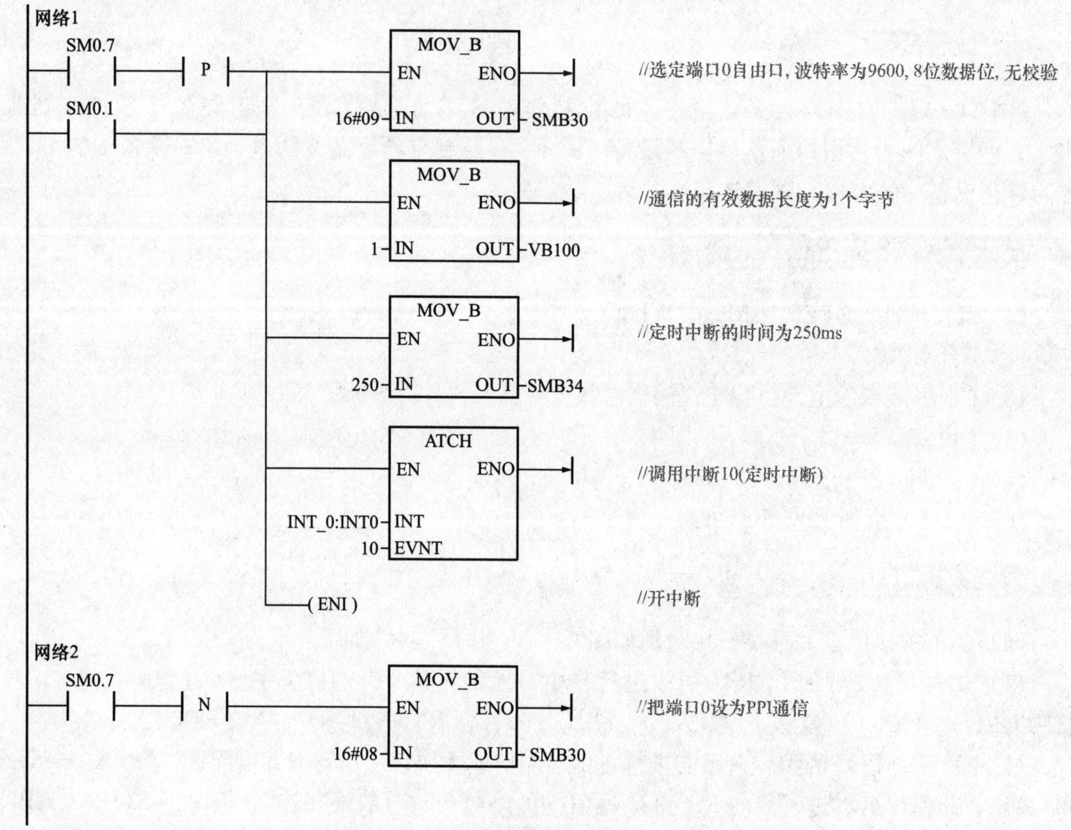

网络1
```
SM0.7      P                  MOV_B
├──┤ ├──┤ ├──────┬──────┤EN    ENO├──────┤    //选定端口0自由口,波特率为9600,8位数据位,无校验
SM0.1      │             16#09─┤IN   OUT├─SMB30
├──┤ ├─────┘
                              MOV_B
                       ├──────┤EN    ENO├──────┤    //通信的有效数据长度为1个字节
                          1──┤IN   OUT├─VB100

                              MOV_B
                       ├──────┤EN    ENO├──────┤    //定时中断的时间为250ms
                        250──┤IN   OUT├─SMB34

                              ATCH
                       ├──────┤EN    ENO├──────┤    //调用中断10(定时中断)
                     INT_0:INT0─┤INT
                          10─┤EVNT

                       ├──────( ENI )                 //开中断
```

网络2
```
SM0.7      N                  MOV_B
├──┤ ├──┤ ├──┤ ├──────┤EN    ENO├──────┤    //把端口0设为PPI通信
                     16#08─┤IN   OUT├─SMB30
```

图 24-39   主程序

中断程序 INT_0 如图 24-40 所示。

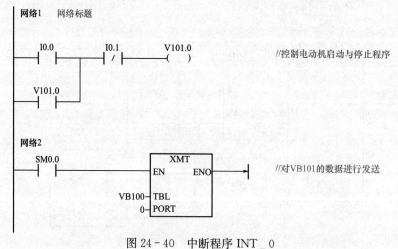

网络1   网络标题
```
   I0.0        I0.1        V101.0
├──┤ ├────────┤/├────────( )         //控制电动机启动与停止程序
   V101.0
├──┤ ├──┘
```

网络2
```
   SM0.0                  XMT
├──┤ ├──────────┤EN    ENO├──────┤   //对VB101的数据进行发送
              VB100─┤TBL
                  0─┤PORT
```

图 24-40   中断程序 INT_0

2. 三菱 FX 系列 PLC 程序

（1）无协议通信简介。

RS 指令如图 24-41 所示。

通信控制字 D8120 如表 24-9 所示。

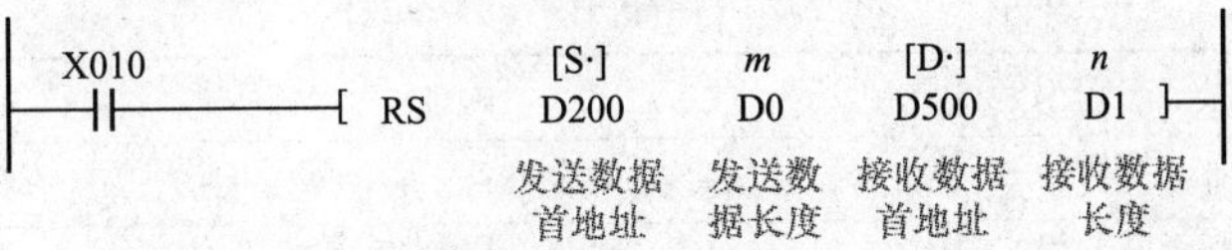

图 24-41　RS 指令

表 24-9　　　　　　　　　　　　　　**D8120 通信格式表**

位号	名称	内容	
		0（位 OFF）	1（位 ON）
b0	数据长	7 位	8 位
b1 b2	奇偶性	b2, b1 (0, 0)；无 (0, 1)；奇数（ODD） (1, 1)；偶数（EVEN）	
b3	停止位	1 位	2 位
b4 b5 b6 b7	传送速率 (bit/s)	b7, b6, b5, b4 (0, 0, 1, 1)；300 (0, 1, 0, 0)；600 (0, 1, 0, 1)；1, 200 (0, 1, 1, 0)；2, 400	b7, b6, b5, b4 (0, 1, 1, 1)；4, 800 (1, 0, 0, 0)；9, 600 (1, 0, 0, 1)；19, 200
b8	起始位	无	有（D8124）初始值：STX（02H）
b9	终止符	无	有（D8125）初始值：ETX（03H）
b10 b11	控制线	无顺序　b11, b10 (0, 0)；无＜RS-232C 接口＞ (0, 1)；普通模式＜RS-232C 接口＞ (1, 0)；互锁模式＜RS-232C 接口＞ (1, 1)；调制解调器模式＜RS-232C 接口＞，RS-485 接口 计算机连接通信　b11, b10 (0, 0)；RS-485 接口 (1, 0)；RS-232 接口	
b12 b13 b14 b15		不可使用	

无协议通信中用到的软元件如表 24-10 所示。

表 24 - 10 　　　　　　　无协议通信中用到的软元件

元件编号	名称	内容	属性
M8122	发送请求	置位后，开始发送	读/写
M8123	接收结束标志	接收放置后置位，此时不能再接收数据，需人工复位	读/写
M8161	8位处理模式	在16位和8位数据之间切换接收和发送数据，为 ON 时为8位模式，为 OFF 时为16位模式	写

（2）编写程序。三菱 FX 系列 PLC 程序如图 24 - 42 所示。

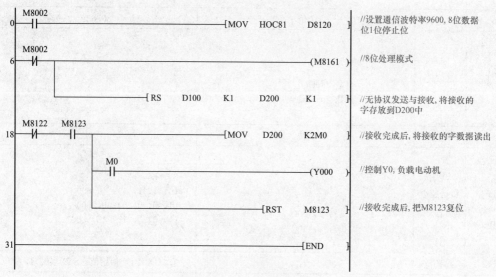

图 24 - 42　三菱 PLC 程序

实现不同品牌的 PLC 的通信，确实比较麻烦，要求读者对两种品牌的 PLC 通信比较熟悉，其中关键在以下两点：

（1）通信线连接。

（2）自由口（无协议）通信的相关指令必须弄清楚。

注意　以上程序是单向传递数据，若要数据双向传递，则必须注意 RS - 485 通信是半双工的，编写程序时要保证：在同一时刻同一个站点只能接收或者发送数据。

第七节　S7 - 200 与 VB 的通信监控

一、项目要求

用 Visual Basic 编写程序实现个人计算机与 S7 - 200 CPU 的自由口通信，并实现用启动按钮和停止按钮控制三只灯的循环运行。参考界面如图 24 - 43 所示。

二、PLC 程序

1. 主程序

主程序如图 24 - 44 所示。

图 24-43 参考界面

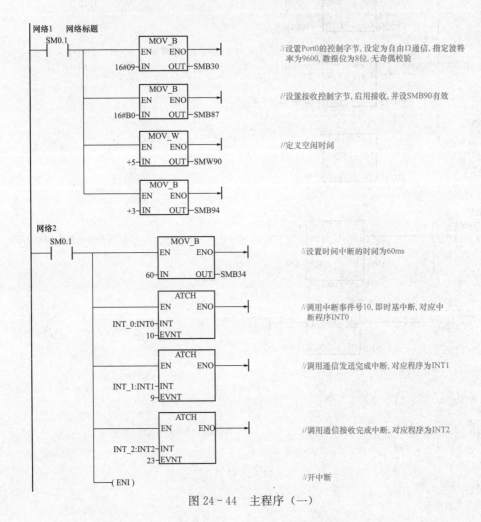

图 24-44 主程序（一）

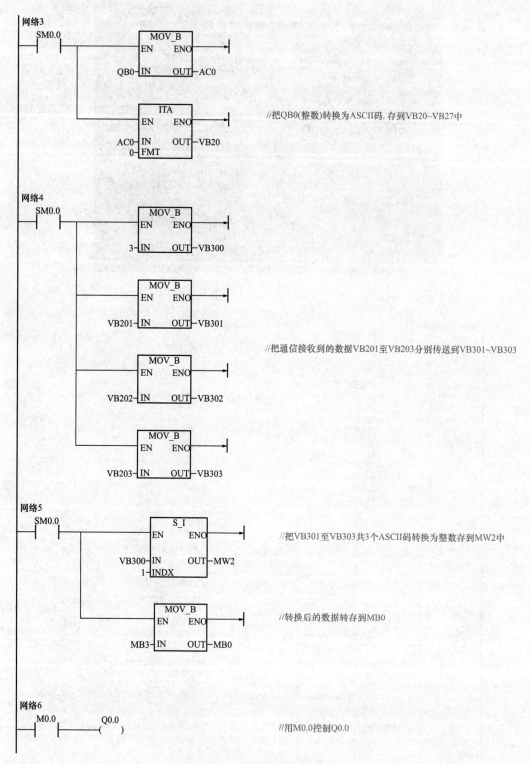

网络3

SM0.0

MOV_B
EN   ENO
QB0─IN   OUT─AC0

ITA
EN   ENO
AC0─IN   OUT─VB20
0─FMT

//把QB0(整数)转换为ASCII码, 存到VB20~VB27中

网络4

SM0.0

MOV_B
EN   ENO
3─IN   OUT─VB300

MOV_B
EN   ENO
VB201─IN   OUT─VB301

MOV_B
EN   ENO
VB202─IN   OUT─VB302

//把通信接收到的数据VB201至VB203分别传送到VB301~VB303

MOV_B
EN   ENO
VB203─IN   OUT─VB303

网络5

SM0.0

S_I
EN   ENO
VB300─IN   OUT─MW2
1─INDX

//把VB301至VB303共3个ASCII码转换为整数存到MW2中

MOV_B
EN   ENO
MB3─IN   OUT─MB0

//转换后的数据转存到MB0

网络6

M0.0   Q0.0
─┤ ├────────( )

//用M0.0控制Q0.0

图 24-44 主程序（二）

2. 中断程序 INT0

中断程序 INT0 如图 24 - 45 所示。

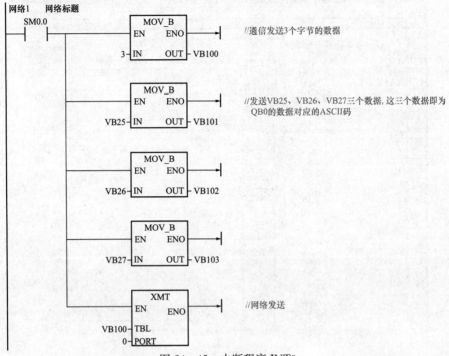

图 24 - 45　中断程序 INT0

3. 中断程序 INT1

中断程序 INT1 如图 24 - 46 所示。

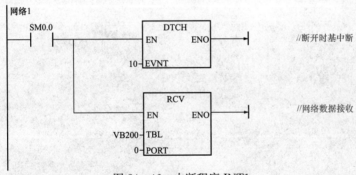

图 24 - 46　中断程序 INT1

4. 中断程序 INT2

中断程序 INT2 如图 24 - 47 所示。

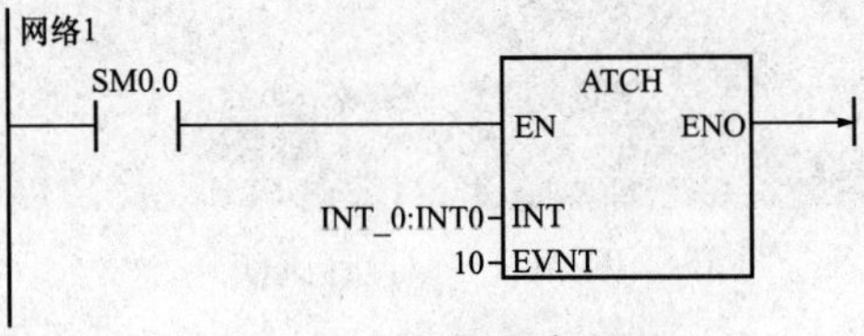

图 24 - 47　中断程序 INT2

程序运行监控效果如图24-48所示。

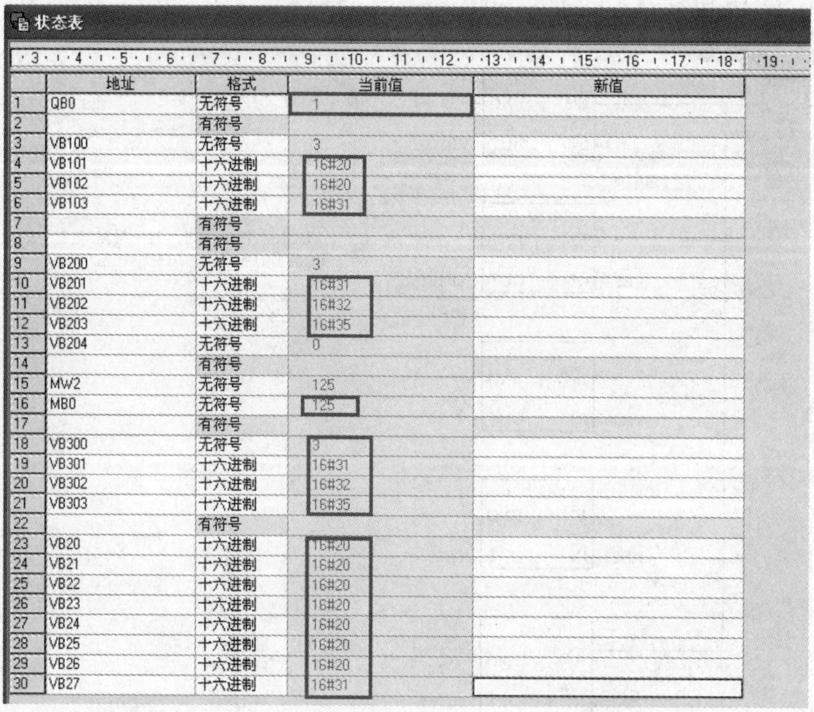

	地址	格式	当前值	新值
1	QB0	无符号	1	
2		有符号		
3	VB100	无符号	3	
4	VB101	十六进制	16#20	
5	VB102	十六进制	16#20	
6	VB103	十六进制	16#31	
7		有符号		
8		有符号		
9	VB200	无符号	3	
10	VB201	十六进制	16#31	
11	VB202	十六进制	16#32	
12	VB203	十六进制	16#35	
13	VB204	无符号	0	
14		有符号		
15	MW2	无符号	125	
16	MB0	无符号	125	
17		有符号		
18	VB300	无符号	3	
19	VB301	十六进制	16#31	
20	VB302	十六进制	16#32	
21	VB303	十六进制	16#35	
22		有符号		
23	VB20	十六进制	16#20	
24	VB21	十六进制	16#20	
25	VB22	十六进制	16#20	
26	VB23	十六进制	16#20	
27	VB24	十六进制	16#20	
28	VB25	十六进制	16#20	
29	VB26	十六进制	16#20	
30	VB27	十六进制	16#31	

图24-48 监控效果

三、VB程序编写

在VB上设计出如图24-49所示画面，画面中各对象名称如图24-50所示。

S7-200与VB的自由口通信

接收PLC的QB0的数据   0

发送数据到PLC的MB0   0

START   STOP

图24-49 设计画面

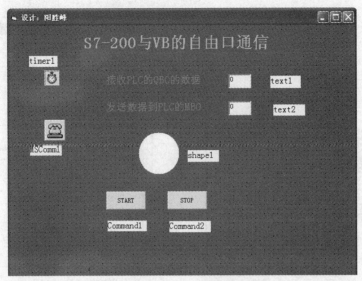

图 24 - 50　对象名称

图 24 - 51～图 24 - 56 为各个对象的属性。

图 24 - 51　Form1 属性

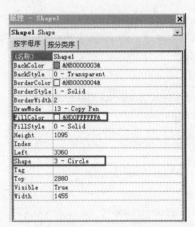

图 24 - 52　Shape1 属性

图 24 - 53　Command1 属性

图 24 - 54　Command2 属性

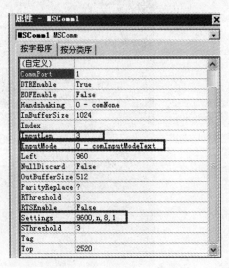

图 24-55　Timer1 属性　　　　　　　图 24-56　MSComm1 属性

项目代码如下:

```
Private Sub Command1_Click()
Text2.Text=1
End Sub

P rivate Sub Command2_Click()
Text2.Text=0
End Sub

P rivate Sub Form_Load()
MSComm1.PortOpen=True
MSComm1.InputMode=0
MSComm1.RThreshold=1
End Sub

P rivate Sub MSComm1_OnComm()
Select Case MSComm1.CommEvent
Case comEvReceive
Text1.Text=MSComm1.Input
End Select
End Sub

P rivate Sub Timer1_Timer()
If Len(Text2.Text)=3 Then
MSComm1.Output=Trim(Text2.Text)
End If
```

```
If Len(Text2.Text)=2 Then
MSComm1.Output="0" & Trim(Text2.Text)
End If
If Len(Text2.Text)=1 Then
MSComm1.Output="0" & "0" & Trim(Text2.Text)
End If
Dim a As Byte
a=Val(Text1.Text)
If a Mod 2=1 Then
Shape1.FillColor=vbRed
Else
Shape1.FillColor=vbWhite
End If
End Sub
```

第八节　S7-200 PLC 的 Modbus 通信

STEP7-Micro/WIN 指令库包括专门为 Modbus 通信设计的预先定义的子程序,使得 Modbus 的通信变得更简单。通过 Modbus 协议指令,可以将 S7-200 组态为 Modbus 主站或从站设备。

注意　CPU 的固化程序版本高于 V2.0 才能支持 Modbus 指令库,即老的 PLC 可能不支持。

一、Modbus 的通信数据地址

1. 主站寻址

Modbus 主站指令可将地址映射,然后发送到从站设备:

(1) 00001～09999 是离散输出(线圈 Q);

(2) 10001～19999 是离散输入(触点 I);

(3) 30001～39999 是模拟量输入(AI);

(4) 40001～49999 是保持寄存器(V)。

2. 从站寻址

Modbus 主站设备将地址映射到从站。Modbus 从站指令支持以下地址:

(1) 00001～00128 是实际输出,对应于 Q0.0～Q15.7;

(2) 10001～10128 是实际输入,对应于 I0.0～I15.7;

(3) 30001～30032 是模拟输入寄存器,对应于 AIW0～AIW62;

(4) 40001～04×××× 是保持寄存器,对应于 V 区。

3. Modbus 地址与 S7-200 地址的对应关系

Modbus 地址与 S7-200 地址的对应关系如表 24-11 所示。

表 24-11   **Modbus 地址与 S7-200 地址的对应关系**

序号	Modbus 地址	S7-200 地址
1	00001	Q0.0
	00002	Q0.1
	⋮	⋮
	00127	Q15.6
	00128	Q15.7
2	10001	I0.0
	10002	I0.1
	⋮	⋮
	10127	I15.6
	10128	I15.7
3	30001	AIW0
	30002	AIW2
	⋮	⋮
	30032	AIW62
4	40001	HoldStart
	40002	HoldStart+2
	⋮	⋮
	4××××	HoldStart+2（××××-1）

Modbus 从站协议允许对 Modbus 主站可访问的输入、输出、模拟量输入和保存器 V 的数量进行限定。例如，若 HoldStart 是 VB0，则 Modbus 地址 40001 对应 S7-200 地址是 VB0。

二、项目要求与软硬件配置

以两台 S7-200 PLC 之间的 Modbus 通信为例来介绍本节内容。

【例 24-4】 两台 S7-200 PLC，一台为 Modbus 主站，另一台为 Modbus 从站，主站发出启动与停止信号，控制从站的电动机的启、停。

软硬件配置如下：

（1）软件 STEP7-Micro/WIN V4.0 SP6。

（2）一条 S7-200 编程电缆。

（3）两台 S7-200 PLC。

（4）一根 PROFIBUS 网络电缆（含两个网络总线连接器）。

网络连接如图 24-57 所示。

图 24-57   网络连接

三、相关指令介绍

1. 主站设备指令

主站设备指令有两条：MBUS_CTRL 和 MBUS_MSG。

MBUS_CTRL 用于初始化、监视或禁用 Modbus 通信，MBUS_MSG 用于启动对 Modbus 从站的请求，并处理应答。

（1）MBUS_CTRL 指令。MBUS CTRL 指令是初始化主设备指令，用于 S7-200 端口 0 或 1 可初始化、监视或禁用 Modbus 通信。指令如表 24-12 所示。

表 24-12   **MBUS_CTRL 指令**

指令	输入/输出	说明	数据类型
MBUS_CTRL —EN —Mode —Baud Done— —Parity Error— —Timeout	EN	使能（应一直为 ON）	BOOL
	Mode	为 1 将 CPU 端口分配给 Modbus 协议并启用。为 0 将 CPU 端口分配给 PPI，并禁止 Modbus 协议	BOOL
	Baud	将波特率可设为 1200、2400、9600、19 200、38 400、57 600 或 115 200	DWORD
	Parity	0—无奇偶校验；1—奇校验；2—偶校验	BYTE
	Timeout	等待来自从站应答的毫秒时间数	WORD
	ERROR	出错时返回错误代码	BYTE

（2）MBUS_MSG 指令。MBUS_MSG 指令用于启动对 Modbus 从站的请求，并处理应答。当 EN 输入和 First 输入为 ON 时，MBUS_MSG 指令启动对 Modbus 从站的请求。发送请求、等待应答、并处理应答。指令如表 24-13 所示。

表 24-13   **MBUS_MSG 指令**

指令	输入/输出	说明	数据类型
MBUS_MSG —EN —First —Slave Done— —RW Error— —Addr —Count —DataPtr	EN	使能（应一直为 ON）	BOOL
	First	本参数应在有新请求要发送时才打开，进行一次扫描。First 应当通过一个脉冲打开，这将保证请求被发送一次	BOOL
	Slave	本参数是设置 Modbus 从站地址，范围是 0～247	BYTE
	RW	0—读，1—写	BYTE
	Addr	设置 Modbus 的起始地址	DWORD
	Count	设置读取或写入的数据元素的数量	INT8
	DalaPtr	S7-200 CPU 的 V 存储器中与读取或写入请求相关数据的间接地址指针	DWORD
	ERROR	出错时返回错误代码	BYTE

2. 从站设备指令

从站设备指令：MBUS_INIT 和 MBUS_SLAVE。

在使用 MBUS_SLAVE 指令之前，应先正确执行 MBUS_INIT 指令。

（1）MBUS_INIT 指令。MBUS_INIT 指令用于启用、初始化或禁止 Modbus 通信。指令如

表 24 - 14 所示。

表 24 - 14　　　　　　　　　　　　　　MBUS ＿ INIT 指令

指令	输入/输出	说明	数据类型
	EN	使能（用脉冲打开）	BOOL
	Mode	为 1 将 CPU 端口分配给 Modbus 协议并启用；为 0 将端口分配给 PPI 协议，并禁止 Modbus 协议	BYTE
MBUS_INIT EN Mode　　Done Addr　　Error Baud Parity Delay MaxIQ MaxAI MaxHold HoldSt˜	Baud	将波特率可设为 1200、2400、9600、19 200、38 400、57 600 或 115 200	DWORD
	Parity	0—无奇偶校验；1—奇校验；2—偶校验	BYTE
	Addr	Modbus 站地址	BYTE
	Delay	延时参数，通过将指定的毫秒数增加到标准 Modbus 信息超时的方法，延长标准 Modbus 信息结束超时条件	WORD
	MaxIQ	参数将 Modbus 地址 0××××和 1××××使用的 I 和 Q 点数设为 0～128 的数值	WORD
	MaxAI	参数将 Modbus 地址 3××××使用的字输入 AI 寄存器数目设为 0～32 的数值	WORD
	MaxHold	参数将 Modbus 地址 4××××使用的 V 存储器中的字保持寄存器数目	WORD
	HoldStart	参数是 V 存储器中保持寄存器的起始地址	DWORD
	Error	出错时返回错误代码	BYTE

（2）MBUS ＿ SLAVE 指令。MBUS ＿ SLAVE 指令用于为 Modbus 主站设备发出的请求服务，并且必须在每次扫描时执行，以便允许该指令检查和回答 Modbus 请求。在每次扫描 EN 输入开启时，执行该指令。指令如表 24 - 15 所示。

表 24 - 15　　　　　　　　　　　　　　MBUS ＿ SLAVE 指令

指令	输入/输出	说明	数据类型
	EN	使能（一直为 ON）	BOOL
MBUS_SLAVE EN Done Error	Done	当 MBUS ＿ SLAVE 指令对 Modbus 请求作出应答时，"Done"输出为 ON，如果没有需要服务请求时，输出为 OFF	BOOL
	Error	出错时返回错误代码	BYTE

四、编写 PLC 程序

1. 主站程序

主站程序如图 24 - 58 所示。

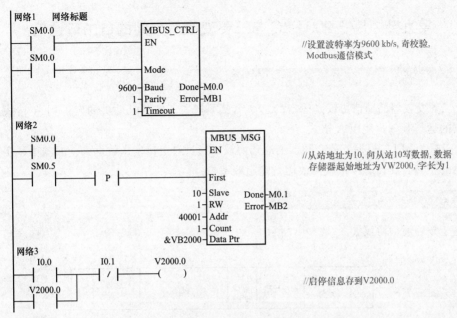

图 24-58 主站程序

2. 从站程序

从站程序如图 24-59 所示。

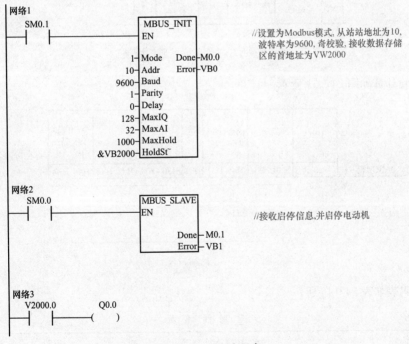

图 24-59 从站程序

第九节 S7-200 PLC与三菱变频器之间的自由口通信

一、S7-200如何通过自由口通信控制三菱变频器的运行

（1）三菱变频器的通信协议是固定的。如 A、A'格式。控制电动机的启停用 A'格式，要改变变频器的运行频率，使用 A 格式。

（2）S7-200 PLC 根据三菱变频器的通信协议，通过自由口发送数据到变频器中，实现对三菱变频器的正转、反转、停止及修改运行输出频率。

二、三菱变频器通信协议

三菱变频器通信协议如图 24-60 所示。

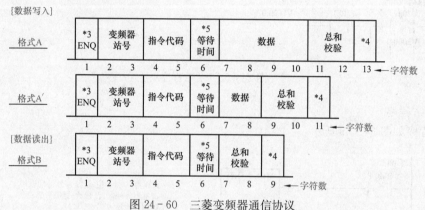

图 24-60 三菱变频器通信协议

总和校验计算如图 24-61 所示。

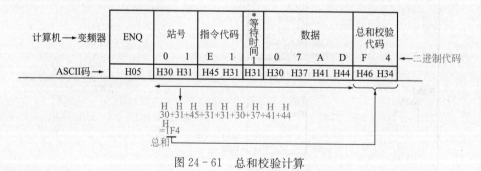

图 24-61 总和校验计算

控制代码表如表 24-16 所示。

表 24-16　　　　　　　　控 制 代 码 表

信号	ASC II 码	说明
STX	H02	正文开始（数据开始）
ETX	H03	正文结束（数据结束）

续表

信号	ASCⅡ码	说明
ENQ	H05	查寻（通信请求）
ACK	H06	承认（没有发现数据错误）
LF	H0A	换行
CR	H0D	回车
NAK	H15	不承认（发现数据错误）

数字字符 ASCII 码如表 24-17 所示。

表 24-17　　　　　　　　　　数字字符 ASCII 码表

字符	ASCⅡ码	字符	ASCⅡ码	字符	ASCⅡ码	字符	ASCⅡ码
0	30H	4	34H	8	38H	C	43H
1	31H	5	35H	9	39H	D	44H
2	32H	6	36H	A	41H	E	45H
3	33H	7	37H	B	42H	F	46H

三菱 FR-540 变频器数据代码如表 24-18 所示。

表 24-18　　　　　　　　三菱 FR-540 变频器数据代码

操作指令	指令代码	数据内容	操作指令	指令代码	数据内容
正转	HFA	H02	运行频率写入	HED	H0000～H2EE0
反转	HFA	H04	频率读取	H6F	H0000～H2EE0
停止	HFA	H00			

1. 频率值对应的 ASCII 码

频率数据内容 H0000～H2EE0 变成十进制即为 0～120Hz，最小单位为 0.01Hz。如现在要表示数据 10Hz，即为 1000（单位为 0.01 Hz），1000 转换成十六进制为 H03E8，再转换成 ASCII 码为 H30 H33 H45 H38。

2. 总和校验代码

总和校验代码是由被检验的 ASCII 码数据的总和（二进制）的最低一个字节（8 位）表示的 2 个 ASCII 码数字（十六进制），如图 24-62 所示。

图 24-62　总和校验代码的计算

三、S7 - 200 PLC 自由口通信

1. 通信端口控制字节

通信端口控制字节如表 24 - 19 所示。

表 24 - 19　　　　　　　　　　　控制字节 SMB30 或 SMB130

位	作用	说明
LSB7	校验位	00＝不校验；01＝偶校验；10＝不校验；11＝奇校验
LSB6		
LSB5	每个字符的数据位	0＝8 位字节；1＝7 位字符
LSB4	自由口波特率选择（kb/s）	000＝38.4；001＝19.2；010＝9.6；011＝4.8；100＝2.4；101＝1.2；110＝115.2；111＝57.6
LSB3		
LSB2		
LSB1	协议选择	00＝PPI 从站模式；01＝自由口协议；10＝PPI 主站模式；11＝保留
LSB0		

2. 发送指令 XMT 与接收指令 RCV

指令如图 24 - 63 所示。

说明

（1）发送指令与接收指令可以方便地发送或接收最多 255 个字节的数据。

（2）PORT 指定发送或接收的端口。

（3）TBL 指定发送或接收数据缓冲区，第一个数据指定发送或接收的字节数。

（4）发送完成时可以调用中断，接收完成时也可调用中断。

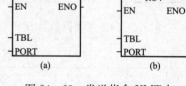

图 24 - 63　发送指令 XMT 与
接收指令 RCV
(a) 发送指令；(b) 接收指令

四、项目实现

用 S7 - 200 PLC 自由口通信方式控制三菱变频器，拖动电动机正转启动与停止，并能改变变频器的运行频率。设变频器站号为 1。

正转启动的代码是：H05　H30　H31　H46　H41　H31　H30　H32　H37　H42。

停止的代码是：H05　H30　H31　H46　H41　H31　H30　H30　H37　H39。

把变频器运行输出频率改为 20Hz 的代码是：H05　H30　H31　H45　H44　H31　H30　H37　H44　H30　H46　H36。

1. 设置变频器参数

设置变频器参数如表 24 - 20 所示。

表 24 - 20　　　　　　　　　　　设 置 变 频 器 参 数

参数号	通信参数名称	设定值	备注
Pr. 117	变频器站号	1	变频器站号为 1
Pr. 118	通信速度	192	通信波特率为 19.2kb/s

续表

参数号	通信参数名称	设定值	备注
Pr.119	停止位长度	10	7位/停止位是1位
Pr.120	是否奇偶校验	2	偶校验
Pr.121	通信重试次数	9999	
Pr.122	通信检查时间间隔	9999	
Pr.123	等待时间设置	9999	变频器不设定
Pr.124	CR、LF选择	0	无CR、无LF
Pr.79	操作模式	1	计算机通信模式

2. 编写 PLC 自由口通信控制程序

子程序 SBR_0 如图 24-64 所示。

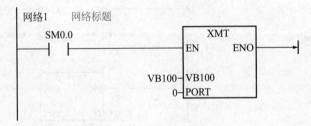

图 24-64　子程序 SBR_0

主程序如图 24-65 所示。

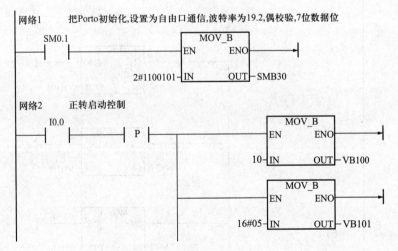

图 24-65　主程序（一）

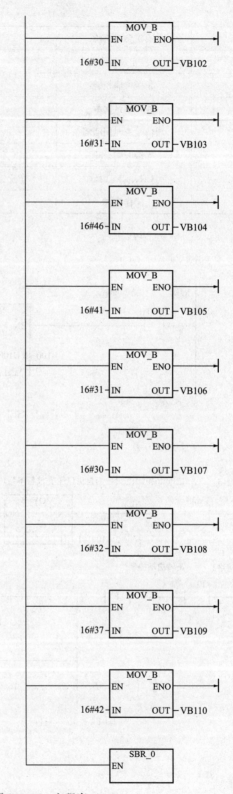

图 24-65 主程序（二）

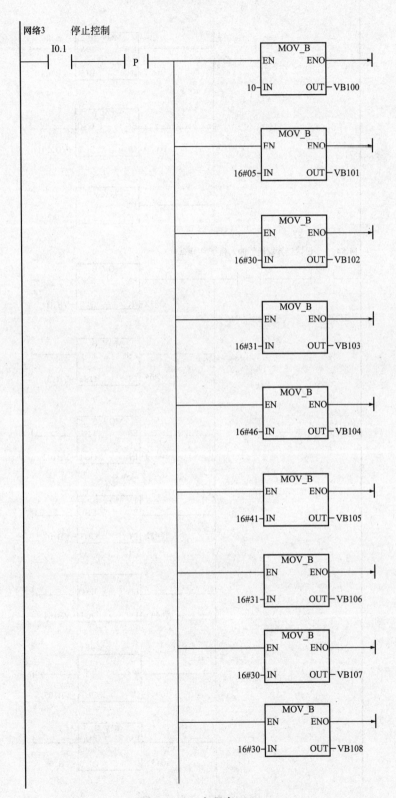

图 24 - 65 主程序（三）

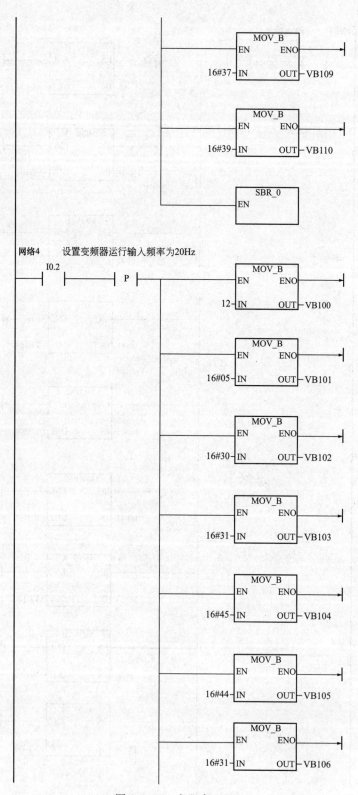

图 24 - 65　主程序（四）

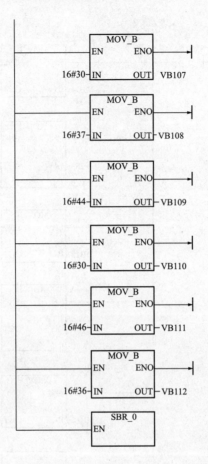

网络5 设MW0存储设置变频器的运行输出频率，范围是0~5000，对应0~50Hz。

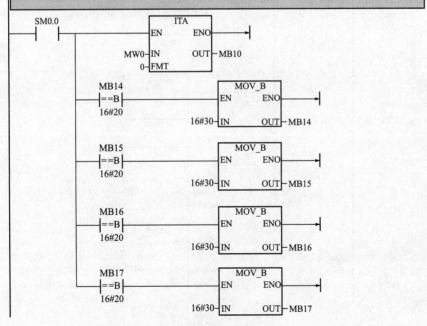

图 24-65 主程序（五）

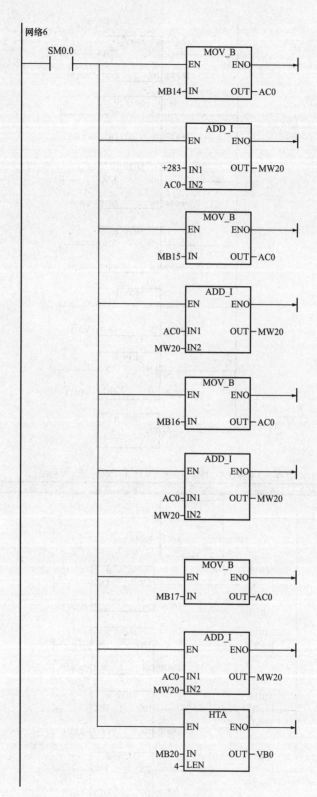

图 24-65 主程序（六）

网络7   设置变频器运行输入频率为MW0中的数据

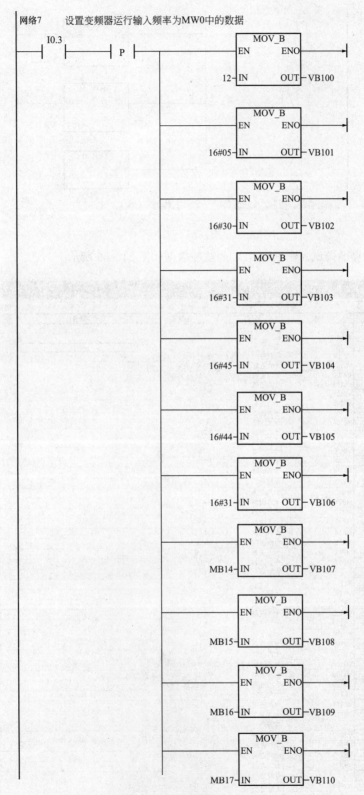

图 24-65   主程序（七）

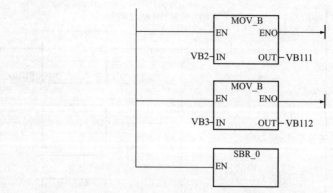

图 24-65 主程序（八）

3. 调试

（1）PLC 程序的调试。调试时 PLC 的监控数据如图 24-66 所示。

	地址	格式	当前值	新值
1	I0.0	位	2#0	
2	I0.1	位	2#0	
3	I0.2	位	2#1	
4	VB100	无符号	12	
5	VB101	十六进制	16#05	
6	VB102	十六进制	16#30	
7	VB103	十六进制	16#31	
8	VB104	十六进制	16#45	
9	VB105	十六进制	16#44	
10	VB106	十六进制	16#31	
11	VB107	十六进制	16#30	
12	VB108	十六进制	16#37	
13	VB109	十六进制	16#44	
14	VB110	十六进制	16#30	
15	VB111	十六进制	16#45	
16	VB112	十六进制	16#36	
19	MW0	无符号	3598	
20	MB10	十六进制	16#20	
21	MB11	十六进制	16#20	
22	MB12	十六进制	16#20	
23	MB13	十六进制	16#20	
24	MB14	十六进制	16#33	
25	MB15	十六进制	16#35	
26	MB16	十六进制	16#39	
27	MB17	十六进制	16#38	
28		有符号		
29	I0.3	位	2#0	
30	VB100	无符号	12	
31	VB101	十六进制	16#05	
32	VB102	十六进制	16#30	
33	VB103	十六进制	16#31	
34	VB104	十六进制	16#45	
35	VB105	十六进制	16#44	
36	VB106	十六进制	16#31	
37	VB107	十六进制	16#30	
38	VB108	十六进制	16#37	
39	VB109	十六进制	16#44	
40	VB110	十六进制	16#30	
41	VB111	十六进制	16#46	
42	VB112	十六进制	16#36	
43		有符号		
44	VB0	十六进制	16#30	
45	VB1	十六进制	16#31	
46	VB2	十六进制	16#30	
47	VB3	十六进制	16#34	
48		有符号		
49	MW20	十六进制	16#01F4	

图 24-66 PLC 的监控数据

（2）PLC与变频器通信调试。因为调试PLC与变频器通信，当调试不成功时，变频器端的通信数据不方便读出来分析，所以可选用前面所讲的串口调试软件来进行调试与分析。图24-67所示是调试软件的串口设置，图24-68所示是串口调试程序时的接收数据。

图 24-67　调试软件的串口设置

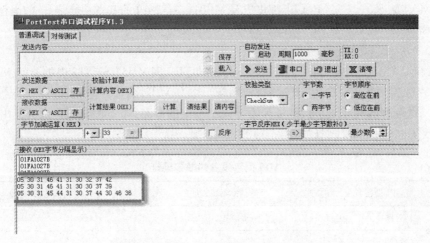

图 24-68　串口调试程序时的接收数据

第二十五章

MPI 网络与全局数据通信

MPI 是多点通信接口（MultiPoint Interface）的简称。MPI 物理接口符合 Profibus RS-485（EN 50170）接口标准。MPI 网络的通信速率为 19.2kb/s～12Mb/s，S7-200 PLC 只能选择 19.2kb/s 的通信速率，S7-300 PLC 通常默认设置为 187.5kb/s，只有能够设置为 Profibus 接口的 MPI 网络才支持 12Mb/s 的通信速率。

在 SIMATIC S7/M7/C7 PLC 上都集成有 MPI 接口，MPI 的基本功能是 S7 的编程接口，还可以进行 S7-300/400 之间，S7-300/400 与 S7-200 之间的小数据量的通信，是一种应用广泛、经济、不用做连接组态的通信方式。

接入到 MPI 网的设备称为一个节点，不分段的 MPI 网（无 RS-485 中继器的 MPI 网）最多可以有 32 个网络节点。仅用 MPI 构成的网络，称为 MPI 网。MPI 网上的每个节点都有一个网络地址，称为 MPI 地址。节点地址号不能大于给出的最高 MPI 地址。S7 设备在出厂时对一些装置给出了默认的 MPI 地址如表 25-1 所示。

表 25-1　　　　　　　　　　　　　MPI 网络设备的缺省地址

节点（MPI 设备）	缺省 MPI 地址	最高 MPI 地址
PG/PC	0	15
OP/TP	1	15
CPU	2	15

第一节　MPI 网络组建

一、网络结构

用 STEP 7 软件包中的 Configuration 功能为每个网络节点分配一个 MPI 地址和最高地址，最好标在节点外壳上；然后对 PG、OP、CPU、CP、FM 等包括的所有节点进行地址排序，连接时需在 MPI 网的第一个及最后一个节点接入通信终端匹配电阻。往 MPI 网添加一个新节点时，应该切断 MPI 网的电源。

MPI 网络示意图如图 25-1 所示，图中分支虚线表示只在启动或维护时才接到 MPI 网的 PG 或 OP。为了适应网络系统的变化，可以为一台维护用的 PG 预留 MPI 地址为 0，为一个维护用的 OP 预留地址 1。

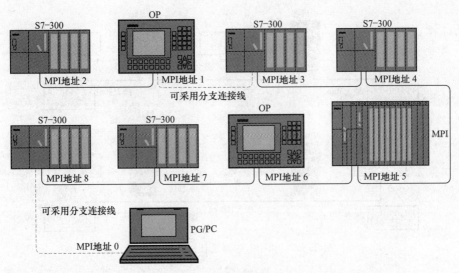

图 25-1　MPI 网络示意图

二、MPI 网络连接器

连接 MPI 网络时常用到两个网络部件：网络连接器和网络中继器。网络连接器采用 PRO-FIBUS RS-485 总线连接器，连接器插头分两种，一种带 PG 接口，一种不带 PG 接口，如图 25-2 所示。为了保证网络通信质量，总线连接器或中继器上都设计了终端匹配电阻。组建通信网络时，在网络拓扑分支的末端节点需要接入浪涌匹配电阻。

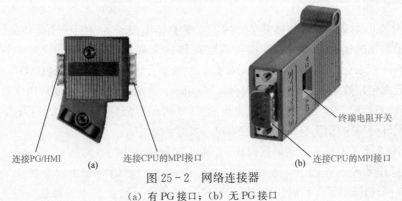

图 25-2　网络连接器
（a）有 PG 接口；（b）无 PG 接口

三、网络中继器

对于 MPI 网络，节点间的连接距离是有限制的，从第一个节点到最后一个节点最长距离仅为 50m，对于一个要求较大区域的信号传输或分散控制的系统，采用两个中继器可以将两个节点的距离增大到 1000m，通过 OLM 光纤可扩展到 100km 以上，但两个节点之间不应再有其他节点，如图 25-3 所示。

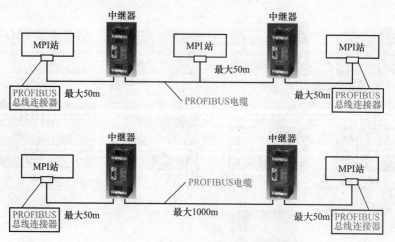

图 25-3 利用中继器延长网络连接距离

第二节 全局数据包通信方式

全局数据（GD）通信方式以 MPI 网为基础而设计的。在 S7 中，利用全局数据可以建立分布式 PLC 间的通信联系，不需要在用户程序中编写任何语句。S7 程序中的 FB、FC、OB 都能用绝对地址或符号地址来访问全局数据。最多可以在一个项目中的 15 个 CPU 之间建立全局数据通信。

一、GD 通信原理

在 MPI 分支网上实现全局数据共享的两个或多个 CPU 中，至少有一个是数据的发送方，有一个或多个是数据的接收方。发送或接收的数据称为全局数据，或称为全局数据。具有相同 Sender/Receiver（发送者/接受者）的全局数据，可以集合成一个全局数据包（GD Packet）一起发送。每个数据包用数据包号码（GD Packet Number）来标识，其中的变量用变量号码（Variable Number）来标识。参与全局数据包交换的 CPU 构成了全局数据环（GD Circle）。每个全局数据环用数据环号码来标识（GD Circle Number）。

例如，GD 2.1.3 表示 2 号全局数据环，1 号全局数据包中的 3 号数据。

在 PLC 操作系统的作用下，发送 CPU 在它的一个扫描循环结束时发送全局数据，接收 CPU 在它的一个扫描循环开始时接收 GD。这样，发送全局数据包中的数据，对于接收方来说是"透明的"。也就是说，发送全局数据包中的信号状态会自动影响接收数据包；接收方对接收数据包的访问，相当于对发送数据包的访问。

二、GD 通信的数据结构

全局数据可以由位、字节、字、双字或相关数组组成，它们被称为全局数据的元素。一个全局数据包由一个或几个 GD 元素组成，最多不能超过 24B。在全局数据包中，相关数组、双字、字、字节、位等元素的字节数如表 25-2 所示。

表 25 - 2   GD 元 素 的 字 节 数

数据类型	类型所占存储字节数	在 GD 中类型设置的最大数量
相关数组	字节数+两个头部说明字节	一个相关的 22 个字节数组
单独的双字	6B	4 个单独的双字
单独的字	4B	6 个单独的双字
单独的字节	3B	8 个单独的双字
单独的位	3B	8 个单独的双字

三、全局数据环

全局数据环中的每个 CPU 可以发送数据到另一个 CPU 或从另一个 CPU 接收。全局数据环有以下两种：

（1）环内包含 2 个以上的 CPU，其中一个发送数据包，其他的 CPU 接收数据。

（2）环内只有 2 个 CPU，每个 CPU 可既发送数据又接收数据。

S7 - 300 的每个 CPU 可以参与最多 4 个不同的数据环，在一个 MPI 网上最多可以有 15 个 CPU 通过全局通信来交换数据。

其实，MPI 网络进行 GD 通信的内在方式有两种：一种是一对一方式，当 GD 环中仅有两个 CPU 时，可以采用类全双工点对点方式，不能有其他 CPU 参与，只有两者独享；另一种为一对多（最多 4 个）广播方式，一个发送，其他接收。

四、GD 通信应用

应用 GD 通信，就要在 CPU 中定义全局数据块，这一过程也称为全局数据通信组态。在对全局数据进行组态前，需要先执行下列任务：

（1）定义项目和 CPU 程序名。

（2）用 PG 单独配置项目中的每个 CPU，确定其分支网络号、MPI 地址、最大 MPI 地址等参数。

在用 STEP 7 开发软件包进行 GD 通信组态时，由系统菜单 Options 中的 Define Global Data 程序进行 GD 表组态。具体组态步骤如下：

（1）在 GD 空表中输入参与 GD 通信的 CPU 代号。

（2）为每个 CPU 定义并输入全局数据，指定发送 GD。

（3）第一次存储并编译全局数据表，检查输入信息语法是否为正确数据类型，是否一致。

（4）设定扫描速率，定义 GD 通信状态双字。

（5）第二次存储并编译全局数据表。

第三节 项 目 组 态 举 例

通过 MPI 可实现 S7 PLC 之间的三种通信方式：全局数据包通信、无组态连接通信和组态连接通信。下面以全局数据包通信为例来介绍 MPI 网络的组态。

【例 25 - 1】 S7 - 300 之间全局数据通信。

要求通过 MPI 网络配置，实现 2 个 CPU 315 - 2DP 之间的全局数据通信。

组态步骤如下：

1. 生成 MPI 硬件工作站

打开 STEP 7，首先执行菜单命令 File→New... 创建一个 S7 项目，并命名为"全局数据"。选中"全局数据"项目名，然后执行菜单命令 Insert→Station→SIMATIC 300 Station，在此项目下插入两个 S7－300 的 PLC 站，分别重命名为 MPI_Station_1 和 MPI_Station_2，如图 25-4所示。

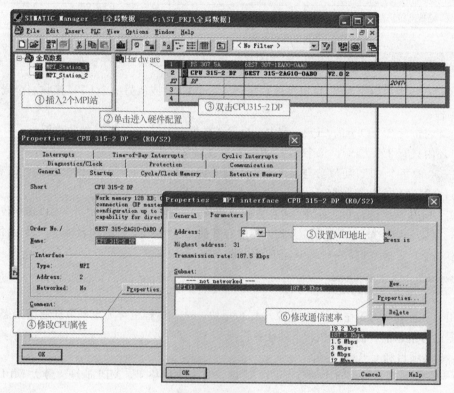

图 25-4　组态画面

2. 设置 MPI 地址

按图 25-4 完成 2 个 PLC 站的硬件组态，配置 MPI 地址和通信速率，在本例中 MPI 地址分别设置为 2 号和 4 号，通信速率为 187.5kb/s。完成后单击按钮，保存并编译硬件组态。最后将硬件组态数据下载到相应的 CPU。

3. 连接网络

用 PROFIBUS 电缆连接 MPI 节点。接着就可以与所有 CPU 建立在线连接。可以用 SIMATIC 管理器中"Accessible Nodes"功能来测试它。

4. 生成全局数据表

单击工具图标🖳，打开"NetPro"窗口，如图 25-5 所示。在"NetPro"窗口中用右键点击 MPI 网络线，在弹出的窗口中执行执行菜单命令"Options→Define Global Data（定义全局数据）"命令，进入全局数据组态画面，如图 25-6 所示。

双击 GD ID 右边的灰色区域，从弹出的对话框内选择需要通信的 CPU。CU 栏共有 15 列，意味着最多可以有 15 个 CPU 能参与通信。

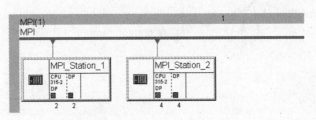

图 25 - 5　NetPro 窗口

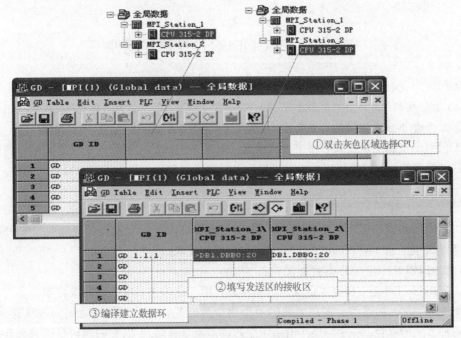

图 25 - 6　全局数据组态

在每个 CPU 栏底下填上数据的发送区和接收区，如：MPI ＿ Station ＿ 1 站发送区为 DB1. DBB0～DB1. DBB19，可以填写为 DB1. DBB0：20，然后单击工具按钮 ⟨⟩，选择 MPI ＿ Station ＿ 1 站为发送站。

而 MPI ＿ Station ＿ 2 站的接收区为 DB1. DBB0～DB1. DBB19，可以填写为 DB1. DBB0：20，并自动设为接收区。

地址区可以为 DB、M、I、Q 区，对于 S7 - 300 最大长度为 22B，S7 - 400 最大为 54B。发送区与接收区的长度要一致，上例中通信区为 20B。

单击工具按钮 C，对所作的组态执行编译存盘，编译以后，每行通信区都会自动产生 GD ID 号，图 25 - 8 中产生的 GD ID 号为 GD1. 1. 1。

最后，把组态数据分别下载到各个 CPU 中，这样数据就可以相互交换。

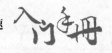

第二十六章

西门子 PLC PROFIBUS 通信技术

第一节 PROFIBUS 的结构与硬件

PROFIBUS 是目前国际上通用的现场总线标准之一，PROFIBUS 总线是 1987 年由西门子公司等 13 家企业和 5 家研究机构联合开发，1999 年 PROFIBUS 成为国际标准 IEC 61158 的组成部分，2001 年批准成为中国的行业标准 JB/T 10308.3-2001。

PROFIBUS 支持主从模式和多主多从模式。对于多主站的模式，在主站之间按令牌传递决定对总线的控制权，取得控制权的主站可以向从站发送、获取信息，实现点对点的通信。

一、PROFIBUS 的组成

PROFIBUS 协议包括三个主要部分：PROFIBUS-DP（分布式外部设备）、PROFIBUS-PA（过程自动化）和 PROFIBUS-FMS（现场总线报文规范）。

1. PROFIBUS-DP（分布式外部设备）

PROFIBUS-DP 是一种高速低成本数据传输，用于自动化系统中单元级控制设备与分布式 I/O（例如 ET 200）的通信。主站之间的通信为令牌方式，主站与从站之间为主从轮询方式，以及这两种方式的混合。一个网络中有若干个被动节点（从站），而它的逻辑令牌只含有一个主动令牌（主站），这样的网络为纯主—从系统。如图 26-1 所示为典型的主从 PROFIBUS-DP 总线，图中有一个站为主站，其他站都是主站的从站。

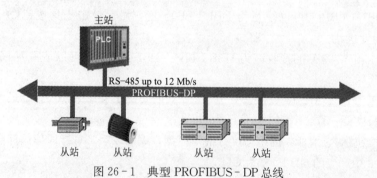

图 26-1 典型 PROFIBUS-DP 总线

2. PROFIBUS-PA（过程自动化）

PROFIBUS-PA 用于过程自动化的现场传感器和执行器的低速数据传输，使用扩展的 PROFIBUS-DP 协议。传输技术采用 IEC 1158-2 标准，可以用于防爆区域的传感器和执行器与中央控制系统的通信。使用屏蔽双绞线电缆，由总线提供电源。

典型的 PROFIBUS-PA 系统配置如图 26-2 所示。

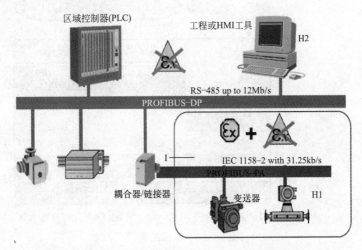

图 26-2　典型 PROFIBUS-PA 系统配置

3. PROFIBUS-FMS（现场总线报文规范）

PROFIBUS-FMS 可用于车间级监控网络，FMS 提供大量的通信服务，用以完成中等级传输速度进行的循环和非循环的通信服务。对于 FMS 而言，它考虑的主要是系统功能而不是系统响应时间。

如图 26-3 所示，一个典型的 PROFIBUS-FMS 系统由各种智能自动化单元组成，如 PC、PLC、HMI 等。

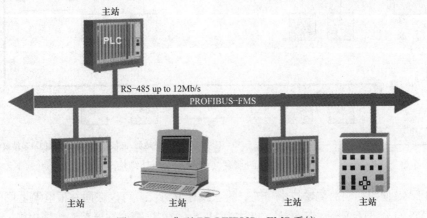

图 26-3　典型 PROFIBUS-FMS 系统

二、PROFIBUS 协议结构

PROFIBUS 协议结构以 ISO/OSI 参考模型为基础，其协议结构如图 26-4 所示，第 1 层为物理层，定义了物理的传输特性；第 2 层为数据链路层；第 3~6 层 PROFIBUS 未使用；第 7 层为应用层，定义了应用的功能。

PROFIBUS-DP 是高效、快速的通信协议，它使用了第 1 层与第 2 层及用户接口，第 3~7 层未使用。这种简化的结构确保了 DP 快速、高效的数据传输。

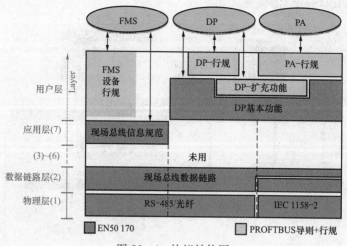

图 26-4　协议结构图

三、传输技术

PROFIBUS 总线使用两端有终端的总线拓扑结构，如图 26-5 所示。

PROFIBUS 使用三种传输技术：PROFIBUS DP 和 PROFIBUS FMS 采用相同的传输技术，可使用 RS-485 屏蔽双绞线电缆传输或光纤传输；PROFIBUS PA 采用 IEC 1158-2 传输技术。

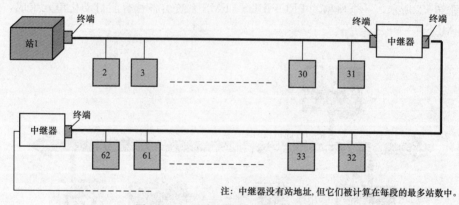

注：中继器没有站地址，但它们被计算在每段的最多站数中。

图 26-5　两端有终端的总线拓扑结构

DP 和 FMS 使用相同的传输技术和统一的总线存取协议，可以在同一根电缆上同时运行。

DP/FMS 符合 EIA RS-485 标准（也称为 H2），采用屏蔽或非屏蔽双绞线电缆，9.6kb/s～12Mb/s。一个总线段最多 32 个站，带中继器最多 127 个站。传输距离与传输速率有关，3～12Mb/s 时为 100m，9.6～93.75kb/s 时为 1200m。

另外，为了适应强度很高的电磁干扰环境或使用高速远距离传输，PROFIBUS 可使用光纤传输技术。

四、PROFIBUS 总线连接器

PROFIBUS 总线连接器是用于连接 PROFIBUS 站与电缆实现信号传输，带有内置终端电阻，如图 26-6 所示。

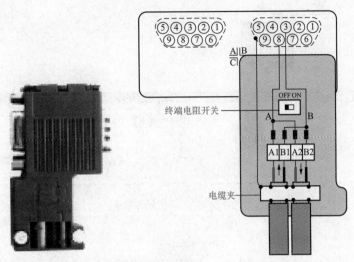

图 26-6　PROFIBUS 总线连接器

五、PROFIBUS 介质存取协议

1. PROFIBUS 介质存取协议

PROFIBUS 通信规程采用了统一的介质存取协议，此协议由 OSI 参考模型的第 2 层来实现。PROFIBUS 介质存取协议如下：

（1）在主站间通信时，必须保证在正确的时间间隔内，每个主站都有足够的时间来完成它的通信任务。

（2）在 PLC 与从站间通信时，必须快速、简捷地完成循环，实时地进行数据传输。为此，PROFIBUS 提供了两种基本的介质存取控制，即令牌传递方式和主从轮循方式。

令牌传递方式可以保证每个主站在事先规定的时间间隔内都能获得总线的控制权。令牌是一种特殊的报文，它在主站之间传递着总线控制权，每个主站均能按次序获得一次令牌，传递的次序是按地址的升序进行的。主从轮循方式允许主站在获得总线控制权时可以与从站进行通信，每个主站均可以向从站发送或获得信息。

2. PROFIBUS 系统配置

使用上述的介质存取方式，PROFIBUS 可以实现以下三种系统配置：纯主—从系统（单主站）、纯主—主系统（多主站）和两种配置的组合系统（多主—多从）。

（1）纯主—从系统（单主站）。单主系统可实现最短的总线循环时间。以 PROFIBUS-DP 系统为例，一个单主系统由一个 DP-1 类主站和 1 到最多 125 个 DP-从站组成，典型系统如图 26-7 所示。

（2）纯主—主系统（多主站）。若干个主站可以用读功能访问一个从站。以 PROFIBUS-DP 系统为例，多主系统由多个主设备（1 类或 2 类）和 1 到最多 124 个 DP-从设备组成。典型系统如图 26-8 所示。

（3）两种配置的组合系统（多主—多从）。如图 26-9 所示为一个由 3 个站和 7 个从站构成的 PROFIBUS 系统结构的示意图。由图可看出，3 个主站构成了一个令牌传递的逻辑环，在这个环中，令牌按照系统确定的地址升序从一个主站传递给下一个主站。当一个主站得到了令牌

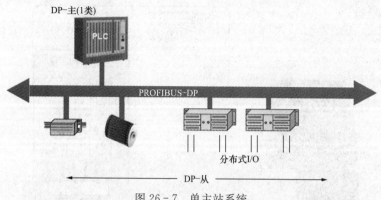

图 26-7 单主站系统

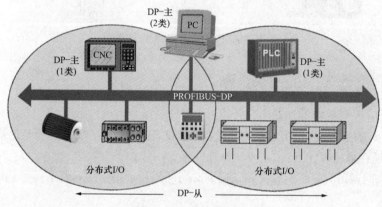

图 26-8 多主站系统

后，它就能在一定的时间间隔内执行该主站的任务，可以按主从关系与所有从站通信，也可按主主关系与所有主站通信。

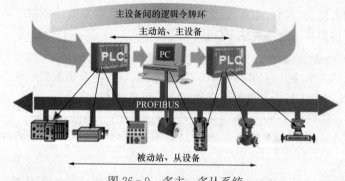

图 26-9 多主—多从系统

六、PROFIBUS - DP 设备分类

PROFIBUS - DP 在整个 PROFIBUS 应用中，应用最多、最广泛，可以连接不同厂商符合 PROFIBUS - DP 协议的设备。PROFIBUS - DP 定义了三种设备类型。

1. DP-1 类主设备

DP-1类主设备（DPM1）可构成DP-1类主站。这类设备是一种在给定的信息循环中与分布式站点（DP从站）交换信息，并对总线通信进行控制和管理的控制器。典型设备如PLC、CNC或PC等。

2. DP-2 类主设备

DP-2类主设备（DPM1）可构成DP-2类主站。它是DP网络中的编程、诊断和管理设备。DPM2除了具有1类主站的功能外，可以读取DP从站的输入/输出数据和当前的组态数据，可以给DP从站分配新的总线地址。如PC、OP、TP等。

3. DP-从站备

DP-从设备可构成DP从站。这类设备是DP系统中直接连接I/O信号的外围设备。典型DP-从设备有分布式I/O、ET200、变频器、驱动器、阀、操作面板等。根据它们的用途和配置，可将SIMATIC S7的DP从站设备分为以下几种：

（1）分布式I/O（非智能型I/O）由主站统一编址，ET200。

（2）PLC智能DP从站：PLC（智能型I/O）做从站。存储器中有一片特定区域作为与主站通信的共享数据区。

（3）具有PROFIBUS-DP接口的其他现场设备。

在DP网络中，一个从站如果只能被一个主站所控制，那么这个主站是这个从站的1类主站；如果网络上还有编程器和操作面板控制从站，这个编程器和操作面板是这个从站的2类主站。另外一种情况，在多主网络中，一个从站只有一个1类主站，1类主站可以对从站执行发送和接收数据操作，其他主站只能可选择地接收从站发给1类主站的数据，这样的主站也是这个从站的2类主站，它不直接控制该从站。

各种站的基本功能如图26-10所示。

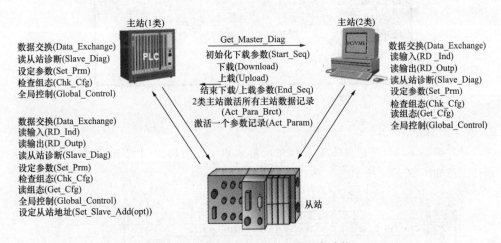

图 26-10 PROFIBUS-DP 基本功能

第二节　CPU31x-2DP 之间的 DP 主从通信

CPU31x-2DP是指集成有PROFIBUS-DP接口的S7-300CPU，如CPU313C-2DP、

CPU315 - 2DP等。下面以两个CPU315 - 2DP之间的主从通信为例介绍连接智能从站的方法。该方法同样适用于CPU31x - 2DP与CPU41x - 2DP之间的PROFIBUS - DP通信连接。

一、PROFIBUS - DP系统结构

PROFIBUS - DP系统结构如图26 - 11所示，系统由一个DP主站和一个智能DP从站构成。

(1) DP主站：由CPU315 - 2DP（6ES7 315 - 2AG10 - 0AB0）和SM374构成。

(2) DP从站：由CPU315 - 2DP（6ES7 315 - 2AG10 - 0AB0）和SM374构成。

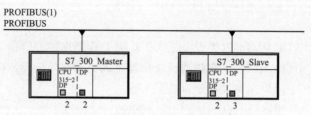

图26 - 11　PROFIBUS - DP系统结构

二、组态智能从站

在对两个CPU主—从通信组态配置时，原则上要先组态从站。

1. 新建S7项目

打开SIMATIC Manage，创建一个新项目，并命名为"双集成DP通信"。插入2个S7 - 300站，分别命名为S7 - 300 _ Master和S7 _ 300 _ Slave，如图26 - 12所示。

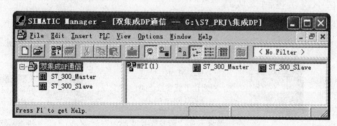

图26 - 12　创建S7 - 300主站与从站

2. 硬件组态

进入硬件组态窗口，按硬件安装次序依次插入机架、电源、CPU和SM323等完成硬件组态，硬件组态如图26 - 13所示。

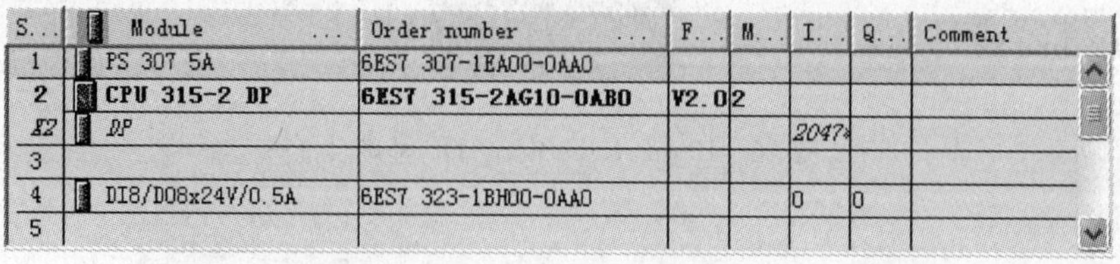

S...	Module	Order number	F..	M..	I..	Q..	Comment
1	PS 307 5A	6ES7 307-1EA00-0AA0					
2	CPU 315-2 DP	6ES7 315-2AG10-0AB0	V2.0	2			
X2	DP				2047*		
3							
4	DI8/DO8x24V/0.5A	6ES7 323-1BH00-0AA0			0	0	
5							

图26 - 13　硬件组态

在插入CPU时会同时弹出PROFIBUS接口组态窗口。也可以在插入CPU后，双击DP插槽，打开DP属性窗口，单击"Properties…"按钮进行PROFIBUS接口组态窗口。单击"New…"按

钮新建 PROFIBUS 网络，分配 PROFIBUS 站地址，本例设为 3 号站。单击"Properties…"按钮组态网络属性，选择 Network setting 选项卡进行网络参数设置，如波特率、行规。本例波特率为 1.5Mb/s，行规选择为 DP，如图 26-14 所示。

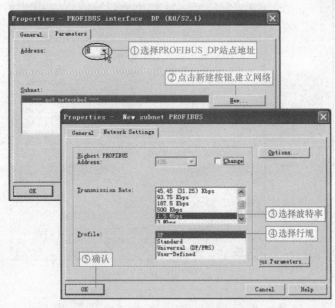

图 26-14　组态从站网络属性

3. DP 模式选择

选中 PROFIBUS 网络，然后单击"Properties…"按钮进入 DP 属性对话框，如图 26-15 所示。选择"Operating Mode"标签，激活"DP slave"操作模式。如果"Test, commissioning, routing"选项被激活，则意味着这个接口既可以作为 DP 从站，同时还可以通过这个接口监控程序。

4. 定义从站通信接口区

在 DP 属性对话框中，选择"Configuration"标签，打开 I/O 通信接口区属性设置窗口，单击按钮新建一行通信接口区，如图 26-16 所示，可以看到当前组态模式为 Master-slave configuration。注意此时只能对本地（从站）进行通信数据区的配置。

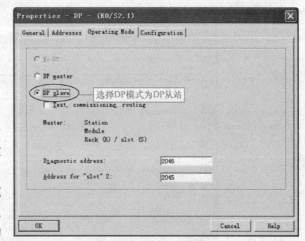

图 26-15　设置 DP 模式

（1）在 Address type 区域选择通信数据操作类型，Input 对应输入区，Output 对应输出区。

（2）在 Address 区域设置通信数据区的起地址，本例设置为 20。

（3）在 Length 区域设置通信区域的大不，最多 32 个字节，本例设置为 4。

（4）在 Unit 区域选择是按字节（Byte）还是按字（Word）来通信，本例选择"Byte"。

（5）在 Consistency 选择 Unit，则按在"Unit"区域中设置的数据格式发送，即按字节或字

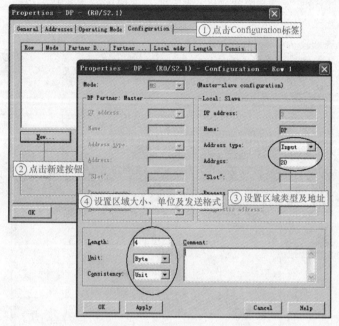

图 26-16　通信接口区设置

发送；选择 ALL 打包发送，每包最多 32 个字节，通信数据大于 4 个字节时，应用 SFC14、SFC15。

　　设置完成后单击 Apply 按钮确认。同样可根据实际通信数据建立若干行，但最大不能超过 244 个字节。本例分别创建一个输入区和一个输出区，长度为 4 个字节，设置完成后可以 Configuration 窗口中看到这两个通信接口区，如图 26-17 所示。

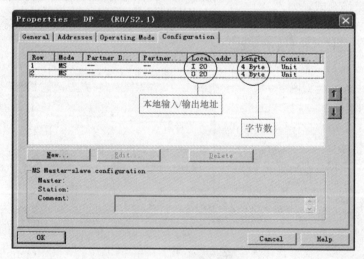

图 26-17　从站通信接口区

三、组态主站

　　完成从站组态后，就可以对主站进行组态，基本过程与从站相同。在完成基本硬件组态后对 DP 接口参数进行设置，本例中将主站地址设为 2，并选择与从站相同的 PROFIBUS 网络 "PROFIBUS（1）"。波特率以及行规与从站设置应相同。

然后在 DP 属性设置对话框中，切换到 Operating Mode 选项卡，选择 DP Master 操作模式，如图 26-18 所示。

四、连接从站

在硬件组态（HW Config）窗口中，打开硬件目录，在 PROFIBUS DP 下选择 Configured Stations 文件夹，将 CPU31x 拖到主站系统 DP 接口的 PROFIBUS 总线上，这时会同时弹出 DP 从站连接属性对话框，选择所要连接的从站后，单击 Connect 按钮确认，如图 26-19 所示。如果有多个从站存在时，要一一连接。

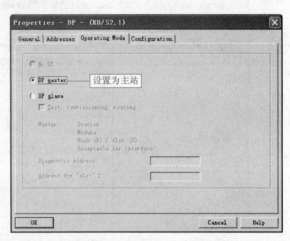

图 26-18　设置主站 DP 模式

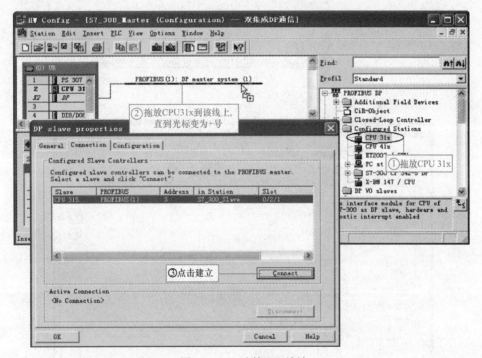

图 26-19　连接 DP 从站

五、编辑通信接口区

连接完成后，单击 Configuration 选项卡，设置主站的通信接口区：从站的输出区与主站的输入区相对应，从站的输入区与主站的输出区相对应，如图 26-20 所示。本例中分别设置一个 Input 和一个 Output，长度均为 4 个字节。其中，主站的输出区 QB10～QB13 与从站的输入区 IB20～IB23 相对应；主站的输入区 IB10～IB13 与从站的输出区 QB20～QB23 相对应，如图 26-21

所示。

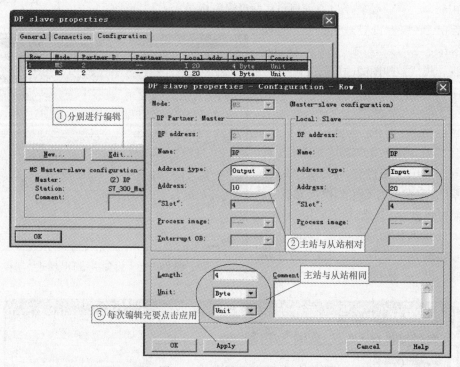

图 26 - 20　编辑通信接口区

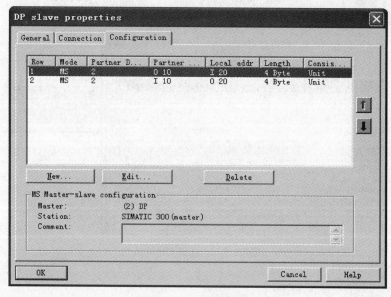

图 26 - 21　通信数据区

确认上述设置后，在硬件组态窗口中，单击█████按钮编译并存盘，编译无误后即完成主从通信组态配置，如图 26 - 22 所示。

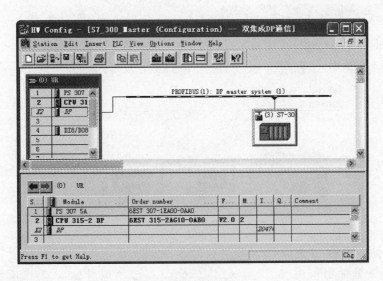

图 26-22 完成网络组态

六、编程

编程调试阶段，为避免网络上某个站点掉电使整个网络不能正常工作，建议将 OB82、OB86、OB122 下载到 CPU 中，这样可保证在 CPU 有上述中断触发时，CPU 仍能运行。

为了调试网络，可以在主站和从站的 OB1 中分别编写读和写的程序。从对方读取数据。控制操作过程是：IB0（从站）→QB0（主站）；IB0（主站）→QB0（从站）。

(1) 从站的读写程序如下：

```
L    IB0          //读本地输入到累加器 1
T    QB20         //将累加器 1 中的数据送到从站通信输出映像区
L    IB20         //从从站通信输入映像区读数据到累加器 1
T    QB0          //将累加器 1 中的数据送到本地输出端口
```

(2) 主站的读写程序如下：

```
L    IB0          //读本地输入读数据到累加器 1
T    QB10         //将累加器 1 中的数据送到主站通信输出映像区
L    IB10         //从主站通信输入映像区读数据到累加器 1
T    QB0          //将累加器 1 中的数据送到本地输出端口
```

第三节　CPU31x-2DP 通过 DP 接口连接远程 I/O 站

ET200 系列是远程 I/O 站，为 ET 200B 自带 I/O 点，适合在远程站点 I/O 点数不太多的情况下使用；ET 200M 需要由接口模块通过机架组态标准 I/O 模块，适合在远程站点 I/O 点数较多的情况下使用。

下面举例介绍如何配置远程 I/O，建立远程 I/O 与 CPU31x-2DP 的连接。所介绍的方法同样适用于 CPU41x-2DP 与远程 I/O 站的通信连接。

一、PROFIBUS - DP 系统结构

PROFIBUS - DP 系统由一个主站、一个远程 I/O 从站和一个远程现场模块从站构成。系统结构图如图 26 - 23 所示。

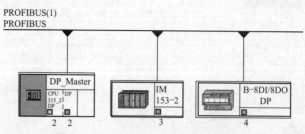

图 26 - 23　PROFIBUS - DP 系统结构

(1) DP 主站。选择一个集成 DP 接口的 CPU315 - 2DP、一个数字量输入模块 DI32×DC24V/0.5A、一个数字量输出模块 DO32×DC24V/0.5A、一个模拟量输入/输出模块 AI4/AO4×14/12Bit。

(2) 远程现场从站。选择一个 B - 8DI/8DO DP 数字量输入/输出 ET200B 模块。

(3) 远程 I/O 从站。选择一个 ET 200M 接口模块 IM 153 - 2、一个数字量输入/输出模块 DI8/DO8×24V/0.5A、一个模拟量输入/输出模块 AI2×12bit、AO2×12bit。

二、组态 DP 主站

1. 新建 S7 项目

启动 STEP 7，创建 S7 项目，并命名为 "DP_ET200"。

2. 插入 S7 - 300 工作站

在项目内插入 S7 - 300 工作站，并命名为 "DP_Master"。

3. 硬件组态

进入硬件配置窗口，按硬件安装次序依次插入机架 Rail、电源 PS 307 5A、CPU315 - 2DP、DI32×DC 24V/0.5A、DO32×DC 24V/0.5A、AI4/AO4×14/12Bit 等。

4. 设置 PROFIBUS

插入 CPU315 - 2DP 的同时会弹出 PROFIBUS 组态界面，组态 PROFIBUS 站地址，本例设为 2。然后新建 PROFIBUS 子网，保持默认名称 PROFIBUS (1)。切换到 "Network Settings" 标签，设置波特率和行规，本例波特率设为 1.5Mb/s，行规选择 DP。

单击 OK 按钮，返回硬件组态窗口，并将已组态完成的 DP 主站显示在上面的视窗中，如图 26 - 24所示。

三、组态远程 I/O 从站 ET200M

ET200M 是模块化的远程 I/O，可以组态机架，并配置标准 I/O 模板。本例将在 ET200M 机架上组态一个 DI8/DO8×24V/0.5A 数字量输入/输出模板、一个 AI2×12bit 模拟量输入模板和一个 AO2×12bit 的模拟量输出模板。

1. 组态 ET 200M 的接口模块 IM 153 - 2

在硬件配置窗口内，打开硬件目录，从 "PROFIBUS - DP" 子目录下找到 "ET 200M" 子

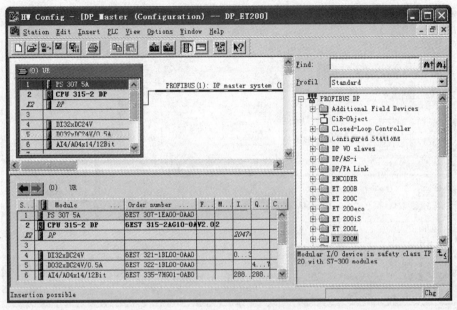

图 26-24 DP 主站系统

目录，选择接口模块 IM153-2，并将其拖放到"PROFIBUS（1）：DP master system"线上，鼠标变为十号后释放，自动弹出 IM 153-2 属性窗口。

IM 153-2 硬件模块上有一个拨码开关，可设定硬件站点地址，在属性窗口内所定义的站点地址必须与 IM 153-2 模块上所设定的硬件站点地址相同，本例将站点地址设为 3。其他保持默认值，即波特率为 1.5Mb/s，行规选择 DP。完成后的 PROFIBUS 系统如图 26-25 所示。

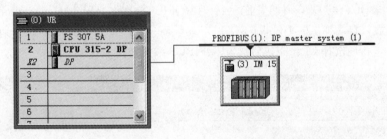

图 26-25 PROFIBUS 系统图

2. 组态 ET 200M 上的 I/O 模块

在 PROFIBUS 系统图上单击 IM 153-2 图标，在下面的视窗中显示 IM 153-2 机架。然后按照与中央机架完全相同的组态方法，从第 4 个插槽开始，依次将接口模块 IM 153-2 目录下的 DI8/DO8×24V/0.5A、AI2×12Bit 和 AO2×12Bit 插入 IM153-2 的机架，如图 26-26 所示。

远程 I/O 站点的 I/O 地址区不能与主站及其他远程 I/O 站的地址重叠，组态时系统会自动分配 I/O 地址。如果需要，在 IM 153-2 机架插槽内，双击 I/O 模块可以更改模块地址，本例保持默认值。单击"编译与保存"按钮，编译并保存组态数据。

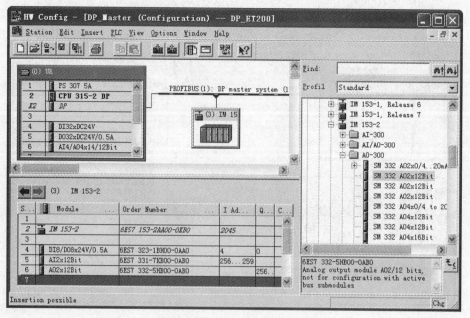

图 26-26　组态 ET200M 从站

四、组态远程现场模块 ET200B

ET200B 为远程现场模块，有多种标准型号。本例组态一个 B-8DI/8DO DP 数字量输入/输出 ET200B 模块。

在硬件组态窗口内，打开硬件目录，从"PROFIBUS-DP"子目录下找到"ET 200B"子目录，选择 B-8DI/8DO DP，并将其拖放到"PROFIBUS（1）：DP master system"线上，鼠标变为＋号后释放，自动弹出的 B-8DI/8DO DP 属性窗口。设置 PROFIBUS 站点地址为 4，波特率为 1.5Mb/s，行规选择 DP。完成后的 PROFIBUS 系统如图 26-27 所示。

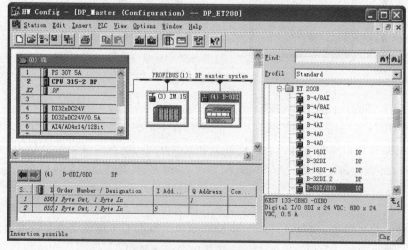

图 26-27　组态 ET200B 从站

组态完成后单击"编译与保存"按钮，编译并保存组态数据。

若有更多的从站（包括智能从站），可以在 PROFIBUS 系统上继续添加，所能支持的从站个数与 CPU 类型有关。

第四节 CP342-5作主站的 PROFIBUS-DP 组态应用

CP342-5 是 S7-300 系列的 PROFIBUS 通信模块，带有 PROFIBUS 接口，可以作为 PROFIBUS-DP 的主站也可以作为从站，但不能同时作主站和从站，而且只能在 S7-300 的中央机架上使用，不能放在分布式从站上使用。由于 S7-300 系统的 I 区和 Q 区有限，通信时会有些限制。而用 CP342-5 作为 DP 主站和从站不一样，它对应的通信接口区不是 I 区和 Q 区，而是虚拟通信区，需要调用 FC1 和 FC2 建立接口区，下面举例 CP342-5 作为主站的使用方法。

一、PROFIBUS-DP 系统结构图

PROFIBUS-DP 系统结构图如图 26-28 所示。系统由一个主站和一个从站构成。

(1) DP 主站：CP342-5 和 CPU315-2DP。

(2) DP 从站：选用 ET 200M。

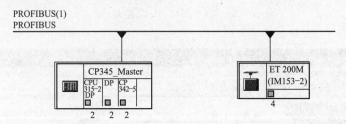

图 26-28 PROFIBUS-DP 系统结构

二、组态 DP 主站

1. 新建 S7 项目

启动 STEP 7，创建 S7 项目，并命名为"CP342-5 主站"。

2. 插入 S7-300 工作站

插入 S7-300 工作站，并命名为"CP345_Master"。

3. 硬件组态

进入硬件配置窗口。按硬件安装次序依次插入机架 Rail、电源 PS307 5A、CPU315-2DP、CP342-5 等。

插入 CPU315-2DP 的同时弹出 PROFIBUS 组态界面，可组态 PROFIBUS 站地址。由于本例将 CP342-5 作为 DP 主站，所以对 CPU315-2DP 不需做任何修改，直接单击 OK 按钮。

4. 设置 PROFIBUS 属性

插入 CP342-5 的同时也会弹出 PROFIBUS 组态界面，本例将 CP342-5 作为主站，可将 DP 站点地址设为 2（默认值），然后新建 PROFIBUS 子网，保持默认名称 PROFIBUS（1）。切换到"Network Settings"标签，设置波特率和行规，本例波特率设为 1.5Mb/s，行规选择 DP。单击 OK 按钮，返回硬件组态窗口。

在机架上双击 CP342-5，弹出 CP342-5 属性对话框中，切换到"Operating Mode"标签，选择"DP master"模式，如图 26-29 所示，其他保持默认值。单击 OK 按钮，完成 DP 主站的组态，返回硬件组态窗口，如图 26-30 所示。

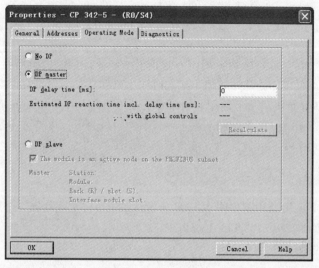

图 26-29　将 CP342-5 设置为 DP 主站

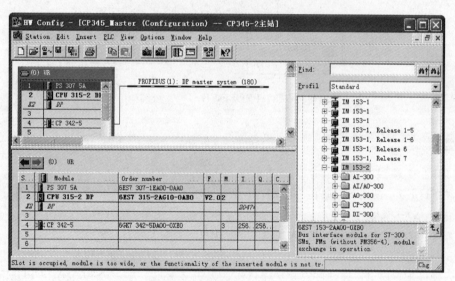

图 26-30　完成 DP 主站组态

三、组态 DP 从站

在硬件配置窗口内，打开硬件目录，打开"PROFIBUS-DP"→"DP V0 Slaves"→"ET 200M"子目录，选择接口模块 ET 200M（IM153-2），并将其拖放到"PROFIBUS（1）：DP master system"线上，鼠标变为+号后释放，自动弹出的 IM 153-2 属性窗口。选择 DP 站点地址为 4，其他保持默认值。单击 OK 按钮，返回硬件组态窗口。完成后的 PROFIBUS 系统如图 26-31所示。

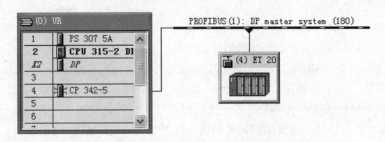

图 26 - 31　PROFIBUS - DP 系统结构

在 PROFIBUS 系统图上单击 ET 200M（IM153 - 2）图标，在下面的视窗中显示 ET 200M（IM153 - 2）机架。然后按照与中央机架完全相同的组态方法，从第 4 个插槽开始，依次将 ET 200M（IM153 - 2）目录下的 16DI 虚拟模块 6ES7 321 - 1BH01 - 0AA0 和 16DO 虚拟模块 6ES7 322 - 1BH01 - 0AA0 插入 ET 200M（IM153 - 2）的机架，如图 26 - 32 所示。

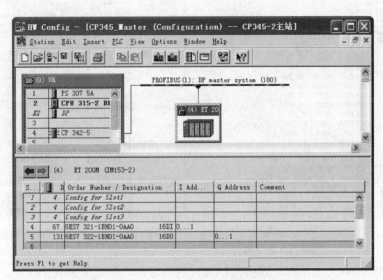

图 26 - 32　ET200M 机架组态

ET 200M（IM153 - 2）输入及输出点的地址从 0 开始，是虚拟地址映射区，而不占用 I 区和 Q 区，虚拟地址的输入区在主站上与要调用 FC1（DP＿SEND）一一对应，虚拟地址的输出区在主站上与要调用 FC2（DP＿RECV）一一对应。

四、编程

在 OB1 中调用 FC1 和 FC2，FC1 和 FC2 在元件目录的 Libraries→SIMATIC＿NET＿CP→CP 300 子目录内，具体程序如图 26 - 33 所示。FC1 和 FC2 各参数含义如下：

（1）CPLADDR：CP342 - 5 的地址。

（2）SEND：发送区，对应从站的输出区。

（3）RECV：接收区，对应从站的输入区。

（4）DONE：发送完成一次产生一个脉冲。

（5）NDR：接收完成一次产生一个脉冲。

（6）ERROR：错误位。

（7）STATUS：调用 FC1、FC2 时产生的状态字。

（8）DPSTATUS：PROFIBUS - DP 的状态字节。

通过读写程序可知，MB20、MB21 对应从站输出的第一个字节和第二个字节，MB22、MB23 对应从站输入的第一个字节和第二个字节。连接多个从站时，虚拟地址将向后延续，调用 FC1、FC2 只考虑虚拟地址的长度，而不考虑各个从站的站号。如果虚拟地址的开始地址不为 0，那么调用 FC 的长度也将会增加。假设虚拟地址的输入区开始为 4，长度为 10 个字节，那么对应的接收区偏移 4 个字节，相应长度为 14 个字节，接收区的第 5 个字节对应从站输入的第一个字节，如接收区为 P#M0.0 BYTE 14，即 MB0～MB13，偏移 4 个字节后，即 MB4～MB13 与从站虚拟输入区一一对应。编写完程序后下载到 CPU 中，通信区建立后，PROFIBUS 的状态灯将不再闪烁。

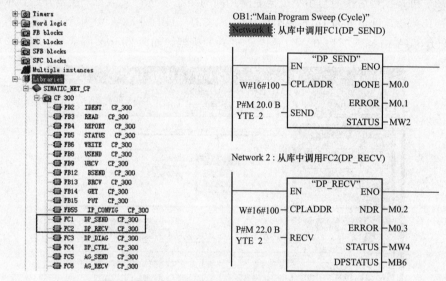

图 26 - 33　调用 FC1 和 FC2 的程序

使用 CP342 - 5 作为主站时，因为数据是打包发送的，不需要调用 SFC14、SFC15，由于 CP342 - 5 寻址的方式是通过 FC1、FC2 的调用访问从站地址，而不是直接访问 I/Q 区，所以在 ET200M 上不能插入智能模块。

第五节　CP342 - 5 作从站的 PROFIBUS - DP 组态应用

CP342 - 5 作为主站需要调用 FC1、FC2 建立通信接口区，作为从站同样需要调用 FC1、FC2 建立通信接口区，下面以 CPU315 - 2DP 作为主站，CP342 - 5 作为从站举例说明 CP342 - 5 作为从站的应用。主站发送 32 个字节给从站，同样从站发送 32 个字节给主站。

一、PROFIBUS - DP 系统结构

PROFIBUS - DP 系统由一个 DP 主站和一个 DP 从站构成，系统结构如图 26 - 34 所示。

（1）DP 主站：CPU315 - 2DP。

（2）DP 从站：选用 S7 - 300，CP342 - 5。

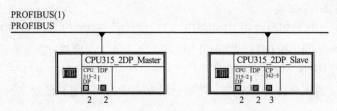

图 26-34 PROFIBUS-DP 系统结构

二、组态从站

1. 新建 S7 项目

启动 STEP 7,创建 S7 项目,并命名为"CP342-5 从站"。

2. 插入 S7-300 工作站

插入 S7-300 工作站,并命名为"CPU315-2DP_Slave"。

3. 硬件组态

进入硬件配置窗口,次序依次插入机架 Rail、电源 PS3075A、CPU315-2DP、CP342-5 等。

插入 CPU315-2DP 的同时弹出 PROFIBUS 组态界面,可组态 PROFIBUS 站地址。由于本例使用 CP342-5 作为 DP 从站,所以对 CPU315-2DP 不需做任何修改,直接单击保存按钮即可。

4. 设置 PROFIBUS 属性

插入 CP342-5 的同时也会弹出 PROFIBUS 组态界面,本例将 CP342-5 作为从站,可将 DP 站点地址设为 3,然后新建 PROFIBUS 子网,保持默认名称 PROFIBUS(1)。切换到"Network Settings"标签,设置波特率设为 1.5Mb/s,行规选择 DP。

在机架上双击 CP342-5,弹出 CP342-5 属性对话框中,切换到"Operating Mode"标签,选择"DP Slave"模式,如图 26-35 所示,其他保持默认值。

如果激活 DP Slave 项目下的选择框,表示 CP342-5 作从站的同时,还支持编程功能和 S7 协议。单击 OK 按钮,完成 DP 从站的组态,返回硬件组态窗口。组态完成后编译存盘并下载到 CPU 中。

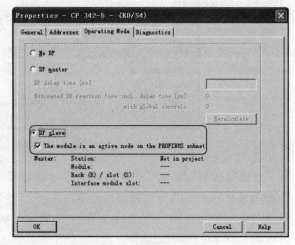

图 26-35 设置 DP 从站模式

三、组态主站

1. 插入 S7-300 工作站

插入 S7-300 工作站,并命名为"CPU315-2DP_Master"。

2. 硬件组态

进入硬件配置窗口。点击图标打开硬件目录,按硬件安装次序依次插入机架 Rail、电源 PS307 5A、CPU315-2DP 等。

3. 设置 PROFIBUS 属性

插入 CPU315 - 2DP 的同时弹出 PROFIBUS 组态界面，组态 PROFIBUS 站地址，本例设为 2。新建 PROFIBUS 子网，保持默认名称 PROFIBUS (1)。切换到 "Network Settings" 标签，设置波特率设为 1.5Mb/s，行规选择 DP。

单击 OK 按钮，返回硬件组态窗口，并将已组态完成的 DP 主站显示在的视窗中。

四、建立通信接口区

在硬件目录中的 "PROFIBUS DP" → "Configured Stations" → "S7 - 300 CP342 - 5" 子目录内选择与从站内 CP342 - 5 订货号及版本号相同的 CP342 - 5（本例选择 "6GK7 342 - 5DA02 - 0XE0" → "V5.0"），然后拖到 "PROFIBUS (1)：DP master system" 线上，鼠标变为＋号后释放，刚才已经组态完成的从站出现在弹出的列表中。如图 26 - 36 所示，单击 "连接" 按钮，将从站连接到主站的 PROFIBUS 系统上。

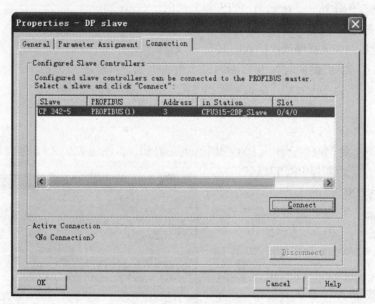

图 26 - 36　建立主从连接

连接完成后，单击 DP 从站，组态通信接口区，在硬件目录中的 "PROFIBUS DP" → "Configured Stations" → "S7 - 300 CP342 - 5" → "6GK7 342 - 5DA02 - 0XE0" → "V5.0" 子目录内选择插入 32 个字节的输入和 32 个字节的输出，如果选择 "Total"，主站 CPU 要调用 SFC14，SFC15 对数据包进行处理，本例中选择按字节通信，在主站中不需要对通信进行编程。组态如图 26 - 37 所示。

组态完成后编译存盘下载到 CPU 中，对可以连接到 PROFIBUS 网络上同时对主站和从站编程。主站发送到从站的数据区为 QB0～QB31，主站接收从站的数据区为 IB0～IB31，从站需要调用 FC1、FC2 建立通信区。

五、从站编程

如图 26 - 38 所示，在 SIMATIC 管理器窗口内打开从站，双击 "OB1" 图标，打开程序编

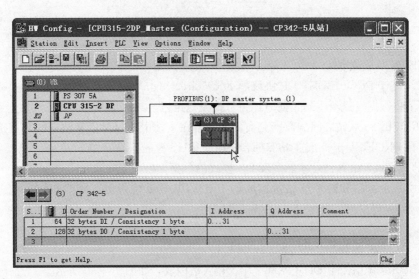

图 26-37 组态数据通读接口区

辑器对 OB1 进行编程。

在编程元素目录内选择 Libraries → SIMATIC_NET_CP → CP300 子目录，找到 FC1 和 FC2，并在 OB1 中调用 FC1 和 FC2，读写程序如图 26-39 所示。

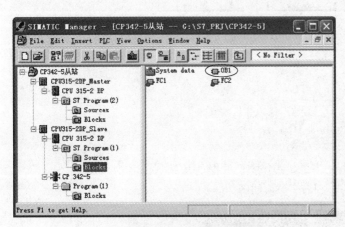

图 26-38 打开从站 OB1

OB1: "Main Program Sweep (Cycle)"
Network 1: 从库中调用FC1(DP_SEND)

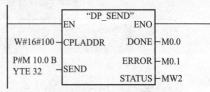

Network 2: 从库中调用FC2(DP_RECV)

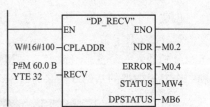

图 26-39 从站读写程序

编译存盘并下载到 CPU 中，这样通信接口区就建立起来了，通信接口区对应关系如下：

主站　CPU 315～2DP←从站　CP 342-5

QB0～QB1⇐MB60～B91

IB0～IB31⇒MB10～MB41

第六节　PROFIBUS－DP 从站之间的 DX 方式通信

PROFIBUS－DP 通信是一个主站依次轮询从站的通信方式，该方式称为 MS（Master－Slave）模式。基于 PROFIBUS－DP 协议的 DX（direct data exchange）通信，在主站轮询从站时，从站除了将数据发送给主站，同时还将数据发送给已经组态的其他 DP 从站。通过 DX 方式可以实现 PROFIBUS 从站之间的数据交换，无需再在主站中编写通信和数据转移程序。系统中至少需要一台 PROFIBUS－1 类主站和两台 PROFIBUS 智能从站（如 S7－300 站、S7－400 站、带有 CPU 的 ET200S 站等到）才能实现 DX 模式的数据交换。

下面以由一个主站和两个从站所构成的 PROFIBUS 系统为例，介绍如何实现 DX 通信的过程。

一、PROFIBUS 系统结构

PROFIBUS 系统由 1 个 DP 主站和 2 个 DP 从站构成，如图 26－40 所示。

（1）主站：采用 CPU314C－2DP。

（2）接收数据的从站：采用 CPU315－2DP。

（3）发送数据的从站：由 CPU315－2DP、8DI/8DO×DV24V 模块组成。

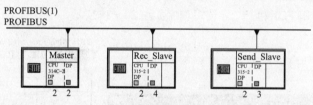

图 26－40　PROFIBUS 系统结构

二、建立工作站

1．新建项目

创建一个 S7 项目，并命名为"Profibus＿DX"。

2．插入工作站

分别插入一个主站（命名为"Master"）、一个接收数据的从站（命名为"Rec＿Slave"）和一个发送数据的从站（命名为"Send＿Slave"），如图 26－41 所示。

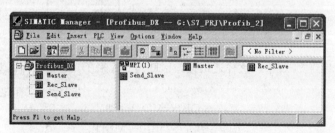

图 26－41　建立一个主站和两个从站

3. 组态发送数据的从站

单击从站 Send_Slave，进入硬件配置窗口。按硬件安装次序插入机架 Rail、电源 PS307 5A、CPU315-2DP（6ES7315-2AG10-0AB0）、8DI/DO×DC 24V（6ES7 323-1BH01-0AA0）等。

如图 26-42 所示，插入 CPU 时会同时弹出 PROFIBUS 接口组态窗口。单击 New 按钮组态网络属性，选择 Network Setting 选项卡进行网络参数设置，波特率设为 1.5Mb/s，行规设为 DP。最后单击 OK 按钮确认。

图 26-42　组态从站网络属性

选中新建立的 PROFIBUS 网络，然后单击"Properties"按钮进行 DP 属性对话框，选择 Operating Mode 选项卡，激活 DP slave 操作模式。

在 DP 属性设置对话框中，选择 Configuration 选项卡，打开 I/O 通信接口区属性设置窗口，单击 New 按钮新建数据交换映射区，选择 Input 和 Output 区，设定地址和通信字节长度，数据一致性设置为 ALL。

本例在发送数据的从站（3 号从站）中以 MS 模式建立两个数据区：IB100～IB107、QB100～QB107，每个数据区的长度均为 8 个字节，如图 26-43 所示。

4. 组态 DP 主站

按照上述方法组态主站：CPU 选用 CPU314C-2DP，将 PROFIBUS 地址设为 2，波特率设为 1.5Mb/s，行规设为 DP。在 DP 属性设置对话框中，切换到 Operating Mode 选项卡，选择 DP Master 操作模式。

5. 连接从站

在硬件组态窗口中，打开硬件目录，选择"PROFIBUS DP"→"Configured Stations"子目录，将 CPU 31x 拖拽到连接主站 CPU 集成 DP 接口的 PROFIBUS 总线符号上，这时会同时弹出 DP 从站连接属性对话框，选择所要连接的从站后，单击"连接"按钮确认。连接以后的系统如图 26-44 所示。

连接完成后，单击"Configuration"标签，设置主站的通信接口区：从站的输出区与主站的

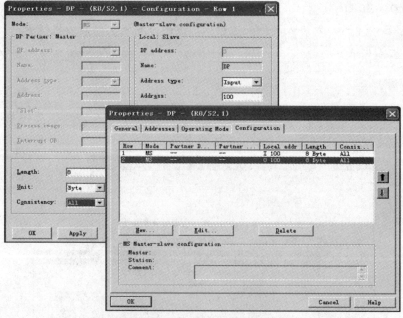

图26-43　创建数据交换映射区

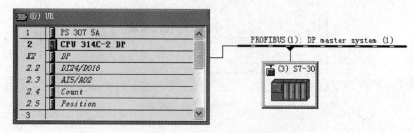

图26-44　连接发送数据的从站

输入区相对应，从站的输入区同主站的输出区相对应。如图26-45所示，注意将数据通信的一致性设置为ALL。

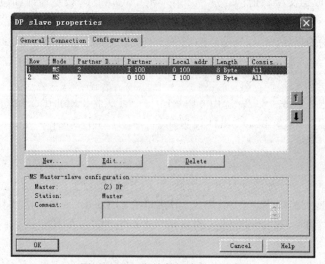

图26-45　主从数据交换区配置

本例在 DP 主站中配置了 2 个数据区，与发送数据的从站数据区之间的对应关系如表 26-1 所示。

表 26-1   对应关系

模式 \ 站号	DP 主站（2 号）	发送数据的从站（3 号）
MS 模式	IB100～IB107	QB100～QB107
MS 模式	QB100～QB107	IB100～IB107

6. 组态接收数据的从站

按照与发送数据的从站（3 号从站）相同方法，配置组态接收数据的从站（4 号从站）。

在插入该从站 CPU 时创建 PROFIBUS 网络，注意将 PROFIBUS 地址设为 4，波特率设为 1.5Mb/s，行规设为 DP。并在 Configuration 页面中新建两个数据交换区，分别设置为 MS（主-从）模式和 DX（直接交换）模式。如图 26-46 所示。设定 DX 模式下的通信交换区时，需要设定发送数据从站的站地址，本例为 3。

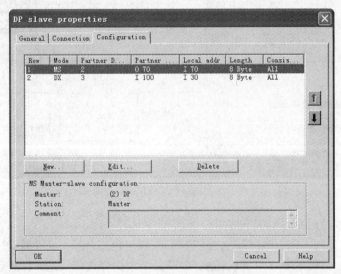

图 26-46   建立 MS 和 DX 数据区

本例在接收数据的从站中配置了 2 个数据区，分别与发送数据的从站和 DP 主站建立数据交换关系如下：

MS 模式下：接收数据的从站（4 号），IB70～IB77；DP 主站（2 号），QB70～QB77。

DX 模式下：接收数据的从站（4 号），IB30～IB37；发送数据的从站（3 号），QB100～QB107。

对比数据区可以发现：发送数据的从站（4 号从站），其输出数据区 QB100～QB107 同时对应 DP 主站的输入数据区 IB100～IB107（MS 模式）及 3 号从站的输入数据区 IB30～IB37（DX 模式）。

组态完该从站后，再打开主站的硬件组态窗口，将第二个从站挂到 PROFIBUS 总线上去，如图 26-47 所示。单击"连接"按钮，建立主从站的链接。设定主站与从站的地址对应关系，并将数据一致性选为 ALL。

7. 编写读写程序

（1）在接收从站的 OB1 中调用 SFC14。

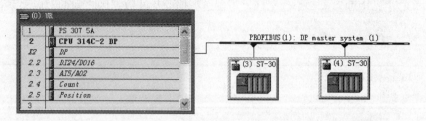

图 26-47 完成后的 PROFIBUS 网络系统

在数据发送从站的 OB1 中编写系统功能 SFC15，并插入发送数据区 DB1，接收程序如图 26-48 所示。调用 SFC15 可向标准 DP 从站写连续数据，最大数据长度与 CPU 有关。可将由 RECORD 指定的数据（本例为 DB1. DBX0.0 开始的连续 8 个字节）连续传送到寻址的 DP 标准从站（本例为 4 号从站）中。

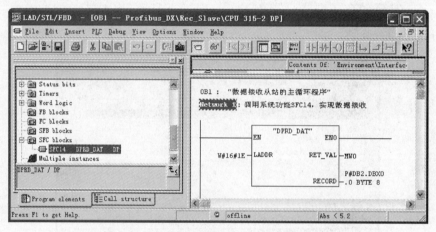

图 26-48 在接收从站的 OB1 中调用 SFC14

（2）在发送从站的 OB1 中调用 SFC15。

在数据接收从站的 OB1 中编写系统功能 SFC14 调用程序，插入接收数据区 DB2，发送程序如图 26-49 所示。调用 SFC14 可读取标准 DP 从站（本例为 3 号从站）的连续数据，最大数据长度与 CPU 有关，如果数据传送中没有出现错误，则直接将读到的数据写入由 RECORD 指定的目标数据区（本例为从 DB2. DBX0.0 开始的连续 8 个字节）中。目标数据区的长度应与在 STEP7 中所配置的长度一致。

SFC14 和 SFC15 各参数的含义如下：

（1）LADDR：对应 MS、DX 模式下 Local Addr 中的地址值，采用十六进制格式，所以 W#16#64 对应十进制的 100，W#16#1E 对应十进制的 30。

（2）RET_VAL：状态返回参数，采用字格式。

（3）RECORD：本地数据区，长度应与在 STEP7 中所配置的长度一致，并且只能采用 Byte 格式。

将编好的 OB1、SFC14、SFC15、DB1、DB2 分别下载到两个从站中，同时为了保证从站掉电不导致主站停机，向主站 CPU 中下载 OB1、OB82、OB86、OB122 等组织块。

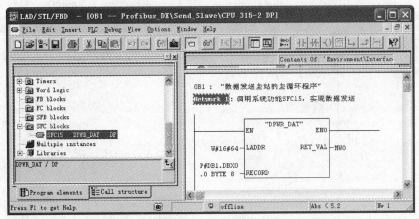

图 26-49 在发送从站的 OB1 中调用 SFC15

第七节 CPU31x-2DP 与 S7-200 之间的 PROFIBUS-DP 主从通信

S7-300 PLC 在 PROFIBUS-DP 网络中可以组态成主站，也可以组态成从站。组态为从站时，S7-300 PLC 作为智能从站与主站通信。而 S7-200 只能作为 S7-300 PLC 的从站来配置，由于 S7-200 本身没有 DP 接口，只能通过 EM277 接口模块连接到 PROFIBUS-DP 网络上。

一、EM277

S7-300/400 有许多 PLC（如 CPU313C-2DP）集成有 PROFIBUS-DP 接口，它们通过总线连接器可以很方便地连接到 DP 网络中。但 S7-200 系列 PLC 没有集成 DP 接口，它必须通过带有 DP 接口的模块连接到 DP 总线上，EM277 就是 S7-200 PLC 的 DP 接口连接模块。

EM277 模块的左上方有两个拨码开关，每个拨码开关可以设定为 0～9 中的一个数。其中一个拨码开关的数字×10，另一个数字×1，组合起来可构成一个 0～99 的数，这个数就是 EM277 在 PROFIBUS-DP 网络中的站地址。EM277 在通电情况下修改站地址后，必须断电，然后再上电才能使新设定的地址有效。进行硬件网络组态时设定的 EM277 站地址必须与拨码开关设定的地址一致。

二、通信区的设定

PROFIBUS-DP 网络都是通过硬件组态时预先设定的通信区实现数据交换的。这个数据区通常称为通信映射区，因为该通信区就通信双方来说是互为映射的。图 26-50 是通信映射示意图，假设 S7-300 侧的通信区为 QW10 和 IW10（可通过组态随意设定）；S7-200 侧的通信区为 VW10 和 VW12。

通信过程如下：S7-300 将数据 QW10 通过 PROFIBUS 网络传输到 S7-200 的 VW10 存储区；S7-200 将数据 VW12 传输到 S7-300 的 IW10 存储区。

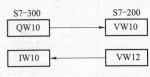

图 26-50 通信映射区

三、网络组态

1. 新建工程并插入站点

打开 STEP7 管理器，在 SIMATIC 管理器中插入一个 S7-300 的站点，如图 26-51 所示。

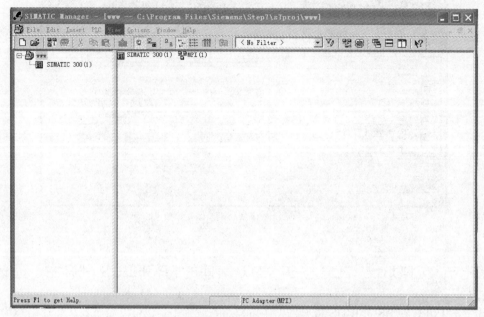

图 26-51　插入一个 S7-300 站

对 SIMATIC300（1）进行硬件组态，在硬件配置窗口中依次插入机架、CPU315-2DP 等模块。在插入 CPU 的同时，会出现一个配置 PROFIBUS-DP 属性的对话框，如果用户要立即配置一个 PROFIBUS 网络，则可以在此配置；若要在插入所有模块后再配置，则直接单击"取消"按钮即可。插入后的结果如图 26-52 所示。

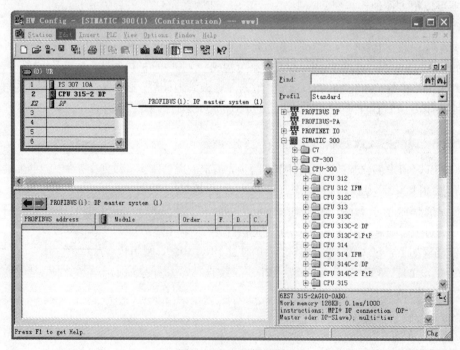

图 26-52　硬件组态

2. SIMATIC 300（1）主站配置

双击图26-52中2号插槽内的DP槽，出现如图26-53所示对话框。

图26-53中的General（常规项）包含了PROFIBUS-DP的总体情况，包括网络名、站地址、网络连接情况和网络属性等。Addresses（地址）为诊断地址设定，Operating Mode（工作模式）设置为主站（DP-Master）或从站（DP-Slave），Configuration（组态）用来设置通信区地址。

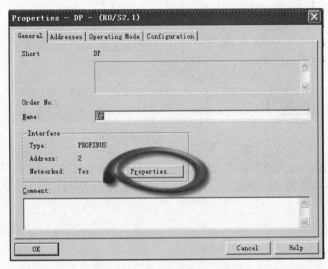

图26-53　组态DP属性

单击图26-53中的"Properties"按钮，出现如图26-54所示对话框。新建一个PROFIBUS-DP网络。单击"Properties"按钮，设定通信速率为1.5Mb/s，行规选择为DP。

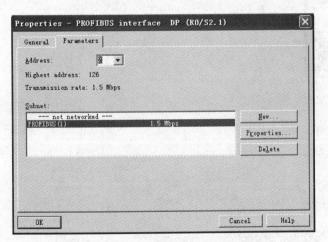

图26-54　新建一个DP网络

单击图26-55中的Operating Mode选项卡，出现如图26-55所示对话框。本例中把CPU315-2DP设定为主站，因此在图26-55中选择为DP master，然后单击OK按钮。

3. 插入EM277

由于S7-200没有集成DP接口，必须通过EM277才能连接到PROFIBUS网络上。

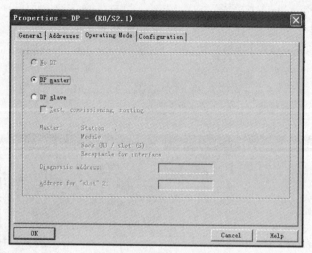

图 26-55　主从站模式设定

在图 26-56 右侧的目录树内依次选择 PROFIBUS DP→Additional Field Devices→PLC→SI-MATIC→EM277 PROFIBUS-DP，将其拖放到左侧 PROFIBUS-DP 电缆处，并出现如图 26-57所示对话框。

注意　如果硬件目录树内找不到 EM277 的订货号，则需用用户到 SIEMENS 官方网站上下载相应的 GSD 文件，然后安装该 GSD 文件。这时就能找到 EM277 的订货号。

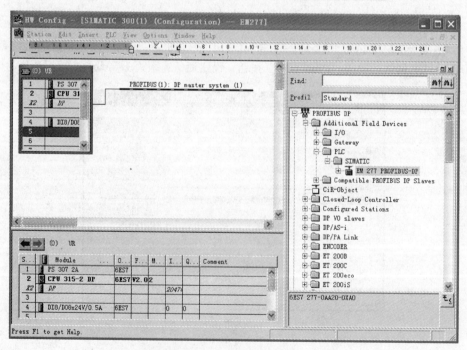

图 26-56　组态 EM277

在图 26-56 中，可设置 EM277 的网络地址，它必须与 EM277 模块上的拨码开关设定的物理地址相同。设定完属性后单击 OK 按钮。从图中可看到 EM277 的站点设定为 3。如果

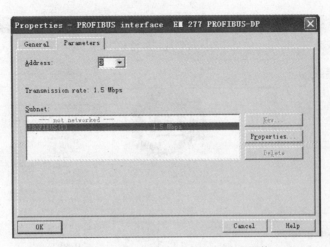

图 26 - 57　组态 EM277 的站地址和网络

EM277 设定的地址与物理地址不一致，通信线路将出现故障，此时 CPU315 - 2DP 上的 SF 指示灯会亮。

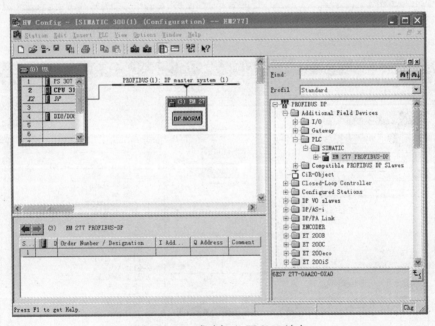

图 26 - 58　成功加入 EM277 站点

4. 配置 CPU315 - 2DP 与 S7 - 200 的通信区

EM277 仅仅是 S7 - 200 用于和 S7 - 300 进行通信的一个接口模块，S7 - 200 侧的通信区地址设置必须能够被 S7 - 200 所接受，与 EM277 无关。

单击图 26 - 58 中的 EM277，则在下方出现 EM277 PROFIBUS - DP 的组态项，在这里可以配置 S7 - 300 侧的通信区，如图 26 - 59 所示。右键单击其中的第一行，并单击"Insert Object…"项，会出现 EM277 PROFIBUS 的画面，可以看到模块提供了多种不同大小的通信区，用户可以根据实际数据传输量来选择。在此选择 2Bytes Out/2Bytes In，组态效果如图 26 - 60 所示。

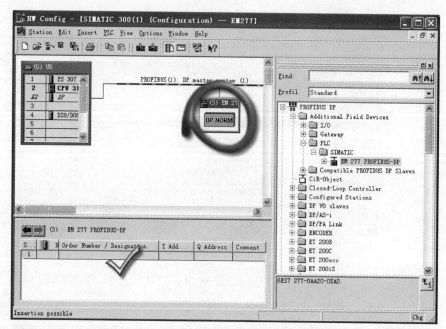

图 26-59　组态通信区

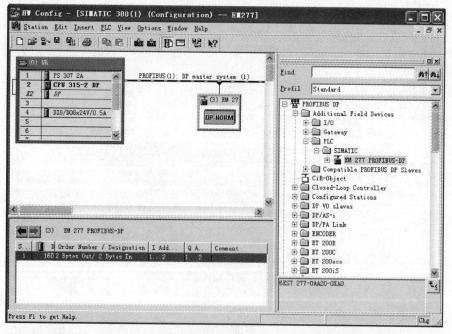

图 26-60　EM277组态

　　这里配置的 S7-300 侧的通信区地址是系统默认的，用户也可以修改通信区地址。双击图 26-60 中深色区域，出现如图 26-61 所示画面，画面中显示的是 S7-300 侧的输入/输出通信区，用户如有需要可以这里里修改输入/输出通信区的起始地址。

　　本例中修改起始地址从 10 开始，则发送区变为 QW10；接收区变为 IW10。

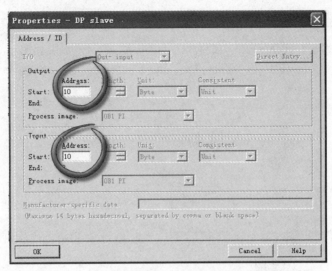

图 26-61　修改 S7-300 侧的通信区起始地址

　　接下来配置 S7-200 侧的通信区，双击图 26-60 中的 EM277，在出现的对话框内选择"参数赋值"选项卡。S7-200 侧的通信区默认的是全局变量存储区 V。在图 26-62 中的框内可以设定通信区在 V 区的起始地址。默认通信区从 V0 开始，占用 4 个字节（与前面的组态设定相关），也可以自行修改，如图 26-62 所示，修改为从 V10 开始，即 VW10 和 VW12，其中 VW10 用来接收 S7-300 侧发来的数据，VW12 用来向 S7-300 发送数据。

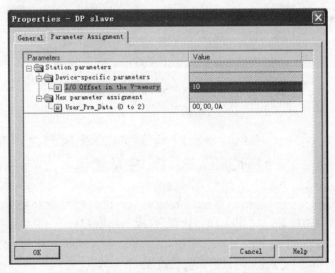

图 26-62　配置 S7-200 侧的通信区

　　如果在图 26-60 中建立的缓冲区是"8Bytes Out/8Bytes In"，则 S7-200 侧的通信区 VB0～VB7 为接收区，VB8～VB15 为发送区。

　　配置完成后，单击 OK 按钮即可。至此，S7-200 与 S7-300 PROFIBUS 通信网络的硬件组态结束。用户可以用图 26-60 中的"保存与编译"按钮进行保存与编译。

四、编程

在 S7-300 侧编程，打开 STEP7 项目内的 OB1，输入 OB1 程序如图 26-63 所示。这段程序的功能是将接收缓冲区 IW10 内的数据读出，并送给 MW2；另外将 MW0 的数据通过输出缓冲区 QW10 发送给 S7-200。

S7-200 的编程如图 26-64 所示。

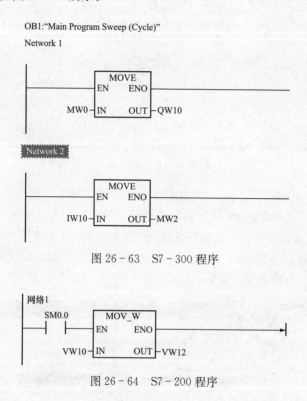

图 26-63　S7-300 程序

图 26-64　S7-200 程序

第八节　CPU31x-2DP 与 MM440 变频器之间的 PROFIBUS-DP 主从通信

MM440 变频器既支持和主站的周期性数据通信，也支持和主站的非周期性数据通信。S7-300/400 可以使用功能 SFC14/SFC15（读取/修改）读取和修改 MM440 变频器参数值，调用一次可以读取或修改一个参数。也可以使用功能 SFC58/SFC59 或者 SFB52/SFB53 读取和修改多个 MM440 参数值，一次最多可以读取或修改 39 个参数。

要实现 S7-300/400 PLC 与 MM440 变频器 DP 通信，需要在 MM440 变频器上加装 DP 通信模板。

一、MM440 周期性数据通信的报文说明

MM440 周期性数据通信报文有效数据区域有由两部分构成，即 PKW 区（参数识别 ID-数值区）和 PZD 区（过程数据），如图 26-65 所示。PKW 区最多占用 4 个字，即 PKE 区（参数

标识符值，占用一个字）、IND（参数的下标，占用一个字）、PWE1和PWE2（参数数值，共占用两个字）。S7-300/400使用功能SFC14和SFC15读取和修改参数需要占用4个PKW。PKW区的说明如图26-66所示，下面分别介绍PKW区的四个字的具体含义。

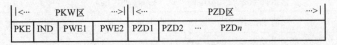

图 26-65　MM440周期性数据通信报文有效数据区域

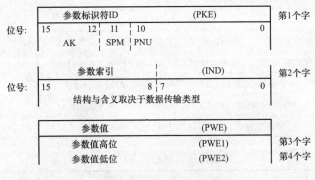

AK:　　　　　　任务ID或应答ID
SPM:　　　　　处理参数更改报告的触发位
PNU:　　　　　参数号

图 26-66　PKW区4个字的含义

1. PKE

PKW区的第一个字为PKE，用它来描述参数识识标识ID号。如表26-2所示，参数识别标记ID总是一个16位的值，位0～10（PNU）描述所请求基本参数号码，位11（SPM）用于参数变更报告的触发位，位12～15（AK）包括任务识别标记ID，如表26-3所示或应答识别标记ID，如表27-4所示。

表 26-2　　　　　　　　　　　　　　PKE字的位含义

第1个字（16位）＝PKE＝参数识别标记ID		
位15～12	AK＝任务或应答识别标记ID	—
位11	SPM＝参数修改报告	不支持（总是0）
位10～00	PNU＝基本参数号	完整的PNU由基本参数号与IND的15～12位（下标）一起构成

表 26-3　　　　　　　　　　　　　　任务识别标记ID的含义

任务识别标记ID	含义	应答识别标记ID	
		正	负
0	没有任务	0	
1	请求参数数值	1或2	7
2	修改参数数值（单字）［只是修改RAM］	1	7或8
3	修改参数数值（数字）［只是修改RAM］	2	7或8
4	请求元素说明	3	7

续表

任务识别标记 ID	含 义	应答识别标记 ID	
		正	负
5	修改元素说明（MICROMASTER4 不可能）	—	—
6	请求参数数值（数组）即带下标的参数	4 或 5	7
7	修改参数数值（数组、数字）〔只是修改 RAM〕	4	7 或 8
8	修改参数数值（数组、数字）〔只是修改 RAM〕	5	7 或 8
9	请求数组元素的序号，即下标的序号，"NO."	6	7
10	保留、备用	—	—
11	存储参数数值（数组、双字）〔RAM 和 EEPROM 都修改〕	5	7 或 8
12	存储参数数值（数组、单字）〔RAM 和 EEPROM 都修改〕	4	7 或 8
13	存储参数数值（双字）〔RAM 和 EEPROM 都修改〕	2	7 或 8
14	存储参数数值（单字）〔RAM 和 EEPROM 都修改〕	1	7 或 8
15	读出或修改文本（MICROMASTER440 不能）	—	—

表 26-4 　　　　　　　　　　　应答任务识别标记 ID 的含义

应答识别标记 ID	含义	对任务识别标记 ID 的应答
0	不应答	0
1	传送参数数值（单字）	1，2 或 14
2	传送参数数值（双字）	1，3 或 13
3	传送说明元素	4
4	传送参数数值（数组，单字）	6，7 或 12
5	传送参数数值（数组，双字）	6，8 或 11
6	传送数值元素的数目	9
7	任务不参执行（有错误的数值）	1～15
8	对参数接口没有修改权	2，3，5，7，8，11～14 或 15（也没有文本修改权）
9～12	未使用	—
13	预留、备用	—
14	预留、备用	—
15	传送文本	15

2. IND

PKW 区的第二个字为 IND，描述参数的下标。完整的参数号码是由基本参数号码和 PNU 参数页号组成。基本参数号码由 PKE 中的第 0～10 位设定。PNU 参数页码由 IND 的第 7 位设定。总的参数号=基本参数号+参数页码×2000。

基本参数号的范围是 0～1999。

3. PWE1 和 PWE2

PWE1 和 PWE2 是 PKW 区中的第三个和第四个字，用来描述参数数值。PWE1 为高 16 位有效字，PWE2 为低 16 位有效字。它们共同组成一个 32 位参数值。用 PWE2 传送一个 16 位参数值时，必须在 PROFIBUS-DP 主站中设定 PKE1 为 0，即高 16 位设定为 0。

二、参数过程数据对象（PPO）

在 PROFIBUS - DP 上可用周期性数据通信控制 MICROMASTER4，用于周期性数据通信的有效数据的结构，称为参数过程数据对象（PPO）。有效数据结构被分为可以传送的 PKW 区和 PZD 区。PKW 用于读写参数值，PZD 用于控制字和设定状态信息和实际值等，如控制电动机的启停等。

可以在 DP 主站中指定；当总线系统启动时，使用哪一种 PPO 类型从 PROFIBUS - DP 主站中寻址变频器。根据驱动的任务在自动化网络中选择 PPO 类型，PPO 类型如图 26 - 67 所示。不管选用哪种 PPO，过程数据始终需要传送，选用过程数据 PZD，可实现对变频器的启停、分配设定点及驱动的管理等。

注意 MM420 只支持 PPO1 和 PPO3，MM440/430 支持 PPO1、PPO2、PPO3 和 PPO4。

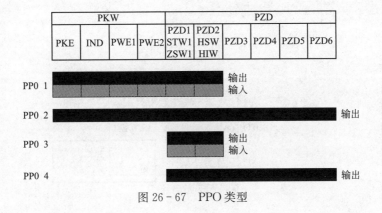

图 26 - 67 PPO 类型

例如，在主站中设定为 PPO1 模式，则主站 PLC 进行数据输入和输出，并且只有 PKW 四个字、PZD1 和 PZD2 的数据有效。PKW 中的数据可以设定和读取变频器的参数值。PZD1 和 PZD2 可以控制变频器的运行，包括修改变频器的运行输出频率、启停等。PPO2 只有输出模式。PPO3 不能读写变频器参数，但可以控制变频器的运行。

这里所说的输出指的是主站 PLC 发送数据给变频器，输入指的是变频器返回数据给主站 PLC。

三、硬件组态和站地址设置

本例中选用 CPU319F - 3PN/DP，从站 MM40 上加装 DP 通信处理器。MM440 的 DP 地址设为 5。选择的报文结构为 PPO1，即含有 4 个 PKW 和 2 个 PZD，如图 26 - 68 所示。本例中 PKW 的地址范围是 256～263，PZD 的地址范围是 264～267。

四、周期性 DP 通信读取和修改参数

首先在主程序 OB1 中调用 SFC14（读取参数）和 SFC15（修改参数），如图 26 - 69 所示。功能块中 LADDR 为 W♯16♯100，实际上是 PKW 的起始地址（即 256）对应的十六进制数。DB1.DBB0 开始的 8 个字节是读到的值，DB1.DBB24 开始的 8 个字节是需要修改的参数值。M20.0 为使能位，同时要建立一个 DB1 的数据块。参数 2000 以下和 2000 以上的报文中 IND 不同，下面以实例介绍读取和修改 MM440 的单字参数类型。

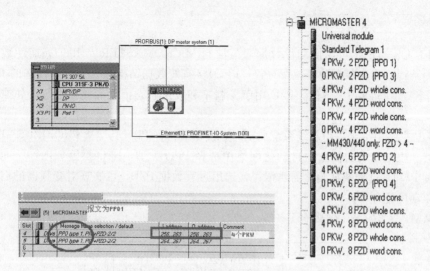

图 26-68　组态 PPO 类型

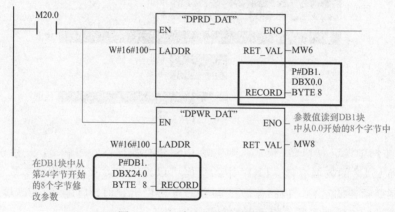

图 26-69　读取和修改参数程序

用 SFC15 把参数写入到 MM440 中，然后用 SFC14 又把该参数读到 PLC 主站中。下面以单字参数 P2010 为例进行操作。

例：修改 P2010 [1] 参数为 6。修改参数请求的数据如下：

PKE=DB1.DBW24=200A(16进制)　　//2 表示写请求，A 表示基本参数地址为 10

IND=DB1.DBW26=0180(16进制)　　//01 表示参数下标为 1,8 表示参数号码相差 2000,即 2010 号参数

PWE1=DB1.DBW2=0000(16进制)　　//设定值高 16 位为 0

PWE2=DB1.DBW30=0006(16进制)　//设定值低 16 位为 6

修改参数后，变频器返回给 PLC 的数据如下：

PKE=DB1.DBW0=100A　　　　　　//返回 1 表示单字长

IND=DB1.DBW2=0180

PWE1=DB1.DBW4=0

PWE2=DB1.DBW6=6

数据监控效果如图 26-70 所示。

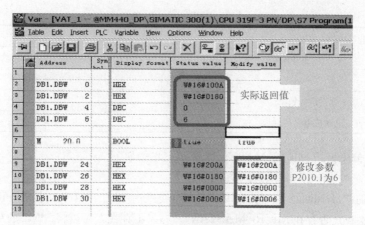

图 26-70 数据监控效果

五、PLC 以 PPO3 模式控制 MICROMASTER

由图 26-67 可知,如果选择 PPO3,从 PLC 到变频器有两个输出字 PZD1 和 PZD2。它们对应控制字 STW1 和主设定点 HSW。它们是从 S7 程序中用 QW 输出到变频器 PROFIBUS DP 通信模板中。从变频器传输的信息中,PLC 会收到两个输入字信息(PZD1 和 PZD2),它们是状态字(PZD1=ZSW1)和主要实际值(PZD2=HIW),这两个输入字在 S7 程序中通过 IW 进行处理。

STW1 是 PLC 输出给变频器的控制字,该字的位含义如表 26-5 所示。如通过发送控制字 047E,然后再发送变成 047F 就可以激活变频器运行(Bit0:启动的边沿信号)。

ZWS1 是变频器发送给 PLC 的状态字,该字的位含义如表 26-6 所示。

表 26-5   STW1 位含义

位	功能	位	功能
0	ON/OFF1	8	点动向右
1	OFF2	9	点动向左
2	OFF3	10	从 PLC 控制
3	脉冲使能	11	反转方向(设定点反向)
4	RFG 使能	12	—
5	RFG 启动	13	增加电动机电位计(MOP)数值
6	设点定使能	14	减少电动机电位计(MOP)数值
7	故障确认	15	CDS 第 0 位

表 26-6   ZSW1 位含义

位	功能	位	功能
0	准备上电	4	OFF2 激活
1	准备就绪	5	OFF3 激活
2	驱动正在进行	6	ON 禁用激活
3	故障激活	7	警告激活

续表

位	功能	位	功能
8	设定点/实际偏差	12	执行电动机制动
9	从 PLC 控制	13	电动机过载
10	到达最大频率	14	顺时针运行
11	警告，电动机电流达到最大值	15	变频器过载

带有 DP 通信模板的 MICROMASTER4 的组态步骤如下：

1. 使用 STEP7 组态 MICROMASTER4

在 STEP7 的"Hardware configuration/硬件组态"中，打开目录文件夹 PROFIBUS DP → SIMOVERT；检查是否存在 MICROMASTER4。如果不存在，可以将 MM4 的 GSD 文件导入硬件目录中，如图 26 - 71 所示。

在使用的硬件目录中链接 Micromaster 之后，硬件配置会提示输入一个总线地址，如图 26 - 71中的地址设为 3。

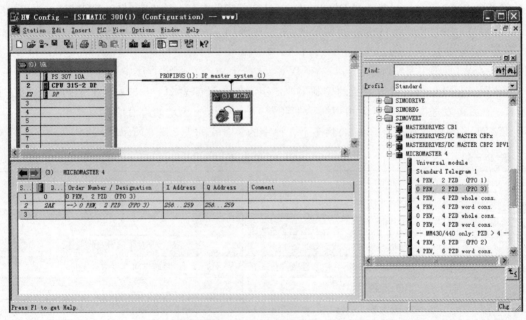

图 26 - 71   组态 MM4

2. PPO 类型的选择

如果不打算读写任何参数，选择 PPO 3。如果要读写参数，选择 PPO 1。如果要读取变频器的数据，如从变频器读取电动机数据，就应该选择带有 PZD 字 3 和 4 的一个选项，因为此时可以没有 PKW 机制。本例中选择 PPO 3 类型。

为了在 DP 主站和驱动之间进行数据通信，STEP7 需要用到逻辑 I/O 地址（PLC 的 I/O 地址），这些地址在硬件配置 Micromaster 时会自动分配，如在图 26 - 71 中，自动分配了 IW256～IW259 和 QW256～QW259，当然也可以更改这些缺省设置。

3. PLC 与 MM440 之间的数据传输

PLC 与 MM440 之间的数据传输如图 26-72 所示。从 PLC 的输出数据通道将控制字和速度设定值发送到变频器。变频器中的状态字和实际值通过 PLC 的输入通道从变频器发送给 PLC。

频率设定值和实际值都要进行标准化，如十六进制的 4000（即十进制的 16 384）对应 50Hz，可以设置的最大值为 7FFF。可以在变频器 P2000 参数更改标准化的频率值。

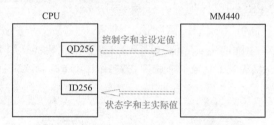

图 26-72 PLC 与变频器之间的数据传输

4. 用于 STW1 控制字的 PQW256 的 PZD1 结构

若要打开驱动，则把 STW1 控制字节设定为十六进制的 47F。若要关闭驱动，则把 STW1 设定为十六进制的 47E。由 STW1 的第 0 位控制驱动是否打开。

5. S7 控制程序

控制程序如图 26-73 所示。其中 I0.0 为电动机启动按钮，I0.1 为电动机停止按钮。PIW320 为外部输入的模拟信号转换值，数值范围为 0～27 648，经过 FC105（SCALE）转换成 0～16 384的实数，再转换成整数送到 QW256 传输给变频器，作为变频器输出频率设定值，频率设定值的范围 0～50Hz。

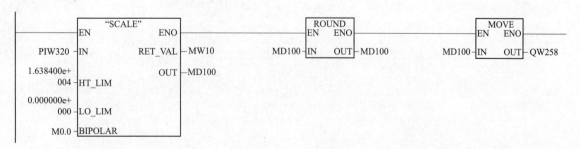

图 26-73 控制程序

6. 通过 BOP 设置变频器 RPOFIBUS 的设定点和地址

通过 BOP 设置变频器以下参数：

(1) P0003＝2，扩展的参数访问。

(2) P0700＝6，设定 PROFIBUS 信号源。

(3) P1000＝2，从电位计到 Micromaster 的设定点。

(4) P0918＝3，设定 PROFIBUS 地址。

7. 通过 PZD2 从 MM440 中读取主实际值（HIW）

通过 PZD2 从 MM440 中读取主实际值（HIW）的程序如图 26-74 所示。在 IW256 上读出 PZD1 的 ZSW1 状态字。在 IW258 上读出变频器运行输出的实际频率，16 384 对应 50Hz。

Network 4: Title:

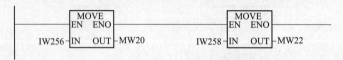

图 26-74 读取 PZD2 的数据

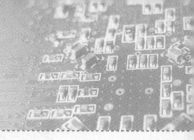

第二十七章

S7-300/400 PLC 以太网通信

第一节 以太网通信的组态与编程

以太网的 TCP/IP、ISO 传输、ISO-on-TCP 可以传送 8KB 数据，UDP 可以传送 2KB 数据。它们与 PROFIBUS 的 FDL 统称为 S5 兼容的通信服务。它们的组态的方法基本相同。

本节介绍 S7-300 之间通过 CP313-1 IT 和 CP343-1 建立的 TCP 连接为例，介绍 S5 兼容通信的组态和编程方法。

一、硬件组态

建立 STEP 项目，新建两台 PLC，分别对其硬件组态。两台 PLC 上分别加入 CP343-1 IT 和 CP343-1 以太网模块，如图 27-1 所示。

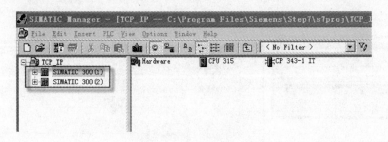

图 27-1 建立项目

先对第一台 PLC 的硬件组态，其中包括一个 CP343-1 IT 的以太网模块，如图 27-2 所示。新建以太网"Ethernet（1）"，因为要使用 TCP，所以只需设置 CP 模块的 IP 地址，如图 27-3 所示。

第二台 PLC 的硬件组态如图 27-4 所示，其中包括一个 CP343-1 TCP 模块。并为 CP 模块分配 IP 地址后连接到同一个网络 Ethernet（1）中。

二、组态连接

打开"NetPro"设置网络参数，选中 CPU，在连接列表中建立新的连接，如图 27-5 所示。

在连接类型中，选择"TCP connection"，连接如图 27-6 所示。

然后双击该连接，设置连接属性。"General"属性中块参数 ID=1，LADDR=W♯16♯ 0110，这两个参数在后面的编程中会用到，如图 27-7 所示。

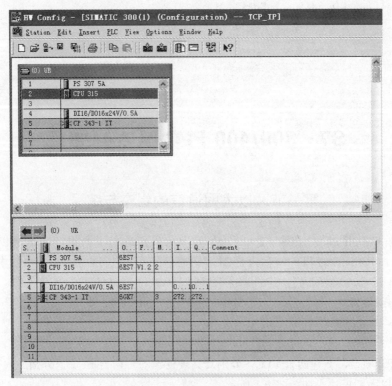

图 27-2　第一台 PLC 的硬件组态

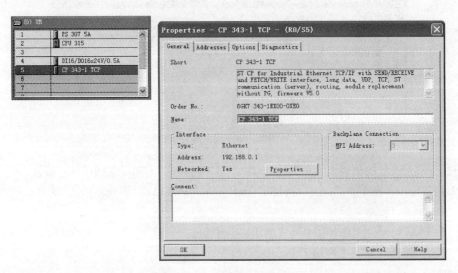

图 27-3　新建 Ethernet（1）

　　通信双方其中一个站必须激活 "Active connection establishement" 选项，以便在通信连接初始化起到主动连接的作用。

　　在 "addresses" 属性中可以看到通信双方的 IP 地址，占用的端口号也可自定义，也可使用默认值。

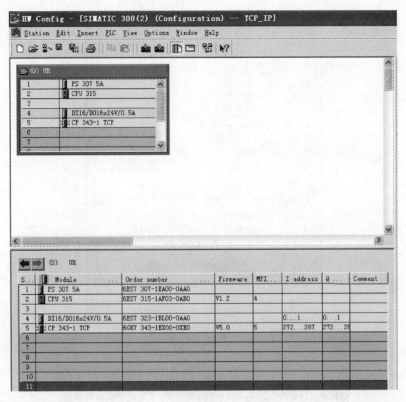

图27-4　第二台 PLC 的硬件组态

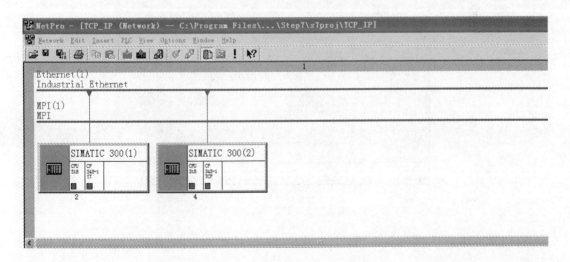

图27-5　在 NetPro 中建立新的连接

编译后保存，这样硬件组态和网络组态就完成了。

三、编程

在两个 CPU 中各编写发送和接收的程序。

图 27-6 新建 TCP 连接

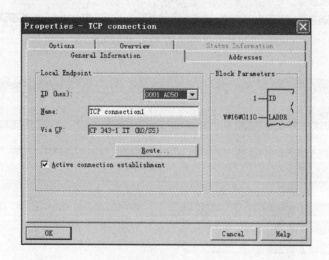

图 27-7 TCP 连接属性

（1）OB35 中编写每隔 100ms 的发送程序，把 DB1 中的 240 字节的数据发送至对方 PLC 的 DB2 中。

（2）在 OB1 中编写数据接收的程序，接收到的数据存于 DB2 中。

（3）实现 PLC（1）的 ID0 控制 PLC（2）的 QD0，同样实现 PLC（2）的 ID0 控制 PLC（1）的 QD0。

（4）两个站点 PLC 的程序相同。

OB35 程序如图 27-8 所示。

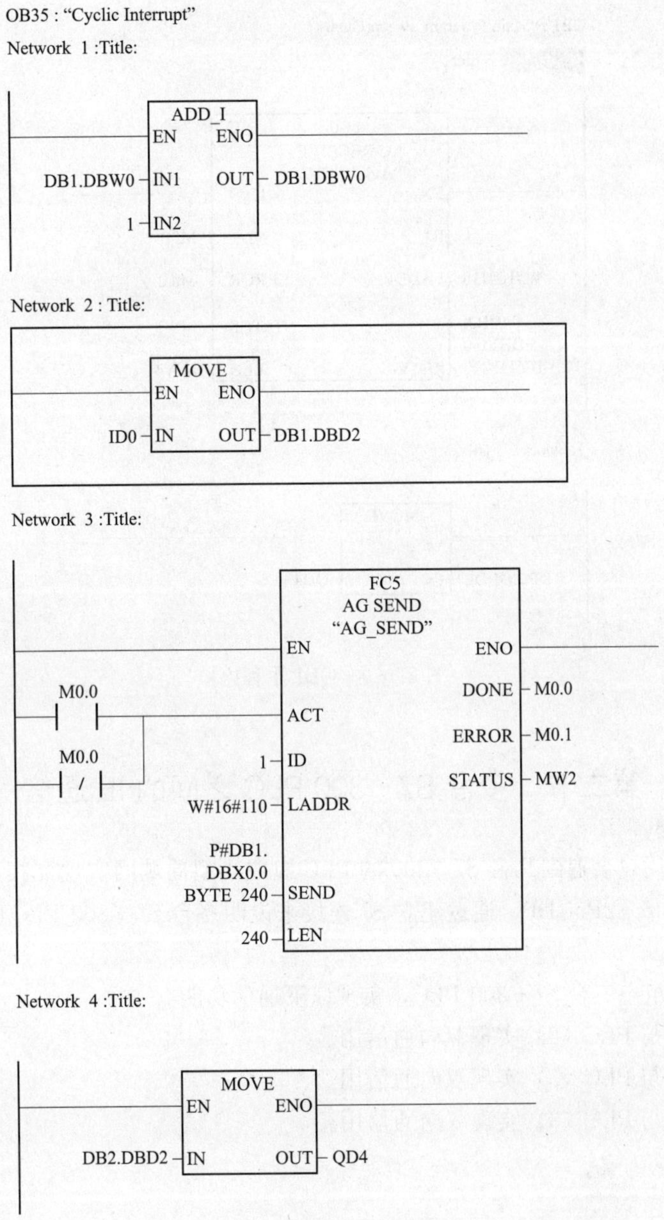

OB35 : "Cyclic Interrupt"

Network 1 :Title:

Network 2 : Title:

Network 3 :Title:

Network 4 :Title:

图 27-8   OB35 程序

OB1 程序如图 27-9 所示。

OB1 : "Main Program Sweep(Cycle)"

Network 1 : Title:

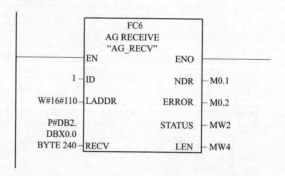

Network 2 : Title:

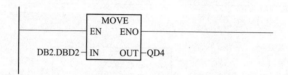

图 27 - 9　OB1 主程序

第二节　多台 S7 - 300 PLC 之间的 IE 通信

在生产现场，用户会遇到几台 S7 - 300 的 PLC 组成小型局域网实现互相通信的情况，本节介绍采用 3 台 S7 315 - 2PN/DP，通过建立 S7 连接来说明多台 S7 - 300 PLC 的工业以太网的组网技术。

本节中，介绍组态三台 S7 - 300 PLC，实现以下通信功能：

(1) PLC（1）与 PLC（2）实现双向通信用。

(2) PLC（2）与 PLC（3）实现双向通信用。

(3) PLC（1）与 PLC（3）实现双向通信用。

一、网络组态

本例中所使用的 CPU 是 3 台 CPU315 - 2PN/DP，通过集成的 PN 口连接到局域网上。首先建立一个新的项目，在项目内依次插入 3 个 S7 - 300 站点，接下来分别对 3 个站点进行组态。

1. SIMATIC300（1）站的硬件组态

在插入 CPU315 - 2PN/DP 时，系统提示是否组建以太网，如图 27 - 10 所示。单击"属性"按钮，在图 27 - 11 内新建一个网络"Ethernet（1）"，并输入 IP 地址"192.168.10.60"，单击"确定"按钮。双击 2 号槽内的"CPU315 - 2PN/DP"，在如图 27 - 12 的 CPU 属性对话框的"周期/时钟存储器"内勾选"时钟存储器"，并输入存储器字节号为 100，单击"确定"按钮。

在硬件组态管理器界面下，对以上的组态进行编译保存。

2. SIMATIC 300（2）站的硬件组态

SIMATIC 300（2）站的硬件组态的步骤和内容与 SIMATIC 300（1）的组态相同，只不过该站的 IP 地址改为 192.168.10.61，子网掩码依然是 255.255.255.0；同时也设定 MB100 为时钟存储器，进行编译保存。

3. SIMATIC300（3）站的硬件组态

SIMATIC300（3）站的硬件组态的步骤和内容与 SIMATIC300（1）的组态相同，只不过该站的 IP 地址改为 192.168.10.62，子网掩码依然是 255.255.255.0；同时也设定 MB100 为时钟存储器，进行编译保存。

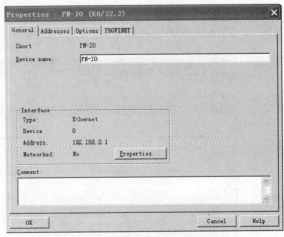

图 27-10　PN-IO 的属性配置

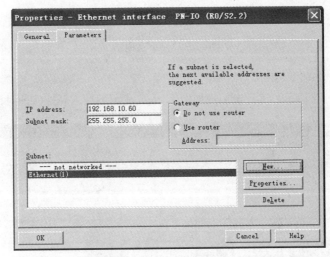

图 27-11　输入 IP 地址

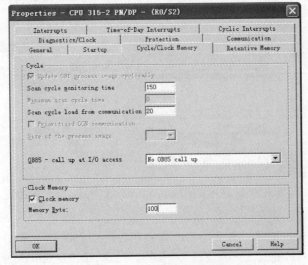

图 27-12　设置时钟存储器

4. 建立 S7 连接

在 SIMATIC Manager 下打开"组态网络"对话框，如图 27-13 所示。

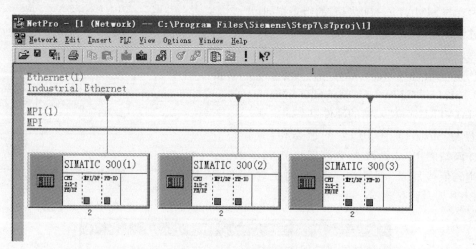

图 27-13　组态网络

在图 27-13 中，选择 SIMATIC 300（1）站的 CPU315-2PN/DP，右键单击并选择"插入新连接"，如图 27-14 所示，然后会出现如图 27-15 所示的插入新连接的对话框。

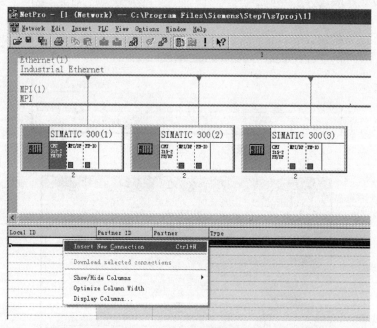

图 27-14　插入新连接

在图 27-15 中，1、2 号框显示的是能够与 SIMATIC 300（1）站建立连接的站点，用户可以选择其中的一个。在连接类型中可以设定连接类型，本例中选择"S7 连接"。

在这里选择 1 号框的 SIMATIC 300（2）站，并选择"S7 连接"，单击"确定"按钮。在随后出现的对话框内选择"建立激活的连接"。另外要注意的是"本地 ID"号采用默认；要特别注意 ID 号，在后续的通信程序中要用到。单击"确定"按钮。这样就在 SIMATIC 300（1）站与 SIMATIC 300（2）站之间建立了一个 S7 类型的连接，使用 ID 号来标记这条连接就是"1-1"连接通道。

用同样的方法，可以组态 SIMATIC 300（2）站与 SIMATIC 300（3）站建立一个 S7 连接，ID 号为 2。

组态完网络后，接下来对上面的组态进行编译保存。编译无错后，则把组态信息下载到各个 CPU 中。

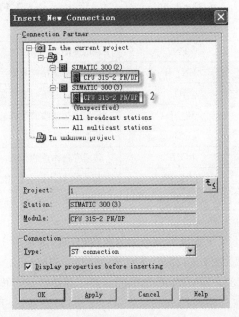

图 27-15　新的连接

二、程序编写

本例使用的 PLC 为 S7-300 系列，在进行基于 TCP/IP 通信时，需要调用库内"Standard Library"中的"Communication Blocks"的 FB12"BSEND"和 FB13"BRCV"或 FB8"USEND"、FB9"URCV"。

FB12"BSEND"用来向类型为 BRCV 的远程伙伴发送数据。通过这种类型的数据传送，可以在通信伙伴之间为所组态的 S7 连接传输更多的数据，可向 S7-300 发送多达 32 768 字节，为 S7-400 发送多达 65 534 字节。

FB8"USEND"向类型为 URCV 的远程伙伴发送数据。执行发送过程而不需要和伙伴进行协调。也就是说，在进行数据发送时不需要伙伴 FB 进行确认。

FB13"BRCV"接收来自类型为"USEND"的远程伙伴发送来的数据。在收到每个数据段后，向伙伴发送一个确认帧，同时更新 LEN 参数。

本节采用 FB12 和 FB13 进行双边编程。先来认识一下 FB12 和 FB13 的各参数的作用。它们的各参数作用如表 27-1 和表 27-2 所示。

表 27-1　　　　　　　　　　　　　　FB12 参数说明

参数名称	功能说明
EN	块的使能端，为 1 时 FB 准备发送
REQ	上升沿触发数据的发送
R	上升沿中止数据的发送
ID	连接号，字型数据
R_ID	标记本次发送的数据包号，双字型数据
SD_I	发送数据存储区，可以使用指针
LEN	数据发送的长度
NDR	作业启动与否的标志
ERROR	与 STATUS 配合使用，通信的报错状态
STATUS	用数字表示通信错误的类型

表 27 - 2   **FB13 参数说明**

参数名称	功能说明
EN	块的使能端,为1时 FB 才能接收
EN _ R	高电平准备接收数据
ID	连接号,必须与发送端对应为同一连接,字型数据
R _ ID	标记本次接收的数据包号,必须与发送端,双字型数据
LEN	数据接收的长度
DONE	数据发送作业的状态,1发送完,0未发送完
ERROR	与 STATUS 配合使用,通信的报错状态
STATUS	用数字表示通信错误的类型

    下面编写 3 个站的通信程序,本程序实现的功能是:在 SIMATIC 300 (1) 站内发送一个数据 MD0 给 SIMATIC 300 (2),SIMATIC 300 (2) 接收到该数据后再转发给 SIMATIC 300 (3),SIMATIC 300 (3) 接收到该数据后再转发给 SIMATIC 300 (1) 的 MD10。

    下面列出 SIMATIC 300 (1) 发送,SIMATIC 300 (2) 接收的程序,分别如图 27 - 16 和 27 - 17 所示。其余的程序可仿照编写。

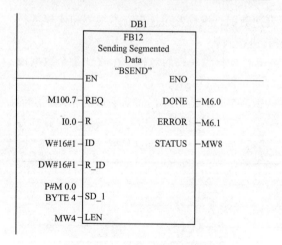

图 27 - 16   SIMATIC 300 (1)
向 SIMATIC 300 (2) 发送数据程序

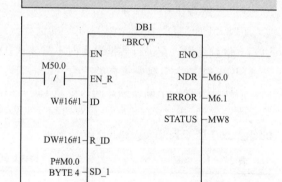

图 27 - 17   SIMATIC 300 (2)
接收 SIMATIC 300 (1) 的数据程序

    图 27 - 16 中,REQ 连接的是 M100.7,这是在硬件组态的时候所做的时钟存储器,它可以发出 0.5Hz 的脉冲,在脉冲的上升沿触发数据发送。而图 27 - 17 中 EN - R 端使用了 M50.0 的动断触点,使得 FB14 处于准备接收状态。

    另外,R - ID 在通信时必须相同,否则不能通信,这个值可以由用户自己设定。ID 号在通信双方可能是相同的,也可能是不同的,取决于通信时采用的是哪一条连接,一旦连接通道确定,则编程的时候双方的 ID 号就已经确定下来了。

第四部分

PLC 自动化系统设计与典型应用

第二十八章　PLC 控制系统设计

　　PLC控制系统设计的一般步骤可以分为以下几步：熟悉控制对象并计算输入/输出设备、PLC选型及确定硬件配置、设计电气原理图、设计控制台（柜）、编制控制程序、程序调试和编制技术文件。

　　本章以恒压供水系统的实际工程项目为例介绍PLC控制系统的设计，主要从控制要求、主电路设计、手动控制电路设计、自动控制程序设计等方面进行介绍。

第一节　控　制　要　求

　　熟悉控制对象设计工艺布置，这一步是系统设计的基础。首先应详细了解被控对象的工艺过程和它对控制系统的要求，各种机械、液压、气动、仪表、电气系统之间的关系，系统工作方式（如自动、半自动、手动等），PLC与系统中其他智能装置之间的关系，人机界面的种类，通信联网的方式，报警的种类与范围，电源停电及紧急情况的处理等。此阶段，还要选择用户输入设备（按钮、操作开关、限位开关、传感器等）、输出设备（继电器、接触器、信号指示灯等执行元件），以及由输出设备驱动的控制对象（电动机、电磁阀等）。同时，还应确定哪些信号需要输入给PLC，哪些负载由PLC驱动，并分类统计出各输入量和输出量的性质及数量，是数字量还是模拟量，是直流量还是交流量，以及电压的大小等级，为PLC的选型和硬件配置提供依据。最后，将控制对象和控制功能进行分类，可按信号用途或按控制区域进行划分，确定检测设备和控制设备的物理位置，分析每一个检测信号和控制信号的形式、功能、规模、互相之间的关系。信号点确定后，设计出工艺布置图或信号图。

　　图28-1所示为某恒压供水系统的结构原理图，要求控制检测点的水压根据设定值保持恒定。具体工艺与控制要求如下：

　　（1）整个供水系统有5台冷却泵，其中3台37kW为原有水泵（实际工程项目中都配星形—三角形降压启动），另有加压泵1台（1号，变频调速）、稳压泵1台18.5kW（2号，变频调速）。

　　（2）3台冷却塔（7.5kW）。

　　（3）冷却塔进/出都配有电动蝶阀，两个阀门同时开关，只配一组控制点。

　　（4）若要自动模式运行，需将蝶阀、冷却塔、冷却泵均打向自动模式。

　　（5）手动模式下必须先开蝶阀才能开启冷却泵，否则无法开机。

　　（6）1、2号蝶阀为一组，3、4号蝶阀为一组，5、6号蝶阀为一组。

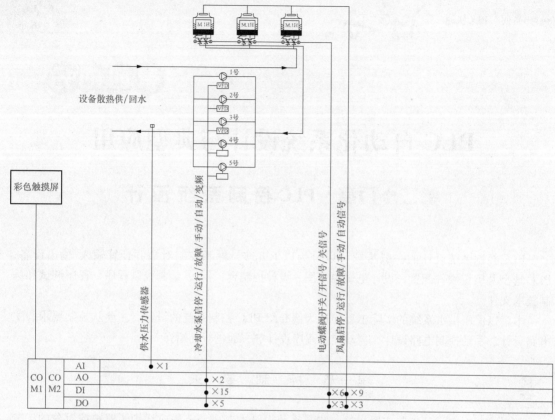

图28-1 恒压供水系统结构原理图

（7）冷却塔控制。冷却塔手动控制台数启停，可通过触摸屏控制或通过门板上手动按钮控制。在门板上可通过转换开关选择手动/自动模式。

（8）冷却泵控制。自动控制时，根据供水压力控制水泵投入台数及变频器频率，开机时先投入37kW的加压变频水泵（1号），当压力不够时开启稳压变频水泵（2号），压力还不够时开启原来的3台冷却泵，以达到散热供水压力。只有接收到三组电动蝶阀其中的一组全开信号才能启动水泵。手动时，通过门板上按钮控制水泵的启停。

（9）电动蝶阀控制。自动时，与对应冷却塔联锁控制；手动时，通过门板按钮控制。

第二节　选型、控制柜与主电路设计

一、选型与控制柜设计

根据工艺要求，本系统需用到的电器元件如下：

（1）S7-200 CPU一台，模拟量输入模块EM231一块，模拟量输出模块EM232一块，EM223数字量输出扩展模块一块。

（2）变频器两台，根据厂家指定为ATV21、SINEE。

（3）电源空气开关五个，接触器、继电器、接线端子等若干。

设计的控制柜外形如图28-2所示，控制柜底板如图28-3所示。

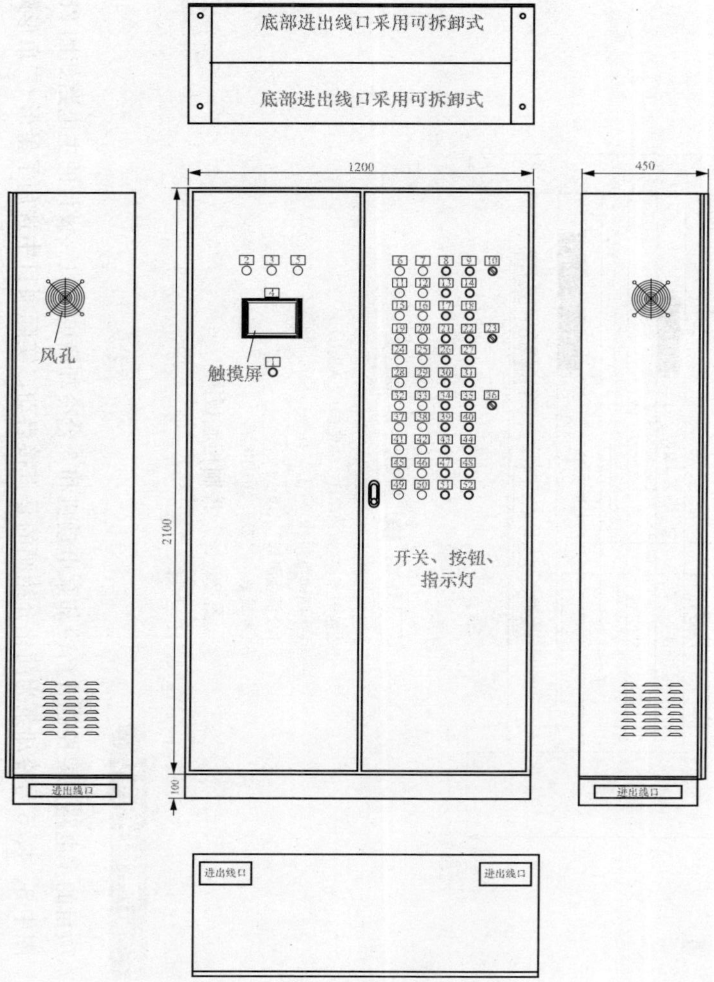

标识说明：

1. 电源正常　POWER SUPPLY
2. 机组运行　UNIT RUNNING
3. 机组故障　UNIT FAULT
4. 触摸屏　TUCH SCREEN
5. 急停开关　ENERGECY STOP
6. 1\2号碟阀全开　BV.NO1&2 FULL OPEN
7. 1\2号碟阀全关　BV.NO1&2 FULL COLES
8. 1\2号碟阀开启　BV.NO1&2 FULL ON
9. 1\2号碟阀关闭　BV.NO1&2 FULL OFF
10. 蝶阀手/自动　MANUAL-AUTO
11. 3\4号碟阀全开　BV.NO3&4 FULL OPEN
12. 3\4号碟阀全关　BV.NO3&4 FULL COLES
13. 3\4号碟阀开启　BV.NO3&4 FULL ON
14. 3\4号碟阀关闭　BV.NO3&4 FULL OFF
15. 5\6号碟阀全开　BV.NO5&6 FULL OPEN
16. 5\6号碟阀全关　BV.NO5&6 FULL COLES
17. 5\6号碟阀开启　BV.NO5&6 FULL ON
18. 5\6号碟阀关闭　BV.MOL5&6 FULL OFF

19. 1号冷却塔运行　COOL TOWER NO.1 RUNNING
20. 1号冷却塔故障　COOL TOWER NO.1 FAULT
21. 1号冷却塔启动　COOL TOWER NO.1 START
22. 1号冷却塔停止　COOL TOWER NO.1 STOP
23. 冷却塔手/自动　MANUAL-AUTO
24. 2号冷却塔运行　COOL TOWER NO.2 RUNNING
25. 2号冷却塔故障　COOL TOWER NO.2 FAULT
26. 2号冷却塔启动　COOL TOWER NO.2 START
27. 2号冷却塔停止　COOL TOWER NO.2 STOP
28. 3号冷却塔运行　COOL TOWER NO.3 RUNNING
29. 3号冷却塔故障　COOL TOWER NO.3 FAULT
30. 3号冷却塔启动　COOL TOWER NO.3 START
31. 3号冷却塔停止　COOL TOWER NO.3 STOP
32. 1号冷却泵运行　COOL PUMP NO.1 RUNNING
33. 1号冷却泵故障　COOL PUMP NO.1 FAULT
34. 1号冷却泵启动　COOL PUMP NO.1 START
35. 1号冷却泵停止　COOL PUMP NO.1 STOP
36. 冷却泵手/自动　MANUAL-AUTO

37. 2号冷却泵运行　COOL PUMP NO.2 RUNNING
38. 2号冷却泵故障　COOL PUMP NO.2 FAULT
39. 2号冷却泵启动　COOL PUMP NO.2 START
40. 2号冷却泵停止　COOL PUMP NO.2 STOP
41. 3号冷却泵运行　COOL PUMP NO.3 RUNNING
42. 3号冷却泵故障　COOL PUMP NO.3 FAULT
43. 3号冷却泵启动　COOL PUMP NO.3 START
44. 3号冷却泵停止　COOL PUMP NO.3 STOP
45. 4号冷却泵运行　COOL PUMP NO.4 RUNNING
46. 3号冷却泵故障　COOL PUMP NO.4 FAULT
47. 4号冷却泵启动　COOL PUMP NO.4 START
48. 4号冷却泵停止　COOL PUMP NO.4 STOP
49. 5号冷却泵运行　COOL PUMP NO.5 RUNNING
50. 5号冷却泵故障　COOL PUMP NO.5 FAULT
51. 5号冷却泵启动　COOL PUMP NO.5 START
52. 5号冷却泵停止　COOL PUMP NO.5 STOP

图 28-2　控制柜外形图

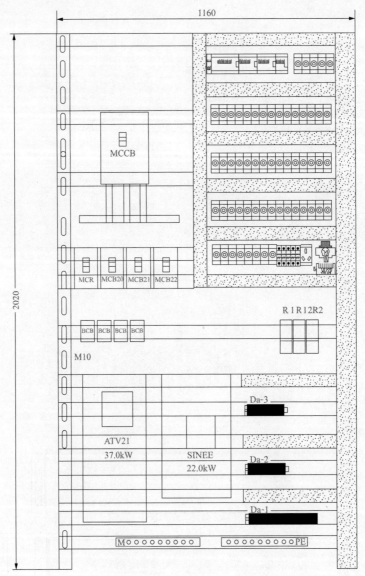

图例说明：

▨ 线槽　■ 接线端子排（EX1、EX2、EX3）。

1.电源总开关（MCCB）。

2.微型断路器（MCB11，MCB20，MCB21…）。

3.中间继电器（R，1R1，1R2…）。

4.交流接触器（M10…）。

5.变频器（ATV21，SINEE）。

图 28-3　控制柜底板图

二、主电路设计

本项目的主电路主要控制 5 台冷却泵电动机和 3 台冷却塔电动机。设计的主电路如图 28-4 所示。图中 3、4、5 号冷却泵为简化介绍画的是直接启动，实际项目中选用了星形-三角形降压启动。

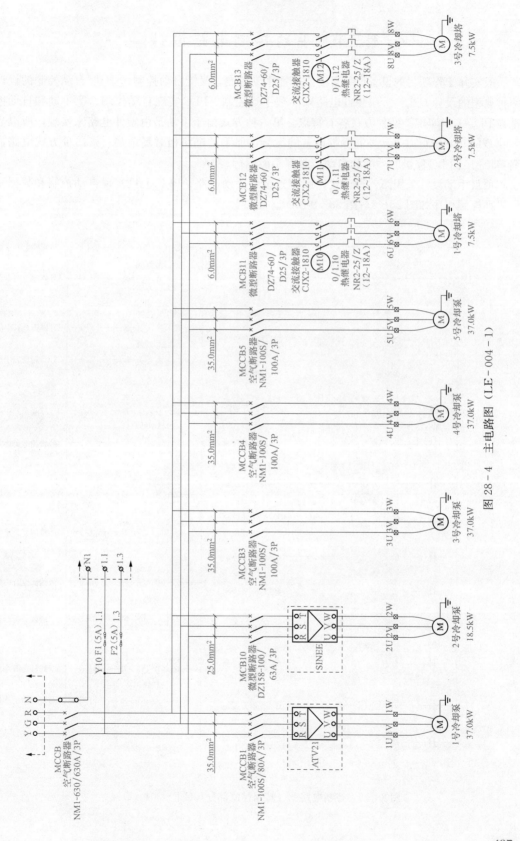

图28-4 主电路图（LE-004-1）

第三节 手动控制电路设计

　　一般实际工程项目的设备设计都要求既能手动控制，又能自动控制。手动/自动控制的设计有两种典型的设计方式：①用硬件电路来实现手动控制，PLC实现自动控制；②手动和自动控制都在PLC上去实现。两种方式各有特点。第一种方式由于手动是由硬件电路来实现，所以当PLC出现故障时还可以手动控制操控设备的运行，但手动电路相对复杂些；第二种方式电路显得简单，但当PLC停机时手动和自动控制都不能运行。

　　本项目手动设计采用第一种方式，即单独设计手动电路，PLC上只实现自动控制和数据采集。手动控制程序如图28-5～图28-9所示。

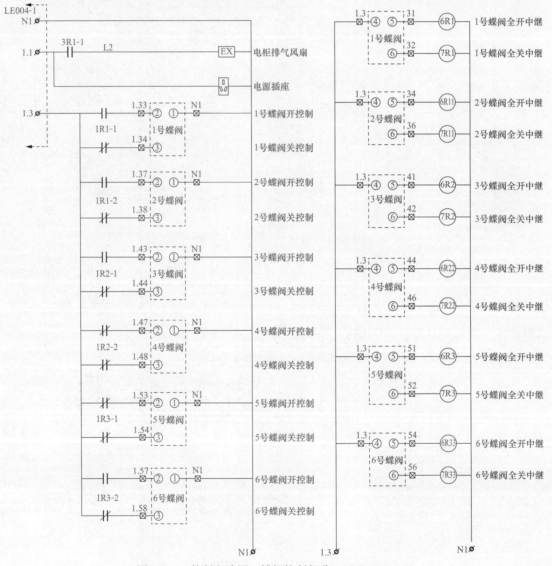

图28-5 控制电路图（蝶阀控制部分）（LE-004-2）

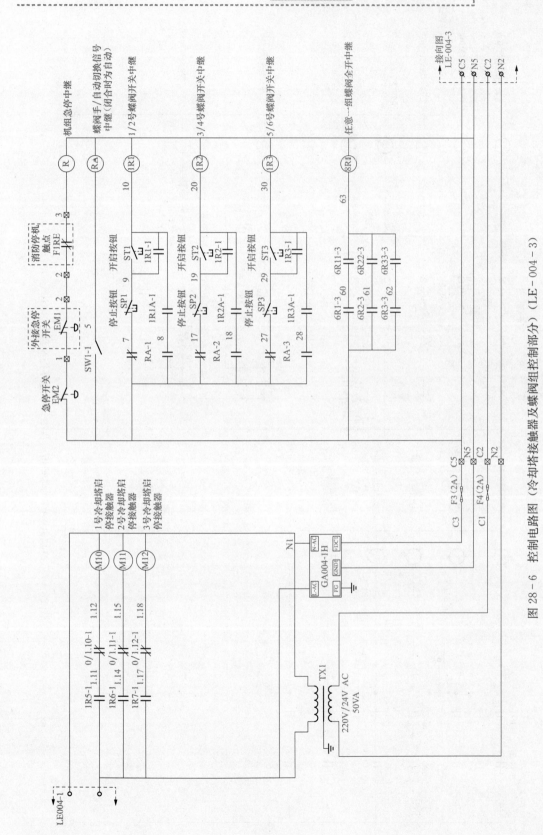

图 28-6 控制电路图（冷却塔接触器及蝶阀组控制部分）（LE-004-3）

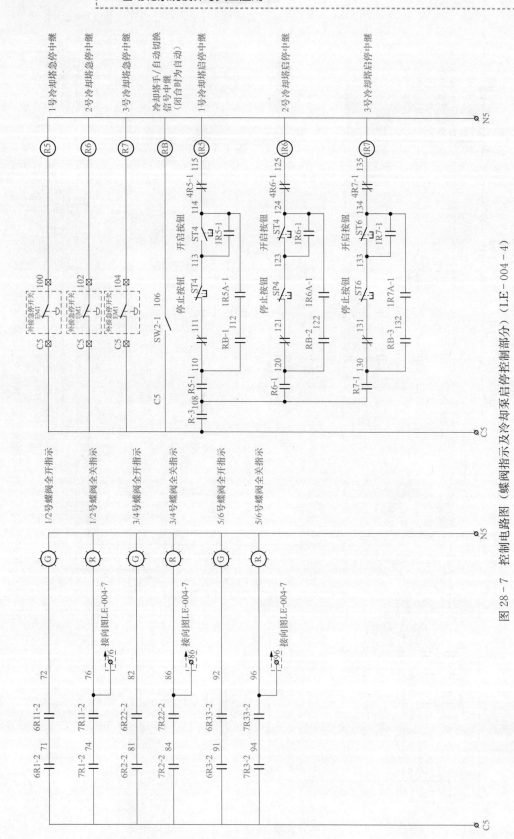

图 28 - 7 控制电路图（蝶阀指示及冷却泵启停控制部分）（LE－004－4）

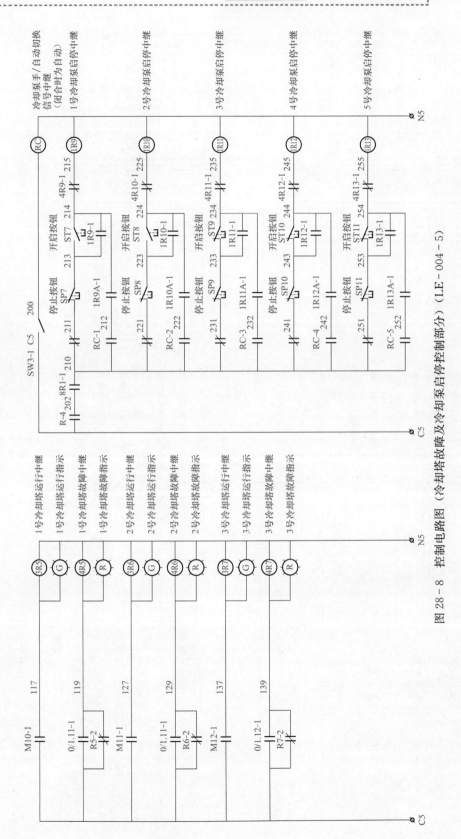

图 28 - 8　控制电路图（冷却塔故障及冷却泵启停控制部分）（LE - 004 - 5）

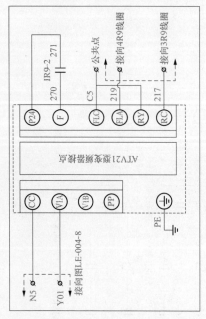

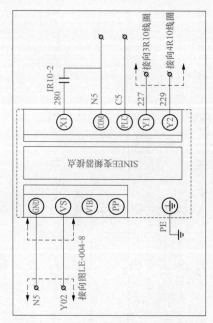

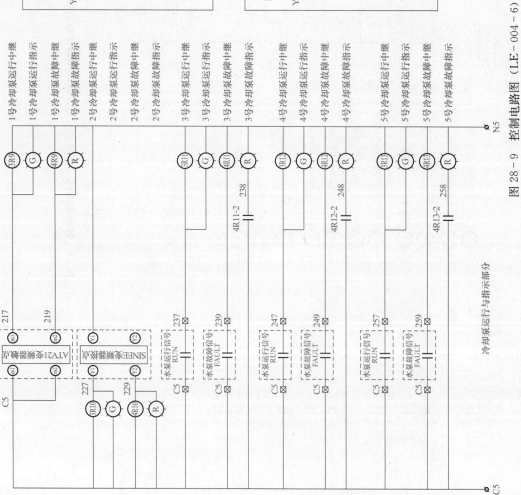

图 28－9　控制电路图（LE－004－6）

492

第四节　PLC电路与自动控制程序设计

一、PLC电路设计

触摸屏与S7－200CPU的通信口连接，可对相关数据进行监控。S7－200CPU电路设计如图28-10所示，三个扩展模块的电路连接如图28-11所示。

整个系统的接线端子图如图28-12～图28-14所示。

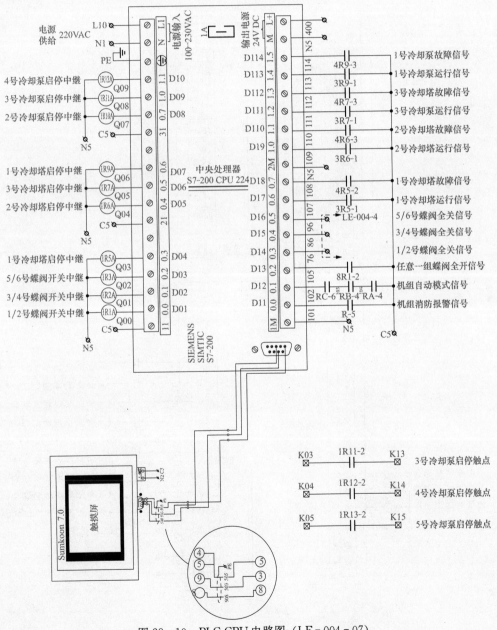

图 28-10　PLC CPU 电路图（LE-004-07）

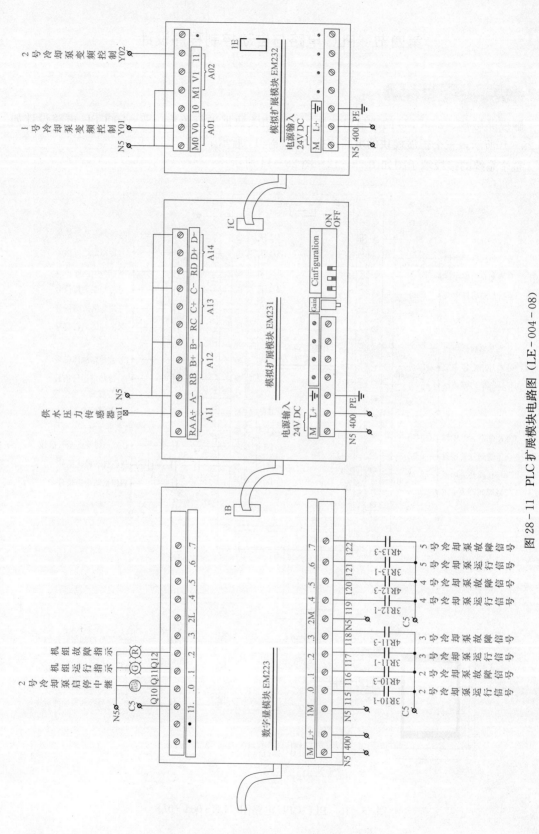

图 28-11　PLC 扩展模块电路图 (LE-004-08)

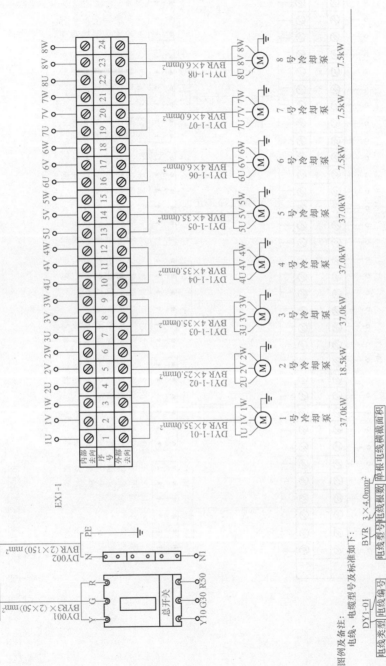

图 28-12 接线端子图（一）（LE-004-9）

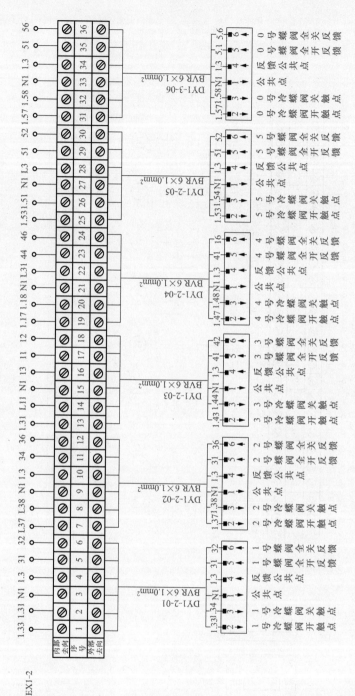

图28-13　接线端子图（二）（LE-004-10）

图例及设备注：
1.电缆　电缆型号及标准：

DY1-01 电缆编号
电缆类型
电缆型号
电线根数　单根电线横截面积
BVR　3×4.0mm²
电线型号　电线根数
（1）电线类型：DY表示电源线；X11表示信号线。
（2）电线型号：BV表示硬芯电线；BVR软芯电线；RVVP屏蔽电缆。
　　　BVV表示硬芯双绞电缆；RVVP双绞电缆。
2.　"　"为屏蔽电缆屏蔽层。

⚠ EX1-2端子进出线必须经电控柜强电进出口布线

EX1-2

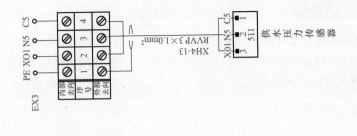

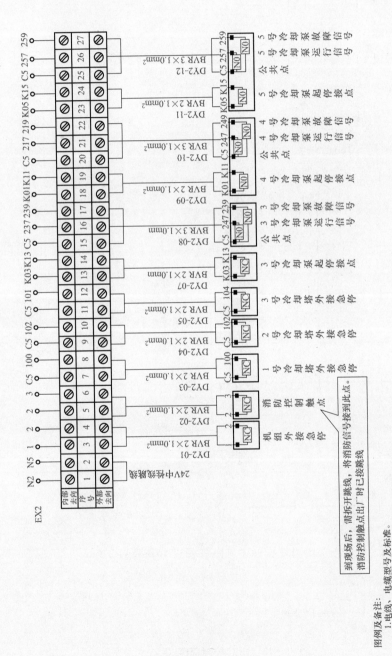

图28-14 接线端子图（三）（LE-004-11）

图例及备注：
1.电线、电缆型号及标准。

电缆类型 电线编号 电缆型号电缆根数单根电缆横截面积
DY1-01 BVR 3×4.0mm²

（1）电线类型:DY表示电源线；X11表示信号线。
（2）电线型号:BV表示硬芯电线；BVR软芯电线；
BVV表示硬芯双绞电线；RVVP屏蔽电线。

2. " "为屏蔽电缆屏蔽层。

497

二、自动控制程序设计

因为本系统的手动控制功能完全由外部电路实现，所以 PLC 的功能就只需实现自动控制功能和模拟量的数据采集。PLC 的 I/O 分配参考图 28-10 和图 28-11。自动控制程序如图 28-15 所示，其中 VD0 是压力设定值，VD4 是压力检测值。

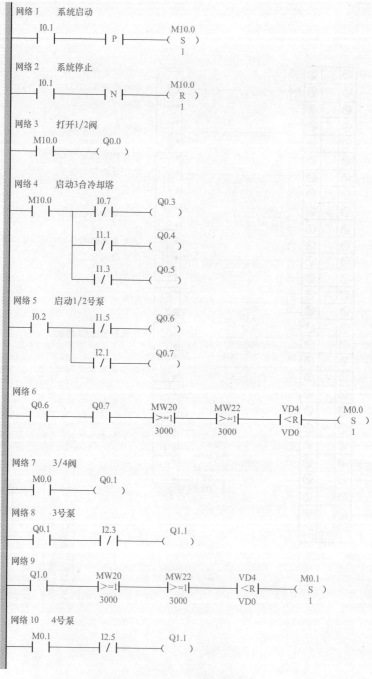

图 28-15 PLC 控制程序（一）

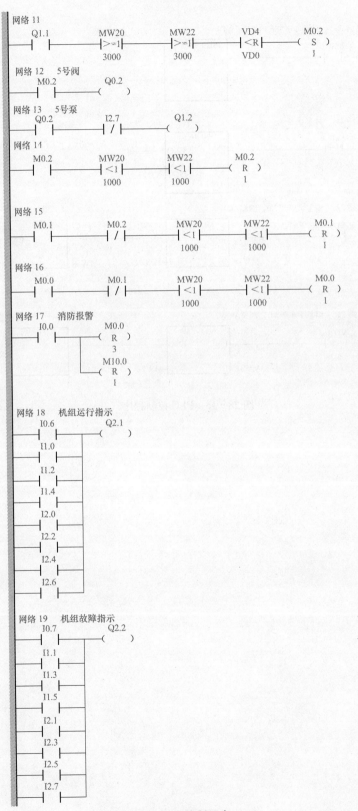

图 28-15 PLC 控制程序（二）

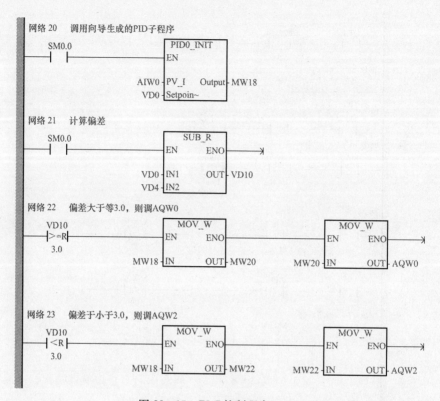

图 28-15　PLC 控制程序（三）

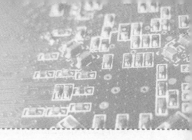
第二十九章

S7-200 PLC典型应用程序设计

第一节　四层电梯模型的控制

电梯是一种比较复杂的机电结合的建筑物运输设备。随着高层建筑的发展，对电梯的控制性能的要求也越来越高。传统的电梯逻辑控制系统由继电器组成，由于继电器组成的控制系统存在故障率较高、维护困难、控制装置体积大等问题，近年来由微机或PLC组成的电梯逻辑控制已成为发展方向。

一、项目描述

四层电梯模型如图29-1所示，电梯由直流电动机驱动可上升或下降。电梯门通过一直流电动机改变转向来控制门的开和关，开门结束和关门结束各有行程开关检测。每层的平层信号用行程开关检测，附有电梯内选层按钮，每层外部附有选择上升或下降按钮及其对应灯，基本与真实电梯运行相似。

控制要求如下：

（1）开始时，电梯处于任意一层。

（2）当有外呼电梯信号到来时，轿厢响应该呼梯信号，达到该楼层时，轿厢停止运行，轿厢门打开，再延时3s后自动关门。

（3）当有内呼电梯信号到来时，轿厢响应该呼梯信号，达到该楼层时，轿厢停止运行，轿厢门打开，延时3s后自动关门。

（4）在电梯轿厢运行过程中，即轿厢上升（或下降）途中，任何反方向下降（或上升）的外呼信号均不响应，但如

图29-1　四层电梯模型

果反方向外呼梯信号前方再无其他内外呼梯信号时，则电梯响应该外呼梯信号。例如，电梯轿厢在一层，将要运行到三层，在运行过程中可以响应二层向上的外呼梯信号，但不响应二层向下的外呼梯信号。当到达三层，如果四层没有任何呼梯信号，则电梯可以响应三层向下外呼梯信号，否则，电梯将继续运行至四层，然后向下运行响应三层向下外呼梯信号。

（5）电梯具有最远反向外呼梯功能。例如，电梯轿厢在一层，而同时有二层向下呼梯、三层向下呼梯、四层向下外呼梯，则电梯轿厢先响应四层向下外呼梯信号。

（6）电梯未平层或运行时，开门按钮和关门按钮均不起作用。平层且电梯轿厢停止运行后，按开门按钮轿厢开门，按关门按钮轿厢关门（不按关门按钮，则轿厢延时 3s 自动关门）。

（7）电梯必须在关门之后才能运行，利用指示灯显示轿厢外召唤信号、厢内指令信号和电梯到达信号。例如，电梯轿厢在一层，将要运行到四层，在此过程中，有二层向上的外呼梯信号和二层向下的外呼梯信号。当到达二层，向上的指示灯灭，向下的指示灯则保持亮。

二、项目实现

1. I/O 分配

对 PLC 的各 I/O 点分配见表 29 - 1。

表 29 - 1   I/O 分 配 表

输入点分配		输出点分配	
I0.0	一层内选按钮	Q0.0	一层向上外呼指示灯
I0.1	二层内选按钮	Q0.1	二层向下外呼指示灯
I0.2	三层内选按钮	Q0.2	二层向上外呼指示灯
I0.3	四层内选按钮	Q0.3	三层向下外呼指示灯
I0.4	开关按钮	Q0.4	三层向上外呼指示灯
I0.5	开关按钮	Q0.5	四层向下外呼指示灯
I0.6	一层外选上按钮	Q0.6	轿厢上行控制
I0.7	二层外选下按钮	Q0.7	轿厢下行控制
I1.0	二层外选上按钮	Q1.0	一层内选指示灯
I1.1	三层外选下按钮	Q1.1	二层内选指示灯
I1.2	三层外选上按钮	Q1.2	三层内选指示灯
I1.3	四层外选下按钮	Q1.3	四层内选指示灯
I1.4	下降限位信号	Q1.4	轿厢开门控制
I1.5	一层平层信号	Q1.5	轿厢关门控制
I1.6	二层平层信号		
I1.7	三层平层信号		
I2.0	四层平层信号		
I2.1	上升限位信号		
I2.2	轿厢开门限位信号		
I2.3	轿厢关门限位信号		

2. PLC 程序

编写 PLC 控制程序如图 29 - 2 所示。

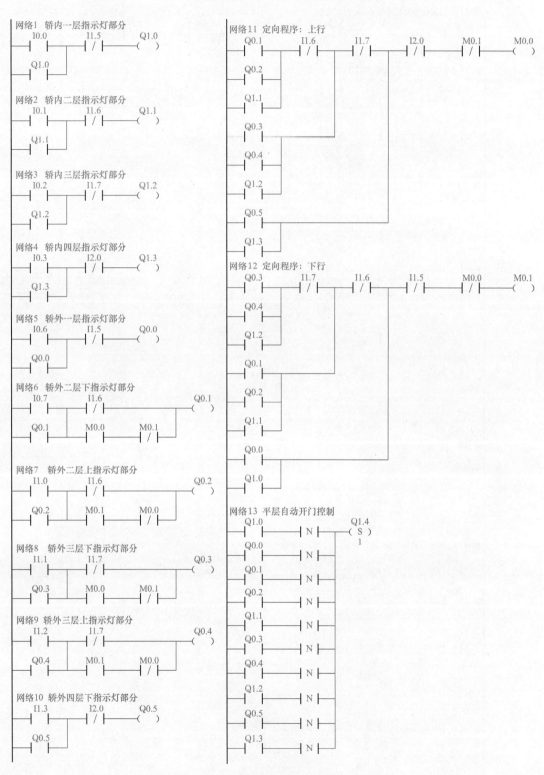

图 29-2 四层电梯模型控制程序（一）

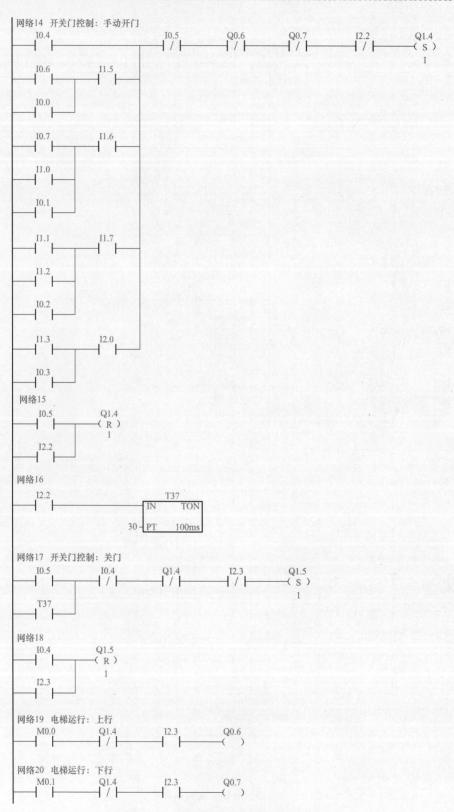

图 29-2　四层电梯模型控制程序（二）

第二节　给料分拣系统的控制

一、项目描述

1. 系统介绍

给料分拣系统由一个给料汽缸、三个分拣槽汽缸、一个机械手升降汽缸、机械手爪汽缸、机械手移动电动机、运输带、三相异步电动机、变频器、各种材质检测传感器、限位开关、按钮等组成。给料分拣装置如图 29-3 所示。

2. 系统控制要求

（1）按下启动按钮（不带复位），系统开始动作，启动指示灯亮。

（2）按下停止按钮（不带复位），系统暂停，停止指示灯亮。此时，若再按下启动按钮，系统继续动作。

（3）按下急停按钮（带复位），系统全部停止。若再按下启动按钮，系统重新开始动作。

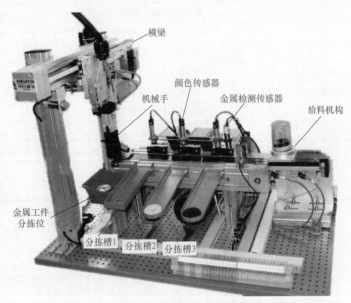

图 29-3　给料分拣装置

3. 系统动作流程

（1）按下启动按钮，当送料汽缸在缩回的位置时，该电磁阀得电，将仓内的元件推出，当汽缸到达完全伸出的位置时，该电磁阀失电，送料动作完成。

（2）送料动作完成后，皮带通过变频器启动。

（3）通过安装在皮带上的各种检测传感器，将元件区分开来。

（4）黑色（非金属）的元件到达分拣槽 3 时，其对应的分拣槽 3 汽缸将它推出。

（5）白色（非金属）的元件到达分拣槽 2 时，其对应的分拣槽 2 汽缸将它推出。

（6）蓝色（非金属）的元件到达分拣槽 1 时，其对应的分拣槽 1 汽缸将它推出。

（7）金属元件到达皮带到位开关时，机械手立即上升，上升到机械手的上限位时，右移；右移到右限位时，下降；下降到下限位时，夹住金属元件，然后上升；上升到上限位时，左移；左移到左限位时，下降；下降到下限位时，放开元件；放开元件后，上升；上升到上限位时，右移；右移到右限位时，完成金属元件的放置。

（8）每当放好一个元件后，送料汽缸动作，推出下一个元件，系统循环动作。

二、项目实现

1. I/O 分配

I/O 分配表见表 29-2，其中 Q1.2 控制皮带电动信号接至 G110 变频器的启动运行控制端子。

I/O接线图如图29-4所示。Q1.0控制机械手左移，Q1.1用来切换机械手移动的方向，即右移。

注意 左移时Q1.0动作，右移时Q1.0和Q1.1都要动作。

表 29 - 2 I/O 分 配 表

序号	地址	描述	序号	地址	描述
01	I0.0	急停按钮	14	I1.7	机械手下限位
02	I0.1	启动按钮	15	Q0.0	启动指示灯
03	I0.2	停止按钮	16	Q0.1	停止指示灯
04	I0.4	给料汽缸缩回到位	17	Q0.2	给料气缸
05	I0.5	给料汽缸伸出到位	18	Q0.3	分拣槽3推料汽缸
06	I0.6	质材识别（是否金属）	19	Q0.4	分拣槽2推料汽缸
07	I1.0	分拣槽3检测传感器	20	Q0.5	分拣槽1推料汽缸
08	I1.1	分拣槽2检测传感器	21	Q0.6	机械手升降汽缸
09	I1.2	分拣槽1检测传感器	22	Q0.7	机械手夹料汽缸
10	I1.3	皮带到位	23	Q1.0	机械手左移启动
11	I1.4	机械手左限位	24	Q1.1	机械手反向移动
12	I1.5	机械手右限位	25	Q1.2	皮带电动机启动
13	I1.6	机械手上限位			

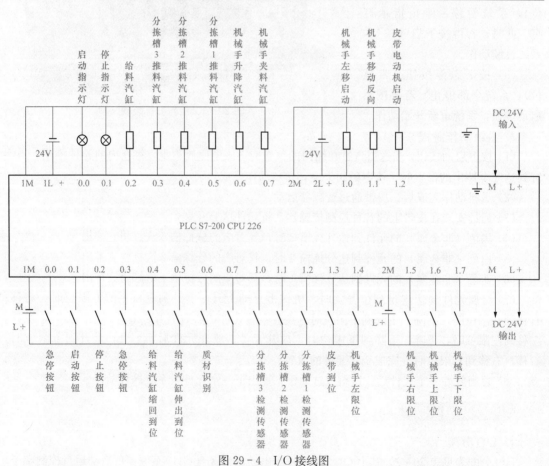

图 29 - 4 I/O 接线图

2. PLC 程序

PLC 程序如图 29-5 所示。

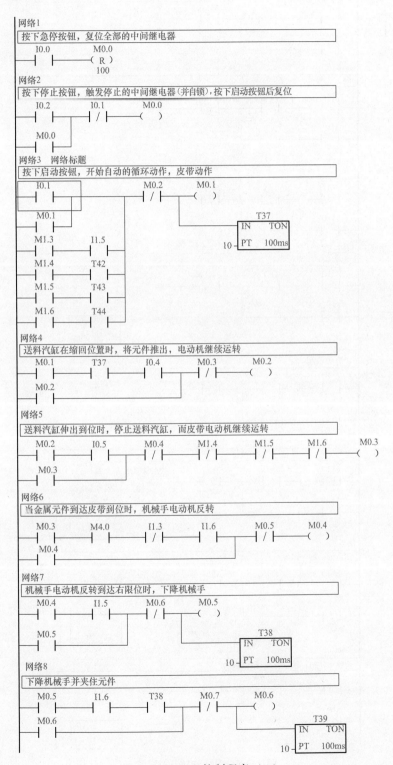

图 29-5 PLC 控制程序（一）

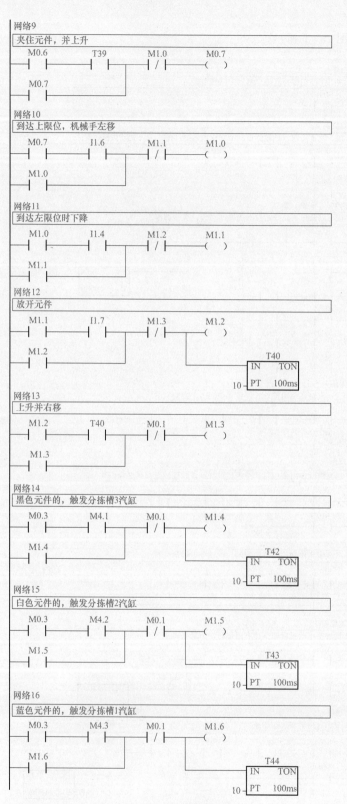

图 29-5 PLC 控制程序（二）

网络17

| 识别金属元件 |

```
  I0.6      M0.1      M4.0
──┤ ├──┬───┤/├──────( )
  M4.0   │
──┤ ├────┘
```

网络18

| 识别黑色元件 |

```
  I1.0      M0.1      M4.0      M4.1
──┤ ├──┬───┤/├──────┤/├──────( )
  M4.1   │
──┤ ├────┘
```

网络19

| 识别白色元件 |

```
  I1.1      M0.1      M4.0      M4.1      M4.2
──┤ ├──┬───┤/├──────┤/├──────┤/├──────( )
  M4.2   │
──┤ ├────┘
```

网络20

| 识别蓝色元件 |

```
  I1.2      M0.1      M4.0      M4.1      M4.2      M4.3
──┤ ├──┬───┤/├──────┤/├──────┤/├──────┤/├──────( )
  M4.3   │
──┤ ├────┘
```

网络21

| 启动指示灯 |

```
  MB0       Q0.1      Q0.0
──┤>=B├───┤/├──────( )
    2
  MB1
──┤>B├─┘
    0
```

网络22

| 停止指示灯 |

```
  M0.0      Q0.1
──┤ ├──────( )
```

网络23

| 送料汽缸动作 |

```
  M0.2      M0.0      Q0.2
──┤ ├──────┤/├──────( )
```

网络24

| 分拣槽3的动作汽缸动作 |

```
  M1.4      M0.0      Q0.3
──┤ ├──────┤/├──────( )
```

网络25

| 分拣槽2的动作汽缸动作 |

```
  M1.5      M0.0      Q0.4
──┤ ├──────┤/├──────( )
```

网络26

| 分拣槽1的动作汽缸动作 |

```
  M1.6      M0.0      Q0.5
──┤ ├──────┤/├──────( )
```

图 29-5 PLC控制程序（三）

网络27
升降汽缸动作

```
   M0.5        M0.0        Q0.6
 ──┤ ├──┬──────┤/├────────( )──
          │
   M0.6   │
 ──┤ ├────┤
          │
   M1.1   │
 ──┤ ├────┤
          │
   M1.2   │
 ──┤ ├────┘
```

网络28
夹料汽缸动作

```
   M0.6        M0.0        Q0.7
 ──┤ ├──┬──────┤/├────────( )──
          │
   M0.7   │
 ──┤ ├────┤
          │
   M1.0   │
 ──┤ ├────┤
          │
   M1.1   │
 ──┤ ├────┘
```

网络29
机械手电动机启动

```
   M0.4        M0.0        Q1.0
 ──┤ ├──┬──────┤/├────────( )──
          │
   M1.0   │
 ──┤ ├────┤
          │
   M1.3   │
 ──┤ ├────┘
```

网络30
机械手电动机反转

```
   M0.4        M0.0        Q1.1
 ──┤ ├──┬──────┤/├────────( )──
          │
   M1.3   │
 ──┤ ├────┘
```

网络31
变频器启动皮带电动机

```
   M0.1        M0.0        Q1.2
 ──┤ ├──┬──────┤/├────────( )──
          │
   M0.2   │
 ──┤ ├────┤
          │
   M0.3   │
 ──┤ ├────┘
```

图 29-5　PLC 控制程序（四）

　　本项目建议用顺控指令来编写程序。可按工作要求画出状态转移图，用选择性分支的方法来画图，再用 SCR 等顺控指令来实现对本项目的控制。

第三节　基于 PLC、触摸屏的温度控制

本项目主要介绍一个恒温箱的温度控制，温度控制范围为 25～100℃，PLC 作为控制器，触摸屏作为人机界面，通过人机界面可设定温度和其他系统运行的各参数。

一、项目描述

在恒温箱内装有一个电加热元件和一致冷风扇，电加热元件和风扇的工作状态只有 OFF 和 ON，即不能自行调节。现要控制恒温箱的温度恒定，且能在 25～100℃ 范围内可调，如图 29-6 所示。

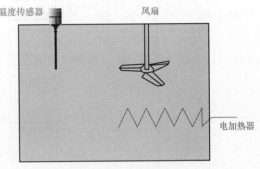

图 29-6　恒温箱示意图

二、项目实现

1. 元件选型

(1) PLC 选型。PLC 选择 S7-200CPU 224 XP CN，该 PLC 上自带有模拟量的输入和输出通道，因此节省了元器件成本。CPU 224 XP 自带的模拟量 I/O 规格见表 29-3，含有 2 个模拟量输入通道和 1 个模拟量输出通道。

表 29-3　　　　　　　　　　CPU 224 XP 自带模拟量 I/O 规格

I/O 信号	电压信号	电流信号	I/O 信号	电压信号	电流信号
模拟量输入×2	±10V	—	模拟量输出×1	0～10V	0～20mA

在 S7-200 中，单极性模拟量输入/输出信号的数值范围是 0～32 000，双极性模拟量信号的数值范围是 -32 000～+32 000。

(2) 触摸屏选型。触摸屏选择为 TP177B 的西门子人机界面。

(3) 温度传感器选型。温度传感器选择 PT100 的热电阻，带变送器。测量范围为 0～100℃，输出信号为 4～20mA，串接电阻把电流信号转换成 0～10V 的电压信号，送入 PLC 的模拟量输入通信。

2. PLC 软元件分配

PLC 软元件分配如下：

Q1.0：控制接通加热器；

Q1.1：控制接通制冷风扇；

AIW0：接收温度传感器的温度检测值。

3. PLC 编程

对恒温箱进行恒温控制时，要对温度值进行 PID 调节。PID 运算的结果去控制接通电加热器或制冷风扇，但由于电加热器或制冷风扇只能为 ON 或 OFF，不能接收模拟量调节，故采用"占空比"的调节方法。

温度传感器检测到的温度值送入 PLC 后，若经 PID 指令运算得到一个 0～1 的实数，把该实数按比例换算成一个 0～100 的整数，再把该整数作为一个范围为 0～10s 的时间 t。设计一个周期为 10s 的脉冲，脉冲宽度为 t，把该脉冲加给电加热器或风扇，即可控制温度。

编程方式有两种，一种是用PID指令来编程，另一种可以用编程软件中的PID指令向导编程。

（1）PID指令编程。编程软件的组态符号见表29-4，程序如图29-7所示。

表29-4　　　　　　　　　　　　　　　**符　号　表**

符号	地址	符号	地址	符号	地址	符号	地址
设定值	VD204	采样时间	VD216	微分时间	VD224	检测值	VD200
回路增益	VD212	积分时间	VD220	控制量输出	VD208		

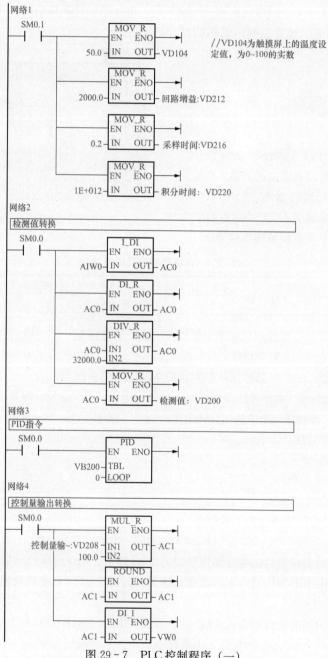

图29-7　PLC控制程序（一）

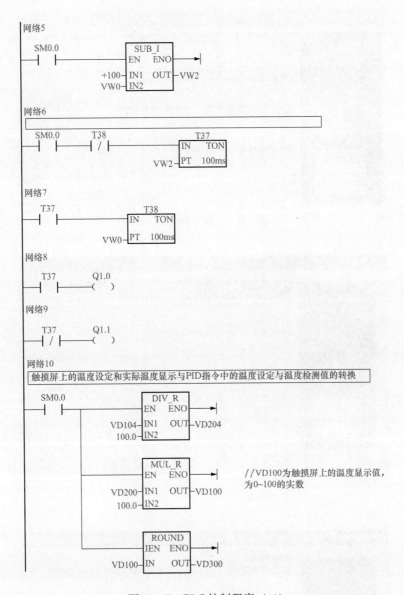

图 29-7 PLC 控制程序（二）

（2）指令向导编程。打开编程软件 STEP7-Micro/WIN，选择"工具→指令向导"菜单，出现如图 29-8 所示的"指令向导"界面，选择"PID"，单击"下一步"按钮，出现如图 29-9 所示界面，在该界面中配置 0 号回路，单击"下一步"按钮，出现如图 29-10 所示界面。

在图 29-10 中设置给定值范围的低限与高限，回路参数值需整定填入，设置完成后，单击"下一步"按钮，出现如图 29-11 所示界面。

在图 29-11 所示界面中设置标定为单极性，范围低限为"0"，范围高限为"32 000"。输出类型为"数字量"，占空比周期设为"10s"，单击"下一步"按钮，出现如图 29-12 所示界面，在该界面中配置分配存储区，分配存储区后，单击"下一步"按钮，出现如图 29-13 所示界面。

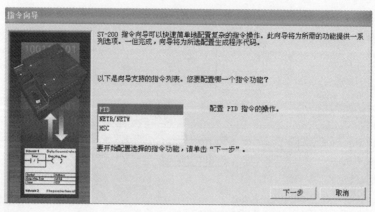

图 29-8　指令向导（一）

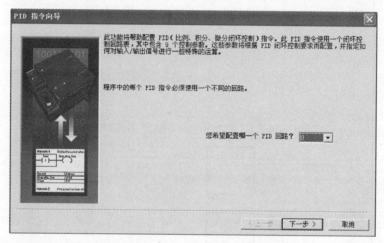

图 29-9　指令向导（二）

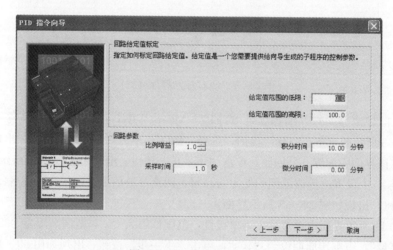

图 29-10　指令向导（三）

注意　配置的地址元件在程序要求全部未使用过，然后单击"下一步"按钮。

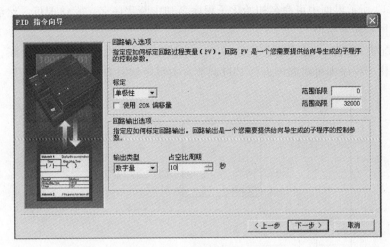

图 29-11 指令向导（四）

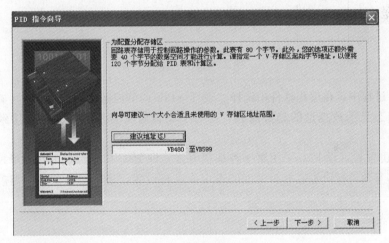

图 29-12 指令向导（五）

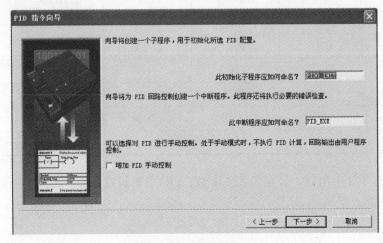

图 29-13 指令向导（六）

在图29-13所示界面中可命名初始化子程序名和中断程序名，默认即可，然后单击"下一步"按钮直至指令向导结束。

PID指令配置完成后，自动生成了图29-13中所定义的初始化子程序和中断程序。在主程序中调用初始化子程序即可对温度进行PID调节，主程序如图29-14所示。

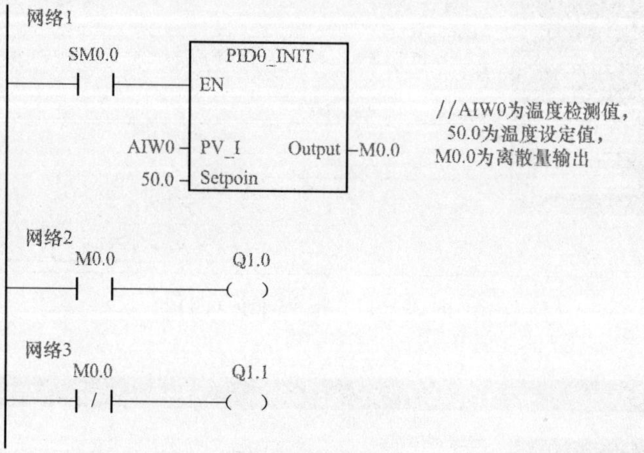

网络1

SM0.0 —| |— EN PID0_INIT

AIW0 — PV_I Output — M0.0
50.0 — Setpoin

//AIW0为温度检测值，
50.0为温度设定值，
M0.0为离散量输出

网络2
M0.0 —| |— Q1.0 —( )—

网络3
M0.0 —| / |— Q1.1 —( )—

图 29-14 主程序

PLC运行过程中，在编程软件中选择"工具→PID调节控制面板"菜单，可在PID调节控制面板上可动态显示被控量的趋势曲线，并可手动设置PID参数，使系统达到较好的控制效果。

（3）触摸屏监控。设PLC采用第一种编程方式，即PLC指令编程方式，触摸屏的功能是能对PID的各参数进行设置，能对温度的设定值进行设置，还能对恒温箱的温度值进行实时监控。

组态变量表见表29-5。

表 29-5　　　　　　　　　　　　　组 态 变 量 表

名称	连接	数据类型	地址	数组计数	采集周期（s）
设定值	PLC	Real	VD 104	1	1
回路增益	PLC	Real	VD 212	1	1
积分时间	PLC	Real	VD 220	1	1
微分时间	PLC	Real	VD 224	1	1
检测值	PLC	DINT	VD 300	1	1
控制量输出	PLC	Real	VD 208	1	1

本项目组态了3个画面，分别为系统画面、PID参数设置画面和温度监控画面，分别如图29-15～图29-17所示。

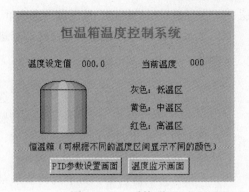

图 29-15 系统画面

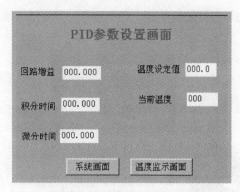

图 29-16 PID 参数设置画面

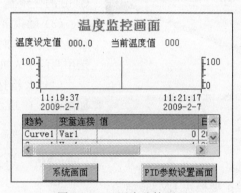

图 29-17 温度监控画面

第四节 基于 PLC、变频器、触摸屏的水位控制

一、项目描述

1. 项目控制要求

有一水箱可向外部用户供水,用户用水量不稳定,时大时少。水箱进水可由水泵泵入,现需对水箱中水位进行恒液位控制,并可在 0～200mm(最大值数据可根据水箱高度确定)进行调节。如设定水箱水位值为 100mm 时,则不管水箱的出水量如何,调节进水量,都要求水箱水位能保持在 100mm 位置,如出水量少,则要控制进水量也少,如出水量大,则要控制进水量也大。水箱示意图如图 29-18 所示。

2. 控制思路

因为液位高度与水箱底部的水压成正比,故可用一个压力传感器来检测水箱底部压力,从而确定液位高度。要控制水位恒定,需用 PID 算法对水位进行自动调节。把压力传感器检测到的水位信号 4～20mA 送入 PLC 中,在 PLC 中对设定

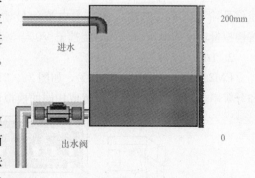

图 29-18 水箱示意图

值与检测值的偏差进行 PID 运算，运算结果输出去调节水泵电动机的转速，从而调节进水量。

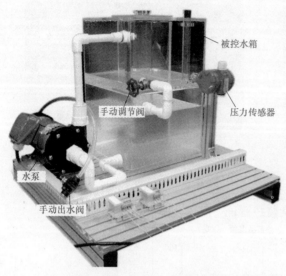

图 29 - 19　KLDSX 水箱设备

二、EM235 模块

1. EM235 的端子与接线

西门子 S7 - 200 模拟量扩展模块 EM235 含有 4 路输入和 1 路输出，为 12 位数据格式，其端子及接线图如图 29 - 20 所示。RA、A+、A—为第一路模拟量输入通道的端子，RB、B+、B—为第二路模拟量输入通道的端子，RC、C+、C—为第三路模拟量输入通道的端子，RD、D+、D—为第四路模拟量输入通道的端子。M0、V0、I0 为模拟量输出端子，电压输出大小为—10～10V，电流输出大小为 0～20mA。L+、M 接 EM235 的工作电源。

在图 29 - 20 中，第一路输入通道的输入为电压信号输入，第二路输入通道为电流信号输入。若模拟量输出为电压信号，则接端子 V0 与 M0。

2. DIP 设定开关

EM235 有 6 个 DIP 设定开关，如图 29 - 21 所示。通过设定开关，可选择输入信号的满量程

水泵电动机的转速可由变频器来进行调速。

3. 元件选型

（1）PLC 及其模块选型。PLC 可选用 S7 - 200 CPU 224，为了能接收压力传感器的模拟量信号和调节水泵电动机转速，特选择 EM235 的模拟量输入输出模块。

（2）变频器选型。为了能调节水泵电动机转速从而调节进水量，特选择西门子 G110 的变频器。

（3）触摸屏选型。为了能对水位值进行设定实现其对系统运行状态的监控，特选用西门子人机界面 TP170B 触摸屏。

（4）水箱选用型号为 KLDSX 设备，如图 29 - 19 所示。

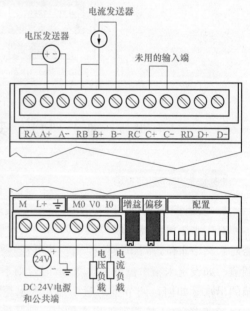

图 29 - 20　EM235 端子接线图

和分辨率，所有的输入信号设置成相同的模拟量输入范围和格式，见表 29 - 6。

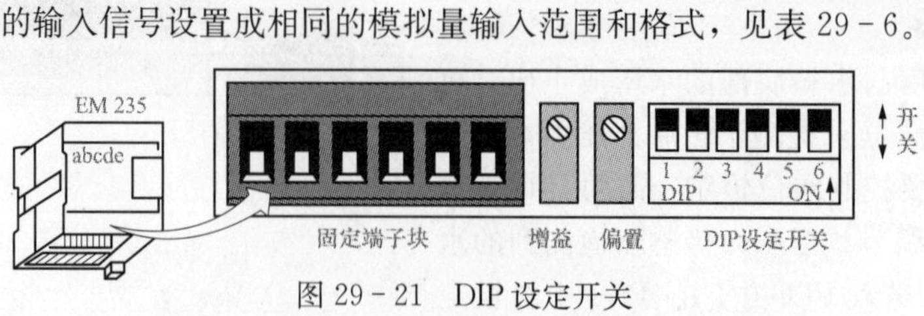

图 29 - 21　DIP 设定开关

表 29 - 6   **DIP 开 关 设 定 表**

单极性						满量程输入	分辨率
SW1	SW2	SW3	SW4	SW5	SW6		
ON	OFF	OFF	ON	OFF	ON	0～50mV	12.5μV
OFF	ON	OFF	ON	OFF	ON	0～100mV	25μV
ON	OFF	OFF	OFF	ON	ON	0～500mV	125μV
OFF	ON	OFF	OFF	ON	ON	0～1V	250μV
ON	OFF	OFF	OFF	OFF	ON	0～5V	1.25mV
ON	OFF	OFF	OFF	OFF	ON	0～20mA	5μV
OFF	ON	OFF	OFF	OFF	ON	0～10V	2.5mV

双极性						满量程输入	分辨率
SW1	SW2	SW3	SW4	SW5	SW6		
ON	OFF	OFF	ON	OFF	OFF	±25mV	12.5μV
OFF	ON	OFF	ON	OFF	OFF	±50mV	25μV
OFF	OFF	ON	ON	OFF	OFF	±100mV	50μV
ON	OFF	OFF	OFF	ON	OFF	±250mV	125μV
OFF	ON	OFF	OFF	ON	OFF	±500mV	250μV
OFF	OFF	ON	OFF	ON	OFF	±1V	500μV
ON	OFF	OFF	OFF	OFF	OFF	±2.5V	1.25μV
OFF	ON	OFF	OFF	OFF	OFF	±5V	2.5mV
OFF	OFF	ON	OFF	OFF	OFF	±10V	5mV

如本项目中压力传感器输出 4～20mA 的信号至 EM235，则该信号为单极性信号，DIP 开关应设为 ON、OFF、OFF、OFF、OFF、ON。

3. EM235 的技术规范

EM235 技术规范见表 29 - 7。

表 29 - 7   **EM235 技 术 规 范**

	模拟量输入点数	4
模拟量输入特性	电压（单极性）信号类型	0～10V，0～5V， 0～1V，0～500mV 0～100mV，0～50mV
	电压（双极性）信号类型	±10V，±5V，±2.5V， ±1V，±500mV ±250mV，±100mV ±50mV，±25mV
	电流信号类型	0～20mA
	单极性量程范围	0～32 000
	双极性量程范围	−32 000～+320 000
	分辨率	12 位 A/D 转换器

续表

模拟量输出特性	模拟量输出点数	1
	电压输出	±10V
	电流输出	0～20mA
	电压数据范围	－32 000～＋320 000
	电流数据范围	0～32 000

三、项目实现

1. PLC 的 I/O 分配及电路图

（1）PLC 的 I/O 分配。启动按钮，I0.0；停止按钮，I0.1；Q0.0，控制水泵电动机运行。

（2）电路图。PLC 与压力传感器、变频器的连接电路如图 29 - 22 所示。

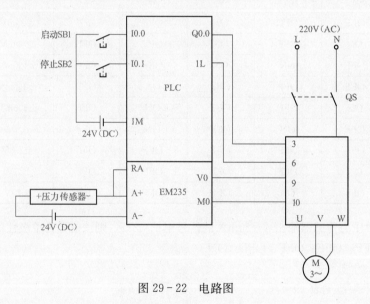

图 29 - 22　电路图

2. 变频器参数设置

西门子 G110 变频器参数设置见表 29 - 8。

表 29 - 8　　　　　　　　　　G110 变频器参数设置

参数号	参数名称	设定值	说明
P0304	电动机额定电压	220V	
P0305	电动机额定电流	0.5	单位：A
P0306	电动机额定功率	0.75	单位：kW
P0310	电动机额定频率	50	单位：Hz
P0311	电动机额定转速	1460	单位：r/min
P0700	选择命令信号源	2	由端子排输入
P1000	选择频率设定值	2	模拟设定值
P1080	最小频率	5	单位：Hz

3. PLC 编程

编程符号表见表 29 - 9。

表 29 - 9　　　　　　　　　　　符　号　表

符　号	地址	注　释
设定值	VD204	范围为 0～1 的实数
回路增益	VD212	
采样时间	VD216	
积分时间	VD220	
微分时间	VD224	
控制量输出	VD208	范围为 0～1 的实数
检测值	VD200	范围为 0～1 的实数
启动	I0.0	
停止	I0.1	
触摸屏液位设定值	VD100	范围为 0～200 的实数
触摸屏显示液位值	VD110	范围为 0～200 的实数

PLC 程序如图 29 - 23 所示。

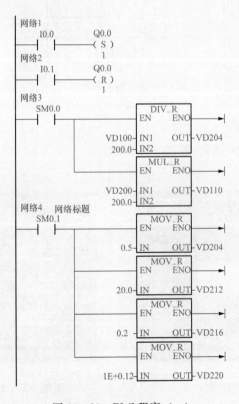

图 29 - 23　PLC 程序（一）

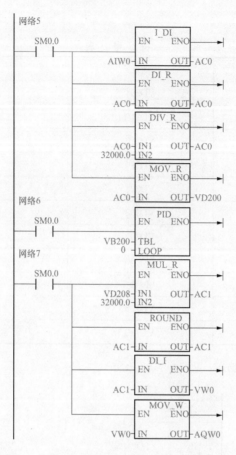

图 29-23 PLC 程序（二）

四、触摸屏监控

触摸屏监控画面如图 29-24～图 29-26 所示。

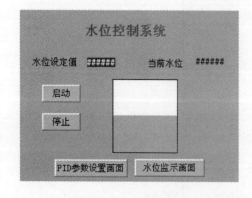

图 29-24 水位控制画面

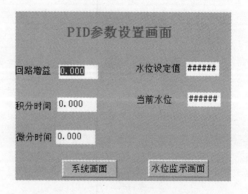

图 29-25 PID 参数设置画面

水位监控画面

水位设定值 0.0 当前水位值 0.0

| 200 | | 200 |

| 0 | | 0 |

15:02:43　　　15:04:23
2009-2-19　　　2009-2-19

趋势	变量连接	值	日期
趋势_1	检测值	########	2000

系统画面　　PID参数设置画面

图 29-26　水位监控画面

第五节　PLC 与变频器控制电动机实现 15 段速运行

本项目主要介绍通过 S7-200 PLC 和 MM440 变频器控制电动机实现 15 段速运行。

一、项目描述

按下电动机启动按钮，电动机启动运行在 5Hz 所对应的转速；延时 10s 后，电动机升速运行在 10Hz 对应的转速；再延时 10s 后，电动机继续升速运行在 20Hz 对应的转速；以后每隔 10s，则速度按图 29-27 依次变化，一个运行周期完后会自动重新运行。按下停止按钮，电动机停止运行。

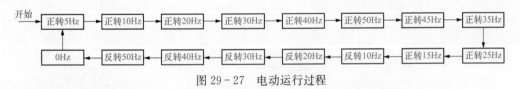

图 29-27　电动运行过程

二、项目实现

1. MM440 变频器的设置

MM440 变频器数字输入"5"、"6"、"7"、"8"端子通过 P0701、P0702、P0703、P0704 参数设为 15 段固定频率控制端，每一频段的频率分别由 P1001～P1015 参数设置。变频器数字输入"16"端子设为电动机运行、停止控制端，可由 P0705 参数设置。

2. PLC 的 I/O 分配

PLC 的 I/O 分配如下：

I0.0：电动机运行，对应电动机运行按钮 SB1；

I0.1：电动机停止，对应电动机停止按钮 SB2；

Q0.0：固定频率设置，接 MM440 数字输入端子"5"；

Q0.1：固定频率设置，接 MM440 数字输入端子"6"；

Q0.2：固定频率设置，接 MM440 数字输入端子"7"；

Q0.3：固定频率设置，接 MM440 数字输入端子"8"；

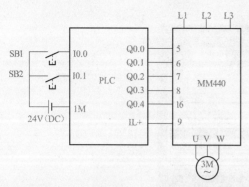

图 29 - 28 PLC 与 MM440 实现 15 段速控制电路

Q0.4：电动机运行/停止控制，接 MM440 数字输入端子"16"。

PLC 和 MM440 实现 15 段速控制电路图如图 29 - 28 所示。

3. PLC 程序设计

PLC 程序应包括以下控制：

（1）当按下正转启动按钮 SB1 时，PLC 的 Q0.4 应置位为 ON，允许电动机运行。

（2）PLC 输出接口状态、变频器输出频率、电动机转速变化见表 29 - 10。

表 29 - 10   **15 段 速 控 制 状 态 表**

Q0.4	Q0.3	Q0.2	Q0.1	Q0.0	运行频率
1	0	0	0	1	5
1	0	0	1	0	10
1	0	0	1	1	20
1	0	1	0	0	30
1	0	1	0	1	40
1	0	1	1	0	50
1	0	1	1	1	45
1	1	0	0	0	35
1	1	0	0	1	25
1	1	0	1	0	15
1	1	0	1	1	−10
1	1	1	0	0	−20
1	1	1	0	1	−30
1	1	1	1	0	−40
1	1	1	1	1	−50
0	0	0	0	0	0

（3）当按下停止按钮 SB2 时，PLC 的 Q0.4 应复位为 OFF，电动机停止运行。

PLC 程序如图 29 - 29 所示。

三、操作步骤

（1）按图 29 - 28 连接电路图，检查接线正确后，接通 PLC 和变频器电源。

（2）恢复变频器工厂默认值，P0010 设为 30，P0970 设为 1。按下变频器操作面板上的"P"键，变频器开始复位到工厂默认值。

（3）电动机参数按如下所示设置：

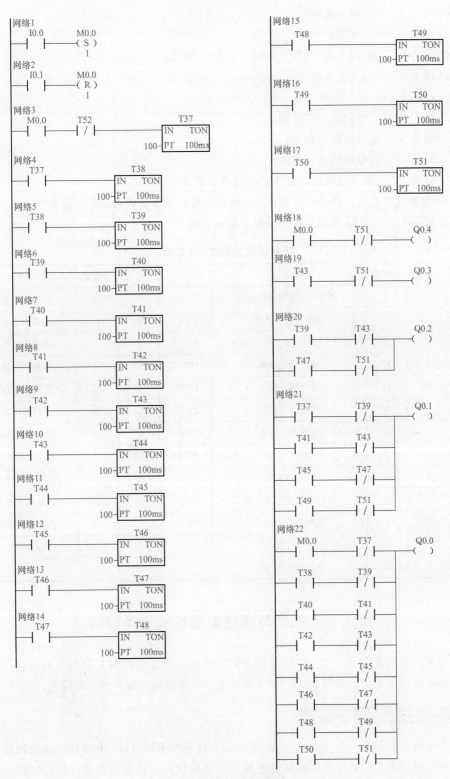

图 29-29 PLC 程序

P0003 设为 1，访问级为标准级；

P0010 设为 1，快速调试；

P0100 设为 0，功率以千瓦（kW）表示，频率为 50Hz；

P0304 设为 230，电动机额定电压；

P0305 设为 1，电动机额定电流；

P0307 设为 0.75，电动机额定功率；

P0310 设为 50，电动机额定频率；

P0311 设为 1460，电动机额定转速；

P3900 设为 1，结束快速调试，进入"运行准备就绪"。

电动机参数设置完后，设 P0010 为 0，变频器当前处于准备状态，可正常运行。

（4）设置 MM440 的 15 段固定频率控制参数，见表 29 - 11。

表 29 - 11　　　　　　　　　　15 段固定频率控制参数表

参数号	出厂值	设置值	说明	参数号	出厂值	设置值	说明
P0003	1	3	设用户访问级为标准级	P1004	15	30	选择固定频率 4
P0004	1	7	命令和数字 I/O	P1005	20	40	选择固定频率 5
P0700	2	2	命令源选择"由端子排输入"	P1006	25	50	选择固定频率 6
P0701	1	17	选择固定频率	P1007	30	45	选择固定频率 7
P0702	12	17	选择固定频率	P1008	35	35	选择固定频率 8
P0703	9	17	选择固定频率	P1009	40	25	选择固定频率 9
P0704	15	17	选择固定频率	P1010	45	15	选择固定频率 10
P0705	15	1	启动/停止	P1011	50	−10	选择固定频率 11
P0004	1	10	设定值通道	P1012	55	−20	选择固定频率 12
P1000	2	3	选择固定频率设定值	P1013	60	−30	选择固定频率 13
P1001	0	5	选择固定频率 1	P1014	65	−40	选择固定频率 14
P1002	5	10	选择固定频率 2	P1015	65	−50	选择固定频率 15
P1003	10	20	选择固定频率 3				

第六节　PLC 与步进电动机的运动控制

本项目主要介绍基于 S7 - 200 PLC 与步进电动机的小车运动控制，以小车的自动往返控制和位置闭环控制两个实例，介绍 PLC、步进电动机、位置检测光栅尺的综合应用。

一、运动小车装置介绍

运动小车装置如图 29 - 30 所示，该装置型号为科莱德 KLDYD，由丝杠、运动托盘、光栅尺、步进电动机、多个位置检测传感器等组成。运动托盘由步进电动机通过丝杠传动。位置检测传感器可检测到运动托盘运动至该位置时检测到一个开关量信号。光栅尺用来对运动托盘进行位置的精确检测。

图 29-30　运动小车装置

此外，要实现对该设备的控制，还需用到晶体管输出型的 S7-200 PLC、步进电动机驱动器等器件。

二、运动控制与步进电动机

（一）运动控制

1. 运动控制系统简介

运动控制系统是一门有关如何对物体位置和速度进行精密控制的技术，典型的运动控制系统由控制部分、驱动部分和执行部分三部分组成。

运动执行部件通常为步进电动机或伺服电动机。步进电动机是一种将电脉冲转化为角位移的执行机构，其特点是没有积累误差，因而广泛用于各种开环控制。当步进驱动器接收到一个脉冲信号，它就驱动步进电动机按设定的方向转动一个固定的角度，它的旋转是以固定步长运行的，可以通过控制脉冲个数来控制角位移量，从而达到准确定位的目的；同时可以通过控制脉冲频率来控制电动机转动的速度和加速度，从而达到调速的目的。

步进电动机的运行要有一电子装置进行驱动，这种装置就是步进电动机驱动器，它是把控制系统发出的脉冲信号加以放大以驱动步进电动机。步进电动机的转速与脉冲信号的频率成正比，控制步进电动机脉冲信号的频率，可以对电动机进行精确调速；控制步进脉冲的个数，可以对电动机进行精确定位。因此典型的步进电动机驱动控制系统主要由以下三部分组成：

（1）控制器，由单片机或 PLC 实现。

（2）驱动器，把控制器输出的脉冲加以放大，以驱动步进电动机。

（3）步进电动机。

2. 常用术语

（1）步进角：每输入一个电脉冲信号时转子转过的角度称为步进角。步进角的大小直接影响电动机的运行精度。

（2）整步：最基本的驱动方式，这种驱动方式的每个脉冲使电动机移动一个基本步矩角。例如：标准两相电动机的一圈共有 200 个步矩角，则整步驱动方式下，每个脉冲使电动机移动 $1.8°$。

（3）半步：在单相励磁时，电动机转轴停至整步位置上，驱动器收到下一个脉冲后，如给

另一相励磁且保持原来相继续处在励磁状态，则电动机转轴将移动半个基本步矩角，停在相邻两个整步位置的中间。如此循环地对两相线圈进行单相然后两相励磁，步进电动机将以每个脉冲半个基本步矩角的方式转动。

(4) 细分：细分就是指电动机运行时的实际步矩角是基本步矩角的几分之一。如：驱动器工作在 10 细分状态时，其步矩角只为电动机固有步矩角的 1/10。也就是说，当驱动器工作在不细分的整步状态时，控制系统每发一个步进脉冲，电动机转动 1.8°，而用细分驱动器工作在 10 细分状态时，电动机只转动了 0.18°。细分功能完全是由驱动器靠精度控制电动机的相电流所产生的，与电动机无关。

(5) 保持转矩：是指步进电动机通电但没有转动时，定子锁住转子的力矩。它是步进电动机最重要的参数之一，通常步进电动机在低速时的力矩接近保持转矩。由于步进电动机的输出力矩随速度的增大而不断衰减，输出功率也随速度的增大而变化，所以保持转矩就成为衡量步进电动机的最重要参数之一。如 2N·m 的步进电动机，是在没有特殊说明的情况下指保持转矩为 2N·m 的步进电动机。

(6) 制动转矩：是指步进电动机在没有通电的情况下，定子锁住转子的力矩。在国内没有统一的翻译方式，容易产生误解。

(7) 启动矩频特性：在给定驱动的情况下，负载的转动惯量一定时，启动频率同负载转矩之间的关系称为启动矩频特性，又称牵入特性。

(8) 运行矩频特性：在负载的转动惯量不变时，运行频率同负载转矩之间的关系称为运行矩频特性，又称牵出特性。

(9) 空载启动频率：指步进电动机能够不失步启动的最高脉冲频率。

(10) 静态相电流：电动机不动时每相绕组允许通过的电流，即额定电流。

(二) 步进电动机

1. 步进电动机的选型

步进电动机的选型原则如下：

(1) 驱动器的电流。电流是判断驱动器能力大小的依据，是选择驱动器的重要指标之一，通常驱动器的最大额定电流要略大于电动机的额定电流，通常驱动器有 2.0、35、6.0A 和 8.0A。

(2) 驱动器的供电电压。供电电压是判断驱动器升速能力的标志，常规电压供给有 DC 24、40、60、80V 和 AC 110、220V 等。

(3) 驱动器的细分。细分是控制精度的标志，通过增大细分能改善精度。步进电动机都有低频振荡的特点，如果电动机需要工作在低频共振区，细分驱动器是很好的选择。此外，细分和不细分相比，输出转矩对各种电动机都有不同程度的提升。

2. 步进电动机驱动器

本系统中采用两相混合式步进电动机驱动器 YKA2404MC 细分驱动器，如图 29-31 所示。该步进电动机驱动器的先进特点如下：

(1) 低噪声、平稳性极好。

(2) 高性能、低价格。

(3) 设有 12/8 挡等角度恒力矩细分，最高 200 细分，使运转平滑，分辨率提高。

图 29-31　步进电动机驱动器

（4）采用独特的控制电路，有效地降低了噪声，增加了转动平稳性。

（5）最高反应频率可达200kpps（每秒200k个脉冲）。

（6）步进脉冲停止超过100ms时，线圈电流自动减半，减小了许多场合的电动机过热。

（7）双极恒流斩波方式，使得相同的电动机可以输出更大的速度和功率。

（8）光电隔离信号输入/输出。

（9）驱动电流为0.1～4.0A/相连续可调。

（10）可以驱动任何4.0A相电流以下两相混合式步进电动机。

（11）单电源输入，电压范围为DC 12～40V。

（12）具有出错保护、过热保护和过流、电压过低保护。

YKA2404MC是等角度恒力矩细分型高性能步进驱动器，驱动电压为DC 12～40V，采用单电源供电。适配电流在4.0A以下，外径42～86mm的各种型号的二相混合式步进电动机。该驱动器内部采用双极恒流斩波方式，使电动机噪声减小，电动机运行更平稳；驱动电源电压的增加使得电动机的高速性能和驱动能力大为提高；而步进脉冲停止超过100ms时，线圈电流自动减半，使驱动器的发热可减少50%，也使得电动机的发热减少。用户在脉冲频率不高的时候使用低速高细分，可使步进电动机运转精度提高，最高可达200细分，振动减小，噪声降低。

3. 步进电动机驱动器的端子与接线

YKA2404MC步进电动机驱动器的指示灯和接线端子如图29-32所示。该步进电动机驱动器与控制部件之间的连接方法如图29-33所示，如把5V直流电源脉冲加至＋端与PU端，即可把控制部件输出的脉冲信号送至步进电动机驱动器，步进电动机驱动器就按此脉冲的频率去

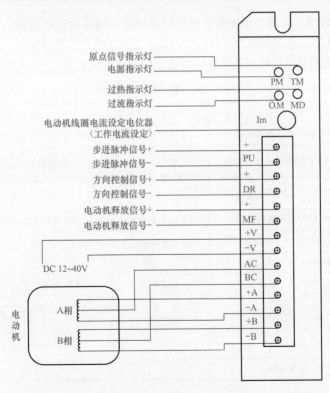

图29-32　步进电动机驱动器的指示灯和接线端子

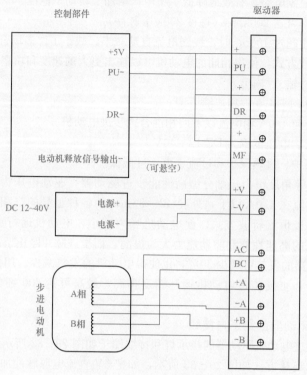

图 29 - 33　驱动器示意图

控制步进电动机的转速。＋端与 DR 端子用来控制步进电动机的转动方向，设该两端子未加上 5V 的直流电压，电动机转动方向为正转，在两端子上加上 5V 的直流电压，则电动机转动方向变为反转。MF 用来控制电动机制动停止。各端子的具体说明见表 29 - 12。

表 29 - 12　　端 子 说 明

标记符号	功　能	注　释
＋	输入信号光电隔离正端	接＋5V 供电电源＋5～＋24V 均可驱动，高于＋5V 需接限流电阻
PU	D2＝OFF 时为步进脉冲信号	下降沿有效，每当脉冲由高变低时电动机走一步。输入电阻 220Ω，要求：低电平 0～0.5V，高电平 4～5V，脉冲宽度大于 $2.5\mu s$
	D2＝ON 时为正向步进脉冲信号	
＋	输入信号光电隔离正端	接＋5V 供电电源＋5～＋24V 均可驱动，高于＋5V 需接限流电阻
DR	D2＝OFF 时为方向控制信号	用于改变电动机转向。输入电阻 220Ω，要求：低电平 0～0.5V，高电平 4～5V，脉冲宽度大于 $2.5\mu s$
	D2＝ON 时为反向步进脉冲信号	
＋	输入信号光电隔离正端	接＋5V 供电电源＋5～＋24V 均可驱动，高于＋5V 需接限流电阻
MF	电动机释放信号	有效（低电平）时关断电动机线圈电流，驱动器停止工作，电动机处于自由状态
＋V	电源正极	DC 12～40V
－V	电源负极	

续表

标记符号	功能	注释
AC、BC		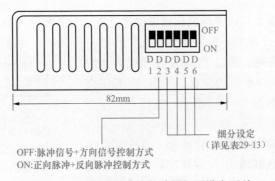
+A、-A	电动机接线	
+B、-B		六出线　　　　　　　　　　　　　八出线

4. 步进电动机驱动器的细分设定

YKA2404MC 步进电动机驱动器共有 6 个细分设定开关，如图 29-34 所示。步进电动机驱动器的细分设定见表 29-13。

OFF:脉冲信号+方向信号控制方式
ON:正向脉冲+反向脉冲控制方式

图 29-34　步进电动机驱动器细开设定开关

表 29-13　　　　　　　　　　步进电动机驱动器细分设定表

细分数	1	2	4	5	8	10	20	25	40	50	100	200	200	200	200	200
D6	ON	OFF	ON	OFF	ON	OFF	ON	OFF	ON	OFF	ON	OFF	ON	OFF	ON	OFF
D5	ON	ON	OFF	OFF	ON	ON	OFF	OFF	ON	ON	OFF	OFF	ON	ON	OFF	OFF
D4	ON	ON	ON	ON	OFF	OFF	OFF	OFF	ON	ON	ON	ON	OFF	OFF	OFF	OFF
D3	ON	ON	ON	ON	ON	ON	ON	ON	OFF	OFF	OFF	OFF	OFF	OFF	OFF	OFF
D2	ON，双脉冲：PU 为正向步进脉冲信号，DR 为反向步进脉冲信号															
	OFF，单脉冲：PU 为步进脉冲信号，DR 为方向控制信号															
D1	无效															

5. 步进电动机驱动器使用注意事项

（1）不要将电源接反，输入电压不要超过 DC 40V。

（2）输入控制信号电平为 5V，当高于 5V 时需要接限流电阻。

（3）此型号驱动器采用特殊的控制电路，故必须使用 6 出线或者 8 出线电动机。

（4）驱动器温度超过 70℃时停止工作，故障 O.H 指示灯亮，直到驱动器温度降到 50℃，驱动器自动恢复工作。出现过热保护时应加装散热器。

（5）过流（电流过大或电压过小）时故障指示灯 O.C 灯亮，应检查电动机接线及其他短路故障或是否电压过低，若是电动机接线及其他短路故障，排除后需要重新上电恢复。

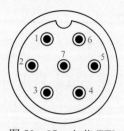

图29-35 七芯TTL
信号输出端子

(6)驱动器通电时绿色指示灯PWR亮。

(7)过零点时，TM指示灯在脉冲输入时亮。

三、光栅尺

光栅尺是用来检测位移的元件，下面以KA-300为例介绍光栅尺的使用。该光栅尺输出信号为脉冲信号，通过PLC对该高速脉冲进行高速计数即可实现位移的检测。KA-300光栅尺的七芯TTL信号端子输出图如图29-35所示，各芯的作用见表29-14。

表29-14   七芯的作用

脚位	1	2	3	4	5	6	7
信号	0V	空	A	B	+5V	Z	地线

KA-300光栅尺的参数，该光栅尺在物理位置上有三个Z相脉冲输出点，相邻两点的距离为50mm，Z相每发出一个脉冲，A相或B相就发出2500个脉冲。可通过A相与B相的超前与滞后来分析物体运行的方向。通过PLC对A相或B相的脉冲计数就可以计算出物体所在的位置。A相、B相正交脉冲与Z相脉冲波形图如图29-36所示，在图中，A相脉冲超前于B相脉冲。

光栅尺与PLC的连接如图29-37所示，其中蓝色线输出B相脉冲信号，绿色线输出A相脉冲信号，黄色线输出Z相脉冲信号，白色线为三相输出脉冲的公共端，黑色线与红色线接光栅尺的5V（DC）工作电源。因光栅尺输出的脉冲信号为5V，通过PLC转换板把5V的脉冲信号变换成24V的脉冲信号送到PLC的输入点。

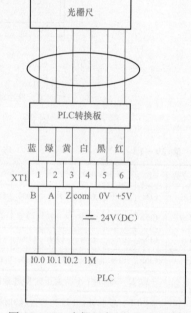

图29-37 光栅尺与PLC的连接图

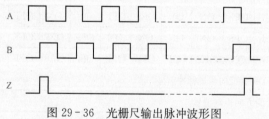

图29-36 光栅尺输出脉冲波形图

例如，进行光栅尺参数调试时，若已知两个Z相脉冲输出点的物理距离为50mm，可通过程序调试出A、B相每输出一个脉冲对应的位移数量。

光栅尺与PLC按如图29-37进行连接。调试方法为PLC发出高速脉冲使小车运行，用高速计数器HSC0对A、B相正交脉冲计数，再把Z相脉冲作为一个高速计数器的复位信号，再调用中断事件号28（HSC0外部复位中断），通过中断程序把HSC0的计数值HC0传送至AC0，则AC0中的数据即为小车运行50mm对应的A、B相正交脉冲的数量，根据此数值即可算出A、B相每输出一个脉冲，对应的位移数量。

调试程序如图29-38所示。

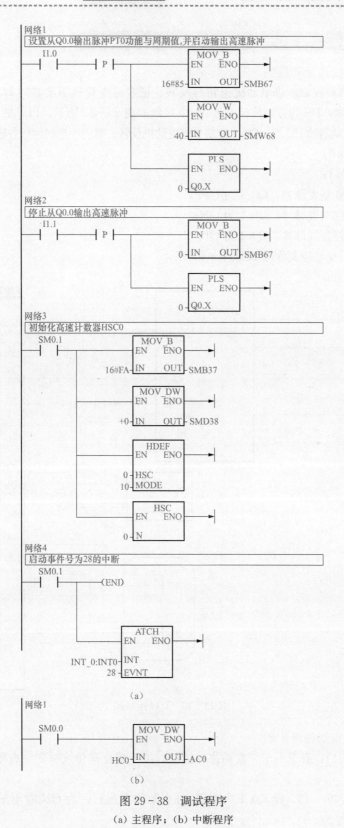

图 29-38 调试程序

(a) 主程序；(b) 中断程序

四、基于 PLC 与步进电动机的小车自动往返控制

1. 步进电动机正反转控制

用 S7 - 200 PLC 控制步进电动机正转与反转。把步进电动机驱动器的 D2 设置为 OFF，即 PU 为步进脉冲信号，DR 为方向控制信号。I/O 接线如图 29 - 39 所示，PLC 的 Q0.0 输出高速脉冲至步进电动机驱动器的 PU 端，Q0.1 控制步进电动机反转。对应小车的运行各输出点分配如下：

正转启动，I0.0；

反转启动，I0.1；

向左运行，Q0.0 发脉冲，Q0.1 为 OFF；

向右运行，Q0.0 发脉冲，Q0.1 为 ON；

停止，Q0.0 停止发脉冲，Q0.1 为 OFF。

步进电动机正反转控制程序如图 29 - 40 所示。

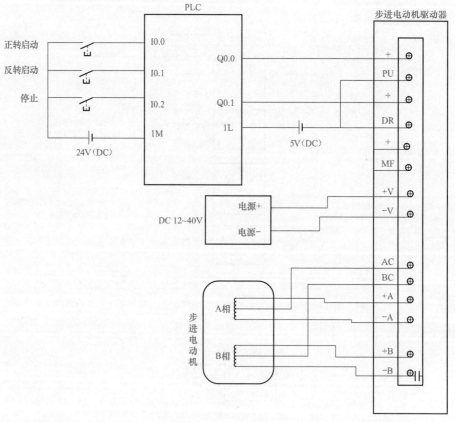

图 29 - 39 I/O 接线图

2. 运动小车自动往返控制

按下启动按钮后，要求小车能自动往返运行。按下停止按钮或碰到左右限位开关，小车自动停止。

I/O 分配见表 29 - 15。设 Q0.1 为 OFF 时小车往左运行，为 ON 时小车往右运行，编写 PLC 控制程序如图 29 - 41 所示。

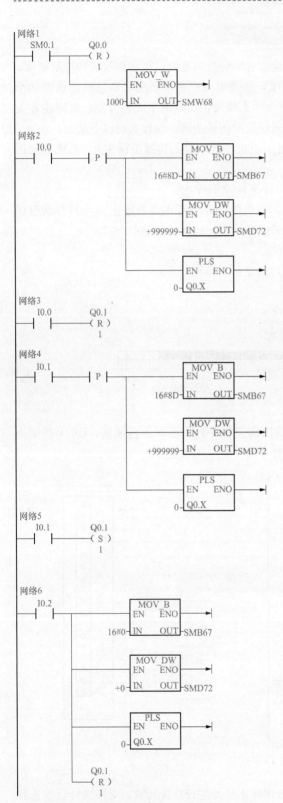

表 29 - 15   I/O 分 配 表

输入点		输出点	
启动按钮	I0.0	Q0.0	输出高速脉冲
停止按钮	I0.1	Q0.1	控制运行方向
左侧返回检测开关	I0.2		
右侧返回检测开关	I0.3		
左限位开关	I0.4		
右限位开关	I0.5		

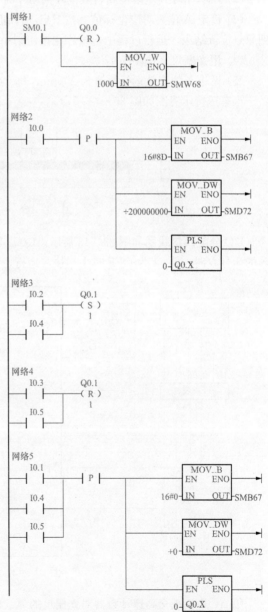

图 29 - 40　步进电动机正反转控制程序

图 29 - 41　小车自动往返控制程序

五、基于PLC与步进电动机的位置闭环控制

利用光栅尺对小车的位置进行检测,即可构建位置闭环控制系统,可达到较高的控制精度。

用PLC的Q0.0向步进电动机发出高速脉冲串,步进电动机驱动器驱动步进电动机带动小车运行。小车运行轨迹上安装有位移检测的DA-300光栅尺,在轨道上安装有左、右限位开关和原点开关,从原点至右行程限位开关距离小于光栅尺的测量距离。编程实现以下功能:

(1)按下回原点按钮,小车运行至原点后停止,此时小车所处的位置坐标为0。系统启动运行时,首先必须找一次原点位置。

(2)当小车碰到左限位或右限位开关动作时,小车应立即停止。

(3)设定A位置对应坐标值。按下启动按钮,小车自动运行到A点后停止5s,再自动返回到原点位置结束。运行过程中若按停止按钮则小车立即停止,运行过程结束。

(4)用光栅尺来检测小车位移。

(5)设小车的有效运行轨道为200mm,原点位置坐标为0点。

小车运行示意图如图29-42所示。

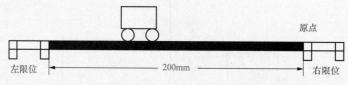

图29-42 小车运行示意图

I/O分配及接线图如图29-43所示。Q0.0输出高速脉冲控制小车运行速度,Q0.1控制小车的运行方向。Q0.1为OFF时小车往左运行,为ON时小车往右运行。

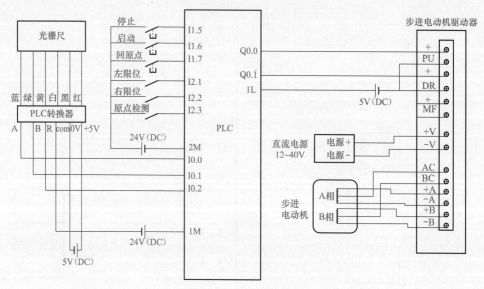

图29-43 I/O接线图

用A、B相正交高速计数器对光栅尺的A、B相输出脉冲进行高速计数。对高速计数器选择4×计数速率,则高速计数器从0计数到10 000个脉冲对应的位移变化为50mm,所以1mm对

应的脉冲数为 200 个。若设定 A 位置的坐标值为 60mm，则对应的高速计数器的当前值为 12 000。

设 A 点位置通过元件 VD0 设定，数据范围为 0~200mm。按下启动按钮，比较小车当前所在位置和 A 点位置坐标，若小车当前所在位置大于 A 点位置坐标，则控制小车向右运行，运行到两个位置值相等时产生一个中断，使小车立即停止。若小车当前所在位置小于 A 点位置坐标，则控制小车向左运行，运行到两个位置值相等时产生一个中断，使小车立即停止。若小车当前位置与 A 点位置相同，则按下启动按钮后，小车停止 5s 后返回到原点。

PLC 程序如图 29-44 所示。

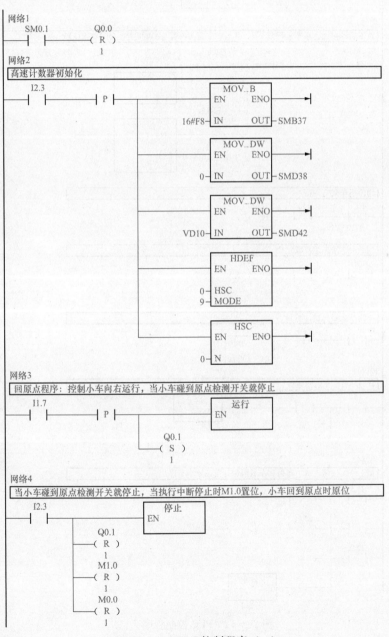

图 29-44 PLC 控制程序（一）

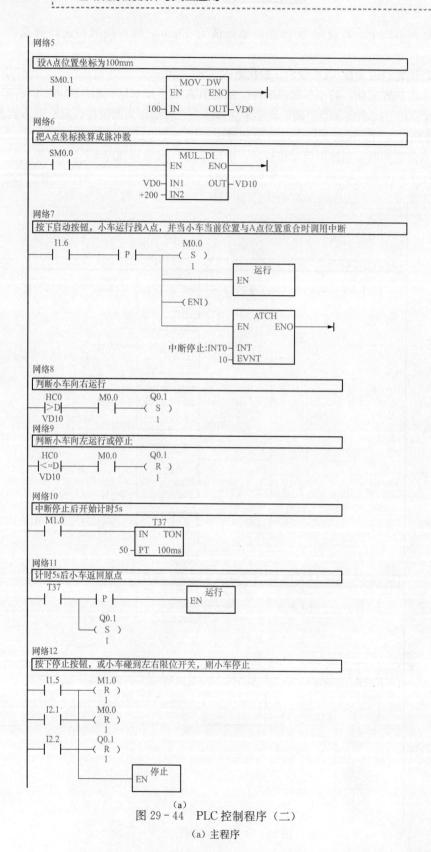

网络5

设A点位置坐标为100mm

```
SM0.1              MOV_DW
 ┤ ├              EN    ENO ├──
              100─┤IN   OUT├─VD0
```

网络6

把A点坐标换算成脉冲数

```
SM0.0              MUL_DI
 ┤ ├              EN    ENO ├──
              VD0─┤IN1  OUT├─VD10
             +200─┤IN2
```

网络7

按下启动按钮，小车运行找A点，并当小车当前位置与A点位置重合时调用中断

```
I1.6              M0.0
┤ ├─┤P├──────┬──( S )
                    1
                        ┌──────────┐
              ├────────┤  运行     │
                        │EN        │
                        └──────────┘
              ├──(ENI)
                        ┌──────────┐
              └────────┤  ATCH    │
                        │EN    ENO ├──
                        └──────────┘
         中断停止:INT0─┤INT
                   10─┤EVNT
```

网络8

判断小车向右运行

```
HC0         M0.0      Q0.1
┤>D├─────┤ ├──────( S )
VD10                   1
```

网络9

判断小车向左运行或停止

```
HC0         M0.0      Q0.1
┤<=D├────┤ ├──────( R )
VD10                   1
```

网络10

中断停止后开始计时5s

```
M1.0              T37
┤ ├──────────┤IN  TON
              50─┤PT  100ms
```

网络11

计时5s后小车返回原点

```
T37                  ┌──────────┐
┤ ├─┤P├──────────┤  运行     │
          │          │EN        │
          │          └──────────┘
          │  Q0.1
          └─( S )
             1
```

网络12

按下停止按钮，或小车碰到左右限位开关，则小车停止

```
I1.5       M1.0
┤ ├┬──────( R )
   │         1
I2.1 │     M0.0
┤ ├─┼──────( R )
   │         1
I2.2 │     Q0.1
┤ ├─┼──────( R )
   │         1
   │       ┌──────────┐
   └──────┤  停止     │
           │EN        │
           └──────────┘
```

(a)

图 29-44 PLC 控制程序（二）

(a) 主程序

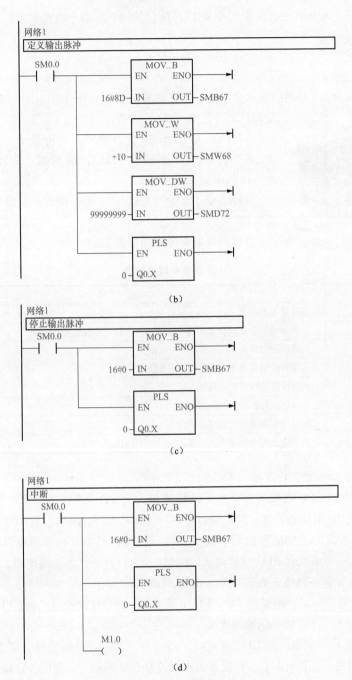

图 29-44 PLC控制程序（三）

(b) 运行子程序；(c) 停止子程序；(d) 中断停止程序

第七节　PLC 与文本显示器 TD400C 的应用

文本显示器（TD）用来显示数字、字符和汉字，还可以用来修改 PLC 中的参数设定值。文

本显示器价格便宜、操作方便，一般与小型 PLC 配合使用，组成小型控制系统。

一、TD400C

1. TD400C 简介

TD400C 是 S7 - 200 专用的文本显示器，用于查看、监控和修改 S7 - 200 用户程序中的过程变量，其外形如图 29 - 45 所示。

TD400C 是 TD200C 的升级产品，可显示 4 行文本，每行最多 12 个中文字符，分辨率为 192×64 像素。TD400C 支持两种显示字体和中英文显示。

TD400C 有 8 个功能键，与 Shift 键配合，最多可以定义 16 个功能键。

TD 设备的命令键功能见表 29 - 16。

图 29 - 45　TD400C 外形

表 29 - 16　　　　　　　　　　　　TD 设备命令键功能表

命令键	说　　明
ENTER	选择屏幕上的菜单项或确认屏幕上的值
ESC	切换显示信息模式和菜单模式，返回上一级菜单或前一个屏幕
▲	可编辑的数值加 1，或显示上一条信息
▼	可编辑的数值减 1，或显示下一条信息
▶	在 TD 设备的信息内右移光标
◀	在 TD 设备的信息内左移光标
功能键 F1～F8	完成用文本显示向导组态的任务
SHIFT	与功能键配合完成用文本显示向导组态的任务

2. TD 设备与 S7 - 200 的连接

TD 设备通过 TD/CPU 电缆与 S7 - 200 CPU 连接，当 TD 设备与 S7 - 200 CPU 之间的距离小于 2.5m（TD/CPU 电缆的长度）时，可以由 S7 - 200 CPU 模块通过 TD/CPU 电缆供电。当 TD 设备与 S7 - 200 CPU 之间的距离大于 2.5m 时，用外接 DC 24V 电源单独供电。

在 TD 设备与一台或几台 PLC 连接构成的网络中，TD 设备作为主站使用。多台 TD 设备可以和一个或多个连在同一网络上的 S7 - 200 CPU 模块一起使用。

（1）一对一配置。一对一配置用 TD/CPU 电缆连接一台 TD 设备与一台 CPU 的通信口。TD 设备的默认地址为 1，CPU 的默认地址为 2。

（2）TD 设备连接到网络中的 CPU 通信口。多台 S7 - 200 CPU 联网时，某个 CPU 的通信口使用带编程口的网络连接器，来自 TD 设备的电缆连接到该编程口。此时 TD 设备的 DC 24V 电源由 CPU 提供。

（3）TD 设备接入通信网络。可用网络连接器和 PROFIBUS 电缆将 TD 设备连入网络。此时，只连接了通信信号线（3 针和 8 针），没有连接电源线（2 针和 7 针），此时需要 DC 24V 电源为 TD 设备供电。

二、应用举例

下面举例说明 S7 - 200 CPU 与 TD400C 的连接应用。

1. 要求

当按下 TD400C 的 F1 键时，Q0.0 置位为 ON，并在 TD400C 的屏幕上显示"指示灯状态：ON"；当按下 TD400C 的 F2 键时，Q0.0 复位为 OFF，并在 TD400C 的屏幕上显示："指示灯状态：OFF"。

2. 操作步骤

第一步：组态文本显示向导。

打开 STEP7-Micro/WIN 软件，选择"工具→文本显示向导"菜单，打开如图 29-46 所示界面，选择 TD 型号为 TD400C，单击"下一步"按钮。

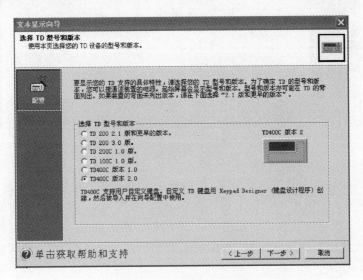

图 29-46　组态 TD 型号

配置 TD 键盘按键控制的设置位，如图 29-47 所示，把 F1 键和 F2 键设置为"瞬动触点"，单击"下一步"按钮，出现如图 29-48 所示 TD 配置完成界面。

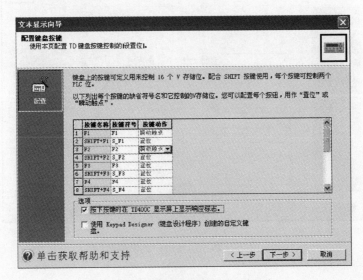

图 29-47　配置按键控制的设置位

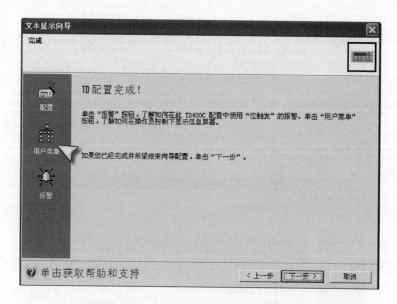

图 29-48　TD 配置完成界面

在图 29-49 中，单击"用户菜单"，然后单击"下一步"按钮，出现如图 29-49 所示定义用户菜单界面，按图中所示命名用户菜单名为"1"，然后单击"添加屏幕"按钮。在屏幕中输入文本"指示灯状态："，如图 29-50 所示。然后单击"插入 PLC 数据"按钮，在打开的图 29-51 中组态数据地址为"VB10"，数据格式为"字符串"。确认后，按图 29-52 所示分配存储区。

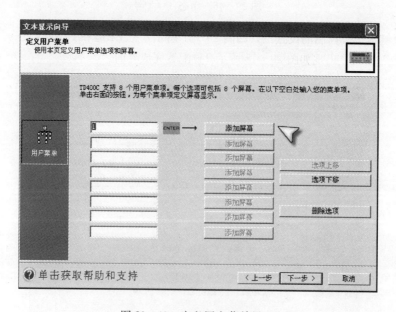

图 29-49　定义用户菜单界面

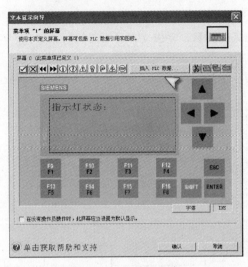

图 29-50　输入文本

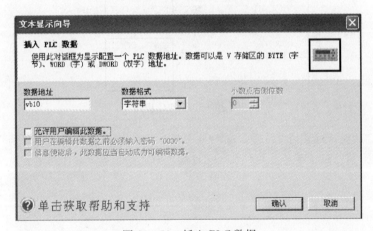

图 29-51　插入 PLC 数据

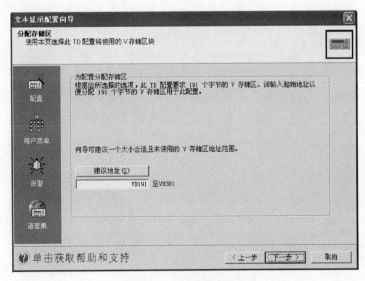

图 29-52　分配存储区地址

注意 存储区地址程序中不能用到。

最后确认 VW0 为存储区偏移量，完成文本显示器的向导配置。

第二步：编写 PLC 程序。

编写 PLC 程序如图 29-53 所示。

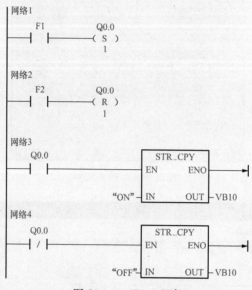

图 29-53　PLC 程序

注意 PLC 的默认地址为 2，通信速率为 9.6kb/s。TD 设备的默认地址为 1，通信速率为 9.6kb/s。若 PLC 和 TD 设备均采用以上默认设置，则通信正常。若连接不上，则需检查地址与通信速率。

 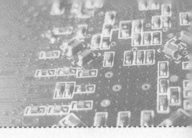

第三十章

S7-300/400 P L C 典型应用

第一节　基于 S7-300 PLC 与变频器的风机节能自动控制

一、项目说明

某公司有五台设备共用一台主电动机为 11kW 的吸尘风机，用来吸取电锯工作时产生的锯屑。不同设备对风量的需求区别不是很大，但设备运转时电锯并非一直工作，而是根据不同的工序投入运行。以前公司就对此风机实现了变频器控制，当时的方式是用电位器调节风量，如果哪一台设备的电锯要工作时就按一下按钮，打开相应的风口，然后根据效果调电位器以得到适当的风量。但工人在操作过程中经常会忘记操作，这就造成实际情况不尽如人意，车间灰尘太大，工作环境恶劣。最后干脆把变频器的输出调到 50Hz，不再进行节能的调节。变频器只成了一个启动器，造成了资源的浪费。

二、改造方案

本项目用西门子 S7-300 PLC 和 MM440 变频器进行改造。

用 PLC 接收各机台电锯工作的信息并对投入工作的电锯台数进行判断，根据判断，相应的输出点动作来控制变频器的多段速端子，实现多段速控制。从而不用人为的干预，自动根据投入电锯的台数进行风量控制。根据投入运行的电锯台数实施 5 个速段的速度控制，运行电锯台数与变频器输出频率值如表 30-1 所示。

表 30-1　　　　　　　运行电锯台数与变频器输出频率值对应表

运行电锯台数	对应变频器输出频率（Hz）	备注
1	25	
2	33	
3	40	具体设定频率根据现场效果修改
4	45	
5	50	

三、方案实施

1. 电锯投入运行信号的采集

用电锯工作时的控制接触器的一对辅助动合触点控制一个中间继电器，中间继电器要选用

最少有两对动合触点的。用其中的一对接入 PLC 的一个输入点，另一对控制一个汽阀，汽阀再带动汽缸，用汽缸启闭设备上的风口。这样就实现了 PLC 对投入电锯信号的接收，也实现了风口的自动启闭，简单实用。

2. 变频器的参数设置和 PLC 接线

(1) 变频器参数的设定。MM440 变频器数字输入"5"、"6"、"7"端子通过 P0701、P0702、P0703 参数设为多段固定频率控制端，每一频段的频率分别由 P1001～P1015 参数设置，本项目设置 P1001～P10 055 个固定频率。变频器数字输入"16"端子设为电动机运行、停止控制端，可由 P0705 参数设置。

使用的变频器是三菱 MM440 系列。根据多段速控制的需要和风机运行的特点主要设定的参数见表 30 - 2。

表 30 - 2　　　　　　　　　　　　　变频器参数设置

参数号	出厂值	设置值	说　明
P0003	1	3	设用户访问级为标准级
P0004	1	7	命令和数字 I/O
P0700	2	2	命令源选择"由端子排输入"
P0701	1	17	选择固定频率
P0702	12	17	选择固定频率
P0703	9	17	选择固定频率
P0705	15	1	启动/停止
P0004	1	10	设定值通道
P1000	2	3	选择固定频率设定值
P1001	0	25	选择固定频率 1
P1002	5	33	选择固定频率 2
P1003	10	40	选择固定频率 3
P1004	15	45	选择固定频率 4
P1005	20	50	选择固定频率 5

(2) 多段速控制时端子的组合。这个系列的变频器进行多段速控制的端子为 5、6、7。通过这 3 个端子的组合最多可以实现 7 段速度运行。进行 5 段速度控制时的端子组合见表 30 - 3。

表 30 - 3　　　　　　　　　　　　多段速端子与速度段组合表

速度段	1 速	2 速	3 速	4 速	5 速
控制端子	5	6	5、6	7	5、7

(3) 根据改造输入/输出点数的需求，PLC 选取的是 S7 - 300 CPU，其输入/输出点分配如表 30 - 4 所示，PLC 输出端与变频器控制端子接线图如图 30 - 1 所示。

3. PLC 控制程序

PLC 控制程序如图 30 - 2 所示。

表 30-4 I/O 分 配 表

输入		输出	
I0.0	设备一电锯工作信号	Q0.1	变频器端子7
I0.1	设备二电锯工作信号	Q0.2	变频器端子6
I0.2	设备三电锯工作信号	Q0.3	变频器端子5
I0.3	设备四电锯工作信号	Q0.0	变频器运行信号
I0.4	设备五电锯工作信号		
I0.5	启动按钮		
I0.6	停止按钮		

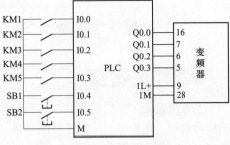

图 30-1 PLC接线图

OB1: "Main Program Sweep(Cycle)"

Network 1: 启动运行

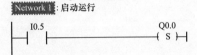

Network 2: 停止运行

Network 3: 加计数电锯设备运行台数

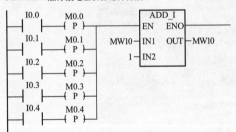

Network 4: 减计数电锯设备运行台数

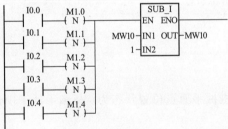

Network 5: 运行台数为1时,M2.0动作

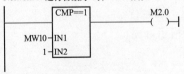

Network 6: 运行台数为2时,M2.1动作

Network 7: 运行台数为3时,M2.2动作

Network 8: 运行台数为4时,M2.3动作

Network 9: 运行台数为5时,M2.4动作

Network 10: 驱动变频器7号端子

Network 11: 驱动变频器6号端子

Network 12: 驱动变频器5号端子

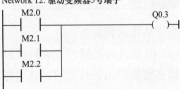

图 30-2 PLC控制程序

第二节　基于 S7 - 300 PLC 的给料分拣自动控制

一、系统介绍

本系统是由一个给料汽缸、三个分拣槽汽缸、一个机械手升降汽缸、机械手爪汽缸、机械手移动电机、运输带、三相异步电动机、变频器、各种材质检测传感器、各种限位开关、按钮组成，如图 30 - 3 所示。

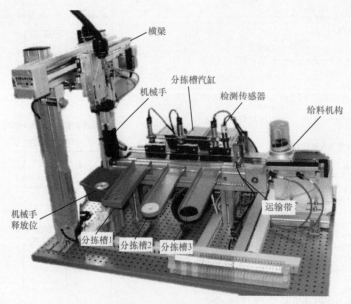

图 30 - 3　给料分拣装置

二、系统控制要求

系统控制要求如下：

(1) 按下回原点启动按钮，机械手回到原点，机械手原点位置状态为：机械手处于皮带位置的正垂直上方，机械手爪处于松开状态。

(2) 按下启动按钮，系统开始工作，给料机构动作，送料至传送带，然后根据工件的性质进行分拣。若机械手处于非原点状态，则按下启动按钮系统不能运行。

(3) 按下停止按钮或急停开关动作时，系统停止，停止指示灯亮。

三、系统动作流程

系统动作流程如下：

(1) 按下启动按钮，当送料汽缸在缩回的位置时，该电磁阀得电，将仓内的元件推出，当汽缸到达完全伸出的位置时，该电磁阀失电。送料动作完成。

(2) 送料动作完成后，皮带通过变频器启动。

(3) 通过安装在皮带上的各种检测传感器，将元件区分开来。

（4）黑色（非金属）的元件到达 3 号槽时，其对应的 3 号槽汽缸将它推出。

（5）白色（非金属）的元件到达 2 号槽时，其对应的 2 号槽汽缸将它推出。

（6）蓝色（非金属）的元件到达 1 号槽时，其对应的 1 号槽汽缸将它推出。

（7）金属元件到达皮带到位开关时，机械手立即上升，机械手臂从原点位置下降，并夹住工件 1s 后上升，上升到上限位时左移，左移到左限位时下降，下降到下限位时松开释放工件 1s，然后再回到原点。

（8）每当放好一个元件后，送料汽缸动作，推出下一个元件，系统循环动作。

四、I/O 分配

本项目 CPU 选用 CPU313，再配一个 SM323 DI16/DO16×24V/0.5A 的开关量信号模块。

I/O 分配表如表 30-5 所示，其中 Q1.2 控制皮带电动机信号接至 G110 变频器的启动运行控制端子。I/O 接线图如图 30-4 所示。Q1.0 控制机械手左移，Q1.1 用来切换机械手移动的方向，即右移。

注意　左移时 Q1.0 动作，右移时 Q0.0 和 Q1.1 都要动作。Q0.6 为 OFF 时，机械手上升到上限位位置，当 Q0.6 为 ON 时，机械手下降。Q0.7 为 OFF 时，手械手手爪松开，当 Q0.7 为 ON 时，手械手手爪夹紧。

表 30-5　　　　　　　　　　　I/O 分配表

序　号	地　址	描　述
01	I0.0	急停开关
02	I0.1	启动按钮
03	I0.2	停止按钮
04	I0.3	机械手回原点按钮
05	I0.5	给料汽缸伸出到位
06	I0.6	质材识别（是否金属）信号
07	I1.0	分拣槽 3 检测传感器
08	I1.1	分拣槽 2 检测传感器
09	I1.2	分拣槽 1 检测传感器
10	I1.3	工件到达皮带末端信号
11	I1.4	机械手左限位
12	I1.5	机械手右限位
13	I1.6	机械手上限位
14	I1.7	机械手下限位
15	Q0.0	运行指示灯
16	Q0.1	停止指示灯
17	Q0.2	给料汽缸
18	Q0.3	分拣槽 3 推料
19	Q0.4	分拣槽 2 推料
20	Q0.5	分拣槽 1 推料
21	Q0.6	机械手升降
22	Q0.7	机械手夹料
23	Q1.0	机械手左移启动
24	Q1.1	机械手反向移动
25	Q1.2	皮带电动机启动运行

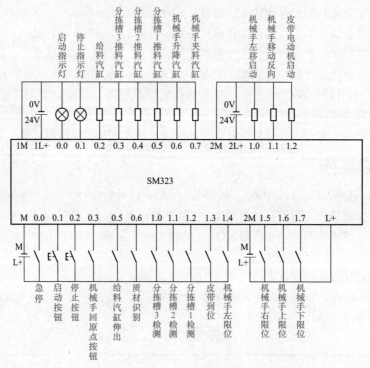

图30-4 I/O接线图

五、PLC程序

本项目为典型的顺序控制,可采用 GRAPH 编程来实现。程序包括两个步进程序段,一是回原点程序,二是系统运行程序。用 GRAPH 编写的回原点程序功能块 FB1 如图 30-5 所示,用 GRAPH 编写的自动运行程序功能块 FB2 如图 30-6 所示,初始化程序 OB100 如图 30-7 所示,OB1 主程序如图 30-8 所示。

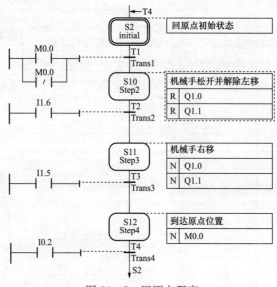

图30-5 回原点程序

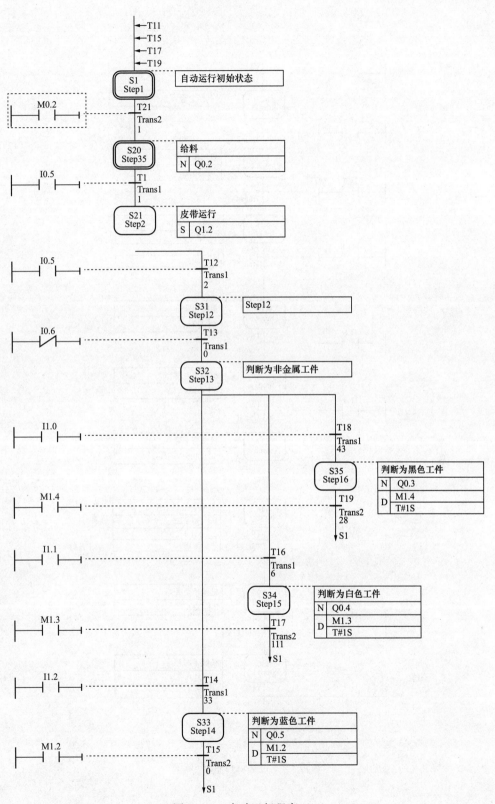

图 30-6　自动运行程序（一）

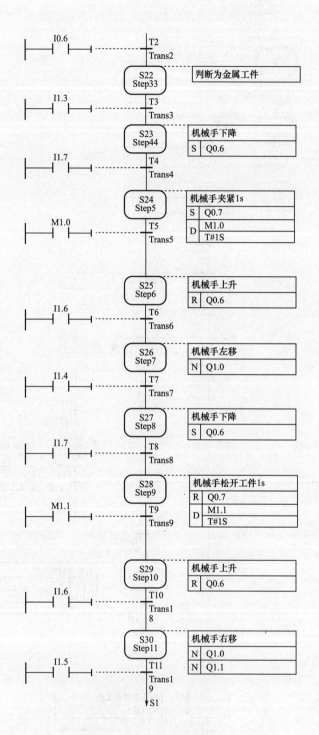

图 30-6 自动运行程序（二）

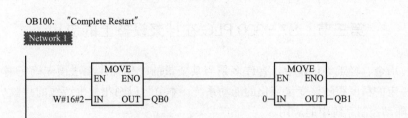

图 30-7 OB100 初始化程序

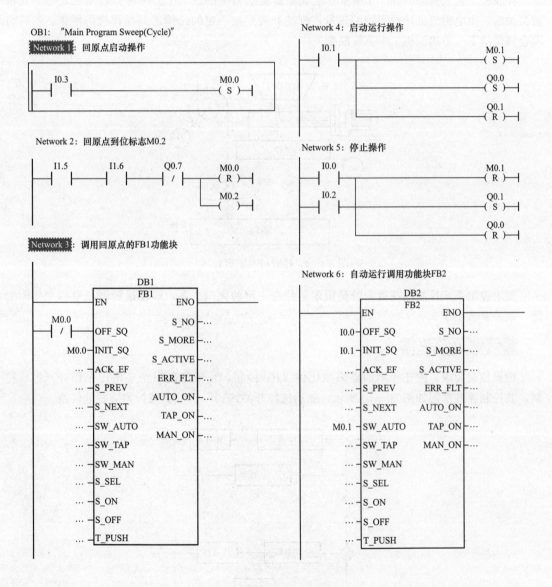

图 30-8 OB1 主程序

第三节　S7‑300 PLC 在拌浆设备上的应用

在化工、冶金、轻工等行业中，有许多是当某变量的变化规律无法预先确定时，要求被控变量能够以一定的精度跟随该变量变化的随动系统。本节将以刨花板生产线的拌胶机系统为例，介绍 PLC 在随动控制系统中的应用。

一、工艺流程与控制要求

拌胶机工艺流程如图30‑9所示。刨花由螺旋给料机供给，压力传感器检测刨花量。胶由胶泵抽给，用电磁流量计检测胶的流量；刨花和胶要按一定的比例送到搅拌机内搅拌，然后将混合料供给下一道热压机工序蒸压成型。

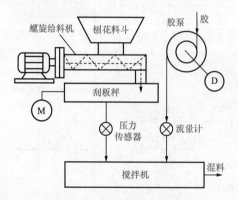

图 30‑9　拌胶机工艺流程图

要求控制系统控制刨花量和胶量恒定，并有一定的比例关系，即胶量随刨花量的变化而变化，误差要求小于3%。

二、控制方案

根据控制要求，刨花控制回路采用比例（P）控制，胶量控制回路采用比例积分（PI）控制，其控制原理框图如图30‑10所示，随动选择开关 SA 用于随动/胶设定方式的转换。

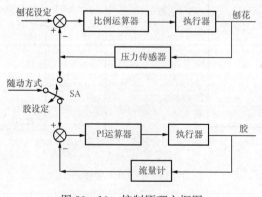

图 30‑10　控制原理方框图

三、PLC 的 I/O 分配与接线

拌胶机控制系统输入信号有 7 个，其中用于启动、停车、随动选择的 3 个输入信号是开关量，而刨花给定、压力传感器信号、胶量设定、流量计信号 4 个输入信号是模拟量；输出信号 2 个，一个用于驱动调速器，另一个用于驱动螺旋给料机，均为模拟量信号。

根据 I/O 信号数量、类型以及控制要求，选择 CPU313C，利用 CPU 集成的模拟量输入输出通道，选择 4 路模拟量输入和 2 路模拟量输出。I/O 分配如表 30-6 所示。

表 30-6　　　　　　　　　　　　　I/O 分 配 表

输入信号			输出信号		
名称	功能	编号	名称	功能	编号
SB1	启动开关	I124.0	第 1 路模拟量输出	螺旋给料机驱动器	PQW752
SB2	停车开关	I124.1	第 2 路模拟量输出	胶泵调整器	PQW754
SA	随动/胶设定转换开关	I124.2	HD1	运行指示灯	Q124.0
第 1 路模拟量输入	刨花量设定	PIW752	HD2	停止指示灯	Q124.1
第 2 路模拟量输入	压力传感器	PIW754			
第 3 路模拟量输入	胶量设定	PIW756			
第 4 路模拟量输入	流量计	PIW758			

四、程序设计

根据控制原理图，刨花量设定经 AD 模块的 CH1 通道和压力传感器的刨花反馈信号经 A/D 转换后作差值运算，并取绝对值，然后乘比例系数 $KP=2$，由 DA 模块的 CH1 通道输出。

当 SA 转接到随动方式时，刨花的反馈量作胶的给定量，反之，由胶量单独给定。两种输入方式都是将给定量与反馈量作差值运算，通过 PID 调节，抑制输入波动，达到控制要求。

CPU 的程序块中包括有 OB1、FB41、FC105、FC106 及 FB41 的背景数据块 DB1 和 DB2，如图 30-11 所示。

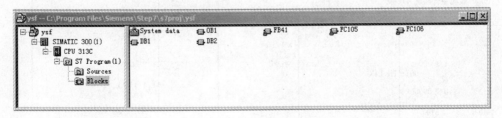

图 30-11　程序中的块

PLC 的 OB1 程序如图 30-12 所示。

OB1: "Main Program Sweep(Cycle)"

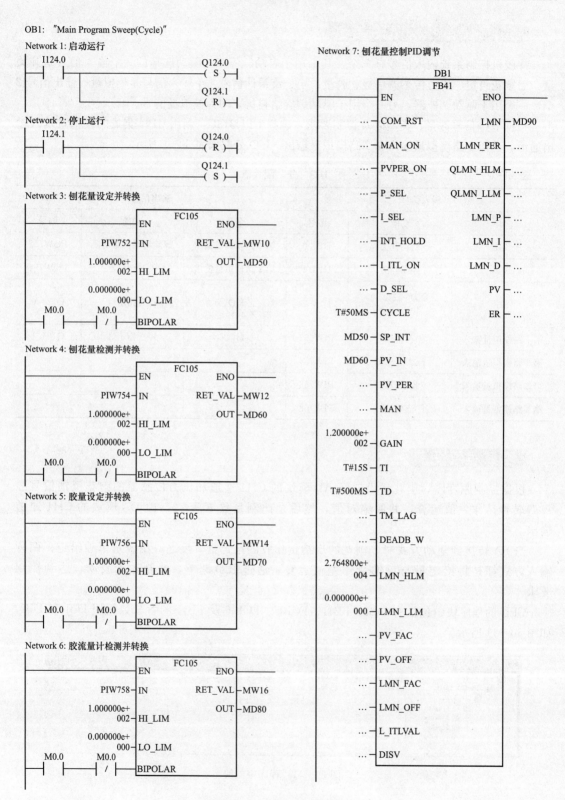

图 30-12　OB1 主程序（一）

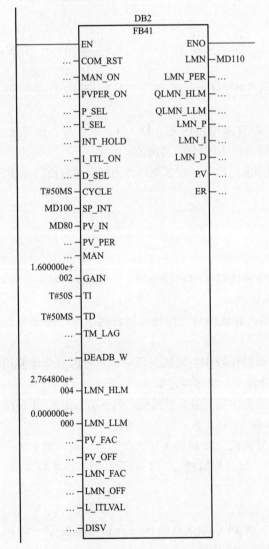

Network 8: 胶量随刨花量而给定

Network 9: 胶量手动设定

Network 10: 胶量PIC调节

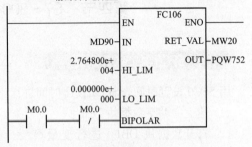

Network 11: 输出调节刨花量

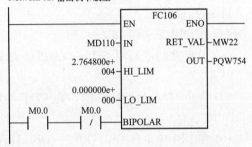

Network 12: 输出调节胶量

图 30-12　OB1 主程序（二）

第四节　S7－300 PLC 的隧道时钟控制

一、SFC0 和 SFC1 的使用

用 SFC0 设置时间，SFC1 读出时间进行比较。方法如下：

（1）建立一共享数据块 DB1。

（2）打开数据块 DB1，进行变量声明。从第二个字节开始，在 NAME 栏中声明名称为"DT1"，TYPE 栏中声明变量类型为"DATE＿AND＿TIME"，初始值自动生成。同样的方法声明"DT2"。每个变量占用 8 字节，其中前面的 6 字节分别代表年、月、日、时、分、秒，以十六进制数表示。

（3）在 OB1 里调用 DB1。

（4）设定时间：调用 SFC0，在 PDT 端输入 DB1.DT1，在 RET＿VAL 端输入一个字，如 MW100。

（5）读出时间：调用 SFC1，在 CDT 端输入 DB1.DT2，在 RET＿VAL 端输入一个字，如 MW102。

（6）在 DB1 中，自 DB1.DBB2～DB1.DBW7 存放需设定的年、月、日、时、分、秒等值；自 DB1.DBW10～DB1.DBW15 存放实际的年、月、日、时、分、秒的值。

（7）把 DB1.DBW10～DB1.DBW15 的值（即当前时间值）和需要具体的时间进行比较操作。

二、隧道射流风机

1. 隧道射流风机系统概述

隧道射流风机系统控制要求如下：

（1）某隧道全长 1km，双车道、双向行驶。安装风机 4 台，分二组，一组编号为 1、2 号，另一组编号为 3、4 号。每台风机都采用Y－△降压启动。

（2）在 8 时到 21 时的时间段内车流量特别多，隧道内空气污浊，风机两组 4 台需要全部运行。

（3）21 时后到第二天早上 7 时的时间段内车流量比较少，风机只开一组；考虑要合理使用风机和延长风机的使用寿命，决定两组风机要轮换使用，具体规定如下：

1）21 时 30 分后要先关第一组 1 号风机，23 时再关第一组 2 号风机，剩下第二组 3、4 号两台运行；到第二天早上 7 时开第一组 1 号风机，7 时 30 分开第一组 2 号风机；

2）第二天晚上 21 时 30 分后要先关第二组 3 号风机，23 时再关第二组 4 号风机，剩下第一组 1、2 号两台运行；再到下一天的早上 7 时开第二组 3 号风机，7 时 30 分开第二组 4 号风机，依次类推，按规定重复循环下去。

2. PLC 的选型

S7－300 PLC 的 CPU 选择 CPU314，再选择一块 16 个输入点的 SM321 信号模板和一块 16 个交流输出点的 SM322 信号模板。硬件组态如图 30－13 所示。

3. I/O 分配

各输入/输出点的分配见表 30－7。

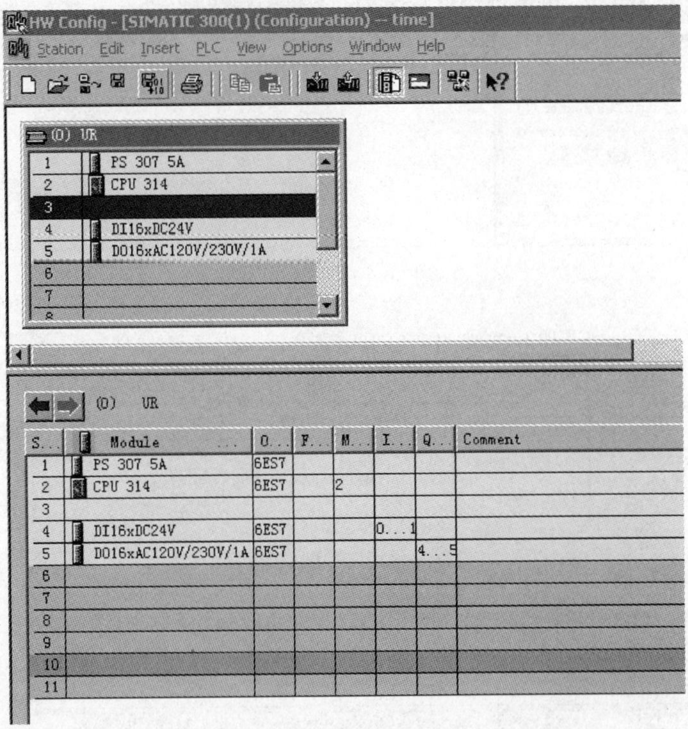

图 30-13　硬件组态

表 30-7 I/O 分 配

输入点分配		输出点分配		
I0.0	启动按钮	Q4.0		控制电源
I0.1	停止按钮	Q4.1	控制1号风机	绕组丫接法
I0.2	设定时钟按钮	Q4.2		绕组△接法
		Q4.3		控制电源
		Q4.4	控制2号风机	绕组丫接法
		Q4.5		绕组△接法
		Q4.6		控制电源
		Q4.7	控制3号风机	绕组丫接法
		Q5.0		绕组△接法
		Q5.1		控制电源
		Q5.2	控制4号风机	绕组丫接法
		Q5.3		绕组△接法

4. 控制程序

编写的 PLC 控制程序包括初始化程序 OB100、风机启动功能 FC10 和主程序 OB1。初始化程序 OB100、共享数据块 DB1，另外，在主程序 OB1 中调用了设置时间的 SFC0 和读出时间的 SFC1，如图 30-14 所示。

（1）OB100 程序。初始化程序 OB100 如图 30-15 所示。

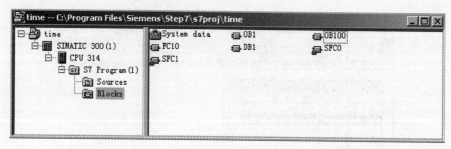

图 30 - 14　程序块

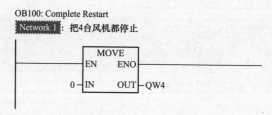

图 30 - 15　OB100 程序

（2）FC10 程序。FC10 用来编写控制电动机Y-△启动控制功能，组态 4 个 IN 型的接口如图 30 - 16 所示，组态三个 OUT 型的接口如图 30 - 17 所示。FC10 中编写的程序如图 30 - 18 所示。

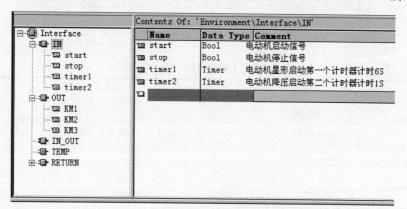

图 30 - 16　组态 4 个 IN 型的接口

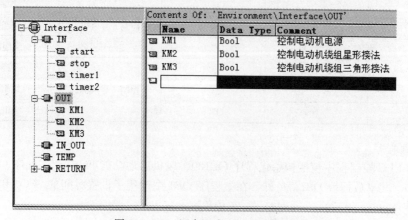

图 30 - 17　组态三个 OUT 型接口

FC10: Title:

Network 1: Title:

```
  #start                        #KM1
───┤ ├──────────────────────( S )──
```

Network 2: Title:

```
  #KM1                        #timer1
───┤ ├──────────────────────(SD)──
                             S5T#6S
```

Network 3: Title:

```
  #timer1                     #timer2
───┤ ├──────────────────────(SD)──
                             S5T#1S
```

Network 4: Title:

```
  #KM1      #timer1           #KM2
───┤ ├───────┤/├────────────( )──
```

Network 5: Title:

```
  #timer2                     #KM3
───┤ ├──────────────────────( )──
```

Network 6: Title:

```
  #stop                       #KM1
───┤ ├──────────────────────( R )──
```

图 30-18　FC10 的程序

(3) 共享数据块 DB1。共享数据块 DB1 中建立两个 DATE_AND_TIME 的数据，声明为 dt1 和 dt2，如图 30-19 所示，则读出时间的时、分分别以十六进制数存储在 DB1. DBB13 和 DB1. DBB14 中。

Address	Name	Type	Initial value	Comment
0.0		STRUCT		
+0.0	DB_VAR	INT	0	Temporary placeholder variable
+2.0	dt1	DATE_AND_TIME	DT#10-8-28-0:0:0.000	设定的时间
+10.0	dt2	DATE_AND_TIME	DT#10-8-28-0:0:0.000	读出的时间
=18.0		END_STRUCT		

图 30-19　数据块 DB1

(4) OB1 主程序。OB1 主程序如图 30-20 所示。

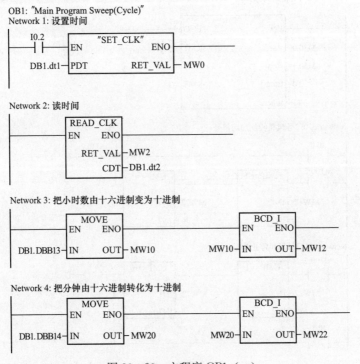

图 30-20　主程序 OB1（一）

Network 5: 0点0分产生一个M100.1的动作脉冲

```
        ┌─CMP==1─┐           ┌─CMP==1─┐    M100.0    M100.1
  ───────┤        ├───────────┤        ├─────(P)──────( )───┤
        │        │           │        │
  MW12──┤IN1     │     MW22──┤IN1     │
        │        │           │        │
     0──┤IN2     │        0──┤IN2     │
        └────────┘           └────────┘
```

Network 6: 每天转变一次M100.2的状态

```
   M100.1    M100.2                      M100.2
  ──┤ ├──────┤/├──────┬─────────────────( )───┤
                      │
   M100.1    M100.2   │
  ──┤/├──────┤ ├──────┘
```

Network 7: 1号风机控制启动信号

```
    I0.0                                          M30.0
  ──┤ ├──────┬───────────────────────────────────( )───┤
             │
   M100.2    │  ┌─CMP==1─┐           ┌─CMP==1─┐
  ──┤ ├──────┤  │        ├───────────┤        ├──┘
             └──┤        │           │        │
       MW12─────┤IN1     │     MW22──┤IN1     │
                │        │           │        │
          7─────┤IN2     │        0──┤IN2     │
                └────────┘           └────────┘
```

Network 8: 1号风机停止信号

```
   M100.2    ┌─CMP==1─┐           ┌─CMP==1─┐   M30.1
  ──┤/├──────┤        ├───────────┤        ├────( )───┤
             │        │           │        │
   MW12──────┤IN1     │     MW22──┤IN1     │
             │        │           │        │
      21─────┤IN2     │       30──┤IN2     │
             └────────┘           └────────┘
    I0.1
  ──┤ ├────────────────────────────────────┘
```

Network 9: 1号风机控制程序

```
              ┌──────FC10──────┐
  ────────────┤EN          ENO ├──────────────
              │                │
   M30.0──────┤start       KM1 ├──Q4.0
   M30.1──────┤stop        KM2 ├──Q4.1
      T0──────┤timer1      KM3 ├──Q4.2
      T1──────┤timer2          │
              └────────────────┘
```

Network 10: 2号风机控制启动信号

```
    I0.0                                          M30.2
  ──┤ ├──────┬───────────────────────────────────( )───┤
             │
   M100.2    │  ┌─CMP==I─┐           ┌─CMP==I─┐
  ──┤ ├──────┤  │        ├───────────┤        ├──┘
             └──┤        │           │        │
       MW12─────┤IN1     │     MW22──┤IN1     │
                │        │           │        │
          7─────┤IN2     │       30──┤IN2     │
                └────────┘           └────────┘
```

Network 11: 1号风机停止信号

```
   M100.2    ┌─CMP==I─┐           ┌─CMP==I─┐   M30.3
  ──┤/├──────┤        ├───────────┤        ├────( )───┤
             │        │           │        │
   MW12──────┤IN1     │     MW22──┤IN1     │
             │        │           │        │
      23─────┤IN2     │        0──┤IN2     │
             └────────┘           └────────┘
    I0.1
  ──┤ ├────────────────────────────────────┘
```

图 30-20　主程序 OB1（二）

Network 12: 2号风机控制信号

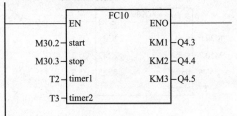

Network 13: 3号风机控制启动信号

Network 14: 3号风机停止信号

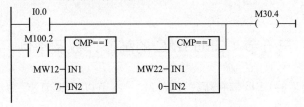

Network 15: 3号风机控制信号

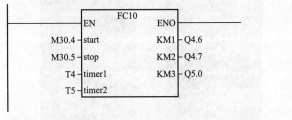

Network 16: 4号风机控制启动信号

Network 17: 4号风机停止信号

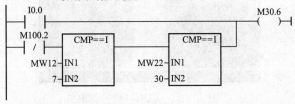

图 30-20 主程序 OB1（三）

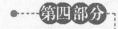

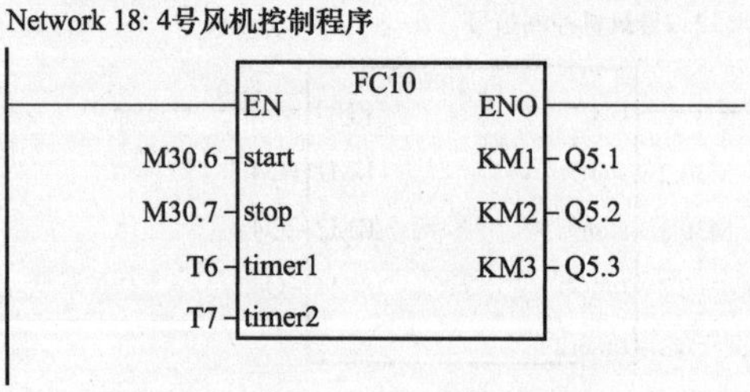

Network 18: 4号风机控制程序
FC10
EN
ENO
M30.6
start
M30.7
stop
T6
timer1
T7
timer2
KM1
Q5.1
KM2
Q5.2
KM3
Q5.3

图 30－20　主程序 OB1（四）

第五节　CPU31XC 的高速计数及举例

S7－300/400 紧凑型的 CPU 带有高数计数接口。本节以 CPU31XC 为例讲解其高速计数的用法。

一、CPU31XC 的接线方式

如图 30－21 所示为 CPU314C－2DP 的面板图，它包括二路接线端子排。其中 X1（左）用于模拟量输入/输出通道，X2（右）用于高速计数通道接线。用于高速计数通道接线的 X2 各端子定义见表 30－8。

SIEMENS
SIMATIC
S7-300
2
3
4

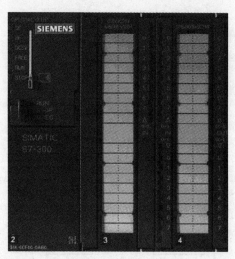

图 30－21　CPU314C－2DP

表 30－8　　**高速计数器端子定义**

编号	名称	计数和测量模式下含义	编号	名称	计数和测量模式下含义
1	1L＋	输入的 24V 电源	6	DL＋0.4	通道 1：轨迹 B/方向
2	DL＋0.0	通道 0：轨迹 A/脉冲	7	DL＋0.5	通道 1：硬件门
3	DL＋0.1	通道 0：轨迹 B/方向	8	DL＋0.6	通道 2：轨迹 A/脉冲
4	DL＋0.2	通道 0：硬件门	9	DL＋0.7	通道 2：轨迹 B/方向
5	DL＋0.3	通道 1：轨迹 A/脉冲	10		未使用

续表

编号	名称	计数和测量模式下含义	编号	名称	计数和测量模式下含义
11		未使用	26	DO+0.4	未使用
12	DL+1.0	通道2：硬件门	27	DO+0.5	未使用
13	DL+1.1	通道3：轨迹 A/脉冲	28	DO+0.6	未使用
14	DL+1.2	通道3：轨迹 B/方向	29	DO+0.7	未使用
15	DL+1.3	通道3：硬件门	30	2M	外壳接地
16	DL+1.4	通道0：锁存器（仅在计数模式下）	31	3L+	输出的24V电源
17	DL+1.5	通道1：锁存器（仅在计数模式下）	32	DO+1.0	未使用
18	DL+1.6	通道2：锁存器（仅在计数模式下）	33	DO+1.1	未使用
19	DL+1.7	通道3：锁存器（仅在计数模式下）	34	DO+1.2	未使用
20	1M	外壳接地	35	DO+1.3	未使用
21	2L+	输出的24V电源	36	DO+1.4	未使用
22	DO+0.0	通道0：输出	37	DO+1.5	未使用
23	DO+0.1	通道1：输出	38	DO+1.6	未使用
24	DO+0.2	通道2：输出	39	DO+1.7	未使用
25	DO+0.3	通道3：输出	40	3M	外壳接地

二、CPU31XC 硬件组态

工作模式的组态如图 30-22 所示。单击 Count 项，出现 Count 属性窗口。

方框 a 组态通道号，方框 b 组态工作模式。

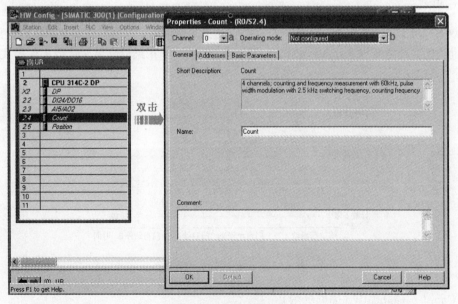

图 30-22 Count 属性窗口

565

工作模式可设定为 Not configured，Count continuously，Count once，Count periodically，Frequency countiny 及 Pulse-widthmodulation，如图 30 - 23 所示。

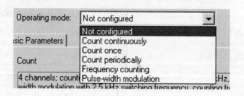

图 30 - 23　工作模式设定

下面对常用的工作模式进行介绍。

1. Count continuously（连续计数）

（1）向上计数达到上限时，它将在出现下一正计数脉冲时跳至下限处，并从此处恢复计数。

（2）向下计数达到下限时，它将在出现下一负计数脉冲时跳至上限处，并从此处恢复计数。

连续计数工作模式的计数情况如图 30 - 24 所示。

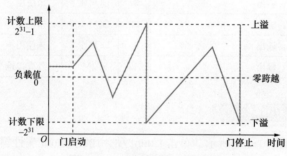

图 30 - 24　连续计数工作模式

2. Count once（单次计数）

计数器从 0 或装载值开始向上或向下计数，达到限制值后，计数器将跳至相反的计数限值，且门自动关闭。要重新启动计数，必须在门控制处生成一个正跳沿。单次计数工作模式的计数情况如图 30 - 25 所示。

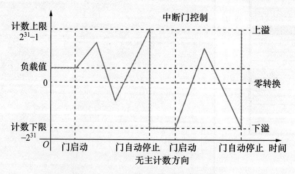

图 30 - 25　单次计数工作模式

3. Count periodically（周期计数）

计数器从 0 或装载值开始向上或向下计数，达到限制值后，计数器将跳至装载值并从该值开始恢复计数。

4. Frequency counting（频率测量）

CPU 在指定的积分时间内对进入脉冲进行计数并将其作为频率值输出。

三、连续计数模式

在图 30-22 中选择连续计数模式后，可对其属性进行具体设置如图 30-26 所示。

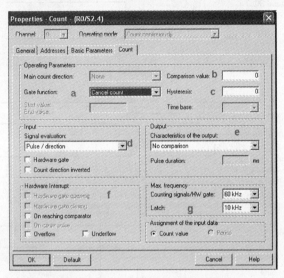

图 30-26　连续计数属性组态

a：门功能。Cancel count：设置为计数取消门操作时，在关闭并重新启动门后将从装载值开始重新开始计数操作。

Stop count：设置为计数中断门操作时，在关闭门后将从最后的实际计数值开始恢复计数。

b：比较值。可通过设定比较值，用检测的高速脉冲实际值与比较值进行比较，从而控制输出口是否动作。

c：滞后。编码器可能停止在某个位置，并且随后在该位置附近"颤动"。在此状态下，计数会围绕一个特定值波动。例如，如果比较值位于该波动范围内，则关联的输出将按照波动的节奏打开和关闭。CPU 配有可分配的滞后，可防止发生微小波动时出现这种切换。

组态滞后的动作如图 30-27 所示。

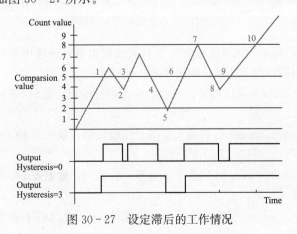

图 30-27　设定滞后的工作情况

d：编码器的信号类型。编码器的信号类型有四种情况，分别是脉冲/方向编码器、旋转编码器（AB相正交，一倍速）、旋转编码器（AB相正交，两倍速）、旋转编码器（AB相正交，四倍速），工作方式分别如图30-28所示。

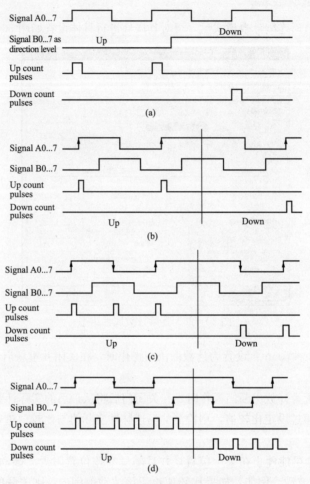

图30-28　编码器的信号类型

（a）Pulse/direction：脉冲/方向编码器；（b）Rotary encoder signal 旋转编码器（A/B相正交），一倍速；

（c）Rotary encoder double：旋转编码器（A/B相正交），两倍速；（d）Rotary encoder quadruplel：

旋转编码器（A/B相正交），四倍速

e：输出点的特性，每个计数通道都有一个对应的输出点，该输出点可以受SFB47/48功能块控制，也可以根据当前计数与比较值的关系进行输出。

No comparision：不依据当前计数与比较值的关系进行输出，此时SFB47的输入 CTRL_DO 和 SET_DO 不起作用。

Count ＞＝comparision value：计数值大于等于比较值时，输出点DO有输出。

注意　必须首先置位控制位 CTRL_DO。

Count ＜＝comparision value：计数值小于等于比较值时，输出点DO有输出。

注意　必须首先置位控制位 CTRL_DO。

Pulse at comparision value：仅计数值等于比较值时，输出点DO有输出。

注意 必须首先置位控制位 CTRL _ DO。

四、频率测量模式

在此操作模式下，CPU 在指定的积分时间内对进入脉冲进行计数并将其作为频率值输出。用户通过调用 SFB 读取频率值，单位是 mHz。其属性窗口如图 30-29 所示。

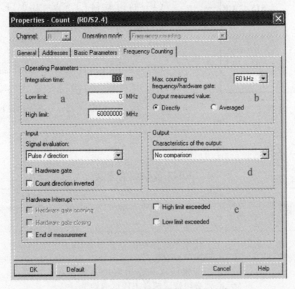

图 30-29 频率测量模式的属性窗口

Integration time：积分时间，在指定的积分时间内执行测量。在积分时间结束后更新测量值。用户可以填入 10~10 000 的整数。

对于直接频率，在积分时间结束时输出"0"值。

对于平均频率，使用最后测量的值除以无正跳沿的测量间隔数。

设定直接频率与平均频率对输出的影响如图 30-30 所示。

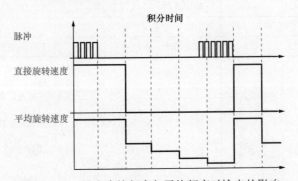

图 30-30 设定直接频率与平均频率对输出的影响

五、编程

CPU31XC 工作在计数和测量两种不同模式下调用的 SFB 系统功能块也不相同，计数模式下调用 SFB47，测量模式下调用 SFB48。

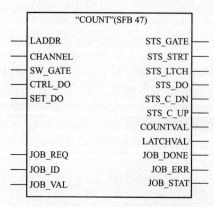

图 30-31 SFB47

1. 计数模式

在程序编辑窗口中，选择 Library→Standard Library→System Function Blocks 中可以找到 SFB47，如图 30-31 所示。

SFB47 可以实现以下功能：

（1）通过软件门 SW_GATE 启动/停止计数器。

（2）启用/控制输出 DO。

（3）读出状态位。

（4）读取当前计数值和锁存器值。

（5）用于读/写内部计数寄存器的作业。

（6）读出当前周期（不与块互连，但仅在背景数据块中可用）。

SFB47 各参数的含义如表 30-9 所示。

表 30-9 SFB47 各参数的含义

	参数	数据类型	在背景数据块中的地址	说　明	值的有效范围	缺省值
输 入	LADDR	WORD	0	在"HW Config"中指定的子模块 IO 地址。 如果输入和输出地址不相同，则必须指定两者中较低的地址		16# 300
	CHANNEL	INT	2	通道号	CPU312C：0~1 CPU313C：CPU 或 313C-2 DP/PtP：0~2 CPU 314C-2 DP/PtP：0~3	0
	SW_GATE	BOOL	4.0	软件门：用于计算器启动/停止	TRUE/FALSE	FALSE
	CTRL_DO	BOOL	4.1	启用输出控制	TRUE/FALSE	FALSE
	SET_DO	BOOL	4.2	输出置位	TRUE/FALSE	FALSE
	JOB_REQ	BOOL	4.3	作业请求（正跳沿）	TRUE/FALSE	FALSE
	JOB_ID	WORD	6	作业号	不带有功能的作业：16#00 写入计数值：16#01 写装载值：16#02 写入比较值：16#04 写入滞后：16#08 写入脉冲持续时间：16#10 读装载值：16#82 读比较值：16#84 读取滞后：16#88 读取脉冲持续时间：16#90	0
	JOB_VAL	DINT	8	写作业的值	$-2^{31} \sim 2^{31}-1$	0

续表

	参数	数据类型	在背景数据块中的地址	说　　明	值的有效范围	缺省值
输 出	STS_GATE	BOOL	12.0	内部门状态	TRUE/FALSE	FALSE
	STS_STRT	BOOL	12.1	硬件门状态（启动输入）	TRUE/FALSE	FALSE
	STS_LTCH	BOOL	12.2	锁存器输入状态	TRUE/FALSE	FALSE
	STS_DO	BOOL	12.3	输出状态	TRUE/FALSE	FALSE
	STS_C_DN	BOOL	12.4	向下计数的状态。 始终指示最后的计数方向。在第一次调用 SFB 之后，STS_C_DN 的值为 FALSE	TRUE/FALSE	FALSE
	STS_C_UP	BOOL	12.5	向上计数的状态。 始终指示最后的计数方向。在第一次调用 SFB 之后，STS_C_UP 的值为 TRUE	TRUE/FALSE	FALSE
	COUNTVAL	DINT	14	当前计数值	$-2^{31} \sim 2^{31}-1$	0
	LATCHVAL	DINT	18	当前锁存器值	$-2^{31} \sim 2^{31}-1$	0
	JOB_DONE	BOOL	22.0	作业已完成，可启动新作业	TRUE/FALSE	TRUE
	JOB_ERR	BOOL	22.1	错误作业	TRUE/FALSE	FALSE
	JOB_STAT	WORD	24	作业错误编号	0～FFFF（十六进制）	0

2. 测量模式

在程序编辑窗口中，选择 Library→Standard Library→System Function Blocks 中可以找到 SFB48，如图 30-32 所示。

SFB48 可以实现如下功能：

（1）通过软件门 SW_GATE 启动/停止。

（2）启用/控制输出 DO。

（3）读出状态位。

（4）读出当前测量值。

（5）用于读取和写入内部频率计数寄存器的作业。

SFB48 各参数的含义如表 30-10 所示。

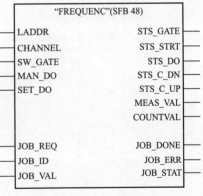

图 30-32　SFB48

表 30-10　　　　　　　　　　SFB48 各参数的含义

	参数	数据类型	在背景数据块中的地址	说　　明	值的有效范围	缺省值
输 入	LADDR	WORD	0	在"HW Config"中指定的子模块 IO 地址。 如果输入和输出地址不相同，则必须指定两者中较低的地址		16# 300

续表

参数	数据类型	在背景数据块中的地址	说　明	值的有效范围	缺省值
输入 CHANNEL	INT	2	通道号	CPU312C：0~1 CPU313C CPU 或 313C－2 DP/PtP：0~2 CPU 314C－2 DP/PtP：0~3	0
SW_GATE	BOOL	4.0	软件门：用于计数器启动/停止	TRUE/FALSE	FALSE
MAN_DO	BOOL	4.1	启动输出手动控制	TRUE/FALSE	FALSE
SET_DO	BOOL	4.2	输出置位	TRUE/FALSE	FALSE
JOB_REQ	BOOL	4.3	作业请求（正跳沿）	TRUE/FALSE	FALSE
JOB_ID	WORD	6	作业号	不带有功能的作业：16♯00 写入下限：16♯01 写入上限：16♯02 写入积分时间：16♯04 读下限：16♯81 读上限：16♯82 读积分时间：16♯84	0
JOB_VAL	DINT	0	写作业的值	$-2^{31} \sim +2^{31}-1$	0
输出 STS_GATE	BOOL	12.0	内部门状态	TRUE/FALSE	FALSE
STS_STRT	BOOL	12.1	硬件门状态（启动输入）	TRUE/FALSE	FALSE
STS_LTCH	BOOL	12.2	锁存器输入状态	TRUE/FALSE	FALSE
STS_DO	BOOL	12.3	输出状态	TRUE/FALSE	FALSE
STS_C_DN	BOOL	12.4	向下计数的状态。 始终指示最后的计数方向。在第一次调用 SFB 之后，STS_C_DN 的值为 FALSE	TRUE/FALSE	FALSE
STS_C_UP	BOOL	12.5	向上计数的状态。 始终指示最后的计数方向。在第一次调用 SFB 之后，STS_C_UP 的值为 TRUE	TRUE/FALSE	FALSE
MEAS_VAL	DLIT	14	当前频率值	$0 \sim 2^{31}-1$	0
COUNTVAL	DLIT	18	当前锁存器值	$-2^{31} \sim 2^{31}-1$	0
JOB_DONE	BOOL	22.0	作业已完成，可启动新作业	TRUE/FALSE	TRUE
JOB_ERR	BOOL	22.1	错误作业	TRUE/FALSE	FALSE
JOB_STAT	WORD	24	作业错误编号	0~FFFF（十六进制）	0

3. 计数程序

当硬件门和软件门打开时（使用软件门控制则仅须软件门打开），计数功能开始进行。用户通过调用 SFB47（48）开始计数（频率测量），例如：

```
CALL COUNT, DB47
LADDR:=W#16#300
CHANNEL:=0
SW_GATE:=M0.0
CTRL_DO:=
SET_DO:=
JOB_REQ:=
JOB_ID:=
JOB_VAL:=
STS_GATE:=
STS_STRT:=
STS_LTCH:=
STS_DO:=
STS_C_DN:=
STS_C_UP:=
COUNTVAL:=MD10
LATCHVAL:=
JOB_DONE:=
JOB_ERR:=
JOB_STAT:=
```

当 M0.0 为 "1" 时，通道 0 开始计数。

LADDR 是通道的逻辑地址，如图 30-33 所示中，选择输入/输出地址中最小的值。

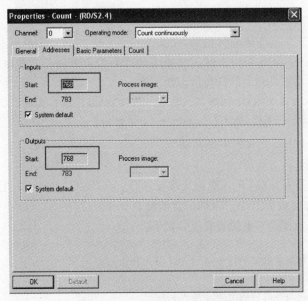

图 30-33　LADDR 地址的确定

4. 置位计数通道的输出点

只有当CTRL_DO（频率测量：MAN_DO）和SET_DO同时为"1"时，对用通道的输出点才会被置位，例如：

```
L16#07
T MB0           //将 M0.0,M0.1,M0.2 置 1


CALL "COUNT",DB47
LADDR:=W#16#300
CHANNEL:=0
SW_GATE:=M0.0
CTRL_DO:=M0.1
SET_DO:=M0.2
JOB_REQ:=
JOB_ID:=
JOB_VAL:=
STS_GATE:=
STS_STRT:=
STS_LTCH:=
STS_DO:=
STS_C_DN:=
STS_C_UP:=
COUNTVAL:=MD10
LATCHVAL:=
JOB_DONE:=
JOB_ERR:=
JOB_STAT:=
```

此时，通道 0 对应的输出点 DO0 会被置位。

5. 在计数模式下，锁存当前计数值

（1）当锁存器输入点从 0 变为 1 时，该瞬间的计数值会被锁存，并由 SFB 的 LATCHVAL 输出，这样便能实现与事件相关的计数值判断功能。

（2）CPU 进行 STOP_RUN 转换后，会将 LATCHVAL 重置为计数器的开始值。

（3）当有锁存信号输入时，SFB 的 STS_LTCH 置位。

（4）锁存信号的上升沿变化触发锁存动作。

6. 执行作业操作

首先要把作业号写入 JOB_ID，作业值写入 JOB_VAL 中，再将一个上升沿信号送到 JOB_REQ 输入，作业操作完成后 JOB_DONE 会被置 1。

下面是一个在计数模式下更新装载值的例子：

```
L 16#02
T MW2           //将写装载值的任务号 16#02 写入 MW2
L 200
T MD4           //将写新的装载值 200 写入 MD4
```

```
L 16#09
                 //置位 M0.0,M0.3
T MW2
CALL COUNT,DB47
LADDR:=W#16#300
CHANNEL:=0
SW_GATE:=M0.0
CTRL_DO:=
SET_DO:-
JOB_REQ:=M0.3
JOB_ID:=MW2
JOB_VAL:=MD4
STS_GATE:=
STS_STRT:=
STS_LTCH:=
STS_DO:=
STS_C_DN:=
STS_C_UP:=
COUNTVAL:=MD10
LATCHVAL:=
JOB_DONE:=M20.0
JOB_ERR:=
JOB_STAT:=
```

第六节　CPU31XC 对电动机的转速检测

假如把一旋转编码器的 A 相脉冲信号输入到 CPU314C-2DP 中，来检测电动机的转速。利用 CPU314C-2DP 中集成的高速计数通道进行频率检测。把编码器的 A 相脉冲信号接到 CPU 的 X2 的 2 号端子（对应通道 0）上，如图 30-34 所示。

一、硬件组态

硬件组态如图 30-35 所示，组态了一个 CPU314C-2DP 的 CPU，集成有高速输入功能。双击 Count，出现其属性组态窗口，如图 30-36 所示。

在图 30-36 中，把工作模式设置为频率测量（Frequency counting），并单击 Frequency counting 选项卡，按如图 30-37 进行设置。

从 Addresses 选项卡中可查到通道的逻辑地址 LADDR 为 768，如图 30-38 所示。

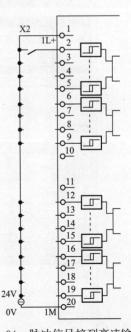

图 30-34　脉冲信号接到高速输入口

575

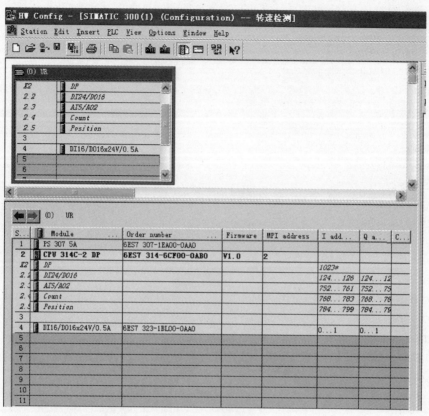

图 30 - 35　硬件组态

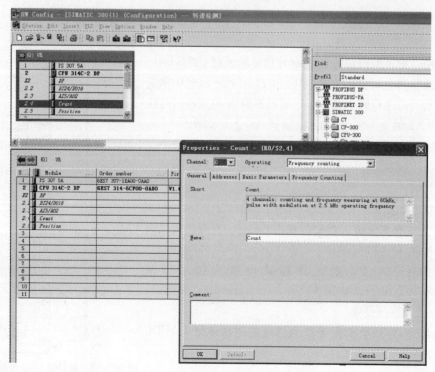

图 30 - 36　Count 属性窗口

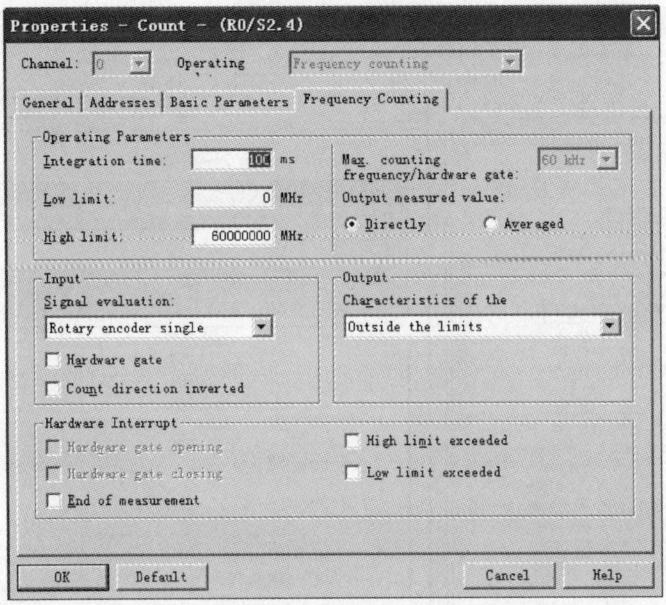

图 30-37　频率测量的组态

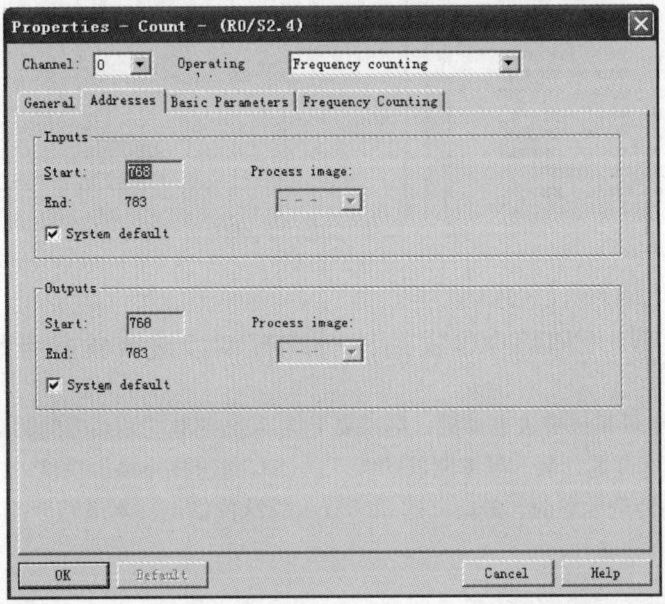

图 30-38　逻辑地址

二、编程

硬件组态好之后，在主程序 OB1 中调用库中的 SFB41，并定义背景数据块 DB1。SFB48 的调用如图 30-39 所示。

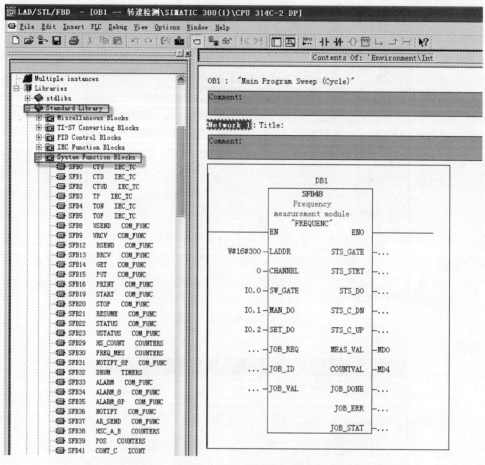

图 30 - 39　SFB48 的调用

第七节　CPU31XC 发高速脉冲控制步进或伺服电动机

PLC 控制伺服电动机或步进电动机，都需要 PLC 发高速脉冲到相应的驱动器来进行控制。

S7 - 300C 集成有高速计数、频率测量功能，另还有高速脉冲输出功能。以 CPU314C 为例，读 CPU 集成有 4 路完全独立的、最高可达 2.5kHz 的脉冲输出。本节将介绍 S7－300C 中集成的脉宽调制功能发高速脉冲。

一、组态脉冲输出参数

新建一个 STEP7 项目，硬件组态中组态一下 CPU314C - 2DD 的 CPU，如图 30 - 40 所示。双击 Count，出现其属性窗口。把工作模式设为 Pulse-width modulation，如图 30 - 41 所示。

在 Pulse-width modulation 选项卡中设定如图 30 - 42 所示的参数。

输入格式分为 Per mil 或 S7 analog。

(1) Per mil 格式：Pulse duration - Outp _ val/1000 * Perod duration。

(2) S7 analog 格式：Pulse duration - Outp _ val/27648 * Period duration。

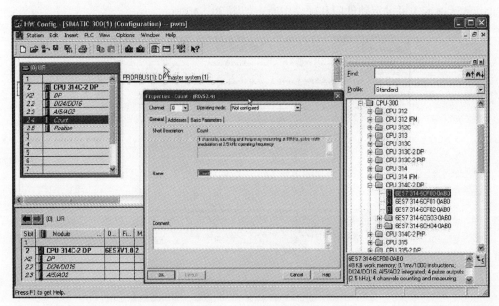

图 30-40 硬件组态

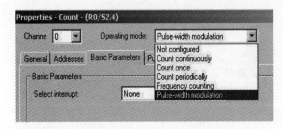

图 30-41 选择操作模式为 Pulse-width modulation

图 30-42 操作参数的设定

输出位的动作跟以上参数有关，其动作如图 30-43 所示。

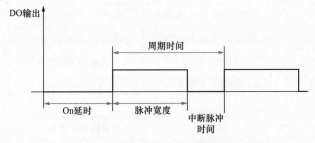

图 30-43 输出位的动作与参数设定相关

硬件门和中断设置如下：

（1）硬件门，用模块所带输入点触发脉冲输出，相比软件门，硬件门用于更精确的要求。

（2）产生中断调用 OB40（必须在 basic parameters 选择中断或诊断＋中断）可选择硬件门开中断。

选中 Basic Parameters 选项卡，如图 30-44 所示，可对选择中断进行组态。在 Pulse-width

modulation 选项卡中可设定硬件门和硬件中断，如图 30 - 45 所示。

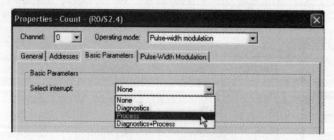

图 30 - 44　中断的设置

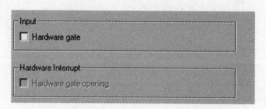

图 30 - 45　硬件门和硬件中断的设置

二、接线

示例使用的是通道 0，参考下面的针脚定义接线。

注意　如果通道激活了脉宽调制功能，那么该通道的第二个输入点不能用来接其他输入信号，最好也不要接线。如示例中 Dl＋0.1 点就是如此。

CPU314 - 2DP、PN/DP、PtP（连接器 X2）的针脚分配的表 30 - 11 所示。

表 30 - 11 针 脚 分 配

连接	名称/地址	计数	频率测量	脉冲宽度调制
1	1L+	输入的 24V 电源		
2	DL＋0.0	通道 0：轨迹 A/脉冲	通道 0：轨迹 A/脉冲	
3	DL＋0.1	通道 0：轨迹 B/方向	通道 0：轨迹 B/方向	0/不使用
4	DL＋0.2	通道 0：硬件门	通道 0：硬件门	通道 0：硬件门
16	DL＋1.4	通道 0：锁存器		
20	1M	接地		
21	2L+	输出的 24V 电源		
22	DO＋0.0	通道 0：输出	通道 0：输出	通道 0：输出
30	2M	接地		

三、编程

在编程界面左侧的库文件中找到系统函数块 SFB49，并在 OB1 中调用。

如图 30 - 46 所示。

在 OB1 中调用 SFB49 的主程序如图 30-47 所示。

图 30-46 SFB49 的调用

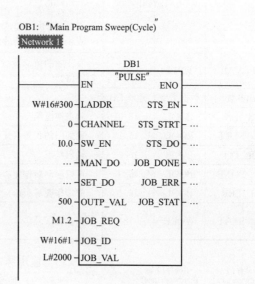

图 30-47 主程序

本例中在硬件组态时，设置的脉冲周期为 1s，脉冲宽度为 $500/1000 \times 1s = 0.5s$ 当 M1.1 为 1 时输出脉冲。M1.2 为 1 时，周期时间改变为 2s，这时脉冲宽度变为 $500/1000 \times 2s = 1s$，如果 CPU 掉电，则恢复在硬件组态里的值，周期时间为 1s。

关于 SFB49 块的参数说明如表 30-12 所示。

表 30-12   SFB49 块的参数说明

输入参数	数据类型	地址 DB	说明	取值范围	默认值
LADDR	WORD	0	子模块的 I/O 地址，由用户在"HW 配置"中指定。如果 I 和 Q 地址不相等，则必须指定二者中较低的一个	CPU 专用	W#16#300
CHANNEL	INT	2	指定的通道号 CPU312C：0~1 CPU313C：0~2 CPU314C：0~3		0
SW_EN	BOOL	4.0	软件门：控制脉冲输出	TRUE/FALSE	FALSE
MAN_DO	BOOL	4.1	手动输出控制使能	TRUE/FALSE	FALSE
SET_DO	BOOL	4.2	控制输出	TRUE/FALSE	FALSE
OUTP_VAL	INT	6.0	输出值设置 输出格式为 Per mil 时： 0~1000 输出格式位为 S7 analog value 时：0~27 648	0~1000 0~27 648	0

续表

输入参数	数据类型	地址 DB	说明	取值范围	默认值
JOB_REQ	BOOL	8.0	作业初始化控制端（上升沿有效）	TRUE/FALSE	FALSE
JOB_ID	WORD	10	作业号 W#16#0=无功能作业 W#16#1=写周期 W#16#2=写延时时间 W#16#4=写最小脉冲周期 W#16#81=读周期 W#16#82=读延时时间 W#16#84=读最小脉冲周期	W#16#0 W#16#1 W#16#2 W#16#4 W#16#81 W#16#82 W#16#84	W#16#0
JOB_VAL	DINT	12	写作业的值（设置值乘以时基为实际时间值）	$-2^{31}\sim+2^{31}-1$	L#0
输出参数	数据类型	地址 DB	说明	取值范围	缺省值
STS_EN	BOOL	16.0	状态使能端	TRUE/FALSE	FALSE
STS_STRT	BOOL	16.1	硬件门的状态（开始输入）	TRUE/FALSE	FALSE
STS_DO	BOOL	16.2	输出状态	TRUE/FALSE	FALSE
JOB_DONE	BOOL	16.3	可以启动新作业	TRUE/FALSE	TRUE
JOB_ERR	BOOL	16.4	故障作业	TRUE/FALSE	FALSE
JOB_STAT	WORD	18	作业错误号	W#16#0000~ W#16#FFFF	W#16#0

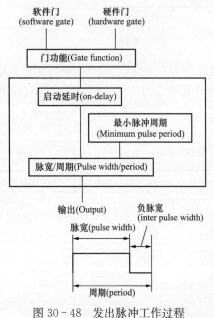

图 30-48 发出脉冲工作过程

输出脉冲的工作过程如图 30-48 所示。如果设置了硬件门，则需硬件门和软件门同时为 ON，才可发出脉冲。如果没有设置硬件门，则软件门为 ON 就可发出脉冲。

单独使用软件门控制时，在硬件设置时，不能启用硬件门（hardware gate）控制。此时，高频脉冲输出单独由软件门 SW_EN 端控制，即 SW_EN 端为"1"时，脉冲输出指令开始执行（延时指定时间后输出指定周期和脉宽的高频脉冲），当 SW_EN 端为"0"时，高频脉冲停止输出。

采用硬件门和软件门同时控制时，需要在硬件设置中，启用硬件门控制。当软件门的状态先为"1"，同时在硬件门有一个上升沿时，将启动内部门功能，并输出高频脉冲（延时指定时间输出高频脉冲）。当硬件门的状态先为"1"，而软件门的状态后变为"1"，则门功能不启动，若软件的状态保持"1"，同时在硬件门有一个下降沿发生，也能启动门功能，输出高频脉冲。当软件门的状态变为"0"，无论硬件门的状态如何，将停止脉冲输出。

参数 JOB_ID：为作业号。

作业号决定了具体的作业事件，例如，如果想修改脉冲周期则可指定 JOB_ID 号为 W#16#1，如果想修改延时时间则可指定 JOB_ID 的参数为 W#16#2。如果想读取周期，则指定 JOB_ID 号为 W#16#81。在系统功能 SFB49 的背景数据块中，有一个静态变量：JOB_OVAL，变量类型为双整数，SFB49进行读作业操作时，将把读取的值放在这一区域，用户可访问这一区域得到高频脉冲相关参数的值。

第八节 西门子触摸屏如何向S7-300/400设定S5定时时间

有些项目中需要在人机界面HMI中去设定S7-300/400 PLC中的定时器的时间设定值。需S7-300/400 PLC定时器的时间设定的数据类型为S5T的时间数据类型，但在西门子的触摸屏中没有这种数据类型，只有时间数据类型。

这种情况下，就必须在PLC中编写程序对时间数据类型进行转换，转换成S5T的时间数据类型，才可对定时器的设定值进行设置。

一、PLC编程

本程序需要用到时间数据类型转换成S5T时间类型的功能FC40。

FC40 TIM_S5TI IEC的调用如图30-49所示，主程序OB1如图30-50所示，其中MD0中设置的时间为IEC Time时间格式，经FC40转换后MW10中得到的是S5T时间格式。

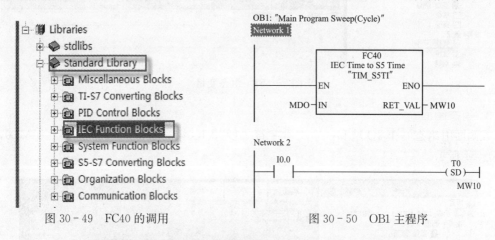

图30-49　FC40的调用　　　　　　图30-50　OB1主程序

图30-51所示为程序执行的仿真效果。

图30-51　程序仿真效果

二、触摸屏项目组态

1. 组态连接

先组态一个PLC的连接，如图30-52所示，组态了一个连接名为"连接_1"的S7-300 PLC。

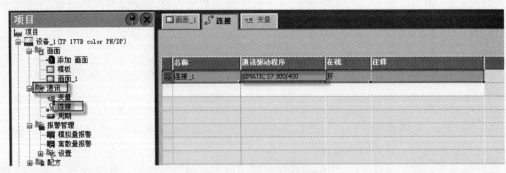

图 30-52　组态连接

2. 组态变量

组态一个变量，数据类型为"时间"，对应的地址为 MD0，如图 30-53 所示。

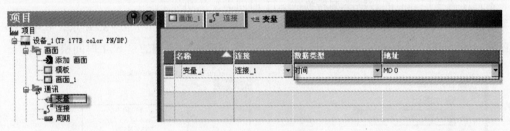

图 30-53　组态变量

3. 组态画面

在画面中组态一下 IO 域和一个文本字符"秒"，IO 域显示对应的变量地址为 MD0，如图 30-54 所示。

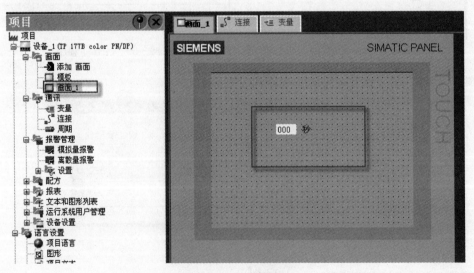

图 30-54　组态画面

通过以上组态操作，即可实现在人机界面 HMI 中设定 S7-300/400 PLC 中的定时器的时间设定值。

第五部分

触 摸 屏

第三十一章 西门子 HMI 与 WinCC flexible 介绍

第一节 人机界面概述

一、人机界面的基本概念

人机界面装置是操作人员与 PLC 之间双向沟通的桥梁，很多工业被控对象要求控制系统具有很强的人机界面功能，用来实现操作人员与计算机控制系统之间的数据交换。人机界面装置用来显示 PLC 的 I/O 状态和各种系统信息，接收操作人员发出的各种命令和设置的参数，并将它们传送到 PLC。

人机界面（Human Machine Interface）又称为人机接口，简称为 HMI。从广义上说，HMI 泛指计算机与操作人员交换信息的设备。在控制领域，HMI 一般特指用于操作人员与控制系统之间进行对话和相互作用的专用设备。

人机界面是按工业现场环境应用来设计的，正面的防护等级为 IP65，背面的防护等级为 IP20，坚固耐用，其稳定性和可靠性与 PLC 相当，能在恶劣的工业环境中长时间连续运行，因此人机界面是 PLC 的最佳搭档。

人机界面可以承担下列任务：

（1）过程可视化。在人机界面上动态显示过程数据（即 PLC 采集的现场数据）。

（2）操作员对过程的控制。操作员通过图形界面来控制过程。如操作员可以用触摸屏画面上的输入域来修改系统的参数，或者用画面上的按钮来启动电动机等。

（3）显示报警。过程的临界状态会自动触发报警，如当变量超出设定值时。

（4）记录功能。顺序记录过程值和报警信息，用户可以检索以前的生产数据。

（5）输出过程值和报警记录。如可以在某一轮班结束时打印输出生产报表。

（6）过程和设备的参数管理。将过程和设备的参数存储在配方中，可以一次性将这些参数从人机界面下载到 PLC，以便改变产品的品种。

在使用人机界面时，需要解决画面设计和通信的问题。人机界面生产厂家用组态软件很好地解决了以上两个问题，组态软件使用方便、易学易用。使用组态软件可以很容易地生成人机界面的画面，还可以实现某些动画功能。人机界面用文字或图形动态地显示 PLC 中开关量的状态和数字量的数值，通过各种输入方式，将操作人员的开关量命令和数字量设定值传送到 PLC。

二、人机界面的分类

现在的人机界面几乎都使用液晶显示屏，小尺寸的人机界面只能显示数字和字符，称为文本显示器，大一些的可以显示点阵组成的图形。显示器颜色有单色、8 色、16 色、256 色或更多的颜色。

1. 文本显示器

文本显示器（Text Display，TD）是一种价格便宜的单色操作员界面，一般只能显示几行数字、字母、符号和文字。

图 31-1　文本显示器 TD200

西门子的 TD200（见图 31-1）和 TD200C 与小型的 S7-200PLC 配套使用，可以显示两行信息，每行 20 个数字或字符，或每行显示 10 个汉字。

2. 操作员面板

西门子的操作员面板（Operator Panel，OP），使用液晶显示器和薄膜按键，有的操作员面板的按键多达数十个。操作员面板的面积大，直观性较差。图 31-2 所示是西门子的操作员面板 OP270。

3. 触摸屏

西门子的触摸屏面板（Touch Panel，TP），一般俗称为触摸屏（见图 31-3），触摸屏是人机界面的发展方向。可以由用户在触摸屏的画面上设置具有明确意义和提示信息的触摸式按键，触摸屏的面积小，使用直观方便。

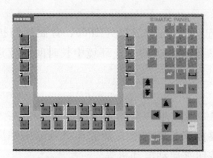

图 31-2　操作员面板 OP270

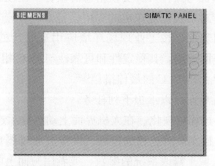

图 31-3　触摸屏 TP270

三、触摸屏原理

触摸屏是一种最直观的操作设备，只要用手指触摸屏幕上的图形对象，计算机便会执行相应的操作。人的行为和机器的行为变得简单、直接、自然，达到完美的统一。用户可以用触摸屏上的文字、按钮、图形和数字信息等，来处理或监控不断变化的信息。

触摸屏是一种透明的绝对定位系统，首先它必须是透明的，透明问题是通过材料技术来解决的。其次是它能给出手指触摸处的绝对坐标，绝对坐标系统的特点是每一次定位的坐标与上一次定位的坐标没有关系，触摸屏在物理上是一套独立的坐标定位系统，每次触摸的位置转换为屏幕上的坐标。

触摸屏系统一般包括两个部分：检测装置和控制器。触摸屏检测装置安装在显示器的显示表面，用于检测用户的触摸位置，再将该处的信息传送给触摸屏控制器。控制器的主要作用是接收来自触摸点检测装置的触摸信息，并将它转换成触点坐标，判断出触摸的意义后送给PLC。它同时能接收PLC发来的命令并加以执行，如动态地显示开关量和模拟量等。

第二节　人机界面的功能

人机界面最基本的功能是显示现场设备（通常是PLC）中开关量的状态和寄存器中数字变量的值，用监控画面向PLC发出开关量命令，并修改PLC寄存器中的参数。

1. 对监控画面组态

"组态"一词有配置和参数设置的意思。人机界面用个人计算机上运行的组态软件来生成满足用户要求的监控画面，用画面中的图形对象来实现其功能，用项目来管理这些画面。

使用组态软件可以很容易地生成人机界面的画面，用文字或图形动态地显示PLC中的开关量的状态和数字量的数值。通过各种输入方式，将操作人员的开关量命令和数字量设定值传送到PLC。画面的生成是可视化的，一般不需要用户编程，组态软件的使用简单方便，且容易掌握。

在画面中生成图形对象后，只需要将图形对象与PLC中的存储器地址联系起来，就可以实现控制系统运行时PLC与人机界面之间的自动数据交换。

2. 人机界面的通信功能

人机界面具有很强的通信功能，配备有多个通信接口，可使用各种通信接口和通信协议，人机界面能与各主要生产厂家的PLC通信，还可以与运行组态软件的计算机通信。通信接口的个数和种类与人机界面的型号有关。用得最多的是RS-232C和RS-422/485串行通信接口，有的人机界面配备有USB或以太网接口，有的可以通过调制解调器进行远程通信。西门子人机界面的RS-485接口可以使用MPI/PROFIBUS-DP通信协议。有的人机界面还可以实现一台触摸屏与多台PLC通信，或多台触摸屏与一台PLC通信。

3. 编译和下载项目文件

编译项目文件是指将建立的画面及设置的信息转换成人机界面可以执行的文件。编译成功后，需要将组态计算机中的可执行文件下载到人机界面的FlashEPROM（闪存）中，这种数据传送称为下载。为此首先应在组态软件中选择通信协议，设置计算机侧的通信参数，同时还应通过人机界面上的DIP开关或画面上的菜单设置人机界面的通信参数。

4. 运行阶段

在控制系统运行时，人机界面和PLC之间通过通信来交换信息，从而实现人机界面的各种功能。不需要为PLC或人机界面的通信编程，只需要在组态软件中和人机界面中设置通信参数，就可以实现人机界面与PLC之间的通信了。

第三节　西门子人机界面设备简介

西门子的手册将人机界面设备简称为HMI设备，有时也简称为面板（Panel），如触摸面板（Touch Panel，TP）、操作员面板（Operator Panel，OP）和多功能面板（Multi Panel，MP）。

西门子有品种丰富的人机界面产品，如TD17、OP3、OP7、OP17、OP170B、OP70、

TP270、TP170B、MP270B、MP370 等，WinCC flexible 几乎可以为该公司所有的 HMI 设备组态。

一、文本显示器与微型面板

1. 文本显示器

（1）TD200。文本显示面板又叫文本显示器，只能显示数字、字符和汉字，不能显示图形。

文本显示器 TD200（如图 31-1）是为 S7-200 量身定做的小型监控设备，用 S7-200 的编程软件 STEP7-Micro/WIN 来组态。

TD200 通过 S7-200 供电，显示 2 行，每行 20 个字符或 10 个汉字，有 4 个可编程的功能键，5 个系统键，DC 24V 电源的额定电流为 120mA。

（2）TD200C。TD200C 见图 31-4 所示，它具有标准 TD200 的基本操作功能，另外还增加了一些新的功能。TD200C 为用户提供了非常灵活的键盘布置和面板设计功能。用 S7-200 的编程软件 STEP7-Micro/WIN 来组态。

（3）TD400C。TD400C（见图 31-5）是新一代文本显示器，完全支持西门子 S7-200PLC，4 行中文文本显示，与 S7-200PLC 通过 PPI 高速通信，速率可达到 187.5kb/s，STEP7-Micro/WIN 4.0SP4 中文版组态，HMI 程序存储于 PLC，无需单独下载，便于维护。

图 31-4　文本显示器 TD200C　　　　　图 31-5　TD400C

2. 微型面板

TP070、TP170micro、TP177micro 和 K-TP178micro 都是专门用于 S7-200 的 5.7in 的 STL-LCD，4 种蓝色色调，有 CCFL 背光，320×240 像素，通信接口均为 RS-485。支持的图形对象有位图、图标或背景图片，有软件实时时钟，可以使用的动态对象为棒图，如图 31-6～图 31-9 所示。

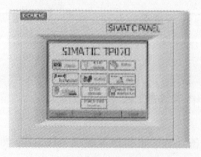

图 31-6　TP070　　　　　　　图 31-7　TP170micro

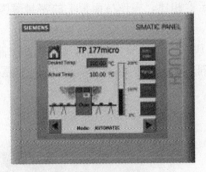

图 31-8　TP178micro

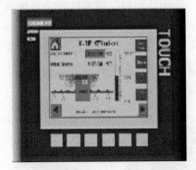

图 31-9　K-TP178micro

二、触摸屏与移动面板

触摸面板（触摸屏）包括 TP170A、TP170B 和 TP270，分别如图 31-5～图 31-7 所示。它们都使用 Microsoft Windows CE3.0 操作系统。可用于 S7 系列 PLC 和其他主要生产厂家的 PLC，用组态软件 WinCC flexible 来组态。它们有 5 种在线语言，可以使用 MPI/PROFIBUS-DP 通信协议。

1. 触摸屏

TP170A 是用于 S7 系列 PLC 的简单任务的经济型触摸屏，采用 5.7in 蓝色 STN-LCD，4 级灰度，支持位图、图标和背景图画，动态对象有棒图，有一个 RS-232 接口和一个 RS-422/485 接口。

TP170B 采用 5.7in、蓝色或 16 色 STN-LCD，有 2 个 RS-232 接口、1 个 RS-422/485 接口和 1 个 CF 卡插槽，支持位图、图标、背景图画和矢量图形对象，动态对象有图表、柱形图和隐藏按钮，有配方功能。

TP270 采用 5.7in 或 10.4in256 色 STN 触摸屏，通过改进的显示技术，提高了亮度。可以通过 CF 卡、MPI 和可选的以太网接口备份或恢复。可以远程下载/上载组态和硬件升级。有 2 个 RS-232 接口、1 个 RS-422/485 接口和 1 个 CF 卡插槽，可以通过 USB、RS-232 串口和以太网接口驱动打印机。

TP270 和 OP270 可以使用标准的 Windows 数据存储格式（*.csv），用标准工具软件（如 Excel）处理保存的数据。

2. 移动面板

在大型生产工厂、复杂或隔离系统、长传送线和生产线，以及材料处理的应用中，使用移动面板进行对象的监控具有明显的优势，调试工程师或操作员使用它，可以在现场监视设备的工作过程，直接进行控制。其调试时间短、调试准确，有助于减少更新、维护和故障检测的停机时间。

移动面板 MobilePanel170 是基于 WindowsCE 操作系统的移动 HMI 设备，它有一个串口和一个 MPI/PROFIBUS-DP 接口，两个接口都可以用于传送项目，具有棒图、趋势图、调度器、打印、带缓冲的报警和配方管理功能，用 CF 卡备份配方数据和项目。如图 31-10 所示为 MobilePanel170 移动面板。

3. 操作员面板

操作员面板 OP3、OP7、OP77B、OP17、OP170B 和 OP270 通过密封薄膜键进行操作、控制与监视。操作员面板有很多按键，与触摸屏显示器相比，操作员面板上的密封薄膜键比较耐油污。

OP3（见图31-11）是为小型程序和S7系列PLC而设计的，也可以用作掌上设备，液晶显示器有背光LED，可显示2行，每行20个字符，有18个系统键，其中3个是软键，用ProTool/Lite组态。

图31-10 MobilePanel170

图31-11 OP3

OP7（见图31-12）可以用多种方法与不同的PLC连接，液晶显示器有背光LED，可显示4行，每行20个字符，有22个系统键，8个用户自定义的软键，用ProTool/Lite组态。

OP77B（见图31-13）是全新小型、高性价比的操作员面板，是OP7的升级产品，安装开口尺寸与OP7相同。在拥有OP7优点的同时，还集成有一个4.5in的图形显示屏，可以显示位图或棒图，字符可以缩放。OP77B有8个功能键，23个系统键。配置有多种通信接口，可以通过RS-232、USB或PROFIBUS-DP/MPI接口连接组态的计算机，可以与西门子等PLC通信，USB接口可以连接打印机。可以用多媒体卡扩展存储空间，储存和重新装载项目组态，以及存储配方，可以进行数据存储。

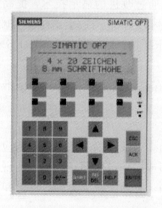

图31-12 OP7

图31-13 OP77B

OP17（见图31-14）有背光LED，显示8行，每行40个字符，有22个系统键，24个用户自定义功能键，其中16个是软键，用ProTool/Lite组态。

OP170B（见图31-15）基于Windows CE操作系统，采用320×240像素，5.7in的蓝色STN-LCD，有24个功能键，其中18个带LED。有两个RS-232接口、一个RS-422/485接口和一个CF卡插槽，可以连接其他品牌的PLC。它支持位图、图标、背景图形和矢量图形对象，动态对象有图表、柱形图和隐藏按钮，具有配方功能。

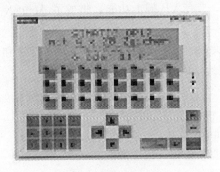

图 31-14 OP17

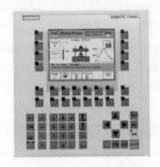

图 31-15 OP170B

OP270（见图 31-2）使用 5.7in 或 10.4in256 色 STN-LCD，用键盘操作，可以通过 CF 卡、MPI、USB 和可选的以太网接口备份或恢复，可以远程下载/上载组态和硬件升级。集成的 USB 接口可以接键盘、鼠标、打印机和读码器等。有两个 RS-232 接口、一个 RS-422/485 接口和一个 CF 卡插槽。

4. 多功能面板

多功能面板（Multi Panel，MP）是性能最高的人机界面，高性能、具有开放性和可扩展性是其突出特点。它采用 Windows CEV3.0 操作系统，用 WinCC flexible 组态，用于高标准的复杂机器的可视化，可以使用 256 色矢量图形显示功能、图形库和动画功能。它有过程值和信息归档功能、曲线图功能和在线语言选择功能。如图 31-16 所示为 MP370 多功能触摸面板。

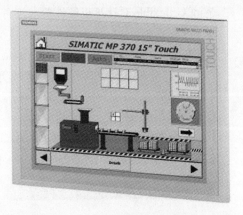

图 31-16 MP370 多功能触摸面板

MP 系列多功能面板有两个 RS-232 接口、RS-422/485 接口、USB 接口和 RJ45 以太网接口，RS-485 接口可以使用 MPI、PROFIBUS-DP 协议，还可以通过各种通信接口传送组态。而距离较长时可以用调制解调器、SIMATIC Tele Service 或 Internet，通过 WinCC flexible 的 Smart Service 进行传输。此外它还有 PC 卡插槽和 CF 卡插槽。

第四节 WinCC flexible 简介

一、WinCC flexible 概述

1. ProTool 与 WinCC flexible

西门子的人机界面以前使用 ProTool 组态，SIMATIC WinCC flexible 是在被广泛认可的 ProTool 组态软件上发展起来的，并且与 ProTool 保持了一致性。ProTool 适用于单用户系统，WinCC flexible 可以满足各种需求，从单用户、多用户到基于网络的工厂自动化控制与监视。大多数 SIMATICHMI 产品可以用 ProTool 或 WinCC flexible 组态，某些新的 HMI 产品只能用

WinCC flexible 组态。我们可以非常方便地将 ProTool 组态的项目移植到 WinCC flexible 中。

WinCC flexible 具有开放简易的扩展功能，带有 VB 脚本功能，集成了 ActiveX 控件，可以将人机界面集成到 TCP/IP 网络。

WinCC flexible 带有丰富的图库，提供了大量的对象供用户使用，其缩放比例和动态性能都是可变的。使用图库中的元件，可以快速方便地生成各种美观的画面。

2. WinCC flexible 的改进

WinCC flexible 改进后的特点如下：

（1）可以通过以太网与 S7 系列 PLC 和 WinAC 连接。

（2）对象库中的屏幕对象可以任意定义并重新使用，集中修改。

（3）画面模板用于创建画面的共同组成部分。

（4）智能工具。用于创建项目的项目向导、画面分层和运动轨迹和图形组态。

（5）具有数字信息和模拟信息的信息报警系统。

（6）可以任意定义信息类别，可以对响应行为和显示进行组态。

（7）可以在 5 种语言之间切换。

（8）扩展的密码系统。通过用户名和密码进行身份认证，最多有 32 个用户组特定权限。

（9）通过使用 VB 脚本来动态显示对象，以访问文本、图形或条形图等屏幕对象属性。

3. 安装 WinCC flexible 的计算机推荐配置

WinCC flexible 对计算机硬件要求较高，推荐配置如下：

（1）操作系统，Windows 2000 SP4 或 Windows XP Professional。

（2）Internet 浏览器，Microsoft Internet Explorer V6.0 SP1/SP2。

（3）图形/分辨率，1028×768 像素或更高，256 色或更多。

（4）处理器，1.6GHz 及以上的处理器。

（5）内存，1GB 以上。

（6）硬盘空闲空间，1.5GB 以上。

（7）PDF 文件的显示，Adobe Acrobat Reader5.0 或更高版本。

二、WinCC flexible 操作界面

1. 菜单和工具栏

菜单和工具栏是大部分软件应用的基础，通过操作了解菜单中的各种命令和工具栏中各个按钮很重要。与大部分软件一样，菜单中浅灰色的命令和工具栏中浅灰色的按钮在当前条件下不能使用。如只有在执行了"编辑"菜单中的"复制"命令后，"粘贴"命令才会由浅灰色变成黑色，表示可以执行该命令。

2. 项目视图

图 31-17 中左上角的窗口是项目视图，包含了可以组态的所有元件。生成项目时自动创建了一些元件，如名为"画面 1"的画面和画面模板等。

项目中的各组成部分在项目视图中以树形结构显示，分为 4 个层次：项目、HMI 设备、文件夹和对角。项目视图的使用方式与 Windows 的资源管理器相似。

作为每个编辑器的子元件，用文件夹以结构化的方式保存对象。在项目窗口中，还可以访问 HMI 设备的设置、语言设置和版本管理。

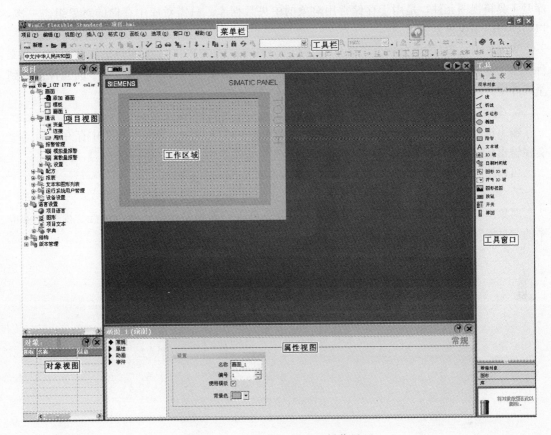

图 31-17 WinCC flexible 操作界面

3. 工作区

用户在工作区编辑项目对象，除了工作区之外，可以对其他窗口（如项目视图和工具箱等）进行移动、改变大小和隐藏等操作。工作区上的编辑器标签处最多可以同时打开 20 个编辑器。

4. 属性视图

属性视图用于设置在工作区中选取的对象的属性，输入参数后按回车键生效。属性窗口一般在工作区的下面。

在编辑画面时，如果未激活画面中的对象，在属性对话框中将显示该画面的属性，可以对画面的属性进行编辑。

5. 工具箱中的对象

工具箱中可以使用的对象与 HMI 设备的型号有关。

工具箱包含过程画面中需要经常使用的各种类型的对象。如图形对象或操作员控制元件，工具箱还提供许多库，这些库包含许多对象模板和各种不同的面板。

可以用"视图"中的"工具"命令显示或隐藏工具箱视图。

根据当前激活的编辑器，"工具箱"包含不同的对象组。打开"画面"编辑器时，工具箱提供的对象组有简单对象、增强对象、图形和库。不同的人机界面可以使用的对象也不同。简单对角中有线、折线、多边形、矩形、文本域、图形视图、按钮、开关、IO 域等对象。增强对象提供增强的功能，这些对象的用途之一是显示动态过程，如配方视图、报警视图和趋势图等。

库是工具箱视图元件，是用于存储常用对象的中央数据库。只需对库中存储的对象组态一次，以后便可以多次重复使用。

WinCC flexible 的库分为全局库和项目库。全局库存放在 WinCC flexible 的安装上的一个文件夹中，全局库可用于所有的项目，它存储在项目的数据库中，可以将项目库中的元件复制到全局库中。

6. 输出视图

输出视图用来显示在项目投入运行之前自动生成的系统报警信息，如组态中存在的错误等会在输出视图中显示。

可以用"视图"菜单中的"输出"命令来显示或隐藏输出视图。

7. 对象视图

对象窗口用来显示在项目视图中指定的某些文件夹或编辑器中的内容，执行"视图"菜单中的"对象"命令，可以打开或关闭对象视图。

第三十二章

触摸屏快速入门

本章首先介绍了触摸屏中变量的定义。为了帮助用户能在最短的时间内对西门子触摸屏组态有一个全面的认识和了解，本章将通过组态一个简单项目，进行模拟运行与监视。

第一节　变　　量

一、变量的分类

变量（Tag）分为外部变量和内部变量，每个变量都有一个符号名和数据类型。

外部变量是人机界面与 PLC 进行数据交换的桥梁，是 PLC 中定义的存储单元的映像，其值随 PLC 程序的执行而改变。可以在 HMI 设备和 PLC 中访问外部变量。

内部变量存储在 HMI 设备的存储器中，与 PLC 没有连接关系，只有 HMI 设备能访问内部变量。内部变量用于 HMI 设备内部的计算或执行其他任务。内部变量用名称来区分，没有地址。

二、变量的数据类型

WinCC flexible 软件中可定义的变量的基本数据类型有字符、字节、有符号整数、无符号整数、长整数、无符号长整数、实数（浮点数）、双精度浮点数、布尔（位）变量、字符串及日期时间，如表 32-1 所示。

表 32-1　　　　　　　　　　变量的基本数据类型

变量类型	符号	位数（bit）	取值范围
字符	Char	8	—
字节	Byte	8	0～255
有符号整数	Int	16	−32 768～32 767
无符号整数	Unit	16	0～65 535
长整数	Long	32	−2 147 483 648～2 147 483 647
无符号长整数	Ulong	32	0～4 294 967 295
实数（浮点数）	Float	32	±1.175 495e−38～±3.402 823e+38
双精度浮点数	Double	64	—

续表

变量类型	符号	位数（bit）	取值范围
布尔（位）变量	Bool	1	True（1）、False（0）
字符串	String	—	—
日期时间	DateTime	64	日期/时间

第二节 组态一个简单项目

本节通过一个简单的例子来说明如何建立和编辑 WinCC flexible 项目。使用 WinCC flexible 建立一个项目一般包括以下几个步骤。

(1) 启动 WinCC flexible。

(2) 建立项目。

(3) 建立通信连接。

(4) 组态变量。

(5) 画面组态。

(6) 仿真或下载运行。

下面在 WinCC flexible 上组态一个如图 32-1 所示的画面，要求按下启动按钮时指示灯变成红色，按下停止按钮时指示灯变成灰色。

一、启动 WinCC flexible 创建项目

启动 WinCC flexible，单击"开始"→"所有程序"→SIMATIC→WinCC flexible 2007→WinCC flexible 或双击桌面上的快捷图标，如图 32-2 所示，打开 WinCC flexible。

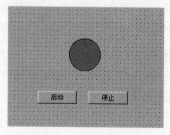

图 32-1 简单项目画面

图 32-2 图标

打开 WinCC flexible 软件后，出现如图 32-3 所示界面，选择"创建一个空项目"，进入如图 32-4 所示画面，在该画面里可选择 HMI 型号。按图 32-5 所示选择型号为 TP177BcolorPN/DP 的 HMI，然后单击"确定"按钮，进入如图 32-6 所示画面。

二、变量组态

创建项目后，如果 HMI 要与 PLC 之间进行数据交换，则下一步是组态建立通信连接。本项目免去了与 PLC 交换的数据，所以下一步就进入变量的组态。下面组态一个 Bool 型的内部变量。

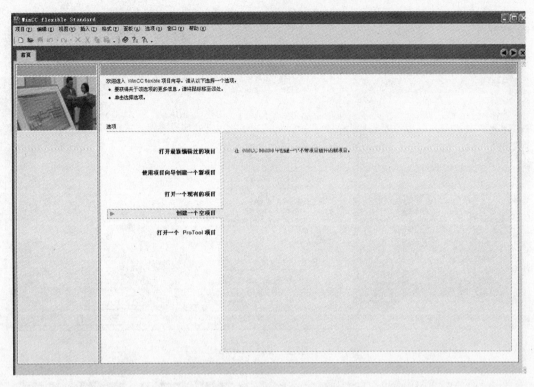

图 32 - 3 创建一个空项目

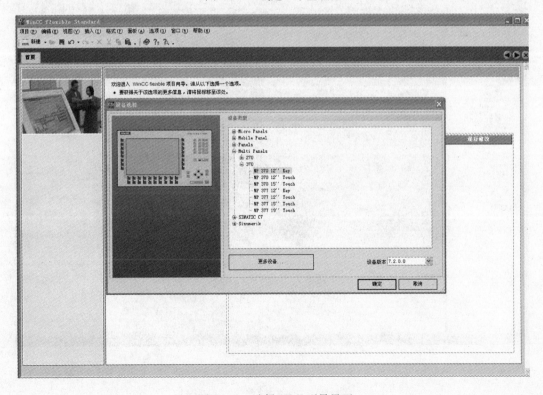

图 32 - 4 选择 HMI 型号界面

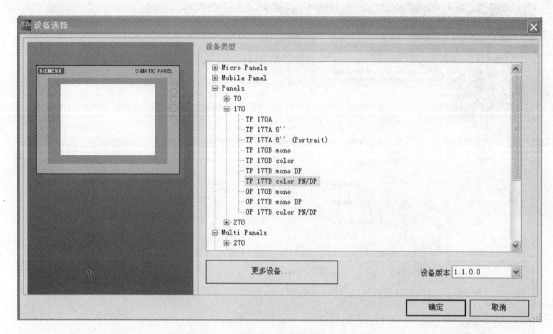

图 32-5　组态 TP177 Bcolor PN/DP

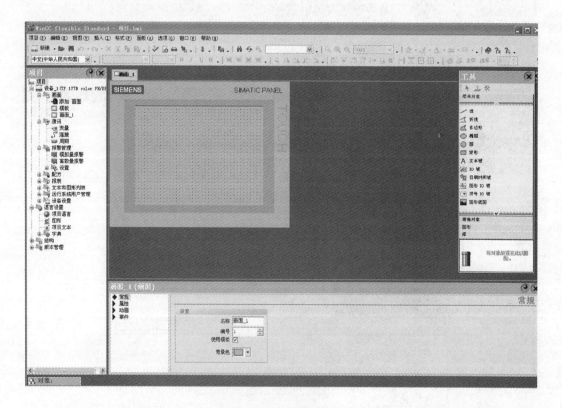

图 32-6　初始画面

双击"项目视图"中的"通信→变量"调出变量表，如图 32-7 所示。

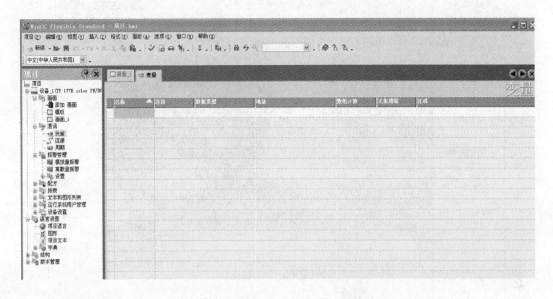

图 32-7　变量表

双击变量表的第一行，自动产生一个变量，把该变量的数据类型改为 Bool。如图 32-8 所示。

图 32-8　建立一个 Bool 变量

三、画面组态

双击"项目视图"中的"画面→画面_1"调出要组态的画面，如图 32-9 所示。

下面组态一个指示灯和两个按钮。

1. 组态启动按钮

在"工具"的"简单对象"中用左键拖住"按钮"至画面中松开，然后在按钮对象的属性窗口的"常规"项中按钮模式选择"文本"，"OFF 状态文本"中输入"启动"，如图 32-10 所示。然后在启动按钮的属性窗口的"事件"项中"单击"时调用置位函数 SetBit，对"变量_1"进行置位操作，如图 32-11 所示。

2. 组态停止按钮

在"工具"的"简单对象"中用左键拖住"按钮"至画面中松开，然后在按钮对象的属性窗口的"常规"项中按钮模式选择"文本"，"OFF 状态文本"中输入"停止"，如图 32-12 所示。然后在启动按钮的属性窗口的"事件"项中"单击"时调用置位函数 ResetBit，对"变量_1"进行复位操作，如图 32-13 所示。

3. 组态指示灯

在"工具"的"简单对象"中用左键拖住"圆"至画面中松开，并调整到合适大小。在它的属性窗口中，组态"动画"→"外观"属性，启用"变量_1"，变量类型为"位"，组态"变量_1"为 0 时和为 1 时的背景色为灰色和红色，如图 32-14 所示。

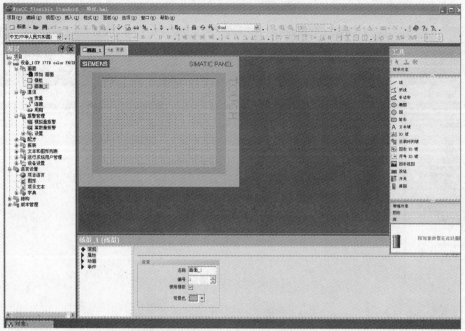

图 32-9 画面

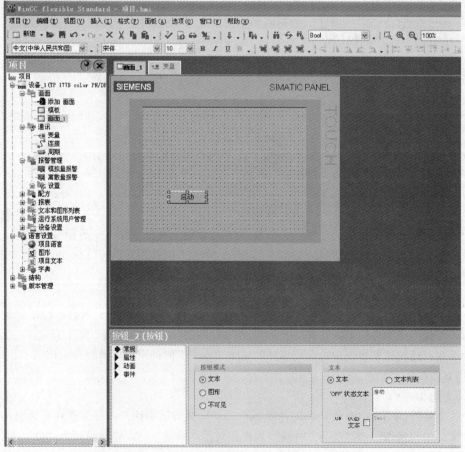

图 32-10 组态启动按钮

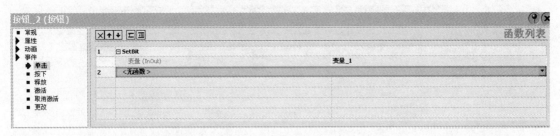

图 32-11 组态置位函数

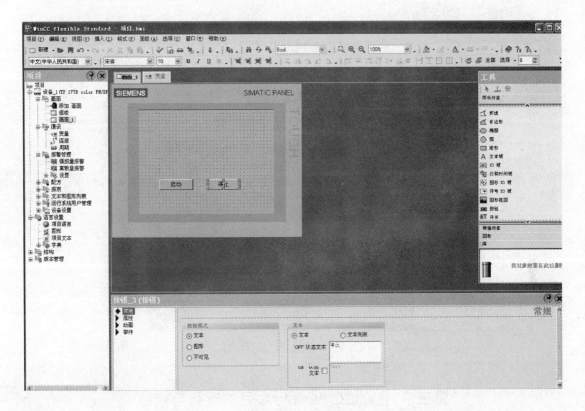

图 32-12 组态停止按钮

图 32-13 组态复位函数

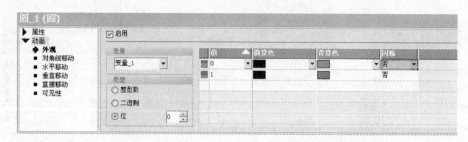

图 32-14　组态圆属性

四、模拟运行

如图 32-15 所示，单击"启动运行系统"图标，以上的组态项目即可运行。当单击启动按钮时，指示灯就变为红色，单击停止按钮时，指示灯就变为灰色，实现组态效果。

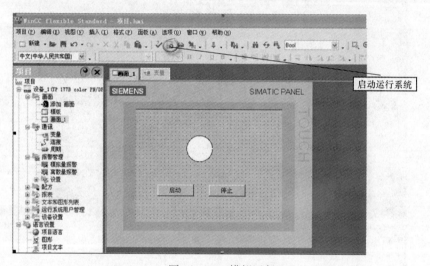

图 32-15　模拟运行

第三节　WinCC flexible 项目的运行与模拟

WinCC flexible 运行系统用来在计算机上运行 WinCC flexible 组态的项目，并查看进程，还可用于在组态用的计算机上测试和模拟编译后的项目文件。WinCC flexible 运行系统的功能与使用的 HMI 设备的型号有关，如内存容量和功能键的数量等。功能的范围和性能（如变量的个数）由授权许可证类型决定。

如果在标准 PC 或 PanelPC（面板式 PC）上安装 WinCC flexible 运行系统软件，需要授权才能无限制地使用。如果授权丢失，WinCC flexible 运行系统将以演示模式运行。在演示模式下，将会定期提示安装授权信息。如果在安装运行系统软件时没有许可证，也可以在以后安装。

一、WinCC flexible 模拟调试的方法

WinCC flexible 提供了一个模拟器软件，在没有 HMI 设备的情况下，可以用 WinCC flexible

的运行系统模拟 HMI 设备,用它来测试项目,调试已组态的 HMI 设备的功能。模拟调试是学习 HMI 设备组态方法和提高动手能力的重要途径。具体调试方法有三种:不带控制器连接的模拟、带控制器连接的模拟和在集成模式下的模拟。

1. 不带控制器连接的模拟(离线模拟)

不带控制器连接的模拟又称为离线模拟,如果手中既没有 HMI 设备,也没有 PLC,可以用离线模拟功能来检查人机界面的部分功能,还可以在模拟表中指定标志和变量的数值,它们由 WinCC flexible 运行系统的模拟程序读取。

离线模拟因为没有运行 PLC 的用户程序,离线模拟只能模拟实际系统的部分功能,如画面的切换和数据的输入过程等。

在模拟项目之前,首先应创建、保存和编译项目。单击 WinCC flexible 的编译器工具栏中的按钮▨,或执行菜单命令"项目→编译器→启动带模拟器的运行系统",启动模拟量。如果启动模拟器之前没有预先编译项目,则自动启动编译,编译成功后才能模拟运行。编译出现错误时,在输出视图中的红色文字显示。改正错误编译成功后,才能模拟运行。

2. 带控制器连接的模拟(在线模拟)

带控制器连接的模拟又称为在线模拟,设计好 HMI 设备的画面后,如果没有 HMI 设备,而是有 PLC,可以用通信适配器或通信处理器连接计算机和 PLC 的通信接口,进行在线模拟,用计算机模拟 HMI 设备的功能。这样方便了工程的调试,可以减少调试时刷新 HMI 设备的 FlashROM(闪存)的次数,这样就大大节约了调试时间。在线模拟的效果与实际系统基本相同。

在线模拟是一种半"真实"的系统,与实际的控制系统的性能非常接近。为了实现在线模拟,PLC 与运行 WinCC flexible 的计算机之间应建立通信连接。

3. 在集成模式下的模拟(集成模拟)

可以将 WinCC flexible 的项目集成在 STEP7 中,用 WinCC flexible 的运行系统来模拟 HMI 设备,用 S7 - 300/400 PLC 的仿真软件 S7 - PLCSIM 来模拟 HMI 设备连接的 S7 - 300/400 PLC。这种模拟不需要 HMI 设备和 PLC 硬件,比较接近真实系统的运行情况。

二、项目的在线模拟

PLC 与运行 WinCC flexible 的计算机之间应建立通信连接。例如,CP5512、CP5611、CP5613 或 PC/MPI 适配器。将 PLC 的 MPI 转换为计算机的 RS-232 接口,用于点对点连接。

下面以一台设备的启动与停止为例介绍项目的在线模拟。

1. 编写 PLC 的用户程序

在 S7 - 300/400 PLC 的编程软件 STEP7 中,建立一个名为"在线模拟"的项目。首先在符号表中定义与 WinCC flexible 变量表中的变量相同的符号地址,如图 32 - 16 所示,PLC 梯形图如图 32 - 17 所示。

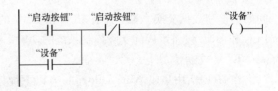

图 32 - 16 PLC 的符号表　　　　　　　图 32 - 17 PLC 梯形图

2. 组态在线模拟用的画面

为了用 PLC 的用户程序来实现对设备的控制，在 WinCC flexible 中新建一个项目，单击项目视图中的"新建画面"，在工作区中出现了名为"画面_2"的新生成的画面。用鼠标右键单击该画面的图标，在弹出的快捷菜单中执行"重命名"命令，将它的名称改为"在线模拟"。

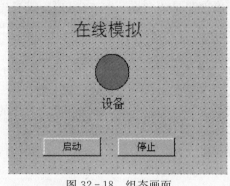

图 32-18 组态画面

单击项目视图的"通信→连接"，建立一个"SIMATIC S7-300/400"的连接。然后单击项目视图的"通信→变量"，在变量表中建立三个变量：启动、停止和设备，分别与 PLC 的 M0.0、M0.1 和 Q0.0 对应。并修改按钮的"事件"属性，在按下启动按钮时执行系统命令"SetBit 启动"，在释放启动按钮时执行系统命令"ResetBit 启动"，使启动按钮具有点动按钮的功能。用同样的方法将停止按钮设置为点动按钮。然后组态一个指示灯，指示变量"设备"的状态，如图 32-18 所示。

3. 在线模拟操作

用于组态的 WinCC flexible 的工程系统和 WinCC flexible 的运行系统安装在同一台 PC 上，在生成 WinCC flexible 的项目时组态了 HMI 与 SIMATIC S7-300/400 的连接。

首先在 STEP7 中将 OB1 中的用户程序下载到 PLC。用 PC/MPI 适配器连接 S7-300 的 MPI 接口和计算机的 RS-232 接口，将它们通电后，将 PLC 切换到 RUN 运行模式。在 WinCC flexible 中，执行菜单命令"项目"→"编译器"→"启动运行系统"，或单击"编译"工具栏中的 按钮，启动 WinCC flexible 运行系统，系统进入在线模式状态，初始画面打开。

单击画面中的"启动"按钮，PLC 中的位存储器 M0.0 变为 ON 状态，由于 11-17 中梯形图的运行，变量"设备"变为 ON 状态，画面中与该变量连接的指示灯亮。

单击画面中的"停止"按钮，PLC 中的位存储器 M0.1 变为 ON 状态，由于图 32-17 中梯形图的运行，变量"设备"变为 OFF 状态，画面中与该变量连接的指示灯熄灭。

三、WinCC flexible 与 STEP7 的集成

西门子的 HMI 设备可与 SIMATIC S7-300/400 配合使用，由于它们的价格较高，初学者编写出 PLC 的程序和组态好 HMI 的项目后，一般没有条件用硬件来实验。前面介绍的离线模拟方法虽然不需要 HMI 设备就可以模拟运行 HMI 的项目，但模拟的功能极为有限，模拟系统的性能与实际系统的性能相比有很大的差异。

为了解决这一问题，可以将 HMI 的项目集成在 SIMATIC S7-300/400 的编程软件 STEP7 中，用仿真软件 PLCSIM 来模拟 S7-300/400 的运行，用 WinCC flexible 的运行系统来模拟 HMI 设备的功能。因为 HMI 和 PLC 的项目集成在一起，同时还可以模拟 HMI 设备和 PLC 之间的通信和数据交换。虽然没有 PLC 和 HMI 的硬件设备，只用计算机也能很好地模拟真实的 PLC 和 HMI 设备组成的实际控制系统的功能。模拟系统与硬件系统的功能基本相同。

1. 集成的优势

在 STEP7 中集成 WinCC flexible 有以下优势：

（1）以 SIMATIC Manager（管理器）为中心来创建、处理和管理西门子 PLC 和 WinCC flexible 项目。

（2）集成后 WinCC flexible 可以访问 STEP7 中组态 PLC 时创建的组态数据。

（3）在创建 WinCC flexible 项目时，自动使用 STEP7 中设置的通信参数。在 STEP7 中更改通信参数时，WinCC flexible 中的通信参数将会随之更新。

（4）在 WinCC flexible 中组态变量和区域指针时，可以直接访问 STEP7 中的符号地址。在 WinCC flexible 中，只需选择想要连接的变量的 STEP7 符号，在 STEP7 中修改变量的符号，WinCC flexible 中的变量会同时自动更新。

（5）只需在 STEP7 的变量表中指定一次符号名，便可以在 STEP7 和 WinCC flexible 中使用它。

（6）WinCC flexible 支持 STEP7 中组态的 ALARM_S 和 ALARM_D 报警信息，信息文本保存在二者共享的数据库中，创建项目时，WinCC flexible 自动导入所需的数据，并且可以传送到 HMI 设备上。

（7）在集成的项目中，SIMATIC 管理器提供下列功能：

1）使用 WinCC flexible 运行系统创建一个 HMI 或 PC 站；

2）插入 WinCC flexible 对象；

3）创建 WinCC flexible 文件夹；

4）打开 WinCC flexible 项目；

5）编译和传送 WinCC flexible 项目；

6）启动 WinCC flexible 运行系统；

7）导出和导入要转换的文本；

8）指定语言设置；

9）复制或覆盖 WinCC flexible 项目；

10）在 STEP7 项目框架内归档和检索 WinCC flexible 项目。

2. 集成的方法

有以下两种方法可以在 STEP7 中集成 WinCC flexible：

（1）创建一个独立的 WinCC flexible 项目，以后再将它集成到 STEP7 中。

（2）通过在 STEP7 的 SIMATIC 管理器中创建一个 HMI 站，创建集成在 STEP7 中的 WinCC flexible 项目。

也可以将 WinCC flexible 项目从 STEP7 中分离开，将它作为单独的项目使用。方法如下：在 STEP7 中打开集成的 WinCC flexible 项目，在 WinCC flexible 中将它另存为其他项目，就可以将它从 STEP7 中分离。

3. 集成的条件

为了实现 WinCC flexible 与 STEP7 的集成，应先安装 STEP7（其版本不能低于 V5.3.1），然后再安装 WinCC flexible。安装 WinCC flexible 时，如果检测到已安装的 STEP7，将自动安装到 STEP7 中的支持选项。如果用户自定义安装，则应激活"与 STEP7 集成"选项。

4. 集成的注意事项

（1）在创建新的 STEP7 项目前，应关闭所有的 WinCC flexible 项目。如果在创建 STEP7 项目时，一个 WinCC flexible 项目处于打开状态，则 STEP7 的符号与 WinCC flexible 变量之间的互连性将会出现问题。

（2）在 STEP 项目中进行较大范围的更改可能会在符号服务器中引发问题。在 STEP7 项目中进行任何有实质性的更改前，应关闭所有的 WinCC flexible 项目。

（3）STEP7 项目的文件夹和名称中只能包含除单引号以外的 ASCII 字符，不能使用汉字。

（4）打开集成 STEP7 中的 HMI 项目后，如果所有 STEP7 变量符号都被标记为错误（符号单元格的背景为橙色标记），可以通过使用 SIMATIC 管理器中的"另存为"功能，用另一个名称保存 STEP7 项目来解决该问题。

5. 建立 STEP7 与 WinCC flexible 项目的连接步骤

（1）在 SIMATIC 管理器中创建 HMI 站。在 STEP7 的 SIMATIC 管理器中生成一个新项目，单击管理器左侧项目视图窗口中树形结构最上端的项目视图，在弹出的快捷菜单中执行"Insert New Object"→"SIMATIC HMI Station"命令，创建 HMI 站。

（2）在 NetPro 中建立连接或在 HWConfig 中建立连接。PLC 与 HMI 的连接有两种方法可实现，可在 NetPro 中建立连接，也可在 HWConfig 中建立连接。

（3）将 WinCC flexible 中生成的项目集成到 STEP 中。

为了实现 STEP7 与 WinCC flexible 的集成，可在 STEP7 中创建 HMI 站对象，也可以首先在 WinCC flexible 中生成和编辑项目，然后将它集成到 STEP 中去。

在 WinCC flexible 中执行菜单命令"项目"→"集成到 STEP7 项目中"，在打开的对话框中选择 STEP7 项目，就可以实现集成。

6. 实现集成后的作用

（1）实现集成后，在 WinCC flexible 中就可使用 STEP7 中的变量。

（2）在组态过程中可以增添变量。

（3）可用 WinCC flexible 和 PLCSIM 模拟控制系统的运行。

第 三十三 章

WinCC flexible 组态

本章通过一些例子，介绍 IO 域组态、按钮与开关组态、图形输入输出对象组态、动画组态、文本列表与图形列表组态、报警组态、报表组态、历史数据组态、趋势曲线组态、配方组态、脚本组态、用户管理组态等组态技术。

第一节　IO 域 组 态

一、IO 域分类

I 是输入（Input）的简称，O 是（Output）的简称，输入域与输出域统称为 IO 域。IO 域分为 3 种模式，分别为输出域、输入域和输入/输出域。

输出域只显示变量的数值。输入域是操作员输入要传送到 PLC 的数字、字母或符号，将输入的数值保存到指定的变量中。输入/输出域同时具有输入和输出功能，操作员可以用它来修改变量的数值，并将修改后的数值显示出来。

二、IO 域组态

1. 组态要求

建立 2 个整型变量和 1 个字符变量，在画面中建立三个 IO 域，三个 IO 域的模式分别定义为"输入"、"输出"和"输入/输出"，过程变量分别与以上 3 个变量连接。

2. 组态过程

（1）组态变量。在变量表中创建整型（Int）变量"变量_1"、"变量_2"和 8 个字节的字符型（String）变量"变量_3"，它们都为内部变量，如图 33-1 所示。

图 33-1　变量表

（2）画面组态。单击项目视图中的"项目→设备_1→画面→画面_1"，打开画面_1，如图33-2所示。

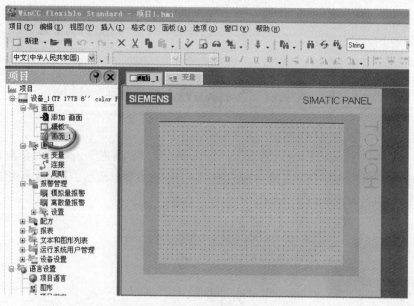

图33-2　打开画面_1

在工具视图中左键单击"简单对象"中的"IO域"，然后在画面的合适位置左键单击，即可在画面中建立一个IO域，如图33-3所示。

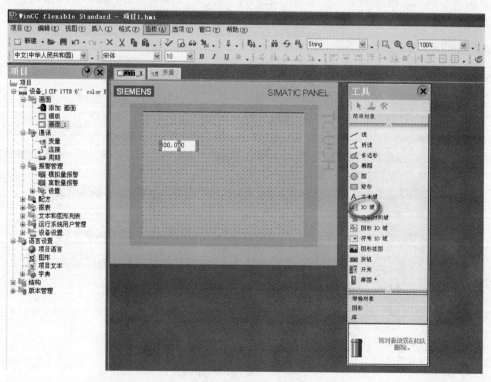

图33-3　建立IO域

把该 IO 域的属性按图 33-4 设置，模式设为"输入"，过程变量调用"变量_1"，格式为"999"（显示 3 位整数）。

图 33-4 第一个 IO 域属性设置

用类似方法建立另外两个 IO 域，第二个 IO 域的属性设置如图 33-5 所示，模式为"输出"，过程变量调用"变量_2"。第三个 IO 域的属性设置如图 33-6 所示，模式为"输入/输出"，格式类型为"字符串"，过程变量调用"变量_3"。

图 33-5 第二个 IO 域属性设置

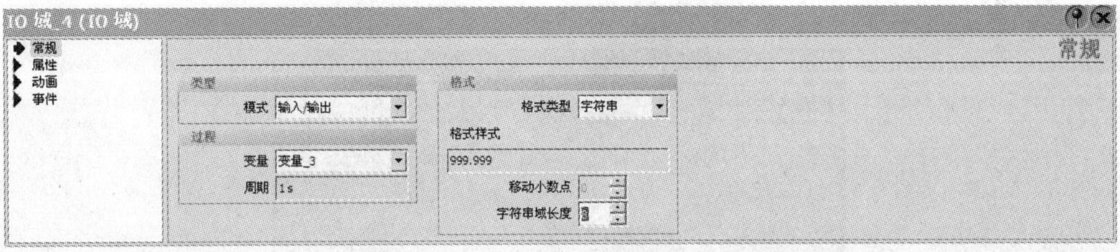

图 33-6 第三个 IO 域属性设置

组态后的画面如图 33-7 所示。

另外，根据组态的需要，还可以在 IO 域的属性窗口中设置其外观、布局、文本、闪烁、限制、其他、安全和动画，也可以由该 IO 域触发事件。

3. 项目运行

单击如图 33-8 中所示的启动运行系统按钮，系统即可运行，运行画面如图 33-9 所示，在运行画面中，可对第一个 IO 域输入数值；第二个 IO 域只能显示数值，不能输入；第三个 IO 域可以输入

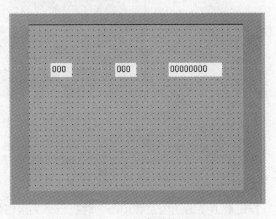

图 33-7 组态后的画面

和输出显示字符。

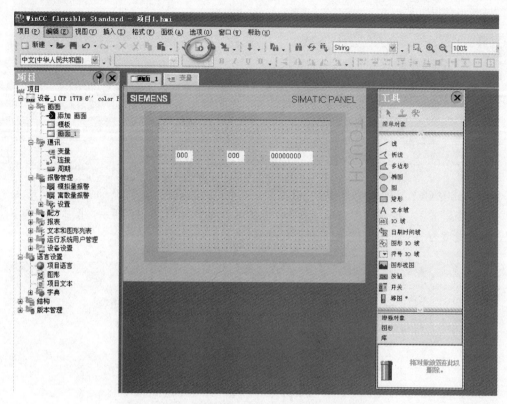

图 33-8 启动运行系统

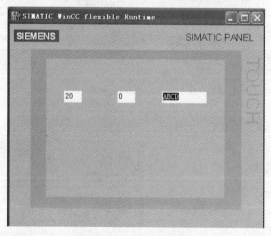

图 33-9 运行画面

第二节 按 钮 组 态

按钮最主要的功能是在单击它时执行事先组态好的系统函数,使用按钮可以完成很多任务。

在按钮的属性视图的"常规"对话框中，可以设置按钮的模式为"文本"、"图形"或"不可见"。在第十一章中介绍了按钮用于BOOL变量（开关量）的组态方法，下面介绍按钮用于其他用途的组态方法。

一、组态要求

组态一个画面，如图33-10所示，画面中组态两个按钮和一个IO域，当按下"加1"按钮时，IO域中的数值就加1，当按下"减1"按钮时，IO域的数值就减1。

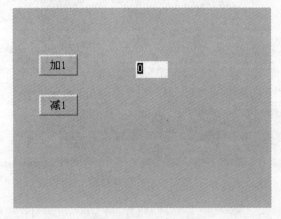

图33-10 组态画面

二、组态过程

1. 组态变量

首先组态一个名为"变量_1"的变量，数据类型为整数Int，如图33-11所示。

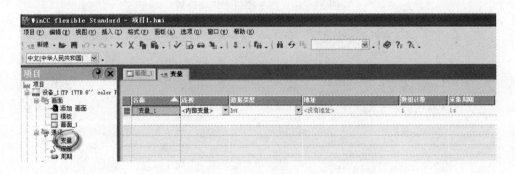

图33-11 组态变量

2. 按钮组态

单击项目视图中的"项目→设备_1→画面→画面_1"，打开画面_1。在工具视图中，单击"简单对象"中的"按钮"，然后在画面中用左键合适位置单击，新建一个按钮，如图33-12所示。在该按钮的属性窗口的"常规项"中，按图33-13所示进行设置，按钮模式选择"文本"，输入OFF状态文本为"加1"。再在"事件"项中，在单击时调用加值函数Increase Value，如图33-14所示。

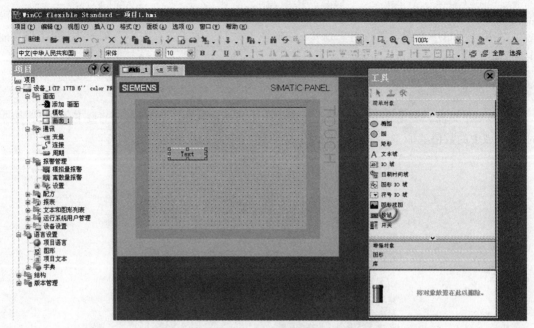

图 33 - 12　新建按钮

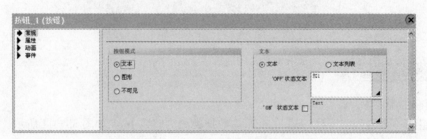

图 33 - 13　加 1 按钮常规项设置

图 33 - 14　设置单击时变量 _ 1 加 1

　　用类似方法，建立一个减 1 的按钮，按钮属性设置分别如图 33 - 15 和图 33 - 16 所示。图 33 -
15 所示为按钮的常规项设置，图 33 - 16 所示为减值函数的设置。

　　3. IO 域组态

　　新建一个 IO 域组态，其常规项属性设置如图 33 - 17 所示，调用过程变量为"变量 _ 1"。

　　4. 项目运行

　　单击启动运行系统按钮 ，系统即可运行，运行画面如图 33 - 18 所示，每单击一个加 1 按
钮，IO 域中的数值就会加 1；每单击一次减 1 按钮，IO 域中的数值就会减 1。

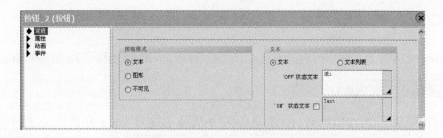

图 33 - 15 减 1 按钮常规项设置

图 33 - 16 设置单击时变量 _ 1 减 1

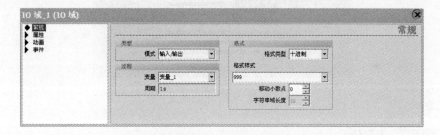

图 33 - 17 IO 域组态

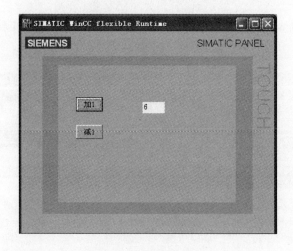

图 33 - 18 运行画面

第三节 文本列表和图形列表组态

本节介绍文本列表和图形列表的组态，另外还用到图形 IO 域和符号 IO 域等对象组态。

一、组态要求

组态如图 33-19 所示的画面，要求当在 IO 域中写入数字 0 时，在符号 IO 域中自动显示"中国"，在图形 IO 域中显示中国国旗。当在 IO 域中写入数字 1 时，在符号 IO 域中自动显示"美国"，在图形 IO 域中显示美国国旗。当在 IO 域中写入数字 2 时，在符号 IO 域中自动显示"法国"，在图形 IO 域中显示法国国旗。另外也可在符号 IO 域中也可选择中国、美国和法国，IO 域中的数值与图形 IO 域中的国旗能跟着相应变化。

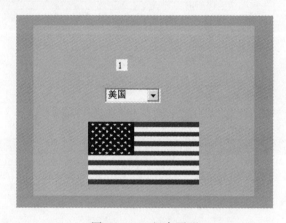

图 33-19 组态画面

二、组态过程

1. 组态变量

为了能通过文本列表和图形列表实现以上功能，需建立一个整型变量，建立变量如图 33-20 所示。

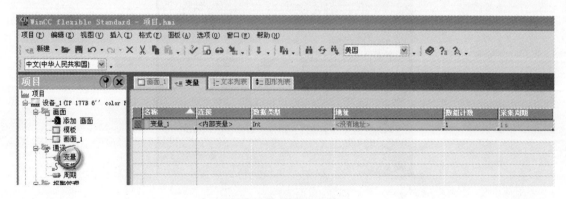

图 33-20 组态一个变量

2. 组态文本列表

在项目视图中，单击"文本和图形列表→文本列表"，如图 33-21 所示，新建一个文本列表，建立三个列表条目，数字 0、1、2 分别对应条目中国、美国和法国。

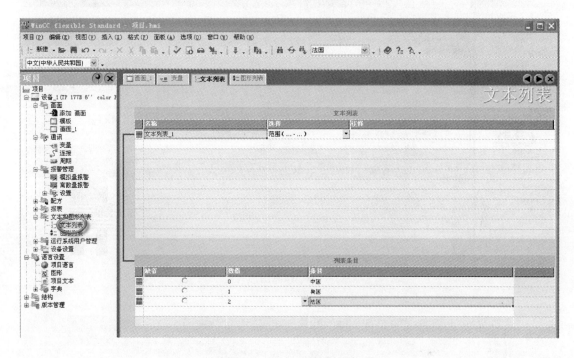

图 33-21 文本列表组态

3. 组态图形列表

在工具视图的"图形"中，可找到各国国旗，如图 33-22 所示。

在项目视图中，单击"文本和图形列表→图形列表"，如图 33-23 所示，新建一个图形列表，建立三个列表条目，数字 0、1、2 分别对应条目中国国旗图形、美国国旗图形和法国国旗图形。

4. 画面组态

(1) IO 域组态。在画面中组态一个 IO 域，其属性窗口的常规项设置如图 33-24 所示。

(2) 符号 IO 域组态。在工具视图的"简单视图"中单击"符号 IO域"，在画面中组态一个符号 IO 域，如图 33-25 所示。按图 33-26 所示设置符号 IO 域的属性窗口中的常规项。设置模式为"输入/输出"，显示文本列表"文本列表_1"，调用过程变量"变量_1"。

(3) 图形 IO 域组态。在工具视图的"简单视图"中单击"图形 IO域"，在画面中组态一个图形符号 IO 域，如图 33-27 所示。按图 33-28所示设置图形 IO 域的属性窗口中的常规项。设置模式为"输入/输出"，显示图形列表"图形列表_1"，调用过程变量"变量_1"。

图 33-22 国旗图形位置

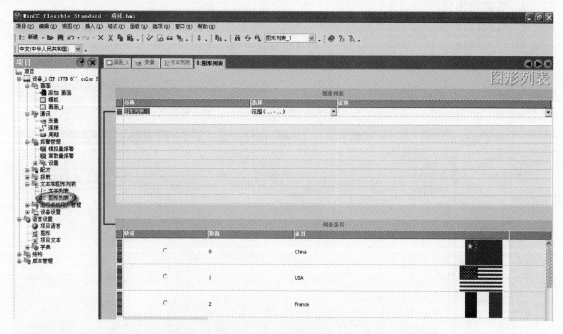

图 33-23 组态图形列表

图 33-24 IO 域属性设置

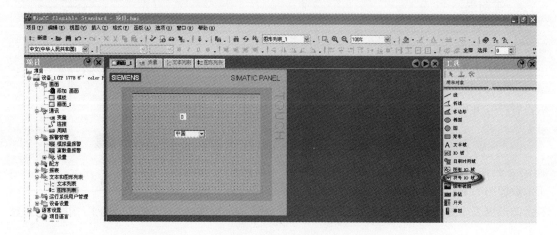

图 33-25 组态符号 IO 域

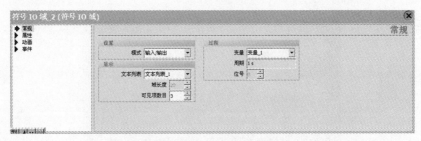

图 33-26 符号 IO 域属性设置

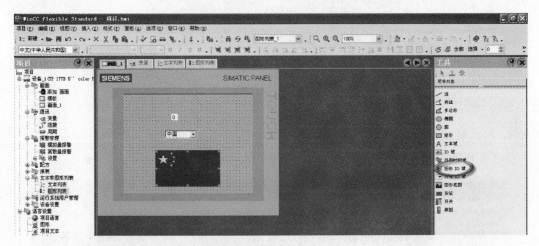

图 33-27 组态图形 IO 域

图 33-28 图形 IO 域属性设置

5. 项目运行

单击启动运行系统按钮，系统即可运行，可检查运行效果是否满足项目组态要求。

第四节 动 画 组 态

对象的动画组态包括外观、对角线移动、水平移动、垂直移动、直接移动和可见性组态。下面以水平移动为例对对角进行水平移动组态。

一、组态要求

如图 33-29 所示，组态 4 个矩形块，让其实现从左到右和循环移动。

图 33-29 组态画面

二、组态过程

1. 组态变量

为了实现方块的水平移动，需建立一个整型变量。建立变量如图 33-30 所示。

图 33-30 组态一个变量

2. 组态矩形

在工具视图的"简单视图"中单击"矩形"，如图 33-31 所示，在画面中新建一个矩形，并按图 33-32 所示在属性窗口中设定填充颜色。右键单击组态的矩形，选择"复制"→"粘贴"，得到 4 个相同的矩形，如图 33-33 所示。

图 33-31 组态矩形

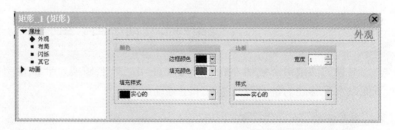

图 33-32 组态矩形颜色

同时选中四个矩形，单击右键，选择"组合"，即可把原来的四个单独的对象合成一个对象。选中合成的对象，按如图33-34所示设置属性窗口中的"动画→水平移动"。启用"变量_1"范围从0~20，起始位置和结束位置如图33-34所示。

3. 项目模拟运行

单击使用仿真器启动运行系统按钮，项目启动运行，并启动如图33-35所示的运行模拟器。在运行模拟器中按如图33-36所示设置，则变量_1就会由0每隔1s加2，加10次（即周期值）即加到20，加到20后回到0

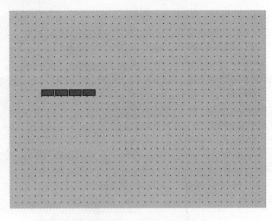

图33-33 组态4个矩形

循环执行。如此在运行画面中即可看到矩形块的水平移动。

图33-34 水平移动组态

图33-35 运行模拟器

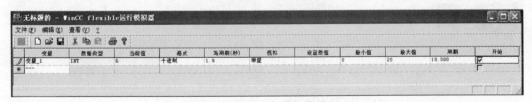

图33-36 运行模拟器设置

第五节 变量指针组态

一、组态要求

组态如图33-37所示画面，在画面中可通过IO域分别设置1、2、3号水箱的液位。通过符号IO域来选择哪一个水箱液位，如符号IO域中选择1号水箱液位，则在下面显示1号水箱的液位值，并指出指针值。

619

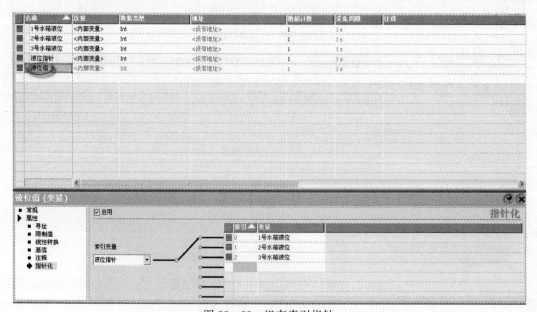

图 33 - 37　组态画面

二、组态过程

1. 建立变量

建立 5 个变量，如图 33 - 38 所示。其中变量"液位值"的属性窗口中设置指针化项如图 33 - 39 所示，启用索引变量"液位指针"。索引值 0、1、2 分别对应 1 号水箱液位、2 号水箱液位和 3 号水箱液位三个变量。

名称	连接	数据类型	地址
1号水箱液位	<内部变量>	Int	<没有地址>
2号水箱液位	<内部变量>	Int	<没有地址>
3号水箱液位	<内部变量>	Int	<没有地址>
液位指针	<内部变量>	Int	<没有地址>
液位值	<内部变量>	Int	<没有地址>

图 33 - 38　变量表

图 33 - 39　组态索引指针

2. 组态文本列表

单击项目视图的"文本和图形列表"中的"文本列表",创建一个名为"液位值"的文本列表,如图33-40所示,它的3个条目分别为"1号水箱液位"、"2号水箱液位"和"3号水箱液位"。

图33-40 文本列表

3. 组态三个文本域

组态三个文本域,分别为"水箱液位选择"、"液位显示"和"指针值",如图33-41所示。

4. 组态符号IO域

点出画面,左键单击工具视图的简单视图中的"符号IO域",然后在画面中组态一个符号IO域。符号IO域及其属性设置如图33-42所示。在属性常规项中设置显示文本列表为"液位值",调用过程变量"液位指针",模式为"输入/输出"。

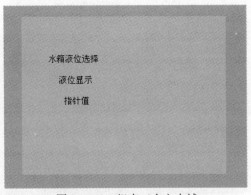

图33-41 组态三个文本域

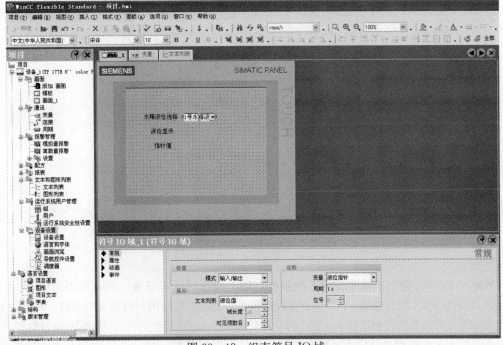

图33-42 组态符号IO域

5. IO 域组态

组态一个液位显示的 IO 域，其属性设置如图 33-43 所示，调用过程变量"液位值"。

图 33-43　液位显示 IO 域

组态一个显示指针值的 IO 域，其属性设置如图 33-44 所示，调用过程变量"液位指针"。

图 33-44　指针值 IO 域

6. 其他文本域和 IO 域组态

组态如图 33-45 所示的文本域和 IO 域，可用来设定 3 个水箱的液位值。

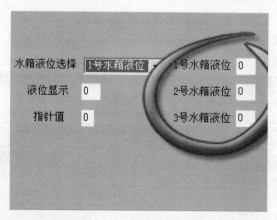

图 33-45　其他 IO 域组态

7. 项目运行

单击启动运行系统按钮，系统即可运行，可检查运行效果是否满足项目组态要求。

第六节　运 行 脚 本 组 态

WinCC flexible 提供了预定义的系统函数，用于常规的组态任务。WinCC flexible 支持 VB（Visual Basic Script）脚本功能，VBS 又称为运行脚本，实际上就是用户自定义的函数，VBS 用来在 HMI 设备需要附加功能时创建脚本。运行脚本具有编程接口，可以在运行时访问部分项目数据。

可以在脚本中保存自己的 VB 脚本代码。像其他系统函数一样，可以在项目中直接调用脚本。在脚本中可以访问项目变量和 WinCC flexible 运行时的对象模块。

脚本的使用方法与系统函数相同，可以为脚本定义调用参数和返回值。

与系统函数的执行相同，在运行时，当组态的事件发生时，就会执行脚本。

OP270/TP270 及以上的 HMI 设备和 WinCC flexible 的标准版才有脚本功能。使用运行脚本允许灵活地实现组态，如果在运行时需要额外的功能，可以创建运行脚本。

1. 组态要求

组态一个脚本函数 $Y=\dfrac{(a+b)\times 2}{3}$，并组态监视画面，如图 33-46 所示，在画面中按"计算"按钮后 Y 的值能由 a、b 的值计算得到。

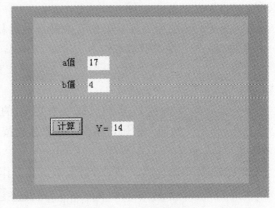

图 33-46　组态画面

2. 组态过程

在 WinCC flexible 中创建一个项目，组态 HMI 设备的型号为 6in 的 TP270。

(1) 组态变量。组态 3 个变量，如图 33-47 所示。

名称	连接	数据类型	地址
a	<内部变量>	Int	<没有地址>
b	<内部变量>	Int	<没有地址>
Y	<内部变量>	Int	<没有地址>

图 33-47　变量表

(2) 创建脚本。双击项目视图中的"脚本→新建脚本"，生成一个新的脚本，同时脚本编辑器被打开，如图 33-48 所示。编辑器的上半部分是工作区，在工作区编写脚本的程序代码。编辑器的下半部分是脚本的属性窗口，右侧是脚本向导。

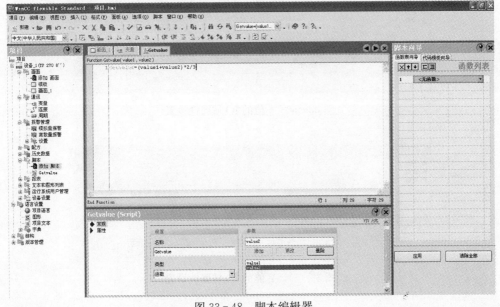

图 33-48　脚本编辑器

（3）组态脚本的名称。在脚本的属性视图中，设置生成的脚本的名称为"Getvalue"，脚本名称的第一个字符必须为大写字母，后面的字符必须是字母、数字或下划线，不能有空格和汉字。

（4）组态脚本类型。脚本类型有两种：函数和子程序（Sub）。二者的唯一区别在于函数有一个返回值，子程序类型脚本作为"过程"引用，没有返回值。本项目选择脚本类型为函数。

注意 本项目若脚本类型选择为函数，则只需建立2个接口参数，若选择为子程序，则要建立3个接口参数。

（5）组态脚本的接口参数。在属性视图的"参数"文本框中，输入脚本函数的参数"value1"，单击"添加"按钮，该参数被添加到按钮下面的参数列表中。用同样方法，加入参数"value2"。

（6）编写脚本的代码。根据计算要求，在工作区编写计算的语句如下

$$Getvalue = \frac{(value1 + value2) \times 2}{3}$$

（7）画面组态。组态如图33-46所示画面，a值的IO域属性窗口设置如图33-49所示，b值的IO域属性窗口设置如图33-50所示，Y值的IO域属性窗口设置如图33-51所示。

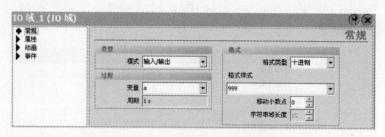

图33-49　a值的IO域属性设置

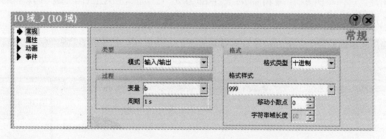

图33-50　b值的IO域属性设置

图33-51　Y值的IO域属性设置

画面中"计算"按钮的属性窗口的常规项设置如图 33-52 所示，在事件项中调用脚本 Getvalue，如图 33-53 所示。

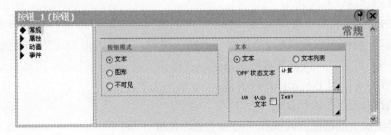

图 33-52 计算按钮的常规项设置

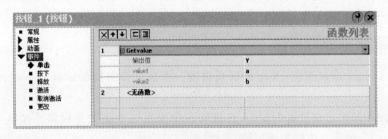

图 33-53 计算按钮的事件项设置

第七节 报 警 组 态

报警是用来指示控制系统中出现的事件或操作状态，可以用报警信息对系统进行诊断。报警事件可以在 HMI 设备上显示，或输出到打印机，也可将报警事件保存在报警记录中。

一、报警的基本概念

1. 报警的分类

(1) 自定义报警。自定义报警是用户组态的报警，用来在 HMI 设备上显示过程状态，自定义报警分离散量报警和模拟量报警。

(2) 系统报警。系统报警用来显示 HMI 设备或 PLC 中特定的系统状态，是在这些设备中预先定义的。系统报警向操作员提供 HMI 和 PLC 的操作状态，内容可能包括从注意事项到严重错误。如果在两台设备中的通信出现了某种问题，HMI 设备或 PLC 将触发系统报警。

有两种类型的系统报警：HMI 设备触发的系统报警和 PLC 触发的系统报警。

在 WinCC flexible 的默认设置下，看不到"系统报警"图标。为了显示，可以执行菜单命令"选项→设置"，在"设置"对话框中打开"工作台"类的"项目视图设置"，用"更改项目树显示的模式"选项框将"显示主要项"改为"显示所有项"。

2. 报警的状态与确认

(1) 报警的状态。离散量报警和模拟量报警有下列报警状态：

1) 满足了触发报警的条件时，该报警的状态为"已激活"，或称为"到达"。操作员确认了报警后，该报警的状态为"已激活/已确认"，或称为"(到达)确认"。

2）当触发报警的条件消失时，该报警的状态为"已激活/已取消激活"，或称为"（到达）离开"。如果操作人员确认了已取消激活的报警，该报警的状态为"已激活/已取消激活/已确认"，或为"（到达确认）离开"。

（2）报警的确认。有的报警用来提示系统处于关键性或危险性的运行状态，要求操作人员对报警进行确认。操作人员可以在 HMI 设备上确认报警，也可以由 PLC 的控制程序来置位指定的变量中的一个特定位，以确认离散量报警。在操作员确认时，指定的 PLC 变量中的特定位将被置位。操作员可以用下列元件进行确认：

1）某些操作员面板上的确认键（ACK）。

2）触摸屏画面上的按钮，或操作员面板上的功能键。

3）通过函数列表或脚本中的系统函数进行确认。

报警类型决定了是否需要确认该报警。在组态报警时，既可指定报警由操作员逐个进行确认，也可对同一报警组内的报警集中进行确认。

二、组态离散量报警

一个字有 16 位，可以组态 16 个离散量报警。离散量报警用指定的字变量内的某一位来触发。

在项目视图中单击"离散量报警"，在报警表中组态一个离散量报警，如图 33 - 54 所示。由变量"变量_1"的第 0 位触发该报警。

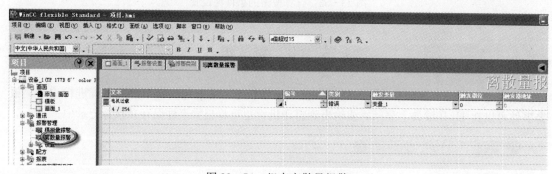

图 33 - 54　组态离散量报警

报警类型有以下 4 种：

（1）错误。用于离散量报警和模拟量报警，指示紧急的或危险的操作和过程状态，这类报警必须确认。

（2）诊断事件。用于离散量和模拟量报警，指示常规操作状态，过程状态和过程顺序，这类报警不需要确认。

（3）警告。用于离散量和模拟量报警，指示不是太紧急的或危险的操作和过程状态，这类报警必须确认。

（4）系统。用于系统报警，提示操作员有关 HMI 和 PLC 操作状态的信息。这类报警不能用于自定义的报警。

三、模拟量报警

模拟量报警用变量的限制值来触发。

在项目视图中单击"模拟量报警",在报警表中组态一个模拟量报警,如图 33-55 所示。当变量"变量_1"大于 100 时,产生报警。

图 33-55　组态模拟量报警

四、报警视图的组态

报警视图用于显示当前出现的报警。在工具视图的简单对象中,单击"报警视图",然后在画面中组态报警视图,如图 33-56 所示。

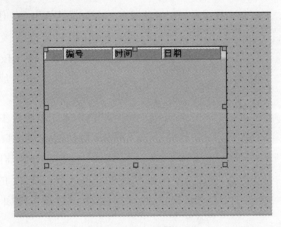

图 33-56　报警视图

可以使用仿真器启动运行系统模拟变化"变量_1"的值使其超过 100,就会在报警视图中输出报警。

第三十四章

WinCC flexible 循环灯控制

第一节 项 目 描 述

本章通过一个循环灯控制项目，学习 WinCC flexible 基本组态技术的应用，项目要求如下：

(1) 编写循环灯的 PLC 控制程序。要求按下启动触摸键后，第一只灯亮 1s 后熄灭，然后接着第二只灯亮 1s 后熄灭，再接着第三只灯亮 1s 后熄灭，如此循环。当按下停止触摸键后，三只灯都熄灭。

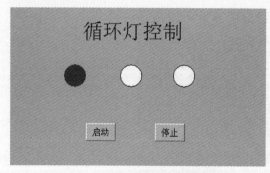

图 34-1 循环灯控制工程参考画面

(2) 运用 WinCC flexible 创建新项目，与 S7-200 PLC 建立连接，建立 5 个变量，分别对应启动按钮、停止按钮和 3 个指示灯。

(3) 在项目中生成新画面，组态启动按钮、停止按钮各 1 个，指示灯 3 个。要求按下启动按钮时，实现 3 只灯的循环点亮，当按下停止按钮时实现 3 只灯的熄灭。

(4) 能把 WinCC flexible 项目下载至触摸屏中，并实现与 PLC 的在线运行。

(5) 项目参考画面，如图 34-1 所示。

第二节 S7-200 PLC 程序设计

HMI 与 PLC 要进行数据交换，首先编写 PLC 控制程序。

打开 S7-200 PLC 编程软件 STEP7-Micro/WIN，界面如图 34-2 所示。

一、设置通信

连接好 PLC 的 USB 下载线，设置编程软件通过 USB 接口的下载线与 PLC 进行通信。

双击图 34-2 中左侧 View 下的 System Block，出现如图 34-3 画面。在该画面中把 Baud Rate 设为 187.5kb/s，其他参数优质缺省设置即可，然后单击 OK 按钮。

注意 系统块中的通信速率必须与其通信的触摸屏的通信速率一致，否则会造成 PLC 与触摸屏通信失败。

双击图 34-2 中左侧 View 下的 Set PG/PC interface，出现如图 34-4 所示画面。在 Interface

Paramenter Assignment 中选择 PC/PPI cable（PPI），然后单击 Properties 按钮，进入如图 34-5 所示画面。在 Transmission rate 中设置为 187.5kb/s 或其他速率，如图 34-6 所示。然后在图 34-6单击选项 Local Connection，出现如图 34-7 所示画面，把 Connection to 设为 USB，如图 34-8 所示，然后单击 OK 按钮，回到图 34-2初始界面。

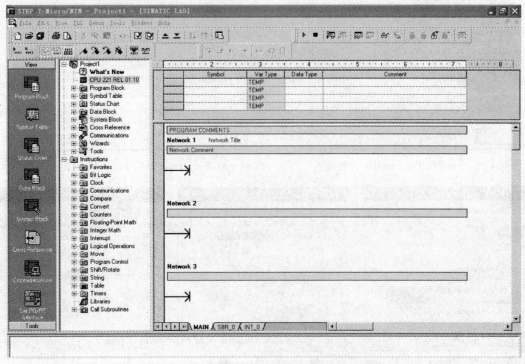

图 34-2　编程软件 STEP7-Micro/WIN 界面

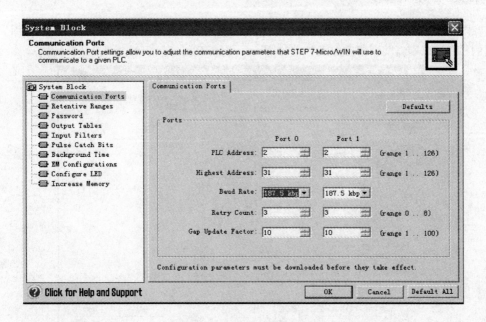

图 34-3　通道通信设置画面

图 34-4 Set PG/PC interface 设置画面

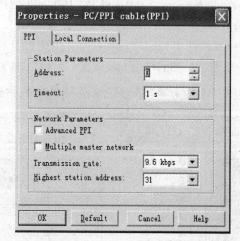

图 34-5 Properties-PC/PPI cable (PPI) 画面

图 34-6 Properties-PC/
PPI cable (PPI) 画面

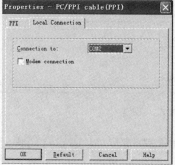

图 34-7 通信口设置

图 34-8 通信口设置

在图 34-2 界面中，双击左侧 View 下的 Communications，出现如图 34-9 所示画面。双击右侧的"双击以刷新"刷新后如图 34-10 所示，刷新 PLC，然后单击"确认"按钮。

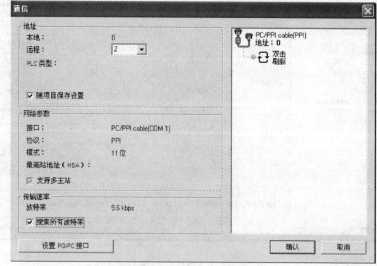

图 34-9 通信画面

二、编写 PLC 程序

编写 PLC 程序，如图 34-11 所示。其中 M0.0 为触摸屏上的启动按钮，M0.1 为触摸屏上的停止按钮，Q0.0、Q0.1、Q0.2 分别控制三只灯。此程序可以实现当 M0.0 接通一个脉冲时，Q0.0 接通 1s 后断开，然后接着 Q0.1 接通 1s 后断开，再接着 Q0.2 接通 1s 后断开，如此循环。当 M0.1 接通一个脉冲时，Q0.0、Q0.1、Q0.2 都断开。

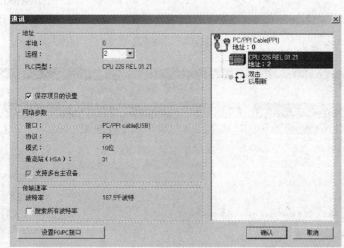

图 34-10 刷新 PLC

图 34-11 PLC 程序

三、程序编译与下载

程序写完后，如图 34-12 所示，单击菜单 "PLC" 下的 "Compile All"，对程序进行编译，

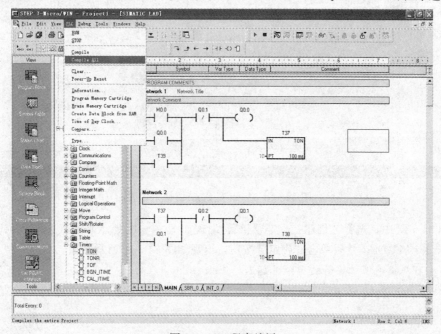

图 34-12 程序编译

编译结果会在图 34-12 中的下方显示，如 "Total errors：0" 表示程序编译无错误。

如图 34-12 所示，单击工具栏中 ![]的按钮，然后在出现的画面中单击下载。就可把程序下载至 PLC 中，若无法下载，则需要重新设置通信。

第三节　WinCC flexible 创建新项目

打开 WinCC flexible 组态软件，显示如图 34-13 所示 WinCC flexible 初始界面。在此画面中有 5 个选项：打开最新编辑的项目、使用项目向导创建一个新项目、打开一个现有项目、创建一个新项目和打开一个 ProTool 项目。

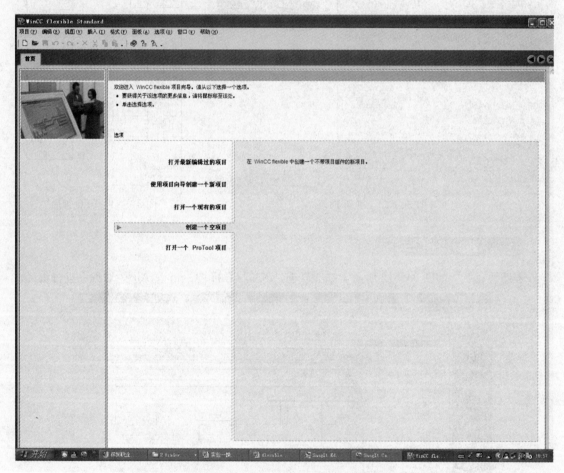

图 34-13　WinCC flexible 初始界面

在图 34-13 中，选择 "创建一个空项目"，出现如图 34-14 所示画面。选择 Panels→170→TP170B color PN/DP，然后单击 "确定" 按钮，出现如图 34-15 所示画面。

注意 可根据现有触摸屏的型号进行选择。

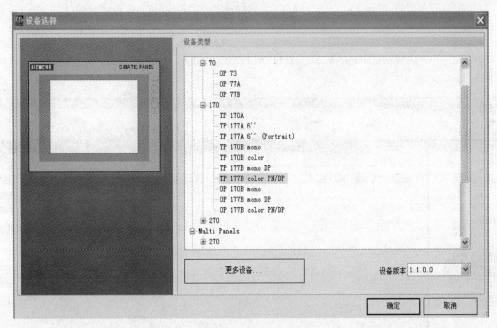

图 34 - 14　选择设备

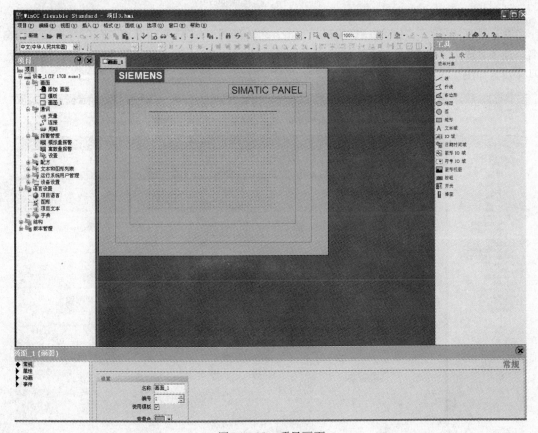

图 34 - 15　项目画面

第四节　建立与 PLC 的连接

在图 34-15 的项目视图中,双击"项目→设备-1→通信"下的"连接",出现如图 34-16 所示画面。

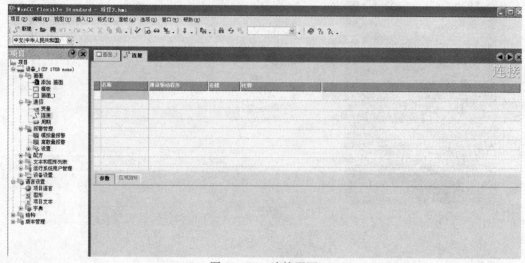

图 34-16　连接画面

在连接表"名称"列的第一行用鼠标双击,出现如图 34-17 所示画面。可以对连接进行命名,连接名改为"PLC"。在这里选择 S7-200 PLC,并在下方设置触摸屏与 PLC 的通信设置。具体设置如图 34-18 所示。

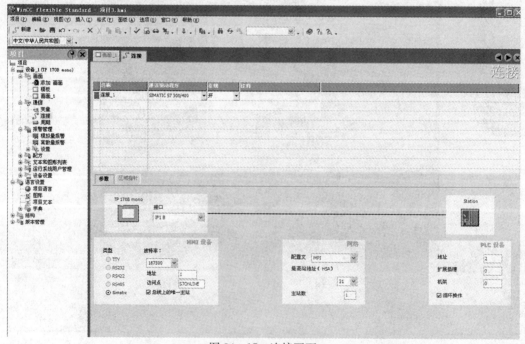

图 34-17　连接画面

注意 PLC的通信波特率与地址应与PLC的系统块中的波特率与地址值一致,否则会造成通信失败。

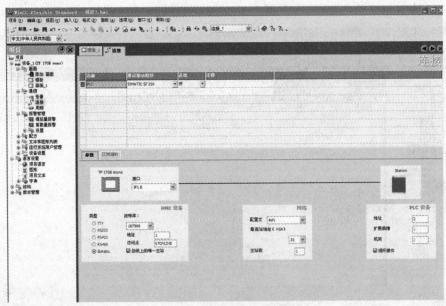

图 34 - 18 连接的设置

第五节 变量的生成与组态

双击项目视图中的"通信→变量",出现如图 34 - 19 所示的变量窗口。

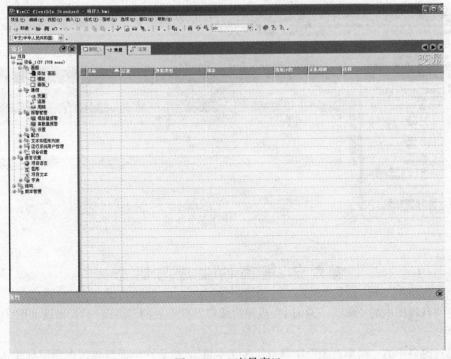

图 34 - 19 变量窗口

在变量窗口表的第一行处用鼠标双击，则自动建立一个新变量，如图 34 - 20 所示。名称项中可以定义变量的名称，在连接项中选择连接的设备或内部变量，如果是选择外部连接设备，则在地址中要选择对应的变量地址。如图 34 - 21 所示，用同样方法建立 5 个 IO 变量。

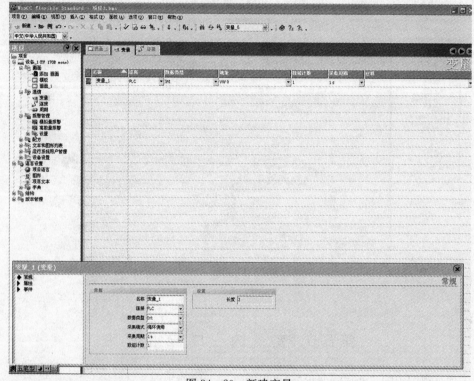

图 34 - 20　新建变量

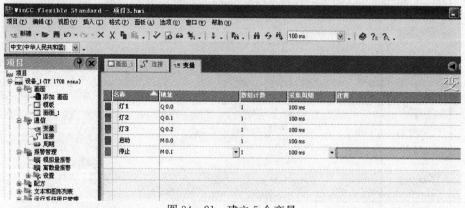

图 34 - 21　建立 5 个变量

第六节　画面的生成与组态

单击项目视图中的"画面→画面 1"或单击编辑器标签处的"画面 - 1"，出现如图 34 - 22 所示画面窗口。

在工具窗口中的"简单对象"中单击"A 文本域"，然后在画面编辑区内用鼠标单击，或把其拖入到画面编辑区中，出现如图 34 - 23 所示画面。此时画面中出现文本"Text"，然后在下面的属性窗口的"常规项"中输入汉字"循环灯控制"，如图 34 - 24 所示。

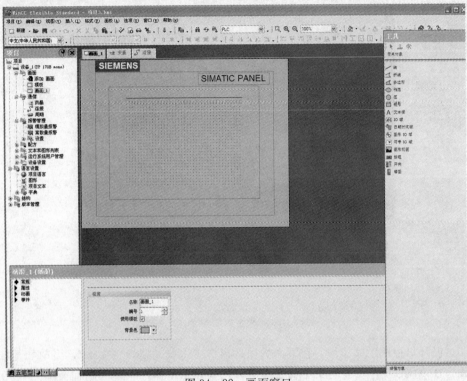

图 34 - 22　画面窗口

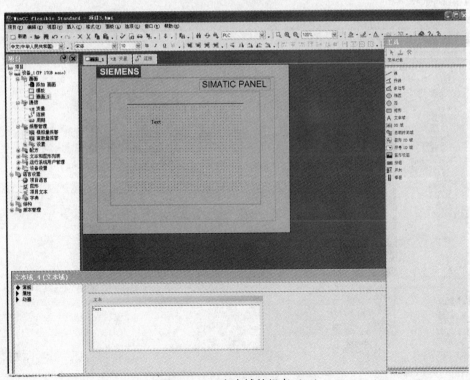

图 34 - 23　文本域的组态（一）

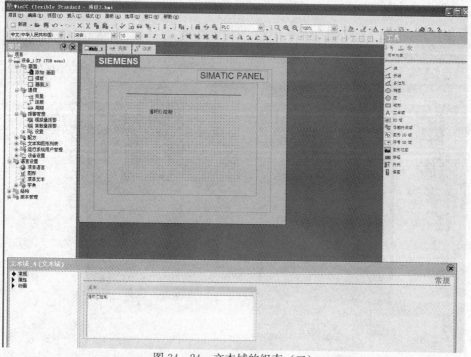

图 34 - 24　文本域的组态（二）

单击"循环灯控制"文本域，在下面的属性窗口中选择"属性→文本"，出现如图 34 - 25 所示画面，在该属性项中可设置文本的字体等。把其设为宋体，24pt，顶部居中，得到的效果如图 34 - 26 所示。

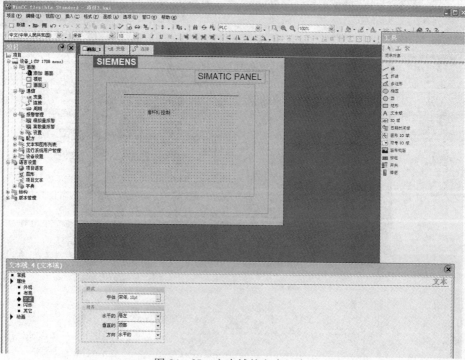

图 34 - 25　文本域的文本组态

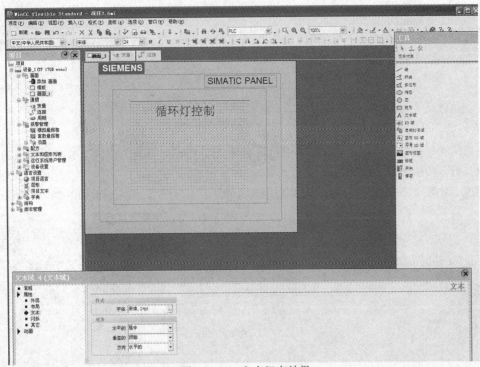

图 34-26　文本组态效果

选择在工具窗口的"简单对象"中的圆，然后在画面编辑区内用鼠标单击，则在画面中出现一个圆，如图 34-27 所示。在其下面的属性窗口中选择"动画"，属性窗口变为如图 34-28 所示。

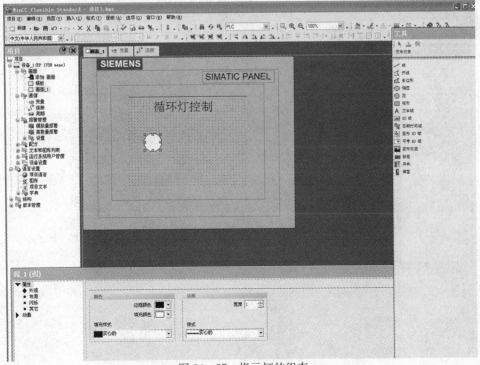

图 34-27　指示灯的组态

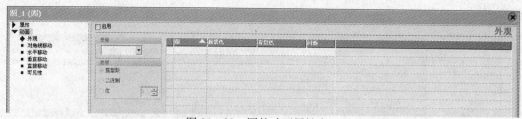

图 34-28　圆的动画属性窗口

在圆的动画属性窗口的"外观"项中启用变量"灯1"，类型选为"位"单击列表中的第一行与第二行，根据如图 34-29 所示进行设置。

同理，对第2、3个圆进行组态，分别对应变量"灯2"、"灯3"，组态画面如图 34-30 所示。

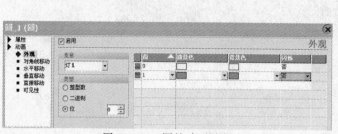

图 34-29　圆的动画设置

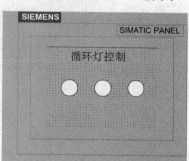

图 34-30　组态画面

在工具窗口的"简单对象"中单击"按钮"，然后在画面编辑区内用鼠标单击，出现如图 34-31 所示画面。

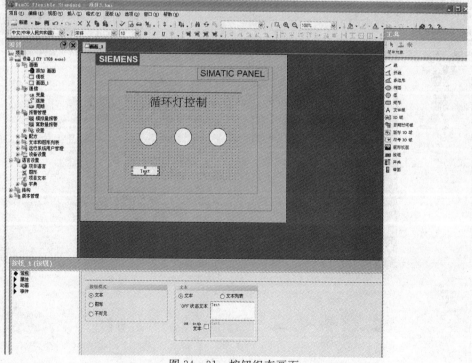

图 34-31　按钮组态画面

在按钮的属性窗口中选择"常规"项，在"OFF 状态文本"中输入"启动"，如图 34 - 32 所示。

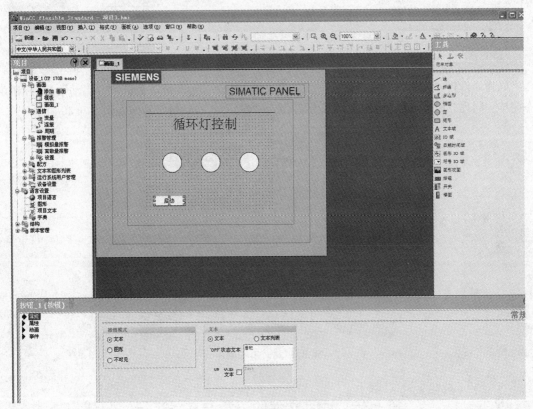

图 34 - 32　常规项设置

在按钮的属性窗口中选择"事件"项，选择"按下"属性窗口，如图 34 - 33 所示。调用"编辑位"下的 Setbit 函数，出现如图 34 - 34 画面。在橘红色区域设置变量为"启动"，如图 34 - 35 所示。

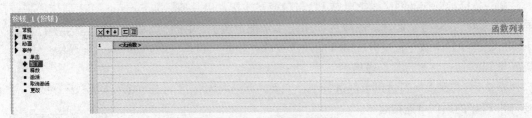

图 34 - 33　按下属性窗口

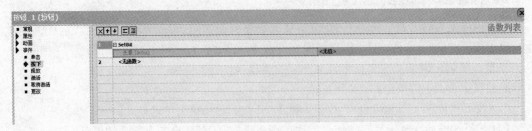

图 34 - 34　设置函数（一）

图 34-35 设置函数（二）

同理，设置"事件"中的"释放"项，对应的函数为 Resetbit，变量为"启动"。此按钮组态完毕。同理，组态一停止按钮，对应的变量为"停止"。得到组态画面如图 34-36 所示。

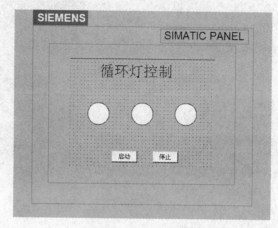

图 34-36 组态画面

第七节 项目文件的下载与在线运行

本节主要介绍将 WinCC flexible 组态的项目文件下载到 HMI 设备，以及实现 HMI 与 PLC 的通信和联机运行。

用一条标准的交叉网络线把电脑 PC 与触摸屏连接，用一条标准 Simatic MPI 通信线把触摸屏与 S7-200 PLC 连接起来。网线的作用是用来把电脑 PC 中的 WinCC flexibe 组态项目下载至触摸屏。MPI 的通信线的作用是项目运行时，触摸屏与 PLC 通过它进行数据通信。

设置 PC 与触摸屏通过以太网进行项目下载，并通过触摸屏的 IF 1B 接口和 PLC 的通信口连接运行。

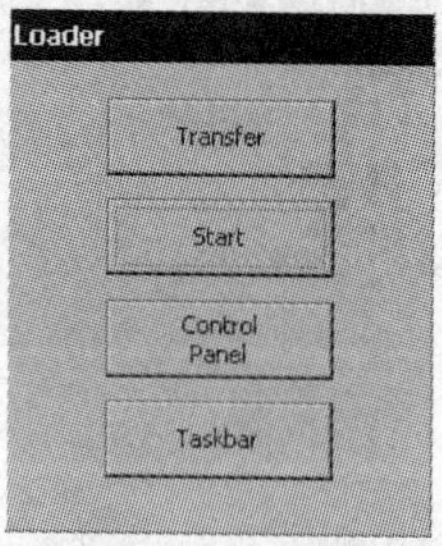

一、触摸屏传输模式的设置

在触摸屏上电时迅速出现的 HMI 设备装载程序画面如图 34-37 所示，迅速按下"Control Panel"，出现如图 34-38 所示画面。

图 34-37 HMI 设备装载程序画面

注意 图 34-37 画面停留的时间较短，若要操作，动作要快。

装载程序画面中的按钮具有以下功能：

（1）按下"传送（Transfer）"按钮，将 HMI 按图示切换到传送模式。

（2）按下"开始（Start）"按钮，启动运行系统打开 HMI 设备上装载的项目。

（3）按下"控制面板（Control Panel）"按钮，访问 Windows CE 控制面板，可以定义其中各种不同的设置，如可以设置传送模式的各种选项。

（4）按下"任务栏（Taskbar）"按钮，以便在 Windows CE 开始菜单打开时显示 Windows 工具栏。

在图 34-38 操作面板画面中，双击"Transfer"，出现如图 34-39 所示画面。在 Channel 2 中设置成"ETHERNET"。然后单击右上角的 OK 按钮，回到图 34-38 操作面板画面。

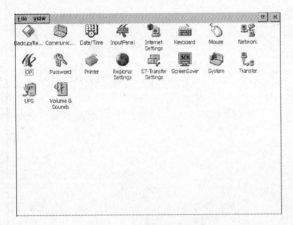
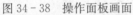

图 34-38　操作面板画面

图 34-39　Transfer Settings 画面

在图 34-38 操作面板画面中，双击"Network"，修改"Properties"，设置 IP 地址（如192.168.0.2）。关掉"控制面板"画面，在图 34-37 画面中按下 Transfer 按钮，等待 PC 传送。

二、设置 PC 的 IP 地址

在如图 34-40 所示的电脑桌面上，右键单击"网络邻居"选择"属性"，出现如图 34-41 所示画面。

图 34-40　电脑桌面

在图 34-41 中，右键单击"本地连接"，选择"属性"，出现如图 34-42 所示画面。

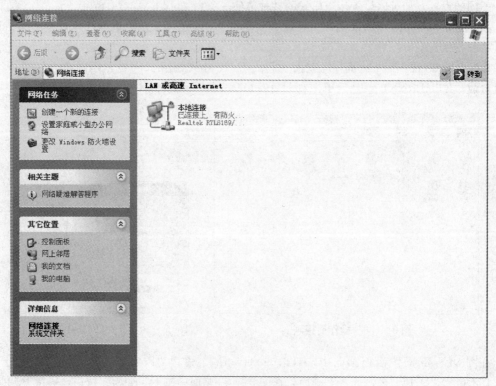

图 34-41　本地连接

图 34-42　本地连接属性

在图 34-42 中，在项目列中选择 Internet 协议（TCP/IP），如图 34-43 所示，单击"属性"按钮，出现如图 34-44 所示画面，按图中所示设置 IP 地址（如 192.168.0.1）。

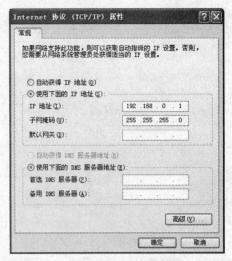

图 34 - 43 TCP/IP 协议   图 34 - 44 设置 IP 地址

三、WinCC flexible 项目传输设置

单击图 34 - 45 中工具栏中的传输设置键，出现如图 34 - 46 所示画面。

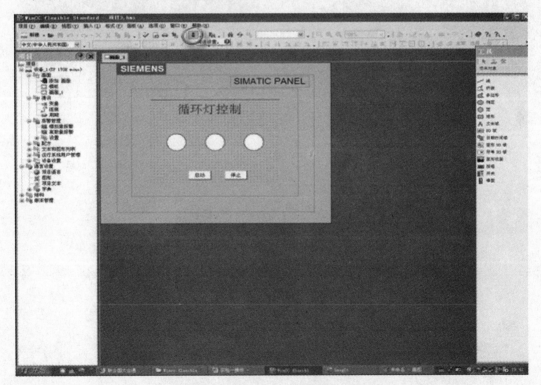

图 34 - 45 项目画面

在模式中选择以太网，则视窗如图 34 - 47 所示。在计算机名或 IP 地址中填入触摸屏的 IP 地址（如 192.168.0.2）。设置完后，单击"传送按钮"按钮，则把本项目传送至触摸屏中，即可进行项目的运行。

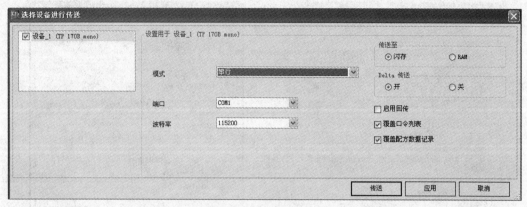

图 34-46　传送设置视窗（一）

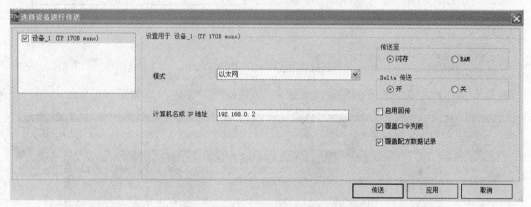

图 34-47　传送设置视窗（二）

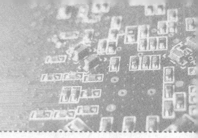

第三十五章

WinCC flexible 多种液体混合控制模拟项目

本章通过 HMI 与 PLC 来实现两种液体混合控制模拟项目，通过 PLC 实现对系统的控制，HMI 与 PLC 进行数据交换，实现人机交互。本系统为一模拟系统，是为了能较好地学习与应用 WinCC flexible 组态而设计。

第一节　项　目　描　述

WinCC flexible 多种液体混合控制模拟项目是为方便学习 WinCC flexible 组态技术而设计的一个模拟项目，与实际运行项目有区别，主要在于实际运行项目的液位检测值是用传感器检测而来的，而本例中是用模拟运算而得来的，特此说明。

项目的要求如下：

（1）制作画面模板，在模板画面中显示"多种液体混合控制系统"和日期时钟。

（2）先组态两个画面，一个为主画面，一个为系统画面。两画面之间能进行切换，参考图 35-1 和图 35-2。

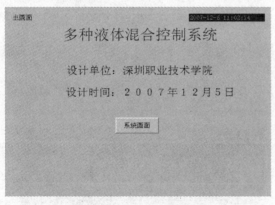

图 35-1　主画面

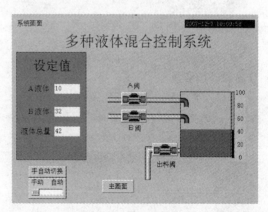

图 35-2　系统画面

（3）在系统画面中作出两种液体混合的系统图，参考图 35-2。

（4）A 液体与 B 液体的数值可在 0～99 进行设置。液体总量为 A 与 B 液体的总和，为计算结果。

（5）通过 HMI 可对模拟液体混合实现手动和自动控制。手动控制时，按下 A 阀就进 A 液体，松开就停止；B 阀与出料阀类似。设定 A 液体设定值、B 液体设定值，若容器为空，可进行自动控制。如 A 液体设定值为 15，B 液体设定值为 27，切换到自动控制时则先打开 A 阀进 A

液体到 15 停止，再接着进 27 的 B 液体；当容器中总液体数量达到 42 时，B 液体停止流入，打开出料阀开始流出到空后再循环。

（6）容器中的液体可动画显示，并通过棒图刻度标记当前数值。

（7）为了显示流畅的液位动画，可通过 PLC 编写每秒加 1 或减 1 的程序，然后把 PLC 与 flexible 做好连接（模拟显示）。

（8）组态若容器中的液位超过 100 时产生一个液位偏高的报警。

（9）组态报警画面，并能实现系统画面之间的切换，参考图 35-3。

（10）组态一个用户组"班组长"和一个用户名"user1"，"user1"属于"班组长"用户组，"user1"的密码为"000"。"班组长"用户组的权限为操作和"输入 A 设定值"。然后在系统画面中的 A 液体设定值设定安全权限。即一般用户不能进行 A 液体设定值的设定，用户"user1"可以进行设定。

（11）组态一个用户视图画面，要求该用户名作登录按钮与注销按钮，能显示当前用户名。参考图 35-4，能与系统画面进行切换。

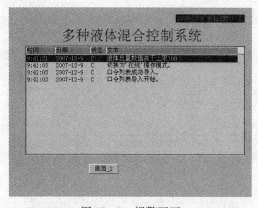

图 35-3 报警画面

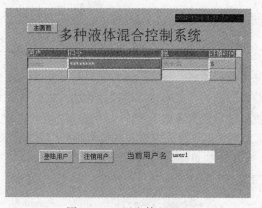

图 35-4 用户管理画面

（12）组态趋势视图画面，能显示容器中液体总量的数据趋势曲线。参考图 35-5，能与系统画面进行切换。

（13）建立配方，能实现液体 A 设定值、液体 B 设定值的各个配方。并建立配方画面运行。参考图 35-6，能与系统画面进行切换。

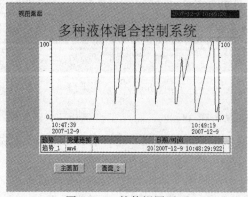

图 35-5 趋势视图画面

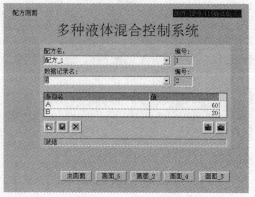

图 35-6 配方画面

第二节 PLC 控 制 程 序

首先编制 PLC 控制程序。控制程序各软元件的分配如表35-1所示，当 M0.0 OFF 时为手动控制，M0.0 ON 时为自动控制。手动控制时可操作手动阀控制液体的进出，自动控制时先流入 A 液体至其设定值，再流入 B 液体至其设定值，接着流出混合液至容器为空，然后再循环。PLC 程序分为主程序、手动子程序和自动子程序，分别如图35-7～图35-9所示。

表 35-1 软 元 件 分 配 表

序号	符号	地址	序号	符号	地址
1	手自动切换	M0.0	7	驱动出料阀	Q0.2
2	手动 A 进	M0.1	8	A 设定值	VW0
3	手动 B 进	M0.2	9	B 设定值	VW2
4	手动出	M0.3	10	实际液位值	VW4
5	驱动 A 阀	Q0.0	11	总设定值	VW6
6	驱动 B 阀	Q0.1			

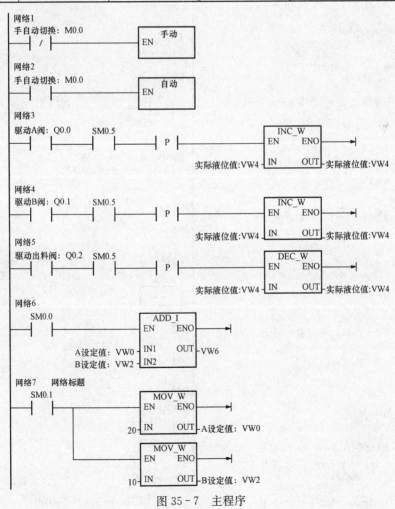

图 35-7 主程序

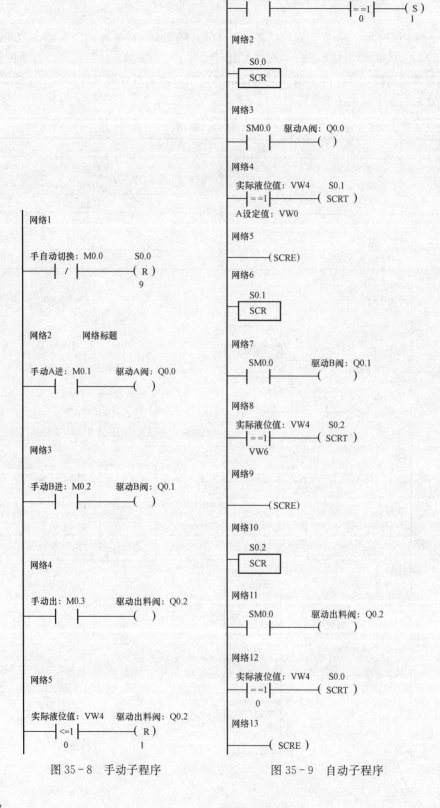

网络1

手自动切换：M0.0　　　实际液位值：VW4　　S0.0
　　┤├　　　　　　　┤==1├　　　　（S）
　　　　　　　　　　　　0　　　　　　1

网络2

　　S0.0
　┤ SCR │

网络3

　SM0.0　　驱动A阀：Q0.0
　┤├　┤├　　　　（ ）

网络4

实际液位值：VW4　　S0.1
　┤==1├　　　　（SCRT）
A设定值：VW0

网络5
　　　　　　（SCRE）

网络6

　　S0.1
　┤ SCR │

网络7

　SM0.0　　　驱动B阀：Q0.1
　┤├　┤├　　　　（ ）

网络8

实际液位值：VW4　　S0.2
　┤==1├　　　　（SCRT）
　　VW6

网络9
　　　　　　（SCRE）

网络10

　　S0.2
　┤ SCR │

网络11

　SM0.0　　　驱动出料阀：Q0.2
　┤├　┤├　　　　（ ）

网络12

实际液位值：VW4　　S0.0
　┤==1├　　　　（SCRT）
　　0

网络13
　　　　　（SCRE）

图 35-9　自动子程序

网络1

手自动切换：M0.0　　S0.0
　　┤/├　　　　（R）
　　　　　　　　　9

网络2　　　网络标题

手动A进：M0.1　　驱动A阀：Q0.0
　　┤├　　　　（ ）

网络3

手动B进：M0.2　　驱动B阀：Q0.1
　　┤├　　　　（ ）

网络4

手动出：M0.3　　驱动出料阀：Q0.2
　　┤├　　　　（ ）

网络5

实际液位值：VW4　　驱动出料阀：Q0.2
　┤<=1├　　　　（R）
　　0　　　　　　1

图 35-8　手动子程序

第三节　WinCC flexible　组　态

一、基本对象组态

1. 创建一个新项目并建立 S7 - 200 PLC 的连接

2. 建立变量

双击项目视图中的"通信→变量",建立变量,如图 35 - 10 所示。

名称	连接	数据类型	地址	数组计数	采集周期
手自动切换	PLC	Bool	M 0.0	1	1 s
A阀	PLC	Bool	M 0.1	1	1 s
B阀	PLC	Bool	M 0.2	1	1 s
出料阀	PLC	Bool	M 0.3	1	1 s
A设定值	PLC	Int	VW 0	1	1 s
B设定值	PLC	Int	VW 2	1	1 s
实际总量	PLC	Int	VW 4	1	1 s
液体总量设定值	PLC	Int	VW 6	1	1 s
string	<内部变量>	String	<没有地址>	1	1 s

图 35 - 10　建立变量

3. 画面组态

在项目视图中双击"画面→添加画面",得到画面 2。在项目视图中,右键单击"画面→画面 1",单击"重命名",改名为"主画面",同理,把画面 2 改名为"系统画面",如图 35 - 11 所示。

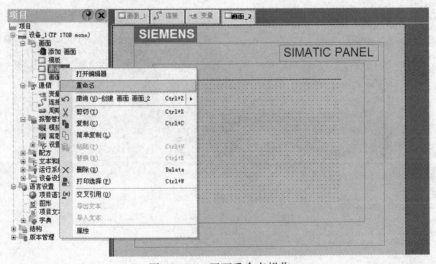

图 35 - 11　画面重命名操作

在项目视图中双击"画面→模板",在模板画面中输入文本域"多种液体混合控制系统",如图 35 - 12 所示。

单击"工具→简单对象"中的"日期时间域",然后在模板画面的右上面单击,出现如图 35 - 13 所示模板画面。

选择主画面,在主画面中输入文本域"设计单位:♯♯♯♯♯♯"和"设计日期:2007年12月5日",如图35-14所示。

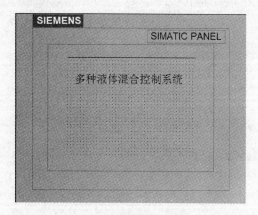

图 35-12 模板画面(一)

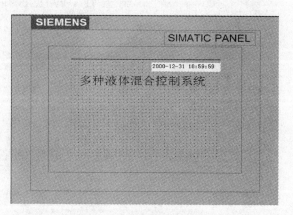

图 35-13 模板画面(二)

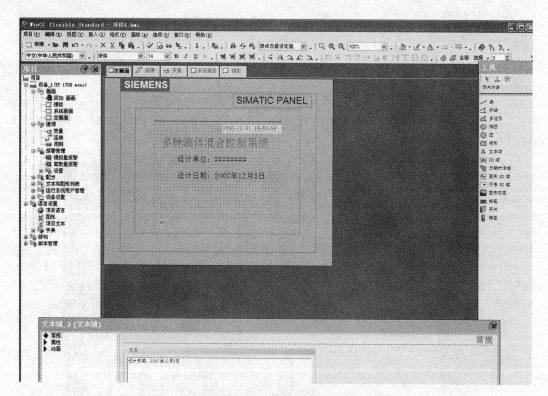

图 35-14 主画面组态

在图35-14中,用左键按住项目视图中的"系统画面",拖到主画面中,自动生成一个画面切换的按钮,如图35-15所示。

4. 文本域与IO域组态

建立如图35-16所示的文本域"设定值"、A液体设定值、B液体设定值、液体总量设定值、液体总量实际值,并建立切换至主画面的按钮。

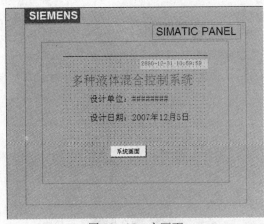

图 35-15　主画面

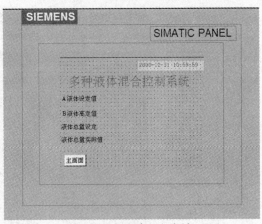

图 35-16　建立文本域

在以上四个文本域的右侧组态四个 IO 域。操作步骤如下：单击工具栏中"简单对象→IO域"，然后用鼠标在画面中的对应位置单击一下，就可建立 IO 域，如图 35-17（a）所示。用鼠标单击第一个 IO 域，如图 35-17（b）所示，在下面显示该 IO 域的属性窗口。在属性的常规项中设置模式为输入输出，变量为 A 设定值，格式样式为 99 等。同理在第二个 IO 域的属性常规项中，设置模式为输入输出，变量为 B 设定值，格式样式为 99。第三个 IO 域的属性常规项中，设置模式为输出，变量为液体总量设定值，格式样式为 999。第四个 IO 域的属性常规项中，设置模式为输出，变量为实际总量，格式样式为 999。

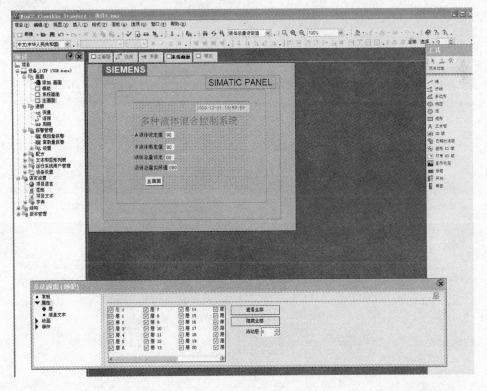

（a）

图 35-17　IO 域组态（一）

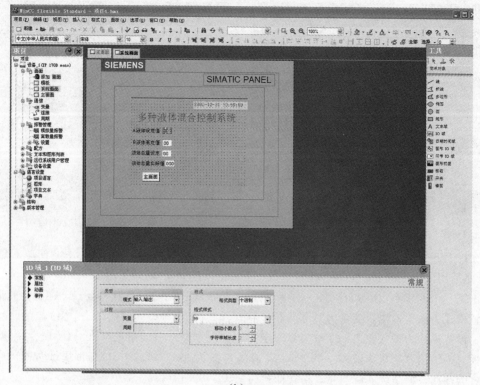

（b）

图 35 - 17　IO 域组态（二）

5. 棒图组态

单击"工具→简单对象"中的"棒图"，然后在模板画面的右边单击，出现如图 35 - 18 所示画面。在棒图的属性常规项中的过程值设置为"实际总量"，如图 35 - 19 所示。在其"属性→刻度"中设置为不显示刻度，如图 35 - 20 所示。

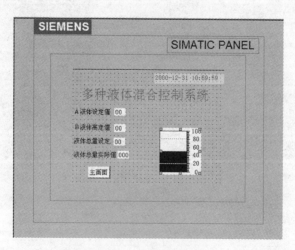

图 35 - 18　制作棒图

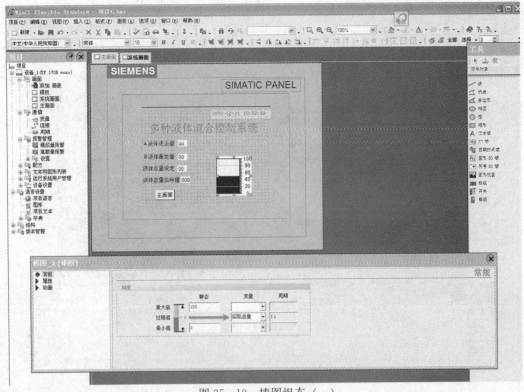

图 35-19　棒图组态（一）

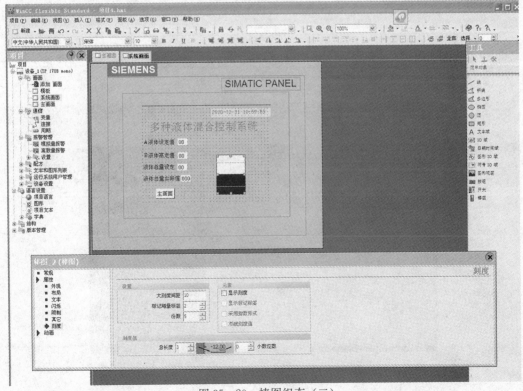

图 35-20　棒图组态（二）

另外再组态一个棒图，设置为显示刻度，其他设置与上一个棒图一致，如图 35-21 所示。

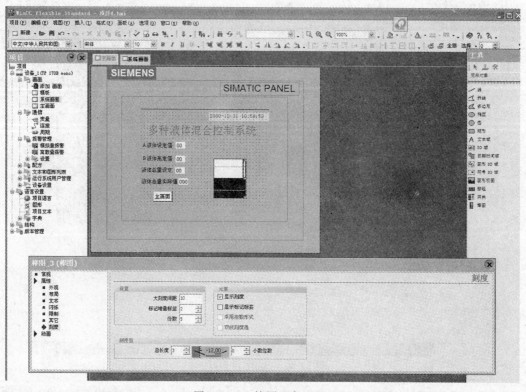

图 35-21　棒图组态（三）

6. 管道与阀门组态

在工具→库的空白处单击鼠标右键，选择"库→打开→系统库"把库文件调出来，显示如图 35-22 所示画面。

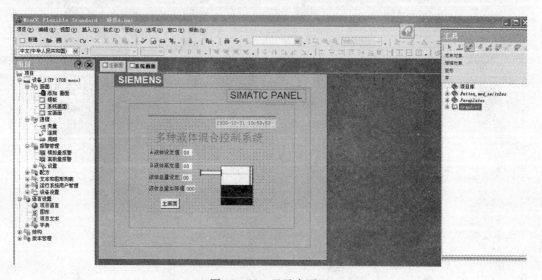

图 35-22　显示库画面

　　如图35-23所示，选择"工具→简单工具"中的矩形，在画面中画一矩形作为管道，画多根管道得到如图35-24所示画面。

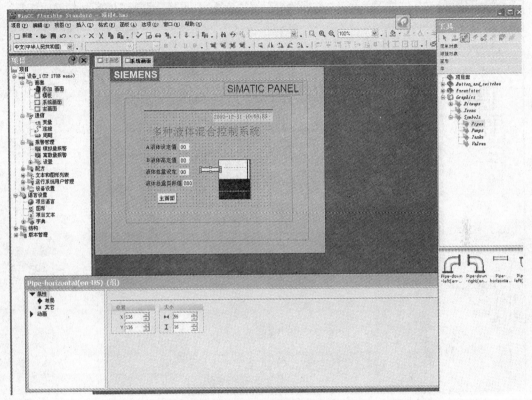

图35-23　管道组态（一）

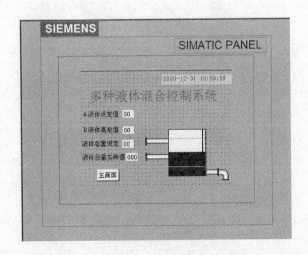

图35-24　管道组态（二）

　　如图35-25所示，调用阀门的库文件，选择"库→Graphics→Symbols→Valves"，在画面上组态三个阀门。同时组态三个按钮，分别与阀门叠放在一处，如图35-26所示。

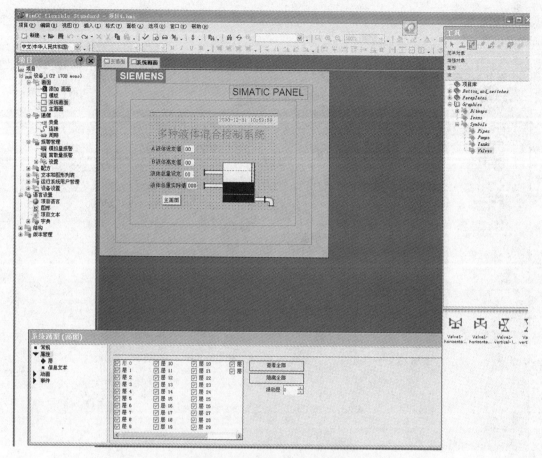

图 35 - 25　调用阀门库文件

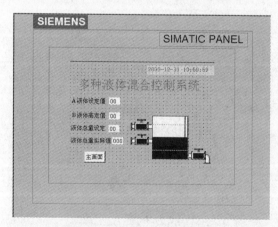

图 35 - 26　按钮与阀门组态

　　三个按钮的组态，在按下按钮时分别把变量"A 阀"、"B 阀"、"出料阀"置位，松开按钮时使其复位。

　　单击"工具→简单工具"中的"开关"，组态一个开关，用于手自动的切换。该开关的属性窗口设置如图 35 - 27 所示。

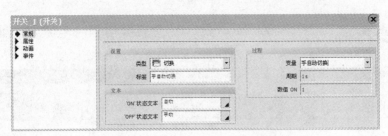

图 35-27　手自动切换开关属性

二、报警与用户管理组态

1. 报警组态

(1) 建立模拟量报警。新建一个报警画面，命名为"报警画面"，并能实现与系统画面的切换。组态报警，当容器中液位大于 100 时，则产生报警。

在"项目视图→项目→报警管理"中双击"模拟量报警"。双击报警表的第一行，设计一个报警，如图 35-28 所示。指定触发变量为"液位超过 100"，触发模式为"上升沿时"。

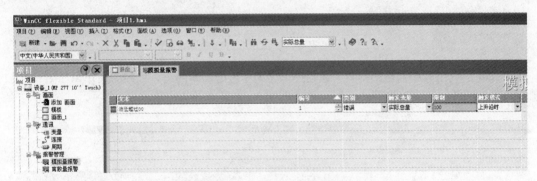

图 35-28　新建模拟量报警

(2) 组态报警画面。新建并打开"报警画面"，在"工具→增强工具"中单击"报警视图"，然后在画面中做出报警视图并调整到合适大小，如图 35-29 所示。

如果需要在产生该模拟量报警时自动弹出报警画面，则只需在该报警的属性窗口中设置激活 ActivateScreen 函数，调出报警画面即可。

2. 用户组态

西门子 HMI 的用户权限由用户组决定，同一用户组的用户具有相同的权限。

新建用户组、用户及用户视图，并对 IO 域进行权限设置。

双击项目视图中的"运行系统用户管理→组"，显示如图 35-30 所示画面。

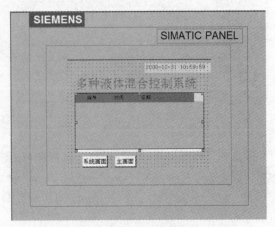

图 35-29　报警视图

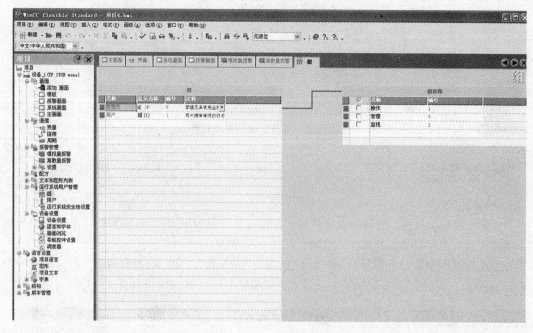

图 35-30　用户组组态

在图 35-30 组表中双击第三行，新建一个名为"班组长"的组，权限为操作，如图 35-31 所示。

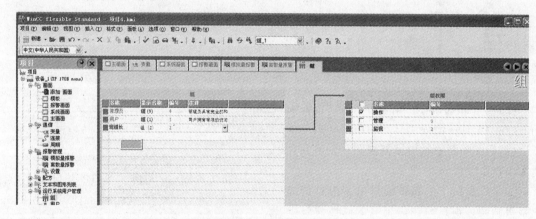

图 35-31　新建用户组

双击项目视图中的"运行系统用户管理→用户"，显示如图 35-32 所示画面。双击用户表的第二行，新建一个名为"user1"用户，密码设为"000"。该用户属于用户组"班组长"。并新建名为"输入 A 设定值"的组权限，"班组长"具有"输入 A 设定值"的组权限，如图 35-33 所示。

打开系统画面，选择 A 液体设定值的 IO 域，设置该对象属性，选择"属性→安全"，设置权限为"输入 A 设定值"，如图 35-34 所示。

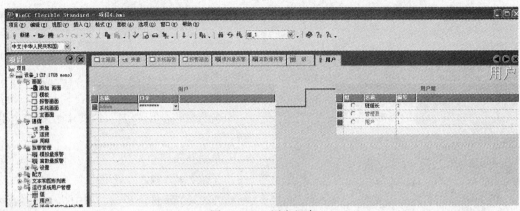

图 35 - 32   用户组态

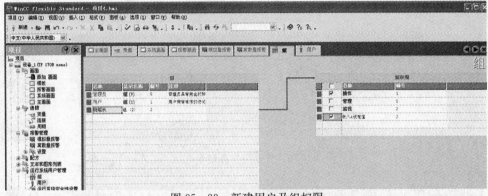

图 35 - 33   新建用户及组权限

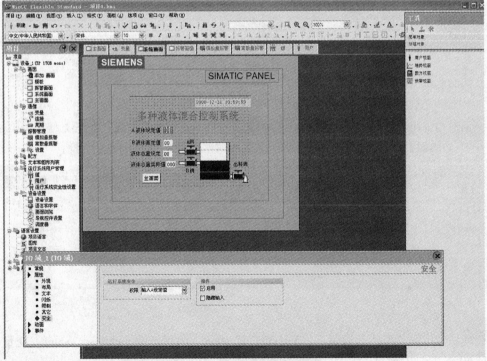

图 35 - 34   设置 IO 的权限

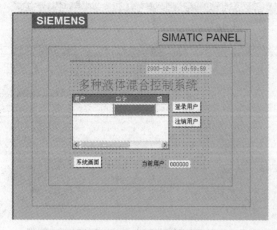

图 35-35 用户视图画面

新建用户视图画面，并建立与系统画面的切换按钮。在该画面中，单击"工具→增强工具"中的"用户视图"，在画面中画出用户视图窗口，并调整到合适大小，并组态两个按钮，分别为登录用户与注销用户，组态一个名为"当前用户名"的文本域和一个 IO 域，如图 35-35 所示。

单击登录用户按钮，有其属性"常规"项中，选择文本，输入"登录用户"，如图 35-36 所示。在其"事件→单击"项中执行系统函数 Show Logon Dailog，如图 35-37 所示。类似地，组态注销用户按钮时执行系统函数 Logoff。

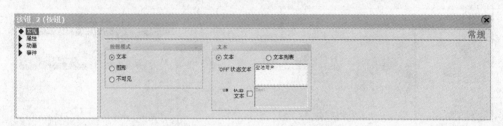

图 35-36 登录用户按钮组态（一）

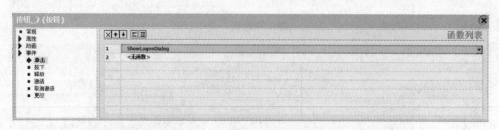

图 35-37 登录用户按钮组态（二）

下面对当前用户 IO 域进行组态。新建一个名为 string 的内部变量，数据类型为 string。在图 35-35 的画面中，选择当前用户 IO 域，常规项属性按照如图 35-38 所示设置。

图 35-38 当前用户 IO 域组态（一）

选择属性中的"事件→激活"，如图 35-39 所示，调用函数 Get User Name，变量设为 string，如图 35-40 所示，则运行时单击该 IO 域即可刷新得到用户名。

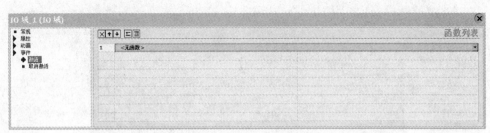

图 35-39 当前用户 IO 域组态（二）

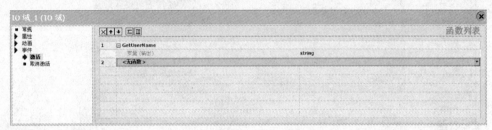

图 35-40 当前用户 IO 域组态（三）

三、趋势视图与配方组态

1. 趋势视图组态

首先生成和打开名为"趋势画面"的画面。将工具箱的"增强对象"中的"趋势视图"拖放到画面编辑器的画面工作区中，用鼠标调节到合适的大小，如图 35-41 所示。

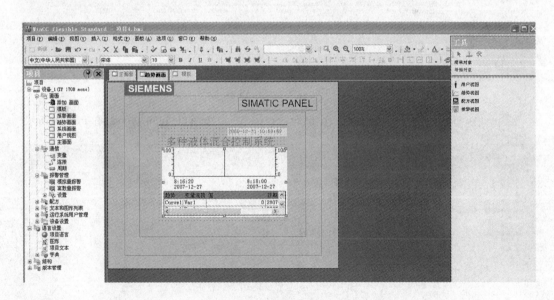

图 35-41 组态趋势视图

选中"趋势视图"，在它的属性视图中设置趋势视图的参数。

在属性视图的"属性"类的"趋势"对话框中，如图 35-42 所示，单击一个空行，创建一个新趋势，设置它的类型和其他参数。图 35-42 中的"前景色"指曲线的颜色，"源设置"指要显示曲线的变量名。现设置一个实际液体总量趋势图，按如图 35-43 所示进行设置。

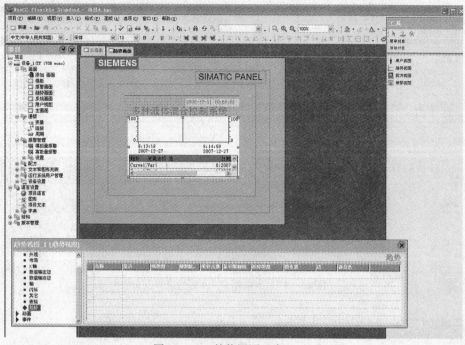

图 35-42　趋势视图组态（一）

图 35-43　趋势视图组态（二）

另外，在"属性→X 轴"属性项，可以设置视图 X 时间轴的时间间隔，如图 35-44 所示。

图 35-44　趋势视图组态（三）

2. 配方组态

配方是与某种生产工艺过程有关的所有参数的集合。下面组态配方，能实现液体 A 设定值、液体 B 设定值的各种数据组合。

首先建立一个配方画面，并能与系统画面进行画面切换，如图 35-45 所示。

在项目视图中双击"配方→新建配方"，出现如图 35-46 所示画面，配方名称和显示名称设为"AB混合",并在表中设置两种成分,分别为A液体设定值和B液体设定值。

单击图35-47表上方的"数据记录",设置数据记录表如图35-48所示。

进入配方画面,在工具箱的"增强对象"组中的"配方视图"图标放到画面中,然后适当调节配方视图的位置和大小,如图35-49所示。图中 为新建配方记录, 为保存配方记录, 为删除配方记录, 为把配方记录数据下载到PLC, 为把当前PLC中的数据上传至配方视图中。

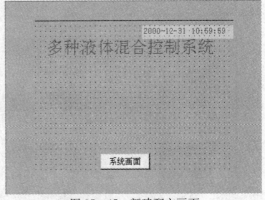

图35-45 新建配方画面

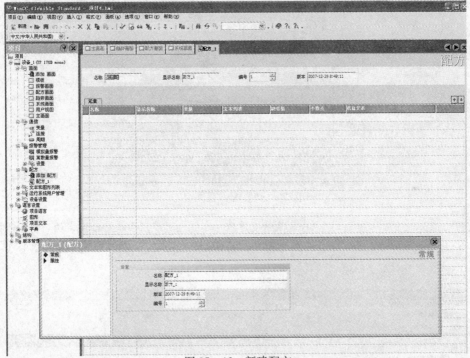

图35-46 新建配方

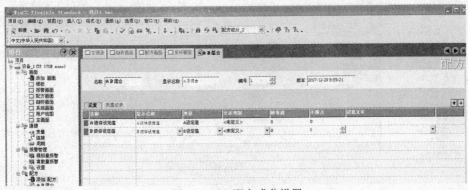

图35-47 配方成分设置

665

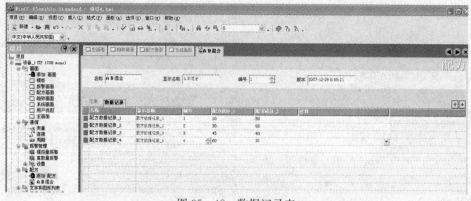

图 35-48　数据记录表

图 35-49　配方视图组态

注意　通过以上配方设置，A、B 液体的设定值可通过配方视图中进行设置，但此时系统画面中的相关 IO 域就只能显示数据，不能再进行设置。如要在系统画面中的 IO 域也可进行数据设置，则需在"AB 混合"配方的属性窗口"属性→选项"中不选择"同步变量"即可，如图 35-50 所示。

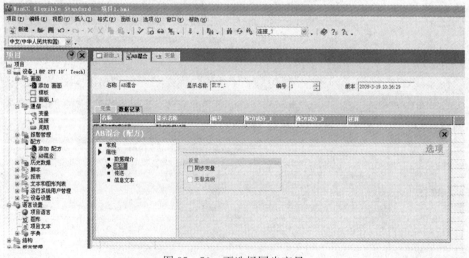

图 35-50　不选择同步变量

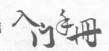

变 频 器

第三十六章 变频调速基础知识

第一节 交流异步电动机调速原理

一、异步电动机旋转原理

异步电动机的电磁转矩是由定子主磁通和转子电流相互作用产生的。如图 36-1 所示,磁场以 n_0 转速顺时针旋转,转子绕组切割磁力线,产生转子电流,通电的转子绕组相对磁场运动,产生电磁力。电磁力使转子绕组以转速 n 旋转,方向与磁场旋转方向相同,旋转磁场实际上是三个交变磁场合成的结果。这三个交变磁场应满足以下条件:

(1) 在空间位置上互差 $\frac{2\pi}{3}$ rad 电度角,这由定子三相绕组的布置来确定。

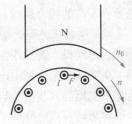

图 36-1 异步电动
机旋转原理

(2) 在时间上互差 $\frac{2\pi}{3}$ rad 相位角 (或 1/3 周期),这由通入的三相交变电流来保证。

产生转子电流的必要条件是转子绕组切割定子磁场的磁力线。因此,转子的转速 n 低于定子磁场的转速 n_0,两者之差称为转差

$$\Delta n = n_0 - n$$

转差与定子磁场转速 (常称为同步转速) 之比,称为转差率,即

$$s = \Delta n / n_0$$

同步转速 n_0 由下式决定

$$n_0 = 60 f / p$$

式中,f 为输入电流的频率;p 为旋转磁场的极对数。

由此可得转子的转速

$$n = 60 f (1-s) / p$$

二、异步电动机调速

由转速 $n = 60 f (1-s) / p$ 可知异步电动机调速有以下几种方法。

1. 改变磁极对数 p (变极调速)

定子磁场的极对数取决于定子绕组的结构。所以,要改变 p,必须将定子绕组制为可以换

接成两种或两种以上磁极对数的特殊形式。通常一套绕组只能换接成两种磁极对数。

变极调速的主要优点是设备简单、操作方便、机械特性较硬、效率高、既适用于恒转矩调速，又适用于恒功率调速；其缺点是为有极调速，且极数有限，因而只适用于不需平滑调速的场合。

2. 改变转差率 s（变转差率调速）

以改变转差率为目的调速方法有：定子调压调速、转子变电阻调速、电磁转差离合器调速等。

（1）定子调压调速。当负载转矩一定时，随着电动机定子电压的降低，主磁通减少，转子感应电动势减少，转子电流减少，转子受到的电磁力减少，转差率 s 增大，转速减小，从而达到速度调节的目的；同理，定子电压升高，转速增加。

调压调速的优点是调速平滑，采用闭环系统时，机械特性较硬，调速范围较宽；缺点是低速时，转差功率损耗较大，功率因数低，电流大，效率低。调压调速既非恒转矩调速，也非恒功率调速，比较适合于风机、泵类特性的负载。

（2）转子变电阻调速。当定子电压一定时，电动机主磁通不变，若减小转子电阻，则转子电流增大，转子受到的电磁力增大，转差率减小，转速升高；同理增大定子电阻，转速降低。转子变电阻调速的优点是设备和线路简单，投资不高，但其机械特性较软，调速范围受到一定限制，且低速时转差功率损耗较大，效率低，经济效益差。目前，转子变电阻调速只在一些调速要求不高的场合采用。

（3）电磁转差离合器调速。异步电动机电磁转差离合器调速系统以恒定转速运转的异步电动机为原动机，通过改变电磁转差离合器的励磁电流进行速度调节。

电磁转差离合器由电枢和磁极两部分组成，二者之间没有机械的联系，均可自由旋转。离合器的电枢与异步电动机转子轴相连并以恒速旋转，磁极与工作机械相连。

电磁转差离合器的工作原理如图 36-2 所示，如果磁极内励磁电流为零，电枢与磁极间没有任何电磁联系，磁极与工作机械静止不动，相当于负载被"脱离"；如果磁极内通入直流励磁电流，磁极即产生磁场，电枢由于被异步电动机拖动旋转，因而电枢与磁极间有相对运动而在电枢绕组中产生电流，并产生力矩，磁极将沿着电枢的运转方向而旋转，此时负载相当于被"合上"，调节磁极内通入的直流励磁电流，就可调节转速。

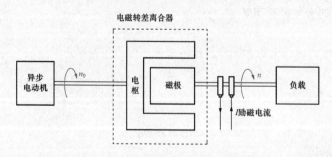

图 36-2　电磁转差离合器工作原理

电磁转差离合器调速的优点是控制简单，运行可靠，能平滑调速，采用闭环控制后可扩大调速范围，常用于通风类或恒转矩类负载；其缺点是低速时损耗大，效率低。

3. 改变频率 f（变频调速）

当极对数 p 和转差率 s 不变时，电动机转子转速与定子电源频率成正比，因此，连续改变供电电源的频率，就可以连续平滑的调节电动机的转速。

异步电动机变频调速具有调速范围广、调速平滑性能好、机械特性较硬的优点，可以方便地实现恒转矩或恒功率调速。

第二节 变 频 调 速

一、变频器与逆变器、斩波器

变频调速是以变频器向交流电动机供电，并构成开环或闭环系统。变频器是把固定电压、固定频率的交流电变换为可调电压、可调频率的交流电的变换器，是异步电动机变频调速的控制装置。逆变器是将固定直流电压变换成固定的或可调的交流电压的装置（DC—AC 变换）。将固定直流电压变换成可调的直流电压的装置称为斩波器（DC—DC 变换）。

二、变压变频调速

在进行电动机调速时，通常要考虑的一个重要因素是，希望保持电动机中每极磁通量为额定值，并保持不变。

如果磁通太弱，即电动机出现欠励磁，将会影响电动机的输出转矩，有转矩公式

$$T_M = K_T \Phi_M I_2 \cos\varphi_2$$

式中，T_M 为电磁转矩；Φ_M 为主磁通；I_2 为转子电流；$\cos\varphi_2$ 为转子回路功率因数；K_T 为比例系数。

由上式可知，电动机磁通的减小，势必造成电动机电磁转矩的减小。

由于设计时，电动机的磁通常处于接近饱和值，如果进一步增大磁通，将使电动机铁芯出现饱和，从而导致电动机中流过很大的励磁电流，增加电动机的铜损耗和铁损耗，严重时会因绕组过热而损坏电动机。因此，在改变电动机频率时，应对电动机的电压进行协调控制，以维持电动机磁通的恒定。为此，用于交流电气传动中的变频器实际上是变压（Variable Voltage，VV）变频（Variable Frequency，VF）器，即 VVVF。所以，通常也把这种变频器叫做 VVVF 装置或 VVVF。

三、变频器的分类

1. 按变频器主电路结构形式分类

按变频器主电路的结构形式可分为交—直—交变频器和交—交变频器。交—直—交变频器首先通过整流电路将电网的交流电整流成直流电，再由逆变电路将直流电逆变为频率和幅值均可变的交流电。交—直—交变频器主电路结构如图 36-3 所示。

交—交变频器把一种频率的交流电直接变换为另一种频率的交流电，中间不经过直流环节。它的基本结构如图 36-4 所示。

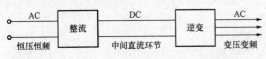

图 36-3 交—直—交变频器主电路结构

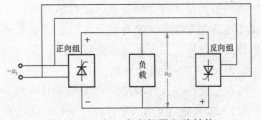

图 36-4 交—交变频器电路结构

常用的交—交变频器输出的每一相都是一个两组晶闸管整流装置反并联的可逆线路。正、反向两组按一定周期相互切换，在负载上就获得交变的输出电压 u_0。输出电压 u_0 的幅值决定于各组整流装置的控制角 α，输出电压 u_0 的频率决定于两组整流装置的切换频率。如果控制角 α 一直不变，则输出平均电压是方波，要得到正弦波输出，就需在每一组整流器导通期间不断改变其控制角。

对于三相负载，交—交变频器其他两相也各用一套反并联的可逆线路，输出平均电压相位依次相差 120°。

交—交变频器由其控制方式决定了它的最高输出频率只能达到电源频率的 1/3～1/2，不能高速运行，这是它的主要缺点。但由于没有中间环节，不需换流，提高了变频效率，并能实现四象限运行，因而多用于低速大功率系统中，如回转窑、轧钢机等。

2. 按变频电源的性质分类

按变频电源的性质可分为电压型变频器和电流型变频器。对交—直—交变频器，电压型变频器与电流型变频器的主要区别在于中间直流环节采用什么样的滤波器。

电压型变频器的主电路典型形式如图 36-5 所示。在电路中中间直流环节采用大电容滤波，直流电压波形比较平直，使施加于负载上的电压值基本上不受负载的影响，而基本保持恒定，类似于电压源，因而称为电压型变频器。

电压型变频器逆变输出的交流电压为矩形波或阶梯波，而电流的波形经过电动机负载滤波后接近于正弦波，但有较大的谐波分量。

由于电压型变频器是作为电压源向交流电动机提供交流电功率的，主要优点是运行几乎不受负载的功率因素或换流的影响；缺点是当负载出现短路或在变频器运行状态下投入负载，都易出现过电流，必须在极短的时间内施加保护措施。

电流型变频器与电压型变频器在主电路结构上基本相似，所不同的是电流型变频器的中间直流环节采用大电感滤波，如图 36-6 所示，直流电流波形比较平直，使施加于负载上的电流值稳定不变，基本不受负载的影响，其特性类似于电流源，所以称为电流型变频器。

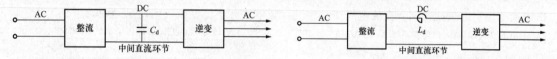

图 36-5　电压型变频器的主电路结构　　　　图 36-6　电流型变频器的主电路结构

电流型变频器的整流部分一般采用相控整流，或直流斩波，通过改变直流电压来控制直流电流，构成可调的直流电源，达到控制输出的目的。

电流型变频器由于电流的可控性较好，可以限制因逆变装置换流失败或负载短路等引起的过电流，保护的可靠性较高，所以多用于要求频繁加减速或四象限运行的场合。

一般的交—交变频器虽然没有滤波电容，但供电电源的低阻抗使它具有电压源的性质，也属于电压型变频器。也有的交—交变频器用电抗器将输出电流强制变成矩形波或阶梯波，具有电流源的性质，属于电流型变频器。

3. 按 VVVF 调制技术分类

交—直—交变频器按 VVVF 调制技术可分为 PAM 和 PWM 两种。

PAM 是把 VV 和 VF 分开完成的，称为脉冲幅值调制（Pulse Amplitude Modulation）方式，简称 PAM 方式。

PAM 调制方式又分为两种：一种是调压采用可控整流，即把交流电整流为直流电的同时进行相控整流调压，调频采用三相六拍逆变器，这种方式结构简单，控制方便，但由于输入环节采用晶闸管可控整流器，当电压调得较低时，电网端功率因素较低，而输出环节采用晶闸管组成的三相六拍逆变器，每周日期换相六次，输出的谐波较大。另一种是采用不可控整流、斩波调压，即整流环节采用二极管不控整流，只整流不调压，再单独设置 PWM 斩波器，用脉宽调压，调频仍采用三相六拍逆变器，这种方式虽然多了一个环节，但调压时输入功率因素不变，克服了上面那种方式中输入功率因数低的缺点。而其输出逆变环节未变，仍有谐波较大的问题。

PWM 是将 VV 与 VF 集中于逆变器一起来完成的，称为脉冲宽度调制（Pulse Width Modulation）方式，简称 PWM 方式。

PWM 调制方式采用不控整流，则输入功率因素不变，用 PWM 逆变同时进行调压和调频，则输出谐波可以减少。

在 VVVF 调制技术发展的早期均采用 PAM 方式，这是由于当时的半导体器件是普通晶闸管等半控型器件，其开关频率不高，所以逆变器输出的交流电压波形只能是方波。而要使方波电压的有效值随输出频率的变化而改变，只能靠改变方波的幅值，即只能靠前面的环节改变中间直流电压的大小。随着全控型快速半导体开关器件 BJT、IGBT、GTO 等的发展，才逐渐发展为 PWM 方式。由于 PWM 方式具有输入功率因数高、输出谐波少的优点，因此在中小功率的变频器中，几乎全部采用 PWM 方式，但由于大功率、高电压的全控型开关器件的价格还较昂贵，因此，为降低成本，在数百千瓦以上的大功率变频器中，有时仍需要使用以普通晶闸管为开关器件的 PAM 方式。

四、变压变频协调控制

进行电动机调速时，为保持电动机的磁通恒定，需要对电动机的电压与频率进行协调控制。对此，需要考虑基频（额定频率）以下和基频以上两种情况。

基频，即基本频率 f_1，是变频器对电动机进行恒转矩控制和恒功率控制的分界线，应按电动机的额定电压（指额定输出电压，是变频器输出电压中的最大值，通常它总是和输入电压相等）进行设定，即在大多数情况下，额定输出电压就是变频器输出频率等于基本频率时的输出电压值，所以，基本频率又等于额定频率 f_N（即与电动机额定输出电压对应的频率）。

异步电动机变压变频调速时，通常在基频以下采用恒转矩调速，基频以上采用恒功率调速。

1. 基频以下调速

在一定调速范围内维持磁通恒定，在相同的转矩相位角的条件下，如果能够控制电机的电流为恒定，即可控制电机的转矩为恒定，称为恒转矩控制，即电机在速度变化的动态过程中，具有输出恒定转矩的能力。

由于恒定 U_1/f_1 控制能在一定调速范围内近似维持磁通恒定，因此恒定 U_1/f_1 控制属于恒转矩控制。

严格地说，只有控制 E_g/f_1 恒定才能控制电机的转矩为恒定。

（1）恒定气隙磁通 Φ_M 控制（恒定 E_g/f_1 控制）。根据异步电动机定子的感应电势

$$E_g = 4.44 f_1 N_1 K N_1 \Phi_M$$

式中，E_g 为气隙磁通在每相定子感应的电动势；f_1 为电源频率；N_1 为定子每相绕组串联匝数；K、N_1 为与绕组结构有关的常数；Φ_M 为每极气隙磁通。要保持 Φ_M 不变，当频率 f_1 变化时，必须同时改变电动势 E_g 的大小，使

$$E_g/f_1 = 常值$$

即采用恒定电动势与频率比的控制方式。（恒定 E_g/f_1 控制）

电动机定子电压

$$U_1 = E_g + (r_1 + jx_1)I_1$$

式中，U_1 为定子电压；r_1 为定子电阻；x_1 为定子漏磁电抗；I_1 为定子电流。如果在电压、频率协调控制中，适当地提高电压 U_1，使它在克服定子阻抗压降以后，能维持 E_g/f_1 为恒值，则无论频率高低，每极磁通 Φ_M 均为常值，就可实现恒定 E_g/f_1 控制。

（2）恒定压频比控制（恒定 U_1/f_1 控制）。在电动机正常运行时，由于电动机定子电阻 r_1 和定子漏磁电抗 x_1 的压降较小，可以忽略，则电动机定子电压 U_1 与定子感应电动势 E_g 近似相等，即

$$U_1 \approx E_g$$

则得

$$U_1/f_1 = 常值$$

这就是恒压频比的控制方式。

由于电动机的感应电势检测和控制比较困难，考虑到在电动机正常运转时电动机的电压和电势近似相等，因此可以通过控制 U_1/f_1 恒定，以保持气隙磁通基本恒定。

恒定 U_1/f_1 控制是异步电动机变频调速的最基本控制方式，它在控制电动机的电源频率变化的同时控制变频器的输出电压，并使二者之比 U_1/f_1 为恒定，从而使电动机的磁通基本保持恒定。

恒定 U_1/f_1 控制最容易实现，它的变频机械特性基本上是平行下移，硬度也较好，能够满足一般的调速要求，突出优点是可以进行电动机的开环速度控制。

恒定 U_1/f_1 控制存在的主要问题是低速性能较差。这是由于低速时异步电动机定子电阻压降所占比重增大，已不能忽略，电动机的电压和电势近似相等的条件已不满足，仍按 U_1/f_1 恒定控制已不能保持电动机磁通恒定。电动机磁通的减小，会使电动机电磁转矩减小。因此，在低频运行的时候，要适当的加大 U_1/f_1 的值，以补偿定子压降。

2. 基频以上调速

当电动机的电压随着频率的增加而升高时，若电动机的电压已达到电动机的额定电压，继续增加电压有可能破坏电动机的绝缘。为此，在电动机达到额定电压后，即使频率增加仍维持电动机电压不变。这样，电动机所能输出的功率由电动机的额定电压和额定电流的乘积所决定，不随频率的变化而变化，具有恒功率特性。

在基频以上调速时，频率可以从基频往上增加，但电压却不能超过额定电压，此时，电动机调速属于恒功率调速。

第三节 变 频 器 的 作 用

变频调速能够应用在大部分的电机拖动场合，由于它能提供精确的速度控制，因此可以方便地控制机械传动的上升、下降和变速运行。变频应用还可以大大地提高工艺的高效性（变速不依赖于机械部分），同时可以比原来的定速运行电动机更加节能。变频器主要有以下作用：

（1）控制电动机的启动电流。当电动机通过工频直接启动时，它将使启动电流达到额定电流的 7～8 倍。这个电流值将大大增加电动机绕组的电应力并产生热量，从而降低电动机的寿

命。而变频调速则可以在零速零电压启动（当然可以适当增加转矩提升）。一旦频率和电压的关系建立，变频器就可以按照 V/F 或矢量控制方式带动负载进行工作。使用变频调速能充分降低启动电流，提高绕组承受力，用户最直接的好处就是电动机的维护成本将进一步降低、电动机的寿命则相应增加。

（2）降低电力线路电压波动。在电动机工频启动，电流剧增的同时，电压也会大幅度波动，电压下降的幅度将取决于启动电动机的功率大小和配电网的容量。电压下降将会导致同一供电网络中的电压敏感设备故障跳闸或工作异常，如 PC 机、传感器、接近开关和接触器等均会动作出错。而采用变频调速后，由于能在零频零压时逐步启动，则能最大程度上消除电压下降。

（3）启动时需要的功率更低。电动机功率与电流和电压的乘积成正比，那么通过工频直接启动的电动机消耗的功率将大大高于变频启动所需要的功率。在一些工况下其配电系统已经达到了最高极限，其直接工频启动电动机所产生的电涌就会对同电网上的其他用户产生严重的影响，从而将受到电网运营商的警告，甚至罚款。如果采用变频器进行电动机启停，就不会产生类似的问题。

（4）可控的加速功能。变频调速能在零速启动并按照用户的需要进行光滑地加速，而且其加速曲线也可以选择（直线加速、S 形加速或者自动加速）。而通过工频启动时对电动机或相连的机械部分轴或齿轮都会产生剧烈的振动。这种振动将进一步加剧机械磨损和损耗，降低机械部件和电动机的寿命。另外，变频启动还能应用在类似灌装线上，以防止瓶子倒翻或损坏。

（5）可调的运行速度。运用变频调速能优化工艺过程，并能根据工艺过程迅速改变，还能通过远控 PLC 或其他控制器来实现速度变化。

（6）可调的转矩极限。通过变频调速后，能够设置相应的转矩极限来保护机械不致损坏，从而保证工艺过程的连续性和产品的可靠性。目前的变频技术使得不仅转矩极限可调，甚至转矩的控制精度都能达到 3%～5%。在工频状态下，电动机只能通过检测电流值或热保护来进行控制，而无法像在变频控制一样设置精确的转矩值来动作。

（7）受控的停止方式。如同可控的加速一样，在变频调速中，停止方式可以受控，并且有不同的停止方式可以选择（减速停车、自由停车、减速停车＋直流制动），同样它能减少对机械部件和电动机的冲击，从而使整个系统更加可靠，寿命也会相应增加。

（8）节能。离心风机或水泵采用变频器后都能大幅度地降低能耗，这在十几年的工程经验中已经得到了体现。由于最终的能耗是与电动机的转速立方比，所以采用变频后投资回报就更快，厂家也乐意接受。

（9）可逆运行控制。在变频器控制中，要实现可逆运行控制无须额外的可逆控制装置，只需要改变输出电压的相序即可，这样就能降低维护成本和节省安装空间。

（10）减少机械传动部件。由于目前矢量控制变频器加上同步电动机就能实现高效的转矩输出，从而节省齿轮箱等机械传动部件，最终构成直接变频传动系统。从而就能降低成本和空间，提高设备的性价比。

第三十七章

G110 变 频 器

本章主要介绍西门子 G110 变频器的接线端子、BOP（Basic Operator Panel）的按钮及功能、参数的设置操作方法、G110 变频器运行控制方式的设定以及变频器的调试方法等。

第一节　G110 接 线 端 子

一、电源和电动机接线端子

电源和电动机接线端子如图 37-1 所示，其中端子 L1、L2/N 接 200～240V±10％，47～63Hz 的交流电源，U、V、W 接三相交流异步电动机。

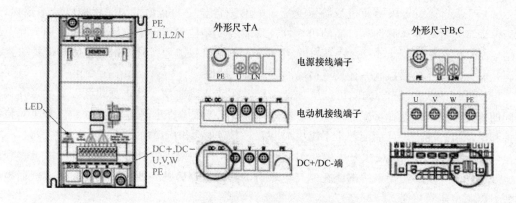

图 37-1　电源和电动机接线端子

二、控制端子

G110 变频器总共有 10 个控制端子，端子编号分别为 1～10。各端子的端子号、标识及功能如表 37-1 所示。1、2 号端子为一数字输出信号，可用来输出某开关信号；3～5 号端子为数字量输入信号，各端子都可往变频器输入一开关信号；6 号端子为输出 24V 电源正极；7 号端子为输出 0V（即电源负极）；8～10 号端子的功能按控制方式来确定，在模拟控制方式下，8 号端子为输出＋10V，9 号端子为模拟量输入信号，变频器按此信号大小决定输出频率，10 号端子为 0V；在 USS 串行接口控制方式下，8、9 号端子分别为 RS-485 通信的 P＋和 N－。

表 37 - 1   **G110 控制端子功能表**

端子号	标识	功 能	
1	DOUT—	数字输出（一）	
2	DOUT+	数字输出（+）	
3	DIN0	数字输入 0	
4	DIN1	数字输入 1	
5	DIN2	输入输入 2	
6	—	带电位隔离的输出＋24V/50mA	
7	—	输出 0V	
控制方式		模拟控制	USS串行接口控制
8	—	输出＋10V	RS－485P＋
9	ADC	模拟输入	RS－485N－
10	—	输出 0V	

三、变频器接线图

变频器接线如图 37 - 2 所示。

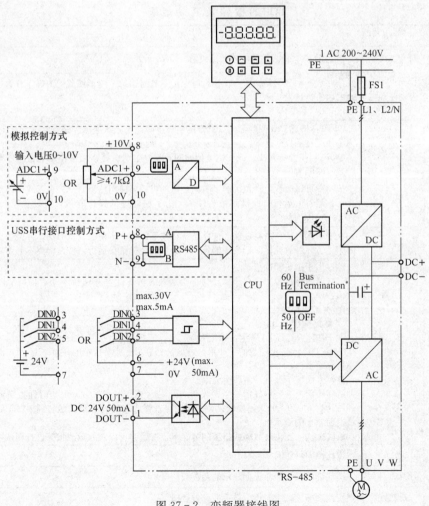

图 37 - 2   变频器接线图

第二节　BOP的按钮及其功能

　　BOP是基本操作面板，可用来设置变频器的参数，控制变频器的运行及监视变频器的运行状态等，其外形如图37-3所示。

图37-3　BOP操作面板

　　BOP的按钮及其功能如表37-2所示。

表37-2　　　　　　　　　　　　BOP的按钮及其功能表

显示/按钮	功能	功能说明
`r0000`	状态显示	LCD显示变频器当前所用的设定值
Ⅰ	启动变频器	按此键启动变频器。缺省值运行时此键是被封锁的。为了使此键的操作有效，应按照下面的数值进行设置： P0700＝1或P0719＝10～15
O	停止变频器	OFF1：按此键，变频器将按选定的斜坡下降速率减速停车。缺省值运行时此键被封锁；为了使此键的操作有效，应设置：P0700＝1或P0719＝10～15； OOF2：按此键两次（或一次，但时间较长）电动机将在惯性作用下自由停车。此功能总是"使能"的
⟲	改变电动机的方向	按此键可以改变电动机的转动方向。电动机的反向用负号（—）表示或用闪烁的小数点表示。缺省值运行时此键是被封锁的。为了使此键的操作有效，应设置：P0700＝1或P0719＝10～15
JOG	电动机点动	在变频器"运行准备就绪"的状态下，按下此键，将使电动机启动，并按预设定的点动频率运行。释放此键时，变频器停车。如果电动机正在运行，按此键将不起作用
Fn	功能	此键用于浏览辅助信息。 变频器运行过程中，在显示任何一个参数时按下此键并保持不动，将显示以下参数的数值： ① 直流回路电压（用d表示，单位为V）。 ② 输出频率（Hz）。 ③ 输出电压（用o表示，单位为V）。 ④ 由P0005选定的数值［如果P0005选择显示上述参数中的任何一个（1～3），这里将不再显示］。 连续多次按下此键，将轮流显示以上参数。 跳转功能：在显示任何一个参数（r××××或P××××）时短时间按下此键，将立即跳转到r0000，如果需要的话，您可以接着修改其他的参数。跳转到r0000后，按此键将返回原来的显示点。 故障确认：在出现故障或报警的情况下，按Fn键可以对故障或报警进行确认
P	参数访问	按此键即可访问参数
▲	增加数值	按此键即可增加面板上显示的参数数值
▼	减少数值	按此键即可减少面板上显示的参数数值

第三节 参数的设置操作方法

一、设置更改参数

更改参数的操作举例：将 P0003 的"访问级"更改为 3。操作步骤如表 37-3 所示。

表 37-3　　　　　　　　　　　　设置更改参数操作步骤

	操作步骤	显示的结果
1	按 P 键，访问参数	r0000
2	按 ▲ 键，直到显示出 P0003	P0003
3	按 P 键，进入参数访问级	1
4	按 ▲ 或 ▼ 键，达到所要求的数值（例如：3）	3
5	按 P 键，确认并存储参数的数值	P0003
6	现在已设定为第 3 访问级，使用者可以看到第 1~3 级的全部参数	

二、利用 BOP 复制参数

简单的参数设置可以由一台 SINAMICSG110 变频器上装，然后下载到另一台 SINAMICSG110 变频器。为了把参数的设置值由一台变频器复制到另一台变频器，必须完成以下操作步骤：

1. 上装（SINAMICSG110→BOP）

（1）在需要复制其参数的 SINAMICSG110 变频器上安装基本操作面板（BOP）。

（2）确认将变频器停车是安全的。

（3）将变频器停车。

（4）把参数 P0003 设定为 3，进入专家访问级。

（5）把参数 P0010 设定为 30，进入参数克隆（复制）方式。

（6）把参数 P0802 设定为 1，开始由变频器向 BOP 上装参数。

（7）在参数上装期间，BOP 显示"BUSY（忙碌）"。

（8）在参数上装期间，BOP 和变频器对一切命令都不予响应。

（9）如果参数上装成功，BOP 的显示将返回常规状态，变频器则返回准备状态。

（10）如果参数上装失败，则应尝试再次进行参数上装的各个操作步骤，或将变频器复位为出厂时的缺省设置值。

（11）从变频器上拆下 BOP。

2. 下载（BOP→SINAMICS G110）

（1）把 BOP 装到另一台需要下载参数的 SINAMICSG110 变频器上。

（2）确认该变频器已经上电。

（3）把该变频器的参数 P0003 设定为 3，进入专家访问级。

（4）把参数 P0010 设定为 30，进入参数复制方式。

（5）把参数 P0803 设定为 1，开始由 BOP 向变频器下载参数。

（6）在参数下载期间，BOP 显示"BUSY（忙碌）"。

（7）在参数下载期间，BOP 和变频器对一切命令都不予响应。

（8）如果参数下载成功，BOP 的显示将返回常规状态，变频器则返回准备状态。

（9）如果参数下载失败，则应尝试再次进行参数下载的各个操作步骤，或将变频器复位为工厂的缺省设置值。

（10）从变频器上拆下 BOP。

说明：

在进行参数复制操作时，应该注意以下一些重要的限制条件。

（1）只是把当前的数据上装到 BOP。

（2）一旦参数复制的操作已经开始，操作过程就不能中断。

（3）额定功率和额定电压不同的变频器之间也可以进行参数复制。

（4）在数据下载期间，如果数据与变频器不兼容（例如，由于软件版本不同），将把该参数的缺省设置值写入变频器。

（5）在参数复制过程中，BOP 中已有的任何数据都将被重写。

（6）如果参数的上装或下载失败，变频器将不会正常运行。

第四节　G110 变频器运行控制方式设定

G110 变频器运行控制方式主要有以下三种。

（1）BOP 控制方式。启动、停止由基本操作面板 BOP 控制，频率输出大小也由 BOP 来调节。

（2）由控制端子控制。启动、停止由控制端子控制，频率输出大小也由控制端子来调节。

（3）USS 串行接口控制。启动、停止及频率输出大小都由 RS－485 通信来控制。

一、BOP 控制方式

启动、停止（命令信号源）由基本操作面板 BOP 控制，频率输出大小（设定值信号源）也由 BOP 来调节。在该控制方式下需设定的参数如表 37－4 所示。

表 37－4　　　　　　　　　　　　BOP 控制设置参数

名称	参数	功能
命令信号源	P0700＝1	BOP 设置
设定值信号源	P1000＝1	BOP 设置

二、由控制端子控制

启动、停止（命令信号源）由控制端子控制，频率输出大小（设定值信号源）也由控制端子来调节。

控制接线图如图 37－4 所示。需设置的参数及功能如表 37－5 所示。

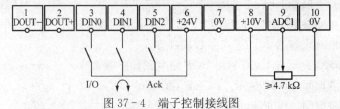

图 37－4　端子控制接线图

表 37 − 5　　　　　　　　端子控制时设置的参数与功能

数字输入	端子	参数	功能
命令信号源	3、4、5	P0700＝2	数字输入
设定值信号源	9	P1000＝2	模拟输入
数字输入 0	3	P0701＝1	ON/OFF1（I/O）
数字输入 1	4	P0702＝12	反向（⟳）
数字输入 2	5	P0703＝9	故障复位（Ack）
控制方式	—	P0727＝0	西门子标准控制

三、USS 串行接口控制

启动、停止（命令信号源）及频率输出大小（设定值信号源）都由 RS - 485 通信来控制。需设置的参数和接线如表 37 - 6 和图 37 - 5 所示。

表 37 − 6　　　　　　　　USS 串行接口控制时需设置的参数与接线

数字输入	端子	参数	功能
命令信号源		P0700＝5	符合 USS 协议
设定值信号源		P1000＝5	符合 USS 协议的输入频率
USS 地址	8，9	P2011＝0	USS 地址＝0
USS 波特率		P2010＝6	USS 波特率＝9600b/s
USS - PZD 长度		P2012＝2	在 USS 报文中 PZD 是两个 16 位字

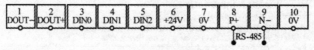

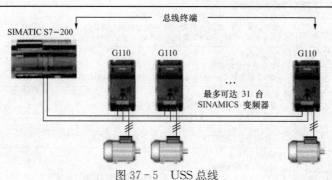

图 37 - 5　USS 总线

第五节　变频器的调试

一、快速调试

利用快速调试功能使变频器与实际使用的电动机参数相匹配，并对重要的技术参数进行设定。为了访问电动机的全部参数，建议把用户的访问级设定为 3（专家级），即 P0003＝3。

快速调试过程如图 37 - 6 所示。

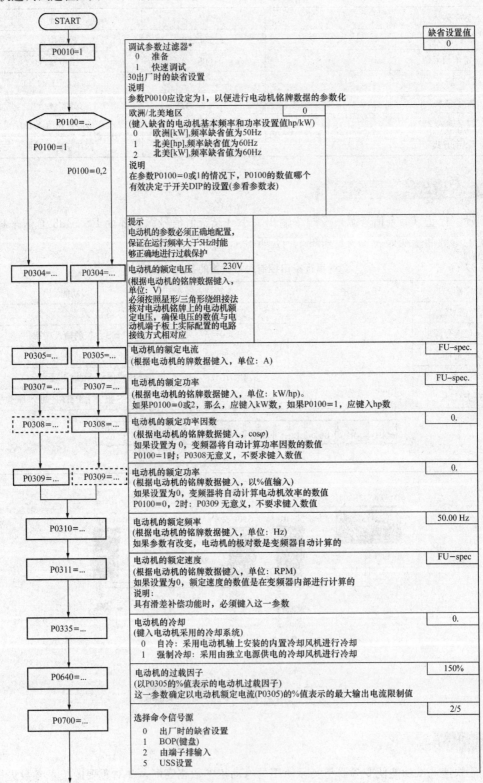

图 37 - 6 快速调试过程（一）

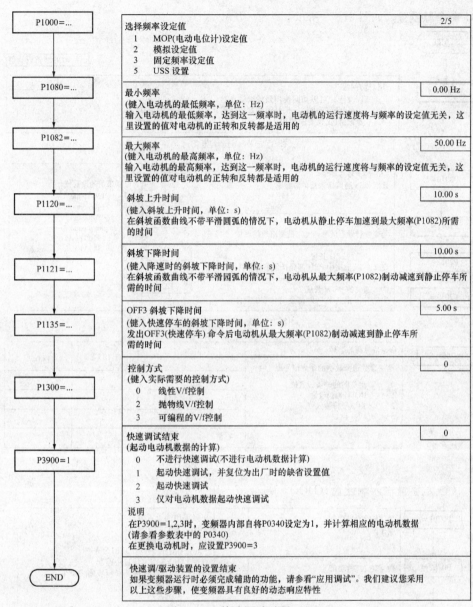

图 37－6　快速调试过程（二）

二、应用调试

　　所谓应用调试是指对变频器、电动机组成的驱动系统进行自适应或优化，保证其特性符合特定应用对象的要求。变频器可以提供许多功能，但是，对于一个特定的应用对象来说，并不是所有这些功能都需要投入。在进行"应用调试"时，这些不需要投入的功能可以被跳跃过去。这里讲述的只是变频器的大部分功能。

　　应用调试过程如下。

　　（1）开始准备，如图 37－7 所示。

　　（2）USS 通信设置，如图 37－8 所示。

（3）命令源设置，如图 37-9 所示。

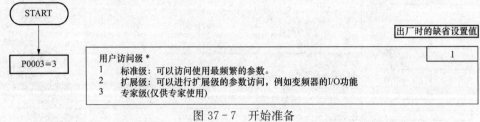

图 37-7 开始准备

图 37-8 通信设置

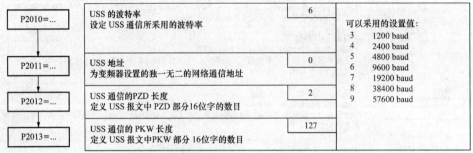

图 37-9 命令源设置

（4）数字量输入端设置（DIN），如图 37-10 所示。

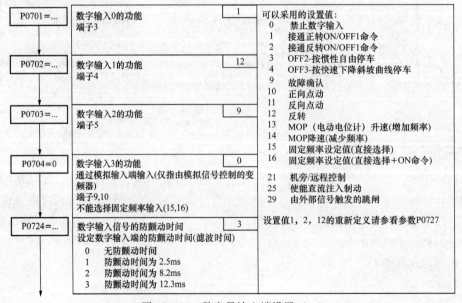

图 37-10 数字量输入端设置（一）

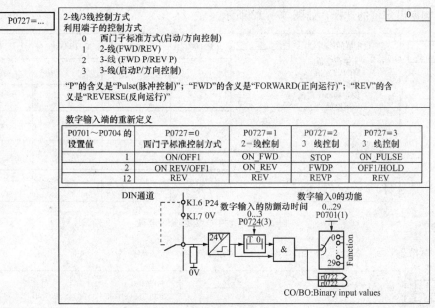

P0701~P0704 的设置值	P0727=0 西门子标准控制方式	P0727=1 2-线控制	P0727=2 3 线控制	P0727=3 3 线控制
1	ON/OFF1	ON_FWD	STOP	ON_PULSE
2	ON REV/OFF1	ON_REV	FWDP	OFF1/HOLD
12	REV	REV	REVP	REV

P0727=...

2-线/3-线控制方式
利用端子的控制方式
    0   西门子标准方式(启动/方向控制)
    1   2-线(FWD/REV)
    2   3-线 (FWD P/REV P)
    3   3-线(启动P/方向控制)

"P"的含义是"Pulse(脉冲控制)"；"FWD"的含义是"FORWARD(正向运行)"；"REV"的含义是"REVERSE(反向运行)"

数字输入端的重新定义

0

图 37-10　数字量输入端设置（二）

（5）数字量输出端设置，如图 37-11 所示。

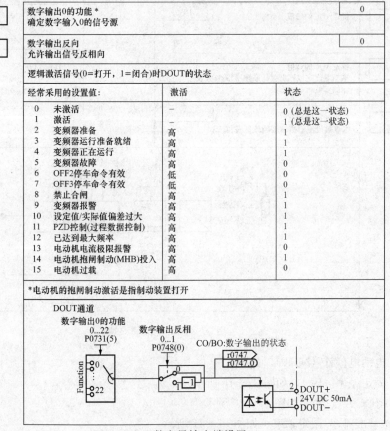

P0731=...

数字输出0的功能 *
确定数字输入0的信号源

0

P0748=0

数字输出反向
允许输出信号反相向

0

逻辑激活信号(0=打开，1=闭合)时DOUT的状态

经常采用的设置值：	激活	状态
0　未激活	—	0 (总是这一状态)
1　激活	—	1 (总是这一状态)
2　变频器准备	高	1
3　变频器运行准备就绪	高	1
4　变频器正在运行	高	1
5　变频器故障	高	0
6　OFF2停车命令有效	低	0
7　OFF3停车命令有效	低	0
8　禁止合闸	高	1
9　变频器报警	高	1
10　设定值/实际值偏差过大	高	1
11　PZD控制(过程数据控制)	高	1
12　已达到最大频率	高	1
13　电动机电流极限报警	高	0
14　电动机抱闸制动(MHB)投入	高	1
15　电动机过载	高	0

*电动机的抱闸制动激活是指制动装置打开

图 37-11　数字量输出端设置

（6）频率设定值的选择，如图 37‑12 所示。

频率设定值的选择	2/5	P1000	G110 AIN	G110 USS	设置值
0　无主设定值 1　MOP设定值 2　模拟设定值 3　固定频率设定值 5　USS设置		0	×	×	—
		1	×	×	
		2	×	—	
		3	×	×	
		5	—	×	

（P1000=...）

图 37‑12　频率设定值的选择

（7）模拟输入端（ADC），如图 37‑13 所示。

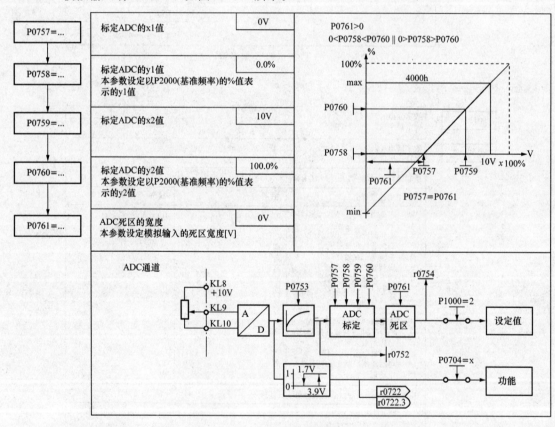

图 37‑13　模拟输入端

（8）电动电位计（MOP），如图 37‑14 所示。

（9）固定频率（FF），如图 37‑15 所示。

（10）JOG（点动），如图 37‑16 所示。

（11）基准频率/限定频率，如图 37‑17 所示。

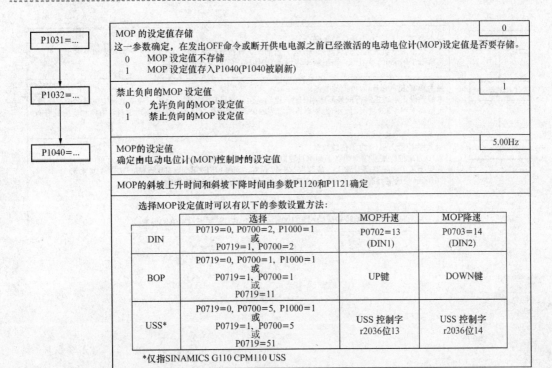

图 37-14 电动电位计

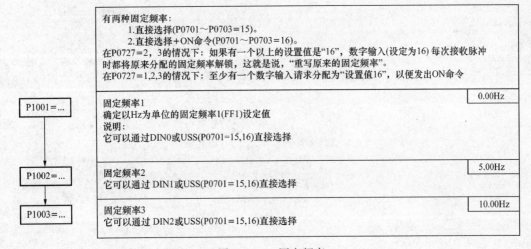

图 37-15 固定频率

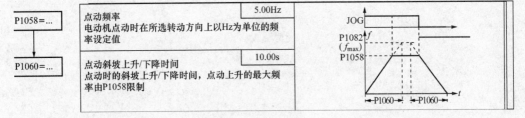

图 37-16 点动

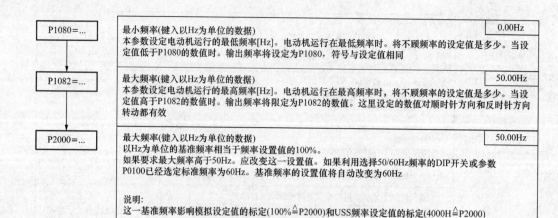

P1080=...	最小频率(键入以Hz为单位的数据) 本参数设定电动机运行的最低频率[Hz]。电动机运行在最低频率时。将不顾频率的设定值是多少。当设定值低于P1080的数值时。输出频率将设定为P1080，符号与设定值相同	0.00Hz
P1082=...	最大频率(键入以Hz为单位的数据) 本参数设定电动机运行的最高频率[Hz]。电动机运行在最高频率时，将不顾频率的设定值是多少。当设定值高于P1082的数值时。输出频率将限定为P1082的数值。这里设定的数值对顺时针方向和反时针方向转动都有效	50.00Hz
P2000=...	最大频率(键入以Hz为单位的数据) 以Hz为单位的基准频率相当于频率设置值的100%。 如果要求最大频率高于50Hz。应改变这一设置值。如果利用选择50/60Hz频率的DIP开关或参数P0100已经选定标准频率为60Hz。基准频率的设置值将自动改变为60Hz 说明: 这一基准频率影响模拟设定值的标定(100%≙P2000)和USS频率设定值的标定(4000H≙P2000)	50.00Hz

图 37-17　基准频率/限定频率

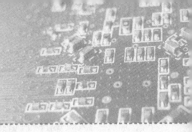

第三十八章

MM440 变 频 器

本章介绍西门子 MicroMaster440 通用型变频器的安装、接线、功能、参数的设置操作方法、变频器运行控制方式的设定及变频器的调试方法与维护，并阐述了西门子变频器的基本控制电路和应用。

第一节 MM440 变频器的特点

MicroMaster440 变频器简称 MM440 变频器，是西门子公司一种适合于三相电动机速度控制和转矩控制的变频器系列，其应用较广。该变频器在恒定转矩（CT）控制方式下功率范围为 120W～200kW，在可变转矩（VT）控制方式下功率可达 250kW，有多种型号可供用户选用。

MM440 变频器由微处理器控制，采用具有现代先进技术水平的绝缘栅双极型晶体管 IGBT 作为功率输出器件。因此，它具有很高的运行可靠性和功能的多样性。其脉冲宽度调制的开关频率是可选的，因而可降低电动机运行的噪声。同时，全面而完善的保护功能为变频器和电动机提供了良好的保护。

一方面，MM440 变频器可工作于缺省的工厂设置参数状态下，是为数量众多的简单的电动机变速驱动系统供电的理想变频驱动装置。另一方面，用户也可以根据需要设置相关参数，充分利用 MM440 所具有的全面、完善的控制功能，为需要多种功能的复杂电动机控制系统服务。

1. **MM440 变频器的主要特性**

MM440 变频器的主要特性如下：

(1) 易于安装、调试；

(2) 具有牢固的 EMC 设计；

(3) 可由 IT 中性点不接地电源供电；

(4) 对控制信号的响应是快速和可重复的；

(5) 参数设置功能强大，参数设置的范围很广，确保它可对广泛的应用对象进行配置；

(6) 具有多个继电器输出，多个模拟量输出（0～20mA）；

(7) 6 个带隔离的数字输入，并可切换为 NPN/PNP 接线；

(8) 2 个模拟输入：AIN1（0～10V，0～20mA、−10～＋10V）和 AIN2（0～10V，0～20mA）；2 个模拟输入也可以作为第 7 和第 8 个数字输入；

(9) BiCo（二进制互联连接）技术；

(10) 模块化设计，配置非常灵活；

(11) 脉宽调制的频率高，因而电动机运行的噪声低；

（12）详尽的变频器状态信息和全面的信息功能；

（13）有多种可选件供用户选用，包括与 PC 通信的通信模块、基本操作面板（BOP）、高级操作面板（AOP）以及进行现场总线通信的 PROFIBUS 通信模块。

2. MM440 变频器的性能特征

（1）具有矢量控制性能，并有两种矢量控制方式。

1）无传感器矢量控制（SLVC）；

2）带编码器的矢量控制（VC）。

（2）具有 V/f 控制性能，有两种 V/f 控制方式：

1）磁通电流控制（FCC），能改善动态响应和电动机的控制特性；

2）多点 V/f 特性控制。

（3）具有快速电流限制（FCL）功能，可避免运行中不应有的跳闸。

（4）具有内置的直流注入制动，还具有复合制动功能。

（5）具有内置的制动单元（仅限外形尺寸为 A～F 的 MM440 变频器）。

（6）加速/减速斜坡特性具有可编程的平滑功能，包括起始和结束段带平滑圆弧，以及起始和结束段不带平滑圆弧两种方式。

（7）具有比例、积分和微分 PID 控制功能的闭环控制。

（8）各组参数的设定值可以相互切换，包括电动机数据组（DDS）、命令数据组和设定值信号源（CDS）。

（9）具有自由功能块。

（10）具有动力制动的缓冲功能，定位控制的斜坡下降曲线。

3. MM440 变频器的保护特性

MM440 变频器的保护特性如下：

（1）具有过电压/欠电压保护；

（2）具有变频器过热保护；

（3）具有接地故障保护；

（4）具有短路保护，以及 I^2t 电动机过热保护；

（5）具有 PTC/KTY84 温度传感器的电动机保护。

第二节 MM440 变频器的电路结构

MM440 变频器的电路如图 38-1 所示，包括主电路和控制电路两部分。主电路完成电能的转换（整流、逆变），控制电路处理信息的收集、变换和传输。

在主电路中，由电源输入单相或三相恒压恒频的交流电，经过整流电路转换成恒定的直流电，供给逆变电路。逆变电路在 CPU 的控制下，将恒定的直流电压逆变成电压和频率均可调的三相交流电压给电动机负载。由图 38-1 中可以看出，MM440 变频器直流环节是通过电容进行滤波的，因此属于电压型交—直—交变频器。

MM440 变频器的控制电路由 CPU、模拟输入（AIN1、AIN2）、模拟输出（AOUT1、AOUT2）、数字输入（DIN1～DIN6）、继电器输出（RL1、RL2、RL3）、操作板等组成，如图 38-1 所示。两个模拟输入回路也可以作为两个附加的数字输入 DIN7 和 DIN8 使用，此时的外部线路的连接如图 38-2 所示。当模拟输入作为数字输入时，电压门限值如下：1.75V(DC)＝

OFF、3.70V(DC)=ON。

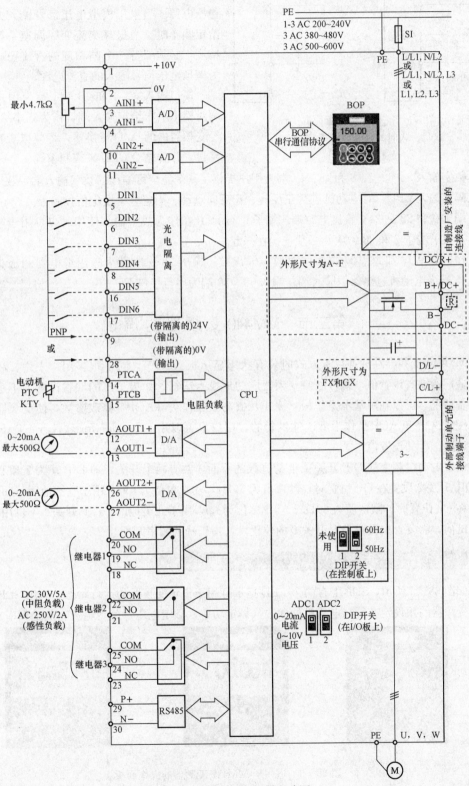

图 38-1 MM440 变频器电路图

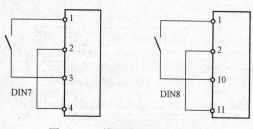

图 38-2 模拟输入作为数字输
入时外部线路的连接

端子 1、2 是变频器为用户提供的 10V 直流稳压电源。当采用模拟电压信号输入方式输入给定频率时，为提高交流变频调速系统的控制精度，必须配备一个高精度的直流稳压电源作为模拟电压信号输入的直流电源。

模拟输入 3、4 和 10、11 端为用户提供了两对模拟电压给定输入端，作为频率给定信号，经变频器内的 A/D 转换器，将模拟量转换成数字量，并传输给 CPU 来控制系统。

数字输入 5、6、7、8 和 16、17 端为用户提供了 6 个完全可编程的数字输入端，数字信号经光电隔离输入 CPU，对电动机进行正反转、正反向点动、固定频率设定值控制等。

端子 9 和 28 是 24V 直流电源端。端子 9（24V）在作为数字输入使用时也可用于驱动模拟输入，要求端子 2 和 28（0V）必须连接在一起。

输出 12、13 和 26、27 端为两对模拟输出端；输出 18～25 端为输出继电器的触头；输入 14、15 端为电动机过热保护输入端；输入 29、30 端为串行接口 RS-485（USS 协议）端。

第三节　MM440 变频器的调试

MM440 变频器在标准供货方式时装有状态显示板（SDP），对于很多用户来说，利用 SDP 和制造厂的缺省设置值，就可以使变频器成功地投入运行。如果工厂的缺省设置值不适合用户的设备情况，可以利用基本操作板（BOP）或高级操作板（AOP）修改参数，使变频器与设备相匹配。BOP 和 AOP 是作为可选件供货的，用户也可以用 DriveMonitor 软件或 STARTER 软件来调整工厂的设置值。

设置电动机频率的 DIP 开关位于 I/O 板的下面，共有两个开关，即 DIP 开关 2 和 DIP 开关 1。DIP 开关 2 设置在 Off 位置时，默认值为 50Hz，功率单位为 kW，用于欧洲地区；DIP 开关 2 设置在 On 位置时，默认值为 60Hz，功率单位为 hp，用于北美地区。DIP 开关 1 不供用户使用。在调试前，需要首先设置 DIP 开关 2 的位置，选择正确的频率匹配。

一、用状态显示板（SDP）进行调试

如图 38-3 所示，SDP 上有两个 LED 指示灯用于指示变频器的运行状态。采用 SDP 进行操作时变频器的预设定必须与电动机的参数（额定功率、额定电压、额定电流、额定频率）兼容。

(a)

(b)

(c)

图 38-3　适用于 MM440 变频器的操作面板

(a) 状态显示板，SDP；(b) 基本操作板，BOP；(c) 高级操作板，AOP

此外，必须满足以下条件：

（1）按照线性 V/f 控制特性，由模拟电位计控制电动机速度；

（2）频率为 50Hz 时，最大转速为 3000r/min（60Hz 时为 3600r/min），可通过变频器的模拟输入端用电位计控制；

（3）斜坡上升时间/斜坡下降时间为 10s。

采用 SDP 调试时，变频器控制端子的默认设置如表 38-1 所示。

表 38-1 　　　　　　　　用 SDP 调试时变频器控制端子的默认设置

输入信号	端子号	参数的设置值	缺省的操作
数字输入 1	5	P0701＝1	ON，正向运行
数字输入 2	6	P0702＝12	反向运行
数字输入 3	7	P0703＝9	故障确认
数字输入 4	8	P0704＝15	固定频率
数字输入 5	16	P0705＝15	固定频率
数字输入 6	17	P0706＝15	固定频率
数字输入 7	经由 AIN1	P0707＝0	不激活
数字输入 8	经由 AIN2	P0708＝0	不激活

使用变频器上装设的 SDP 进行调试的基础电路如下：

（1）启动和停止电动机（数字输入 DIN1 由外接开关控制）；

（2）电动机反向（数字输入 DIN2 由外接开关控制）；

（3）故障复位（数字输入 DIN3 由外接开关控制）。

用 SDP 进行调试的基本操作如图 38-4 所示，按图连接模拟输入信号，即可实现对电动机速度的控制。

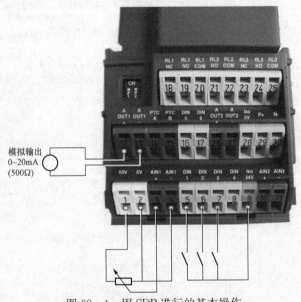

图 38-4　用 SDP 进行的基本操作

二、用基本操作板（BOP）进行调试

利用基本操作面板（BOP）可以更改变频器的各个参数。为了用 BOP 设置参数，首先必须

将 SDP 从变频器上拆卸下来，然后装上 BOP。

BOP 具有五位数字的七段显示，用于显示参数的序号和数值报警和故障信息，以及该参数的设定值和实际值，见图 38-3。BOP 不能存储参数的信息。

表 38-2 表示由 BOP 操作时的工厂缺省设置值。

在缺省设置时，用 BOP 控制电动机的功能是被禁止的。如果要用 BOP 进行控制，参数 P0700 应设置为 1，参数 P1000 也应设置为 1。

基本操作面板 BOP 上的按钮及其功能说明如表 38-3 所示。

表 38-2 **用 BOP 操作时的缺省设置值**

参数	说明	缺省值，欧洲（或北美）地区
P0100	运行方式，欧洲/北美	50Hz，kW（60Hz，hp）
P0307	功率（电动机额定值）	量纲［kW（hp）］取决于 P0100 的设定值（数值决定于变量）
P0310	电动机的额定频率	50Hz（60Hz）
P0311	电动机的额定速度	1395（1680）r/min（决定于变量）
P1082	最大电动机频率	50Hz（60Hz）

表 38-3 **操作板（BOP/AOP）的按键及其功能**

显示/按钮	功能	功能说明
`-0000`	状态显示	LCD 显示变频器当前所用的设定值
（启动按钮图标）	启动电动机	按此键启动变频器。缺省值运行时此键是被封锁的。为了使此键的操作有效，应按照下面的数值修改 P0700 或 P0719 的设定值： BOP：P0700=1 或 P0719=10....16 AOP：P0700=4 或 P0719=40....46　对 BOP 链路 　　　P0700=5 或 P0719=50....56　对 COM 链路
（停止按钮图标）	停止电动机	OFF1：按此键，变频器将按选定的斜坡下降速率减速停车。默认值运行时，此键被封锁；为了允许此键操作，请参看"启动电动机"按钮的说明。 OFF2：按此键两次（或一次，但时间较长）电动机将在惯性作用下自由停车。此功能总是"使能"的
（方向按钮图标）	改变电动机的方向	按此键可以改变电动机的转动方向。电动机的反向用负号（一）表示或用闪烁的小数点表示。缺省值运行时此键是被封锁的，为了使此键的操作有效，请参看"启动电动机"按钮的说明
（jog 按钮图标）	电动机点动	在变频器"准备运行"的状态下，按下此键，将使电动机启动，并按预设定的点动频率运行。释放此键时，变频器停车。如果变频器/电动机正在运行，按此键将不起作用
（Fn 按钮图标）	功能	此键用于浏览辅助信息。变频器运行过程中，在显示任何一个参数时按下此键并保持不动 2s，将显示以下参数值： （1）直流回路电压（用 d 表示，单位：V）； （2）输出电流（A）； （3）输出频率（Hz）； （4）输出电压（用 o 表示，单位：V）； （5）由 P0005 选定的数值［如果 P0005 选择显示上述参数中的任何一个（1～4），这里将不再显示］。 连续多次按此键，将轮流显示以上参数。 跳转功能 在显示任何一个参数（r××××或 P××××）时短时间按下此键，将立即跳转到 r0000，如果需要的话，您可以接着修改其他的参数。跳转到 r0000 后，按此键将返回原来的显示点。 退出 在出现故障或报警的情况下，按（Fn）键可以对它进行确认，并将操作板上显示的故障或报警信号复位

显示/按钮	功能	功能说明
(P)	参数访问	按此键即可访问参数
(▲)	增加数值	按此键即可增加面板上显示的参数数值
(▼)	减少数值	按此键即可减少面板上显示的参数数值
(Fn)+(P)	AOP 菜单	直接调用 AOP 主菜单（仅对 AOP 有效）

用 BOP 可以更改参数的数值，下面以更改参数 P0004 为例介绍数值的更改步骤，如表 38-4 所示；并以 P0719 为例说明如何修改下标参数的数值，如表 38-5 所示。按照表 38-4 和表 38-5 中说明的类似方法，可以用 BOP 更改任何一个参数。

表 38-4　　　　　　　　　　　　设置更改参数操作步骤

操作步骤	显示的结果
1 按 (P) 访问参数	r0000
2 按 (▲) 直到显示出 P0004	P0004
3 按 (P) 进入参数数值访问级	0
4 按 (▲) 或 (▼) 达到所需要的数值	7
5 按 (P) 确认并存储参数的数值	P0004
6 使用者只能看到电动机的参数	

表 38-5　　　　　　　　　　　　修改下标参数 P0719 步骤

操作步骤	显示的结果
1 按 (P) 访问参数	r0000
2 按 (▲) 直到显示出 P019	P0719
3 按 (P) 进入参数数值访问级	in000
4 按 (P) 显示当前的设定值	0
5 按 (▲) 或 (▼) 选择运行所需要的数值	12
6 按 (P) 确认和存储这一数值	P0719
7 按 (▼) 直到显示出 r0000	r0000
8 按 (P) 返回标准的变频器显示（由用户定义）	

用 BOP 修改参数的数值时，BOP 有时会显示"busy"，这表明变频器正忙于处理优先级更

高的任务。

三、用高级操作板（AOP）调试变频器

高级操作板（AOP）也是可选件。AOP的按键及其功能见表38-3，除了像BOP一样的方法进行参数设置与修改外，AOP还具有以下附加功能特点：

(1) 清晰的多种语言文本显示；

(2) 多组参数组的上装和下载功能；

(3) 可以通过PC机进行编程；

(4) 具有连接多个站点的能力，最多可以连接30台变频器。

四、BOP/AOP的快速调试功能

如果变频器还没有进行适当的参数设置，那么，在采用闭环矢量控制和V/f控制的情况下必须进行快速调试，同时执行电动机技术数据的自动检测子程序。快速调试可采用BOP或AOP，也可以采用带有调试软件STARTER或Drive Monitor的PC工具。

采用BOP或AOP进行快速调试中，P0010的参数过滤调试功能和P0003的选择用户访问级别的功能非常重要。P0010＝1表示启动快速调试。变频器的参数有三个用户访问级，即标准访问级（基本的应用）、扩展访问级（标准应用）和专家访问级（复杂的应用）。访问的等级由参数P0003来选择。对于大多数应用对象，只要访问标准级（P0003＝1）和扩展级（P0003＝2）参数就足够了。

快速调试的进行与参数P3900的设定有关，当它被设定为1时，快速调试结束后要完成必要的电动机计算，并使其他所有的参数（P0010＝1不包括在内）复位为工厂的缺省设置。当P3900＝1时，完成快速调试以后，变频器即已做好了运行准备。

快速调试（QC）的流程如下：

(1) 设置用户访问级别P0003。对于大多数应用对象，可采用缺省设定值（标准级）就可以满足要求。P0003的设定值如下：

P0003＝1标准级（基本的应用）；

P0003＝2扩展级（标准应用）；

P0003＝3专家级（复杂的应用）。

(2) 设置参数过滤器P0004。该参数的作用是按功能的要求筛选（过滤）出与该功能相关的参数，这样可以更方便地进行调试。

P0004的设定值如下：

P0004＝0 全部参数（缺省设置）；

P0004＝2 变频器参数；

P0004＝3 电动机参数；

P0004＝4 速度传感器。

(3) 设置调试参数过滤器P0010，开始快速调试。

P0010的设定值如下：

P0010＝0 准备运行；

P0010＝1 快速调试；

P0010＝30 工厂的缺省设置值。

在变频器投入运行之前应将本参数复位为0。在 P0010 设定为1时变频器的调试可以非常快速和方便地完成，这时，只有一些重要的参数（如 P0304、P0305 等）是可以看得见的。这些参数的数值必须一个一个地输入变频器。当 P3900 设定为1～3时，快速调试结束后立即开始变频器参数的内部计算。然后，自动把参数 P0010 复位为0。

当进行电动机铭牌数据的参数化设置时，参数 P0010 应设定为1。

（4）设置参数 P0100，选择工作地区。

P0100 的设定值如下：

P0100＝0 欧洲；功率单位为 kW；频率缺省值为 50Hz。

P0100＝1 北美；功率单位为 hp；频率缺省值 60Hz。

P0100＝2 北美；功率单位为 kW；频率缺省值 60Hz。

该参数的用户访问级为标准级（P0003＝1）。

本参数用于确定功率设定值的单位是 kW 还是 hp，在我国使用 MM440 变频器，P0100 应设定为0。在参数 P0100＝0 或1的情况下，P0100 的数值哪个有效决定于开关 DIP2 的设置。

OFF＝kW50Hz；ON＝hp60Hz

（5）设置参数 P0205，确定变频器的应用对象（转矩特性）。

P0205 的设定值如下：

P0205＝0 恒转矩（如压缩机生产过程恒转矩机械）；

P0205＝1 变转矩（如水泵风机）。

说明：这一参数只对大于或等于 5.5kW/400V 的变频器有效，其用户访问级为专家级（P0003＝3）。此外，对于恒转矩的应用对象，如果把 P0205 参数设定为1时，可能导致电动机过热。

（6）设置参数 P0300，选择电动机的类型。

P0300 的设定值如下：

P0300＝1 异步电动机（感应电动机），

P0300＝2 同步电动机。

说明：在 P0300＝2（同步电动机）的情况下只允许 V/f 控制方式（P1300＜20）。

（7）设置参数 P0304，确定电动机的额定电压。根据电动机的铭牌数据键入 P0304＝电动机的额定电压（V）。

注意 必须按照丫---△绕组接法核对电动机铭牌上的电动机额定电压确保电压的数值与电动机端子板上实际配置的电路接线方式相对应。

该参数的用户访问级为标准级（P0003＝1）。

（8）设置参数 P0305，确定电动机的额定电流。电动机额定电流 P0305 设定值范围一般为0～2倍变频器额定电流，根据电动机的铭牌数据键入，P0305＝电动机的额定电流（A）。对于异步电动机，电动机电流的最大值定义为变频器的最大电流；对于同步电动机，电动机电流的最大值定义为变频器的最大电流的两倍。

该参数的用户访问级为标准级（P0003＝1）。

（9）设置参数 P0307，确定电动机的额定功率。电动机额定功率 P0307 的设定值范围一般为0～2000kW，应根据电动机的铭牌数据来设定。键入 P0307＝电动机的额定功率。如果 P0100＝0 或2，那么应键入 kW 数；如果 P0100＝1 应键入 hp 数。

（10）设置参数 P0308，输入电动机的额定功率因数。电动机额定功率因数 P0308 的设定值范围一般为 0.000~1.000，应根据所选电动机的铭牌上的额定功率因数来设定。键入 P0308＝电动机额定功率因数。如果设置为 0，变频器将自动计算功率因数的数值。

注意　本参数只有在 P0100＝0 或 2 的情况下（电动机的功率单位是 kW 时）才能看到。

(11) 设置参数 P0309，确定电动机的额定效率。该参数的设定值的范围为 0.0~99.9%，根据电动机铭牌键入。如果设置为 0，变频器将自动计算电动机效率的数值。只有在 P0100＝1 的情况下（电动机的功率单位是 hp 时）才能看到。

(12) 设置参数 P0310，确定电动机的额定频率。该参数的设定值的范围为 12~650Hz，根据电动机的铭牌数据键入。电动机的极对数是变频器自动计算的。

(13) 设置参数 P0311，确定电动机的额定速度。该参数的设定值的范围为 0~40 000r/min，根据电动机的铭牌数据键入电动机的额定速度（r/min）。如果设置为 0，额定速度的数值是在变频器内部进行计算的。

(14) 设置参数 P0320，确定电动机的磁化电流。该参数设定值的范围为 0.0~99.0%，是以电动机额定电流（P0305）的百分数表示的磁化电流。

(15) 设置参数 P0335，确定电动机的冷却方式。该参数的取值为：

P0335＝0，利用安装在电动机轴上的风机自冷；

P0335＝1，强制冷却采用单独供电的冷却风机进行冷却；

P0335＝2，自冷和内置冷却风机；

P0335＝3，强制冷却和内置冷却风机。

(16) 设置参数 P0640，确定电动机的过载因子。该参数的设定值的范围为 10.0%~400.0%，它确定以电动机额定电流（P0305）的%值表示的最大输出电流限制值。在恒转矩方式（由 P0205 确定）下，这一参数设置为 150%；在变转矩方式下，这一参数设置为 110%。

(17) 设置参数 P0700，确定选择命令信号源。该参数的取值为：

P0700＝0，将数字 I/O 复位为出厂的缺省设置值；

P0700＝1，命令信号源选择为 BOP（变频机键盘）；

P0700＝2，命令信号源选择为由端子排输入（出厂的缺省设置）；

P0700＝4，命令信号源选择为通过 BOP 链路的 USS 设置；

P0700＝5，命令信号源选择为通过 COM 链路的 USS 设置（经由控制端子 29 和 30）；

P0700＝6，命令信号源选择为通过 COM 链路的 CB 设置（CB＝通信模块）。

(18) 设置参数 P1000，选择频率设定值。该参数用于键入频率设定值信号源，其取值为：

P0700＝1，电动电位计设定（MOP 设定）；

P0700＝2，模拟输入设定值 1（工厂的缺省设置）；

P0700＝3，固定频率设定值；

P0700＝4，通过 BOP 链路的 USS 设置；

P0700＝5，通过 COM 链路的 USS 设置（控制端子 29 和 30）；

P0700＝6，通过 COM 链路的 CB 设置（CB＝通信模块）；

P0700＝7，模拟输入设定值 2。

(19) 设置参数 P1080，确定电动机的最小频率。该参数设置电动机的最低频率，其设定值范围为 0~650Hz，低于这一频率时电动机的运行速度将与频率的设定值无关。这里设置的值对电动机的正转和反转都适用。

(20) 设置参数 P1082，确定电动机的最大频率。该参数设置电动机的最高频率，其设定值范围为 0～650Hz。当输入电动机的最高频率高于这一频率时，电动机的运行速度将与频率的设定值无关。这里设置的值对电动机的正转和反转都适用。

(21) 设置参数 P1120，确定斜坡上升时间。斜坡上升时间是电动机从静止停车加速到电动机最大频率 P1082 所需的时间，其设定值范围为 0～650s。如果斜坡上升时间设置的太短，那么可能出现报警信号 A0501（电流达到限制值）或变频器因故障 F0001（过电流）而停车。

(22) 设置参数 P1121，确定斜坡下降时间。斜坡下降时间是电动机从最大频率 P1082 制动减速到静止停车所需的时间，其设定值范围为 0～650s。如果斜坡下降时间设定的太短，那么可能出现报警信号 A0501（电流达到限制值），A0502（达到过电压限制值）或变频器因故障 F0001（过电流）或 F0002（过电压）而断电。

(23) 设置参数 P1135，确定 OFF3 的斜坡下降时间。OFF3 的斜坡下降时间是发出 OFF3（快速停车）命令后电动机从其最大频率（P1082）制动减速到静止停车所需的时间，其设定值范围为 0～650s。如果设置的斜坡下降时间太短，可能出现报警信号 A0501（电流达到限制值）、A0502（达到过电压限制值）或变频器因故障 F0001（过电流）或 F0002（过电压）而断电。

(24) 设置参数 P1300，确定实际需要的控制方式。该参数的取值为：

P1300=0，线性 V/f 控制；

P1300=1，带 FCC（磁通电流控制）功能的 V/f 控制；

P1300=2，抛物线 V/f 控制；

P1300=5，用于纺织工业的 V/f 控制；

P1300=6，用于纺织工业的带 FCC 功能的 V/f 控制；

P1300=19，带独立电压设定值的 V/f 控制；

P1300=20，无传感器矢量控制；

P1300=21，带传感器的矢量控制；

P1300=22，无传感器的矢量转矩控制；

P1300=23，带传感器的矢量转矩控制。

(25) 设置参数 P1500，选择转矩设定值。该参数的取值为：

P1500=0，无主设定值；

P1500=2，模拟设定值 1；

P1500=4，通过 BOP 链路的 USS 设置；

P1500=5，通过 COM 链路的 USS 设置（控制端子 29 和 30）；

P1500=6，通过 COM 链路的 CB 设置（CB=通信模块）；

P1500=7，模拟设定值 2。

(26) 设置参数 P1910，选择电动机技术数据自动检测方式。该参数的取值为：

P1910=0，禁止自动检测；

P1910=1，自动检测全部参数并改写参数数值，这些参数被控制器接收并用于控制器的控制；

P1910=2，自动检测全部参数但不改写参数数值，显示这些参数但不供控制器使用；

P1910=3，饱和曲线自动检测并改写参数数值，生成报警信号 A0541（电动机机技术数据自动检测功能激活）并用后续的 ON 命令启动检测。

（27）设置参数 P3900，快速调试结束。该参数的取值为：

P3900＝0，不进行快速调试（不进行电动机数据计算）；

P3900＝1，结束快速调试，进行电动机数据计算，并且将不包括在快速调试中的其他全部参数都复位为出厂时的缺省设置值；

P3900＝2，结束快速调试，进行电动机技术数据计算，并将 I/O 设置复位为出厂时的缺省设置；

P3900＝3，结束快速调试，只进行电动机技术数据计算，其他参数不复位。

当 P3900＝3 时，接通电动机，开始电动机数据的自动检测，在完成电动机数据的自动检测以后，报警信号 A0541 消失。如果电动机要弱磁运行，操作要在 P1910＝3（"饱和曲线"）下重复。

（28）快速调试结束，变频器进入"运行准备"就绪状态。

五、复位为出厂时变频器的缺省设置值的方法

使用 BOP、AOP 或通信选件，按下面的数值设置参数，大约需要 3min 就可以把变频器的所有参数复位为出厂时的缺省设置值。具体参数设置如下：

（1）设置 P0010＝30；

（2）设置 P0970＝1。

六、MM440 的常规操作

常规操作应该满足的前提条件为：

（1）P0010＝0，为了正确地进行运行命令的初始化；

（2）P0700＝1，使能 BOP 的启动/停止按钮；

（3）P1000＝1，使能电动电位计的设定值。

用 BOP/AOP 进行的基本操作如下：

（1）按下绿色按键 启动电动机；

（2）在电动机转动时按下 键使电动机升速到 50Hz；

（3）在电动机达到 50Hz 时按下 键电动机速度及其显示值都降低；

（4）用 键改变电动机的转动方向；

（5）用红色按键 停止电动机。

在操作时应注意以下几点：

（1）变频器没有主电源开关，因此当电源电压接通时，变频器就已带电；在按下运行（RUN）键或者在数字输入端 5 出现 ON 信号（正向旋转）之前，变频器的输出一直被封锁，处于等待状态。

（2）如果装有 BOP 或 AOP，并且已选定要显示输出频率（P0005＝21），那么在变频器减速停车时，相应的设定值大约每一秒钟显示一次。

（3）变频器出厂时已按相同额定功率的西门子四极标准电动机的常规应用对象进行编程。如果用户采用的是其他型号的电动机，就必须输入电动机铭牌上的规格数据。

（4）除非 P0010＝1，否则是不能修改电动机参数的。

（5）为了使电动机开始运行，必须将 P0010 返回 0 值。

第四节 MM440 变频器的基本控制电路

一、基于输入端子的变频器操作控制

1. 项目训练内容和目的

训练内容：用两个开关 SA1 和 SA2 控制 MM440 变频器，实现电动机正转和反转功能，电动机加减速时间为 15s。其中，DIN1 端口设为正转控制，DIN2 端口设为反转控制。

训练目的：掌握 MM440 变频器基本参数的输入方法和基于输入端子的操作控制方式，熟习 MM440 变频器的运行操作过程。

2. 基本知识要点

MM440 变频器有 6 个数字输入端口（DIN1～DIN6），即端口 "5"、"6"、"7"、"8"、"16" 和 "17"，具体参见图 38-1。每个数字输入端口功能很多，可根据需要进行设置。每个端口功能设置通过分别选定参数 P0701～P0706 的值来实现，默认值为 1。可能的设定值及定义如下：

参数值为 0：禁止数字输入。

参数值为 1：ON/OFF1（接通正转/停车命令 1）。

参数值为 2：ONreverse/OFF1（接通反转/停车命令 1）。

参数值为 3：OFF2（停车命令 2），按惯性自由停车。

参数值为 4：OFF3（停车命令 3），按斜坡函数曲线快速降速。

参数值为 9：故障确认。

参数值为 10：正向点动。

参数值为 11：反向点动。

参数值为 12：反转。

参数值为 13：MOP（电动电位计）升速（增加频率）。

参数值为 14：MOP 降速（减少频率）。

参数值为 15：固定频率设定值（直接选择）。

参数值为 16：固定频率设定值（直接选择＋ON 命令）。

参数值为 17：固定频率设定值（二进制编码选择＋ON 命令）。

参数值为 25：直流注入制动。

参数值为 29：由外部信号触发跳闸。

参数值为 33：禁止附加频率设定值。

参数值为 99：使能 BICO 参数化。

变频器有 3 种基本的停车方法：OFF1、OFF2 和 OFF3。

（1）OFF1 停车命令能使变频器按照选定的斜坡下降速率减速并停止转动，而斜坡下降时间参数可通过改变参数 P1121 来修改。

注意 ON 命令和 OFF1 命令必须来自同一信号源，如果 ON/OFF1 的数字输入命令不止由一个端子输入，那么只有最后一个设定的数字输入才是有效的。

（2）OFF2 停车命令能使电动机依惯性滑行最后停车脉冲被封锁。

注意 OFF2 命令可以有一个或几个信号源，OFF2 命令以缺省方式设置到 BOP/AOP。

（3）OFF3 停车命令能使电动机快速地减速停车。在设置了 OFF3 的情况下，为了启动电动

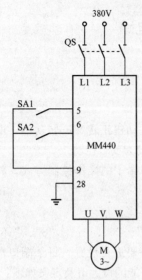

图 38-5 输入端子操作
控制运行电路

机，二进制输入端必须闭合（高电平）。如果 OFF3 为高电平，电动机才能启动，并用 OFF1 或 OFF2 方式停车；如果 OFF3 为低电平，电动机是不能启动的。OFF3 停车斜坡下降时间用参数 P1135 来设定。

3. 电路接线

按图 38-5 所示连接电路。检查正确无误后，合上主电源开关 QS。

4. 参数设置

（1）恢复变频器工厂默认值。设定 P0010＝30 和 P0970＝1，按下 P 键，开始复位，复位过程大约需要 3min，结果可使变频器的参数恢复到工厂默认值。

（2）设置电动机参数。为了使电动机与变频器相匹配，需要设置电动机参数。电动机选用型号为 YS-7112，电动机参数设置见表 38-6。电动机参数设置完成后，设 P0010＝0，变频器当前处于准备状态，可正常运行。

（3）设置数字输入控制端口参数，见表 38-7。

表 38-6 电动机参数设置

参数号	出厂值	设置号	说　　明
P003	1	1	设用户访问级为标准级
P0010	0	1	快速调试
P0100	0	0	工作地区：功率 kW 表示，频率为 50Hz
P0304	230	380	电动机额定电压（V）
P0305	3.25	0.95	电动机额定电流（A）
P0307	0.75	0.37	电动机额定功率（kW）
P0308	0	0.8	电动机额定功率因数（cosφ）
P0310	50	50	电动机额定功率（Hz）
P0311	0	2800	电动机额定转速（r/min）

表 38-7 数字输入控制端口参数

参数号	出厂值	设置值	说　　明
P003	1	2	设用户访问级为标准级
P0700	2	2	命令源选择由端子排输入
P0701	1	1	ON 接通正转，OFF 停止
P0702	1	2	ON 接通反转，OFF 停止
P1000	2	1	由键盘（电动电位计）输入设定值
P1080	0	0	电动机运行的最低频率（Hz）
P1082	50	50	电动机运行的最高频率（Hz）
P1040	5	40	设定键盘控制的频率值

5. 操作控制

(1) 电动机正向运行。当合上开关 SA1 时，变频器数字输入端口 DIN1 为 ON，电动机按 P1120 所设置的 15s 斜坡上升时间比例正向启动，然后经 15s 后稳定运行在 1240r/min 的转速上。此转速与 P1040 所设置的 40Hz 频率对应。

断开开关 SA1，数字输入端口 DIN1 为 OFF，电动机按 P1121 所设置的 20s 斜坡下降时间比例停车。

(2) 电动机反向运行。如果要使电动机反转，合上开关 SA2，变频器数字输入端口 DIN2 为 ON，电动机按 P1120 所设置的 15s 斜坡上升时间比例反向启动后，稳定运行在 1240r/min 的转速上。此转速与 P1040 所设置的 40Hz 频率对应。

(3) 电动机停止。数字输入端口 DIN2 为 OFF，电动机按 P1121 所设置的 15s 斜坡下降时间比例停车，松开自锁按钮 SB2，断开开关 SA2 电动机停止运行。

训练内容：

(1) 电动机正转运行控制，要求稳定运行频率为 45Hz。DIN4 端口设为正转控制。画出 MM440 变频器外部接线图，写出参数设置。

(2) 利用变频器外部输入端子实现电动机正转和反转功能，电动机加减速时间为 5s。DIN4 端口设为正转控制，DIN3 端口设为反转控制，写出参数设置。

二、基于模拟信号的变频器操作控制

1. 项目训练内容和目的

训练内容：用两个开关 SA1 和 SA2 控制 MM440 变频器，实现电动机正转和反转功能，由模拟输入端控制电动机转速的大小。其中，DIN1 端口设为正转控制，DIN2 端口设为反转控制。

训练目的：掌握 MM440 变频器基本参数的输入方法和基于模拟信号的操作控制方式，熟习 MM440 变频器的运行操作过程。

2. 基本知识要点

MM440 变频器可以用模拟输入端控制电动机转速的大小，它为用户提供了两对模拟输入端口 AIN1＋、AIN1－、AIN2＋、AIN2－，即端口 "3"、"4" 和端口 "10"、"11"，如图 38 - 1 所示。

MM440 变频器的输出端口 "1"、"2" 为用户提供了一个高精度的＋10V 直流稳压电源。外接转速调节电位器 RP1 串接在电路中，调节 RP1 时，输入端口 AIN1＋给定的模拟输入电压改变，变频器的频率输出量紧紧跟踪给定量的变化，从而平滑无级地调节电动机转速的大小。

3. 电路接线

按照图 38 - 6 所示进行模拟信号控制电路接线。检查正确无误后，合上主电源开关 QS。

4. 参数设置

(1) 恢复变频器工厂默认值。设定 P0010＝30 和 P0970＝1，按下 P 键，开始复位，复位过程大约 3min，这样就保证了变频器的参数恢复到工厂默认值。

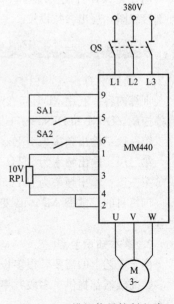

图 38 - 6 模拟信号控制电路

（2）设置电动机参数。为了使电动机与变频器相匹配，需设置电动机参数。电动机参数设置完成后，设定 P0010＝0，变频器当前处于准备状态，可正常运行。

（3）设置模拟信号操作控制参数。模拟信号操作控制参数如表 38-8 所示。

表 38-8　　　　　　　　　　　模拟信号操作控制参数

参数号	出厂值	设置值	说　明
P0003	1	2	设用户访问级为标准级
P0700	2	2	命令源选择由端子排输入
P0701	1	1	ON 接通正转，OFF 停止
P0702	1	2	ON 接通反转，OFF 停止
P1000	2	2	频率设定值选择为模拟输入
P1080	0	0	电动机运行的最低频率（Hz）
P1082	50	50	电动机运行的最高频率（Hz）

5. 操作控制

（1）电动机正向运行。当合上开关 SA1 时，数字输入端口 DIN1 为"ON"，电动机正向运行，转速由外接电位器 RP1 来控制，模拟电压信号在 0～10V 变化，对应变频器的频率在 0～50Hz 之间变化，对应电动机的转速在 0～2800r/min 变化。

松开自锁按钮 SB1，数字输入端口 DIN1 为"OFF"，电动机停止运行。

（2）电动机反向运行。如果要使电动机反转，合上 SA2，变频器数字输入端口 DIN2 为"ON"，电动机反向运行，与电动机正转相同，反转转速的大小仍由外接电位器 RP1 来调节。断开 SA2，电动机停止运转。

6. 进一步练习内容

用开关 SA1 控制实现电动机启停功能，由模拟输入端控制电动机转速的大小。画出变频器外部接线图，写出参数设置。

三、变频器的多段速频率控制

1. 项目训练内容和目的

训练内容：利用 MM440 变频器实现电动机三段速频率运转。其中，DIN3 端口设为电动机启停控制，DIN1 和 DIN2 端口设为三段速频率输入选择，三段速度设置如下：

第一段：输出频率为 15Hz；电动机转速为 840r/min；

第二段：输出频率为 35Hz；电动机转速为 1960r/min；

第三段：输出频率为 50Hz；电动机转速为 2800r/min。

训练目的：掌握 MM440 变频器多段速频率控制方式，熟悉 MM440 变频器的运行操作过程。

2. 基本知识要点

由于工艺上的需要，很多设备在不同的阶段需要在不同的转速下运行。为方便这种负载，大多数变频器都提供了多段频率控制功能。它是通过几个开关的通、断组合来选择不同的运行频率。

MM440 变频器的六个数字输入端口（DIN1～DIN6），即端口"5"、"6"、"7"、"8"、"16"和"17"，可根据需要通过分别选定参数 P0701～P0706 的值来实现多段速频率控制。每一个频段的频率可分别由 P1001～P1015 参数设置，最多可实现 15 频段控制。在多频段控制中，电动机的转速方向是由 P1001～P1015 参数所设置的频率正负决定的。六个数字输入端口，哪一个作为电动机运行、停止控制，哪些作为多频段控制，是可以由用户任意确定的。一旦确定了某一数字输入端口的控制功能，其内部参数的设置值必须与端口的控制功能相对应。例如，用 DIN1、DIN2、DIN3、DIN4 四个输入端来选择 16 段频率，其组合形式如表 38-9 所示。

表 38-9　　　　　　　　　　　　　　运行固定频率对应表

DIN4	DIN3	DIN2	DIN1	运行频率	DIN4	DIN3	DIN2	DIN1	运行频率
0	0	0	1	P1001	1	0	0	1	P1009
0	0	1	0	P1002	1	0	1	0	P1010
0	0	1	1	P1003	1	0	1	1	P1011
0	1	0	0	P1004	1	1	0	0	P1012
0	1	0	1	P1005	1	1	0	1	P1013
0	1	1	0	P1006	1	1	1	0	P1014
0	1	1	1	P1007	1	1	1	1	P1015
1	0	0	0	P1008	0	0	0	0	0

3. 电路接线

按照图 38-7 接线。检查正确无误后，合上主电源开关 QS。

4. 参数设置

(1) 恢复变频器工厂默认值。设定 P0010＝30 和 P0970＝1，按下 P 键，开始复位，复位过程大约 3min，这样就保证了变频器的参数恢复到工厂默认值。

(2) 设置电动机参数。电动机参数设置同表 38-6。电动机参数设置完成后，设 P0010＝0，变频器当前处于准备状态，可正常运行。

(3) 设置三段固定频率控制参数，如表 38-10 所示。

5. 操作控制

当合上开关 SA3，数字输入端口 DIN3 为"ON"，允许电动机运行。

(1) 第 1 段控制。当 SA1 接通、SA2 断开时，变频器数字输入端口 DIN1 为"ON"，端口 DIN2 为"OFF"，变频器工作在由 P1001 参数所设定的频率为 15Hz 的第 1 段上，电动机运行在对应的 840r/min 的转速上。

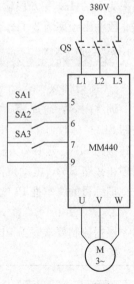

图 38-7　三段速频率控制接线图

表 38 - 10　　　　　　　　　　　　三段固定频率控制参数表

参数号	出厂值	设置值	说　　明
P0003	1	2	设用户访问级为标准级
P0700	2	2	命令源选择由端子排输入
P0701	1	17	选择固定频率
P0702	1	17	选择固定频率
P0703	1	1	ON 接通正转，OFF 停止
P1000	2	3	选择固定频率设定值
P1001	0	15	设定固定频率 1（Hz）
P1002	5	35	设定固定频率 2（Hz）
P1003	10	50	设定固定频率 3（Hz）

（2）第 2 段控制。当 SA2 接通、SA1 断开时，变频器数字输入端口 DIN2 为"ON"，端口 DIN1 为"OFF"，变频器工作在由 P1002 参数所设定的频率为 35Hz 的第 2 段上，电动机运行在对应的 1960r/min 的转速上。

（3）第 3 段控制。当开关 SA1 接通、SA2 接通时，变频器数字输入端口 DIN1 为"ON"，端口 DIN2 为"ON"，变频器工作在由 P1003 参数所设定的频率为 50Hz 的第 3 段上，电动机运行在对应的 2800r/min 的转速上。

（4）电动机停车。当开关 SA1、SA2 都断开时，变频器数字端口 DIN1、DIN2 均为"OFF"，电动机停止运行。或者在电动机正常运行的任何频段，将 SA3 断开使数字输入端口 DIN3 为"OFF"，电动机也能停止运行。

6. 进一步练习内容

用自锁按钮控制变频器实现电动机 9 段速频率运转。9 段速设置分别为：第 1 段输出频率为 5Hz；第 2 段输出频率为 10Hz；第 3 段输出频率为 15Hz；第 4 段输出频率为 10Hz；第 5 段输出频率为 -10Hz；第 6 段输出频率为 -20Hz；第 7 段输出频率为 35Hz；第 8 段输出频率为 50Hz；第 9 段输出频率为 30Hz。画出变频器外部接线图，写出参数设置。

四、PLC 与变频器联机延时控制

1. 项目训练内容和目的

训练内容：通过 S7 - 200 PLC 和 MM440 变频器联机，实现电动机延时控制运转。按下正转按钮 SB1，延时 10s 后，电动机启动并运行在频率为 30Hz，对应电动机转速为 1680r/min。按下反转按钮 SB3，延时 20s 后，电动机反向运行在频率为 30Hz，对应电动机转速为 1680r/min。按下停止按钮 SB2，电动机停止运行。

训练目的：掌握 PLC 和 MM440 联机控制方法，熟悉 PLC 和 MM440 联机调试方法。

2. S7 - 200 PLC 输入/输出分配表

根据控制要求写出 PLC 的 I/O 端口分配，如表 38 - 11 所示。

表 38 - 11　　　　　　　　　　S7 - 200 PLC 输入/输出分配表

输　入			输　出	
外接元件	地址	功能	地址	功能
SB1	I0.1	电动机正转按钮	Q0.1	电动机正转/停止
SB2	I0.2	电动机停止按钮	Q0.2	电动机反转/停止
SB3	I0.3	电动机反转按钮		

3. 电路接线

根据 PLC 输入/输出分配表，按照图 38-8 接线。检查正确无误后，合上主电源开关 QS。

4. PLC 程序设计

程序如图 38-9 所示。

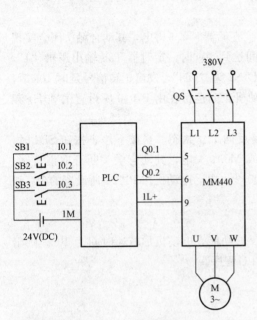

图 38-8 PLC 和 MM440 变频器联机延时
正反向控制电路

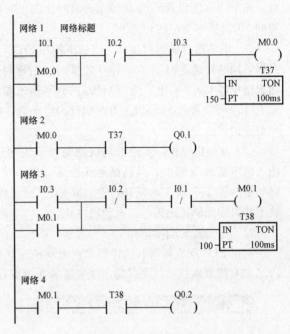

图 38-9 PLC 程序图

5. 变频器参数设置

复位变频器工厂默认值，P0010＝30 和 P0970＝1，按下 P 键，开始复位，复位过程大约 3min，这样就保证了变频器的参数恢复到工厂默认值。

变频器参数设置如表 38-12 所示。

表 38-12　　　　　　　　　变 频 器 参 数 设 置 表

参数号	出厂值	设置值	说　　明
P0003	1	2	设用户访问级为标准级
P0700	2	2	由端子输入
P0701	1	1	ON 接通正转，OFF 停止
P0702	1	2	ON 接通反转，OFF 停止
P1000	2	1	频率设定值为键盘（MOP）设定值
P1080	0	0	电动机运行的最低频率（Hz）
P1082	50	50	电动机运行的最高频率（Hz）
P1120	10	8	斜坡上升时间（s）
P1121	10	10	斜坡下降时间（s）
P1040	5	30	设定键盘控制的频率值（Hz）

6. 操作方法

(1) 电动机正向延时运行。当按下按钮 SB1 时，位存储器 M0.0 得电，其动合触头闭合实现自锁，同时接通定时器 T37 并开始延时，当延时时间达到 15s 时，定时器 T37 输出逻辑"1"，输出继电器 Q0.1 得电，使 MM440 的数字输入端口 DIN2 为"ON"，在发出正转信号延时 15s 后，按 P1120 所设置的 8s 斜坡上升时间比例正向启动，经 8s 后电动机正向运行在由 P1040 所设置的 30Hz 频率对应的转速上。

(2) 电动机反向延时运行。当按下按钮 SB3 时，位存储器 M0.1 得电，其动合触头闭合实现自锁，同时接通定时器 T38 并开始延时，当延时时间达到 10s 时，定时器 T38 输出逻辑"1"，输出继电器 Q0.2 得电，使 MM440 的数字输入端口 DIN2 为"ON"，发出正转信号延时 10s 后，按 P1120 所设置的 8s 斜坡上升时间反向启动后，电动机正向运行在由 P1040 所设置的 30Hz 频率对应的转速上。

(3) 电动机停止。无论电动机当前处于正向还是反向工作状态，当按下停止按钮 SB2 时，输入继电器 I0.2 得电，其动断触头断开，使 M0.0 或 M0.1 失电，其动合触头断开取消自锁，同时定时器 T37 或 T38 断开，输出继电器 Q0.1 或 Q0.2 失电，电动机按 P1121 所设置的 10s 斜坡下降时间比例正向停车，电动机停止。

7. 进一步练习内容

利用 PLC 和变频器联机控制实现电动机正转和反转功能，电动机加减速时间为 10s。画出 PLC 和变频器联机接线图，写出变频器参数设置和 PLC 程序。

五、PLC 联机多段速频率控制

1. 项目训练内容和目的

训练内容：通过 S7 - 200PLC 和 MM440 变频器联机，实现电动机三段速频率运转控制。按下启动按钮 SB1，电动机启动并运行在第 1 段，频率为 10Hz，对应电动机转速为 560r/min；延时 20s 后，电动机反向运行在第 2 段，频率为 30Hz，对应电动机转速为 1680r/min；再延时 20s 后，电动机正向运行在第 3 段，频率为 50Hz，对应电动机转速为 2800r/min。按下停车按钮 SB2，电动机停止运行。

训练目的：掌握 PLC 和 MM440 多段速频率联机控制方法，熟悉 PLC 和 MM440 联机调试方法。

2. S7 - 200 PLC 输入/输出分配表

MM440 变频器数字输入端口 DIN1、DIN2 通过 P0701、P0702 参数设为三段固定频率控制端，每一个频段的频率可分别由 P1001、P1002 和 P1003 参数设置。变频器数字输入端口 DIN3 设为电动机的运行、停止控制端，可由 P0703 参数设置。

PLC 的 I/O 分配如表 38-13 所示。

表 38 - 13　　　　　　　　　　S7 - 200 PLC 输入/输出分配表

输 入			输 出	
外接元件	地址	功能	地址	功能
SB1	I0.1	启动按钮	Q0.1	DIN1，3 速功能
SB2	I0.2	停止按钮	Q0.2	DIN2，3 速功能
			Q0.3	DIN3，启停功能

3. 电路接线

根据 PLC 输入/输出分配表，按照图 38-10 接线。检查正确无误后，合上主电源开关 QS。

4. PLC 程序设计

PLC 程序设计 PLC 程序设计的编程，程序如图 38-11 所示。

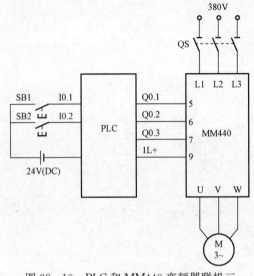

图 38-10　PLC 和 MM440 变频器联机三段速控制电路

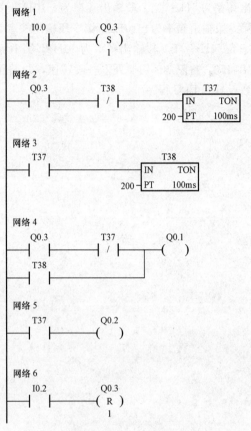

图 38-11　PLC 程序

5. 变频器参数设置

复位变频器工厂默认值，P0010＝30 和 P0970＝1，按下 P 键，开始复位，这样就保证了变频器的参数恢复到工厂默认值，如表 38-14 所示。

表 38-14　　　　　　　　　　变频器参数设置表

参数号	出厂值	设置值	说　　明
P0003	1	2	设用户访问级为标准级
P0700	2	2	命令源选择由端子排输入
P0701	1	17	选择固定频率
P0702	1	17	选择固定频率
P0703	1	1	ON 接通正转，OFF 停止
P1000	2	3	选择固定频率设定值
P1001	0	10	设定固定频率 1（Hz）
P1002	5	−30	设定固定频率 2（Hz）
P1003	10	50	设定固定频率 3（Hz）

6. 进一步练习内容

利用 PLC 和变频器联机控制实现电动机 10 段速频率运转。10 段速设置分别为：第 1 段输

出频率为 5Hz；第 2 段输出频率为－10Hz；第 3 段输出频率为 15Hz；第 4 段输出频率为 10Hz；第 5 段输出频率为－10Hz；第 6 段输出频率为－20Hz；第 7 段输出频率为 35Hz；第 8 段输出频率为 50Hz；第 9 段输出频率为 30Hz，第 10 段输出频率为 40Hz。按下启动按钮时从第一段速开始启动，每隔 30s 切换到下一段转速，并循环。画出 PLC 和变频器联机接线图，写出变频器参数设置和 PLC 程序。

参 考 文 献

[1] 李辉. S7-200 PLC 编程原理与工程实训. 北京：北京航空航天大学出版社，2008.

[2] 王永华. 现代电气控制及 PLC 应用技术. 北京：北京航空航天大学出版社，2008.

[3] 廖常初. 西门子人机界面（触摸屏）组态与应用技术. 北京：机械工业出版社，2009.

[4] 阳胜峰. 可编程序控制器及其网络系统的综合应用. 北京：中国电力出版社，2009.

[5] 马宁，孔红. S7-300 PLC 和 MM440 变频器的原理与应用. 北京：机械工业出版社，2006.

[6] 施利春，李伟. 变频器操作实训（森兰、西门子）. 北京：机械工业出版社，2007.

[7] 孟晓芳，李策，王珏. 西门子系列变频器及其工程应用. 北京：机械工业出版社，2008.

[8] 崔坚. 西门子工业网络通信指南. 北京：机械工业出版社，2006.

[9] 阳胜峰，吴志敏. 西门子 PLC 与变频器、触摸屏综合应用教程. 北京：中国电力出版社，2012.

[10] 胡健. 西门子 S7-300PLC 应用教程. 北京：机械工业出版社，2008.

[11] 向晓汉，陆彬. 西门子 PLC 工业通信网络应用案例精讲. 北京：化学工业出版社.

[12] 肖峰，贺哲荣. PLC 编程 100 例. 北京：中国电力出版社，2009.

[13] 海心等. 西门子 PLC 开发入门与典型实例. 北京：人民邮电出版社，2009.